# Estatística Aplicada a Administração, Contabilidade e Economia com Excel e SPSS

# Estatística Aplicada a Administração, Contabilidade e Economia com Excel e SPSS

**Patrícia Belfiore**

*Copidesque:* Edna Cavalcanti e Cynthia Borges
*Revisão:* Vanessa Raposo
*Editoração Eletrônica:* Estúdio Castellani

Elsevier Editora Ltda.
Conhecimento sem Fronteiras
Rua Sete de Setembro, 111 – 16º andar
20050-006 – Centro – Rio de Janeiro – RJ – Brasil

Rua Quintana, 753 – 8º andar
04569-011 – Brooklin – São Paulo – SP – Brasil

Serviço de Atendimento ao Cliente
0800-0265340
atendimento1@elsevier.com

ISBN 978-85-352-6355-8
ISBN (versão digital): 978-85-352-6356-5

**Nota:** Muito zelo e técnica foram empregados na edição desta obra. No entanto, podem ocorrer erros de digitação, impressão ou dúvida conceitual. Em qualquer das hipóteses, solicitamos a comunicação ao nosso Serviço de Atendimento ao Cliente, para que possamos esclarecer ou encaminhar a questão.

Nem a editora nem o autor assumem qualquer responsabilidade por eventuais danos ou perdas a pessoas ou bens, originados do uso desta publicação.

CIP-Brasil. Catalogação na Publicação
Sindicato Nacional dos Editores de Livros, RJ

| | |
|---|---|
| B377e | Belfiore, Patrícia |
| | Estatística aplicada a administração, contabilidade e economia com Excel e SPSS / Patrícia Belfiore. – 1. ed. – Rio de Janeiro: Elsevier, 2015. |
| | 24 cm. |
| | Inclui índice |
| | ISBN 978-85-352-6355-8 |
| | 1. Estatística. 2. Administração – Métodos estatísticos. 3. Matemática financeira. I. Título. |
| 15-24178 | CDD: 519.5 |
| | CDU: 51-7 |

*Ao Luiz Paulo, à Gabriela e ao Luiz Felipe.*

*Se um dia tiver que escolher entre o mundo e o amor, lembre-se: se escolher o mundo ficará sem o amor, mas se escolher o amor, com ele você conquistará o mundo.*

**Albert Einstein**

## A AUTORA

**PATRÍCIA BELFIORE** é professora da Universidade Federal do ABC (UFABC), onde leciona disciplinas de Estatística, Pesquisa Operacional, Planejamento e Controle de Produção e Logística para o curso de Engenharia de Gestão. É mestre em Engenharia Elétrica e doutora em Engenharia de Produção pela Escola Politécnica da Universidade de São Paulo (EPUSP). Recentemente, concluiu seu pós-doutorado na Columbia University, em Nova York. Participa de diversos projetos de pesquisa e consultoria nas áreas de modelagem, otimização e logística. Lecionou disciplinas de Pesquisa Operacional, Análise Multivariada de Dados e Gestão de Operações e Logística em cursos de graduação e mestrado no Centro Universitário da FEI e na Escola de Artes, Ciências e Humanidades da Universidade de São Paulo (EACH/USP). Seus principais interesses de pesquisa situam-se na área de modelagem e otimização para a tomada de decisões. É autora dos livros *Análise de Dados: Modelagem Multivariada para Tomada de Decisões*, *Pesquisa Operacional para Cursos de Administração*, *Pesquisa Operacional para Cursos de Engenharia*, *Métodos Quantitativos com Stata* e *Redução de Custos em Logística*. Tem artigos publicados em diversos congressos nacionais e internacionais e em periódicos científicos, incluindo *European Journal of Operational Research*, *Computers & Industrial Engineering*, *Central European Journal of Operations Research*, *International Journal of Management*, *Produção*, *Gestão & Produção*, *Transportes*, *Estudos Econômicos*, entre outros.

Este livro é resultado de vários anos de pesquisa do autor e relata a importância da estatística em ambientes acadêmicos e organizacionais. A Estatística é uma ciência multidisciplinar, que vem sendo utilizada nas mais variadas áreas do conhecimento, incluindo Administração, Economia, Contabilidade, Engenharia, Matemática, Medicina, Direito, Psicologia, Biologia etc.

Na pesquisa científica, a estatística é empregada desde a definição do tipo de experimento, na obtenção dos dados de forma eficiente, em testes de hipóteses, estimação de parâmetros e interpretação dos resultados, permitindo ao pesquisador testar diferentes hipóteses a partir dos dados empíricos obtidos.

No setor industrial, os métodos estatísticos podem ser empregados para o controle de qualidade dos produtos, assim como para o planejamento e controle da produção, visando a otimização de recursos e maximização do lucro.

As técnicas estatísticas também têm sido bastante empregadas no mercado financeiro e em instituições bancárias para modelagem financeira e econômica, com o objetivo de modelar o comportamento do crédito, da inadimplência, do mercado de ações, a previsão de taxa de juros etc.

Na área de Marketing, a estatística é empregada para pesquisa de mercado e de opinião pública, buscando analisar o comportamento e perfil dos consumidores em função de características como região, gênero, classe social ou idade, a fim de identificar as necessidades e oportunidades de produtos e serviços para um determinado segmento da população.

A aplicação da estatística na área de Medicina é muito ampla, podendo ser empregada em análises de diagnósticos e ensaios clínicos, permitindo testar hipóteses que analisam a eficácia de um novo medicamento a uma determinada doença.

Na área de Economia, a modelagem econométrica tem sido amplamente utilizada na estimação das funções de oferta e demanda, na estimação de indicadores econômicos, na implementação de políticas e programas nacionais, na operacionalização de pesquisas socioeconômicas, dentre muitas outras aplicações.

Na área jurídica, a Estatística fornece evidência sobre a ocorrência de um determinado evento criminal. Nas companhias seguradoras e de previdência privada, os métodos estatísticos avaliam os riscos de cada negócio.

Esses são apenas alguns exemplos da aplicação da Estatística para tomada de decisão (tentarei explicitá-los ao longo do livro), o que mostra a sua crescente utilização nas mais diversas áreas do conhecimento. Esse avanço deve-se a alguns aspectos:

- aprimoramento das técnicas de pesquisa, de levantamento de dados e de armazenamento de informações, possibilitando a geração de bases de dados com relevância amostral;
- compreensão, por parte dos pesquisadores das mais diversas áreas de estudo, da importância da modelagem e análise de dados para fundamentar uma hipótese de pesquisa acerca de um determinado fenômeno;
- desenvolvimento de pacotes computacionais que permitem a inclusão de uma grande quantidade de dados (observações e variáveis) e possibilitam a elaboração de modelos com rapidez e precisão.

O livro está estruturado em quatro grandes partes: Introdução, Estatística Descritiva, Estatística Probabilística e Estatística Inferencial, e a divisão dos capítulos obedece ao que segue:

## PARTE I: INTRODUÇÃO
**Capítulo 1:** Estatística Aplicada: Visão Geral
**Capítulo 2:** Tipos de Variáveis e Escalas de Mensuração e Precisão

## PARTE II: ESTATÍSTICA DESCRITIVA
**Capítulo 3:** Estatística Descritiva Univariada
**Capítulo 4:** Estatística Descritiva Bivariada

## PARTE III: ESTATÍSTICA PROBABILÍSTICA
**Capítulo 5:** Introdução à Probabilidade
**Capítulo 6:** Variáveis Aleatórias e Distribuições de Probabilidade

## PARTE IV: ESTATÍSTICA INFERENCIAL
**Capítulo 7:** Amostragem
**Capítulo 8:** Estimação
**Capítulo 9:** Testes de Hipóteses
**Capítulo 10:** Testes Não Paramétricos
**Capítulo 11:** Regressão Linear Simples e Múltipla

A Parte I é uma introdução à Estatística aplicada e está dividida em dois capítulos. O Capítulo 1 dá uma visão geral ao leitor sobre o livro. São apresentados os conceitos e definições da estatística, sua classificação (estatística descritiva, estatística probabilística e inferência estatística), assim como a descrição de cada uma das partes. O Capítulo 2 descreve os tipos de variáveis existentes e as respectivas escalas de mensuração e precisão.

Na Parte II, o Capítulo 3 estuda a Estatística descritiva para uma única variável, mais especificamente tabelas de distribuições de frequências, representações gráficas de resultados e medidas-resumo, incluindo medidas de posição, medidas de dispersão

e medidas de forma (assimetria e curtose). A estatística descritiva para duas variáveis é estudada no Capítulo 4 e engloba medidas de associação e correlação, tabelas de contingência e diagramas de dispersão.

A Parte III estuda a estatística probabilística e está dividida em dois capítulos. Uma introdução à probabilidade é dada no Capítulo 5. Já o conceito de variáveis aleatórias, e as distribuições de probabilidade para variáveis aleatórias discretas (uniforme discreta, Bernoulli, binomial, geométrica, binomial negativa, hipergeométrica e Poisson) e para variáveis aleatórias contínuas (uniforme, normal, exponencial, gama, qui-quadrado, $t$ de Student e $F$ de Snedecor) são estudadas no Capítulo 6.

A Parte IV refere-se à Estatística inferencial que busca tirar conclusões acerca de uma população a partir de uma amostra. O processo de amostragem e suas principais técnicas são estudados no Capítulo 7. Os métodos de estimação e os testes de hipóteses que correspondem aos dois grandes grupos da inferência estatística serão estudados nos Capítulos 8, 9 e 10. O Capítulo 9 apresenta os testes de hipóteses paramétricos, enquanto o Capítulo 10 trata dos testes não paramétricos. A Parte IV também contém o Capítulo 11 de regressão linear simples e múltipla. O modelo de regressão linear simples define a relação linear entre a variável dependente e uma única variável independente. O modelo de regressão linear múltipla é uma extensão da regressão linear simples para duas ou mais variáveis independentes.

O pesquisador irá perceber que todos os capítulos do livro estão estruturados dentro de uma mesma lógica de apresentação, favorecendo assim o processo de aprendizado. A modelagem por meio dos softwares Excel e SPSS é abordada ao longo dos capítulos, a fim de confrontar os resultados e entender melhor a lógica dos modelos, uma vez que o passo a passo é detalhado e ilustrado e os *outputs* são analisados e interpretados, sempre com um caráter gerencial voltado para a tomada de decisão.

O livro é voltado tanto para pesquisadores que desejam aprofundar seus conhecimentos teóricos, como para aqueles que se interessam pela estatística aplicada, por meio da utilização de softwares estatísticos e do aprendizado resultante da interpretação de *outputs*.

Este livro é recomendado para alunos de graduação, de cursos de extensão, de pós-graduação *stricto sensu*, de pós-graduação *lato sensu* e MBAs, profissionais de empresas, consultores e demais pesquisadores que desejam estudar e aplicar a estatística nas mais diversas áreas do conhecimento para tomada de decisão.

Agradeço a todos aqueles que tiveram alguma contribuição para que este livro se tornasse realidade. Expresso aqui meus mais sinceros agradecimentos aos professores da Universidade Federal do ABC (UFABC) e aos profissionais da Elsevier Editora.

Por fim, espero contribuições, críticas e sugestões, a fim de poder sempre incorporar melhorias e, como consequência, incrementar o aprendizado.

**Patrícia Belfiore**

# SUMÁRIO

## PARTE I
## Introdução

## PARTE II
## Estatística Descritiva

PARTE III
# Estatística Probabilística

# PARTE IV
## Estatística Inferencial

# Introdução

# CAPÍTULO 1

# Estatística Aplicada: Visão Geral

*Os números constituem a única linguagem universal.*
**Nathanael West**

Ao final deste capítulo, você será capaz de:

- Conhecer a ciência da estatística, sua origem, evolução e principais áreas.
- Saber diferenciar o conceito de população e amostra, entre outros elementos da estatística.
- Entender a importância da estatística para a tomada de decisão com embasamento.
- Conhecer os principais softwares estatísticos existentes no mercado.

## 1. O QUE É A ESTATÍSTICA?

A origem da estatística remonta aos tempos mais remotos, onde vários povos já coletavam e registravam dados censitários como número de habitantes, de nascimentos, de casamentos, de óbitos, faziam estimativas das riquezas individual e social, mediam e distribuíam terras ao povo, cobravam impostos e realizavam inquéritos quantitativos por processos que, hoje, se chama de Estatística (MEDRI, 2011). Até mesmo a Bíblia já continha informações sobre conquistas de territórios.

A palavra **estatística** vem de *status,* que significa Estado em latim. O termo era utilizado para descrever e designar um conjunto de dados relativos aos Estados, tornando a Estatística um meio de administração para os governantes com a finalidade de controle fiscal e segurança nacional. No século XIX, a estatística começou a ganhar importância em outras áreas do conhecimento humano. Já a partir do século XX, passou a ser utilizada nas grandes empresas e organizações com o enfoque da qualidade total, tornando-se um diferencial competitivo. Nesse contexto, a Estatística pode ser definida como um conjunto de métodos e processos quantitativos que servem para estudar e medir os fenômenos coletivos (MEDRI, 2011).

Atualmente, a **Estatística** pode ser definida como a ciência que tem por objetivo a coleta, análise e interpretação de dados qualitativos e quantitativos. Ou ainda como um conjunto de métodos para coleta, organização, resumo, análise e interpretação de dados para tomada de decisões.

Sua evolução deve-se aos avanços computacionais, tornando-se mais acessível aos seus usuários e permitindo aplicações cada vez mais sofisticadas nas mais diferentes áreas do conhecimento. A disponibilidade de um conjunto completo de ferramentas estatísticas (incluindo estatísticas descritivas, testes de hipóteses, intervalos de confiança, planejamento de experimentos, ferramentas da qualidade, cálculos de confiabilidade e sobrevivência etc.), a criação de gráficos complexos, a elaboração de modelos de previsão ou a determinação de como um conjunto de variáveis se comporta, quando da alteração de uma ou mais variáveis presentes em outro conjunto, são mecanismos atualmente possíveis graças ao desenvolvimento de softwares estatísticos como o SPSS, Stata, SAS, Statistica, Minitab, R, entre tantos outros, e seriam inimagináveis sem a existência dos mesmos.

## 2. ÁREAS DA ESTATÍSTICA

A Estatística está dividida em três grandes partes: Estatística Descritiva ou Dedutiva, Estatística Probabilística e Estatística Inferencial ou Indutiva (Figura 1.1). Alguns autores consideram a estatística probabilística como parte integrante da estatística inferencial.

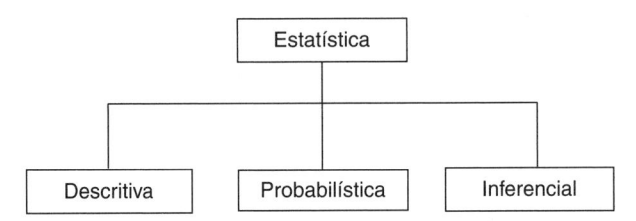

**Figura 1.1** *Áreas da estatística.*

## 2.1. Estatística descritiva

A Estatística Descritiva - Análise Exploratória de Dados - descreve e sintetiza as características principais observadas em um conjunto de dados por meio de tabelas, gráficos e medidas-resumo, permitindo ao pesquisador uma melhor compreensão do comportamento dos dados.

Pode envolver o estudo de uma única variável (estatística descritiva univariada), duas variáveis (estatística descritiva bivariada) ou mais de duas variáveis (estatística descritiva multivariada). A estatística descritiva univariada será estudada no Capítulo 3 e engloba a construção de tabelas de distribuições de frequências, a representação gráfica de resultados, além de medidas representativas de uma série de dados, como medidas de posição, medidas de dispersão e medidas de forma (assimetria e curtose). A estatística descritiva bivariada, que será estudada no Capítulo 4, descreve medidas de associação e correlação, tabelas de contingência e diagramas de dispersão. A estatística ou análise multivariada, que envolve o estudo de mais de duas variáveis, é geralmente estudada sob o enfoque inferencial, já que envolve a estimação de parâmetros e a realização de inferências sobre estes parâmetros, tais como testes de hipóteses e intervalos de confiança. A estatística bivariada também pode ser estudada sob o enfoque inferencial, de forma que o Capítulo 4 abordará apenas o enfoque descritivo. A regressão linear simples é um exemplo de estatística bivariada e pode ser estudada tanto sob o caráter descritivo

quanto inferencial. No presente livro, a regressão linear (simples e múltipla) será estudada sob o enfoque inferencial (Capítulo 11).

## 2.2. Estatística probabilística

A Estatística Probabilística utiliza a teoria das probabilidades para explicar a frequência de ocorrência de determinados eventos, de forma a estimar ou prever a ocorrência de eventos futuros.

Surgiu na metade do século XVII a partir do planejamento estratégico em jogos de azar. Posteriormente, passou a ser utilizada por organizações, empresas e institutos como o IBGE (Instituto Brasileiro de Geografia e Estatística).

## 2.3. Estatística inferencial

A Inferência Estatística - Análise Confirmatória de Dados - pode recorrer à estatística descritiva, porém, vai além da simples descrição e interpretação dos dados.

A Estatística Inferencial busca generalizar, inferir ou tirar conclusões sobre uma determinada população ou universo a partir de informações colhidas em um subconjunto dessa população (amostra).

A Figura 1.2 mostra como essas áreas se inter-relacionam.

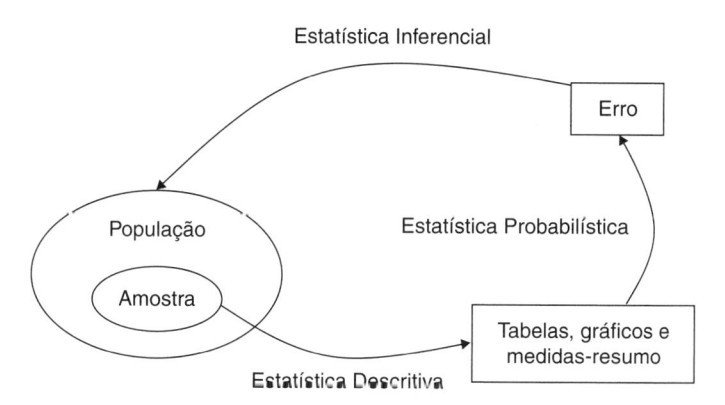

**Figura 1.2** *Inter-relação entre as áreas da estatística.*

## 3. ELEMENTOS BÁSICOS DA ESTATÍSTICA

Dentre os elementos básicos da estatística, podemos citar: população, amostra, censo, variável, dados e parâmetro. As definições de cada termo estão listadas a seguir.

## População ou universo

Conjunto que contém todos os indivíduos, objetos ou elementos a serem estudados, que apresentam uma ou mais características em comum. Ex.: conjunto de idades de todos os alunos do Colégio Bandeirantes, conjunto de rendas de todos os habitantes de Curitiba, conjunto de pesos de todas as crianças de São Paulo etc.

## Amostra

Subconjunto extraído da população para análise; deve ser representativo da população. A partir das informações colhidas na amostra, os resultados obtidos são utilizados para generalizar, inferir ou tirar conclusões acerca da população (inferência estatística).

O processo de escolha de uma amostra da população é denominado **amostragem**.

Como exemplos, podemos citar: a) a população consiste em todos os moradores da cidade de São Paulo e a amostra consiste em uma parte desses moradores; e b) a população é representada por todos os eleitores brasileiros e a amostra é extraída de municípios representativos, onde os eleitores são escolhidos de acordo com cotas proporcionais de sexo, idade, grau de instrução e setor de dependência econômica.

## Censo

Censo ou recenseamento é o estudo dos dados relativos a todos os elementos da população.

A ONU (Organização das Nações Unidas) define censo como "o conjunto das operações que consiste em recolher, agrupar e publicar dados demográficos, econômicos e sociais relativos a um momento determinado ou em certos períodos, a todos os habitantes de um país ou território".

Um censo pode custar muito caro e demandar um tempo considerável, de forma que um estudo considerando parte dessa população pode ser uma alternativa mais simples, rápida e menos custosa.

Como exemplos, podemos citar: estudo do grau de escolaridade de todos os habitantes brasileiros, estudo sobre a renda e saúde dos aposentados brasileiros, pesquisa de emprego e desemprego da população ativa de São Paulo.

## Variável

É uma característica ou atributo que se deseja observar, medir ou contar a fim de tirar algum tipo de conclusão. Exemplo: sexo, renda, idade etc.

## Dados

São as informações inerentes a uma ou mais variáveis.

## Parâmetro

Medida numérica que descreve uma característica da população. Os parâmetros correspondem a constantes ou valores fixos, geralmente desconhecidos e representados por caracteres gregos. Exemplo: média populacional ($\mu$), desvio-padrão populacional ($\sigma$), variância populacional ($\sigma_2$) etc.

## Exemplo 1

A partir do censo demográfico de 2010 divulgado pelo IBGE, foram estudadas informações provenientes da população indígena em todos os domicílios brasileiros. A modalidade censitária de investigação considerava todas as pessoas de todos os domicílios. Os domicílios foram selecionados a partir de duas frações: nos municípios com população abaixo de 15 mil habitantes, pesquisaram-se 20% dos domicílios e, naqueles com 15 mil habitantes ou mais, 10%. O estudo revelou as seguintes informações: a) porcentagem dos municípios brasileiros em que residia pelo menos um indígena (Tabela 1.1); e b) porcentagem da população indígena residente no país (Figura 1.3).

**Tabela 1.1**

Proporção de municípios em que residia pelo menos um indígena, segundo as grandes regiões brasileiras (censo 2010)

| Grandes regiões | Proporção (2010) |
|---|---|
| Brasil | 80,5 |
| Norte | 90,2 |
| Nordeste | 78,9 |
| Sudeste | 80,6 |
| Sul | 75,8 |
| Centro-Oeste | 89,1 |

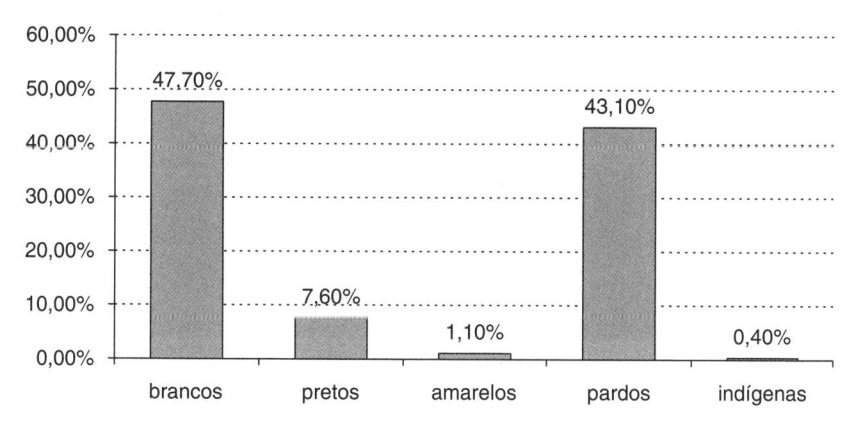

**Figura 1.3** *Porcentagem de cada população residente no país, por cor ou raça (CENSO, 2010).*

Pede-se a descrição dos seguintes elementos:

a) População
b) Amostra
c) Variável de interesse
d) Dados

### Solução

**a)** A população consiste em todos os habitantes residentes em todos os domicílios brasileiros.

**b)** A amostra consiste no subconjunto extraído da população. Para os municípios com população abaixo de 15 mil habitantes, a amostra corresponde a 20% dos domicílios selecionados. Para os municípios com população de 15 mil habitantes ou mais, a amostra corresponde a 10% dos domicílios selecionados.

**c)** Variáveis de interesse: 1) proporção de municípios em que residia pelo menos um indígena, para cada grande região brasileira; e 2) porcentagem da população indígena residente no país.

**d)** Dados: são os valores correspondentes a cada uma das variáveis analisadas. Em relação à primeira variável, correspondem às proporções apresentadas na Tabela 1.1 para cada grande região brasileira. Já em relação à segunda variável, o dado de interesse corresponde à porcentagem da população indígena residente no país (0,40%).

## 4. A IMPORTÂNCIA DA ESTATÍSTICA PARA A TOMADA DE DECISÕES

A chegada de computadores pessoais cada vez mais poderosos fez com que a estatística se tornasse mais acessível aos pesquisadores de diferentes campos de atuação. Atualmente, o desenvolvimento de novos equipamentos e softwares permite a manipulação de grande quantidade de dados, o que veio a dinamizar o emprego de métodos estatísticos (IGNÁCIO, 2010).

Segundo o autor, com os avanços da tecnologia da informação a partir da metade do século XX, por meio de atividades e soluções providas por recursos de computação (hardwares e softwares), aumentou-se significativamente a capacidade de produzir, armazenar e transmitir informações. Porém, esse grande volume de informações precisa ser analisado adequadamente, utilizando as mais variadas técnicas estatísticas, de modo que seja possível tomar decisões acertadas.

Para Fávero *et al.* (2009), muitos professores, estudantes e executivos tomam decisões com base na experiência prática, na observação empírica e no consenso geral, sem qualquer embasamento teórico. Apesar de esses aspectos serem importantes, a utilização adequada das técnicas de análise de dados pode embasar mais fortemente a percepção inicial, dando suporte ao processo decisório. Por fim, o processo de geração de conhecimento de um fenômeno depende de um plano de pesquisa bem estruturado, com a definição das variáveis a serem levantadas, do dimensionamento da amostra, do processo de formação do banco de dados, além da técnica de análise de dados a ser utilizada.

A Figura 1.4 ilustra a hierarquia entre dados, informações e conhecimento. Os dados, quando tratados e analisados, transformam-se em informações. O conhecimento é gerado no momento em que as informações são reconhecidas e aplicadas na tomada de decisão. Analogamente, a hierarquia reversa também pode ser aplicada. O conhecimento, quando difundido ou explicitado, torna-se uma informação ou um conjunto delas. Essa nova informação, quando desmembrada, torna-se um conjunto de dados.

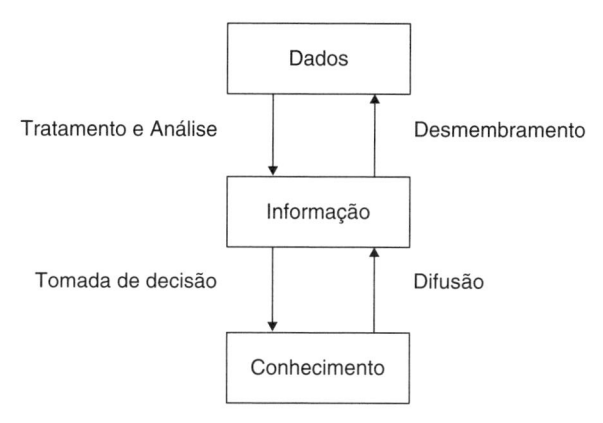

**Figura 1.4** *Hierarquia entre dados, informação e conhecimento.*

## 5. CONSIDERAÇÕES FINAIS

A estatística tem por objetivo a coleta, análise e interpretação de dados qualitativos e quantitativos para tomada de decisão.

Nos últimos anos, a estatística começou a ganhar mais importância em diversas áreas do conhecimento humano, passou a ser cada vez mais utilizada nas grandes empresas e organizações, tornando-se um diferencial competitivo.

Sua evolução deve-se aos avanços computacionais, tornando-se mais acessível aos seus usuários e permitindo aplicações cada vez mais sofisticadas nas mais diferentes áreas do conhecimento.

## 6. RESUMO

A **Estatística** pode ser definida como a ciência que tem por objetivo a coleta, organização, resumo, análise e interpretação de dados qualitativos e quantitativos para tomada de decisões.

Sua evolução deve-se aos avanços computacionais, tornando-se mais acessível aos seus usuários e permitindo aplicações cada vez mais sofisticadas nas mais diferentes áreas do conhecimento. Atualmente, uma variedade enorme de softwares estatísticos está disponível no mercado, como o SPSS, Stata, SAS, Statistica, Minitab, R, entre tantos outros.

A Estatística está dividida em três grandes partes: Estatística Descritiva ou Dedutiva, Estatística Probabilística e Estatística Inferencial ou Indutiva.

A **Estatística Descritiva** - Análise Exploratória de Dados - descreve e sintetiza as características principais observadas em um conjunto de dados por meio de tabelas, gráficos e medidas-resumo, permitindo ao pesquisador uma melhor compreensão do comportamento dos dados. Pode envolver o estudo de uma única variável (estatística descritiva univariada), duas variáveis (estatística descritiva bivariada) ou mais de duas variáveis (estatística descritiva multivariada).

A **Estatística Probabilística** utiliza a teoria das probabilidades para explicar a frequência de ocorrência de determinados eventos, de forma a estimar ou prever a ocorrência de eventos futuros.

A **Inferência Estatística** – Análise Confirmatória de Dados – busca generalizar, inferir ou tirar conclusões sobre uma determinada população ou universo a partir de informações colhidas em um subconjunto dessa população.

**População** ou **universo** pode ser definido como um conjunto que contém todos os indivíduos, objetos ou elementos a serem estudados, que apresentam uma ou mais características em comum.

Já **amostra** é um subconjunto extraído da população para análise; deve ser representativo da população. O processo de escolha de uma amostra da população é denominado **amostragem**.

## 7. EXERCÍCIOS

**1.** O que é estatística? Descreva sua origem e evolução.

**2.** Quais as áreas da estatística? Discorra as principais diferenças entre elas e como as mesmas se relacionam.

**3.** Defina o conceito de população e amostra, além de censo e amostragem.

**4.** A Pizzaria Sabores & Tentações está realizando uma pesquisa sobre a preferência de seus consumidores em relação a um novo sabor de pizza que será denominada "Mafiosa". Para isso, a empresa fará uma campanha de marketing submetendo 500 dos seus consumidores, escolhidos aleatoriamente ao longo de um mês, à realização do teste de sabor. O teste consiste na escolha de um único sabor entre as cinco opções disponíveis.

Pede-se a descrição dos seguintes elementos:

**a)** População
**b)** Amostra
**c)** Variável de interesse

**5.** Todos os automóveis do tipo perua de uma indústria automobilística fabricados no ano de 2011 apresentaram suspeitas de irregularidades no chassi. Dessa forma, a fabricante do produto decidiu fazer um recall, solicitando a inspeção de um lote de 5 mil unidades do produto. Todos os chassis que apresentaram irregularidades foram automaticamente substituídos. Descreva:

**a)** A população
**b)** A amostra
**c)** A variável de interesse

**6.** Qual a importância da estatística para tomada de decisão?

CAPÍTULO *2*

# Tipos de Variáveis e Escalas de Mensuração e Precisão

*Então disse Deus: $\pi$, i, 0, e 1, e fez-se o Universo.*
**Leonhard Euler**

## Ao final deste capítulo, você será capaz de:

- Compreender a importância da definição das escalas de mensuração das variáveis para a elaboração de pesquisas e para o tratamento e análise de dados.
- Estabelecer as diferenças entre as variáveis métricas ou quantitativas e as variáveis não métricas ou qualitativas.
- Identificar as circunstâncias em que cada tipo de variável deve ser utilizado, em função dos objetivos de pesquisa.
- Utilizar o tratamento estatístico adequado para cada tipo de variável.

## 1. INTRODUÇÃO

Variável é uma característica da população (ou amostra) em estudo, possível de ser medida, contada ou categorizada.

O tipo de variável coletada é crucial no cálculo de estatísticas descritivas e na representação gráfica de resultados, bem como na escolha de métodos estatísticos a serem utilizados para analisar os dados.

Segundo Freund (2006), os dados estatísticos constituem a matéria-prima das pesquisas estatísticas, surgindo sempre em casos de mensurações ou registro de observações.

O presente capítulo descreve os tipos de variáveis existentes (métricas ou quantitativas e não métricas ou qualitativas), bem como as respectivas escalas de mensuração (nominal e ordinal para variáveis qualitativas e intervalar e razão para variáveis quantitativas). A classificação dos tipos de variáveis em função do número de categorias e escalas de precisão também é apresentada (binária e policotômica para variáveis qualitativas e discreta e contínua para variáveis quantitativas).

## 2. TIPOS DE VARIÁVEIS

As variáveis podem ser classificadas como não métricas (também conhecidas como qualitativas ou categóricas) ou métricas, também conhecidas como quantitativas (Figura 2.1). As variáveis **não métricas ou qualitativas** representam características de um indivíduo, objeto ou elemento que não podem ser medidas ou quantificadas; as respostas são dadas em categorias. Já as variáveis **métricas ou quantitativas** representam características de um indivíduo, objeto ou elemento resultantes de uma contagem (conjunto finito de valores) ou de uma mensuração (conjunto infinito de valores).

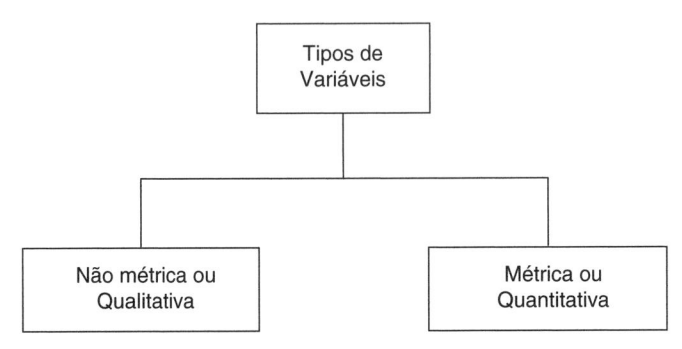

**Figura 2.1** *Tipos de variáveis.*

## 2.1. Variáveis não métricas ou qualitativas

Conforme será visto no Capítulo 3, a representação das características da variável não métrica ou qualitativa pode ser feita por meio de tabelas de distribuição de frequências ou de forma gráfica, sem o cálculo de medidas de posição, dispersão e de forma. A única exceção é em relação à moda, medida que fornece o valor mais frequente de uma variável, podendo também ser aplicada a variáveis não métricas.

A Tabela 2.1 apresenta um exemplo de variável qualitativa, em que são apresentadas as classes sociais em função das faixas salariais.

**Tabela 2.1** Faixas de renda familiar × Classe social

| Classe | Salários Mínimos (SM) | Renda Familiar (R$) |
|--------|----------------------|---------------------|
| A | Acima de 20 SM | Acima de R$ 15.760,00 |
| B | 10 a 20 SM | De R$ 7.880,00 a R$ 15.760,00 |
| C | 4 a 10 SM | De R$ 3.152,00 a R$ 7.880,00 |
| D | 2 a 4 SM | De R$ 1.576,00 a R$ 3.152,00 |
| E | Até 2 SM | Até R$ 1.576,00 |

A variável mostrada na Tabela 2.1, apesar de apresentar valores numéricos nos dados, é qualitativa, já que os dados estão representados por faixa de renda e não por renda. Dessa forma, é possível apenas o cálculo de frequências, e não de medidas-resumo como média e desvio-padrão.

Imagine que um questionário será aplicado para levantar dados de renda familiar de uma amostra de consumidores, com base nas faixas salariais apresentadas na Tabela 2.1. As frequências obtidas para cada faixa de renda encontram-se na Tabela 2.2.

**Tabela 2.2** Frequências × Faixas de renda familiar

| Frequências | Renda Familiar (R$) |
|:---:|:---:|
| 10% | Acima de R$ 15.760,00 |
| 18% | De R$ 7.880,00 a R$ 15.760,00 |
| 24% | De R$ 3.152,00 a R$ 7.880,00 |
| 36% | De R$ 1.576,00 a R$ 3.152,00 |
| 12% | Até R$ 1.576,00 |

Um erro comum encontrado em trabalhos que utilizam variáveis qualitativas representadas por números é o cálculo da média da amostra, ou qualquer outra medida-resumo. O pesquisador calcula, primeiramente, a média dos limites de cada faixa, supondo que esse valor corresponde à média real dos consumidores situados naquela faixa; mas como a distribuição dos dados não necessariamente é linear ou simétrica em torno da média, essa hipótese é muitas vezes violada.

Para que não se perca nenhum tipo de informação dos dados, e futuramente se possa utilizar medidas-resumo para representar tal comportamento, o ideal é, sempre que possível, que as perguntas sejam elaboradas na forma quantitativa, e não em faixas.

## 2.2. Variáveis métricas ou quantitativas

As variáveis quantitativas podem ser representadas de forma gráfica (gráfico de linhas, dispersão, histograma, ramo-e-folhas e *boxplot*), por meio de medidas de posição ou localização (média, mediana, moda, quartis, decis e percentis), medidas de dispersão ou variabilidade (amplitude, desvio-médio, variância, desvio-padrão, erro-padrão e coeficiente de variação) ou ainda por meio de medidas de forma como assimetria e curtose, conforme será visto no Capítulo 3 de estatística descritiva.

Estas variáveis podem ser discretas ou contínuas. As variáveis discretas podem assumir um conjunto finito ou enumerável de valores que são provenientes, frequentemente, de uma contagem, como, por exemplo, o número de filhos (0, 1, 2, ...). Já as variáveis contínuas assumem valores pertencentes a um intervalo de números reais, como, por exemplo, peso ou renda de um indivíduo.

Imagine um banco de dados com nome, idade, peso e altura de 20 pessoas, como mostra a Tabela 2.3.

**Tabela 2.3** Banco de dados de 20 pessoas

| Nome | Idade (anos) | Peso (kg) | Altura (m) |
|---|---|---|---|
| Mariana | 48 | 62 | 1,60 |
| Roberta | 41 | 56 | 1,62 |
| Luiz | 54 | 84 | 1,76 |
| Leonardo | 30 | 82 | 1,90 |
| Felipe | 35 | 76 | 1,85 |
| Marcelo | 60 | 98 | 1,78 |
| Melissa | 28 | 54 | 1,68 |
| Sandro | 50 | 70 | 1,72 |
| Armando | 40 | 75 | 1,68 |
| Heloísa | 24 | 50 | 1,59 |
| Júlia | 44 | 65 | 1,62 |
| Paulo | 39 | 83 | 1,75 |
| Manoel | 22 | 68 | 1,78 |
| Ana Paula | 31 | 56 | 1,66 |
| Amélia | 45 | 60 | 1,64 |
| Horácio | 62 | 88 | 1,77 |
| Pedro | 24 | 80 | 1,92 |
| João | 28 | 75 | 1,80 |
| Marcos | 49 | 92 | 1,76 |
| Celso | 54 | 66 | 1,68 |

Os dados encontram-se no arquivo **VarQuanti.sav** do IBM SPSS Statistics Software®. A reprodução das imagens nesse capítulo tem autorização da International Business Machines Corporation©.

Para classificar as variáveis no software SPSS (Figura 2.2), clique na opção *variable view*. A variável "Nome" é qualitativa (do tipo *String*) e medida em escala nominal (coluna *Measure*). Já as variáveis "Idade", "Peso" e "Altura" são quantitativas (do tipo *Numeric*) e medidas na forma escalar (*Scale*). As escalas de mensuração das variáveis serão estudadas com maior profundidade na seção 3.

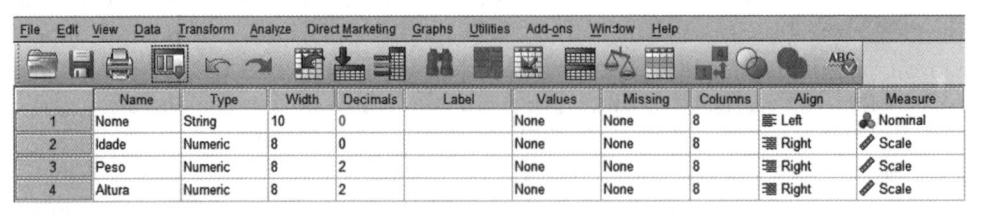

**Figura 2.2** *Classificação das variáveis.*

## 3. TIPOS DE VARIÁVEIS × ESCALAS DE MENSURAÇÃO

As variáveis ainda podem ser classificadas de acordo com o nível ou escala de mensuração. **Mensuração** é o processo de atribuir números ou rótulos a objetos, pessoas,

estados ou eventos de acordo com as regras específicas para representar quantidades ou qualidades dos atributos. **Regra** é um guia, um método ou um comando que diz ao investigador como medir o atributo. **Escala** é um conjunto de símbolos ou números, construído com base em uma regra, e aplica-se a indivíduos ou a seus comportamentos ou atitudes. A posição de um indivíduo na escala é baseada na posse pelo indivíduo do atributo que a escala deve medir.

Existem diversas taxonomias encontradas na literatura para classificar as escalas de mensuração dos tipos de variáveis (STEVENS, 1946; HOAGLIN *et al.*, 1983). Utilizaremos a classificação de Stevens em função de sua simplicidade, de sua grande utilização, além do uso de sua nomenclatura em softwares estatísticos.

Segundo Stevens (1946), as escalas de mensuração das variáveis não métricas, categóricas ou qualitativas podem ser classificadas como nominal e ordinal, enquanto as variáveis métricas ou quantitativas se classificam em escala intervalar e de razão (ou proporcional), como mostra a Figura 2.3.

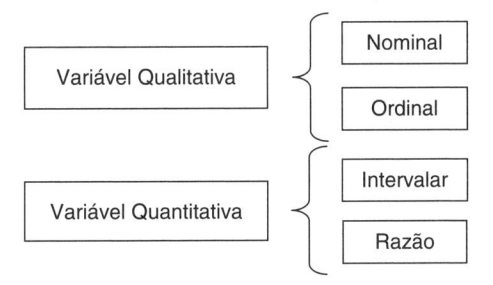

**Figura 2.3** *Tipos de variáveis × Escalas de mensuração.*

## 3.1 Variáveis não métricas – escala nominal

A escala nominal classifica as unidades em classes ou categorias em relação à característica representada, não estabelecendo qualquer relação de grandeza ou de ordem. É denominada nominal porque as categorias se diferenciam apenas pelo nome.

Podem ser atribuídos rótulos numéricos às categorias das variáveis, porém, operações aritméticas como adição, subtração, multiplicação e divisão sobre esses números não são admissíveis. A escala nominal permite apenas algumas operações aritméticas mais elementares. Por exemplo, pode-se contar o número de elementos de cada classe ou ainda aplicar testes de hipóteses referentes à distribuição das unidades da população nas classes. Dessa forma, a maioria das estatísticas usuais, como média e desvio-padrão, não tem sentido para variáveis qualitativas de escala nominal.

Como exemplos de variáveis não métricas em escalas nominais, podemos citar: profissão, religião, cor, estado civil, localização geográfica, país etc.

Imagine uma variável não métrica relativa ao país de origem de um grupo de 10 grandes empresas multinacionais. Para representar as categorias da variável "País de origem", podemos utilizar números, atribuindo o valor 1 para Estados Unidos, 2 para Holanda, 3 para China, 4 para Reino Unido e 5 para Brasil, como mostra o Quadro 2.1. Nesse caso, os números servem apenas como rótulos ou etiquetas para identificar e classificar os objetos.

**Quadro 2.1** Empresas e país de origem

| Empresa | País de origem |
|---|---|
| Exxon Mobil | 1 |
| JP Morgan Chase | 1 |
| General Electric | 1 |
| Royal Dutch Shell | 2 |
| ICBC | 3 |
| HSBC Holdings | 4 |
| PetroChina | 3 |
| Berkshire Hathaway | 1 |
| Wells Fargo | 1 |
| Petrobras | 5 |

Essa escala de mensuração é conhecida como escala nominal, ou seja, os números são atribuídos aleatoriamente às categorias dos objetos, sem qualquer tipo de ordenação. Para representar o comportamento dos dados de natureza nominal, podem-se utilizar estatísticas descritivas como tabelas de distribuição de frequências, gráficos de barras ou setores, ou ainda o cálculo da moda (Capítulo 3).

Será apresentado a seguir como criar os rótulos (*labels*) para variáveis qualitativas com escala nominal, por meio do software SPSS (Statistical Package for the Social Sciences). A partir daí pode-se elaborar tabelas e gráficos de frequências absolutas e relativas.

Antes de criarmos o banco de dados, definiremos as características das variáveis em estudo no ambiente **Variable View** (visualização das variáveis). Para isso, clique na respectiva planilha que está disponível na parte inferior esquerda do Editor de Dados ou clique duas vezes sobre a coluna **var**.

A primeira variável é denominada "Empresa" e é do tipo *String*, isto é, seus dados estão inseridos na forma de caracteres ou letras. Definiu-se que o número máximo de caracteres da respectiva variável é 18. Na coluna *Measure*, define-se a escala de mensuração da variável *Empresa* que é nominal.

A segunda variável é denominada "País" e é do tipo *Numérica*, já que seus dados estão inseridos na forma de números. Porém, os números são utilizados simplesmente para categorizar ou rotular os objetos, de modo que a escala de mensuração da respectiva variável também é nominal.

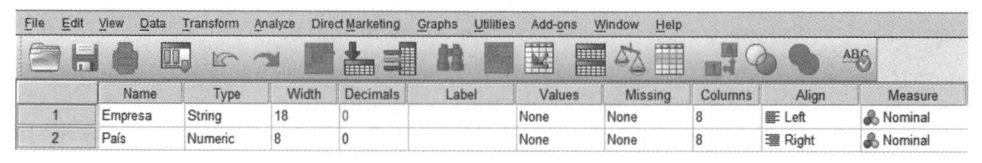

**Figura 2.4** *Definição das características das variáveis no ambiente* **Variable View.**

Para inserir os dados do Quadro 2.1, retorne ao ambiente **Data View**. As informações devem ser digitadas como mostra a Figura 2.5 (as colunas representam as variáveis e as linhas representam as observações ou indivíduos).

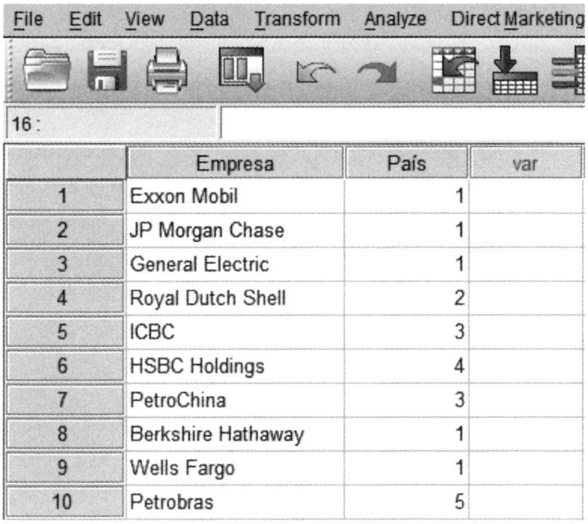

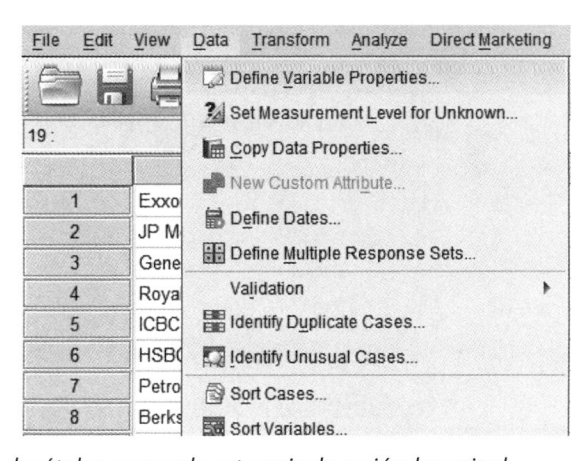

**Figura 2.5** *Inserção dos dados do Quadro 2.1 no ambiente* **Data View**.

Como a variável "País" está representada na forma de números, é necessário que sejam atribuídos rótulos a cada categoria da variável, como mostra o Quadro 2.2.

**Quadro 2.2** Categorias atribuídas aos países

| Categorias | País |
|---|---|
| 1 | Estados Unidos |
| 2 | Holanda |
| 3 | China |
| 4 | Reino Unido |
| 5 | Brasil |

Para isso, clique em **Data → Define Variable Properties** e selecione a variável "País", de acordo com as Figuras 2.6 e 2.7.

**Figura 2.6** *Criação de rótulos para cada categoria da variável nominal.*

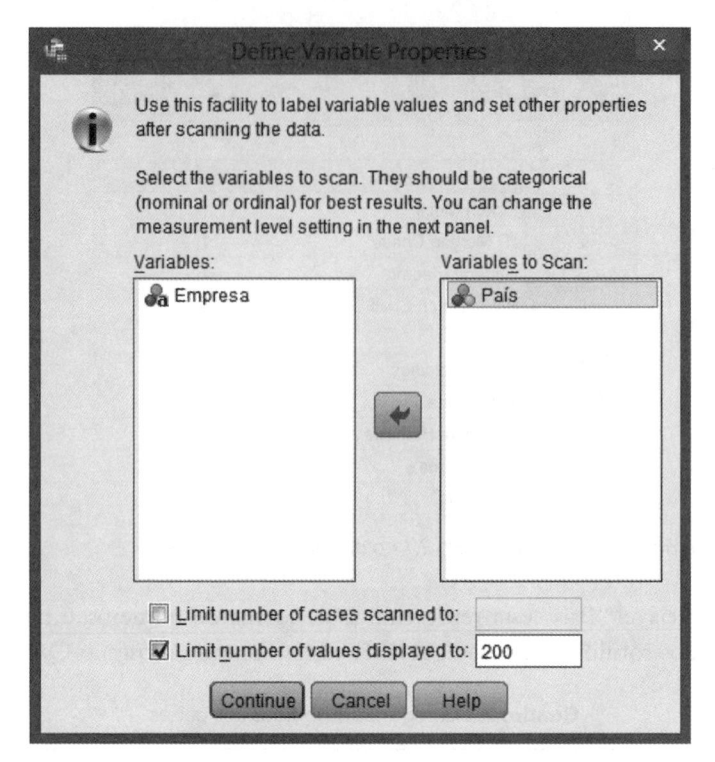

**Figura 2.7** *Seleção da variável nominal "País".*

Como a escala de mensuração nominal da variável "País" já foi definida na coluna *Measure* do ambiente **Variable View**, note que ela já aparece de forma correta na Figura 2.8. A definição dos rótulos (*labels*) de cada categoria deve ser elaborada neste momento e também pode ser visualizada na mesma figura.

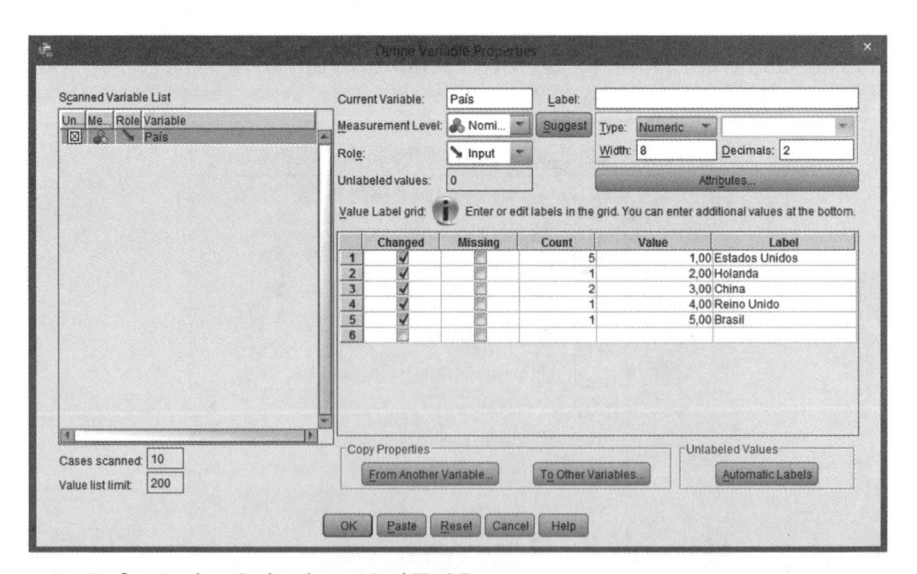

**Figura 2.8** *Definição dos rótulos da variável "País".*

O banco de dados passa a ser visualizado com os nomes dos rótulos atribuídos, como mostra a Figura 2.9. Clicando no ícone [A] **Value Labels**, localizado na barra de ferramentas, é possível alternar entre os valores numéricos da variável nominal ou ordinal e seus respectivos rótulos.

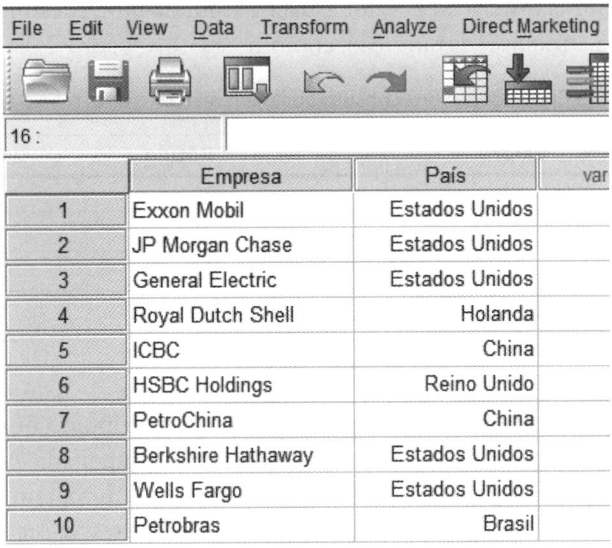

| File | Edit | View | Data | Transform | Analyze | Direct Marketing |
| --- | --- | --- | --- | --- | --- | --- |

| 16 : | | | |
| --- | --- | --- | --- |
| | Empresa | País | var |
| 1 | Exxon Mobil | Estados Unidos | |
| 2 | JP Morgan Chase | Estados Unidos | |
| 3 | General Electric | Estados Unidos | |
| 4 | Royal Dutch Shell | Holanda | |
| 5 | ICBC | China | |
| 6 | HSBC Holdings | Reino Unido | |
| 7 | PetroChina | China | |
| 8 | Berkshire Hathaway | Estados Unidos | |
| 9 | Wells Fargo | Estados Unidos | |
| 10 | Petrobras | Brasil | |

**Figura 2.9** *Banco de dados com rótulos.*

Com o banco de dados estruturado, é possível elaborar tabelas e gráficos de frequências absolutas e relativas por meio do SPSS.

A elaboração de estatísticas descritivas para representar o comportamento de uma única variável qualitativa e de duas variáveis qualitativas serão estudadas nos Capítulos 3 e 4, respectivamente.

## 3.2. Variáveis não métricas – escala ordinal

Uma variável não métrica em escala ordinal classifica as unidades em classes ou categorias em relação à característica representada, estabelecendo uma relação de ordem entre as unidades das diferentes categorias. A escala ordinal é uma escala de ordenação, designando uma posição relativa das classes segundo uma direção. Qualquer conjunto de valores pode ser atribuído às categorias das variáveis, desde que a ordem entre elas seja respeitada.

Assim como na escala nominal, operações aritméticas (somas, diferenças, multiplicações e divisões) entre esses valores não fazem sentido. Desse modo, a aplicação das estatísticas descritivas usuais também é limitada para variáveis de natureza nominal. Como o número das escalas tem apenas um significado de classificação, as estatísticas descritivas que podem ser utilizadas para dados ordinais são as tabelas de distribuições de frequência, gráficos (incluindo o de barras e setores) e o cálculo da moda, conforme será visto no Capítulo 3.

Exemplos de dados ordinais incluem opinião e escalas de preferência de consumidores, grau de escolaridade, classe social, faixa etária etc.

Imagine uma variável não métrica denominada classificação que mede a preferência de um grupo de consumidores em relação a uma marca de vinho. A criação dos rótulos para cada categoria da variável ordinal está especificada no Quadro 2.3. O valor 1 é atribuído à pior classificação, o valor 2 para a segunda pior, e assim sucessivamente, até o valor 5 para a melhor classificação, como mostra o Quadro 2.3.

**Quadro 2.3** Classificação dos consumidores em relação a uma marca de vinho

| Valor | Rótulo |
|-------|--------|
| 1 | Péssimo |
| 2 | Ruim |
| 3 | Regular |
| 4 | Bom |
| 5 | Muito bom |

Em vez de utilizar as escalas de 1 a 5, poderíamos ter atribuído qualquer outra escala numérica, desde que a ordem de classificação fosse respeitada. Assim, os valores numéricos não representam uma nota de qualidade do produto, têm apenas um significado de classificação, de modo que a diferença entre esses valores não representa a diferença do atributo analisado. Essas escalas de mensuração são conhecidas como ordinais.

A Figura 2.10 apresenta as características das variáveis em estudo no ambiente *Variable View* do SPSS. A variável "Consumidor" é do tipo *String* (seus dados estão inseridos na forma de caracteres ou letras) com escala de mensuração do tipo nominal. Já a variável "Classificação" é do tipo numérica (valores numéricos foram atribuídos para representar as categorias da variável) com escala de mensuração ordinal.

O procedimento para a criação dos rótulos de variáveis qualitativas em escala ordinal é o mesmo daquele já apresentado para as variáveis nominais.

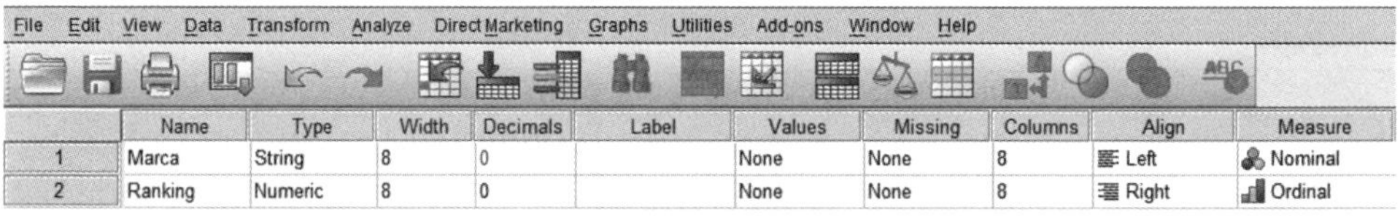

**Figura 2.10** *Definição das características das variáveis no ambiente Variable View.*

## 3.3. Variável quantitativa – escala intervalar

De acordo com a classificação de Stevens (1946), as variáveis métricas ou quantitativas possuem dados em escala intervalar ou de razão.

A escala intervalar, além de ordenar as unidades quanto à característica mensurada, possui uma unidade de medida constante. A origem ou o ponto zero dessa escala de medida é arbitrário e não expressa ausência de quantidade.

Um exemplo clássico de escala intervalar é a temperatura medida em graus Celsius (°C) ou Fahrenheit (°F). A escolha do zero é arbitrária e diferenças de temperaturas iguais são determinadas através da identificação de volumes iguais de expansão no líquido usado no termômetro. Dessa forma, a escala intervalar permite inferir diferenças entre unidades a serem medidas, porém, não se pode afirmar que um valor em um intervalo específico da escala seja múltiplo de outro. Por exemplo, suponha dois objetos medidos a uma temperatura de 15°C e 30°C, respectivamente. A mensuração da temperatura permite determinar o quanto um objeto é mais quente que o outro; porém, não se pode afirmar que o objeto com 30°C está duas vezes mais quente que o outro com 15°C.

A escala intervalar é invariante sob transformações lineares positivas, de modo que uma escala intervalar pode ser transformada em outra por meio de uma transformação linear positiva. A transformação de graus Celsius em Fahrenheit é um exemplo de transformação linear.

A maioria das estatísticas descritivas pode ser aplicada para dados de variável com escala intervalar, com exceção de estatísticas baseadas na escala de razão, como o coeficiente de variação.

## 3.4. Variável quantitativa – escala de razão

Analogamente à escala intervalar, a escala de razão ordena as unidades em relação à característica mensurada e possui uma unidade de medida constante. Por outro lado, a origem (ou ponto zero) é única e o valor zero expressa ausência de quantidade. Dessa forma, é possível saber se um valor em um intervalo específico da escala é múltiplo de outro.

Razões iguais entre valores da escala correspondem a razões iguais entre as unidades mensuradas. Assim, escalas de razão são invariantes sob transformações de proporções positivas. Por exemplo, se uma unidade tem 1 metro e a outra, 3 metros, pode-se dizer que a última tem uma altura três vezes superior à da primeira.

Dentre as escalas de medida, a escala de razão é a mais elaborada, pois permite o uso de quaisquer operações aritméticas. Além disso, todas as estatísticas descritivas podem ser aplicadas para dados de uma variável expressa em escala de razão.

Exemplos de variáveis cujos dados podem estar na escala de razão incluem renda, idade, quantidade produzida de determinado produto, distância percorrida etc.

## 4. TIPOS DE VARIÁVEIS × NÚMERO DE CATEGORIAS E ESCALAS DE PRECISÃO

As variáveis qualitativas ou categóricas também podem ser classificadas em função do número de categorias: a) dicotômicas ou binárias (*dummies*), quando assumem apenas duas categorias; e b) policotômicas, quando assumem mais de duas categorias.

Já as variáveis métricas ou quantitativas também podem ser classificadas em função da escala de precisão: discretas ou contínuas.

Essa classificação pode ser visualizada na Figura 2.11.

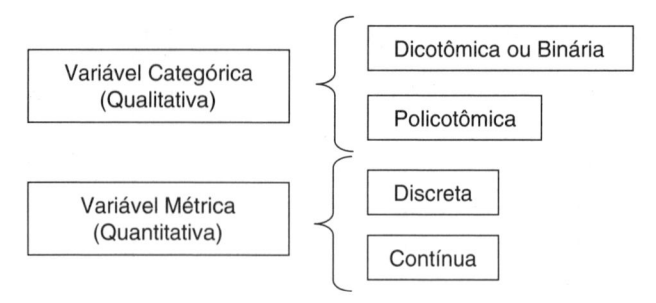

**Figura 2.11** *Variáveis qualitativas x Número de categorias e variáveis quantitativas x Escalas de precisão.*

## 4.1. Variável dicotômica ou binária (*dummy*)

Uma variável dicotômica ou binária (*dummy*) pode assumir apenas duas categorias, de valores 0 ou 1. O valor 1 é atribuído quando a característica de interesse está presente na variável e o valor 0, caso contrário. Exemplos: fumantes (1) e não fumantes (0), país desenvolvido (1) e subdesenvolvido (0), pacientes vacinados (1) e não vacinados (0) etc.

As técnicas multivariadas de dependência têm como objetivo criar um modelo que possa explicar e prever o comportamento de uma ou mais variáveis dependentes por meio de diversas variáveis explicativas. Muitas dessas técnicas, incluindo a análise de regressão, análise discriminante, regressão logística e correlação canônica, exigem que as variáveis explicativas sejam métricas. Porém, quando estamos diante de variáveis explicativas não métricas, se as mesmas forem transformadas em variáveis binárias, pode-se criar um modelo a partir das técnicas listadas anteriormente.

Uma variável qualitativa com $n$ categorias pode ser representada por $(n-1)$ variáveis binárias. Por exemplo, imagine uma variável denominada "Avaliação" expressa pelas seguintes categorias: boa, média, ruim. Assim, duas variáveis binárias são necessárias para representar a variável original, como mostra o Quadro 2.4.

**Quadro 2.4** Criação de variáveis binárias (*dummies*) para a variável "Avaliação"

|  | Variáveis Binárias (*Dummies*) | |
|---|---|---|
| Avaliação | $D_1$ | $D_2$ |
| Boa | 0 | 0 |
| Média | 1 | 0 |
| Ruim | 0 | 1 |

## 4.2. Variável policotômica

Uma variável qualitativa pode assumir mais do que duas categorias e nesse caso é chamada policotômica. Exemplos: classe social (baixa, média e alta), grau de escolaridade (ensino fundamental, ensino médio, ensino superior e pós-graduado) etc.

## 4.3. Variável quantitativa discreta

Conforme descrito na seção 2.2, as variáveis quantitativas discretas podem assumir um conjunto finito ou enumerável de valores que são provenientes, frequentemente, de uma contagem, como, por exemplo, o número de filhos (0, 1, 2, ...), número de senadores eleitos, quantidade de carros fabricados etc.

## 4.4. Variável quantitativa contínua

Conforme descrito na seção 2.2, as variáveis quantitativas contínuas são aquelas cujos possíveis valores pertencem a um intervalo de números reais e que resultam de uma mensuração métrica, como, por exemplo, peso, altura ou o salário de um indivíduo (BUSSAB & MORETTIN, 2011).

## 5. CONSIDERAÇÕES FINAIS

Os dados, quando tratados e analisados por meio das mais variadas técnicas estatísticas, transformam-se em informações, dando suporte para a tomada de decisão.

Esses dados podem ser métricos (quantitativos) ou não métricos (categóricos ou qualitativos). Os dados métricos representam características de um indivíduo, objeto ou elemento resultantes de contagem ou mensuração (pesos de pacientes, idade, taxa Selic etc.). No caso dos dados não métricos, essas características não podem ser medidas ou quantificadas (respostas do tipo "sim ou não", grau de escolaridade etc).

Segundo Stevens (1946), as escalas de mensuração das variáveis não métricas ou qualitativas podem ser classificadas como nominal e ordinal, enquanto as variáveis métricas ou quantitativas se classificam em escala intervalar e de razão (ou proporcional).

Muitos dados podem ser coletados tanto na forma métrica quanto não métrica. Suponha que se deseja avaliar a qualidade de um produto. Para isso, podem ser atribuídas notas de 1 a 10 em relação a determinados atributos, assim como pode ser elaborada uma escala Likert a partir de informações estabelecidas. De maneira geral, sempre que possível, as perguntas devem ser elaboradas na forma quantitativa, de modo que não se percam informações dos dados.

Para Fávero *et al.* (2009), a elaboração do questionário e a definição das escalas de mensuração das variáveis vão depender de diversos aspectos, incluindo os objetivos de pesquisa, a modelagem a ser adotada para atingir tais objetivos, o tempo médio para aplicação do questionário e a forma de coleta. Um banco de dados pode apresentar tanto variáveis em escalas métricas como não métricas, não precisando se restringir a apenas um tipo de escala. Essa combinação pode propiciar pesquisas interessantes e, juntamente com as modelagens adequadas, podem gerar informações voltadas para a tomada de decisão.

O tipo de variável coletada é crucial no cálculo de estatísticas descritivas e na representação gráfica de resultados, bem como na escolha de métodos estatísticos a serem utilizados para analisar os dados.

## 6. RESUMO

As variáveis podem ser classificadas como não métricas (qualitativas ou categóricas) ou métricas (quantitativas). As variáveis **não métricas ou qualitativas** representam características de um indivíduo, objeto ou elemento que não podem ser medidas ou quantificadas; as respostas são dadas em categorias. Já as variáveis **métricas ou quantitativas** representam características de um indivíduo, objeto ou elemento resultantes de uma contagem (conjunto finito de valores) ou de uma mensuração (conjunto infinito de valores).

A representação das características da variável não métrica ou qualitativa pode ser feita por meio de tabelas de distribuição de frequências ou de forma gráfica, sem o cálculo de medidas de posição, dispersão e de forma. A única exceção é em relação à moda, medida que fornece o valor mais frequente de uma variável, podendo também ser aplicada a variáveis não métricas.

As variáveis quantitativas podem ser representadas de forma gráfica (gráfico de linhas, dispersão, histograma, ramo-e-folhas e *boxplot*), por meio de medidas de posição ou localização (média, mediana, moda, quartis, decis e percentis), medidas de dispersão ou variabilidade (amplitude, desvio-médio, variância, desvio-padrão, erro-padrão e coeficiente de variação) ou ainda por meio de medidas de forma como assimetria e curtose, conforme será visto no Capítulo 3 de estatística descritiva.

Segundo Stevens (1946), as escalas de mensuração das variáveis não métricas ou qualitativas podem ser classificadas como nominal e ordinal, enquanto as variáveis métricas ou quantitativas se classificam em escala intervalar e de razão (ou proporcional).

A escala nominal classifica as unidades em classes ou categorias em relação à característica representada, não estabelecendo qualquer relação de grandeza ou de ordem. É denominada nominal porque as categorias se diferenciam apenas pelo nome.

Uma variável não métrica em escala ordinal classifica as unidades em classes ou categorias em relação à característica representada, estabelecendo uma relação de ordem entre as unidades das diferentes categorias. A escala ordinal é uma escala de ordenação, designando uma posição relativa das classes segundo uma direção. Qualquer conjunto de valores pode ser atribuído às categorias das variáveis, desde que a ordem entre elas seja respeitada.

A escala intervalar, além de ordenar as unidades quanto à característica mensurada, possui uma unidade de medida constante. A origem ou o ponto zero dessa escala de medida é arbitrário e não expressa ausência de quantidade.

Analogamente à escala intervalar, a escala de razão ordena as unidades em relação à característica mensurada e possui uma unidade de medida constante. Por outro lado, a origem (ou ponto zero) é única e o valor zero expressa ausência de quantidade. Dessa forma, é possível saber se um valor em um intervalo específico da escala é múltiplo de outro.

As variáveis qualitativas ou categóricas também podem ser classificadas em função do número de categorias: a) dicotômicas ou binárias (*dummies*), quando assumem apenas duas categorias; e b) policotômicas, quando assumem mais de duas categorias.

Uma variável dicotômica ou binária (*dummy*) pode assumir apenas duas categorias, de valores 0 ou 1. O valor 1 é atribuído quando a característica de interesse está presente na variável e o valor 0, caso contrário. Exemplos: fumantes (1) e não fumantes (0); país desenvolvido (1) e subdesenvolvido (0); pacientes vacinados (1) e não vacinados (0) etc.

Uma variável qualitativa pode assumir mais do que duas categorias e nesse caso é chamada policotômica. Exemplos: classe social (baixa, média e alta), grau de escolaridade (ensino fundamental, ensino médio, ensino superior e pós-graduado) etc.

As variáveis métricas ou quantitativas também podem ser classificadas em função da escala de precisão: discretas ou contínuas.

As variáveis discretas podem assumir um conjunto finito ou enumerável de valores que são provenientes, frequentemente, de uma contagem, como, por exemplo, o número de filhos (0, 1, 2, ...), número de senadores eleitos, quantidade de carros fabricados etc. Já as variáveis contínuas assumem valores pertencentes a um intervalo de números reais, como, por exemplo, peso ou renda de um indivíduo.

O tipo de variável coletada é crucial no cálculo de estatísticas descritivas e na representação gráfica de resultados, bem como na escolha de métodos estatísticos a serem utilizados para analisar os dados.

## 7. EXERCÍCIOS

**1.** Qual a diferença entre variáveis qualitativas e quantitativas?

**2.** O que são escalas de mensuração e quais os principais tipos? Quais as diferenças existentes?

**3.** Qual a diferença entre variáveis discretas e contínuas?

**4.** Classificar as variáveis a seguir segundo as seguintes escalas: nominal, ordinal, binária, discreta ou contínua.

- **a)** Faturamento da empresa
- **b)** Ranking de desempenho: bom, médio e ruim
- **c)** Tempo de processamento de uma peça
- **d)** Número de carros vendidos
- **e)** Distância percorrida em km
- **f)** Municípios do Grande ABC
- **g)** Faixa de renda
- **h)** Notas de um aluno: A, B, C, D, O ou R
- **i)** Horas trabalhadas
- **j)** Região: Norte, Nordeste, Centro-Oeste, Sul e Sudeste
- **k)** Localização: Barueri ou Santana de Parnaíba
- **l)** Tamanho da organização: pequeno, médio e grande porte
- **m)** Número de dormitórios
- **n)** Classificação de risco: elevado, médio, especulativo, substancial, em moratória
- **o)** Casado: sim ou não

**5.** Um pesquisador deseja estudar o impacto da aptidão física na melhoria da produtividade de uma organização. Como seria uma eventual descrição das variáveis binárias, para inclusão neste modelo, a fim de representar a variável "aptidão *física*". As possíveis categorias da variável são: (a) ativo e saudável; (b) aceitável (poderia ser melhor); (c) não suficientemente boa; e (d) sedentário.

## PARTE II

# Estatística Descritiva

# CAPÍTULO 3

# Estatística Descritiva Univariada

*A matemática é o alfabeto que Deus usou para escrever o Universo.*
**Galileu Galilei**

## Ao final deste capítulo, você será capaz de:

- Compreender os principais conceitos de estatística descritiva univariada.
- Escolher o(s) método(s) adequado(s), incluindo tabelas, gráficos e/ou medidas-resumo, para descrever o comportamento de cada tipo de variável.
- Representar a frequência de ocorrência de um conjunto de observações por meio de tabelas de distribuições de frequências.
- Representar a distribuição de uma variável com gráficos.
- Utilizar medidas de posição ou localização (tendência central e separatrizes) para representar um conjunto de dados.
- Medir a variabilidade de um conjunto de dados por meio de medidas de dispersão.
- Utilizar medidas de assimetria e curtose para caracterizar a forma da distribuição dos elementos da população amostrados em torno da média.
- Gerar tabelas, gráficos e medidas-resumo por meio do Excel e do IBM SPSS Statistics Software®.

## 1. INTRODUÇÃO

A estatística descritiva descreve e sintetiza as principais características observadas em um conjunto de dados por meio de tabelas, gráficos e medidas-resumo, permitindo ao pesquisador melhor compreensão do comportamento dos dados. A análise é baseada no conjunto de dados em estudo (amostra), sem tirar quaisquer conclusões ou inferências acerca da população.

A estatística descritiva pode ser estudada para uma única variável (estatística descritiva univariada), para duas variáveis (estatística descritiva bivariada) e para mais de duas variáveis (estatística descritiva multivariada). Este capítulo apresenta os conceitos de estatística descritiva envolvendo uma única variável.

A estatística descritiva univariada estuda os seguintes tópicos: a) a frequência de ocorrência de um conjunto de observações por meio de tabelas de distribuições de frequências; b) a representação da distribuição de uma variável por meio de gráficos; e c) medidas representativas de uma série de dados, como medidas de posição ou localização, medidas de dispersão ou variabilidade e medidas de forma (assimetria e curtose).

Os quatro maiores objetivos deste capítulo são: (1) introduzir os conceitos relativos às tabelas, gráficos e medidas-resumo mais usuais em estatística descritiva univariada; (2) apresentar suas aplicações em exemplos reais; (3) gerar tabelas, gráficos e medidas--resumo por meio do Excel e do software estatístico SPSS; e (4) discutir os resultados obtidos.

Conforme descrito no capítulo anterior, antes de iniciarmos o uso da estatística descritiva, é necessário identificarmos o tipo de variável a ser estudada. O tipo de variável é crucial no cálculo de estatísticas descritivas e na representação gráfica de resultados. A Figura 3.1 apresenta as estatísticas descritivas univariadas que serão estudadas no presente capítulo, representadas por meio de tabelas, gráficos e medidas-resumo, para cada tipo de variável. A Figura 3.1 resume as seguintes informações:

**a)** As estatísticas descritivas utilizadas para representar o comportamento dos dados de uma variável qualitativa são tabelas de distribuição de frequência e gráficos.

**b)** A tabela de distribuição de frequências para uma variável qualitativa representa a frequência de ocorrências de cada categoria da variável.

**c)** A representação gráfica de variáveis qualitativas pode ser ilustrada por meio de gráficos de barras (horizontal e vertical), de setores ou pizzas e do diagrama de Pareto.

**d)** Para as variáveis quantitativas, as estatísticas descritivas mais utilizadas são gráficos e medidas-resumo (medidas de posição ou localização, dispersão ou variabilidade e medidas de forma). A tabela de distribuição de frequências também pode ser utilizada para representar a frequência de ocorrências de cada possível valor de uma variável discreta, ou ainda para representar a frequência dos dados de variáveis contínuas agrupadas em classes.

**e)** A representação gráfica de variáveis quantitativas é geralmente ilustrada por meio de gráficos de linhas, gráfico de pontos ou dispersão, histograma, gráfico de ramo-e-folhas e *boxplot* (diagrama de caixa).

**f)** As medidas de posição ou localização podem ser divididas em medidas de tendência central (média, moda e mediana) e medidas separatrizes (quartis, decis e percentis).

**g)** As medidas de dispersão ou variabilidade mais utilizadas são amplitude, desvio--médio, variância, desvio-padrão, erro-padrão e coeficiente de variação.

**h)** Como medidas de forma têm-se medidas de assimetria e curtose.

## 2. TABELA DE DISTRIBUIÇÃO DE FREQUÊNCIAS

As tabelas de distribuições de frequência podem ser utilizadas para representar a frequência de ocorrências de um conjunto de observações de variáveis qualitativas ou quantitativas.

No caso de variáveis qualitativas, a tabela representa a frequência de ocorrências de cada categoria da variável. Para as variáveis quantitativas discretas, a frequência de

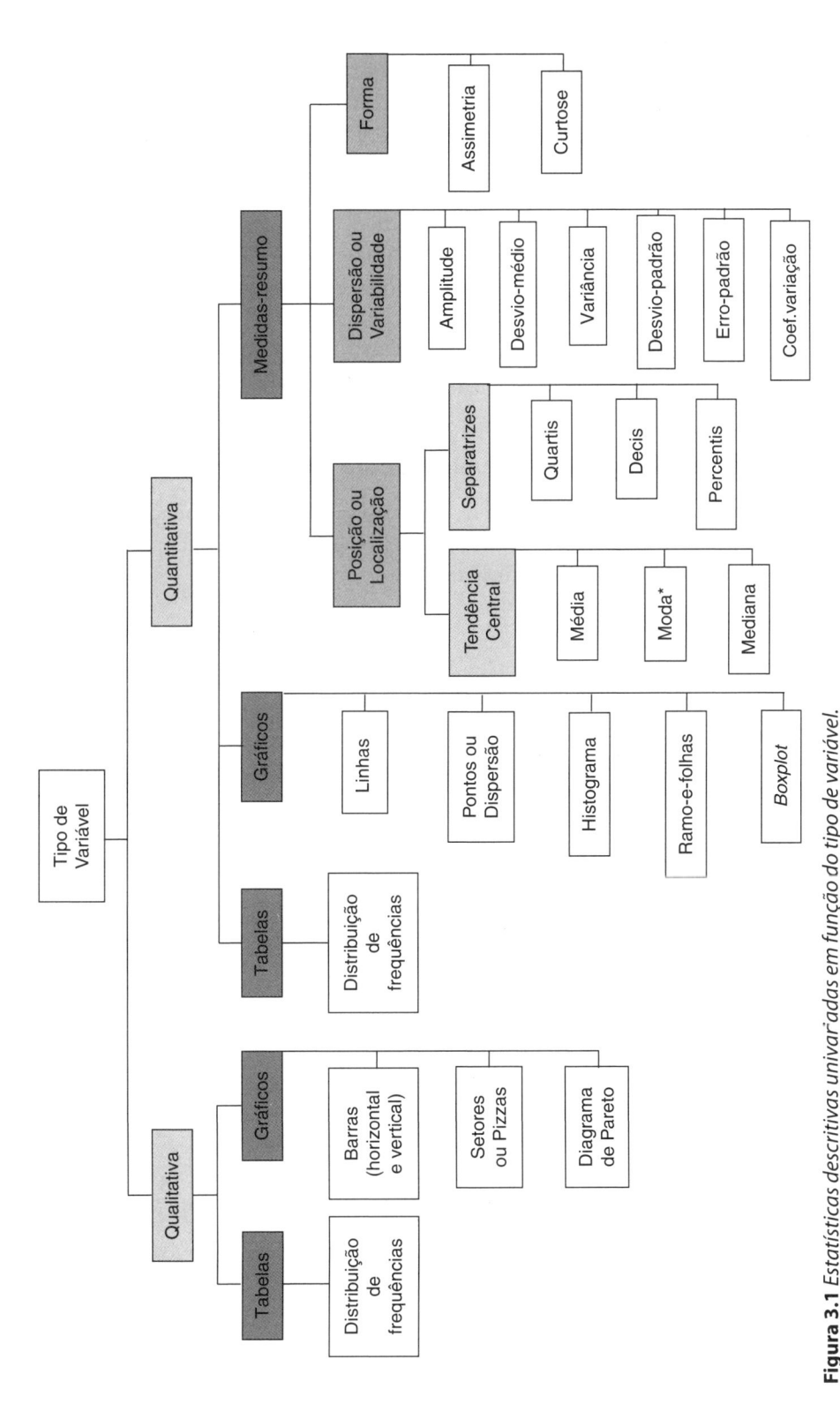

**Figura 3.1** *Estatísticas descritivas univariadas em função do tipo de variável.*
\* A moda que fornece o valor mais frequente de uma variável é a única medida-resumo que também pode ser utilizada para variáveis qualitativas.
*Fonte:* Adaptado de McClave *et al.* (2009).

ocorrências é calculada para cada valor discreto da variável. Já os dados das variáveis contínuas são primeiramente agrupados em classes, e a partir daí são calculadas as frequências de ocorrências para cada classe.

Uma tabela de distribuição de frequências compõe os seguintes cálculos:

a) **Frequência absoluta ($F_i$)**: número de ocorrências de cada elemento i na amostra.

b) **Frequência relativa ($Fr_i$)**: porcentagem relativa à frequência absoluta.

c) **Frequência acumulada ($F_{ac}$)**: soma de todas as ocorrências até o elemento analisado.

d) **Frequência relativa acumulada ($Fr_{ac}$)**: porcentagem relativa à frequência acumulada (soma de todas as frequências relativas até o elemento analisado).

## 2.1. Tabela de distribuição de frequências para variáveis qualitativas

Por meio da tabela de distribuição de frequências, calcula-se a frequência absoluta, a frequência relativa, a frequência acumulada e a frequência relativa acumulada para cada categoria da variável qualitativa analisada.

### Exemplo 1

O Hospital Santo Augusto de Anjo realiza mensalmente 3 mil transfusões de sangue em pacientes internados. Para que o hospital consiga manter seus estoques, são necessárias 60 doações de sangue por dia. A Tabela 3.1 apresenta o total de doadores para cada tipo sanguíneo em um determinado dia. Construa a tabela de distribuição de frequências para o problema em questão.

**Tabela 3.1** Total de doadores para cada tipo sanguíneo

| Tipo sanguíneo | Doadores |
|:--------------:|:--------:|
| A+ | 15 |
| A- | 2 |
| B+ | 6 |
| B- | 1 |
| AB+ | 1 |
| AB- | 1 |
| O+ | 32 |
| O- | 2 |

### Solução

A tabela completa de distribuição de frequências para o Exemplo 1 está representada a seguir.

**Tabela 3.2** Distribuição de frequências do Exemplo 1

| Tipo sanguíneo | $F_i$ | $Fr_i$ (%) | $F_{ac}$ | $Fr_{ac}$ (%) |
|---|---|---|---|---|
| A+ | 15 | 25 | 15 | 25 |
| A- | 2 | 3,33 | 17 | 28,33 |
| B+ | 6 | 10 | 23 | 38,33 |
| B- | 1 | 1,67 | 24 | 40 |
| AB+ | 1 | 1,67 | 25 | 41,67 |
| AB- | 1 | 1,67 | 26 | 43,33 |
| O+ | 32 | 53,33 | 58 | 96,67 |
| O- | 2 | 3,33 | 60 | 100 |
| **Soma** | **60** | **100** | | |

## 2.2. Tabela de distribuição de frequências para dados discretos

Por meio da tabela de distribuição de frequências, calcula-se a frequência absoluta, a frequência relativa, a frequência acumulada e a frequência relativa acumulada para cada possível valor da variável discreta.

Diferentemente das variáveis qualitativas, no lugar das possíveis categorias devem constar os possíveis valores numéricos. Para facilitar o entendimento, os dados devem estar representados em ordem crescente.

### *Exemplo 2*

Um restaurante japonês está definindo o novo layout das mesas, e para isso fez um levantamento do número de pessoas que almoçam e jantam em cada mesa ao longo de uma semana. A Tabela 3.3 mostra os 40 primeiros dados coletados. Construa a tabela de distribuição de frequências para esses dados.

**Tabela 3.3** Número de pessoas por mesa

| | | | | | | | | | |
|---|---|---|---|---|---|---|---|---|---|
| 2 | 5 | 4 | 7 | 4 | 1 | 6 | 2 | 2 | 5 |
| 4 | 12 | 8 | 6 | 1 | 5 | 2 | 8 | 2 | 6 |
| 4 | 7 | 2 | 5 | 6 | 4 | 1 | 5 | 10 | 2 |
| 2 | 10 | 6 | 4 | 3 | 4 | 6 | 3 | 8 | 4 |

### *Solução*

Na próxima tabela, cada linha da primeira coluna representa um possível valor numérico da variável analisada. Os dados são ordenados em forma crescente. A tabela completa de distribuição de frequências para o Exemplo 2 está representada a seguir.

**Tabela 3.4** Distribuição de frequências para o Exemplo 2

| Número de pessoas | $F_i$ | $Fr_i$ (%) | $F_{ac}$ | $Fr_{ac}$ (%) |
|---|---|---|---|---|
| 1 | 2 | 5 | 2 | 5 |
| 2 | 8 | 20 | 10 | 25 |
| 3 | 2 | 5 | 12 | 30 |
| 4 | 9 | 22,5 | 21 | 52,5 |
| 5 | 5 | 12,5 | 26 | 65 |
| 6 | 6 | 15 | 32 | 80 |
| 7 | 2 | 5 | 34 | 85 |
| 8 | 3 | 7,5 | 37 | 92,5 |
| 10 | 2 | 5 | 39 | 97,5 |
| 12 | 1 | 2,5 | 40 | 100 |
| **Soma** | **40** | **100** | | |

## 2.3. Tabela de distribuição de frequências para dados contínuos agrupados em classes

Conforme descrito no Capítulo 1, as variáveis quantitativas contínuas são aquelas cujos possíveis valores pertencem a um intervalo de números reais. Dessa forma, não faz sentido calcular a frequência para cada possível valor, já que eles raramente se repetem. Torna-se interessante agrupar os dados em classes ou faixas.

O intervalo a ser definido entre as classes é arbitrário. Porém, deve-se tomar cuidado se o número de classes for muito pequeno, pois se perde muita informação; por outro lado, se o número de classes for muito grande, o resumo das informações fica prejudicado (BUSSAB & MORETTIN, 2011). O intervalo entre as classes não precisaria ser constante, mas por uma questão de simplicidade, assumiremos o mesmo intervalo.

Os seguintes passos devem ser tomados para a construção de uma tabela de distribuição de frequências para dados contínuos:

**Passo 1**: Ordenar os dados em forma crescente.

**Passo 2**: Determinar o número de classes ($k$), utilizando uma das opções a seguir:

   **a)** Fórmula de Sturges $\rightarrow k = 1 + 3,3 \cdot \log(n)$
   **b)** Pela fórmula $k = \sqrt{n}$

onde $n$ é o tamanho da amostra.

O valor de $k$ deve ser um número inteiro.

**Passo 3**: Determinar o intervalo entre as classes ($h$), calculado como a amplitude da amostra ($A$ = valor máximo – valor mínimo) dividido pelo número de classes:

$$h = A/k$$

O valor de $h$ é aproximado para o maior inteiro.

**Passo 4**: Construir a tabela de distribuição de frequências (calcular a frequência absoluta, a frequência relativa, a frequência acumulada e a frequência relativa acumulada) para cada classe.

O limite inferior da primeira classe corresponde ao valor mínimo da amostra. Para determinar o limite superior de cada classe, soma-se o valor de $h$ ao limite inferior da respectiva classe. O limite inferior da nova classe corresponde ao limite superior da classe anterior.

### Exemplo 3

Considere os dados da Tabela 3.5 referentes às notas dos 30 alunos matriculados na disciplina Mercado Financeiro. Construa uma tabela de distribuição de frequências para o problema em questão.

**Tabela 3.5** Notas dos 30 alunos na disciplina Mercado Financeiro

| 4,2 | 3,9 | 5,7 | 6,5 | 4,6 | 6,3 | 8,0 | 4,4 | 5,0 | 5,5 |
|-----|-----|-----|-----|-----|-----|-----|-----|-----|-----|
| 6,0 | 4,5 | 5,0 | 7,2 | 6,4 | 7,2 | 5,0 | 6,8 | 4,7 | 3,5 |
| 6,0 | 7,4 | 8,8 | 3,8 | 5,5 | 5,0 | 6,6 | 7,1 | 5,3 | 4,7 |

Obs.: Para determinar o número de classes, utilizar a fórmula de Sturges.

### Solução

Os quatro passos descritos anteriormente serão aplicados para a construção da tabela de distribuição de frequências do Exemplo 3, cujas variáveis são contínuas:

**Passo 1**: Ordenar os dados em forma crescente, conforme mostra a Tabela 3.6.

**Tabela 3.6** Dados da Tabela 3.5 ordenados em forma crescente

| 3,5 | 3,8 | 3,9 | 4,2 | 4,4 | 4,5 | 4,6 | 4,7 | 4,7 | 5   |
|-----|-----|-----|-----|-----|-----|-----|-----|-----|-----|
| 5   | 5   | 5   | 5,3 | 5,5 | 5,5 | 5,7 | 6   | 6   | 6,3 |
| 6,4 | 6,5 | 6,6 | 6,8 | 7,1 | 7,2 | 7,2 | 7,4 | 8   | 8,8 |

**Passo 2**: Determinar o número de classes ($k$) pela fórmula de Sturges:

$$k = 1 + 3,3 \cdot \log(30) = 5,87 \cong 6$$

**Passo 3**: Determinar o intervalo entre as classes ($h$):

$$h = \frac{A}{k} = \frac{(8,8 - 3,5)}{6} = 0,88 \cong 1$$

**Passo 4**: Construir a tabela de distribuição de frequências para cada classe.

O limite inferior da primeira classe corresponde à nota mínima 3,5. A partir desse valor, soma-se o intervalo entre as classes (1), de forma que o limite superior da primeira classe será 4,5. A segunda classe se inicia a partir desse valor, e assim sucessivamente, até que a última classe seja definida. Utilizaremos a notação ⊢ para determinar que o limite inferior está incluído na classe e o limite superior não. A tabela completa de distribuição de frequências para o Exemplo 3 está apresentada a seguir.

**Tabela 3.7** Distribuição de frequências para o Exemplo 3

| Classe | $F_i$ | $Fr_i$ (%) | $F_{ac}$ | $Fr_{ac}$ (%) |
|--------|-------|------------|----------|---------------|
| 3,5 ⊢ 4,5 | 5 | 16,67 | 5 | 16,67 |
| 4,5 ⊢ 5,5 | 9 | 30,00 | 14 | 46,67 |
| 5,5 ⊢ 6,5 | 7 | 23,33 | 21 | 70,00 |
| 6,5 ⊢ 7,5 | 7 | 23,33 | 28 | 93,33 |
| 7,5 ⊢ 8,5 | 1 | 3,33 | 29 | 96,67 |
| 8,5 ⊢ 9,5 | 1 | 3,33 | 30 | 100,00 |
| **Soma** | **30** | **100** | | |

# 3. REPRESENTAÇÃO GRÁFICA DE RESULTADOS

Gráfico é uma representação de dados numéricos, na forma de figuras geométricas (diagramas, desenhos ou imagens) que permite ao leitor uma interpretação rápida e objetiva sobre esses dados.

Na seção 3.1 são ilustradas as principais representações gráficas para variáveis qualitativas: gráfico de barras (horizontal e vertical), gráfico de setores ou pizza e diagrama de Pareto.

A representação gráfica de variáveis quantitativas é geralmente ilustrada por meio de gráficos de linhas, gráfico de pontos ou dispersão, histograma, gráfico de ramo-e--folhas e *boxplot* (diagrama de caixa), conforme mostra a seção 3.2.

O gráfico de barras (horizontal e vertical), o gráfico de setores ou pizza, o diagrama de Pareto, o gráfico de linhas, o gráfico de pontos ou dispersão e o histograma serão construídos a partir do Excel. Pelo SPSS, será gerado o *boxplot*, além do histograma.

Para criar um gráfico no **Excel** 2007 ou 2010, os dados e os nomes das variáveis devem estar primeiramente tabulados e selecionados em uma planilha. O próximo passo consiste em clicar no menu **Inserir** e, no grupo **Gráficos**, selecionar o tipo de gráfico desejado (Colunas, Linhas, Pizza, Barras, Área, Dispersão, Outros Gráficos). O gráfico será gerado automaticamente na tela, podendo ser personalizado de acordo com as suas preferências.

O Excel 2007 ou 2010 oferece uma variedade de estilos, layouts e formatação. Para utilizá-los, basta selecionar o gráfico plotado e clicar no menu **Design**, **Layout** ou **Formatar**. No menu **Layout**, por exemplo, estão disponíveis vários recursos como **Título do Gráfico**, **Títulos dos Eixos** (exibe o nome do eixo horizontal e vertical), **Legenda** (mostra ou oculta uma legenda), **Rótulos de Dados** (permite inserir o nome da série, o nome da categoria ou os valores dos rótulos no local desejado), **Tabela de Dados** (mostra a tabela de dados abaixo do gráfico, com ou sem códigos de legenda), **Eixos** (permite personalizar a escala dos eixos horizontal e vertical), **Linhas de Grade** (exibe ou oculta linhas de grade horizontais e verticais), entre outros. Os ícones Título do Gráfico, Títulos dos Eixos, Legenda, Rótulos de Dados e Tabela de

Dados pertencem ao grupo **Rótulos**, enquanto os ícones Eixos e Linhas de Grade pertencem ao grupo **Eixos**.

## 3.1. Representação gráfica para variáveis qualitativas

### 3.1.1. Gráfico de barras

Este tipo de gráfico é bastante utilizado para variáveis qualitativas nominais e ordinais, mas também pode ser usado para **variáveis quantitativas discretas**, pois permite investigar a presença de tendência de dados.

Como o próprio nome diz, o gráfico representa, por meio de barras, as frequências absolutas ou relativas de cada possível categoria (ou valor numérico) de uma variável qualitativa (ou quantitativa). No **gráfico de barras vertical**, cada categoria da variável é representada no eixo das abscissas por uma barra de largura constante, e a altura da respectiva barra indica a frequência da categoria no eixo das ordenadas. Já no **gráfico de barras horizontal**, cada categoria da variável é representada no eixo das ordenadas por uma barra de altura constante, e o comprimento da respectiva barra indica a frequência da categoria no eixo das abscissas.

### *Exemplo 4*

Um banco elaborou uma pesquisa de satisfação com 120 clientes buscando medir o grau agilidade no atendimento (excelente, bom, regular e ruim). As frequências absolutas para cada categoria estão representadas na Tabela 3.8. Construa um gráfico de barras vertical e horizontal para o problema em questão.

**Tabela 3.8** Frequências de ocorrências por categoria

| Satisfação | Frequência absoluta |
|---|---|
| Excelente | 58 |
| Bom | 18 |
| Regular | 32 |
| Ruim | 12 |

### *Solução*

Os gráficos de barras vertical e horizontal do Exemplo 4 serão construídos a partir do **Excel** 2007/2010.

Primeiramente, os dados da Tabela 3.8 devem estar tabulados e selecionados em uma planilha. Clique no menu **Inserir** e, no grupo **Gráficos**, selecione a opção **Colunas.** O gráfico será gerado automaticamente na tela.

Para personalizar o gráfico (primeiramente, clique no mesmo), foram selecionados os seguintes ícones no menu **Layout**: a) **Títulos dos Eixos**: selecionou-se o título do eixo horizontal (Satisfação) e do eixo vertical (Frequência); b) **Legenda**: para ocultar a legenda, clicou-se em "Nenhum"; e c) **Rótulos de Dados**: clicando em "Mais opções de Rótulo de Dados", a opção "Valor" foi selecionada em Conteúdo do Rótulo (ou seleciona-se diretamente a opção Extremidade Externa).

A Figura 3.2 apresenta o gráfico de barras vertical do Exemplo 4 construído a partir do Excel.

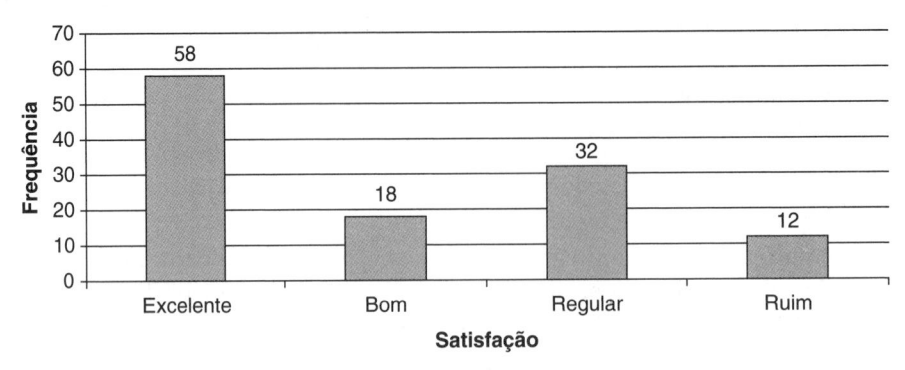

**Figura 3.2** *Gráfico de barras vertical para o Exemplo 4.*

Pela Figura 3.2, pode-se verificar que as categorias da variável analisada estão representadas no eixo das abscissas por barras da mesma largura e suas respectivas alturas indicam as frequências no eixo das ordenadas.

Para construir o gráfico de barras horizontal, selecione a opção **Barras** ao invés de Colunas. Os demais passos seguem a mesma lógica. A Figura 3.3 representa os dados de frequência da Tabela 3.8 por meio de um gráfico de barras horizontal construído a partir do Excel.

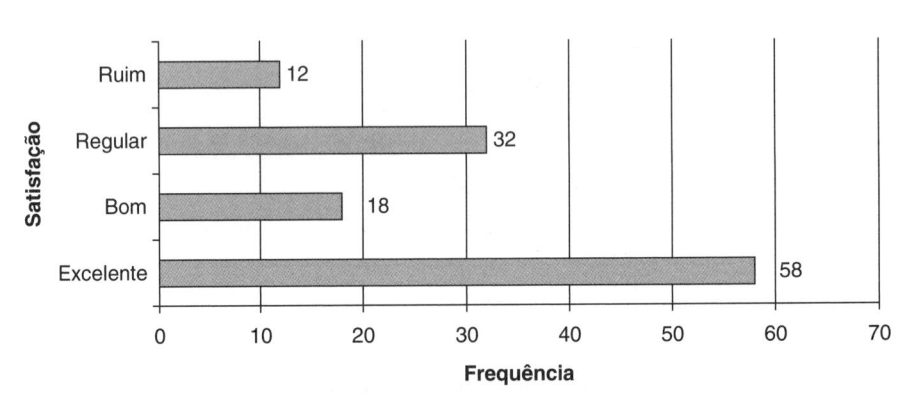

**Figura 3.3** *Gráfico de barras horizontal para o Exemplo 4.*

O gráfico de barras horizontal da Figura 3.3 representa as categorias da variável no eixo das ordenadas e suas respectivas frequências no eixo das abscissas. Para cada categoria da variável, desenha-se uma barra com comprimento correspondente à sua frequência.

O gráfico de barras oferece apenas informações relativas ao comportamento de cada categoria da variável original e à elaboração de investigações acerca do tipo de distribuição, não permitindo o cálculo de medidas de posição, dispersão, assimetria ou curtose, já que a variável em estudo é qualitativa.

## 3.1.2. Gráfico de setores ou pizza

Outra forma de representar dados qualitativos, em termos de frequência relativa (porcentagem), consiste na elaboração de gráficos de setores ou pizza. O gráfico corresponde a um círculo de raio arbitrário (todo) dividido em setores ou pizzas de diversos tamanhos (partes do todo).

Este gráfico permite ao pesquisador uma oportunidade de visualizar os dados como "fatias de pizza" ou porções de um todo.

### Exemplo 5

Uma pesquisa eleitoral foi aplicada na cidade de São Paulo para verificar a preferência dos eleitores em relação aos partidos na próxima eleição à prefeitura. A porcentagem de eleitores por partido está representada na Tabela 3.9. Construa um gráfico de setores ou pizza para o Exemplo 5.

**Tabela 3.9** Porcentagem de eleitores por partido

| Partido | Porcentagem |
|---------|-------------|
| PMDB | 18 |
| PSDB | 22 |
| PDT | 12,5 |
| PT | 24,5 |
| PC do B | 8 |
| PV | 5 |
| Outros | 10 |

### Solução

O gráfico de setores ou pizza do Exemplo 5 será construído a partir do Excel. A sequência de passos é semelhante à apresentada no Exemplo 4, porém, seleciona-se a opção **Pizza** no grupo "Gráficos" do menu "Inserir". A Figura 3.4 apresenta o gráfico de pizza obtido pelo Excel para os dados apresentados na Tabela 3.9.

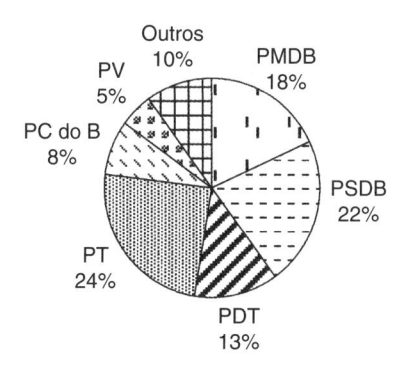

**Figura 3.4** *Gráfico de pizza do Exemplo 5.*

### 3.1.3. Diagrama de Pareto

O diagrama de Pareto é uma das ferramentas da Qualidade e tem como objetivo investigar os tipos de problemas e, consequentemente, identificar suas respectivas causas, de forma que uma ação possa ser tomada a fim de reduzi-las ou eliminá-las.

O diagrama de Pareto é um gráfico de barras vertical combinado com um gráfico de linhas. As barras representam as frequências absolutas de ocorrências dos problemas e as linhas representam as frequências relativas acumuladas. Os problemas são ordenados por forma decrescente de prioridade.

### *Exemplo 6*

Uma empresa fabricante de cartões de crédito e magnéticos tem como objetivo reduzir o número de produtos defeituosos. O inspetor de qualidade classificou uma amostra de 1.000 cartões coletada durante uma semana de produção, de acordo com os tipos de defeitos detectados, como mostra a Tabela 3.10. Construa o diagrama de Pareto para o problema em questão.

**Tabela 3.10** Frequências de ocorrências de cada defeito

| Tipo de defeito | Frequência absoluta ($F_i$) |
|---|---|
| Amassado | 71 |
| Perfurado | 28 |
| Impressão ilegível | 12 |
| Caracteres errados | 20 |
| Números errados | 44 |
| Outros | 6 |
| **Total** | **181** |

### *Solução*

O primeiro passo para a construção do diagrama de Pareto é ordenar os defeitos por ordem de prioridade (da maior frequência para a menor). O gráfico de barras representa a frequência absoluta de cada defeito. Para a construção do gráfico de linhas, é necessário calcular a frequência relativa acumulada (%) até o defeito analisado. A Tabela 3.11 apresenta a frequência absoluta para cada tipo de defeito, em ordem decrescente, e a frequência relativa acumulada (%).

**Tabela 3.11** Frequência absoluta para cada defeito e frequência relativa acumulada (%)

| Tipo de defeito | Número de defeitos | % acumulada |
|---|---|---|
| Amassado | 71 | 39,23 |
| Números errados | 44 | 63,54 |
| Perfurado | 28 | 79,01 |
| Caracteres errados | 20 | 90,06 |
| Impressão ilegível | 12 | 96,69 |
| **Outros** | **6** | **100** |

Apresentaremos a seguir como construir o diagrama de Pareto para o Exemplo 6 por meio do Excel 2007 ou 2010, a partir dos dados da Tabela 3.11.

Primeiramente, os dados da Tabela 3.11 devem estar tabulados e selecionados em uma planilha do Excel. No grupo **Gráficos** do menu **Inserir**, escolha a opção **Colunas** (e o subtipo colunas agrupadas). O gráfico é gerado automaticamente na tela, porém, tanto os dados de frequência absoluta como os de frequência relativa acumulada são representados na forma de colunas. Para alterar o tipo de gráfico referente à porcentagem acumulada, clique com o botão direito sobre qualquer barra da respectiva série e selecione a opção **Alterar Tipo de Gráfico de Série**, seguido por um gráfico de linhas com marcadores. O gráfico resultante é o diagrama de Pareto.

Para personalizar o diagrama de Pareto, foram utilizados os seguintes ícones no menu **Layout**: a) **Títulos dos Eixos**: para o gráfico de barras, selecionou-se o título do eixo horizontal (Tipo de defeito) e do eixo vertical (Frequência); para o gráfico de linhas, atribuiu-se o nome "Percentual" ao eixo vertical; b) **Legenda**: para ocultar a legenda, clicou-se em "Nenhum"; c) **Tabela de Dados**: selecionou-se a opção "Mostrar Tabela de Dados com Códigos de Legenda"; e d) **Eixos**: a unidade principal dos eixos verticais para ambos os gráficos foi fixada em 20 e o valor máximo do eixo vertical para o gráfico de linhas foi fixado em 100.

A Figura 3.5 apresenta o gráfico gerado pelo Excel que corresponde ao diagrama de Pareto do Exemplo 6.

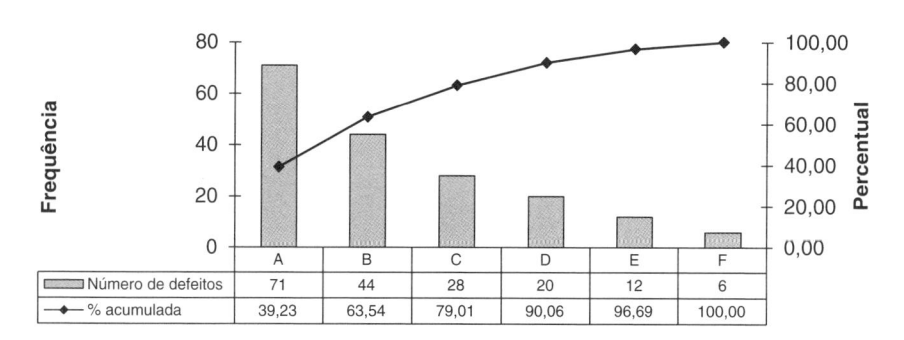

**Figura 3.5** *Diagrama de Pareto para o Exemplo 6.*

*Legenda:* A – Amassado; B – Números errados; C – Perfurado; D – Caracteres errados; E – Impressão Ilegível; e F – Outros

## 3.2. Representação gráfica para variáveis quantitativas

### 3.2.1. Gráfico de linhas

No gráfico de linhas, pontos são representados pela intersecção das variáveis envolvidas no eixo das abscissas (X) e das ordenadas (Y), e os mesmos são ligados por segmentos de reta.

Apesar de considerar dois eixos, o gráfico de linhas será utilizado neste capítulo para representar o comportamento de uma única variável. O gráfico mostra a evolução ou tendência dos dados de uma variável quantitativa, geralmente contínua, em intervalos regulares. Os valores numéricos da variável são representados no eixo das ordenadas e o eixo das abscissas mostra apenas a distribuição dos dados de forma uniforme.

### Exemplo 7

O supermercado Barato & Fácil registrou a porcentagem de perdas nos últimos 12 meses (Tabela 3.12) e, a partir daí, adotará novas medidas de prevenção. Construa um gráfico de linhas para o Exemplo 7.

**Tabela 3.12** Porcentagem de perdas nos últimos 12 meses

| Mês | Perdas (%) |
| --- | --- |
| Janeiro | 0,42 |
| Fevereiro | 0,38 |
| Março | 0,12 |
| Abril | 0,34 |
| Maio | 0,22 |
| Junho | 0,15 |
| Julho | 0,18 |
| Agosto | 0,31 |
| Setembro | 0,47 |
| Outubro | 0,24 |
| Novembro | 0,42 |
| Dezembro | 0,09 |

### Solução

Para construir o gráfico de linhas do Exemplo 7 a partir do Excel, no grupo "Gráficos" do menu "Inserir", escolha a opção **Linhas**. Os demais passos seguem a mesma lógica dos exemplos anteriores. O gráfico completo está ilustrado na Figura 3.6.

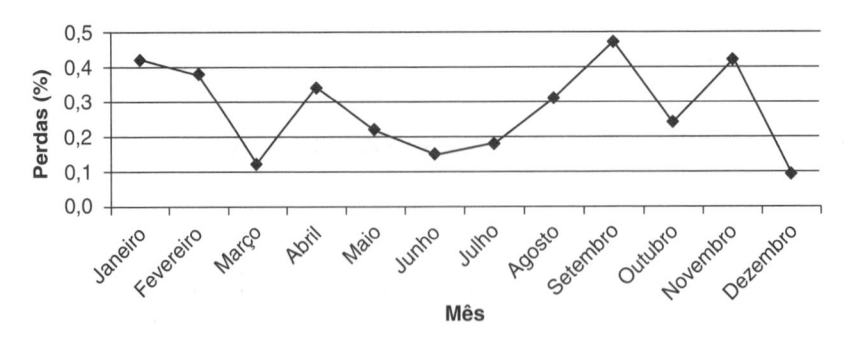

**Figura 3.6** *Gráfico de linhas para o Exemplo 7.*

## 3.2.2. Gráfico de pontos ou dispersão

O gráfico de pontos ou dispersão é muito semelhante ao gráfico de linhas; a maior diferença entre eles está na forma como os dados são plotados no eixo das abscissas.

Analogamente ao gráfico de linhas, os pontos são representados pela intersecção das variáveis envolvidas no eixo das abscissas e das ordenadas, porém, os mesmos não são ligados por segmentos de reta.

O gráfico de pontos ou dispersão estudado neste capítulo é utilizado para mostrar a evolução ou tendência dos dados de uma única variável quantitativa, semelhante ao gráfico de linhas, porém, em intervalos irregulares (em geral). Analogamente ao gráfico de linhas, os valores numéricos da variável são representados no eixo das ordenadas e o eixo das abscissas representa apenas o comportamento dos dados ao longo do tempo.

No próximo capítulo, veremos como o diagrama de dispersão pode ser utilizado para descrever o comportamento de duas variáveis simultaneamente (análise bivariada). Os valores numéricos de uma variável serão representados no eixo das ordenadas, e da outra no eixo das abscissas.

### *Exemplo 8*

A empresa Papermisto é fornecedora de três tipos de matérias-primas para produção de papel: celulose, pasta mecânica e aparas. Para manter seus padrões de qualidade, a fábrica faz uma rigorosa inspeção dos seus produtos durante cada fase de produção. Em intervalos irregulares, o operador deve verificar as características estéticas e dimensionais do produto selecionado com instrumentos especializados. Por exemplo, na etapa de armazenamento da celulose, o produto deve ser empilhado na forma de fardo com um peso de aproximadamente 250 kg por unidade. A Tabela 3.13 apresenta registros dos pesos dos fardos coletados ao longo das últimas 5 horas, em intervalos irregulares variando de 20 a 45 minutos. Construa um gráfico de dispersão para o Exemplo 8.

**Tabela 3.13** Evolução do peso do fardo ao longo do tempo

| Tempo (min) | Peso (kg) |
|:---:|:---:|
| 30 | 250 |
| 50 | 255 |
| 85 | 252 |
| 106 | 248 |
| 138 | 250 |
| 178 | 249 |
| 198 | 252 |
| 222 | 251 |
| 252 | 250 |
| 297 | 245 |

### *Solução*

Para construir o gráfico de dispersão do Exemplo 8 a partir do Excel, grupo "Gráficos" do menu "Inserir", escolha a opção **Dispersão**. Os demais passos seguem a mesma lógica dos exemplos anteriores. O gráfico pode ser visualizado na Figura 3.7.

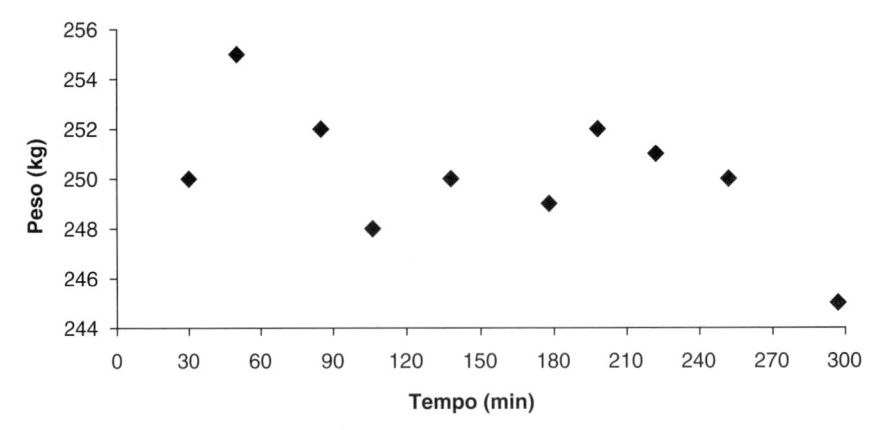

**Figura 3.7** *Gráfico de dispersão para o Exemplo 8.*

### 3.2.3. Histograma

O histograma é um gráfico de barras vertical que representa a distribuição de frequências de uma variável quantitativa (discreta ou contínua). Os valores da variável em estudo são representados no eixo das abscissas (a base de cada barra, de largura constante, representa cada possível valor da variável discreta ou cada classe de valores contínuos, ordenados em forma crescente). Já a altura das barras no eixo das ordenadas representa a distribuição de frequências (absoluta, relativa ou acumulada) dos respectivos valores da variável.

O histograma é muito semelhante ao diagrama de Pareto, sendo também uma das sete ferramentas da qualidade. Enquanto o diagrama de Pareto representa a distribuição de frequências de uma variável qualitativa (tipos de problema) cujas categorias representadas no eixo das abscissas são ordenadas por ordem de prioridade (da categoria com maior frequência para a menor), o histograma representa a distribuição de frequências de uma variável quantitativa cujos valores representados no eixo das abscissas são ordenados em forma crescente.

O primeiro passo para a criação de um histograma é, portanto, a construção da tabela de distribuição de frequências. Conforme apresentado nas seções 2.2 e 2.3, para cada possível valor de uma variável discreta ou para classe de dados contínuos, calcula-se a frequência absoluta, a frequência relativa, a frequência acumulada e a frequência relativa acumulada. Os dados devem estar ordenados em forma crescente.

O histograma é então construído a partir dessa tabela. A primeira coluna da tabela de distribuição de frequências que representa os valores numéricos ou classes de valores da variável em estudo será representada no eixo das abscissas, e a coluna de frequência absoluta (ou frequência relativa, frequência acumulada ou frequência relativa acumulada) será representada no eixo das ordenadas.

Muitos softwares estatísticos geram o histograma automaticamente a partir dos valores originais da variável quantitativa em estudo, sem a necessidade do cálculo das frequências. Apesar de o Excel possuir a opção de construção de um histograma a partir das ferramentas de análise, mostraremos como construí-lo a partir do gráfico de colunas em função da simplicidade.

## *Exemplo 9*

Um banco nacional está contratando novos gerentes (pessoa jurídica) a fim de melhorar o nível de serviço de seus clientes. A Tabela 3.14 mostra o número de empresas atendidas diariamente em uma das principais agências da capital. Construa um histograma a partir desses dados pelo Excel.

**Tabela 3.14** Número de empresas atendidas diariamente

| 13 | 11 | 13 | 10 | 11 | 12 | 8 | 12 | 9 | 10 |
|----|----|----|----|----|----|----|----|----|----|
| 12 | 10 | 8 | 11 | 9 | 11 | 14 | 11 | 10 | 9 |

## *Solução*

O primeiro passo é a construção da tabela de distribuição de frequências:

**Tabela 3.15** Distribuição de frequências para o Exemplo 9

| Número de empresas | $F_i$ | $Fr_i$ (%) | $F_{ac}$ | $Fr_{ac}$ (%) |
|---|---|---|---|---|
| 8 | 2 | 10 | 2 | 10 |
| 9 | 3 | 15 | 5 | 25 |
| 10 | 4 | 20 | 9 | 45 |
| 11 | 5 | 25 | 14 | 70 |
| 12 | 3 | 15 | 17 | 85 |
| 13 | 2 | 10 | 19 | 95 |
| 14 | 1 | 5 | 20 | 100 |
| **Soma** | **20** | **100** | | |

A partir dos dados da Tabela 3.15, pode-se construir um histograma de frequência absoluta, de frequência relativa, de frequência acumulada ou de frequência relativa acumulada pelo Excel. O histograma construído será o de frequências absolutas.

Dessa forma, deve-se tabular e selecionar as duas primeiras colunas da Tabela 3.15 (exceto a última linha "soma") em uma planilha do Excel. No grupo **Gráficos** do menu **Inserir**, escolha a opção **Colunas**.

Clique no gráfico gerado para que o mesmo possa ser personalizado. No menu **Layout**, selecione os seguintes ícones: a) **Títulos dos Eixos**: selecionou-se o título do eixo horizontal (Número de empresas) e do eixo vertical (Frequência absoluta); e b) **Legenda**: para ocultar a legenda, clicou-se em "Nenhum". O histograma gerado pelo Excel pode ser visualizado na Figura 3.8.

Conforme mencionado anteriormente, muitos pacotes computacionais estatísticos, incluindo o SPSS, geram automaticamente o histograma a partir dos dados originais da variável em estudo (nesse exemplo, a partir dos dados da Tabela 3.14), sem a necessidade do cálculo das frequências. Além disso, esses pacotes têm a opção de plotagem da curva normal.

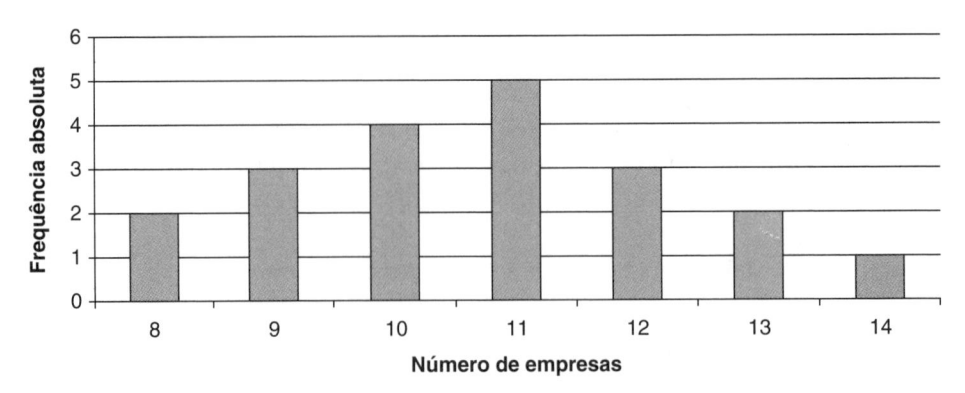

**Figura 3.8** *Histograma de frequências absolutas gerado pelo Excel para o Exemplo 9.*

A Figura 3.9 apresenta o histograma gerado pelo SPSS (com a opção de curva normal) a partir dos dados da Tabela 3.14. Veremos detalhadamente na Seção 6 como o mesmo pode ser construído a partir do software SPSS. A reprodução das imagens nesse capítulo tem autorização da International Business Machines Corporation[©].

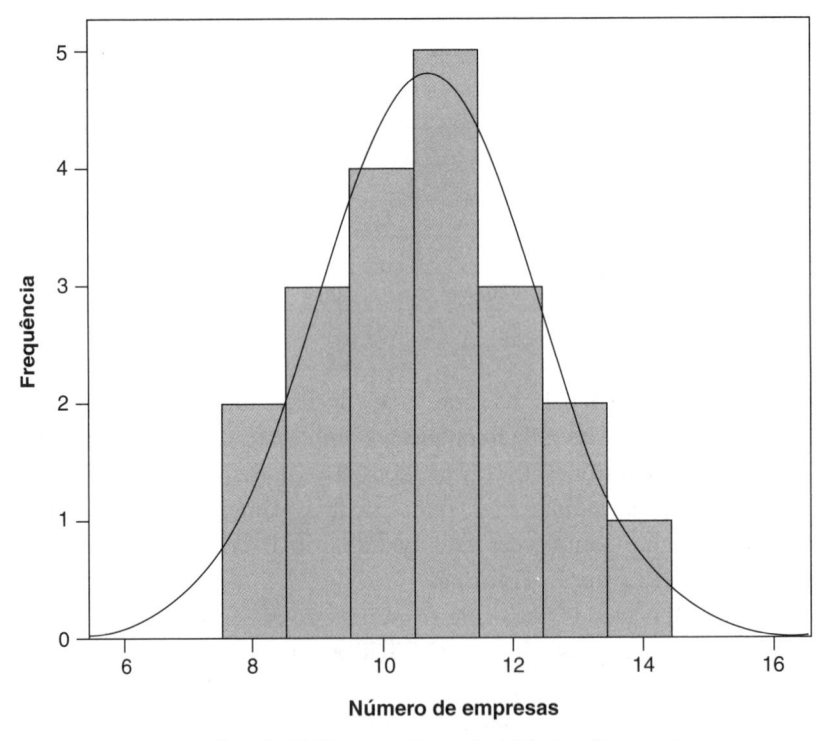

**Figura 3.9** *Histograma gerado pelo SPSS para o Exemplo 9 (dados discretos).*

Repare que os valores da variável discreta são representados no centro da base.

Para variáveis contínuas, considere os dados da Tabela 3.5 (Exemplo 3) referentes às notas dos alunos na disciplina Mercado Financeiro. Esses dados foram ordenados em forma crescente, conforme apresentado na Tabela 3.6 (veja a seguir novamente).

**Tabela 3.6** Notas dos 30 alunos na disciplina Mercado Financeiro ordenadas em forma crescente

| 3,5 | 3,8 | 3,9 | 4,2 | 4,4 | 4,5 | 4,6 | 4,7 | 4,7 | 5 |
|---|---|---|---|---|---|---|---|---|---|
| 5 | 5 | 5 | 5,3 | 5,5 | 5,5 | 5,7 | 6 | 6 | 6,3 |
| 6,4 | 6,5 | 6,6 | 6,8 | 7,1 | 7,2 | 7,2 | 7,4 | 8 | 8,8 |

A Figura 3.10 apresenta o histograma gerado pelo software SPSS (com a opção de curva normal) a partir dos dados das Tabelas 3.5 ou 3.6.

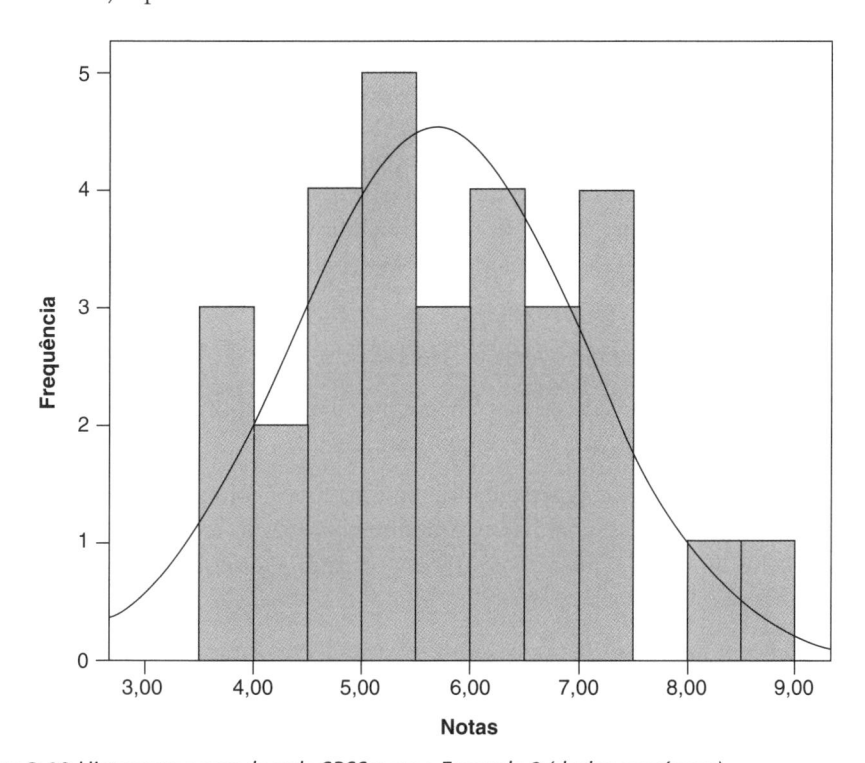

**Figura 3.10** *Histograma gerado pelo SPSS para o Exemplo 3 (dados contínuos).*

Repare que os dados foram agrupados considerando um intervalo entre as classes de $h = 0,5$, diferentemente do Exemplo 3 que considerou $h = 1$. Os limites inferiores das classes são representados do lado esquerdo da base da barra e os limites superiores (não incluídos na classe) do lado direito; a altura da barra representa a frequência total na classe. Por exemplo, a primeira barra representa a classe 3,5 ⊢ 4,0, existindo três valores nesse intervalo (3,5; 3,8 e 3,9).

## 3.2.4. Gráfico ramo-e-folhas

Tanto o gráfico de barras quanto o histograma representam a forma da distribuição de frequências de uma variável. O gráfico de ramo-e-folhas é uma alternativa para representar distribuições de frequências de variáveis quantitativas discretas e contínuas com poucas observações, com a vantagem de manter o valor original de cada observação (possibilita a visualização de toda a informação dos dados).

A representação de cada observação no gráfico é dividida em duas partes, separadas por uma linha vertical: o ramo que fica do lado esquerdo da linha vertical e representa o(s) primeiro(s) dígito(s) da observação; a folha que fica do lado direito da linha vertical e representa o(s) último(s) dígitos da observação. A escolha do número de dígitos iniciais que irá compor o ramo ou o número de dígitos complementares que irá compor a folha é arbitrária; os ramos geralmente compõem os dígitos mais significativos e as folhas os menos significativos.

Os ramos são representados em uma única coluna e seus diferentes valores ao longo de várias linhas. Para cada ramo representado do lado esquerdo da linha vertical, têm-se as respectivas folhas exibidas do lado direito ao longo de várias colunas. Tanto os ramos quanto as folhas devem estar ordenados em forma crescente de valores. Nos casos em que houver muitas folhas por ramo, pode-se ter mais de uma linha com o mesmo ramo. A escolha do número de linhas é arbitrária, assim como a definição do número ou do intervalo de classes em uma distribuição de frequências.

Para a construção do gráfico de ramo-e-folhas, podemos seguir a seguinte sequência de passos:

**Passo 1**: Ordenar os dados em forma crescente.

**Passo 2**: Definir o número de dígitos iniciais que irão compor o ramo ou o número de dígitos complementares que irão compor a folha.

**Passo 3**: Construir os ramos, representados em uma única coluna do lado esquerdo da linha vertical. Seus diferentes valores são representados ao longo de várias linhas, em ordem crescente. Quando o número de folhas por ramo é muito grande, criam-se duas ou mais linhas para o mesmo ramo.

**Passo 4**: Colocar as folhas correspondentes aos respectivos ramos, do lado direito da linha vertical, ao longo de várias colunas (em ordem crescente).

### Exemplo 10

Uma empresa de pequeno porte levantou a idade de seus funcionários, conforme mostra a Tabela 3.16. Construa um gráfico de ramo-e-folhas.

**Tabela 3.16** Idade dos funcionários

| 44 | 60 | 22 | 49 | 31 | 58 | 42 | 63 | 33 | 37 |
|----|----|----|----|----|----|----|----|----|----|
| 54 | 55 | 40 | 71 | 55 | 62 | 35 | 45 | 59 | 54 |
| 50 | 51 | 24 | 31 | 40 | 73 | 28 | 35 | 75 | 48 |

### Solução

### Passo 1

Para facilitar a visualização dos dados, os mesmos devem estar ordenados em forma crescente, conforme mostra a Tabela 3.17.

**Tabela 3.17** Idade dos funcionários em ordem crescente

| 22 | 24 | 28 | 31 | 31 | 33 | 35 | 35 | 37 | 40 |
|----|----|----|----|----|----|----|----|----|----|
| 40 | 42 | 44 | 45 | 48 | 49 | 50 | 51 | 54 | 54 |
| 55 | 55 | 58 | 59 | 60 | 62 | 63 | 71 | 73 | 75 |

## Passo 2

O passo seguinte para a construção de um gráfico de ramo-e-folhas é a definição do número de dígitos iniciais da observação que irá compor o ramo. Os dígitos complementares irão compor a folha. Nesse exemplo, todas as observações são compostas por dois dígitos; os ramos correspondem às dezenas e as folhas correspondem às unidades.

## Passo 3

O próximo passo consiste na construção dos ramos. Pela Tabela 3.17, verifica-se que existem observações que iniciam com as dezenas 2, 3, 4, 5, 6 e 7 (ramos). O ramo com maior frequência é o 5 (8 observações), sendo possível representar todas as suas folhas em uma única linha. Logo, teremos uma única linha por ramo. Os ramos são então representados em uma única coluna do lado esquerdo da linha vertical, em ordem crescente, conforme mostra a Figura 3.11.

```
2 │
3 │
4 │
5 │
6 │
7 │
```

**Figura 3.11** *Construção dos ramos para o Exemplo 10.*

## Passo 4

Finalmente, colocam-se as folhas correspondentes a cada ramo, do lado direito da linha vertical. As folhas são representadas em ordem crescente ao longo de várias colunas. Por exemplo, o ramo 2 contém as folhas 2, 4 e 8; já o ramo 5 contém as folhas 0, 1, 4, 4, 5, 5, 8 e 9, representadas ao longo de 8 colunas. Se esse ramo fosse dividido em duas linhas, a primeira linha conteria as folhas de 0 a 4 e a segunda linha as folhas de 5 a 9.

A Figura 3.12 apresenta o gráfico ramo-e-folhas para o Exemplo 10.

```
2 │ 2   4   8
3 │ 1   1   3   5   5   7
4 │ 0   0   2   4   5   8   9
5 │ 0   1   4   4   5   5   8   9
6 │ 0   2   3
7 │ 1   3   5
```

**Figura 3.12** *Gráfico ramo-e-folhas para o Exemplo 10.*

## Exemplo 11

A temperatura média, em graus Celsius, registrada durante os últimos 40 dias em Porto Alegre está listada na Tabela 3.18. Construa o gráfico de ramo-e-folhas para o Exemplo 11.

**Tabela 3.18** Temperatura média em graus Celsius

| | | | | | | | | | |
|---|---|---|---|---|---|---|---|---|---|
| 8,5 | 13,7 | 12,9 | 9,4 | 11,7 | 19,2 | 12,8 | 9,7 | 19,5 | 11,5 |
| 15,5 | 16,0 | 20,4 | 17,4 | 18,0 | 14,4 | 14,8 | 13,0 | 16,6 | 20,2 |
| 17,9 | 17,7 | 16,9 | 15,2 | 18,5 | 17,8 | 16,2 | 16,4 | 18,2 | 16,9 |
| 18,7 | 19,6 | 13,2 | 17,2 | 20,5 | 14,1 | 16,1 | 15,9 | 18,8 | 15,7 |

## Solução

### Passo 1

Primeiramente, ordenam-se os dados em forma crescente, como mostra a Tabela 3.19.

**Tabela 3.19** Temperatura média em ordem crescente

| | | | | | | | | | |
|---|---|---|---|---|---|---|---|---|---|
| 8,5 | 9,4 | 9,7 | 11,5 | 11,7 | 12,8 | 12,9 | 13,0 | 13,2 | 13,7 |
| 14,1 | 14,4 | 14,8 | 15,2 | 15,5 | 15,7 | 15,9 | 16,0 | 16,1 | 16,2 |
| 16,4 | 16,6 | 16,9 | 16,9 | 17,2 | 17,4 | 17,7 | 17,8 | 17,9 | 18,0 |
| 18,2 | 18,5 | 18,7 | 18,8 | 19,2 | 19,5 | 19,6 | 20,2 | 20,4 | 20,5 |

### Passo 2

Nesse exemplo, as folhas correspondem ao último dígito; os dígitos restantes (à esquerda) correspondem aos ramos.

### Passos 3 e 4

Os ramos variam de 8 a 20. O ramo com maior frequência é o 16 (7 observações), de forma que suas folhas podem ser representadas em uma única linha. Para cada ramo, colocam-se as respectivas folhas. A Figura 3.13 apresenta o gráfico ramo-e-folhas para o Exemplo 11.

```
 8 | 5
 9 | 4  7
10 |
11 | 5  7
12 | 8  9
13 | 0  2  7
14 | 1  4  8
15 | 2  5  7  9
16 | 0  1  2  4  6  9  9
17 | 2  4  7  8  9
18 | 0  2  5  7  8
19 | 2  5  6
20 | 2  4  5
```

**Figura 3.13** *Gráfico de ramo-e-folhas para o Exemplo 11.*

### 3.2.5. *Boxplot* ou diagrama de caixa

O *boxplot* (diagrama de caixa) é uma representação gráfica de cinco medidas de posição ou localização de uma variável: valor mínimo, primeiro quartil ($Q_1$), segundo quartil ($Q_2$) ou mediana (*Md*), terceiro quartil ($Q_3$) e valor máximo. A partir de uma amostra ordenada, a mediana corresponde à posição central e os quartis às subdivisões da amostra em quatro partes iguais, cada uma contendo 25% dos dados.

Dessa forma, o primeiro quartil ($Q_1$) descreve 25% dos primeiros dados (ordenados em forma crescente); o segundo quartil corresponde à mediana (50% dos dados ordenados situam-se abaixo dela e os 50% restantes acima dela) e o terceiro quartil ($Q_{13}$) corresponde a 75% das observações. A medida de dispersão proveniente dessas medidas de localização é a chamada **amplitude interquartil (AIQ)** ou **intervalo interquartil (IQR)** e corresponde à diferença entre $Q_3$ e $Q_1$.

A utilização do gráfico permite avaliar a simetria e distribuição dos dados, e também propicia uma perspectiva visual da presença ou não de dados discrepantes (*outliers*), uma vez que esses dados encontram-se acima dos limites superior e inferior. A representação do diagrama pode ser visualizada na Figura 3.14.

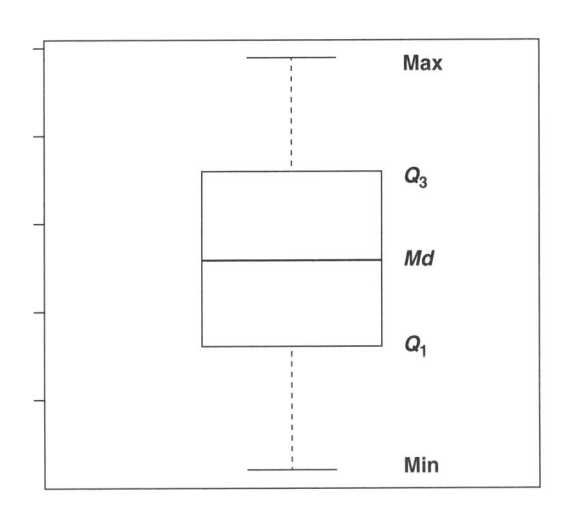

**Figura 3.14** *Boxplot.*

O cálculo da mediana, o cálculo do primeiro e terceiro quartil, assim como o estudo sobre a existência de *outliers*, serão vistos nas seções 4.1.1, 4.1.2 e 4.1.3, respectivamente. Na seção 6.3 estudaremos como construir o diagrama de caixa no software SPSS a partir de um exemplo prático.

## 4. MEDIDAS-RESUMO MAIS USUAIS EM ESTATÍSTICA DESCRITIVA UNIVARIADA

As informações contidas em um conjunto de dados podem ser resumidas por meio de medidas numéricas adequadas, chamadas **medidas-resumo**.

As medidas-resumo mais utilizadas em estatística descritiva univariada têm como objetivo principal a representação do comportamento da variável em estudo por meio de seus valores centrais e não centrais, e suas dispersões ou formas de distribuição dos seus valores em torno da média.

As medidas-resumo que serão estudadas neste capítulo são: medidas de posição ou localização (medidas de tendência central e medidas separatrizes), medidas de dispersão ou variabilidade e medidas de forma, como assimetria e curtose.

Estas medidas são calculadas para variáveis **métricas, ou quantitativas**. A única exceção é em relação à **moda**, que é uma medida de tendência central que fornece o valor mais frequente de uma variável, podendo assim também ser calculada para variáveis não métricas ou qualitativas.

## 4.1. Medidas de posição ou localização

Essas medidas fornecem valores que caracterizam o comportamento de uma série de dados, indicando a posição ou localização dos dados em relação ao eixo dos valores assumidos pela variável ou característica em estudo.

As medidas de posição ou localização são subdivididas em medidas de tendência central (média, mediana e moda) e medidas separatrizes (quartis, decis e percentis).

### 4.1.1. Medidas de tendência central

As medidas de tendência central mais utilizadas referem-se à média aritmética, à mediana e à moda.

#### 4.1.1.1 Média aritmética

A média aritmética pode ser uma medida representativa de uma população com $N$ elementos, representada pela letra grega $\mu$, ou uma medida representativa de uma amostra com $n$ elementos, representada por $\overline{x}$.

**CASO 1** **Média aritmética simples para dados discretos e contínuos não agrupados**

A média aritmética simples, ou simplesmente média, é a soma do total de valores de uma determinada variável (discreta ou contínua) dividida pelo número total de observações. Assim, a média aritmética amostral de uma determinada variável $x$ ($\overline{x}$) é:

$$\overline{x} = \frac{\sum_{i=1}^{n} x_i}{n} \tag{3.1}$$

em que $n$ é o número total de observações no conjunto de dados e $x_i$, para $i = 1,..., n$, representa cada um dos valores da variável $x$.

### Exemplo 12

Calcule a média aritmética simples para os dados da Tabela 3.20 referentes às notas dos alunos de pós-graduação na disciplina de Métodos Quantitativos.

**Tabela 3.20** Notas dos alunos

| 5,7 | 6,5 | 6,9 | 8,3 | 8,0 | 4,2 | 6,3 | 7,4 | 5,8 | 6,9 |
|-----|-----|-----|-----|-----|-----|-----|-----|-----|-----|

### Solução

A média é simplesmente calculada como a soma de todos os valores da Tabela 3.20 dividido pelo número total de observações:

$$\overline{x} = \frac{5,7 + 6,5 + \cdots + 6,9}{10} = 6,6$$

A função MÉDIA do **Excel** calcula a média aritmética simples do conjunto de valores selecionados. Suponha que os dados da Tabela 3.20 estejam disponíveis da célula A1 até a célula A10. Para o cálculo da média, basta inserir a fórmula =MÉDIA(A1:A10).

Outra forma de calcular a média pelo Excel, assim como outras medidas descritivas como mediana, moda, variância, desvio-padrão, erro-padrão, assimetria e curtose que serão estudadas ainda nesse capítulo, é pelo suplemento **Ferramentas de análise** (seção 5).

**CASO 2** **Média aritmética ponderada para dados discretos e contínuos não agrupados**

No cálculo da média aritmética simples, todas as ocorrências têm a mesma importância ou peso. Quando se deseja atribuir diferentes pesos ($p_i$) para cada valor $i$ da variável $x$, utiliza-se a média aritmética ponderada:

$$\overline{x} = \frac{\sum_{i=1}^{n} x_i p_i}{\sum_{i=1}^{n} p_i} \quad\quad (3.2)$$

Se os pesos estiverem expressos em termos percentuais (peso relativo – $pr$), a equação (3.2) resume-se a:

$$\overline{x} = \sum_{i=1}^{n} x_i pr_i \quad\quad (3.3)$$

### Exemplo 13

Na escola da Vanessa, a média anual de cada matéria é calculada a partir das notas obtidas ao longo dos quatro bimestres, com os respectivos pesos: 1, 2, 3 e 4. A Tabela 3.21 apresenta as notas de matemática da aluna Vanessa em cada bimestre. Calcule a sua média anual na matéria.

**Tabela 3.21** Notas de matemática da aluna Vanessa

| Período | Nota | Peso |
|---|---|---|
| 1º Bimestre | 4,5 | 1 |
| 2º Bimestre | 7,0 | 2 |
| 3º Bimestre | 5,5 | 3 |
| 4º Bimestre | 6,5 | 4 |

### Solução

A média anual é calculada utilizando o critério de média aritmética ponderada. Aplicando a equação (3.2) para os dados da Tabela 3.21, tem-se:

$$\overline{x} = \frac{4,5 \times 1 + 7,0 \times 2 + 5,5 \times 3 + 6,5 \times 4}{1 + 2 + 3 + 4} = 6,1$$

### Exemplo 14

Uma carteira de ações é composta por cinco ativos. A Tabela 3.22 apresenta o retorno médio de cada ativo no último mês, assim como a respectiva porcentagem investida. Determine o retorno médio da carteira.

**Tabela 3.22** Retorno de cada ação e porcentagem investida

| Ativo | Retorno (%) | % investida |
|---|---|---|
| Banco do Brasil ON | 1,05 | 10 |
| Bradesco PN | 0,56 | 25 |
| Eletrobrás PNB | 0,08 | 15 |
| Gerdau PN | 0,24 | 20 |
| Vale PN | 0,75 | 30 |

### Solução

O retorno médio da carteira (%) corresponde ao somatório dos produtos entre o retorno médio de cada ativo (%) e a respectiva porcentagem investida (equação 3.3):

$$\overline{x} = 1,05 \times 0,10 + 0,56 \times 0,25 + 0,08 \times 0,15 + 0,24 \times 0,20 + 0,75 \times 0,30 = 0,53\%$$

### CASO 3 Média aritmética para dados discretos agrupados

Quando os valores discretos de $x_i$ se repetem, os dados são agrupados em uma tabela de frequência. Para o cálculo da média aritmética, utiliza-se o mesmo critério da média ponderada, porém, os pesos para cada $x_i$ passam a ser representados por frequências absolutas ($F_i$), e ao invés de $n$ observações com $n$ diferentes valores, tem-se $n$ observações com $m$ diferentes valores (dados agrupados):

$$\overline{x} = \frac{\sum_{i=1}^{m} x_i F_i}{\sum_{i=1}^{m} F_i} = \frac{\sum_{i=1}^{m} x_i F_i}{n}$$

$$(3.4)$$

Se a frequência dos dados estiver expressa em termos de porcentagem relativa à frequência absoluta (frequência relativa − $Fr$), a equação (3.4) resume-se a:

$$\overline{x} = \sum_{i=1}^{m} x_i Fr_i \tag{3.5}$$

## Exemplo 15

Uma pesquisa de satisfação com 120 entrevistados avaliou o desempenho de uma seguradora de saúde, por meio das notas atribuídas que variam de 1 a 10. Os resultados da pesquisa encontram-se na Tabela 3.23. Calcule a média aritmética para o Exemplo 15.

**Tabela 3.23** Tabela de frequência absoluta

| Notas | Número de entrevistados |
|:-----:|:-----------------------:|
| 1 | 9 |
| 2 | 12 |
| 3 | 15 |
| 4 | 18 |
| 5 | 24 |
| 6 | 26 |
| 7 | 5 |
| 8 | 7 |
| 9 | 3 |
| 10 | 1 |

## Solução

A média aritmética do Exemplo 15 é calculada a partir da equação (3.4):

$$\overline{x} = \frac{1 \times 9 + 2 \times 12 + \ \cdots \ + 9 \times 3 + 10 \times 1}{120} = 4,62$$

## CASO 4  Média aritmética para dados contínuos agrupados em classes

Para o cálculo da média aritmética simples, da média aritmética ponderada e da média aritmética para dados discretos agrupados, $x_i$ representava cada valor $i$ da variável $x$.

Para dados contínuos agrupados em classes, cada classe não tem um único valor definido, e sim um conjunto de valores. Para que a média aritmética possa ser calculada nesse caso, assume-se que $x_i$ é o ponto médio ou central da classe $i$ ($i = 1,...,k$), de modo que as equações (3.4) ou (3.5) são reescritas em função do número de classes ($k$):

$$\overline{x} = \frac{\displaystyle\sum_{i=1}^{k} x_i F_i}{\displaystyle\sum_{i=1}^{k} F_i} = \frac{\displaystyle\sum_{i=1}^{k} x_i F_i}{n} \tag{3.6}$$

$$\overline{x} = \sum_{i=1}^{k} x_i Fr_i \tag{3.7}$$

## Exemplo 16

A Tabela 3.24 apresenta as classes de salários pagos aos funcionários de uma determinada empresa e suas respectivas frequências absolutas e relativas. Calcule o salário médio.

**Tabela 3.24** Classes de salários (R$1.000,00) e respectivas frequências absolutas e relativas

| Classe | $F_i$ | $Fr_i$ (%) |
|---|---|---|
| 1 ⊢ 3 | 240 | 17,14 |
| 3 ⊢ 5 | 480 | 34,29 |
| 5 ⊢ 7 | 320 | 22,86 |
| 7 ⊢ 9 | 150 | 10,71 |
| 9 ⊢ 11 | 130 | 9,29 |
| 11 ⊢ 13 | 80 | 5,71 |
| **Soma** | **1.400** | **100** |

### Solução

Considerando $xi$ o ponto médio da classe $i$ e aplicando a equação (3.6):

$$\overline{x} = \frac{2 \times 240 + 4 \times 480 + 6 \times 320 + 8 \times 150 + 10 \times 130 + 12 \times 80}{1.400} = 5,557$$

ou ainda pela equação (3.7):

$$\overline{x} = 2 \times 0,1714 + 4 \times 0,3429 + \cdots + 10 \times 0,0929 + 12 \times 0,0571 = 5,557$$

Portanto, o salário médio é de R$5.557,14.

### 4.1.1.2. Mediana

A mediana ($Md$) é uma medida de localização do centro da distribuição de um conjunto de dados ordenados de forma crescente. Seu valor separa a série em duas partes iguais, de modo que 50% dos elementos são menores ou iguais à mediana e os outros 50% são maiores ou iguais à mediana.

CASO 1 **Mediana para dados discretos e contínuos não agrupados**

A mediana da variável $x$ (discreta ou contínua) pode ser calculada da seguinte forma:

$$Md(x) = \begin{cases} \dfrac{x_{\frac{n}{2}} + x_{\left(\frac{n}{2}\right)+1}}{2}, & se\ n\ for\ par \\[4mm] x_{\frac{(n+1)}{2}}, & se\ n\ for\ ímpar \end{cases} \tag{3.8}$$

em que $n$ é o número total de observações e $x_1 \leq \ldots \leq x_n$, tal que $x_1$ é a menor observação ou o valor do primeiro elemento e $x_n$ é a maior observação ou o valor do último elemento.

## Exemplo 17

A Tabela 3.25 apresenta a produção mensal de esteiras no ano de 2012 de uma determinada empresa. Calcule a mediana.

**Tabela 3.25** Produção mensal de esteiras em 2012

| Mês | Produção (unidades) |
|---|---|
| Jan | 210 |
| Fev | 180 |
| Mar | 203 |
| Abr | 195 |
| Mai | 208 |
| Jun | 230 |
| Jul | 185 |
| Ago | 190 |
| Set | 200 |
| Out | 182 |
| Nov | 205 |
| Dez | 196 |

### Solução

Para o cálculo da mediana, as observações são ordenadas em forma crescente. Temos, portanto, a ordenação das observações e as respectivas posições:

$180 < 182 < 185 < 190 < 195 < 196 < 200 < 203 < 205 < 208 < 210 < 230$

$1^{\circ}$  $2^{\circ}$  $3^{\circ}$  $4^{\circ}$  $5^{\circ}$  $6^{\circ}$  $7^{\circ}$  $8^{\circ}$  $9^{\circ}$  $10^{\circ}$  $11^{\circ}$  $12^{\circ}$

A mediana será a média entre o sexto e o sétimo elemento, uma vez que $n$ é par, ou seja:

$$Md = \frac{x_{\frac{12}{2}} + x_{\left(\frac{12}{2}\right)+1}}{2}$$

$$Md = \frac{196 + 200}{2} = 198$$

O Excel calcula a mediana de um conjunto de dados por meio da função MED.

Verifique que a mediana não leva em consideração a ordem de grandeza dos valores da variável original. Se, por exemplo, o maior valor fosse 400 ao invés de 230, a mediana seria exatamente a mesma, porém, com uma média muito mais alta.

A mediana também é conhecida por $2^{\circ}$ quartil ($Q_2$), $50^{\circ}$ percentil ($P50$) ou $5^{\circ}$ decil ($D_5$). Estas definições serão estudadas com mais detalhe nas próximas seções.

## CASO 2 Mediana para dados discretos agrupados

Aqui, o cálculo da mediana é semelhante ao caso anterior, porém, os dados estão agrupados em uma tabela de distribuição de frequências.

Analogamente ao caso 1, se $n$ for ímpar, a posição do elemento central será $(n + 1)/2$. Verifica-se na coluna de frequência acumulada o grupo que contém essa posição e, consequentemente, seu valor correspondente na primeira coluna (mediana).

Se $n$ for par, verifica(m)-se o(s) grupo(s) que contém as posições centrais $n/2$ e $(n/2) + 1$ na coluna de frequência acumulada. Se ambas as posições corresponderem ao mesmo grupo, obtém-se diretamente seu valor correspondente na primeira coluna (mediana). Se cada posição corresponder a um grupo distinto, a mediana será a média entre os valores correspondentes definidos na primeira coluna.

### Exemplo 18

A Tabela 3.26 apresenta o número de dormitórios de 70 imóveis de um condomínio fechado localizado na região metropolitana de São Paulo, e suas respectivas frequências absolutas e acumuladas. Calcule a mediana.

**Tabela 3.26** Distribuição de frequências

| Número de dormitórios | $F_i$ | $F_{ac}$ |
|:---:|:---:|:---:|
| 1 | 6 | 6 |
| 2 | 13 | 19 |
| 3 | 20 | 39 |
| 4 | 15 | 54 |
| 5 | 7 | 61 |
| 6 | 6 | 67 |
| 7 | 3 | 70 |
| **Soma** | **70** | |

Como $n$ é par, a mediana será a média entre os valores que ocupam as posições $n/2$ e $(n/2) + 1$, ou seja:

$$Md = \frac{x_{\frac{n}{2}} + x_{\left(\frac{n}{2}\right)+1}}{2} = \frac{x_{35} + x_{36}}{2}$$

Pela Tabela 3.26, verifica-se que o terceiro grupo contém todos os elementos entre as posições 20 e 39 (incluindo 35 e 36), cujo valor correspondente é 3. Portanto, a mediana é:

$$Md = \frac{3 + 3}{2} = 3$$

## CASO 3 Mediana para dados contínuos agrupados em classes

Para variáveis contínuas agrupadas em classes em que os dados estão representados em uma tabela de distribuição de frequências, aplicam-se os seguintes passos para o cálculo da mediana:

**Passo 1**: Calcular a posição da mediana, independente se $n$ é par ou impar, por meio da seguinte equação:

$$\text{Pos}(Md) = n/2 \tag{3.9}$$

**Passo 2**: Identificar a classe que contém a mediana (classe mediana) a partir da coluna de frequência acumulada.

**Passo 3**: Calcular a mediana pela seguinte equação:

$$Md = LI_{Md} + \frac{\left(\dfrac{n}{2} - F_{ac(Md-1)}\right)}{F_{Md}} \times A_{Md} \tag{3.10}$$

em que:

$LI_{Md}$ = limite inferior da classe mediana
$F_{Md}$ = frequência absoluta da classe mediana
$F_{ac(Md-1)}$ = frequência acumulada da classe anterior à classe mediana
$A_{Md}$ = amplitude da classe mediana
$n$ = número total de observações

## Exemplo 19

Considere os dados do Exemplo 16 referentes às classes de salários pagos aos funcionários de uma empresa e suas respectivas frequências absolutas e acumuladas (Tabela 3.27). Calcule a mediana.

**Tabela 3.27** Classes de salários (R$1.000,00) e respectivas frequências absolutas e acumuladas

| Classe | $F_i$ | $F_{ac}$ |
|--------|-------|----------|
| 1 ⊢ 3 | 240 | 240 |
| 3 ⊢ 5 | 480 | 720 |
| 5 ⊢ 7 | 320 | 1.040 |
| 7 ⊢ 9 | 150 | 1.190 |
| 9 ⊢ 11 | 130 | 1.320 |
| 11 ⊢ 13 | 80 | 1.400 |
| **Soma** | **1.400** | |

## Solução

Para o cálculo da mediana, aplicam-se os seguintes passos:

**Passo 1**: Calcular a posição da mediana:

$$\text{Pos}(Md) = \frac{n}{2} = \frac{1.400}{2} = 700$$

**Passo 2**: Pela coluna de frequência acumulada, verifica-se que a posição da mediana pertence à segunda classe (3 ⊢ 5).

**Passo 3**: Calcular a mediana:

$$Md = LI_{Md} + \frac{\left(\dfrac{n}{2} - F_{ac(Md-1)}\right)}{F_{Md}} \times A_{Md}$$

em que:

$$LI_{Md} = 3 \quad F_{Md} = 480 \quad F_{ac(Md-1)} = 240 \quad A_{Md} = 2 \quad n = 1.400$$

Portanto:

$$Md = 3 + \frac{(700 - 240)}{480} \times 2 = 4,916 \ (R\$4.916,67)$$

### 4.1.1.3. Moda

A moda (*Mo*) de uma série de dados corresponde à observação que ocorre com maior frequência. A moda é a única medida de posição que também pode ser utilizada para variáveis qualitativas, já que essas variáveis permitem apenas o cálculo de frequências.

**CASO 1** **Moda para dados não agrupados**

Considere um conjunto de observações $x_1, x_2, ..., x_n$ de uma determinada variável. A moda é o valor que aparece com maior frequência.

O **Excel** retorna a moda de um conjunto de dados por meio da função MODO.

### *Exemplo 20*

A produção de cenouras em uma determinada empresa é composta por cinco etapas, incluindo a fase de acabamento. A Tabela 3.28 apresenta o tempo médio de processamento (segundos) nesta fase para 20 observações. Calcule a moda.

**Tabela 3.28** Tempo de processamento da cenoura na fase de acabamento (s)

| 45,0 | 44,5 | 44,0 | 45,0 | 46,5 | 46,0 | 45,8 | 44,8 | 45,0 | 46,2 |
|------|------|------|------|------|------|------|------|------|------|
| 44,5 | 45,0 | 45,4 | 44,9 | 45,7 | 46,2 | 44,7 | 45,6 | 46,3 | 44,9 |

### *Solução*

A moda é 45,0 que é o valor mais frequente do conjunto de observações da Tabela 3.28. Esse valor poderia ser determinado diretamente pelo Excel utilizando a função MODO.

**CASO 2** **Moda para dados qualitativos ou discretos agrupados**

Para dados qualitativos ou quantitativos discretos agrupados em uma tabela de distribuição de frequências, o cálculo da moda pode ser obtido diretamente da tabela; é o elemento com maior frequência absoluta.

## Exemplo 21

Uma emissora de TV entrevistou 500 telespectadores buscando analisar suas preferências por categorias de interesse. O resultado da pesquisa está listado na Tabela 3.29. Calcule a moda.

Tabela 3.29 Preferências dos telespectadores por categorias de interesse

| Categorias de interesse | $F_i$ |
|---|---|
| Filmes | 71 |
| Novelas | 46 |
| Jornalismo | 90 |
| Humor | 98 |
| Esporte | 120 |
| Shows | 35 |
| Variedades | 40 |
| **Soma** | **500** |

## Solução

Pela Tabela 3.29, verifica-se que a moda corresponde à categoria de "esportes" (maior frequência absoluta). A moda é, portanto, a única medida de posição que também pode ser utilizada para variáveis qualitativas.

### CASO 3 Moda para dados contínuos agrupados em classes

Para dados contínuos agrupados em classes, existem diversos procedimentos para o cálculo da moda, como o método de Czuber e o método de King.

O **método de Czuber** consiste nas seguintes etapas:

**Passo 1**: Identificar a classe que contém a moda (classe modal), que é aquela com maior frequência absoluta.

**Passo 2**: Calcular a moda (*Mo*):

$$Mo = LI_{Mo} + \frac{F_{Mo} - F_{Mo-1}}{2F_{Mo} - (F_{Mo-1} + F_{Mo+1})} \times A_{Mo}$$   (3.11)

em que:

$LI_{Mo}$ = limite inferior da classe modal
$F_{Mo}$ = frequência absoluta da classe modal
$F_{Mo-1}$ = frequência absoluta da classe anterior à classe modal
$F_{Mo+1}$ = frequência absoluta da classe posterior à classe modal
$A_{Mo}$ = amplitude da classe modal

## Exemplo 22

Um conjunto de dados contínuos com 200 observações está agrupado em classes com as respectivas frequências absolutas, conforme mostra a Tabela 3.30. Determine a moda utilizando o método de Czuber.

**Tabela 3.30** Dados contínuos agrupados em classes e respectivas frequências

| Classe | $F_i$ |
|---|---|
| 01 ├ 10 | 21 |
| 10 ├ 20 | 36 |
| 20 ├ 30 | 58 |
| 30 ├ 40 | 24 |
| 40 ├ 50 | 19 |
| **Soma** | **200** |

## Solução

Aplicando o método de Czuber:

**Passo 1**: Pela Tabela 3.30, verifica-se que a classe modal é a terceira (20 ├ 30) já que possui a maior frequência absoluta.

**Passo 2**: Calcula-se a moda ($Mo$):

$$Mo = LI_{Mo} + \frac{F_{Mo} - F_{Mo-1}}{2F_{Mo} - (F_{Mo-1} + F_{Mo+1})} \times A_{Mo}$$

em que:

$$LI_{Mo} = 20 \quad F_{Mo} = 58 \quad F_{Mo-1} = 36 \quad F_{Mo+1} = 24 \quad A_{Mo} = 10$$

Portanto:

$$Mo = 20 + \frac{58 - 36}{2 \times 58 - (36 + 24)} \times 10 = 23,9$$

Já o **método de King** consiste nas seguintes etapas:

**Passo 1**: Identificar a classe modal (com maior frequência absoluta).

**Passo 2**: Calcular a moda ($Mo$) pela seguinte equação:

$$Mo = LI_{Mo} + \frac{F_{Mo+1}}{F_{Mo-1} + F_{Mo+1}} \times A_{Mo} \tag{3.12}$$

em que:

$LI_{Mo}$ = limite inferior da classe modal
$F_{Mo-1}$ = frequência absoluta da classe anterior à classe modal
$F_{Mo-2}$ = frequência absoluta da classe posterior à classe modal
$A_{Mo}$ = amplitude da classe modal

## Exemplo 23

Considere novamente os dados do exemplo anterior. Aplique o método de King para determinar a moda.

### Solução

Pelo Exemplo 22, vimos que:

$$LI_{Mo} = 20 \quad F_{Mo}-1 = 24 \quad F_{Mo}-2 = 36 \quad A_{Mo} = 10$$

Aplicando a equação (3.12):

$$Mo = LI_{Mo} + \frac{F_{Mo+1}}{F_{Mo-1} + F_{Mo+1}} \times A_{Mo} = 20 + \frac{24}{36+24} \times 10 = 24$$

### 4.1.2 Medidas separatrizes

Segundo Bussab e Morettin (2011), a utilização apenas de medidas de tendência central pode não ser adequada para representar um conjunto de dados, uma vez que estes também são afetados por valores extremos e, apenas com o uso destas medidas, não é possível que o pesquisador tenha uma ideia clara de como a dispersão e a simetria dos dados se comportam. Como alternativa, podem ser utilizadas medidas separatrizes, como quartis, decis e percentis. O $2^{\underline{o}}$ quartil ($Q_2$), $5^{\underline{o}}$ decil ($D_5$) ou $50^{\underline{o}}$ percentil ($P_{50}$) correspondem à mediana, sendo, portanto, medidas de tendência central.

### Quartis

Os quartis ($Q_i$, $i = 1, 2, 3$) são medidas de posição que dividem um conjunto de dados, ordenados em forma crescente, em quatro partes com dimensões iguais.

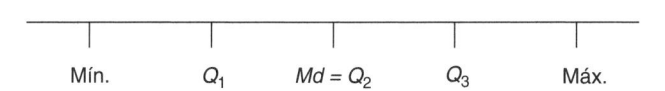

Assim, o **$1^{\underline{o}}$ Quartil** ($Q_1$ ou $25^{\underline{o}}$ percentil) indica que 25% dos dados são inferiores a $Q_1$ ou que 75% dos dados são superiores a $Q_1$.

O **$2^{\underline{o}}$ Quartil** ($Q_2$ ou $5^{\underline{o}}$ decil ou $50^{\underline{o}}$ percentil) corresponde à mediana, indicando que 50% dos dados são inferiores ou superiores a $Q_2$.

Já o **$3^{\underline{o}}$ Quartil** ($Q_3$ ou $75^{\underline{o}}$ percentil) indica que 75% dos dados são inferiores a $Q_3$ ou que 25% dos dados são superiores a $Q_3$.

### Decis

Os decis ($D_i$, $i = 1, 2, ..., 9$) são medidas de posição que dividem um conjunto de dados, ordenados em forma crescente, em 10 partes iguais.

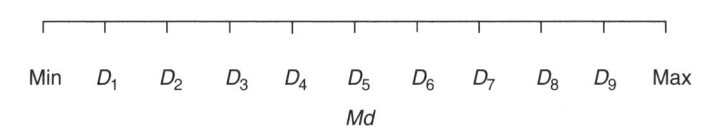

Dessa forma, o **$1^{\underline{o}}$ decil** ($D_1$ ou $10^{\underline{o}}$ percentil) indica que 10% dos dados são inferiores a $D_1$ ou que 90% dos dados são superiores a $D_1$.

O **2º decil** ($D_2$ ou 20º percentil) indica que 20% dos dados são inferiores a $D_2$ ou que 80% dos dados são superiores a $D_2$.

E assim sucessivamente, até o **9º decil** ($D_9$ ou 90º percentil), indicando que 90% dos dados são inferiores a $D_9$ ou que 10% dos dados são superiores a $D_9$.

## Percentis

Os percentis ($P_i, i = 1, 2, ..., 99$) são medidas de posição que dividem um conjunto de dados, ordenados em forma crescente, em 100 partes iguais.

Desta maneira, o **1º percentil** ($P_1$) indica que 1% dos dados é inferior a $P_1$ ou que 99% dos dados são superiores a $P_1$.

O **2º percentil** ($P_2$) indica que 2% dos dados são inferiores a $P_2$ ou que 98% dos dados são superiores a $P_2$.

E assim, sucessivamente, até o **99º percentil** ($P_{99}$), indicando que 99% dos dados são inferiores a $P_{99}$ ou que 1% dos dados é superior a $P_{99}$.

**CASO 1** | **Quartis, decis e percentis para dados discretos e contínuos não agrupados**

Se a posição do quartil, decil ou percentil desejado for um número inteiro ou estiver exatamente entre duas posições, o cálculo do respectivo quartil, decil ou percentil é facilitado. Porém, isso nem sempre acontece (imagine uma amostra com 33 elementos cujo objetivo é calcular o 67º percentil), de modo que existem vários métodos propostos para o seu cálculo que levam a resultados próximos, mas não idênticos.

Apresentaremos um método simples e genérico que pode ser aplicado para o cálculo de qualquer quartil, decil ou percentil de ordem $i$, considerando dados discretos e contínuos não agrupados:

**Passo 1**: Ordenar as observações em forma crescente.

**Passo 2**: Determinar a posição do quartil, decil ou percentil desejado de ordem $i$:

$$\textbf{Quartil} \rightarrow Pos(Q_i) = \left[\frac{n}{4} \times i\right] + \frac{1}{2} , i = 1, 2, 3 \tag{3.13}$$

$$\textbf{Decil} \rightarrow Pos(D_i) = \left[\frac{n}{10} \times i\right] + \frac{1}{2} , i = 1, 2, ..., 9 \tag{3.14}$$

$$\textbf{Percentil} \rightarrow Pos(P_i) = \left[\frac{n}{100} \times i\right] + \frac{1}{2} , i = 1, 2, ..., 99 \tag{3.15}$$

**Passo 3**: Calcular o valor do quartil, decil ou percentil correspondente à respectiva posição.

Suponha que $Pos(Q_1)=3,75$, isto é, o valor de $Q_1$ está entre a 3ª e 4ª posição (75% mais "próximo" da 4ª posição e 25% "próximo" da 3ª posição). Dessa forma, o cálculo de $Q_1$ será a soma do valor correspondente à 3ª posição multiplicado por 0,25 com o valor correspondente à 4ª posição multiplicado por 0,75.

## Exemplo 24

Considere os dados do Exemplo 20 referentes ao tempo médio de processamento da cenoura na fase de acabamento, conforme especificado na Tabela 3.28. Determine $Q_1$ (1º quartil), $Q_3$ (3º quartil), $D_2$ (2º decil) e $P_{64}$ (64º percentil).

**Tabela 3.28** Tempo de processamento da cenoura na fase de acabamento (s)

| 45,0 | 44,5 | 44,0 | 45,0 | 46,5 | 46,0 | 45,8 | 44,8 | 45,0 | 46,2 |
|------|------|------|------|------|------|------|------|------|------|
| 44,5 | 45,0 | 45,4 | 44,9 | 45,7 | 46,2 | 44,7 | 45,6 | 46,3 | 44,9 |

## Solução

Para dados contínuos não agrupados, aplicam-se os seguintes passos para determinação dos quartis, decis e percentis desejados:

**Passo 1**: Ordenar as observações em forma crescente.

| 1º | 2º | 3º | 4º | 5º | 6º | 7º | 8º | 9º | 10º |
|------|------|------|------|------|------|------|------|------|------|
| 44,0 | 44,5 | 44,5 | 44,7 | 44,8 | 44,9 | 44,9 | 45,0 | 45,0 | 45,0 |

| 11º | 12º | 13º | 14º | 15º | 16º | 17º | 18º | 19º | 20º |
|------|------|------|------|------|------|------|------|------|------|
| 45,0 | 45,4 | 45,6 | 45,7 | 45,8 | 46,0 | 46,2 | 46,2 | 46,3 | 46,5 |

**Passo 2**: Cálculo das posições de $Q_1$, $Q_3$, $D_2$ e $P_{64}$:

**a)** $Pos(Q_1) = \left[\dfrac{20}{4} \times 1\right] + \dfrac{1}{2} = 5,5$

**b)** $Pos(Q_3) = \left[\dfrac{20}{4} \times 3\right] + \dfrac{1}{2} = 15,5$

**c)** $Pos(D_2) = \left[\dfrac{20}{10} \times 2\right] + \dfrac{1}{2} = 4,5$

**d)** $Pos(P_{64}) = \left[\dfrac{20}{100} \times 64\right] + \dfrac{1}{2} = 13,3$

**Passo 3**: Cálculo de $Q_1$, $Q_3$, $D_2$ e $P_{64}$:

**a)** $Pos(Q_1)=5,5$ significa que seu valor correspondente está 50% "próximo" da posição 5 e 50% "próximo" da posição 6, ou seja, o cálculo de $Q_1$ é simplesmente a média dos valores correspondentes às duas posições:

$$Q_1 = \frac{44,8 + 44,9}{2} = 44,85$$

**b)** Pos($Q_3$)=15,5 significa que o valor desejado está entre as posições 15 e 16 (50% "próximo" da 15ª posição e 50% "próximo" da 16ª posição), de modo que $Q_3$ pode ser calculado como:

$$Q_3 = \frac{45,8 + 46}{2} = 45,9$$

**c)** Pos($D_2$)=4,5 significa que o valor desejado está entre as posições 4 e 5, de modo que $D_2$ pode ser calculado como:

$$D_2 = \frac{44,7 + 44,8}{2} = 44,75$$

**d)** Pos($P_{64}$)=13,3 significa que o valor desejado está 70% "próximo" da posição 13 e 30% da posição 14, de modo que $P_{64}$ pode ser calculado como:

$$P_{64} = (0,70 \times 45,6) + (0,30 \times 45,7) = 45,63.$$

### Interpretação

$Q_1$ = 44,85 indica que, em 25% das observações (as 5 primeiras observações listadas no passo 1), o tempo de processamento da cenoura na fase de acabamento é inferior a 44,85 segundos, ou que em 75% das observações (as 15 observações restantes), o tempo de processamento é superior a 44,85.

$Q_3$ = 45,9 indica que, em 75% das observações (15 delas), o tempo de processamento é inferior a 45,9 segundos, ou que em 5 observações, o tempo de processamento é superior a 45,9.

$D_2$ = 44,75 indica que, em 20% das observações (4 delas), o tempo de processamento é abaixo de 44,75 segundos, ou que em 80% das observações (16 delas), o tempo de processamento é superior a 44,75.

$P_{64}$ = 45,63 indica que, em 64% das observações (12,8 delas), o tempo de processamento é abaixo de 45,63 segundos, ou que em 36% das observações (7,2 delas) o tempo de processamento é superior a 45,63.

O **Excel** calcula o quartil de ordem $i$ ($i$ = 0, 1, 2, 3, 4) por meio da função QUARTIL. Como argumentos da função, deve-se definir a matriz ou conjunto de dados em que se deseja calcular o respectivo quartil (não precisa estar em ordem crescente), além do quarto desejado (valor mínimo = 0; 1º quartil = 1; 2º quartil = 2, 3º quartil = 3; valor máximo = 4).

O $k$-ésimo percentil ($k$ = 0, ..., 1) também pode ser calculado no Excel por meio da função PERCENTIL. Como argumentos da função, define-se a matriz desejada, além do valor de $k$ (por exemplo, no caso do $P_{64}$, $k$ = 0,64).

O cálculo dos quartis, decis e percentis pelo software estatístico SPSS será demonstrado na seção 6.

O software SPSS utiliza dois métodos para o cálculo de quartis, decis ou percentis. Um deles é chamado Tukey's Hinges e corresponde ao método utilizado neste livro. O outro método refere-se à Média Ponderada (*Weighted Average Method*) cujos cálculos são mais complexos. Já o Excel implementa outro algoritmo que chega a resultados próximos.

### CASO 2  Quartis, decis e percentis para dados discretos agrupados

Aqui, o cálculo dos quartis, decis e percentis é semelhante ao caso anterior, porém, os dados estão agrupados em uma tabela de distribuição de frequências.

Na tabela de distribuição de frequências, os dados devem estar ordenados de forma crescente com as respectivas frequências absolutas e acumuladas. Primeiramente, determina-se a posição do quartil, decil ou percentil desejado de ordem *i* por meio das equações 3.13, 3.14 ou 3.15, respectivamente. A partir da coluna de frequência acumulada, verifica-se o(s) grupo(s) que contém essa posição. Se a posição for um número discreto, obtém-se diretamente seu valor correspondente na primeira coluna. Se a posição for um número fracionário, como, por exemplo, 2,5, porém, se tanto a $2^a$ como a $3^a$ posição pertencerem ao mesmo grupo, seu respectivo valor também será obtido diretamente. Por outro lado, se a posição for um número fracionário, como, por exemplo, 4,25, e as posições 4 e 5 pertencerem a grupos diferentes, calcula-se a soma do valor correspondente à $4^a$ posição multiplicado por 0,75 com o valor correspondente à $5^a$ posição multiplicado por 0,25 (semelhante ao caso 1).

### *Exemplo 25*

Considere os dados do Exemplo 18 referentes ao número de dormitórios de 70 imóveis de um condomínio fechado localizado na região metropolitana de São Paulo, e suas respectivas frequências absolutas e acumuladas (Tabela 3.26). Calcule $Q_1$, $D_4$ e $P_{96}$.

**Tabela 3.26** Distribuição de frequências

| Número de dormitórios | $F_i$ | $F_{ac}$ |
|:---:|:---:|:---:|
| 1 | 6 | 6 |
| 2 | 13 | 19 |
| 3 | 20 | 39 |
| 4 | 15 | 54 |
| 5 | 7 | 61 |
| 6 | 6 | 67 |
| 7 | 3 | 70 |
| **Soma** | **70** | |

### *Solução*

Calculam-se as posições de $Q_1$, $D_4$ e $P_{96}$ por meio das equações 13, 14 e 15, respectivamente, e seus respectivos valores:

**a)**  $Pos(Q_1) = \left[\dfrac{70}{4} \times 1\right] + \dfrac{1}{2} = 18$

Pela Tabela 3.26, verifica-se que a posição 18 pertence ao segundo grupo (2 dormitórios), de modo que $Q_1 = 2$.

**b)** $\mathrm{Pos}(D_4) = \left[\dfrac{70}{10} \times 4\right] + \dfrac{1}{2} = 28,5$

Pela coluna de frequência acumulada, verifica-se que as posições 28 e 29 pertencem ao terceiro grupo (3 dormitórios), de modo que $D_4 = 3$.

**c)** $\mathrm{Pos}(P_{96}) = \left[\dfrac{70}{100} \times 96\right] + \dfrac{1}{2} = 67,7$

ou seja, $P_{96}$ está 70% mais "próximo" da posição 68 e 30% da posição 67. Por meio da coluna de frequência acumulada, verifica-se que a posição 68 pertence ao sétimo grupo (7 dormitórios) e a posição 67 ao sexto grupo (6 dormitórios), de modo que $P_{96}$ pode ser calculado como:

$$P_{96} = (0,70 \times 7) + (0,30 \times 6) = 6,7.$$

### Interpretação

$Q_1 = 2$ indica que 25% dos imóveis têm menos do que 2 dormitórios ou que 75% dos imóveis têm mais do que 2 dormitórios.

$D_4 = 3$ indica que 40% dos imóveis têm menos do que 3 dormitórios ou que 60% dos imóveis têm mais do que 3 dormitórios.

$P_{96} = 6,7$ indica que 96% dos imóveis têm menos do que 6,7 dormitórios ou que 4% dos imóveis têm mais do que 6,7 dormitórios.

**CASO 3** **Quartis, decis e percentis para dados contínuos agrupados em classes**

Para dados contínuos agrupados em classes em que os dados estão representados em uma tabela de distribuição de frequências, aplicam-se os seguintes passos para o cálculo dos quartis, decis e percentis:

**Passo 1**: Calcular a posição do quartil, decil ou percentil desejado de ordem $i$ por meio das seguintes equações:

$$\textbf{Quartil} \rightarrow \mathrm{Pos}(Q_i) = \frac{n}{4} \times i, \quad i = 1, 2, 3 \tag{3.16}$$

$$\textbf{Decil} \rightarrow \mathrm{Pos}(D_i) = \frac{n}{10} \times i, \quad i = 1, 2, ..., 9 \tag{3.17}$$

$$\textbf{Percentil} \rightarrow \mathrm{Pos}(P_i) = \frac{n}{100} \times i, \, i = 1, 2, ..., 99 \tag{3.18}$$

**Passo 2**: Identificar a classe que contém o quartil, decil ou percentil desejado de ordem $i$ (classe quartil, classe decil ou classe percentil) a partir da coluna de frequência acumulada.

**Passo 3**: Calcular o quartil, decil ou percentil desejado de ordem *i* por meio das seguintes equações:

$$\textbf{Quartil} \rightarrow Q_i = LI_{Q_i} + \left( \frac{Pos(Q_i) - F_{ac(Q_i-1)}}{F_{Q_i}} \right) \times A_{Q_i} \ , i = 1, 2, 3 \tag{3.19}$$

em que:

$LI_{Q_i}$ = limite inferior da classe quartil
$F_{ac(Q_i-1)}$ = frequência acumulada da classe anterior à classe quartil
$F_{Q_i}$ = frequência absoluta da classe quartil
$A_{Q_i}$ = amplitude da classe quartil

$$\textbf{Decil} \rightarrow D_i = LI_{D_i} + \left( \frac{Pos(D_i) - F_{ac(D_i-1)}}{F_{D_i}} \right) \times A_{D_i} \ , i = 1, 2, ..., 9 \tag{3.20}$$

em que:

$LI_{D_i}$ = limite inferior da classe decil
$F_{ac(D_i-1)}$ = frequência acumulada da classe anterior à classe decil
$F_{D_i}$ = frequência absoluta da classe decil
$A_{D_i}$ = amplitude da classe decil

$$\textbf{Percentil} \rightarrow P_i = LI_{P_i} + \left( \frac{Pos(P_i) - F_{ac(P_i-1)}}{F_{P_i}} \right) \times A_{P_i} \ , i = 1, 2, ..., 99 \tag{3.21}$$

em que:

$LI_{P_i}$ = = limite inferior da classe percentil
$F_{ac(P_i-1)}$ = frequência acumulada da classe anterior à classe percentil
$F_{P_i}$ = frequência absoluta da classe percentil
$A_{P_i}$ = amplitude da classe percentil

### *Exemplo 26*

Uma pesquisa sobre as condições de saúde de 250 pacientes coletou informações dos pesos dos mesmos. Os dados estão agrupados em classes, como mostra a Tabela 3.31. Calcule o primeiro quartil, o sétimo decil e o percentil de ordem 60.

**Tabela 3.31** Tabela de distribuição de frequências absolutas e acumuladas dos pesos dos pacientes agrupados em classes

| Classe | $F_i$ | $F_{ac}$ |
|---|---|---|
| 50 ⊦ 60 | 18 | 18 |
| 60 ⊦ 70 | 28 | 46 |
| 70 ⊦ 80 | 49 | 95 |
| 80 ⊦ 90 | 66 | 161 |
| 90 ⊦ 100 | 40 | 201 |
| 100 ⊦ 110 | 33 | 234 |
| 110 ⊦ 120 | 16 | 250 |
| **Soma** | **250** | |

### Solução

Para o cálculo de $Q_1$, $D_7$ e $P_{60}$, aplicaremos os três passos descritos anteriormente:

**Passo 1**: Calcular a posição do primeiro quartil, sétimo decil e do 60º percentil por meio das equações (3.16), (3.17) e (3.18), respectivamente:

$$1^{\underline{o}} \text{ Quartil} \rightarrow \text{Pos}(Q_1) = \frac{250}{4} \times 1 = 62,5$$

$$7^{\underline{o}} \text{ Decil} \rightarrow \text{Pos}(D_7) = \frac{250}{10} \times 7 = 175$$

$$60^{\underline{o}} \text{ Percentil} \rightarrow \text{Pos}(P_{60}) = \frac{250}{100} \times 60 = 150$$

**Passo 2**: Identificar a classe que contém $Q_1$, $D_7$ e $P_{60}$ a partir da coluna de frequência acumulada da Tabela 3.31:

$Q_1$ pertence à 3ª classe (70⊢80)

$D_7$ pertence à 5ª classe (90⊢100)

$P_{60}$ pertence à 4ª classe (80⊢90)

**Passo 3**: Calcular $Q_1$, $D_7$ e $P_{60}$ a partir das equações (3.19), (3.20) e (3.21), respectivamente:

$$Q_1 = LI_{Q_1} + \left( \frac{Pos(Q_1) - F_{ac(Q_1-1)}}{F_{Q_1}} \right) \times A_{Q_1} = 70 + \left( \frac{62,5 - 46}{49} \right) \times 10 = 73,37$$

$$D_7 = LI_{D_7} + \left( \frac{Pos(D_7) - F_{ac(D_7-1)}}{F_{D_7}} \right) \times A_{D_7} = 90 + \left( \frac{175 - 161}{40} \right) \times 10 = 93,5$$

$$P_{60} = LI_{P_{60}} + \left( \frac{Pos(P_{60}) - F_{ac(P_{60}-1)}}{F_{P_{60}}} \right) \times A_{P_{60}} = 80 + \left( \frac{150 - 95}{66} \right) \times 10 = 88,33$$

### Interpretação

$Q_i = 73,37$ indica que 25% dos pacientes têm peso inferior a 73,37 kg ou que 75% dos pacientes têm peso acima de 73,37 kg.

$D_7 = 93,5$ indica que 70% dos pacientes têm peso inferior a 93,5 kg ou que 30% dos pacientes têm peso acima de 93,5 kg.

$P_{60} = 88,33$ indica que 60% dos pacientes têm peso inferior a 88,33 kg ou que 40% dos pacientes têm peso acima de 88,33 kg.

### 4.1.3. Identificação da existência de *outliers* univariados

Um conjunto de dados pode conter algumas observações que apresentam um grande afastamento das restantes ou são inconsistentes. Essas observações são designadas por *outliers*, ou ainda por valores atípicos, discrepantes, anormais ou extremos.

Antes de decidir o que será feito com as observações *outliers*, deve-se ter o conhecimento das causas que levaram a tal ocorrência. Em muitos casos, essas causas podem determinar o tratamento adequado dos respectivos *outliers*. As principais causas estão relacionadas a erros de medição, erros de execução e variabilidade inerente aos elementos da população.

Existem vários métodos de identificação de *outliers*: *boxplot*, modelos de discordância, teste de Dixon, teste de Grubbs, Z-scores etc.

A existência de *outliers* por meio do *boxplot* (a construção do *boxplot* foi estudada na seção 3.2.5) é identificada a partir da AIQ (**amplitude interquartil**) que corresponde à diferença entre o terceiro e o primeiro quartil:

$$AIQ = Q_3 - Q_1 \qquad (3.22)$$

Note que AIQ é o comprimento da caixa. Quaisquer valores situados abaixo de $Q_1$ ou acima de $Q_3$ por mais 1,5 x AIQ serão considerados *outliers* **moderados** e serão representados por círculos, podendo ainda serem aceitos na população com alguma suspeita. Assim, o valor $x°$ de uma variável é considerado um *outlier* moderado quando:

$$x° < Q_1 - 1,5 \times AIQ \qquad (3.23)$$

$$x° > Q_3 + 1,5 \times AIQ \qquad (3.24)$$

Ou ainda, quaisquer valores situados abaixo de $Q_1$ ou acima de $Q_3$ por mais $3 \times AIQ$ serão considerados *outliers* **extremos** e serão representados por asteriscos. Assim, o valor $x^\star$ de uma variável é considerado um *outlier* extremo quando:

$$x^\star < Q_1 - 3 \times AIQ \qquad (3.25)$$

$$x^\star > Q_3 + 3 \times AIQ \qquad (3.26)$$

A Figura 3.15 ilustra o *boxplot* com a identificação de *outliers*.

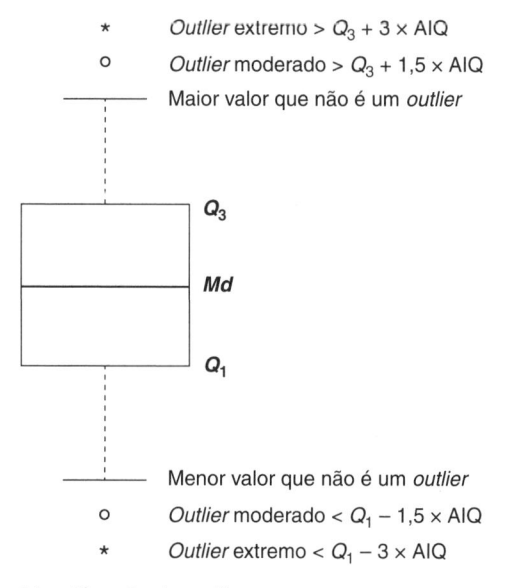

**Figura 3.15** *Boxplot com identificação de outliers.*

## Exemplo 27

Considere os dados ordenados do Exemplo 24 referentes ao tempo médio de processamento da cenoura na fase de acabamento:

| 44,0 | 44,5 | 44,5 | 44,7 | 44,8 | 44,9 | 44,9 | 45,0 | 45,0 | 45,0 |
|------|------|------|------|------|------|------|------|------|------|
| 45,0 | 45,4 | 45,6 | 45,7 | 45,8 | 46,0 | 46,2 | 46,2 | 46,3 | 46,5 |

em que: $Q_1 = 44,85$; $Q_2 = 45$; $Q_3 = 45,9$; média $= 45,3$; e moda $= 45$.

Verifique se há *outliers* moderados e extremos.

## Solução

Para verificar se há um possível *outlier*, calcula-se:

$$Q_1 \text{-} 1,5 \cdot (Q_3 - Q_1) = 44,85 \text{-} 1,5 \cdot (45,9 - 44,85) = 43,275.$$

$$Q_3 \text{+} 1,5 \cdot (Q_3 - Q_1) = 45,9 \text{+} 1,5 \cdot (45,9 - 44,85) = 47,475.$$

Como não há nenhum valor da distribuição fora desse intervalo, conclui-se que não há *outliers* moderados. Obviamente, não é necessário calcular o intervalo para *outliers* extremos.

Caso seja identificado apenas um *outlier* em uma variável, o pesquisador poderá tratá-lo por meio de alguns procedimentos existentes, como, por exemplo, a eliminação completa dessa observação. Por outro lado, se houver mais de um *outlier* para uma ou mais variáveis individualmente, a exclusão de todas as observações pode gerar uma redução significativa no tamanho da amostra. Para evitar esse problema, é muito comum que observações consideradas *outliers* para uma variável tenham seus valores atípicos substituídos pela média da variável, excluídos os *outliers* (FÁVERO *et al.*, 2009).

Os autores citam outros procedimentos para o tratamento de *outliers*, como a substituição por valores de uma regressão ou a winsorização, que elimina, de forma ordenada, um número igual de observações de cada lado da distribuição.

Fávero *et al.* (2009) também ressaltam a importância do tratamento de *outliers* quando o pesquisador tem interesse em investigar o comportamento de uma variável sem a influência de observações com valores atípicos. Por outro lado, se a intenção for justamente a de analisar o comportamento dessas observações atípicas ou de criar subgrupos por meio de critérios de discrepância, talvez a eliminação dessas observações ou a substituição dos seus valores não seja a melhor solução.

## 4.2. Medidas de dispersão ou variabilidade

Para estudar o comportamento de um conjunto de dados, utilizam-se medidas de tendência central, medidas de dispersão, além da natureza ou forma de distribuição dos dados. As medidas de tendência central determinam um valor representativo do conjunto de dados. Para caracterizar a dispersão ou variabilidade dos dados, são necessárias medidas de dispersão.

As medidas de dispersão mais comuns referem-se à amplitude, ao desvio-médio, à variância, ao desvio-padrão, ao erro-padrão e ao coeficiente de variação (*CV*).

## 4.2.1. Amplitude

A medida mais simples de variabilidade é a **amplitude total**, ou simplesmente amplitude (*A*), que representa a diferença entre o maior e menor valor do conjunto de observações:

$$A = x_{max} - x_{min} \tag{3.27}$$

## 4.2.2. Desvio-médio

O desvio é a diferença entre cada valor observado e a média da variável. Assim, para dados populacionais, seria representado por $(x_i - \mu)$, e para dados amostrais por $(x_i - \overline{x})$.

O desvio-médio, ou **desvio-médio absoluto**, representa a média aritmética dos desvios absolutos (em módulo).

**CASO 1**  **Desvio-médio para dados discretos e contínuos não agrupados**

O desvio médio $(D_m)$ considera a soma dos desvios absolutos de todas as observações dividido pelo tamanho da população (N) ou da amostra (n):

$$D_m = \frac{\sum_{i=1}^{N} |x_i - \mu|}{N} \text{ (para a população)} \tag{3.28}$$

$$D_m = \frac{\sum_{i=1}^{n} |x_i - \overline{x}|}{n} \text{ (para amostras)} \tag{3.29}$$

### Exemplo 28

A Tabela 3.32 apresenta as distâncias percorridas (em km) por um veículo para a entrega de 10 encomendas ao longo do dia. Calcular o desvio-médio.

**Tabela 3.32** Distâncias percorridas (km)

| 12,4 | 22,6 | 18,9 | 9,7 | 14,5 | 22,5 | 26,3 | 17,7 | 31,2 | 20,4 |
|------|------|------|-----|------|------|------|------|------|------|

### Solução

Para os dados da Tabela 3.32, tem-se que $\overline{x} = 19,62$. Aplicando a equação (3.29):

$$D_m = \frac{|12,4-19,62| + |22,6-19,62| + \cdots + |20,4-19,62|}{10} = 4,98$$

O desvio-médio pode ser calculado diretamente pelo **Excel** utilizando a função DESV.MÉDIO.

**CASO 2:**    **Desvio-médio para dados discretos agrupados**

Para dados agrupados, representados em uma tabela de distribuição de frequências por $m$ grupos, o cálculo do desvio-médio é:

$$D_m = \frac{\sum_{i=1}^{m} |x_i - \mu| \times F_i}{N} \text{ (para a população)} \tag{3.30}$$

$$D_m = \frac{\sum_{i=1}^{m} |x_i - \bar{x}| \times F_i}{n} \text{ (para amostras)} \tag{3.31}$$

lembrando que $\bar{x} = \dfrac{\sum_{i=1}^{m} x_i F_i}{n}$ $\qquad\qquad$ (3.4)

### Exemplo 29

A Tabela 3.33 apresenta o número de gols efetuados pelo time do Ubatuba nos últimos 30 jogos, com as respectivas frequências absolutas. Calcular o desvio-médio.

**Tabela 3.33** Distribuição de frequências do Exemplo 29

| Número de gols | $F_i$ |
|:---:|:---:|
| 0 | 5 |
| 1 | 8 |
| 2 | 6 |
| 3 | 4 |
| 4 | 4 |
| 5 | 2 |
| 6 | 1 |
| **Soma** | **30** |

### Solução

A média é $\bar{x} = \dfrac{0 \times 5 + 1 \times 8 + \cdots + 6 \times 1}{30} = 2,133$. O desvio-médio pode ser determinado a partir dos cálculos apresentados na Tabela 3.34:

**Tabela 3.34** Cálculos para o desvio-médio do Exemplo 29

| Número de gols | $F_i$ | $|x_i - \bar{x}|$ | $|x_i - \bar{x}| \times F_i$ |
|:---:|:---:|:---:|:---:|
| 0 | 5 | 2,133 | 10,667 |
| 1 | 8 | 1,133 | 9,067 |
| 2 | 6 | 0,133 | 0,800 |
| 3 | 4 | 0,867 | 3,467 |
| 4 | 4 | 1,867 | 7,467 |
| 5 | 2 | 2,867 | 5,733 |
| 6 | 1 | 3,867 | 3,867 |
| **Soma** | **30** | | **41,067** |

Logo, $D_m = \dfrac{\displaystyle\sum_{i=1}^{m} |x_i - \overline{x}| \times F_i}{n} = \dfrac{41{,}067}{30} = 1{,}369$

**CASO 3** **Desvio-médio para dados contínuos agrupados em classes**

Para dados contínuos agrupados em classes, o cálculo do desvio-médio é:

$$D_m = \dfrac{\displaystyle\sum_{i=1}^{k} |x_i - \mu| \times F_i}{N} \ \textbf{(para a população)} \tag{3.32}$$

$$D_m = \dfrac{\displaystyle\sum_{i=1}^{k} |x_i - \overline{x}| \times F_i}{n} \ \textbf{(para amostras)} \tag{3.33}$$

Repare que as equações (3.32) e (3.33) são semelhantes às equações (3.30) e (3.31), respectivamente, exceto que, ao invés de $m$ grupos, consideram-se $k$ classes. Além disso, $x_i$ representa o ponto médio ou central de cada classe $i$ e $\overline{x} = \dfrac{\displaystyle\sum_{i=1}^{k} x_i F_i}{n}$ (3.6).

### Exemplo 30

Uma pesquisa com 100 recém-nascidos coletou informações sobre os pesos dos bebês, a fim de detectar a variação em função de fatores genéticos. A Tabela 3.35 apresenta os dados agrupados em classes e suas respectivas frequências absolutas. Calcule o desvio-médio.

**Tabela 3.35** Peso dos recém-nascidos (em kg) agrupados em classes

| Classe | $F_i$ |
|:---:|:---:|
| 2,0 ⊢ 2,5 | 10 |
| 2,5 ⊢ 3,0 | 24 |
| 3,0 ⊢ 3,5 | 31 |
| 3,5 ⊢ 4,0 | 22 |
| 4,0 ⊢ 4,5 | 13 |
| Soma | |

### Solução

Primeiramente, calcula-se $\overline{x}$:

$$\overline{x} = \dfrac{\displaystyle\sum_{i=1}^{k} x_i F_i}{n} = \dfrac{2{,}25 \times 10 + 2{,}75 \times 24 + 3{,}25 \times 31 + 3{,}75 \times 22 + 4{,}25 \times 13}{100} = 3{,}270$$

O desvio-médio pode ser determinado a partir dos cálculos apresentados na Tabela 3.36:

**Tabela 3.36** Cálculos para o desvio-médio do Exemplo 30

| Classe | $F_i$ | $x_i$ | $\mid x_i - \bar{x} \mid$ | $\mid x_i - \bar{x} \mid \times F_i$ |
|--------|-------|-------|-----------|----------------|
| 2,0 ├ 2,5 | 10 | 2,25 | 1,02 | 10,20 |
| 2,5 ├ 3,0 | 24 | 2,75 | 0,52 | 12,48 |
| 3,0 ├ 3,5 | 31 | 3,25 | 0,02 | 0,62 |
| 3,5 ├ 4,0 | 22 | 3,75 | 0,48 | 10,56 |
| 4,0 ├ 4,5 | 13 | 4,25 | 0,98 | 12,74 |
| **Soma** | **100** | | | **46,6** |

$$\text{Logo, } D_m = \frac{\sum_{i=1}^{k} \left| x_i - \bar{x} \right| \times F_i}{n} = \frac{46,6}{100} = 0,466$$

### 4.2.3. Variância

A variância é uma medida de dispersão ou variabilidade que avalia quanto os dados estão dispersos em relação à média aritmética. Assim, quanto maior a variância, maior a dispersão dos dados.

**CASO 1** **Variância para dados discretos e contínuos não agrupados**

Ao invés de considerar a média dos desvios absolutos, conforme visto na seção anterior, é mais comum o cálculo da média dos desvios quadrados, medida conhecida como variância:

$$\sigma^2 = \frac{\sum_{i=1}^{N}(x_i - \mu)^2}{N} = \frac{\sum_{i=1}^{N} x_i^2 - \frac{\left(\sum_{i=1}^{N} x_i\right)^2}{N}}{N} \text{ (para a população)} \qquad (3.34)$$

$$S^2 = \frac{\sum_{i=1}^{n}(x_i - \bar{x})^2}{n-1} = \frac{\sum_{i=1}^{n} x_i^2 - \frac{\left(\sum_{i=1}^{n} x_i\right)^2}{n}}{n-1} \text{ (para amostras)} \qquad (3.35)$$

A relação entre a variância amostral ($S^2$) e a variância populacional ($\sigma^2$) é dada por:

$$S^2 = \frac{N}{n-1}\sigma^2 \qquad (3.36)$$

### *Exemplo 31*

Considere os dados do Exemplo 28 referentes às distâncias percorridas (em km) por um veículo para a entrega de 10 encomendas ao longo do dia. Calcular a variância.

**Tabela 3.32** Distâncias percorridas (km)

| 12,4 | 22,6 | 18,9 | 9,7 | 14,5 | 22,5 | 26,3 | 17,7 | 31,2 | 20,4 |
|------|------|------|-----|------|------|------|------|------|------|

**Solução**

Vimos pelo Exemplo 28 que $\bar{x}$ = 19,62. Aplicando a equação (3.35):

$$S^2 = \frac{(12,4-19,62)^2 + (22,6-19,62)^2 + \cdots + (20,4-19,62)^2}{9} = 41,94$$

A variância amostral pode ser calculada diretamente pelo **Excel** utilizando a função VAR. Para o cálculo da variância populacional, utiliza-se a função VARP.

**CASO 2** **Variância para dados discretos agrupados**

Para dados agrupados, representados em uma tabela de distribuição de frequências por $m$ grupos, a variância pode ser calculada da seguinte forma:

$$\sigma^2 = \frac{\sum_{i=1}^{m}(x_i - \mu)^2 \times F_i}{N} = \frac{\sum_{i=1}^{m}x_i^2 F_i - \frac{\left(\sum_{i=1}^{m}x_i F_i\right)^2}{N}}{N} \text{ (para a população)} \qquad (3.37)$$

$$S^2 = \frac{\sum_{i=1}^{m}(x_i - \bar{x})^2 \times F_i}{n-1} = \frac{\sum_{i=1}^{m}x_i^2 F_i - \frac{\left(\sum_{i=1}^{m}x_i F_i\right)^2}{n}}{n-1} \text{ (para amostras)} \qquad (3.38)$$

dado que $\bar{x} = \dfrac{\sum_{i=1}^{m}x_i F_i}{n}$ (3.4)

**Exemplo 32**

Considere os dados do Exemplo 29 referentes ao número de gols efetuados pelo time do Ubatuba nos últimos 30 jogos, com as respectivas frequências absolutas. Calcular a variância.

**Solução**

Conforme calculado no Exemplo 29, a média é $\bar{x}$ = 2,133. A variância pode ser determinada a partir dos cálculos apresentados na Tabela 3.37:

**Tabela 3.37** Cálculos para a variância

| Número de gols | $F_i$ | $(x_i - \bar{x})^2$ | $(x_i - \bar{x})^2 \times F_i$ |
|:---:|:---:|:---:|:---:|
| 0 | 5 | 4,551 | 22,756 |
| 1 | 8 | 1,284 | 10,276 |
| 2 | 6 | 0,018 | 0,107 |
| 3 | 4 | 0,751 | 3,004 |
| 4 | 4 | 3,484 | 13,938 |
| 5 | 2 | 8,218 | 16,436 |
| 6 | 1 | 14,951 | 14,951 |
| **Soma** | **30** | | **81,467** |

Logo, $S^2 = \dfrac{\sum_{i=1}^{m}(x_i - \overline{x})^2 \times F_i}{n-1} = \dfrac{81,467}{29} = 2,809$

**CASO 3:**  **Variância para dados contínuos agrupados em classes**

Para dados contínuos agrupados em classes, o cálculo da variância é:

$$\sigma^2 = \frac{\sum_{i=1}^{k}(x_i - \mu)^2 \times F_i}{N} = \frac{\sum_{i=1}^{k}x_i^2 F_i - \dfrac{\left(\sum_{i=1}^{k}x_i F_i\right)^2}{N}}{N} \quad \textbf{(para a população)} \quad (3.39)$$

$$S^2 = \frac{\sum_{i=1}^{k}(x_i - \overline{x})^2 \times F_i}{n-1} = \frac{\sum_{i=1}^{k}x_i^2 F_i - \dfrac{\left(\sum_{i=1}^{k}x_i F_i\right)^2}{n}}{n-1} \quad \textbf{(para amostras)} \quad (3.40)$$

Repare que as equações (3.39) e (3.40) são semelhantes às equações (3.37) e (3.38), respectivamente, exceto que, ao invés de $m$ grupos, consideram-se $k$ classes. Além disso, $x_i$ representa o ponto médio ou central de cada classe $i$ e $\overline{x} = \dfrac{\sum_{i=1}^{k}x_i F_i}{n}$ (3.6).

### Exemplo 33

Considere os dados do Exemplo 30 referentes aos pesos dos recém-nascidos agrupados em classes com as respectivas frequências absolutas. Calcule a variância.

### Solução

Conforme calculado no Exemplo 30, tem-se que $\overline{x} = 3,270$.

A variância pode ser determinada a partir dos cálculos apresentados na Tabela 3.38:

**Tabela 3.38** Cálculos para a variância do Exemplo 33

| Classe | $F_i$ | $x_i$ | $(x_i - \overline{x})^2$ | $(x_i - \overline{x})^2 \times F_i$ |
|---|---|---|---|---|
| 2,0 ⊢ 2,5 | 10 | 2,25 | 1,0404 | 10,404 |
| 2,5 ⊢ 3,0 | 24 | 2,75 | 0,2704 | 6,4896 |
| 3,0 ⊢ 3,5 | 31 | 3,25 | 0,0004 | 0,0124 |
| 3,5 ⊢ 4,0 | 22 | 3,75 | 0,2304 | 5,0688 |
| 4,0 ⊢ 4,5 | 13 | 4,25 | 0,9604 | 12,4852 |
| **Soma** | **100** | | | **34,46** |

Logo, $S^2 = \dfrac{\sum_{i=1}^{k}(x_i - \overline{x})^2 \times F_i}{n-1} = \dfrac{34,46}{99} = 0,348$

## 4.2.4. Desvio-padrão

Como a variância considera a média dos desvios quadrados, seu valor tende a ser muito grande e de difícil interpretação. Para resolver esse problema, extrai-se a raiz quadrada da variância, medida conhecida como desvio-padrão. É calculado por:

$$\sigma = \sqrt{\sigma^2} \text{ (para a população)} \tag{3.41}$$

$$S = \sqrt{S^2} \text{ (para amostras)} \tag{3.42}$$

### Exemplo 34

Considere novamente os dados do Exemplo 28 ou 31 referentes às distâncias percorridas (em km) pelo veículo. Calcular o desvio-padrão.

**Tabela 3.32** Distâncias percorridas (km)

| 12,4 | 22,6 | 18,9 | 9,7 | 14,5 | 22,5 | 26,3 | 17,7 | 31,2 | 20,4 |
|------|------|------|-----|------|------|------|------|------|------|

### Solução

Tem-se que $\bar{x} = 19,62$. O desvio-padrão é a raiz quadrada da variância, já calculada no Exemplo 31:

$$S = \sqrt{\frac{(12,4-19,62)^2 + (22,6-19,62)^2 + \cdots + (20,4-19,62)^2}{9}} = \sqrt{41,94} = 6,476$$

O desvio-padrão de uma amostra pode ser calculado diretamente pelo **Excel** utilizando a função DESVPAD. Para o cálculo do desvio-padrão populacional, utiliza-se a função DESVPADP.

### Exemplo 35

Considere os dados do Exemplo 29 ou 32 referentes ao número de gols efetuados pelo time do Ubatuba nos últimos 30 jogos, com as respectivas frequências absolutas. Calcular o desvio-padrão.

### Solução

A média é $\bar{x} = 2,133$. O desvio-padrão é a raiz quadrada da variância, podendo assim ser determinado a partir dos cálculos da variância já efetuados no Exemplo 32, conforme demonstrado na Tabela 3.37:

**Tabela 3.37** Cálculos para a variância

| Número de gols | $F_i$ | $(x_i - \overline{x})^2$ | $(x_i - \overline{x})^2 \times F_i$ |
|:---:|:---:|:---:|:---:|
| 0 | 5 | 4,551 | 22,756 |
| 1 | 8 | 1,284 | 10,276 |
| 2 | 6 | 0,018 | 0,107 |
| 3 | 4 | 0,751 | 3,004 |
| 4 | 4 | 3,484 | 13,938 |
| 5 | 2 | 8,218 | 16,436 |
| 6 | 1 | 14,951 | 14,951 |
| **Soma** | **30** | | **81,467** |

$$\text{Logo, } S = \sqrt{\frac{\sum_{i=1}^{m}(x_i - \overline{x})^2 \times F_i}{n-1}} = \sqrt{\frac{81,467}{29}} = \sqrt{2,809} = 1,676$$

## Exemplo 36

Considere os dados do Exemplo 30 ou 33 referentes aos pesos dos recém-nascidos agrupados em classes com as respectivas frequências absolutas. Calcular o desvio-padrão.

## Solução

Tem-se que $\overline{x} = 3,270$. O desvio-padrão é a raiz quadrada da variância, podendo assim ser determinado a partir dos cálculos da variância já efetuados no Exemplo 33, conforme demonstrado na Tabela 3.38:

**Tabela 3.38** Cálculos para a variância do Exemplo 33

| Classe | $F_i$ | $x_i$ | $(x_i - \overline{x})^2$ | $(x_i - \overline{x})^2 \times F_i$ |
|:---:|:---:|:---:|:---:|:---:|
| 2,0 ⊢ 2,5 | 10 | 2,25 | 1,0404 | 10,404 |
| 2,5 ⊢ 3,0 | 24 | 2,75 | 0,2704 | 6,4896 |
| 3,0 ⊢ 3,5 | 31 | 3,25 | 0,0004 | 0,0124 |
| 3,5 ⊢ 4,0 | 22 | 3,75 | 0,2304 | 5,0688 |
| 4,0 ⊢ 4,5 | 13 | 4,25 | 0,9604 | 12,4852 |
| **Soma** | **100** | | | **34,46** |

$$\text{Logo, } S = \sqrt{\frac{\sum_{i=1}^{k}(x_i - \overline{x})^2 \times F_i}{n-1}} = \sqrt{\frac{34,46}{99}} = \sqrt{0,348} = 0,59$$

## 4.2.5. Erro-padrão

O erro-padrão é o desvio-padrão da média. É obtido dividindo-se o desvio-padrão pela raiz quadrada do tamanho da população ou amostra:

$$\sigma_{\bar{x}} = \frac{\sigma}{\sqrt{N}} \text{ para a população} \qquad (3.43)$$

$$S_{\bar{x}} = \frac{S}{\sqrt{n}} \text{ para amostras} \qquad (3.44)$$

Quanto maior o número de medições, melhor será a determinação do valor médio (maior precisão), devido à compensação dos erros aleatórios.

### Exemplo 37

Uma das etapas para o preparo e uso do concreto corresponde à mistura do mesmo na betoneira. As Tabelas 3.39 e 3.40 apresentam os tempos de mistura do concreto (em segundos) considerando uma amostra de 10 e 30 elementos, respectivamente. Calcule o erro-padrão para os dois casos e interprete os resultados.

**Tabela 3.39** Tempo de mistura do concreto para uma amostra com 10 elementos

| 124 | 111 | 132 | 142 | 108 | 127 | 133 | 144 | 148 | 105 |
|-----|-----|-----|-----|-----|-----|-----|-----|-----|-----|

**Tabela 3.40** Tempo de mistura do concreto para uma amostra com 30 elementos

| 125 | 102 | 135 | 126 | 132 | 129 | 156 | 112 | 108 | 134 |
|-----|-----|-----|-----|-----|-----|-----|-----|-----|-----|
| 126 | 104 | 143 | 140 | 138 | 129 | 119 | 114 | 107 | 121 |
| 124 | 112 | 148 | 145 | 130 | 125 | 120 | 127 | 106 | 148 |

### Solução

Primeiramente, calcula-se o desvio-padrão para as duas amostras:

$$S_1 = \sqrt{\frac{(124-127,4)^2 + (111-127,4)^2 + \cdots + (105-127,4)^2}{9}} = 15,364$$

$$S_2 = \sqrt{\frac{(125-126,167)^2 + (102-126,167)^2 + \cdots + (148-126,167)^2}{29}} = 14,227$$

Aplica-se a equação (3.44) para o cálculo do erro-padrão:

$$S_{\bar{x}_1} = \frac{S_1}{\sqrt{n_1}} = \frac{15,364}{\sqrt{10}} = 4,858$$

$$S_{\bar{x}_2} = \frac{S_2}{\sqrt{n_2}} = \frac{14,227}{\sqrt{30}} = 2,598$$

Apesar da pequena diferença no cálculo do desvio-padrão, verfica-se que o erro-padrão da primeira amostra é quase o dobro comparado com a segunda amostra. Portanto, quanto maior o número de medições, maior a precisão.

## 4.2.6. Coeficiente de variação

O coeficiente de variação (CV) é uma medida de dispersão relativa que fornece a variação dos dados em relação à média. Quanto menor for o seu valor, mais homogêneos serão os dados, ou seja, menor será a dispersão em torno da média. Pode ser calculado como:

$$CV = \frac{\sigma}{\mu} \times 100 \ (\%) \quad \textbf{para a população} \tag{3.45}$$

$$CV = \frac{S}{\bar{x}} \times 100 \ (\%) \ \textbf{para amostras} \tag{3.46}$$

Um CV é considerado baixo, indicando um conjunto de dados razoavelmente homogêneo, quando for menor do que 30%. Se esse valor for acima de 30%, o conjunto de dados pode ser considerado heterogêneo. Entretanto, esse padrão varia de acordo com a aplicação.

### *Exemplo 38*

Calcule o coeficiente de variação para as duas amostras do exemplo anterior.

### *Solução*

Aplicando a equação (3.46):

$$CV_1 = \frac{S_1}{\bar{x}_1} \times 100 = \frac{15,364}{127,4} \times 100 = 12,06\%$$

$$CV_2 = \frac{S_2}{\bar{x}_2} \times 100 = \frac{14,227}{126,167} \times 100 = 11,28\%$$

Estes resultados confirmam a homogeneidade dos dados da variável em estudo para as duas amostras. Conclui-se, portanto, que a média é uma boa medida para representação dos dados.

Passaremos agora para o estudo das medidas de assimetria e curtose.

## 4.3. Medidas de forma

As medidas de assimetria (*skewness*) e curtose (*kurtosis*) caracterizam a forma da distribuição dos elementos da população amostrados em torno da média (MAROCO, 2011).

### 4.3.1. Medidas de assimetria

As medidas de assimetria referem-se à forma da curva de uma distribuição de frequências. Para uma curva ou distribuição de frequências simétrica, a média, a moda

e a mediana são iguais. Para uma curva assimétrica, a média distancia-se da moda, e a mediana situa-se em uma posição intermediária. A Figura 3.16 apresenta uma distribuição simétrica.

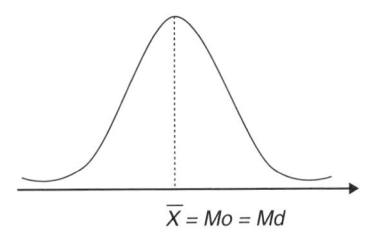

$\overline{X} = Mo = Md$

**Figura 3.16** *Distribuição simétrica.*

Por outro lado, se a distribuição de frequências se concentrar do lado esquerdo, de modo que a cauda à direita seja mais alongada que a cauda à esquerda, tem-se uma **distribuição assimétrica positiva** ou **à direita**, como mostra a Figura 3.17. Nesse caso, a média apresenta um valor maior do que a mediana, e esta, por sua vez, apresenta um valor maior do que a moda ($Mo < Md < \overline{x}$).

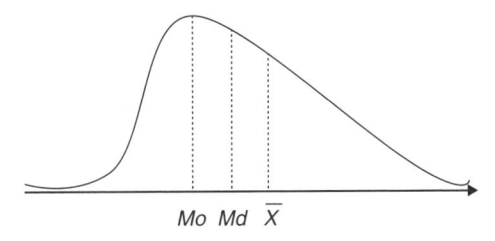

$Mo \quad Md \quad \overline{X}$

**Figura 3.17** *Assimetria à direita ou positiva.*

Ou ainda, se a distribuição de frequências se concentrar do lado direito, de modo que a cauda à esquerda seja mais alongada que a cauda à direita, tem-se uma **distribuição assimétrica negativa** ou **à esquerda**, como mostra a Figura 3.18. Nesse caso, a média apresenta um valor menor do que a mediana, e esta, por sua vez, apresenta um valor menor do que a moda ($\overline{x} < Md < Mo$).

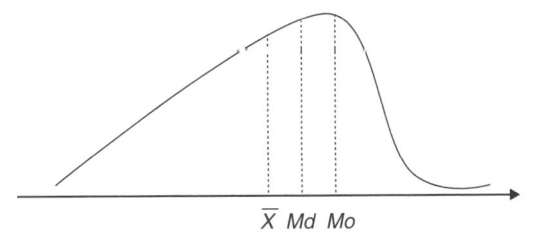

$\overline{X} \quad Md \quad Mo$

**Figura 3.18** Assimetria à esquerda ou negativa.

### 4.3.1.1. Primeiro coeficiente de assimetria de Pearson

O 1° coeficiente de assimetria de Pearson ($A_{S_1}$) é uma medida de assimetria proporcionada pela diferença entre a média e a moda, ponderada por uma medida de dispersão (desvio-padrão):

$$A_{S_1} = \frac{\mu - Mo}{\sigma} \text{ para a população} \qquad (3.47)$$

$$A_{S_1} = \frac{\overline{x} - Mo}{S} \text{ para amostras} \qquad (3.48)$$

que tem a seguinte interpretação:

Se $A_{S_1} = 0$, a distribuição é simétrica.

Se $A_{S_1} > 0$, a distribuição é assimétrica positiva (à direita).

Se $A_{S_1} < 0$, a distribuição é assimétrica negativa (à esquerda).

### *Exemplo 39*

A partir de um conjunto de dados, foram extraídas as seguintes medidas: $\overline{x} = 34,7$, $Mo = 31,5$, $Md = 33,2$ e $S = 12,4$. Classifique o tipo de assimetria e calcule o 1º coeficiente de assimetria de Pearson.

### *Solução*

Como $Mo < Md < \overline{x}$, tem-se uma distribuição assimétrica positiva (à direita). Aplicando a equação (3.48), determina-se o 1º coeficiente de assimetria de Pearson:

$$A_{S_1} = \frac{\overline{x} - Mo}{S} = \frac{34,7 - 31,5}{12,4} = 0,258$$

A classificação da distribuição como assimétrica positiva também pode ser interpretada pelo valor de $A_{s_1} > 0$.

### 4.3.1.2. Segundo coeficiente de assimetria de Pearson

Para evitar o uso da moda no cálculo da assimetria, adota-se uma relação empírica entre a média, a mediana e a moda: $\overline{x} - Mo = 3(\overline{x} - Md)$, que corresponde ao 2º coeficiente de assimetria de Pearson ($A_{S_2}$):

$$A_{S_2} = \frac{3(\mu - Md)}{\sigma} \text{ para a população} \qquad (3.49)$$

$$A_{S_2} = \frac{3(\overline{x} - Md)}{S} \text{ para amostras} \qquad (3.50)$$

Da mesma forma:

Se $A_{S_2} = 0$, a distribuição é simétrica.

Se $A_{S_2} > 0$, a distribuição é assimétrica positiva (à direita).

Se $A_{S_2} < 0$, a distribuição é assimétrica negativa (à esquerda).

O 1º e o 2º coeficiente de assimetria de Pearson permitem a comparação entre duas ou mais distribuições e a avaliação de qual delas é mais assimétrica. O seu valor em módulo indica a intensidade da assimetria, isto é, quanto maior o coeficiente de assimetria de Pearson, mais assimétrica é a curva:

Se $0 < |A_S| < 0{,}15$, a assimetria é fraca.

Se $0{,}15 \leq |A_S| \leq 1$, a assimetria é moderada.

Se $|A_S| > 1$, a assimetria é forte.

### Exemplo 40

A partir dos dados do Exemplo 39, calcule o 2º coeficiente de assimetria de Pearson.

### Solução

Aplicando a equação (3.50), tem-se que:

$$A_{S_2} = \frac{3(\overline{x} - Md)}{S} = \frac{3(34{,}7 - 33{,}2)}{12{,}4} = 0{,}363$$

Analogamente, como $A_{S_2} > 0$, confirma-se que a distribuição é assimétrica positiva.

### 4.3.1.3. Coeficiente de assimetria de Bowley

Outra medida de assimetria é o coeficiente de assimetria de Bowley ($A_{S_B}$), também conhecido como **coeficiente quartílico de assimetria**, calculado a partir de medidas separatrizes como o primeiro e terceiro quartil, além da mediana:

$$A_{S_B} = \frac{Q_3 + Q_1 - 2Md}{Q_3 - Q_1} \qquad (3.51)$$

Da mesma forma:

Se $A_{S_B} = 0$, a distribuição é simétrica.

Se, $A_{S_B} > 0$, a distribuição é assimétrica positiva (à direita).

Se $A_{S_B} < 0$, a distribuição é assimétrica negativa (à esquerda).

### Exemplo 41

Calcular o coeficiente de assimetria de Bowley para o seguinte conjunto de dados, já ordenados de forma crescente:

$$24 < 25 < 29 < 31 < 36 < 40 < 44 < 45 < 48 < 50 < 54 < 56$$

$$1º \quad 2º \quad 3º \quad 4º \quad 5º \quad 6º \quad 7º \quad 8º \quad 9º \quad 10º \quad 11º \quad 12º$$

### *Solução*

Tem-se que $Q_1 = 30$, $Md = 42$ e $Q_3 = 49$. Logo, podemos determinar o coeficiente de assimetria de Bowley:

$$A_{S_B} = \frac{Q_3 + Q_1 - 2Md}{Q_3 - Q_1} = \frac{49 + 30 - 2 \times 42}{49 - 30} = -0,263$$

Como $A_{S_B} < 0$, conclui-se que a distribuição é assimétrica negativa (à esquerda).

## 4.3.1.4 Coeficiente de assimetria de Fisher

A última medida de assimetria estudada é conhecida como o coeficiente de assimetria de Fisher ($g_1$), calculado a partir do terceiro momento em torno da média ($M_3$), conforme apresentado em Maroco (2011):

$$g_1 = \frac{n^2 M_3}{(n-1)(n-2)S^3} \tag{3.52}$$

em que:

$$M_3 = \frac{\sum_{i=1}^{n} (x_i - \overline{x})^3}{n} \tag{3.53}$$

tendo a mesma interpretação dos demais coeficientes de assimetria:

Se $g_1 = 0$, a distribuição é simétrica.

Se $g_1 > 0$, a distribuição é assimétrica positiva (à direita).

Se $g_1 < 0$, a distribuição é assimétrica negativa (à esquerda).

O coeficiente de assimetria de Fisher pode ser calculado por meio do Excel utilizando a função DISTORÇÃO (ver Exemplo 42) ou pelo suplemento Ferramentas de análise (seção 5). Seu cálculo pelo software SPSS será apresentado na Seção 6.

## 4.3.2 Medidas de curtose

Além das medidas de assimetria, as medidas de curtose também podem ser utilizadas para caracterizar a forma da distribuição da variável em estudo.

A curtose pode ser definida como o grau de achatamento de uma distribuição de frequências (altura do pico da curva) em relação a uma distribuição teórica que geralmente corresponde à distribuição normal.

Quando a forma da distribuição não é nem muito achatada e nem muito alongada, com uma aparência semelhante à da curva normal, é denominada **mesocúrtica**, como pode ser visto na Figura 3.19.

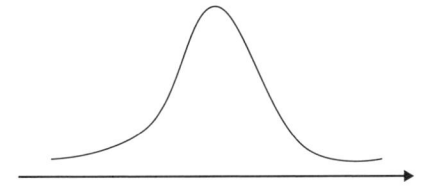

**Figura 3.19** Curva mesocúrtica.

Por outro lado, quando a distribuição apresenta uma curva de frequências mais achatada que a curva normal, é denominada **platicúrtica**, como mostra a Figura 3.20.

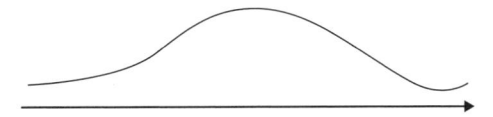

**Figura 3.20** Curva platicúrtica.

Ou ainda, quando a distribuição apresenta uma curva de frequências mais alongada que a curva normal, é denominada **leptocúrtica**, de acordo com a Figura 3.21.

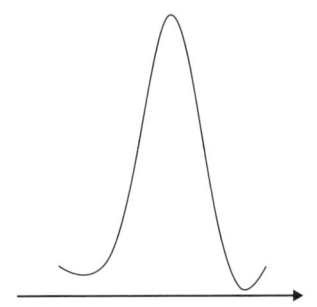

**Figura 3.21** Curva leptocúrtica.

### 4.3.2.1. Coeficiente de curtose

Um dos coeficientes mais utilizados para medir o grau de achatamento ou curtose de uma distribuição é o **coeficiente percentílico de curtose**, ou simplesmente **coeficiente de curtose** (k), calculado a partir do intervalo interquartil, além dos percentis de ordem 10 e 90:

$$k = \frac{Q_3 - Q_1}{2 \cdot (P_{90} - P_{10})} \tag{3.54}$$

e tem a seguinte interpretação:

Se $k = 0{,}263$, diz-se que a curva é mesocúrtica.

Se $k > 0{,}263$, diz-se que a curva é platicúrtica.

Por fim, se $k < 0{,}263$, diz-se que a curva é leptocúrtica.

## 4.3.2.2. Coeficiente de curtose de Fisher

Outra medida bastante utilizada para medir o grau de achatamento ou curtose de uma distribuição é o coeficiente de curtose de Fisher ($g_2$), calculado a partir do quarto momento em torno da média ($M_4$), conforme apresentado em Maroco (2007):

$$g_2 = \frac{n^2(n+1)M_4}{(n-1)(n-2)(n-3)S^4} - 3\times\frac{(n-1)^2}{(n-2)(n-3)} \tag{3.55}$$

em que:

$$M_4 = \frac{\sum_{i=1}^{n}(X_i - \overline{X})^4}{n} \tag{3.56}$$

que tem a seguinte interpretação:

Se $g_2 = 0$, a curva apresenta uma distribuição normal (mesocúrtica).

Se $g_2 < 0$, a curva é muito achatada (platicúrtica).

Se $g_2 > 0$, a curva é muito alongada (leptocúrtica).

Muitos programas estatísticos, entre eles o SPSS, utilizam o coeficiente de curtose de Fisher para calcular o grau de achatamento ou curtose (seção 6). No Excel, a função CURT calcula o coeficiente de curtose de Fisher (Exemplo 42), podendo ainda ser calculado por meio do suplemento **Ferramentas de análise** (seção 5).

### *Exemplo 42*

A Tabela 3.41 apresenta o histórico de cotações da ação $Y$ ao longo de um mês, resultando em uma amostra com 20 períodos (dias úteis). Calcule o coeficiente de assimetria de Fisher ($g_1$) e o coeficiente de curtose de Fisher ($g_2$).

**Tabela 3.41** Cotação da ação Y ao longo do mês

| 18,7 | 18,3 | 18,4 | 18,7 | 18,8 | 18,8 | 19,1 | 18,9 | 19,1 | 19,9 |
|------|------|------|------|------|------|------|------|------|------|
| 18,5 | 18,5 | 18,1 | 17,9 | 18,2 | 18,3 | 18,1 | 18,8 | 17,5 | 16,9 |

### *Solução*

A média e o desvio-padrão dos dados da Tabela 3.41 são $\overline{x} = 18,475$ e $S = 0,6324$, respectivamente.

O coeficiente de assimetria de Fisher ($g_1$) é calculado a partir do terceiro momento em torno da média ($M_3$):

$$M_3 = \frac{\sum_{i=1}^{n}(x_i - \overline{x})^3}{n} = \frac{(18,7-18,475)^3 + ... + (16,9-18,475)^3}{20} = -0,0788$$

Logo, temos que:

$$g_1 = \frac{n^2 M_3}{(n-1)(n-2)S^3} = \frac{20^2 \cdot (-0,079)}{19 \cdot 18 \cdot 0,63^3} = -0,3647$$

Como $g_1 < 0$, podemos concluir que a curva de frequências se concentra do lado direito e tem uma cauda mais longa à esquerda, ou seja, a distribuição é assimétrica à esquerda ou negativa.

O Excel calcula o coeficiente de assimetria de Fisher ($g_1$) por meio da função DISTORÇÃO. O arquivo **Cotações.xls** representa os dados da Tabela 3.41 em uma planilha no Excel, das células A1:A20. Assim, para o seu cálculo, basta inserir a equação =DISTORÇÃO(A1:A20).

O coeficiente de curtose de Fisher ($g_2$) é calculado a partir do quarto momento em torno da média ($M_4$):

$$M_4 = \frac{\sum_{i=1}^{n}(x_i - \overline{x})^4}{n} = \frac{(18,7-18,475)^4 + \ldots + (16,9-18,475)^4}{20} = 0,5858$$

O cálculo de $g_2$ é, portanto:

$$g_2 = \frac{n^2(n+1)M_4}{(n-1)(n-2)(n-3)S^4} - 3 \times \frac{(n-1)^2}{(n-2)(n-3)}$$

$$g_2 = \frac{20^2 \cdot 21 \cdot 0,5858}{19 \cdot 18 \cdot 17 \cdot 0,6324^4} - 3 \times \frac{19^2}{18 \cdot 17} = 1,7529$$

Podemos concluir, portanto, que a curva é alongada ou leptocúrtica.

A função CURT do Excel calcula o coeficiente de curtose de Fisher ($g_2$). Para o seu cálculo a partir do arquivo **Cotações.xls**, insira a equação =CURT(A1:A20).

Apresentaremos nas próximas duas seções como gerar tabelas, gráficos e medidas resumo por meio do Excel e do software estatístico SPSS, a partir dos dados do Exemplo 42.

## 5. EXEMPLO PRÁTICO COM EXCEL

A seção 3.1 ilustrou a representação gráfica de variáveis qualitativas por meio de gráficos de barras (horizontal e vertical), de setores ou pizzas e do diagrama de Pareto. Apresentamos como cada um desses gráficos pode ser obtido pelo Excel. Já a seção 3.2 ilustrou a representação gráfica de variáveis quantitativas por meio de gráficos de linhas, pontos ou dispersão, histograma, entre outros. Analogamente, foi apresentado como a maioria deles pode ser obtido pelo Excel.

A seção 4 apresentou as principais medidas-resumo, incluindo medidas de tendência central (média, moda e mediana), medidas separatrizes (quartis, decis e percentis), medidas de dispersão ou variabilidade (amplitude, desvio-médio, variância, desvio--padrão, erro-padrão e coeficiente de variação), além de medidas de forma como assimetria e curtose. Dessa forma, apresentamos como as mesmas podem ser calculadas a partir das funções do Excel, exceto as que não estão disponíveis.

Esta seção apresenta como obter estatísticas descritivas (como média, erro-padrão, mediana, moda, desvio-padrão, variância, curtose, assimetria, etc.) por meio do suplemento **Ferramentas de análise** do Excel.

Para tal, consideraremos o problema apresentado no Exemplo 42, cujos dados encontram-se disponíveis em Excel no arquivo **Cotações.xls**, representados das células A1:A20, conforme mostra a Figura 3.22.

| ◢ | A |
|---|---|
| 1 | 18,7 |
| 2 | 18,3 |
| 3 | 18,4 |
| 4 | 18,7 |
| 5 | 18,8 |
| 15 | 18,2 |
| 16 | 18,3 |
| 17 | 18,1 |
| 18 | 18,8 |
| 19 | 17,5 |
| 20 | 16,9 |

**Figura 3.22** *Base de dados em Excel – preço da ação Y.*

Para ativar o suplemento **Ferramentas de análise** no Excel 2010, primeiramente, clique no menu **Arquivo** e em **Opções**, conforme mostra a Figura 3.23.

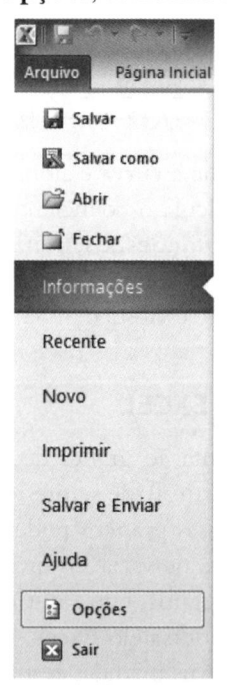

**Figura 3.23** Clicando no menu Arquivo e em Opções.

Será então aberta a caixa de diálogo **Opções do Excel**, conforme mostra a Figura 3.24. A partir dela, selecione a opção **Suplementos**. Na caixa **Suplementos**, escolha a opção **Ferramentas de Análise** e clique em **Ir**.

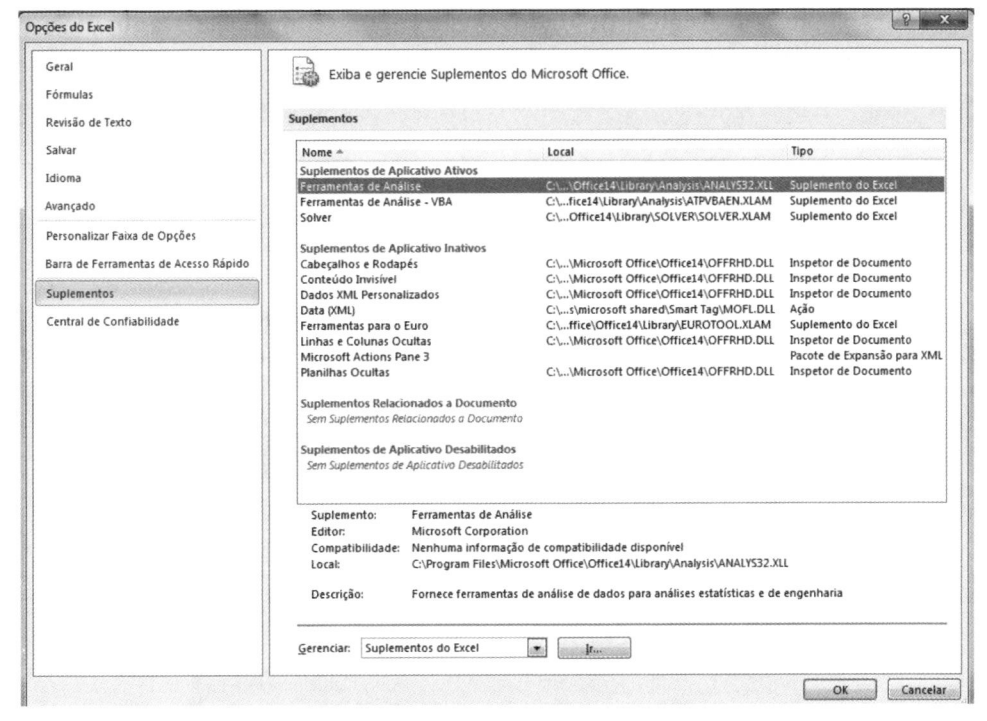

**Figura 3.24** *Caixa de diálogo* **Opções do Excel.**

Dessa forma, aparecerá a caixa de diálogo **Suplementos**, conforme mostra a Figura 3.25. Dentre os suplementos disponíveis, escolha a opção **Ferramentas de Análise** e clique em **OK**.

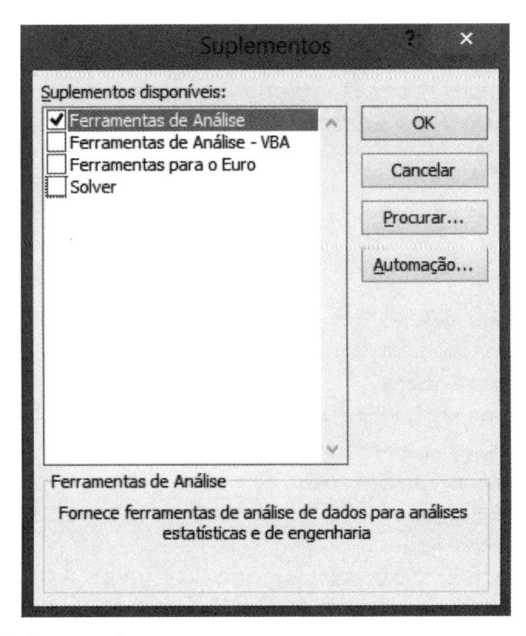

**Figura 3.25** *Caixa de diálogo* **Suplementos.**

Assim, o comando **Análise de dados** estará disponível no menu **Dados**, dentro do grupo **Análise**, conforme mostra a Figura 3.26.

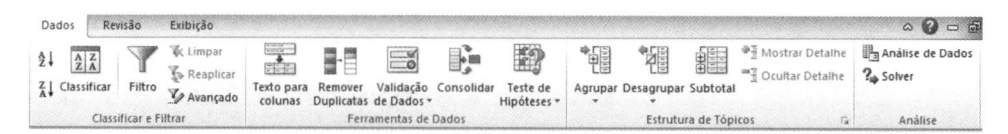

**Figura 3.26** *Disponibilidade do comando* **Análise de Dados** *a partir do menu* **Dados**.

A Figura 3.27 apresenta a caixa de diálogo **Análise de dados**. Repare que diversas ferramentas de análise estão disponíveis. Escolha a opção **Estatística descritiva** e clique em **OK**.

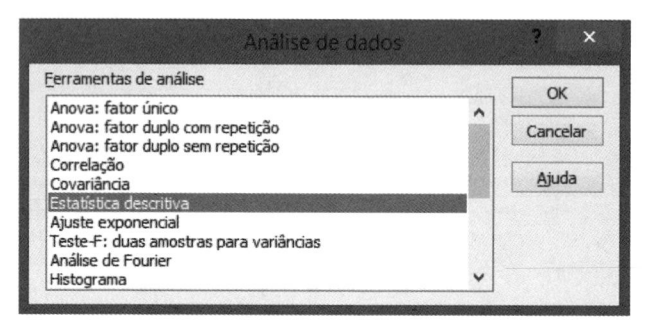

**Figura 3.27** *Caixa de diálogo* **Análise de dados**.

A partir da caixa de diálogo **Estatística descritiva** (Figura 3.28), selecione o intervalo de entrada (A1:A20) e, como opções de saída, escolha **Resumo estatístico**. Os resultados podem ser exibidos em uma nova planilha ou em uma nova pasta de trabalho. Finalmente, clique em **OK**.

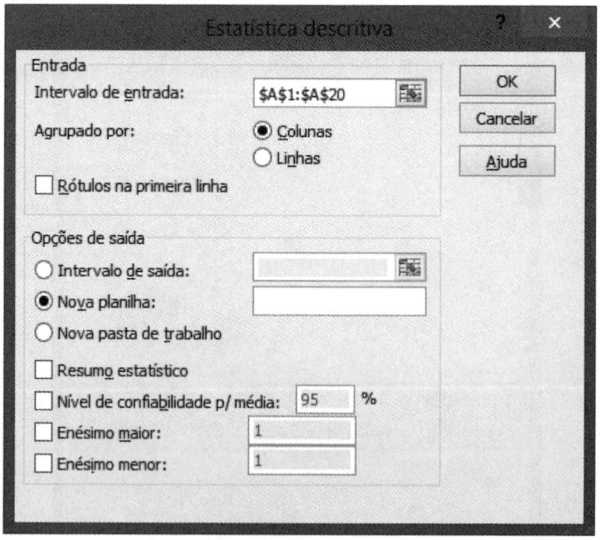

**Figura 3.28** *Caixa de diálogo* **Estatística descritiva**.

As estatísticas descritivas geradas estão apresentadas na Figura 3.29 e incluem medidas de tendência central (média, moda e mediana), medidas de dispersão ou variabilidade (variância, desvio-padrão e erro-padrão) e medidas de forma (assimetria e curtose). A amplitude pode ser calculada a partir da diferença entre o valor máximo e mínimo da amostra. Conforme mencionado nas seções 4.3.1 e 4.3.2, a medida de assimetria calculada pelo Excel (a partir da função DISTORÇÃO ou pela Figura 3.28) corresponde ao coeficiente de assimetria de Fisher ($g_1$) e a medida de curtose calculada (a partir da função CURT ou pela Figura 3.28) corresponde ao coeficiente de curtose de Fisher ($g_2$).

|   | A | B |
|---|---|---|
| 1 | Coluna1 | |
| 2 | | |
| 3 | Média | 18,475 |
| 4 | Erro padrão | 0,141398094 |
| 5 | Mediana | 18,5 |
| 6 | Modo | 18,8 |
| 7 | Desvio padrão | 0,632351501 |
| 8 | Variância da amostra | 0,399868421 |
| 9 | Curtose | 1,75287467 |
| 10 | Assimetria | -0,364691378 |
| 11 | Intervalo | 3 |
| 12 | Mínimo | 16,9 |
| 13 | Máximo | 19,9 |
| 14 | Soma | 369,5 |
| 15 | Contagem | 20 |

**Figura 3.29** *Estatísticas descritivas geradas pelo Excel.*

## 6. EXEMPLO PRÁTICO COM SPSS

Esta seção apresenta, a partir de um exemplo prático, como obter as principais estatísticas descritivas univariadas estudadas no presente capítulo pelo IBM SPSS Statistics Software®, incluindo tabelas de distribuição de frequências, gráficos (histograma, ramo-e-folhas, *boxplot*, barras, setores ou pizzas), medidas de tendência central (média, moda e mediana), medidas separatrizes (quartis e percentis), medidas de dispersão ou variabilidade (amplitude, variância, desvio-padrão, erro-padrão, entre outras) e medidas de forma (assimetria e curtose). A reprodução das imagens nessa seção tem autorização da International Business Machines Corporation©.

Os dados apresentados no Exemplo 42 compõem a base de entrada do SPSS e estão disponíveis no arquivo **Cotações.sav**, conforme mostra Figura 3.30.

|   | Preço |
|---|---|
| 1 | 18,7 |
| 2 | 18,3 |
| 3 | 18,4 |
| 4 | 18,7 |
| 5 | 18,8 |
| 6 | 18,8 |
| 7 | 19,1 |
| 8 | 18,9 |
| 9 | 19,1 |
| 10 | 19,9 |

**Figura 3.30** *Base de dados no SPSS – preço da ação Y.*

Para obter tais estatísticas descritivas, clique em **Analyze > Descriptive Statistics**. A partir daí, três comandos podem ser utilizados: **Frequencies**, **Descriptives** e **Explore**.

## 6.1. Comando Frequencies

Este comando pode ser utilizado tanto para variáveis **qualitativas** como **quantitativas**, e disponibiliza tabelas de distribuição de frequências, assim como medidas de tendência central (média, mediana e moda), medidas separatrizes (quartis e percentis), medidas de dispersão ou variabilidade (amplitude, variância, desvio-padrão, erro-padrão, entre outras) e medidas de assimetria e curtose. O comando **Frequencies** também plota gráficos de barras, pizzas ou histogramas (com ou sem curva normal).

Portanto, a partir do menu **Analyze > Descriptive Statistics**, escolha o comando **Frequencies**, como mostra a Figura 3.31.

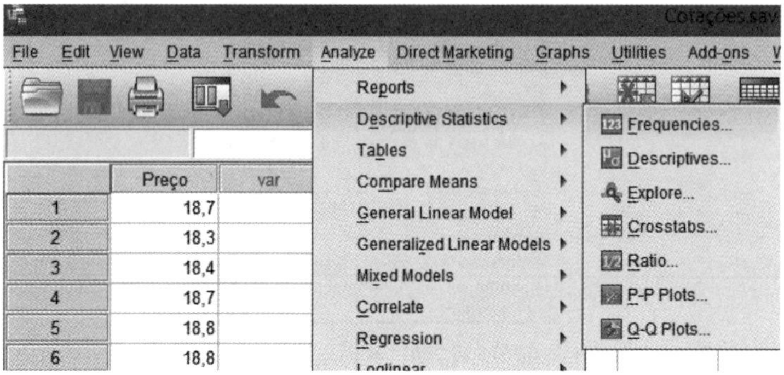

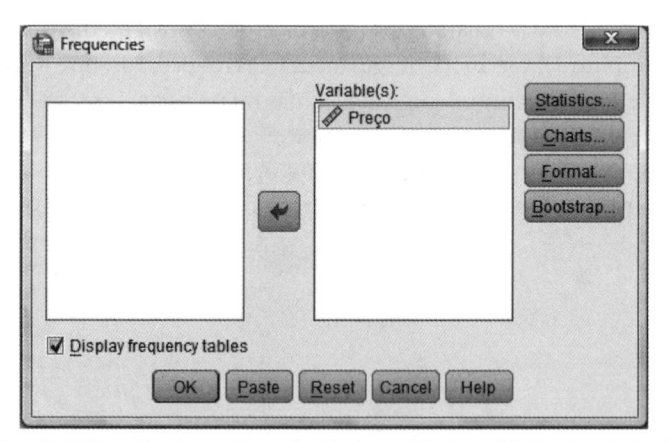

**Figura 3.31** *Estatística descritiva no SPSS – comando* **Frequencies.**

Será aberta, portanto, a caixa de diálogo **Frequencies**. A variável em estudo (Preço da ação, denominada **Preço**) deve ser selecionada em **Variable(s)** e a opção **Display frequency tables** deve estar ativada para que a tabela de distribuição de frequências seja exibida (Figura 3.32).

**Figura 3.32** *Caixa de diálogo* **Frequencies:** *seleção da variável e exibição da tabela de frequências.*

O próximo passo consiste em clicar no botão **Statistics** para selecionar as medidas-resumo de interesse (Figura 3.33).

Dentre as medidas separatrizes, selecionar a opção **Quartiles** (calcula o primeiro e terceiro quartil, além da mediana). Para obter o cálculo do percentil de ordem

$i$ ($i = 1, 2, ..., 99$), selecione a opção **Percentile(s)** e adicione a ordem desejada. Nesse caso, optou-se pelo cálculo do percentil de ordem 10 e 60.

Já as medidas de tendência central selecionadas foram média, mediana e moda.

Como medidas de dispersão, selecionou-se **Std. deviation** (desvio-padrão), **Variance** (variância), **Range** (amplitude) e **S.E. mean** (erro-padrão).

Finalmente, foram selecionadas as duas medidas de forma da distribuição: **Skewness** (assimetria) e **Kurtosis** (curtose).

Para retornar à caixa de diálogo **Frequencies**, clique em **Continue**.

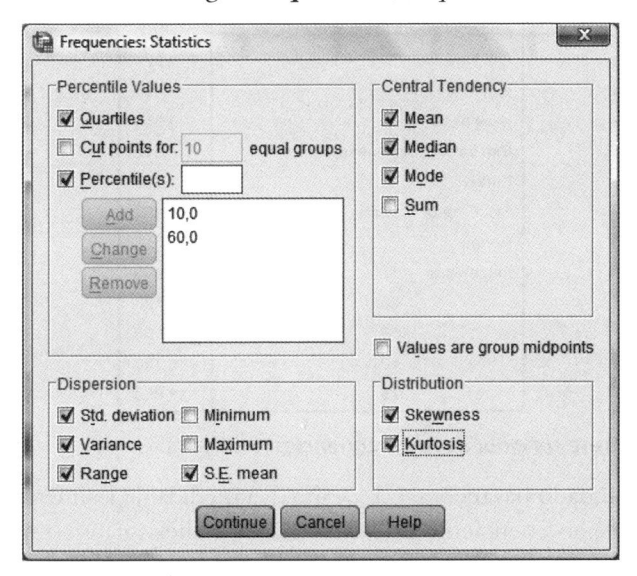

**Figura 3.33** *Caixa Frequencies: Statistics.*

Na sequência, clique no botão **Charts** e selecione o gráfico de interesse. Como opções, tem-se o gráfico de barras (**Bar charts**), o gráfico de setores ou pizzas (**Pie charts**) ou o histograma (**Histograms**). Selecione o último gráfico com a opção plotagem da curva normal (Figura 3.34). Os gráficos de barras ou pizzas podem ser exibidos em termos de frequência absoluta (**Frequencies**) ou frequência relativa (**Percentages**). Para retornar novamente à caixa de diálogo **Frequencies**, clique em **Continue**.

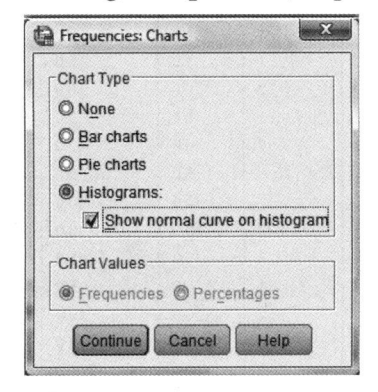

**Figura 3.34** *Caixa Frequencies: Charts.*

Finalmente, clique em **OK**. A Figura 3.35 apresenta os cálculos das medidas-resumo selecionadas na Figura 3.33.

**Statistics**

Preço

| N | Valid | 20 |
|---|---|---|
| | Missing | 0 |
| Mean | | 18,475 |
| Std. Error of Mean | | ,1414 |
| Median | | 18,500 |
| Mode | | 18,8 |
| Std. Deviation | | ,6324 |
| Variance | | ,400 |
| Skewness | | -,365 |
| Std. Error of Skewness | | ,512 |
| Kurtosis | | 1,753 |
| Std. Error of Kurtosis | | ,992 |
| Range | | 3,0 |
| Percentiles | 10 | 17,540 |
| | 25 | 18,125 |
| | 50 | 18,500 |
| | 60 | 18,700 |
| | 75 | 18,800 |

**Figura 3.35** *Medidas-resumo obtidas de **Frequencies: Statistics**.*

Conforme estudado nas seções 4.3.1 e 4.3.2, a medida de assimetria calculada pelo SPSS corresponde ao coeficiente de assimetria de Fisher $(g_1)$ e a medida de curtose corresponde ao coeficiente de curtose de Fisher $(g_2)$, respectivamente.

Ainda na figura 3.35, repare também que os percentis de ordem 25, 50 e 75 que correspondem ao primeiro quartil, mediana e terceiro quartil, respectivamente, foram calculados automaticamente. O método utilizado para o cálculo dos percentis foi o da Média Ponderada.

Já a tabela de distribuição de frequências está ilustrada na Figura 3.36.

**Preço**

| | | Frequency | Percent | Valid Percent | Cumulative Percent |
|---|---|---|---|---|---|
| Valid | 16,9 | 1 | 5,0 | 5,0 | 5,0 |
| | 17,5 | 1 | 5,0 | 5,0 | 10,0 |
| | 17,9 | 1 | 5,0 | 5,0 | 15,0 |
| | 18,1 | 2 | 10,0 | 10,0 | 25,0 |
| | 18,2 | 1 | 5,0 | 5,0 | 30,0 |
| | 18,3 | 2 | 10,0 | 10,0 | 40,0 |
| | 18,4 | 1 | 5,0 | 5,0 | 45,0 |
| | 18,5 | 2 | 10,0 | 10,0 | 55,0 |
| | 18,7 | 2 | 10,0 | 10,0 | 65,0 |
| | 18,8 | 3 | 15,0 | 15,0 | 80,0 |
| | 18,9 | 1 | 5,0 | 5,0 | 85,0 |
| | 19,1 | 2 | 10,0 | 10,0 | 95,0 |
| | 19,9 | 1 | 5,0 | 5,0 | 100,0 |
| | Total | 20 | 100,0 | 100,0 | |

**Figura 3.36** *Distribuição de frequências.*

A primeira coluna representa a frequência absoluta de cada elemento ($F_i$), a segunda e terceira coluna representam a frequência relativa de cada elemento ($Fr_i - \%$) e a última coluna representa a frequência relativa acumulada ($Fr_{ac} - \%$).

Ainda na Figura 3.36, podemos perceber que todos os valores ocorreram uma única vez. Como temos uma variável quantitativa contínua com 20 observações e nenhuma repetição, a elaboração de gráficos de barras ou de pizza não agregaria informação ao pesquisador, isto é, não propiciaria uma boa visualização de como se comportam os valores do preço da ação em termos de faixas. Dessa forma, preferiu-se a elaboração de um histograma com faixas previamente definidas. O histograma gerado pelo SPSS com a opção de plotagem da curva normal está ilustrado na Figura 3.37.

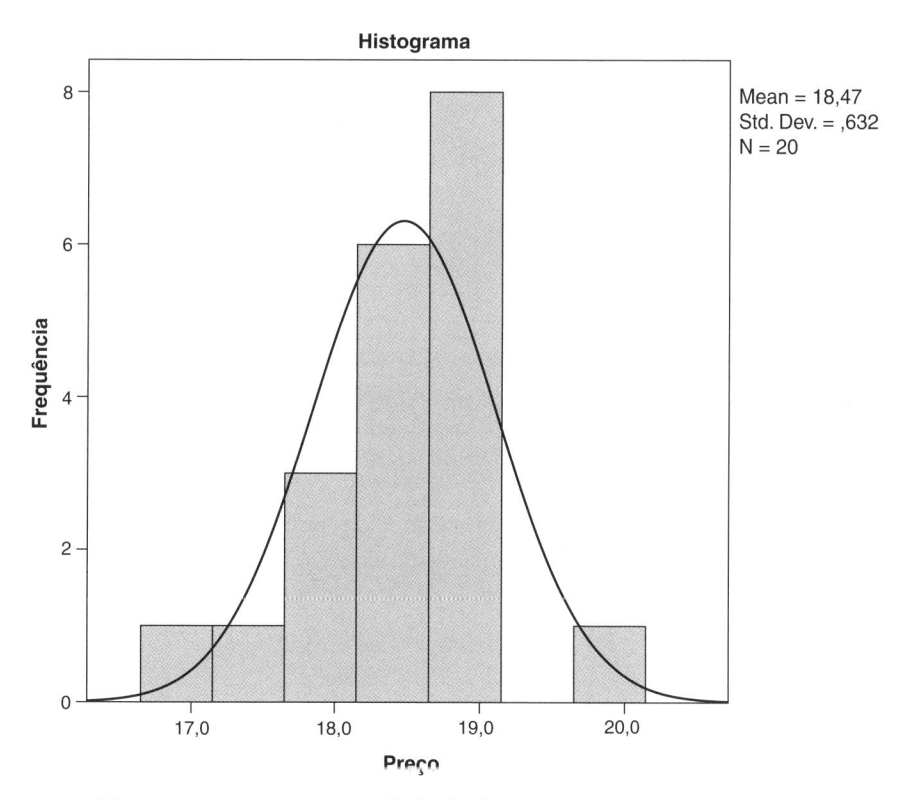

**Figura 3.37** *Histograma com curva normal obtido de **Frequencies: Charts**.*

## 6.2. Comando Descriptives

Diferentemente do comando **Frequencies** que também possui a opção de tabela de distribuição de frequências, além de gráficos de barras, pizzas ou histograma (com ou sem curva normal), o comando **Descriptives** disponibiliza apenas medidas-resumo (é indicado, portanto, para variáveis **quantitativas**). Ainda assim, medidas de tendência central como mediana e moda não são disponibilizadas, nem medidas separatrizes como quartis e percentis.

Para usá-lo, clique no menu **Analyze > Descriptive Statistics** e escolha o comando **Descriptives**, como mostra a Figura 3.38.

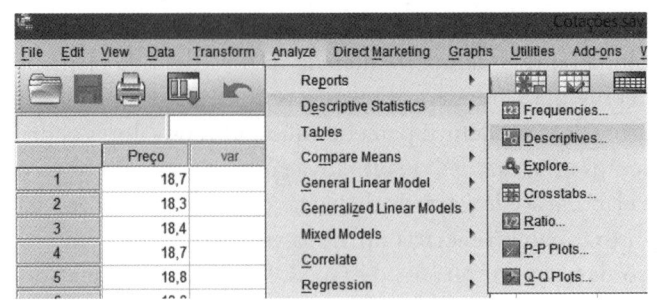

**Figura 3.38** *Estatística descritiva no SPSS – comando* **Descriptives***.*

Será aberta, portanto, a caixa de diálogo **Descriptives**. A variável em estudo deve ser selecionada em **Variable(s)**, conforme mostra a Figura 3.39.

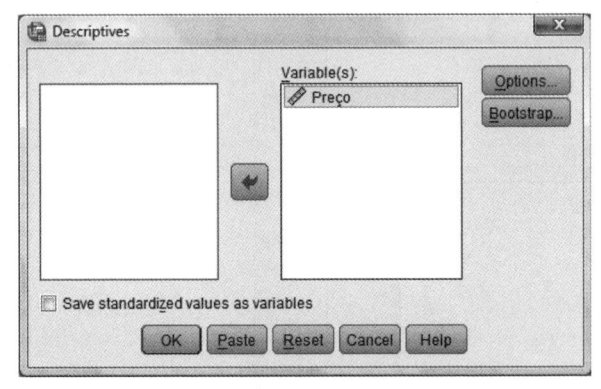

**Figura 3.39** *Caixa de diálogo* **Descriptives***: seleção da variável.*

Clique no botão **Options** para selecionar as medidas-resumo de interesse (Figura 3.40). Repare que foram selecionadas as mesmas medidas-resumo do comando **Frequencies**, exceto a mediana, a moda, além dos quartis e percentis que não estão disponíveis, como já mencionado. Clique em **Continue** para retornar à caixa de diálogo **Descriptives**.

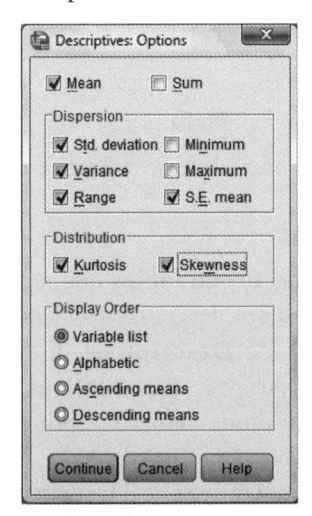

**Figura 3.40** *Caixa* **Descriptives: Options***.*

Finalmente, clique em **OK**. Os resultados estão disponíveis na Figura 3.41.

**Descriptive Statistics**

| | N | Range | Mean | | Std. Deviation | Variance | Skewness | | Kurtosis | |
|---|---|---|---|---|---|---|---|---|---|---|
| | Statistic | Statistic | Statistic | Std. Error | Statistic | Statistic | Statistic | Std. Error | Statistic | Std. Error |
| Preço | 20 | 3,0 | 18,475 | ,1414 | ,6324 | ,400 | -,365 | ,512 | 1,753 | ,992 |
| Valid N (listwise) | 20 | | | | | | | | | |

**Figura 3.41** *Medidas-resumo obtidas de **Descriptive: Options**.*

## 6.3. Comando Explore

O comando **Explore** também não disponibiliza a tabela de distribuição de frequências como ocorre com o comando **Frequencies**. Com relação aos tipos de gráfico, diferentemente do comando **Frequencies** que oferece gráficos de barras, pizzas e histograma, o comando **Explore** oferece os gráficos de ramo-e-folhas, *boxplot*, além do histograma, porém, sem a opção de plotagem da curva normal. Com relação às medidas-resumo, disponibiliza medidas de tendência central como média e mediana (não tem a opção da moda), medidas separatrizes como percentis (de ordem 5, 10, 25, 50, 75, 90 e 95), medidas de dispersão como amplitude, variância, desvio-padrão, entre outras (não calcula o erro-padrão), além de medidas de assimetria e curtose. Este comando é indicado, portanto, para o cálculo de estatísticas descritivas de variáveis **quantitativas**.

Dessa forma, a partir do menu **Analyze > Descriptive Statistics**, escolha o comando **Explore**, conforme mostra a Figura 3.42.

**Figura 3.42** *Estatística descritiva no SPSS – comando **Explore**.*

Será aberta, portanto, a caixa de diálogo **Explore**. A variável em estudo deve ser selecionada na lista de variáveis dependentes (**Dependent List**), conforme mostra a Figura 3.43.

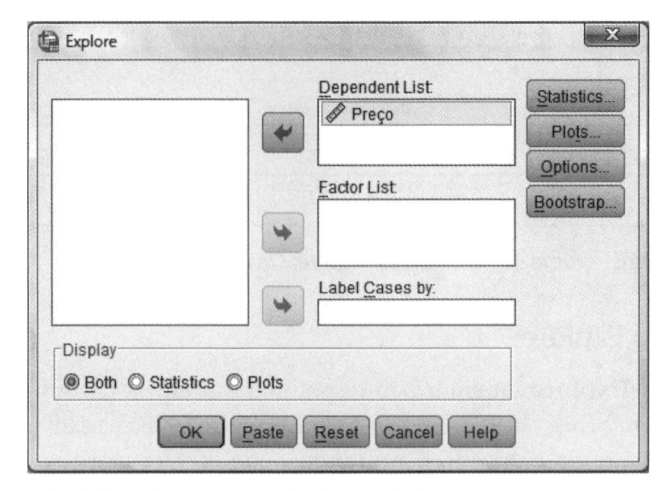

**Figura 3.43** *Caixa de diálogo* **Explore**: *seleção da variável.*

Em seguida, clique no botão **Statistics** que abrirá a caixa **Explore: Statistics**; selecione as opções **Descriptives**, **Outliers** e **Percentiles**, conforme mostra a Figura 3.44.

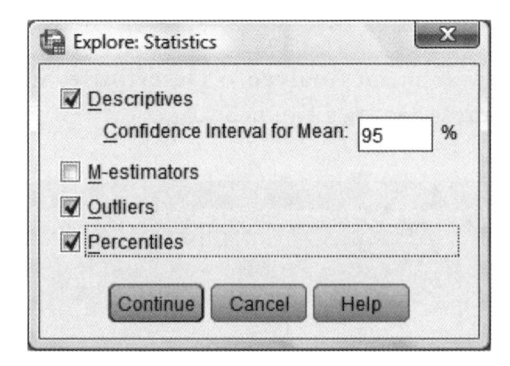

**Figura 3.44** *Caixa* **Explore: Statistics**.

Clique no botão **Continue** para retornar à caixa **Explore**. Na sequência, clique no botão **Plots** que abrirá a caixa **Explore: Plots** e selecione os gráficos de interesse, conforme mostra a Figura 3.45. Neste caso, foram selecionados **Boxplots: Factor levels together** (os *boxplots* resultantes estarão juntos no mesmo gráfico), **Stem-and-leaf** (ramo-e-folhas) e o histograma (repare que não há a opção de plotagem da curva normal). Clique novamente em **Continue** para retornar à caixa **Explore**.

Finalmente, clique em **OK**. Os resultados obtidos estão ilustrados a seguir.

A Figura 3.46 apresenta os resultados obtidos a partir de **Explore: Statistics**, opção **Descriptives**.

Já a Figura 3.47 apresenta os resultados obtidos a partir de **Explore: Statistics**, opção Percentiles. Foram calculados os percentis de ordem 5, 10, 25 ($Q_1$), 50 (mediana),

75 ($Q_3$), 90 e 95, segundo dois métodos: *Weighted Average* (Média Ponderada) e *Tukey's Hinges*. Este último corresponde ao método proposto no presente capítulo (seção 4.1.2 - caso 1). Assim, aplicando as fórmulas da seção 4.1.2 para esse exemplo, chega-se aos mesmos resultados da figura 3.47 referente ao método *Tukey's Hinges* para os cálculos de $P_{25}$, $P_{50}$ e $P_{75}$. Nesse exemplo, coincidentemente, o valor de $P_{75}$ foi igual para os dois métodos, mas costuma divergir.

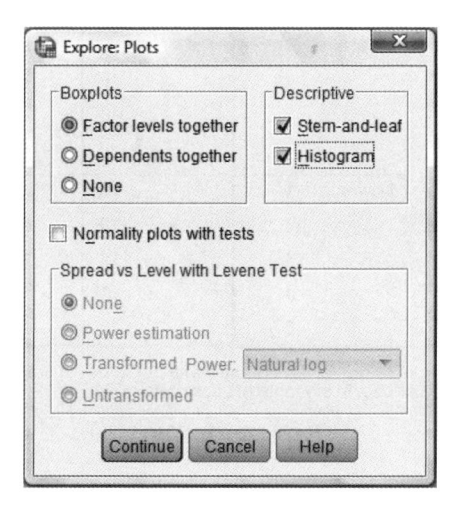

**Figura 3.45** *Caixa* **Explore: Plots.**

**Descriptives**

|  |  |  | Statistic | Std. Error |
|---|---|---|---|---|
| Preço | Mean |  | 18,475 | ,1414 |
|  | 95% Confidence Interval for Mean | Lower Bound | 18,179 |  |
|  |  | Upper Bound | 18,771 |  |
|  | 5% Trimmed Mean |  | 18,483 |  |
|  | Median |  | 18,500 |  |
|  | Variance |  | ,400 |  |
|  | Std. Deviation |  | ,6324 |  |
|  | Minimum |  | 16,9 |  |
|  | Maximum |  | 19,9 |  |
|  | Rango |  | 3,0 |  |
|  | Interquartile Range |  | ,7 |  |
|  | Skewness |  | -,365 | ,512 |
|  | Kurtosis |  | 1,753 | ,992 |

**Figura 3.46** *Resultados obtidos a partir da opção* **Descriptives.**

**Percentiles**

|  |  | Percentiles |  |  |  |  |  |  |
|---|---|---|---|---|---|---|---|---|
|  |  | 5 | 10 | 25 | 50 | 75 | 90 | 95 |
| Weighted Average (Definition 1) | Preço | 16,930 | 17,540 | 18,125 | 18,500 | 18,800 | 19,100 | 19,860 |
| Tukey's Hinges | Preço |  |  | 18,150 | 18,500 | 18,800 |  |  |

**Figura 3.47** *Resultados obtidos a partir da opção* **Percentiles.**

A Figura 3.48 apresenta os resultados obtidos a partir de **Explore: Statistics**, opção **Outliers**. São apresentados os valores extremos da distribuição (os cinco maiores e os cinco menores) com as respectivas posições encontradas no banco de dados.

**Extreme Values**

|  |  |  | Case Number | Value |
|---|---|---|---|---|
| Preço | Highest | 1 | 10 | 19,9 |
|  |  | 2 | 7 | 19,1 |
|  |  | 3 | 9 | 19,1 |
|  |  | 4 | 8 | 18,9 |
|  |  | 5 | 5 | 18,8[a] |
|  | Lowest | 1 | 20 | 16,9 |
|  |  | 2 | 19 | 17,5 |
|  |  | 3 | 14 | 17,9 |
|  |  | 4 | 17 | 18,1 |
|  |  | 5 | 13 | 18,1 |

a. Only a partial list of cases with the value 18,8 are shown in the table of upper extremes.

**Figura 3.48** *Resultados obtidos a partir da opção **Outliers**.*

Já os gráficos gerados a partir das opções selecionadas em **Explore: Plots** (histograma, ramo-e-folhas e *boxplot*) estão representados nas Figuras 3.49, 3.50 e 3.51, respectivamente.

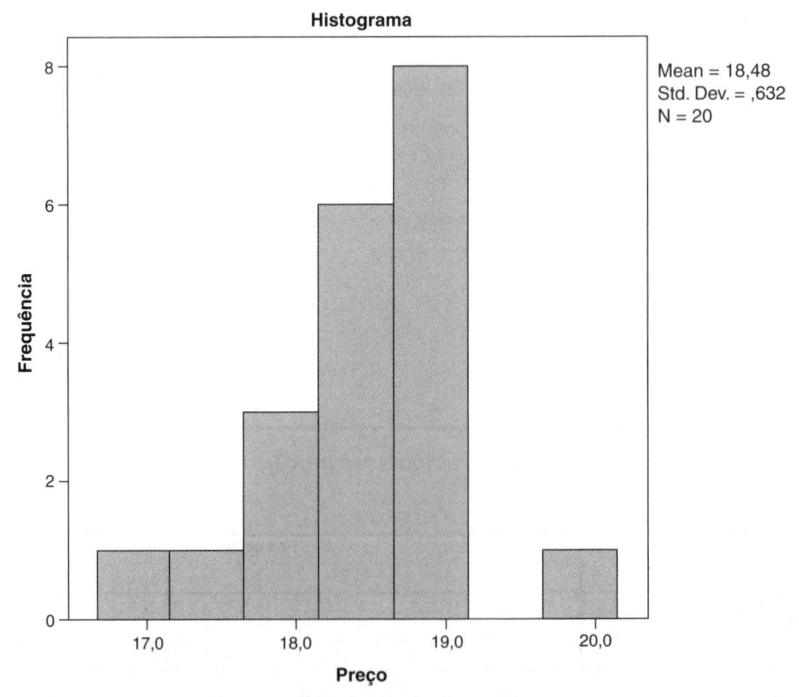

**Figura 3.49** *Histograma gerado a partir da caixa **Explore: Plots**.*

Obviamente, o histograma gerado pela Figura 3.49 é o mesmo do comando **Frequencies** (Figura 3.37), porém, sem a curva normal, já que o comando **Explore** não disponibiliza esta opção.

```
           Preço Stem-and-Leaf Plot

    Frequency     Stem &  Leaf

       1,00 Extremes     (=<16,9)
        ,00       17 .
       2,00       17 .  59
       6,00       18 .  112334
       8,00       18 .  55778889
       2,00       19 .  11
       1,00 Extremes     (>=19,9)

    Stem width:        1,0
    Each leaf:      1 case(s)
```

**Figura 3.50** *Gráfico de ramo-e-folha gerado a partir da caixa **Explore: Plots**.*

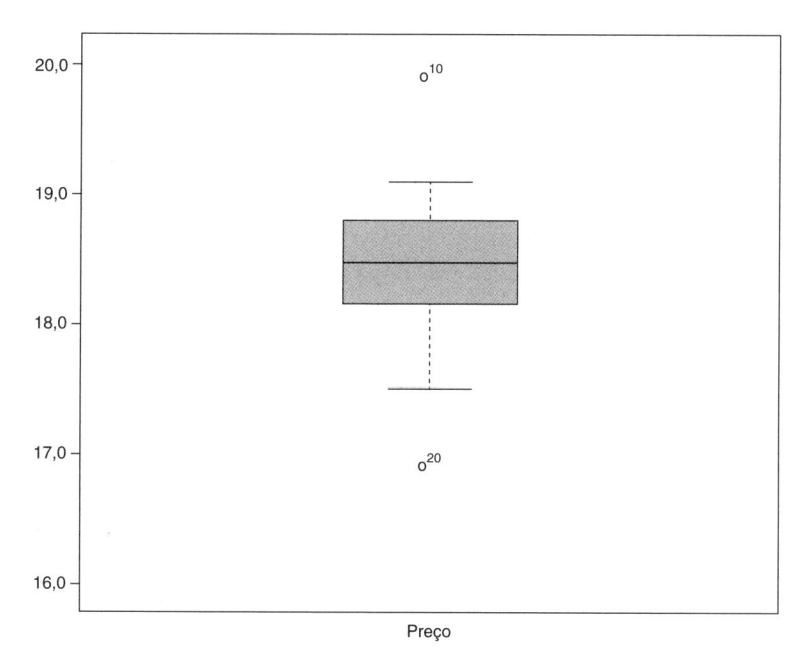

**Figura 3.51** *Boxplot gerado a partir da caixa **Explore: Plots**.*

A Figura 3.50 mostra que os dois primeiros dígitos do número (parte inteira, antes da vírgula) compõem o ramo e as casas decimais correspondem à folha. Adicionalmente, o ramo 18 está representado em duas linhas já que contém várias observações.

Vimos na seção 4.1.3 como calcular um *outlier* extremo pelas equações $x^\star < Q_1 - 3 \cdot (Q_3 - Q_1)$ e $x^\star > Q_3 + 3 \cdot (Q_3 - Q_1)$. Se considerarmos que $Q_1 = 18,15$ e $Q_3 = 18,8$, tem-se que $x^\star < 16,2$ ou $x^\star > 20,75$. Como não há observações fora desses limites, conclui-se que não existem *outliers* extremos.

Repetindo o mesmo procedimento para *outliers* moderados, isto é, aplicando as equações $x° < Q_1-1,5.(Q_3-Q_1)$ e $x° > Q_3+1,5.(Q_3-Q_1)$, verifica-se que existe uma observação com valor menor do que 17,175 (20ª observação) e outra com valor maior do que 19,775 (10ª observação). Esses valores são então considerados *outliers* moderados.

O boxplot da Figura 3.51 mostra que as observações 10 e 20 com valores 19,9 e 16,9, respectivamente, são *outliers* moderados (representados por círculos), propiciando ao pesquisador, em função de seus objetivos de pesquisa, a decisão de mantê-las, excluí-las (a análise pode ser prejudicada em função da redução do tamanho da amostra), ou substituir seus valores pela média da variável.

Ainda na Figura 3.51, os valores de $Q_1$, $Q_2$ (Md) e $Q_3$ correspondem a 18,15; 18,5 e 18,8, respectivamente, que são aqueles obtidos pelo método Tukey's Hinges (Figura 3.47) considerando todas as 20 observações iniciais. Portanto, as medidas de posição do boxplot ($Q_1$, Md e $Q_3$), com exceção do valor mínimo e máximo, são calculadas sem a exclusão dos *outliers*.

## 7. CONSIDERAÇÕES FINAIS

Este capítulo estudou a estatística descritiva para uma única variável (estatística descritiva univariada), a fim de permitir uma melhor compreensão do comportamento de cada variável por meio de tabelas, gráficos e medidas-resumo, identificando tendências, variabilidade e *outliers*.

Antes de iniciar o uso da estatística descritiva, é necessário identificar o tipo de variável a ser estudada. O tipo de variável é crucial no cálculo de estatísticas descritivas e na representação gráfica de resultados.

As estatísticas descritivas utilizadas para representar o comportamento dos dados de uma variável qualitativa são tabelas de distribuição de frequência e gráficos. A tabela de distribuição de frequências para uma variável qualitativa representa a frequência de ocorrências de cada categoria da variável. A representação gráfica de variáveis qualitativas pode ser ilustrada por meio de gráficos de barras (horizontal e vertical), de setores ou pizzas e do diagrama de Pareto.

Para as variáveis quantitativas, as estatísticas descritivas mais utilizadas são gráficos e medidas-resumo (medidas de posição ou localização, dispersão ou variabilidade e medidas de forma). A tabela de distribuição de frequências também pode ser utilizada para representar a frequência de ocorrências de cada possível valor de uma variável discreta, ou ainda para representar a frequência dos dados de variáveis contínuas agrupadas em classes. A representação gráfica de variáveis quantitativas é geralmente ilustrada por meio de gráficos de linhas, gráfico de pontos ou dispersão, histograma, gráfico de ramo-e-folhas e *boxplot* (diagrama de caixa).

## 8. RESUMO

A estatística descritiva permite ao pesquisador uma melhor compreensão do comportamento dos dados por meio de tabelas, gráficos e medidas-resumo, identificando tendências, variabilidade e valores atípicos.

As **tabelas de distribuições de frequência** podem ser utilizadas para representar a frequência de ocorrências de um conjunto de observações de **variáveis qualitativas** ou **quantitativas**. No caso de variáveis qualitativas, a tabela representa a frequência de ocorrências de cada categoria da variável. Para as variáveis quantitativas discretas, a frequência de ocorrências é calculada para cada valor discreto da variável. Já os dados das variáveis contínuas são primeiramente agrupados em classes, e a partir daí são calculadas as frequências de ocorrências para cada classe.

O **gráfico** é um instrumento visual que possibilita representar as características de um conjunto de dados de uma forma mais eficiente e simples. Para **variáveis qualitativas**, as principais representações gráficas são: gráfico de barras (horizontal e vertical), gráfico de setores ou pizza e diagrama de Pareto. A representação gráfica de **variáveis quantitativas** é geralmente ilustrada por meio de gráficos de linhas, gráfico de pontos ou dispersão, histograma, gráfico de ramo-e-folhas e *boxplot* (diagrama de caixa).

As informações contidas em um conjunto de dados podem ser resumidas por meio de medidas numéricas adequadas, chamadas **medidas-resumo**. Estas medidas são calculadas para variáveis **quantitativas**. Exceção a esta regra fica por conta da medida de tendência central conhecida por **moda**, que fornece o valor mais frequente de uma variável e, portanto, também pode ser calculada para variáveis não métricas ou qualitativas.

As medidas-resumo podem ser divididas em: medidas de posição ou localização (medidas de tendência central e medidas separatrizes), medidas de dispersão ou variabilidade e medidas de forma como assimetria e curtose.

Por meio das **medidas de posição ou localização**, pode-se resumir uma série de dados, com a apresentação de um ou mais valores que sejam representativos de toda a série. As medidas de posição ou localização são subdivididas em **medidas de tendência central** que estudam o comportamento de uma variável em relação aos seus valores centrais (média, mediana e moda) e **medidas separatrizes** que dividem um conjunto de dados em quatro partes iguais (quartis), em 10 partes iguais (decis) e em 100 partes iguais (percentis).

As medidas de tendência central determinam um valor representativo do conjunto de dados. Para caracterizar a dispersão ou variabilidade dos dados, são necessárias **medidas de dispersão ou variabilidade**. As medidas de dispersão mais comuns referem-se à amplitude, ao desvio-médio, à variância, ao desvio-padrão, ao erro-padrão e ao coeficiente de variação ($CV$).

Finalmente, as **medidas de forma** (assimetria e curtose) caracterizam a forma da distribuição dos dados em torno da média. Tanto o coeficiente de assimetria quanto o coeficiente de curtose são utilizados para comparar a forma da distribuição em estudo com uma distribuição teórica, como a distribuição normal.

As **medidas de assimetria** referem-se à forma da curva de uma distribuição de frequências. Para uma curva ou distribuição de frequências simétrica, a média, a moda e a mediana são iguais. Para uma curva assimétrica, a média distancia-se da moda, e a mediana situa-se em uma posição intermediária. A assimetria de uma distribuição pode ser calculada a partir das seguintes medidas: a) 1º coeficiente de assimetria de Pearson; b) 2º coeficiente de assimetria de Pearson; c) coeficiente de assimetria de Bowley; e d) coeficiente de assimetria de Fisher ($g_1$).

Além das medidas de assimetria, as medidas de curtose também podem ser utilizadas para caracterizar a forma da distribuição da variável em estudo. A **curtose** pode ser definida como o grau de achatamento de uma distribuição de frequências (altura do pico da curva) em relação a uma distribuição teórica que geralmente corresponde à distribuição normal. Como medidas de curtose, foram estudados o coeficiente de curtose e o coeficiente de curtose de Fisher ($g_2$).

## 9. EXERCÍCIOS

**1.** Quais estatísticas podem ser utilizadas (e em que situações) para representar o comportamento de uma única variável quantitativa e qualitativa?

**2.** Quais as limitações de se utilizarem apenas medidas de tendência central no estudo de uma determinada variável?

**3.** Como pode ser verificada a existência de *outliers* em uma determinada variável?

**4.** Descreva cada uma das medidas de dispersão ou variabilidade.

**5.** Qual a diferença entre o $1^\circ$ e o $2^\circ$ coeficientes de Pearson utilizados como medidas de assimetria de uma distribuição?

**6.** Qual o melhor gráfico a ser aplicado para verificar a posição, a assimetria e a discrepância entre os dados?

**7.** No caso do gráfico de barras e do diagrama de dispersão, qual deve ser a natureza dos dados a serem utilizados?

**8.** Quais gráficos são mais adequados para representar dados qualitativos?

**9.** A Tabela 3.42 apresenta o número de automóveis vendidos por uma concessionária ao longo dos últimos 30 dias. Construa uma tabela de distribuição de frequências para esses dados.

**Tabela 3.42** Número de automóveis vendidos

| 7 | 5 | 9 | 11 | 10 | 8 | 9 | 6 | 8 | 10 |
|---|---|---|----|----|---|---|---|---|----|
| 8 | 5 | 7 | 11 | 9 | 11 | 6 | 7 | 10 | 9 |
| 8 | 5 | 6 | 8 | 6 | 7 | 6 | 5 | 10 | 8 |

**10.** Uma pesquisa sobre as condições de saúde de 50 pacientes coletou informações referentes aos pesos dos mesmos (Tabela 3.43). Construa a tabela de distribuição de frequências para o problema em questão.

**Tabela 3.43** Peso dos pacientes

| 60,4 | 78,9 | 65,7 | 82,1 | 80,9 | 92,3 | 85,7 | 86,6 | 90,3 | 93,2 |
|------|------|------|------|------|------|------|------|------|------|
| 75,2 | 77,3 | 80,4 | 62,0 | 90,4 | 70,4 | 80,5 | 75,9 | 55,0 | 84,3 |
| 81,3 | 78,3 | 70,5 | 85,6 | 71,9 | 77,5 | 76,1 | 67,7 | 80,6 | 78,0 |
| 71,6 | 74,8 | 92,1 | 87,7 | 83,8 | 93,4 | 69,3 | 97,8 | 81,7 | 72,2 |
| 69,3 | 80,2 | 90,0 | 76,9 | 54,7 | 78,4 | 55,2 | 75,5 | 99,3 | 66,7 |

**11.** Em uma indústria de eletrodomésticos, na etapa de produção do componente porta, o inspetor de qualidade verifica o total de peças rejeitadas por tipo de falha (desalinhamento, risco, deformação, desbotamento e oxigenação), conforme mostra a Tabela 3.44.

**Tabela 3.44** Total de peças rejeitadas por tipo de falha

| Descrição da falha | Total |
|---|---|
| Desalinhamento | 98 |
| Risco | 67 |
| Deformação | 45 |
| Desbotamento | 28 |
| Oxigenação | 12 |
| **Total** | **250** |

Pede-se:

a) Construa uma tabela de distribuição de frequências.

b) Elabore o gráfico de setores ou pizza, além do diagrama de Pareto.

**12.** Para a conservação do açaí, é necessário um conjunto de procedimentos como branqueamento, pasteurização, congelamento e desidratação. O arquivo **Desidratação** (**.xls e .sav**) apresenta os tempos de processamento (em segundos) na fase de desidratação ao longo de 100 períodos. Pede-se:

a) Calcule as medidas de posição referentes à média aritmética, à mediana e à moda.

b) Calcule o primeiro e terceiro quartil e veja se há indícios de existência de *outliers*.

c) Calcule os percentis de ordem 10 e 90.

d) Calcule os decis de ordem 3 e 6.

e) Calcule as medidas de dispersão (amplitude, desvio-médio, variância, desvio-padrão, erro-padrão e coeficiente de variação).

f) Verifique se a distribuição é simétrica, assimétrica positiva ou assimétrica negativa.

g) Calcule o coeficiente de curtose e classifique o grau de achatamento da distribuição (mesocúrtica, platicúrtica ou leptocúrtica).

h) Construa o histograma, o gráfico ramo-e-folhas e o *boxplot* para a variável em estudo.

**13.** Em uma determinada agência, coletou-se o tempo médio de atendimento (em minutos) de uma amostra de 50 clientes para três tipos de serviços. Os dados encontram-se no arquivo **Serviços(.xls e .sav)**. Compare os resultados dos serviços com base nas seguintes medidas:

a) Medidas de posição (média, mediana e moda).

b) Medidas de dispersão (variância, desvio-padrão e erro-padrão).

c) Primeiro e terceiro quartil; verifique se há indícios de existência de *outliers*.

**d)** Coeficiente de assimetria de Fisher $(g_1)$ e coeficiente de curtose de Fisher $(g_2)$. Classifique a simetria e o grau de achatamento de cada distribuição.

**e)** Para cada uma das variáveis, construa o gráfico de barras, o *boxplot* e o histograma.

**14.** Um passageiro coletou o tempo médio de percurso (em minutos) de um ônibus na linha Vila Mariana – Jabaquara, ao longo de 120 dias (Tabela 3.45).

**Tabela 3.45** Tempo médio de percurso em 120 dias

| Tempo | Número de dias |
|-------|----------------|
| 30    | 4              |
| 32    | 7              |
| 33    | 10             |
| 35    | 12             |
| 38    | 18             |
| 40    | 22             |
| 42    | 20             |
| 43    | 15             |
| 45    | 8              |
| 50    | 4              |

Pede-se:

**a)** Calcule a média aritmética, mediana e moda.

**b)** Calcule $Q_1$, $Q_3$, $D_4$, $P_{61}$ e $P_{84}$.

**c)** Há indícios de *outliers*?

**d)** Calcule a amplitude, variância, desvio-padrão e erro-padrão.

**e)** Calcule o coeficiente de assimetria de Fisher $(g_1)$ e o coeficiente de curtose de Fisher $(g_2)$. Classifique a simetria e o grau de achatamento de cada distribuição.

**f)** Elabore o gráfico de barras, histograma, ramo-e-folhas e *boxplot*.

**15.** A fim de melhorar a qualidade do serviço, uma empresa varejista coletou o tempo médio de atendimento, em segundos, de 250 funcionários. Os dados foram agrupados em classes, com as respectivas frequências absolutas e relativas, conforme mostra a Tabela 3.46.

**Tabela 3.46** Tempo médio de atendimento

| Classe    | $F_i$ | $Fr_i$ (%) |
|-----------|-------|------------|
| 30 ⊢ 60   | 11    | 4,4        |
| 60 ⊢ 90   | 29    | 11,6       |
| 90 ⊢ 120  | 41    | 16,4       |
| 120 ⊢ 150 | 82    | 32,8       |
| 150 ⊢ 180 | 54    | 21,6       |
| 180 ⊢ 210 | 33    | 13,2       |
| **Soma**  | **250** | **100**  |

Pede-se:

**a)** Calcule a média aritmética, mediana e moda.

**b)** Calcule $Q_1$, $Q_3$, $D_2$, $P_{13}$ e $P_{95}$.

**c)** Há indícios de *outliers*?

**d)** Calcule a amplitude, variância, desvio-padrão e erro-padrão.

**e)** Calcule o primeiro coeficiente de assimetria de Pearson e o coeficiente de curtose. Classifique a simetria e o grau de achatamento da distribuição.

**f)** Elabore o histograma.

**16.** Um analista financeiro pretende comparar o preço de duas ações ao longo do último mês. Os dados estão listados na Tabela 3.47.

**Tabela 3.47** Preço das ações

| Ação A | Ação B |
|--------|--------|
| 31 | 25 |
| 30 | 33 |
| 24 | 27 |
| 24 | 34 |
| 28 | 32 |
| 22 | 26 |
| 24 | 26 |
| 34 | 28 |
| 24 | 34 |
| 28 | 28 |
| 23 | 31 |
| 30 | 28 |
| 31 | 34 |
| 32 | 16 |
| 26 | 28 |
| 39 | 29 |
| 25 | 27 |
| 42 | 28 |
| 29 | 33 |
| 24 | 29 |
| 22 | 34 |
| 23 | 33 |
| 32 | 27 |
| 29 | 26 |

Elabore uma análise comparativa do preço das duas ações, com base nas seguintes estatísticas:

a) Medidas de posição como média, mediana e moda.
b) Medidas de dispersão como amplitude, variância, desvio-padrão e erro-padrão.
c) Existência de *outliers*.
d) Simetria e grau de achatamento da distribuição.
e) Gráfico de linhas, dispersão, ramo-e-folhas, histograma e *boxplot*.

**17.** Com o objetivo de determinar padrões sobre os investimentos em hospitais paulistas (R$ milhões), um órgão do Governo do Estado de São Paulo levantou os dados referentes a 15 hospitais, como mostra a Tabela 3.48.

**Tabela 3.48** Investimento em 15 hospitais do Estado de São Paulo

| Hospital | Investimento |
|----------|--------------|
| A | 44 |
| B | 12 |
| C | 6 |
| D | 22 |
| E | 60 |
| F | 15 |
| G | 30 |
| H | 200 |
| I | 10 |
| J | 8 |
| K | 4 |
| L | 75 |
| M | 180 |
| N | 50 |
| O | 64 |

Pede-se:

a) Calcule a média aritmética e o desvio-padrão da amostra.
b) Elimine os possíveis *outliers*.
c) Calcule novamente a média e o desvio-padrão da amostra resultante (sem os *outliers*).
d) O que podemos afirmar sobre o desvio-padrão da nova amostra sem os *outliers*?

# CAPÍTULO 4

# Estatística Descritiva Bivariada

*Os números governam o mundo.*
**Pitágoras**

## Ao final deste capítulo, você será capaz de:

- Compreender os principais conceitos de estatística descritiva bivariada (entre duas variáveis).
- Escolher o(s) método(s) adequado(s), incluindo tabelas, gráficos e/ou medidas-resumo, para descrever o comportamento das variáveis.
- Estudar as associações entre duas variáveis qualitativas por meio de tabelas de contingência, representações gráficas como mapas perceptuais e medidas de associação como qui-quadrado (para variáveis nominais e ordinais), coeficiente Phi, coeficiente de contingência e coeficiente V de Cramer (todos para variáveis nominais) e coeficiente de Spearman (para variáveis ordinais).
- Estudar as correlações entre duas variáveis quantitativas por meio de tabelas de distribuição conjunta de frequências, gráficos como o diagrama de dispersão e medidas de correlação como a covariância e o coeficiente de correlação de Spearman.
- Estudar a relação entre uma variável qualitativa e outra quantitativa por meio de gráficos como histograma, ramo-e-folhas e *boxplot*, além de medidas de posição ou localização como média, mediana, quartis etc., e medidas de dispersão ou variabilidade como amplitude, desvio-padrão, variância, coeficiente de determinação, entre outras.
- Gerar essas tabelas, gráficos e medidas-resumo por meio do software estatístico SPSS.

## 1. INTRODUÇÃO

O capítulo anterior estudou a estatística descritiva para uma única variável (estatística descritiva univariada). Este capítulo apresenta os conceitos de estatística descritiva envolvendo duas variáveis (análise bivariada).

A análise bivariada tem como objetivo, portanto, o estudo das relações (associações para variáveis qualitativas e correlações para variáveis quantitativas) entre duas variáveis. As relações podem ser estudadas por meio da distribuição conjunta de frequências (tabelas de contingência ou tabelas de classificação cruzada – *cross tabulation*), representações gráficas e ainda por meio de medidas-resumo.

A análise bivariada será estudada a partir de três situações distintas:

**a)** Quando duas variáveis são qualitativas.
**b)** Quando duas variáveis são quantitativas.
**c)** Quando uma variável é qualitativa e a outra é quantitativa.

A Figura 4.1 apresenta as estatísticas descritivas bivariadas que serão estudadas no presente capítulo, representadas por meio de tabelas, gráficos e medidas-resumo, para cada uma das três situações. A Figura 4.1 resume as seguintes informações:

**a)** As estatísticas descritivas utilizadas para representar o comportamento dos dados de duas variáveis qualitativas são: a) tabelas de distribuição conjunta de frequência, nesse caso específico também chamado tabelas de contingência ou tabelas de classificação cruzada (*cross tabulation*); b) gráficos como mapas perceptuais provenientes da técnica de análise de correspondência; e c) medidas de associação como a estatística qui-quadrado (utilizada para variáveis qualitativas nominais e ordinais), o coeficiente Phi, o coeficiente de contingência e o coeficiente V de Cramer (todos baseados no qui-quadrado e utilizados para variáveis nominais), além do coeficiente de Spearman (para variáveis qualitativas ordinais).
**b)** No caso de duas variáveis quantitativas, utilizam-se tabelas de distribuição conjunta de frequências, representações gráficas como o diagrama de dispersão, além de medidas de correlação como a covariância e o coeficiente de correlação de Pearson.
**c)** Para representar o comportamento entre uma variável qualitativa e outra quantitativa, utilizam-se estatísticas descritivas como gráficos (histograma, ramo-e--folhas, *boxplot* etc.), além de medidas de posição ou localização como média, mediana, quartis etc., e medidas de dispersão ou variabilidade como amplitude, desvio-padrão, variância, coeficiente de determinação etc.

## 2. ASSOCIAÇÃO ENTRE DUAS VARIÁVEIS QUALITATIVAS

O objetivo é avaliar se existe relação entre as variáveis qualitativas ou categóricas estudadas, além do grau de associação entre elas. Isto pode ser feito por meio de tabelas de distribuições de frequências, medidas-resumo como o qui-quadrado (utilizado para variáveis nominais e ordinais), o coeficiente Phi, o coeficiente de contingência e o coeficiente V de Cramer (para variáveis nominais), e o coeficiente de Spearman (para variáveis ordinais), além de representações gráficas como mapas perceptuais provenientes da análise de correspondência.

### 2.1. Tabelas de distribuição conjunta de frequências

A forma mais simples de resumir um conjunto de dados provenientes de duas variáveis qualitativas é por meio de uma tabela de distribuição conjunta de frequências, neste caso específico chamada **tabela de contingência** ou **tabela de classificação cruzada (*cross tabulation*)** ou ainda **tabela de correspondência**, que exibe, de forma conjunta, as frequências absolutas ou relativas das categorias da variável *x* representada no eixo das abscissas e da variável *y* representada no eixo das ordenadas.

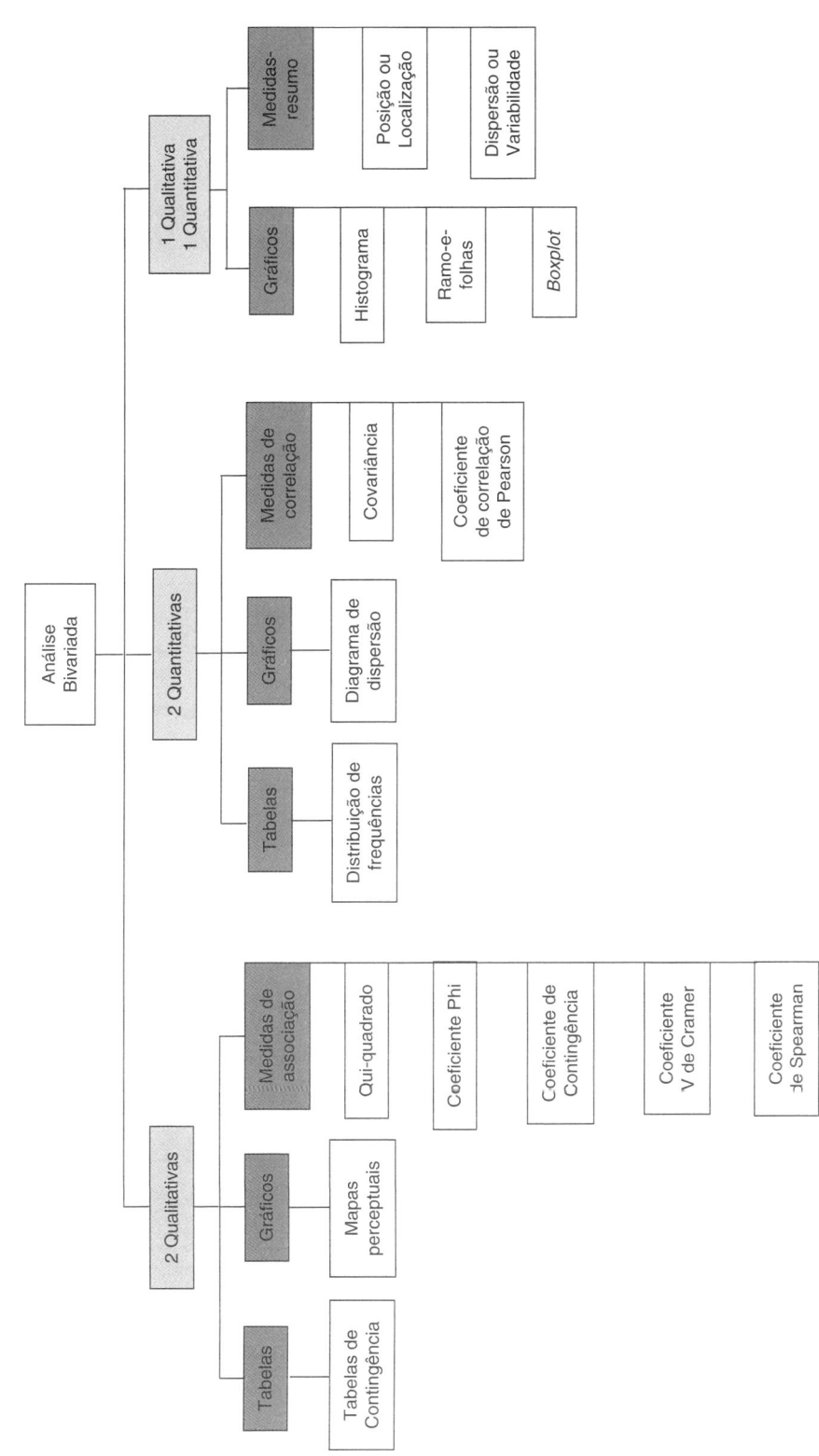

**Figura 4.1** *Estatísticas descritivas bivariadas em função do tipo de variável.*

É comum adicionarmos à tabela de contingência os **totais marginais** que correspondem à soma das linhas da variável $x$ e à soma das colunas da variável $y$. Ilustraremos essa análise por meio de um exemplo baseado em Bussab e Morettin (2011).

### Exemplo 1

Um estudo foi feito com 200 indivíduos buscando analisar o comportamento conjunto da variável $x$ (operadora de plano de saúde) com a variável $y$ (nível de satisfação). A tabela de contingência exibindo a distribuição conjunta de frequências absolutas das variáveis, além dos totais marginais, está representada na Tabela 4.1. Esses dados estão disponíveis no software SPSS no arquivo **PlanoSaude.sav**.

**Tabela 4.1** Distribuição conjunta de frequências absolutas das variáveis em estudo

| Operadora | Nível de satisfação | | | Total |
|---|---|---|---|---|
| | Baixo | Médio | Alto | |
| Total Health | 40 | 16 | 12 | 68 |
| Viva Vida | 32 | 24 | 16 | 72 |
| Mena Saúde | 24 | 32 | 4 | 60 |
| **Total** | **96** | **72** | **32** | **200** |

O estudo também pode ser realizado com base nas frequências relativas, conforme estudado no Capítulo 2, para problemas univariados. Bussab e Morettin (2011) apresentam três formas de ilustrar a proporção de cada categoria:

a)  Em relação ao total geral.
b)  Em relação ao total de cada linha.
c)  Em relação ao total de cada coluna.

A escolha de cada opção varia de acordo com o objetivo do problema. Por exemplo, a Tabela 4.2 apresenta a distribuição conjunta de frequências relativas das variáveis em estudo em relação ao total geral.

**Tabela 4.2** Distribuição conjunta de frequências relativas
das variáveis em estudo em relação ao total geral

| Operadora | Nível de satisfação | | | Total |
|---|---|---|---|---|
| | Baixo | Médio | Alto | |
| Total Health | 20% | 8% | 6% | 34% |
| Viva Vida | 16% | 12% | 8% | 36% |
| Mena Saúde | 12% | 16% | 2% | 30% |
| **Total** | **48%** | **36%** | **16%** | **100%** |

Primeiramente, analisaremos os totais marginais das linhas e colunas que fornecem as distribuições unidimensionais de cada variável. Os totais marginais das linhas correspondem às somas das frequências relativas de cada categoria da variável "operadora"

e os totais marginais das colunas correspondem às somas de cada categoria da variável "nível de satisfação". Assim, podemos concluir que 34% dos indivíduos pertencem à operadora Total Health, 36% à Viva Vida e 30% à Mena Saúde. Analogamente, conclui-se que 48% dos indivíduos estão insatisfeitos com as operadoras (baixo nível de satisfação), 36% classificaram o nível de satisfação como médio e apenas 16% como alto.

Com relação à distribuição conjunta de frequências relativas das variáveis em estudo (tabela de contingência), pode-se afirmar, por exemplo, que 20% dos indivíduos pertencem à operadora Total Health e classificaram o nível de satisfação como baixo. A mesma lógica é aplicada para as demais categorias da tabela de contingência.

Já a Tabela 4.3 apresenta a distribuição conjunta de frequências relativas das variáveis em estudo em relação ao total de cada linha.

**Tabela 4.3** Distribuição conjunta de frequências relativas das variáveis em estudo em relação ao total de cada linha

| Operadora | Nível de satisfação | | | Total |
| --- | --- | --- | --- | --- |
| | Baixo | Médio | Alto | |
| Total Health | 58,8% | 23,5% | 17,6% | 100% |
| Viva Vida | 44,4% | 33,3% | 22,2% | 100% |
| Mena Saúde | 40% | 53,3% | 6,7% | 100% |
| **Total** | **48%** | **36%** | **16%** | **100%** |

Pode-se verificar, a partir da Tabela 4.3, que a proporção de indivíduos da operadora Total Health e com nível de satisfação baixo é de 58,8% (40/68), com nível da satisfação médio é de 23,5% (16/68) e com nível de satisfação alto é de 17,6% (12/68). A soma das proporções da respectiva linha é 100%. A mesma lógica é aplicada para as demais linhas.

Finalmente, a Tabela 4.4 apresenta a distribuição conjunta de frequências relativas das variáveis em estudo em relação ao total de cada coluna.

**Tabela 4.4** Distribuição conjunta de frequências relativas das variáveis em estudo em relação ao total de cada coluna

| Operadora | Nível de satisfação | | | Total |
| --- | --- | --- | --- | --- |
| | Baixo | Médio | Alto | |
| Total Health | 41,7% | 22,2% | 37,5% | 34% |
| Viva Vida | 33,3% | 33,3% | 50% | 36% |
| Mena Saúde | 25% | 44,4% | 12,5% | 30% |
| **Total** | **100%** | **100%** | **100%** | **100%** |

Dessa forma, a proporção de indivíduos com nível de satisfação baixo e da operadora Total Health é de 41,7% (40/96), da operadora Viva Vida é de 33,3% (32/96) e da operadora Mena Saúde é de 25% (24/96). A soma das proporções da respectiva coluna é 100%. A mesma lógica é aplicada para as demais colunas.

## Elaboração de tabelas de contingência por meio do software SPSS

As tabelas de contingência do Exemplo 1 serão geradas por meio do SPSS. Primeiramente, definiremos as propriedades de cada variável no SPSS.

As variáveis "Operadora" e "Nível de satisfação" são qualitativas, mas são representadas inicialmente na forma de números, como mostra o arquivo **PlanoSaude_SemRotulo.sav**. Assim, rótulos correspondentes a cada categoria das duas variáveis devem ser criados, de modo que:

Rótulos da variável "Operadora":

*1 = Total Health*

*2 = Viva Vida*

*3 = Mena Saúde*

Rótulos da variável "Nível de satisfação" denominada "Satisfacao":

*1 = Baixo*

*2 = Médio*

*3 = Alto*

Logo, devemos clicar em **Data → Define Variable Properties** e selecionar as variáveis de interesse, de acordo com as Figuras 4.2 e 4.3.

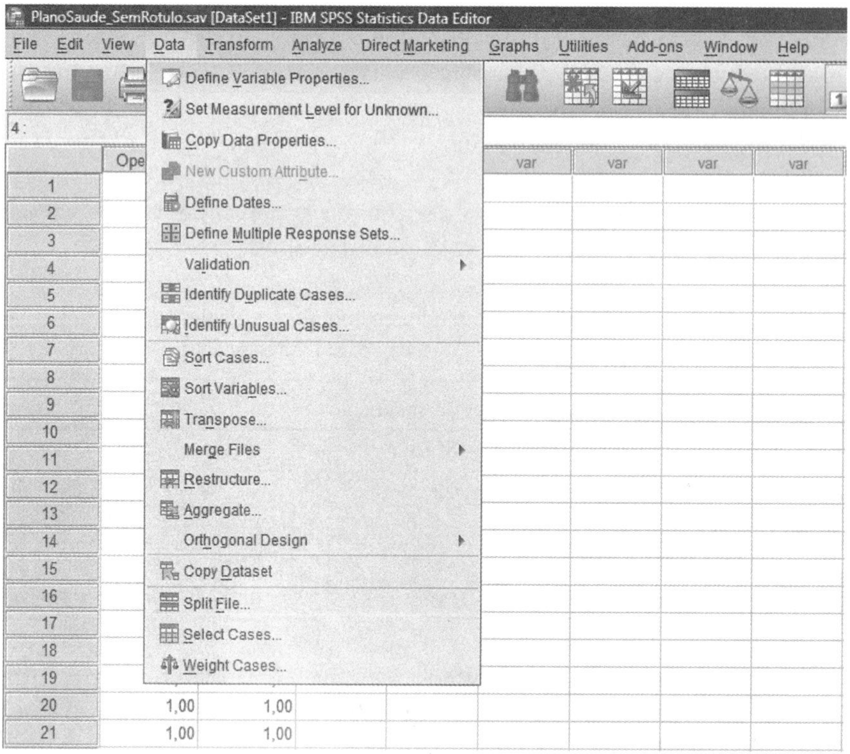

**Figura 4.2** *Definindo as propriedades da variável no SPSS.*

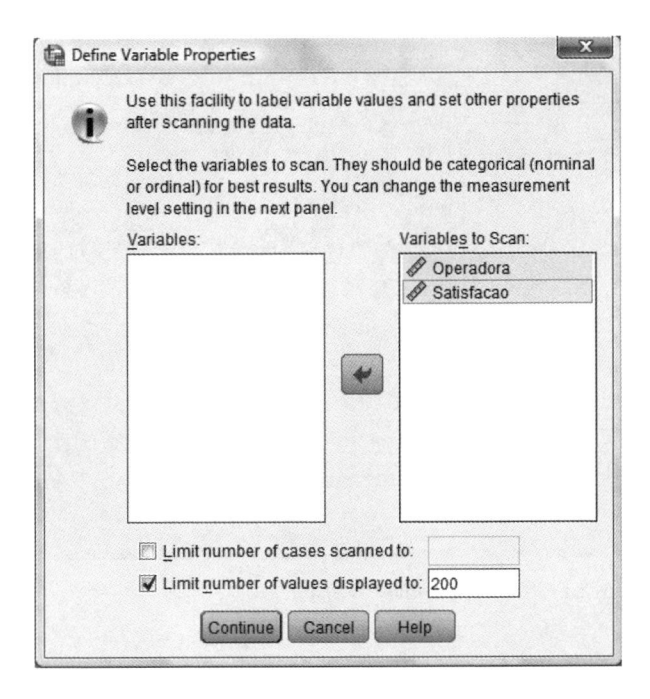

**Figura 4.3** *Seleção das variáveis de interesse.*

Em seguida clique em **Continue**. Note, por meio das Figuras 4.4 e 4.5, que as variáveis "Operadora" e "Satisfacao" foram definidas como nominal. Esta definição também pode ser feita no ambiente **Variable View**. A definição dos rótulos (*labels*) deve ser elaborada neste momento e também pode ser visualizada nas Figuras 4.4 e 4.5. Clicando em OK, o banco de dados inicialmente representado na forma de números passa a ser substituído pelos respectivos rótulos. No arquivo **PlanoSaude.sav**, os dados já estão rotulados.

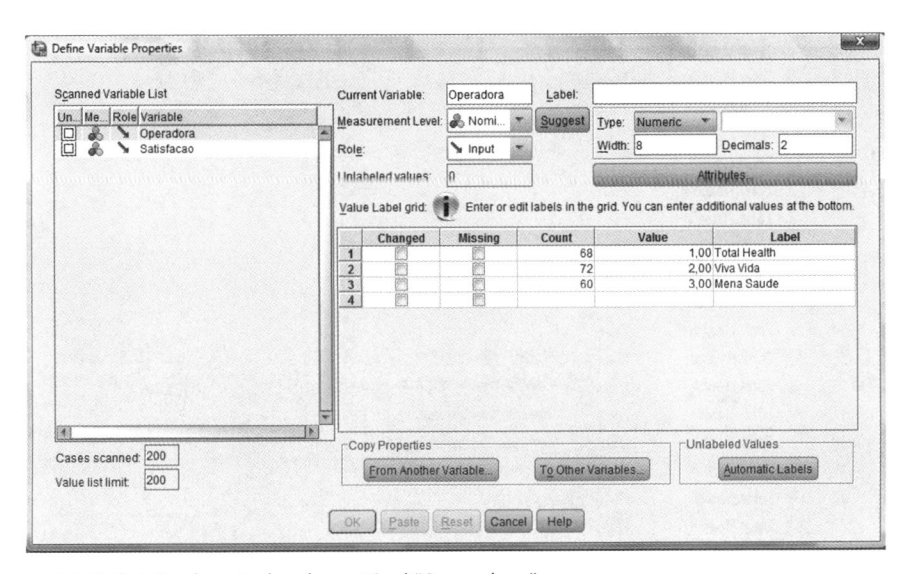

**Figura 4.4** *Definição dos rótulos da variável "Operadora".*

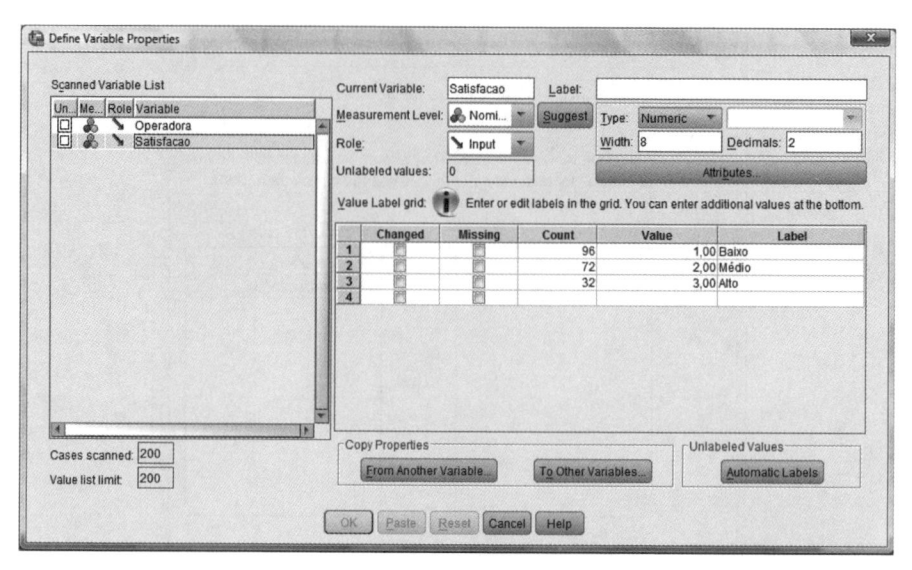

**Figura 4.5** *Definição dos rótulos da variável "Satisfacao".*

Para a criação de tabelas de contingência (*cross tabulation*), clique no *menu* **Analyze** → **Descriptive Statistics** → **Crosstabs**, conforme mostra a Figura 4.6.

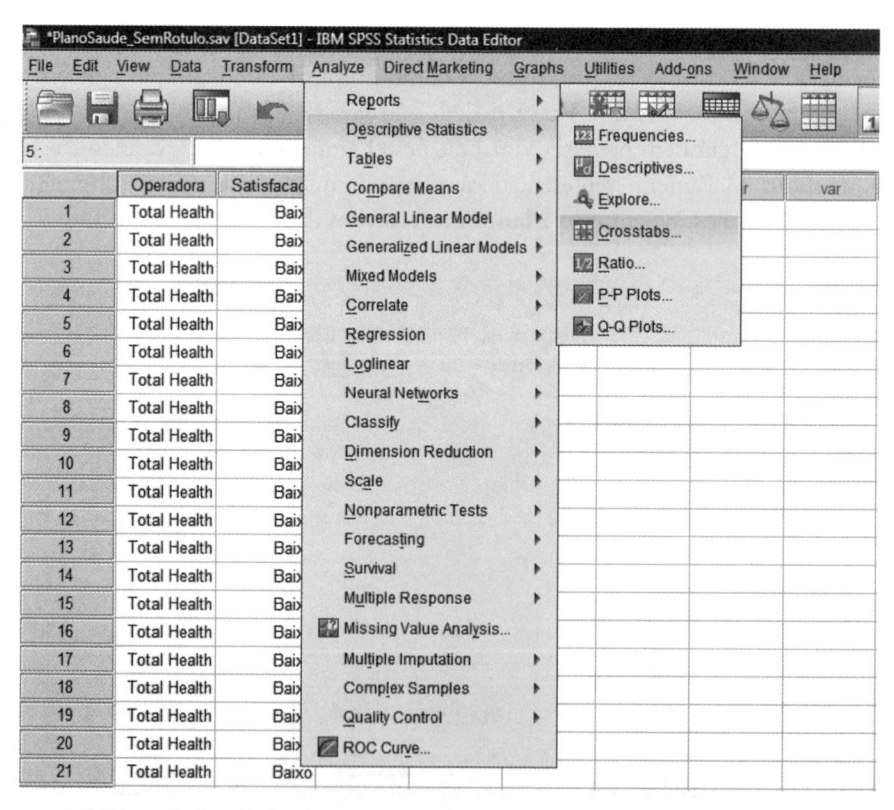

**Figura 4.6** *Elaboração de tabelas de contingência (cross tabulation) no SPSS.*

Selecione a variável "Operadora" em Row(s) (Linhas) e a variável "Satisfacao" em Column(s) (Colunas). Em seguida, clique no botão **Cells** (Figura 4.7).

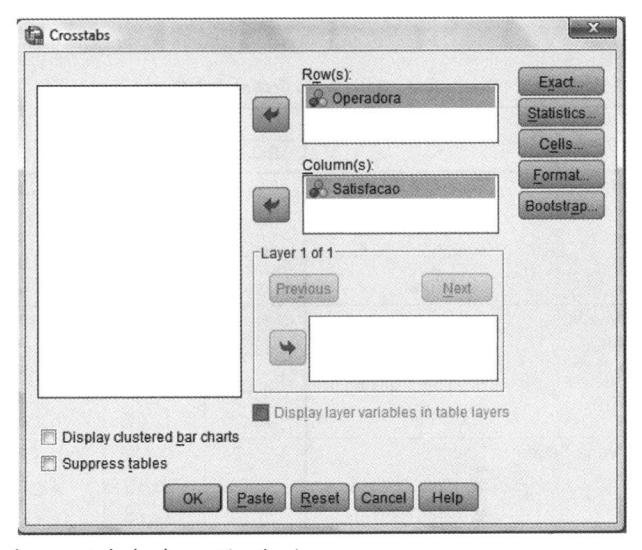

**Figura 4.7** *Criando uma tabela de contingência.*

Para criar tabelas de contingência que representem a distribuição conjunta de frequências absolutas das variáveis observadas, a distribuição conjunta de frequências relativas em relação ao total geral, a distribuição conjunta de frequências relativas em relação ao total de cada linha e a distribuição conjunta de frequências relativas em relação ao total de cada coluna (Tabelas 4.1 a 4.4), a partir da caixa de diálogo **Crosstabs: Cell Display** (aberta após o clique no botão **Cells**), selecione a opção **Observed** em **Counts** e as opções **Row**, **Column** e **Total** em **Percentages**, como mostra a Figura 4.8. Finalmente, clique em **Continue** e **OK**.

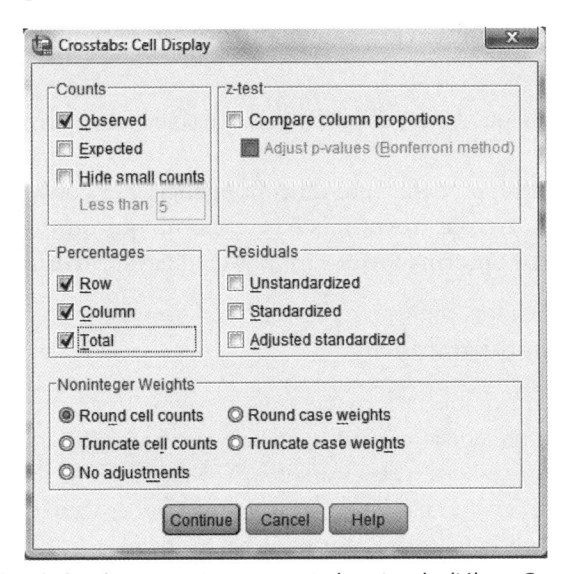

**Figura 4.8** *Criação de tabelas de contingência a partir da caixa de diálogo* **Crosstabs: Cell Display**.

A tabela de contingência (tabela de classificação cruzada) gerada pelo SPSS está representada na Figura 4.9. Repare que os dados gerados foram exatamente iguais àqueles representados nas Tabelas 4.1 a 4.4.

**Operadora * Satisfacao Crosstabulation**

| | | | Satisfacao | | | Total |
|---|---|---|---|---|---|---|
| | | | Baixo | Médio | Alto | |
| Operadora | Total Health | Count | 40 | 16 | 12 | 68 |
| | | % within Operadora | 58,8% | 23,5% | 17,6% | 100,0% |
| | | % within Satisfacao | 41,7% | 22,2% | 37,5% | 34,0% |
| | | % of Total | 20,0% | 8,0% | 6,0% | 34,0% |
| | Viva Vida | Count | 32 | 24 | 16 | 72 |
| | | % within Operadora | 44,4% | 33,3% | 22,2% | 100,0% |
| | | % within Satisfacao | 33,3% | 33,3% | 50,0% | 36,0% |
| | | % of Total | 16,0% | 12,0% | 8,0% | 36,0% |
| | Mena Saude | Count | 24 | 32 | 4 | 60 |
| | | % within Operadora | 40,0% | 53,3% | 6,7% | 100,0% |
| | | % within Satisfacao | 25,0% | 44,4% | 12,5% | 30,0% |
| | | % of Total | 12,0% | 16,0% | 2,0% | 30,0% |
| Total | | Count | 96 | 72 | 32 | 200 |
| | | % within Operadora | 48,0% | 36,0% | 16,0% | 100,0% |
| | | % within Satisfacao | 100,0% | 100,0% | 100,0% | 100,0% |
| | | % of Total | 48,0% | 36,0% | 16,0% | 100,0% |

**Figura 4.9** *Tabela de classificação cruzada (cross tabulation) gerada pelo SPSS.*

## 2.2. Medidas de associação

As principais medidas que representam a associação entre duas variáveis qualitativas são:

**a)** a estatística qui-quadrado, utilizada para variáveis qualitativas **nominais** e **ordinais**;

**b)** o coeficiente Phi, o coeficiente de contingência e o coeficiente V de Cramer, aplicados para variáveis **nominais** e baseadas no qui-quadrado;

**c)** o coeficiente de Spearman para variáveis qualitativas **ordinais**.

### 2.2.1. Estatística qui-quadrado

A estatística qui-quadrado ($\chi^2$) mede a discrepância entre uma tabela de contingência observada e uma tabela de contingência esperada, partindo da hipótese de que não há associação entre as variáveis estudadas. Se a distribuição de frequências observadas for exatamente igual à distribuição de frequências esperadas, o resultado da estatística qui-quadrado é zero. Assim, um valor baixo de $\chi^2$ indica independência entre as variáveis.

A estatística qui-quadrado é dada por:

$$\chi^2 = \sum_{i=1}^{r}\sum_{j=1}^{c} \frac{(O_{ij}-E_{ij})^2}{E_{ij}} \tag{4.1}$$

em que:

$O_{ij}$ = valores observados na $i$-ésima categoria da variável $x$ e na $j$-ésima categoria da variável $y$
$E_{ij}$ = valores esperados na $i$-ésima categoria da variável $x$ e na $j$-ésima categoria da variável $y$
$r$ = número de categorias (linhas) da variável $x$
$c$ = número de categorias (colunas) da variável $y$

### Exemplo 2
Calcule a estatística qui-quadrado para o Exemplo 1.

### Solução
A Tabela 4.5 apresenta os valores observados da distribuição com as respectivas frequências relativas em relação ao total geral da linha. O cálculo também poderia ser efetuado em relação ao total geral da coluna, chegando ao mesmo resultado da estatística qui-quadrado.

**Tabela 4.5** Valores observados de cada categoria com as respectivas proporções em relação ao total geral da linha

|  | Nível de satisfação | | | |
| --- | --- | --- | --- | --- |
| Operadora | Baixo | Médio | Alto | Total |
| Total Health | 40 (58,8%) | 16 (23,5%) | 12 (17,6%) | 68 (100%) |
| Viva Vida | 32 (44,4%) | 24 (33,3%) | 16 (22,2%) | 72 (100%) |
| Mena Saúde | 24 (40%) | 32 (53,3%) | 4 (6,7%) | 60 (100%) |
| **Total** | **96 (48%)** | **72 (36%)** | **32 (16%)** | **200 (100%)** |

Os dados da Tabela 4.5 apontam uma dependência entre as variáveis. Supondo que não houvesse associação entre as variáveis, seria esperado uma proporção de 48% em relação ao total da linha para as três operadoras no nível de satisfação baixo, 36% para o nível médio e 16% para o nível alto. O cálculo dos valores esperados encontram-se na Tabela 4.6. Por exemplo, o cálculo da primeira célula é 0,48 × 68 = 32,64.

**Tabela 4.6** Valores esperados da Tabela 4.5 assumindo a não associação entre as variáveis

|  | Nível de satisfação | | | |
| --- | --- | --- | --- | --- |
| Operadora | Baixo | Médio | Alto | Total |
| Total Health | 32,6 (48%) | 24,5 (36%) | 10,9 (16%) | 68 (100%) |
| Viva Vida | 34,6 (48%) | 25,9 (36%) | 11,5 (16%) | 72 (100%) |
| Mena Saúde | 28,8 (48%) | 21,6 (36%) | 9,6 (16%) | 60 (100%) |
| **Total** | **96 (48%)** | **72 (36%)** | **32 (16%)** | **200 (100%)** |

Para o cálculo da estatística qui-quadrado, aplica-se a equação (4.1) para os dados das Tabelas 4.5 e 4.6. O cálculo de cada termo $\frac{(O_{ij} - E_{ij})^2}{E_{ij}}$ está representado na Tabela 4.7, juntamente com a medida $\chi^2$ resultante da soma das categorias.

**Tabela 4.7** Cálculo da estatística qui-quadrado

| Operadora | Nível de satisfação | | |
|---|---|---|---|
| | Baixo | Médio | Alto |
| Total Health | 1,66 | 2,94 | 0,12 |
| Viva Vida | 0,19 | 0,14 | 1,74 |
| Mena Saúde | 0,80 | 5,01 | 3,27 |
| **Total** | $\chi^2 = 15,861$ | | |

Conforme será visto no Capítulo 9, de testes de hipóteses, o nível de significância $\alpha$ indica a probabilidade de rejeitar uma determinada hipótese quando ela for verdadeira. Já o *p-value* representa a probabilidade associada ao valor observado da amostra, indicando o menor nível de significância que levaria à rejeição da hipótese suposta. Em outras palavras, *p-value* representa um índice decrescente de confiabilidade de um resultado: quanto mais baixo seu valor, menos se pode acreditar na hipótese suposta.

No caso da estatística qui-quadrado, que supõe a não associação entre as variáveis analisadas, além do seu valor, a maioria dos softwares estatísticos, incluindo o SPSS, calculam o *p-value* do teste. Assim, para um intervalo de confiança de 95%, se *p-value* < 0,05, a hipótese é rejeitada e podemos afirmar que há associação entre as variáveis. Por outro lado, se *p-value* > 0,05, conclui-se a interdependência entre as variáveis. Todos esses conceitos serão estudados detalhadamente no Capítulo 6.

O **Excel** calcula o *p-value* da estatística qui-quadrado por meio da função **TESTE.QUI**. Para isso, basta selecionar o conjunto de células correspondentes aos valores observados ou reais e o conjunto de células dos valores esperados.

## Resolução da estatística qui-quadrado por meio do software SPSS

Analogamente ao Exemplo 1, o cálculo da estatística qui-quadrado pelo SPSS também é gerado a partir do menu **Analyze → Descriptive Statistics → Crosstabs**. Selecione novamente a variável "Operadora" em Row(s) e a variável "Satisfacao" em Column(s).

Primeiramente, para gerar os valores observados e os valores esperados em caso de não associação entre as variáveis (dados das Tabelas 4.5 e 4.6), clique no botão **Cells** e selecione as opções **Observed** e **Expected** em **Counts**, a partir da caixa de diálogo **Crosstabs: Cell Display** (Figura 4.10). Na mesma caixa, para gerar os resíduos padronizados ajustados, selecione a opção **Adjusted standardized em Residuals**. Os resultados encontram-se na Figura 4.11.

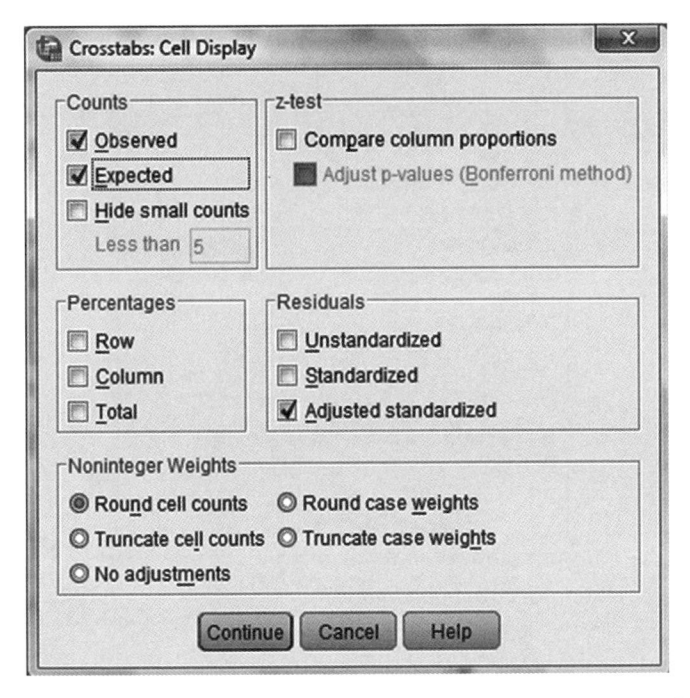

**Figura 4.10** *Gerando a tabela de contingência com as frequências observadas, as frequências esperadas e os resíduos.*

**Operadora * Satisfacao Crosstabulation**

| | | | Satisfacao | | | |
|---|---|---|---|---|---|---|
| | | | Baixo | Médio | Alto | Total |
| Operadora | Total Health | Count | 40 | 16 | 12 | 68 |
| | | Expected Count | 32,6 | 24,5 | 10,9 | 68,0 |
| | | Adjusted Residual | 2,2 | -2,6 | ,5 | |
| | Viva Vida | Count | 32 | 24 | 16 | 72 |
| | | Expected Count | 34,6 | 25,9 | 11,5 | 72,0 |
| | | Adjusted Residual | -,8 | -,6 | 1,8 | |
| | Mena Saúde | Count | 24 | 32 | 4 | 60 |
| | | Expected Count | 28,8 | 21,6 | 9,6 | 60,0 |
| | | Adjusted Residual | -1,5 | 3,3 | -2,4 | |
| Total | | Count | 96 | 72 | 32 | 200 |
| | | Expected Count | 96,0 | 72,0 | 32,0 | 200,0 |

**Figura 4.11** *Tabela de contingência com os valores observados, os valores esperados e os resíduos assumindo a não associação entre as variáveis.*

Para o cálculo da estatística qui-quadrado, no botão **Statistics**, selecione a opção **Chi-square** (Figura 4.12). Finalmente, clique em **Continue** e **OK**. O resultado encontra-se na Figura 4.13.

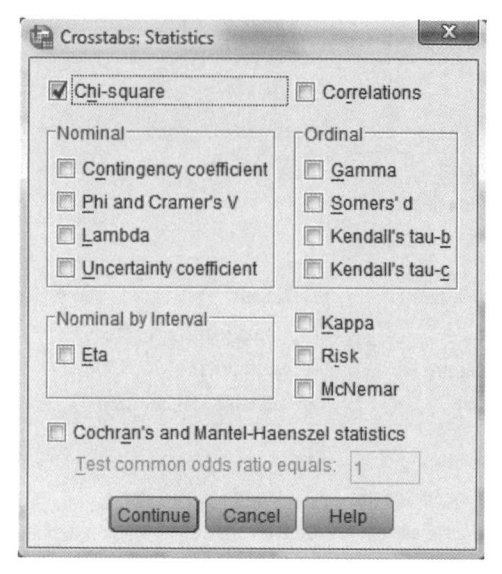

**Figura 4.12** *Seleção da estatística qui-quadrado.*

**Chi-Square Tests**

|  | Value | df | Asymp. Sig. (2-sided) |
|---|---|---|---|
| Pearson Chi-Square | 15,861[a] | 4 | ,003 |
| Likelihood Ratio | 16,302 | 4 | ,003 |
| Linear-by-Linear Association | ,429 | 1 | ,512 |
| N of Valid Cases | 200 | | |

**Figura 4.13** *Resultado da estatística qui-quadrado.*

Pela Figura 4.13, verifica-se que o valor de $\chi^2$ é 15,861, semelhante ao calculado na Tabela 4.7. Podemos observar também que o menor nível de significância que levaria à rejeição da hipótese de não associação entre as variáveis (*p-value*) é 0,003. Como 0,003 < 0,05 (para um intervalo de confiança de 95%), a hipótese é rejeitada, concluindo que há associação entre as variáveis.

## 2.2.2. Outras medidas de associação baseadas no qui-quadrado

As principais medidas de associação baseadas na estatística qui-quadrado ($\chi^2$) são: Phi,V de Cramer e coeficiente de contingência (C), todas aplicadas para variáveis qualitativas **nominais**.

Em geral, um coeficiente de associação ou correlação é uma medida que varia entre 0 e 1, apresentando valor 0 quando não houver nenhuma relação entre as variáveis e valor 1 quando forem perfeitamente relacionadas. Veremos como cada um dos coeficientes estudados nesta seção se comportam em relação a essas características.

## a) Coeficiente Phi

O coeficiente Phi é a medida de associação mais simples para variáveis nominais baseada no qui-quadrado, podendo ser expressa pela seguinte equação:

$$Phi = \sqrt{\frac{\chi^2}{n}} \tag{4.2}$$

Para que Phi varie apenas entre 0 e 1, é necessária que a tabela de contingência seja de dimensão 2 × 2.

## *Exemplo 3*

A fim de oferecer serviços de qualidade que atendam as expectativas de seus clientes, a empresa Ivanblue, que atua no ramo de moda masculina, está investindo em estratégias de segmentação de mercado. Atualmente, a empresa possui quatro lojas na cidade de São Paulo, localizadas nas regiões Norte, Centro, Sul e Leste, e comercializa quatro tipos de roupa: gravata, camisa social, camisa polo e calça. A Tabela 4.8 apresenta dados de compra de 20 consumidores, como o tipo de roupa e a localização da loja. Verifique se há associação entre as duas variáveis utilizando o coeficiente Phi.

**Tabela 4.8** Dados de compra de 20 consumidores

| Consumidor | Roupa | Região |
|:---:|:---:|:---:|
| 1 | Gravata | Sul |
| 2 | Camisa polo | Norte |
| 3 | Camisa social | Sul |
| 4 | Calça | Norte |
| 5 | Gravata | Sul |
| 6 | Camisa polo | Centro |
| 7 | Camisa polo | Leste |
| 8 | Gravata | Sul |
| 9 | Camisa social | Sul |
| 10 | Gravata | Centro |
| 11 | Calça | Norte |
| 12 | Calça | Centro |
| 13 | Gravata | Centro |
| 14 | Camisa polo | Leste |
| 15 | Calça | Centro |
| 16 | Gravata | Centro |
| 17 | Calça | Sul |
| 18 | Calça | Norte |
| 19 | Camisa polo | Leste |
| 20 | Camisa social | Centro |

### Solução

Utilizando o procedimento descrito na seção anterior para o cálculo do qui-quadrado, tem-se que $\chi^2 = 18,214$. Logo:

$$Phi = \sqrt{\frac{\chi^2}{n}} = \sqrt{\frac{18,214}{20}} = 0,954$$

Como o número de categorias de ambas as variáveis é 4, neste caso a condição $0 \leq Phi \leq 1$ não é válida, dificultando a interpretação da intensidade da associação.

### b) Coeficiente de contingência

O coeficiente de contingência (C), também conhecido como **coeficiente de contingência de Pearson**, é outra medida de associação para variáveis nominais baseada na estatística qui-quadrado, sendo representado pela seguinte equação:

$$C = \sqrt{\frac{\chi^2}{n + \chi^2}} \qquad (4.3)$$

em que:
$n$ = tamanho da amostra

O coeficiente de contingência (C) tem como limite inferior o valor 0, indicando que não existe nenhuma relação entre as variáveis, porém o limite superior de C varia em função do número de categorias, de modo que:

$$0 \leq C \leq \sqrt{\frac{q-1}{q}} \qquad (4.4)$$

em que:

$$q = \min(r, c) \qquad (4.5)$$

Quando $C = \sqrt{\frac{q-1}{q}}$ tem-se uma associação perfeita entre as variáveis, porém, esse limite nunca assume o valor 1.

Dois coeficientes de contingência só podem então ser comparados se ambos tiverem o mesmo número de linhas e colunas.

### Exemplo 4

Calcule o coeficiente de contingência (C) para os dados do Exemplo 3.

### Solução

O cálculo de $C$ é:

$$C = \sqrt{\frac{\chi^2}{n + \chi^2}} = \sqrt{\frac{18,214}{20 + 18,214}} = 0,690$$

Como a tabela de contingência é de dimensão $4 \times 4$ ($q = \min(4, 4) = 4$), os valores que C pode assumir pertencem ao intervalo:

$$0 \leq C \leq \sqrt{\frac{3}{4}} \rightarrow 0 \leq C \leq 0,866$$

Podemos concluir que existe associação entre as variáveis.

### c) Coeficiente V de Cramer

Outra medida de associação para variáveis nominais baseada na estatística qui-quadrado é o coeficiente V de Cramer, calculado por:

$$V = \sqrt{\frac{\chi^2}{n(q-1)}} \tag{4.6}$$

em que:

$$q = \min(r, c) \tag{4.5}$$

Para tabelas de contingência de dimensão $2 \times 2$, a equação (4.6) resume-se a $V = \sqrt{\frac{\chi^2}{n}}$ que corresponde ao coeficiente Phi.

O coeficiente V de Cramer é uma alternativa ao coeficiente Phi e ao coeficiente de contingência (C) cujo valor está sempre limitado ao intervalo [0, 1], independente do número de categorias das linhas e colunas:

$$0 \leq V \leq 1 \tag{4.7}$$

O valor 0 indica que as variáveis não tem nenhum tipo de associação e o valor 1 que as mesmas são perfeitamente associadas. O coeficiente V de Cramer permite, portanto, comparar tabelas de contingência de diferentes dimensões.

### Exemplo 5

Calcule o coeficiente V de Cramer para os dados do Exemplo 3.

### Solução

$$V = \sqrt{\frac{\chi^2}{n(q-1)}} = \sqrt{\frac{18,214}{20 \times 3}} = 0,551$$

Como $0 \leq V \leq 1$, existe associação entre as variáveis, porém, não muito forte.

## Resolução dos Exemplos 3, 4 e 5 (cálculo dos coeficientes Phi, de contingência e V de Cramer) por meio do SPSS

Na seção 2.1, apresentamos como criar rótulos correspondentes às categorias das variáveis a partir do menu **Data → Define Variable Properties**. O mesmo procedimento deve ser aplicado para os dados da Tabela 4.8 (não esqueça de definir o tipo das variáveis como nominal). O arquivo **Sementação_Mercado.sav** disponibiliza esses dados já tabulados no SPSS.

Analogamente ao cálculo da estatística qui-quadrado, o cálculo dos coeficientes Phi, de contingência (C) e V de Cramer pelo SPSS também são gerados a partir do menu **Analyze** → **Descriptive Statistics** → **Crosstabs.** Selecione a variável "Roupa" em Row(s) e a variável "Região" em Column(s).

No botão **Statistics,** selecione agora as opções **Contingency coefficient** e **Phi and Cramer's V** (Figura 4.14). Repare que esses coeficientes são calculados para variáveis nominais. Os resultados das estatísticas encontram-se na Figura 4.15.

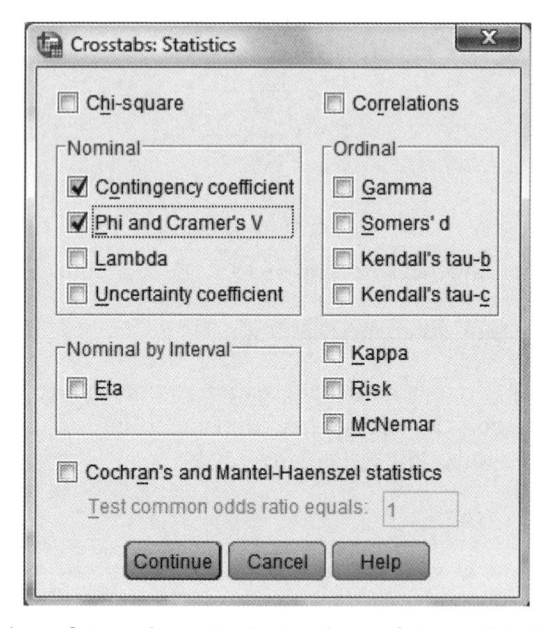

**Figura 4.14** *Seleção do coeficiente de contingência e dos coeficientes Phi e V de Cramer.*

**Symmetric Measures**

| | | Value | Approx. Sig. |
|---|---|---|---|
| Nominal by Nominal | Phi | ,954 | ,033 |
| | Cramer's V | ,551 | ,033 |
| | Contingency Coefficient | ,690 | ,033 |
| N of Valid Cases | | 20 | |

**Figura 4.15** *Resultado do coeficiente de contingência e dos coeficientes Phi e V de Cramer.*

Para os três coeficientes, o *p-value* de 0,033 (0,033 < 0,05) indica que há associação entre as variáveis em estudo.

## 2.2.3. O coeficiente de Spearman

O coeficiente de Spearman $(r_{sp})$ é uma medida de associação entre duas variáveis qualitativas **ordinais**.

Inicialmente, ordena-se o conjunto de dados da variável $x$ e da variável $y$ de forma crescente. A partir dessa ordenação, é possível criar postos ou *rankings*, denotados por $k$ ($k = 1, ..., n$). A atribuição de postos é feita isoladamente para cada variável. O posto 1 é então atribuído ao menor valor da variável, o posto 2 ao segundo menor valor, e assim por diante, até o posto $n$ para o maior valor. Em caso de empate entre os valores de ordem $k$ e $k + 1$, atribui-se o posto $k + 1/2$ para ambas as observações.

O cálculo do coeficiente de Spearman pode ser expresso pela seguinte equação:

$$r_{sp} = 1 - \frac{6\sum_{k=1}^{n} d_k^2}{n(n^2 - 1)} \qquad (4.8)$$

$n$ = número de observações (pares de valores)
$d_k$ = diferença entre os postos de ordem $k$

O coeficiente de Spearman é uma medida que varia entre $-1$ e 1. Se $r_{sp} = 1$, todos os valores de $d_k$ são nulos, indicando que todos os postos são iguais para as variáveis $x$ e $y$ (associação positiva perfeita). O valor $r_{sp} = -1$ é encontrado quando $\sum_{k=1}^{n} d_k^2 = \frac{n(n^2 - 1)}{3}$ atinge seu valor máximo (há uma inversão nos valores dos postos das variáveis), indicando uma associação negativa perfeita. Quando $r_{sp} = 0$, não há associação entre as variáveis $x$ e $y$. A Figura 4.16 apresenta um resumo dessa interpretação.

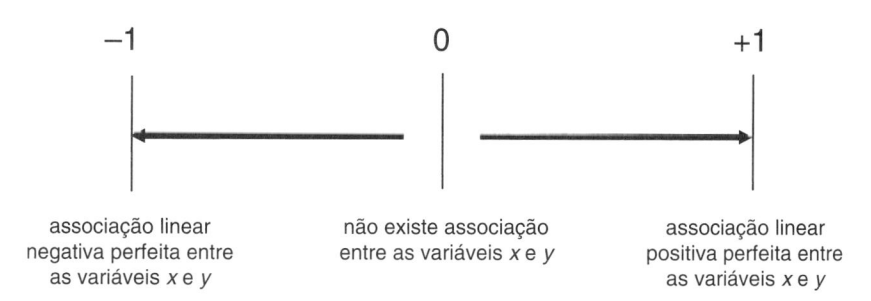

**Figura 4.16** *Interpretação do coeficiente de Spearman.*

Essa interpretação é semelhante ao do coeficiente de correlação de Pearson que será estudado na seção 3.3.2.

### Exemplo 6

O coordenador do curso de graduação em Administração está analisando se existe algum tipo de associação entre as notas de 10 alunos em duas disciplinas: Simulação e Finanças. Os dados do problema estão representados na Tabela 4.9. Calcule o coeficiente de Spearman.

**Tabela 4.9** Notas das disciplinas de simulação e finanças dos 10 alunos analisados

|       | Notas | |
|-------|-------|-------|
| **Aluno** | **Simulação** | **Finanças** |
| 1 | 4,7 | 6,6 |
| 2 | 6,3 | 5,1 |
| 3 | 7,5 | 6,9 |
| 4 | 5,0 | 7,1 |
| 5 | 4,4 | 3,5 |
| 6 | 3,7 | 4,6 |
| 7 | 8,5 | 6,8 |
| 8 | 8,2 | 7,5 |
| 9 | 3,5 | 4,2 |
| 10 | 4,0 | 3,3 |

## Solução

Para o cálculo do coeficiente de Spearman, primeiramente, atribuiremos postos a cada categoria de cada variável em função dos respectivos valores, como mostra a Tabela 4.10.

**Tabela 4.10** Postos das disciplinas de simulação e finanças dos 10 alunos

|       | Postos | | | |
|-------|--------|-------|-------|-------|
| **Aluno** | **Simulação** | **Finanças** | $d_k$ | $d_k^2$ |
| 1 | 5 | 6 | –1 | 1 |
| 2 | 7 | 5 | 2 | 4 |
| 3 | 8 | 8 | 0 | 0 |
| 4 | 6 | 9 | –3 | 9 |
| 5 | 4 | 2 | 2 | 4 |
| 6 | 2 | 4 | –2 | 4 |
| 7 | 10 | 7 | 3 | 9 |
| 8 | 9 | 10 | –1 | 1 |
| 9 | 1 | 3 | –2 | 4 |
| 10 | 3 | 1 | 2 | 4 |
| **Soma** | | | | **40** |

Aplicando a equação (4.8):

$$r_{sp} = 1 - \frac{6\sum_{k=1}^{n} d_k^2}{n(n^2 - 1)} = 1 - \frac{6 \times 40}{10 \times 99} = 0,7576$$

O valor 0,758 indica uma associação positiva forte entre as variáveis.

## Cálculo do coeficiente de Spermean por meio do SPSS

O arquivo **Notas.sav** apresenta os dados do Exemplo 6 (postos da Tabela 4.9) tabulados em escala ordinal (definida no ambiente **Variable View**).

Analogamente ao cálculo da estatística qui-quadrado e dos coeficientes Phi, de contingência (C) e V de Cramer, o coeficiente de Spearman também pode ser gerado pelo SPSS a partir do menu **Analyze → Descriptive Statistics → Crosstabs**. Selecione a variável "Simulação" em Row(s) e a variável "Finanças" em Column(s).

No botão **Statistics**, selecione agora a opção **Correlations** (Figura 4.17). Clique em **Continue** e finalmente em **OK**. O resultado do coeficiente de Spearman encontra-se na Figura 4.18.

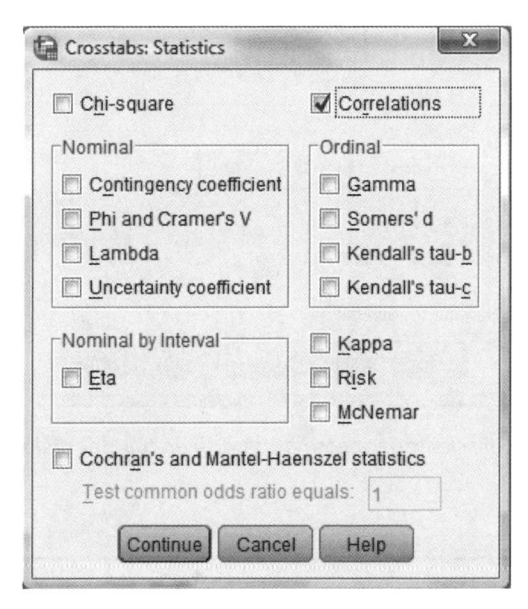

**Figura 4.17** *Cálculo do coeficiente de Spearman a partir da caixa de diálogo* **Crosstabs: Statistics**.

**Symmetric Measures**

| | | Value | Asymp. Std. Error[a] | Approx. T[b] | Approx. Sig. |
|---|---|---|---|---|---|
| Interval by Interval | Pearson's R | ,758 | ,069 | 3,283 | ,011[c] |
| Ordinal by Ordinal | Spearman Correlation | ,758 | ,074 | 3,283 | ,011[c] |
| N of Valid Cases | | 10 | | | |

a. Not assuming the null hypothesis.
b. Using the asymptotic standard error assuming the null hypothesis.
c. Based on normal approximation.

**Figura 4.18** *Resultado do coeficiente de Spearman a partir da caixa de diálogo* **Crosstabs: Statistics**.

O *p-value* de 0,011 < 0,05 (sob hipótese de não associação entre as variáveis) indica que há associação entre as notas de Simulação e Finanças.

O cálculo do coeficiente de Spearman também pode ser gerado a partir do menu **Analyze** → **Correlate** → **Bivariate**. Selecione as variáveis de interesse, além do coeficiente de Spearman, como mostra a Figura 4.19. Clique em **OK**, resultando na Figura 4.20.

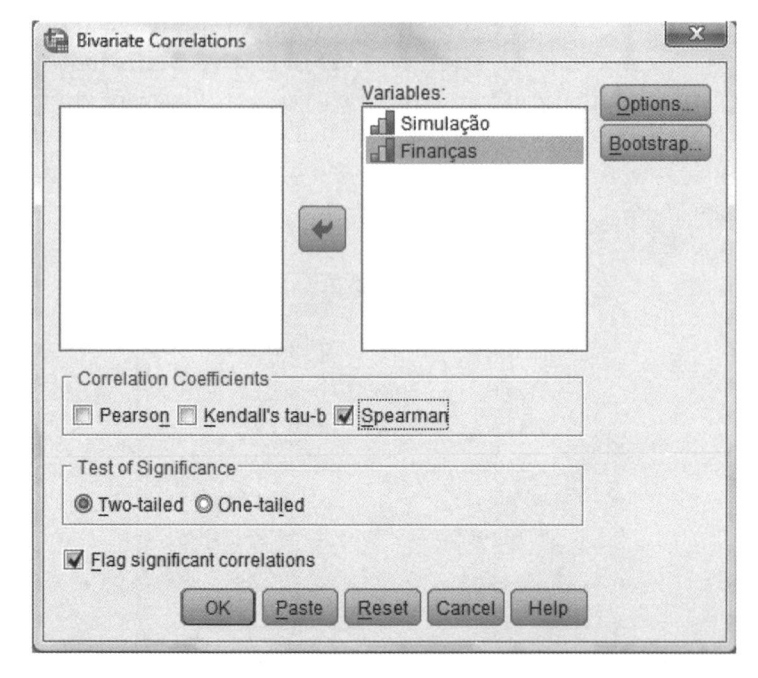

**Figura 4.19** *Cálculo do coeficiente de Spearman a partir da caixa de diálogo **Bivariate Correlations**.*

**Correlations**

| | | | Simulação | Finanças |
|---|---|---|---|---|
| Spearman's rho | Simulação | Correlation Coefficient | 1,000 | ,758[*] |
| | | Sig. (2-tailed) | . | ,011 |
| | | N | 10 | 10 |
| | Finanças | Correlation Coefficient | ,758[*] | 1,000 |
| | | Sig. (2-tailed) | ,011 | . |
| | | N | 10 | 10 |

*. Correlation is significant at the 0.05 level (2-tailed).

**Figura 4.20** *Resultado do coeficiente de Spearman a partir da caixa de diálogo **Bivariate Correlations**.*

## 2.3. Análise de correspondência e representação gráfica por meio de mapas perceptuais

Segundo Fávero *et al.* (2009), a análise de correspondência (Anacor) é uma técnica exploratória que estuda a distribuição de frequências resultantes de duas variáveis

qualitativas, buscando explicitar a associação entre as categorias dessas variáveis em um espaço multidimensional chamado mapa perceptual.

Hair *et al.* (2005) definem o mapa perceptual como sendo uma representação visual das percepções de um respondente sobre seus objetos em duas ou mais dimensões, possibilitando assim transformar julgamentos de indivíduos sobre similaridade ou preferências em distâncias representadas em um espaço multidimensional. Cada objeto tem uma posição espacial que reflete a similaridade ou preferência relativa a outros objetos no que se refere às dimensões do mapa perceptual.

A análise de correspondência (AC) pode ser definida como uma técnica estatística exploratória, adequada para variáveis categóricas (qualitativas ou quantitativas categorizadas), que tem como objetivo verificar as possíveis associações entre as categorias das variáveis. A análise de correspondência parte de uma matriz de dados representados por meio de uma tabela de contingência e utiliza a estatística qui-quadrado ($\chi^2$) como medida de associação. Os dados são convertidos em um gráfico, chamado de mapa perceptual, que exibe as linhas e colunas da matriz como pontos de um espaço vetorial de dimensão menor que a original.

A AC Simples em sua forma básica consiste na aplicação de tabelas de contingência de dupla entrada. Quando se trata de tabelas de contingência com múltiplas entradas, tem-se a AC múltipla (ACM).

## Análise de correspondência pelo SPSS

### Exemplo 6

Abra novamente o arquivo **PlanoSaude.sav**. Por meio do Exemplo 2, foi calculada a estatística qui-quadrado para esses dados, indicando que existe associação entre as variáveis. Logo, a técnica de análise de correspondência pode ser aplicada e o próximo passo consiste na criação do mapa perceptual. Mostraremos inicialmente que a estatística qui-quadrado e as tabelas de contingência também podem ser geradas a partir da caixa de diálogo da análise de correspondência no SPSS.

Clique em **Analyze → Dimension Reduction → Correspondence Analysis** (Figura 4.21). Na caixa de diálogo **Correspondence Analysis**, selecione a variável "Operadora" em Row e a variável "Satisfacao" em Column, como mostra a Figura 4.22. Repare que os valores mínimo e máximo correspondentes às categorias de cada variável devem ser definidos. Se a opção **Chi square** estiver selecionada no botão **Model**, a ANACOR também apresentará o resultado da estatística qui-quadrado. Clicando no botão Statistics e selecionando as opções **Correspondence table**, **Row profiles** e **Column profiles**, também é possível obter as tabelas de contingência que representam a distribuição conjunta de frequências absolutas das variáveis, a distribuição conjunta de frequências relativas das variáveis em relação ao total de cada linha e a distribuição conjunta de frequências relativas das variáveis em relação ao total de cada coluna.

Retornando à caixa de diálogo **Correspondence Analysis**, para gerar o mapa perceptual da Figura 4.23, clique no botão **Plots** e selecione a opção **Biplot**. Clique em **Continue** e finalmente em **OK**.

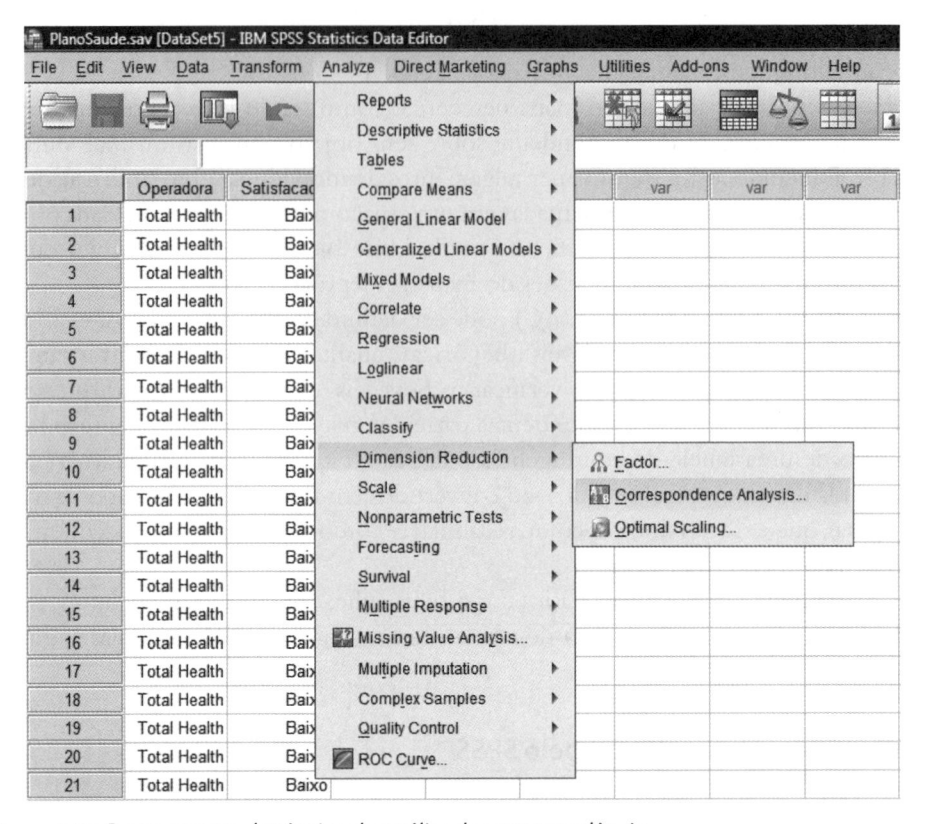

**Figura 4.21** *Passo a passo da técnica de análise de correspondência.*

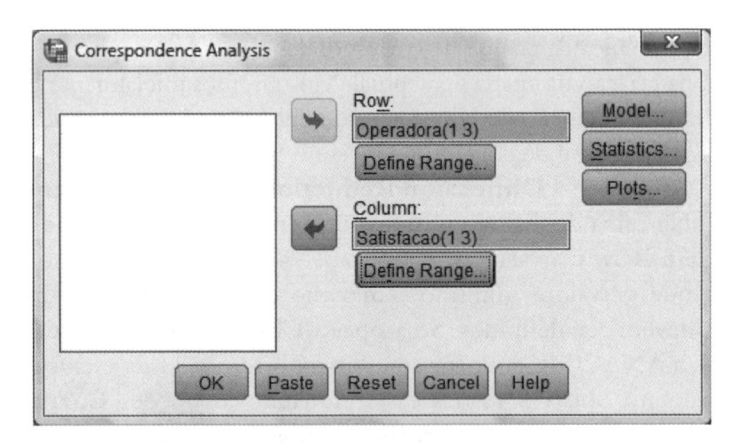

**Figura 4.22** *Caixa de diálogo* **Correspondence Analysis.**

A Figura 4.23 apresenta as associações entre as categorias das duas variáveis em estudo. A operadora *Total Health* está fortemente associada a um nível de satisfação baixo, enquanto a operadora Mena Saúde está fortemente associada a um nível de satisfação médio. Para a categoria nível de satisfação alto, a operadora mais próxima é a Viva Vida.

**Row and Column Points**

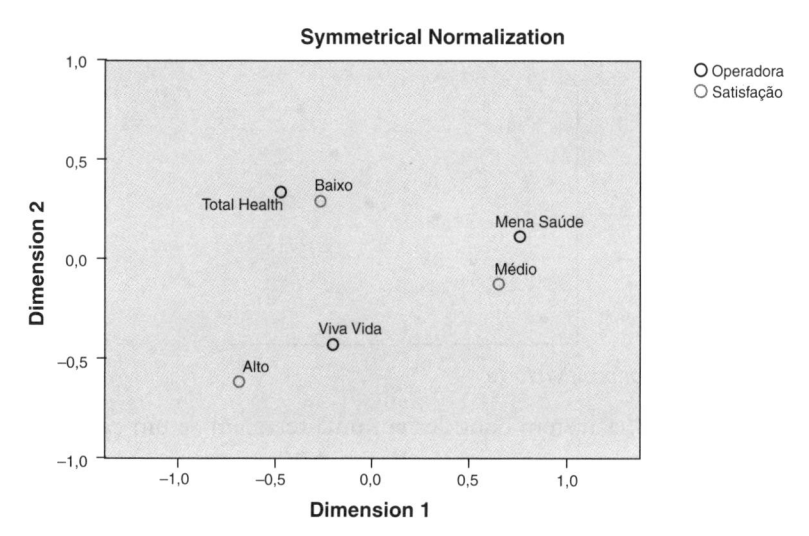

**Figura 4.23** *Mapa perceptual da análise de correspondência.*

## 3. CORRELAÇÃO ENTRE DUAS VARIÁVEIS QUANTITATIVAS

O objetivo é avaliar se existe relação entre as variáveis quantitativas estudadas, além do grau de correlação entre elas. Isto pode ser feito por meio de tabelas de distribuições de frequências, representações gráficas como o diagrama de dispersão, além de medidas de correlação como a covariância e o coeficiente de correlação de Pearson.

### 3.1. Tabelas de distribuição conjunta de frequências

O mesmo procedimento apresentado para variáveis qualitativas pode ser utilizado para representar a distribuição conjunta de variáveis quantitativas e analisar as possíveis relações entre as respectivas variáveis. Analogamente ao estudo da estatística descritiva univariada, no caso de dados contínuos que não se repetem com certa frequência, os dados podem ser agrupados em intervalos de classes.

### 3.2. Representação gráfica por meio de um diagrama de dispersão

A correlação entre duas variáveis quantitativas pode ser representada de forma gráfica por meio de um **diagrama de dispersão**. O diagrama de dispersão representa graficamente os valores das variáveis $x$ e $y$ em um plano cartesiano. Um diagrama de dispersão permite, portanto, avaliar:

**a)** se existe ou não alguma relação entre as variáveis em estudo;

**b)** o tipo de relação entre as duas variáveis, isto é, a direção em que a variável $y$ aumenta ou diminui em função da variação de $x$;

**c)** o grau de relação entre as variáveis; e

**d)** a natureza da relação (linear, exponencial etc.).

A Figura 4.24 apresenta um diagrama de dispersão em que a relação entre as variáveis $x$ e $y$ é linear positiva forte, isto é, a variação de $y$ é diretamente proporcional à variação de $x$, o grau de relação entre as variáveis é forte e a natureza da relação é linear.

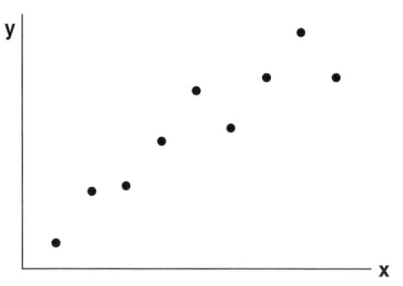

**Figura 4.24** *Relação linear positiva forte.*

Se todos os pontos estiverem contidos em uma reta, tem-se um caso em que a relação é linear perfeita, conforme mostra a Figura 4.25.

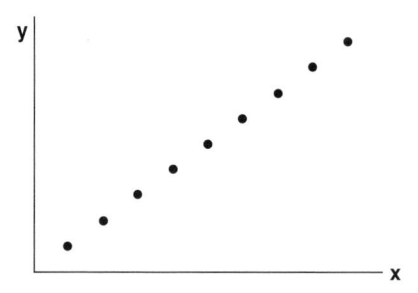

**Figura 4.25** *Relação linear positiva perfeita.*

Já as Figuras 4.26 e 4.27 apresentam um diagrama de dispersão em que a relação entre as variáveis $x$ e $y$ é linear negativa forte e linear negativa perfeita, respectivamente.

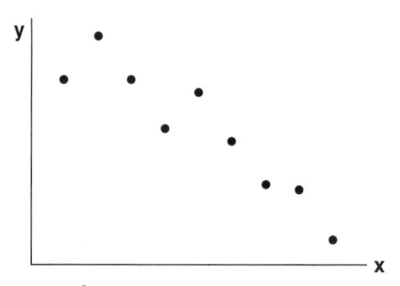

**Figura 4.26** *Relação linear negativa forte.*

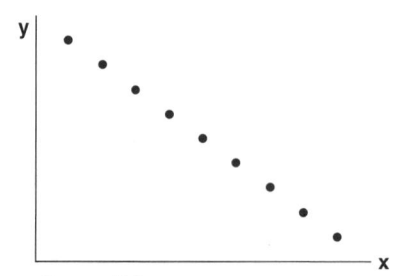

**Figura 4.27** *Relação linear negativa perfeita.*

Finalmente, pode não haver nenhuma relação entre as variáveis $x$ e $y$, conforme mostra a Figura 4.28.

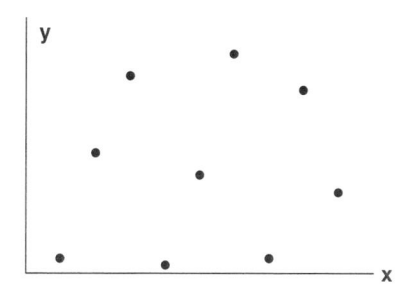

**Figura 4.28** *Não existe relação entre as variáveis x e y.*

## Gerando um diagrama de dispersão no SPSS

### *Exemplo 7*

Abra o arquivo **Renda_Estudo.sav** no SPSS. O objetivo é analisar a correlação entre as variáveis Renda Familiar e Anos de Estudo por meio de um diagrama de dispersão. Para isso, clique em **Graphs** → **Legacy Dialogs** → **Scatter/Dot** (Figura 4.29). Na janela **Scatter/Dot** da Figura 4.30, escolha o tipo de gráfico (**Simple Scatter**). Clicando em **Define**, será aberta a caixa de diálogo **Simple Scatterplot**, como mostra a Figura 4.31. Selecione a variável **Renda Familiar** no eixo Y e a variável **Anos de Estudo** no eixo X. Finalmente, clique em **OK**. O gráfico de dispersão gerado está representado na Figura 4.32.

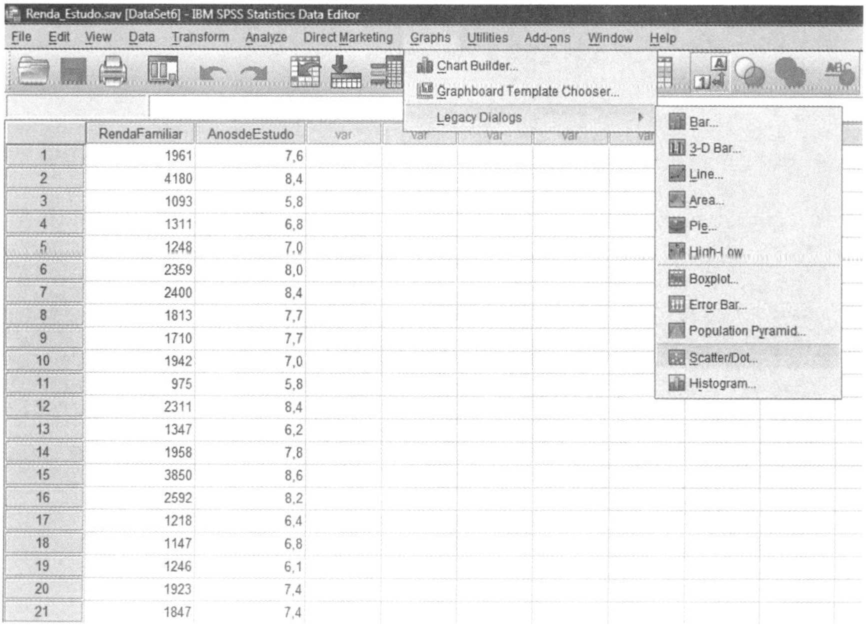

| | RendaFamiliar | AnosdeEstudo |
|---|---|---|
| 1 | 1961 | 7,6 |
| 2 | 4180 | 8,4 |
| 3 | 1093 | 5,8 |
| 4 | 1311 | 6,8 |
| 5 | 1248 | 7,0 |
| 6 | 2359 | 8,0 |
| 7 | 2400 | 8,4 |
| 8 | 1813 | 7,7 |
| 9 | 1710 | 7,7 |
| 10 | 1942 | 7,0 |
| 11 | 975 | 5,8 |
| 12 | 2311 | 8,4 |
| 13 | 1347 | 6,2 |
| 14 | 1958 | 7,8 |
| 15 | 3850 | 8,6 |
| 16 | 2592 | 8,2 |
| 17 | 1218 | 6,4 |
| 18 | 1147 | 6,8 |
| 19 | 1246 | 6,1 |
| 20 | 1923 | 7,4 |
| 21 | 1847 | 7,4 |

**Figura 4.29** *Gerando um diagrama de dispersão no SPSS.*

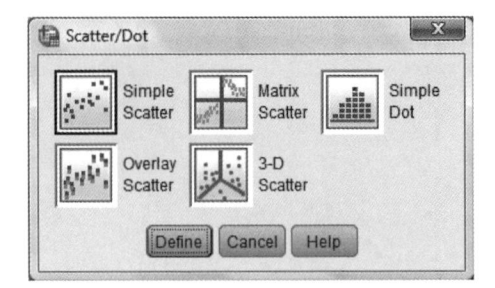

**Figura 4.30** *Selecionando o tipo de gráfico.*

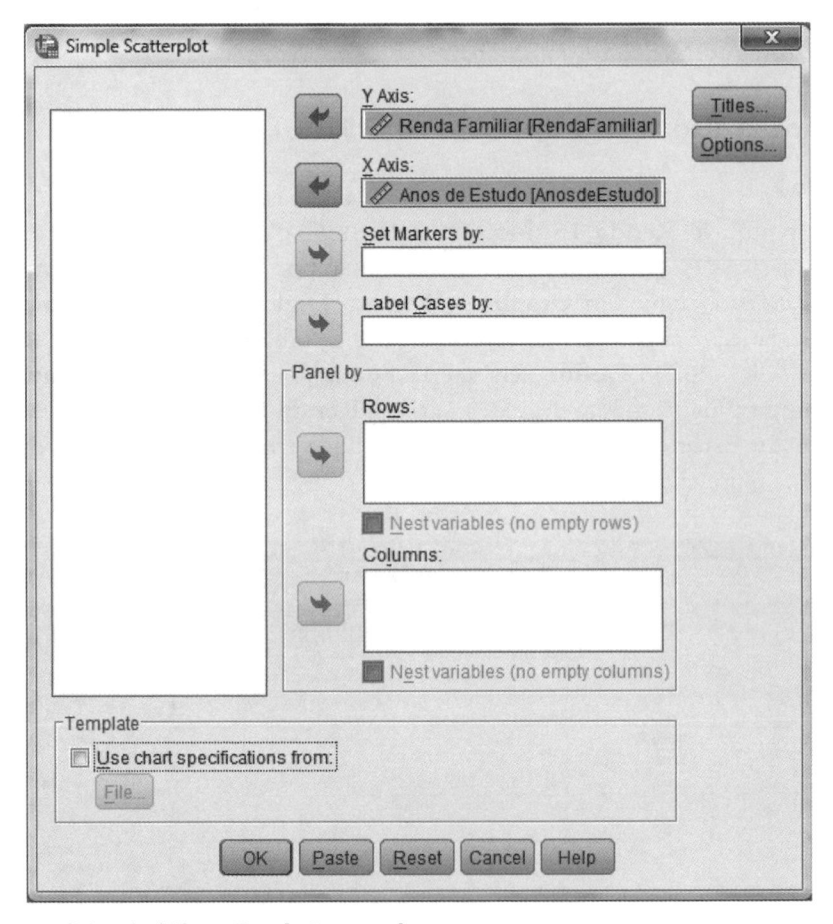

**Figura 4.31** *Caixa de diálogo **Simple Scatterplot**.*

Pela Figura 4.32, verifica-se uma correlação positiva forte entre as variáveis Renda Familiar e Anos de Estudo. Portanto, quanto maior o número de anos estudados, maior será a renda familiar.

O gráfico de dispersão também pode ser gerado pelo **Excel** selecionando-se a opção Dispersão.

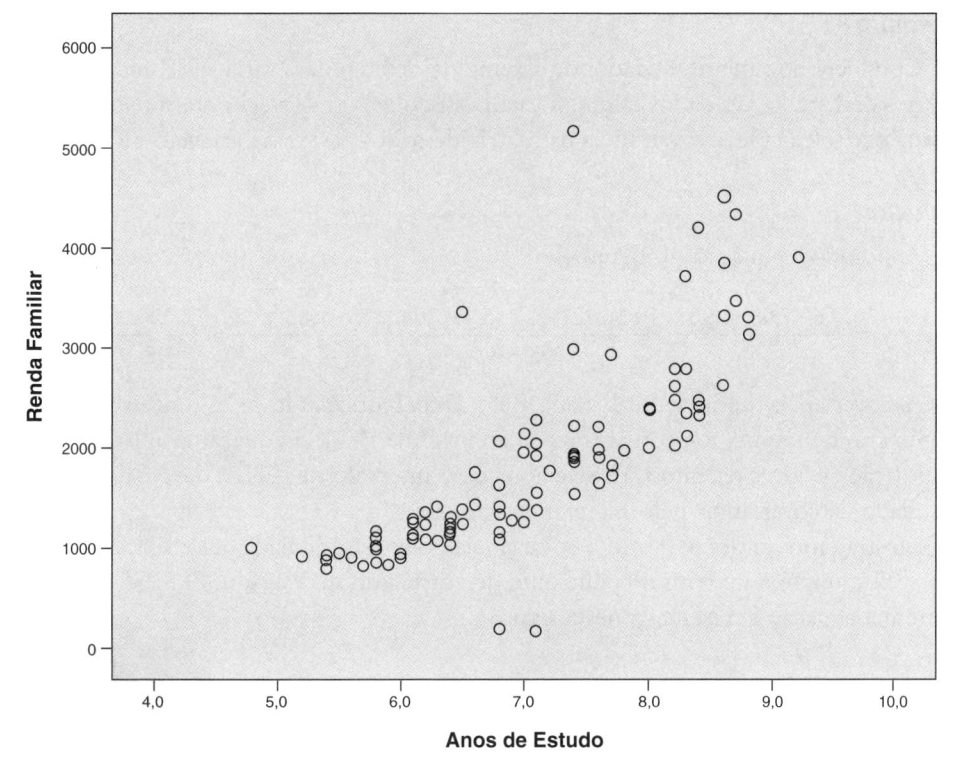

**Figura 4.32** *Diagrama de dispersão das variáveis **Renda Familiar** e **Anos de Estudo.***

## 3.3. Medidas de correlação

As principais medidas de correlação, utilizadas para variáveis quantitativas, são a covariância e o coeficiente de correlação de Pearson.

### 3.3.1. Covariância

A covariância mede a variação conjunta entre duas variáveis quantitativas $x$ e $y$:

$$\text{cov}(x,y) = \frac{\sum_{i=1}^{n}(x_i - \overline{x})(y_i - \overline{y})}{n-1} \tag{4.9}$$

em que:

$x_i = i$-ésimo valor de $x$
$y_i = i$-ésimo valor de $y$
$\overline{x}$ = média dos valores de $x_i$
$\overline{y}$ = média dos valores de $y_i$
$n$ = tamanho da amostra

Uma das limitações da covariância é que a medida depende do tamanho da amostra, podendo levar a uma estimativa ruim em casos de pequenas amostras. O coeficiente de correlação de Pearson é uma alternativa para esse problema.

### Exemplo 8

Considere novamente os dados do Exemplo 7 referentes às variáveis Renda Familiar e Anos de Estudo. Os dados também estão disponíveis em Excel no arquivo **Renda_Estudo.xls**. Calcule a covariância da matriz de dados das duas variáveis.

### Solução

Aplicando a equação (4.9), tem-se:

$$\text{cov}(x,y) = \frac{(7,6-7,08)(1.961-1.856,22) + \cdots + (5,4-7,08)(775-1.856,22)}{95} = \frac{72.326,93}{95} = 761,336$$

A covariância pode ser calculada pelo **Excel** utilizando-se a função COVAR. Porém, no denominador, considera-se $n$ ao invés de $n-1$ (a equação é aplicada para a população ao invés da amostra). Seleciona-se o intervalo de células de cada variável: o resultado da covariância pelo Excel é de 753,405.

Mostraremos também como a covariância pode ser calculada pelo SPSS, na próxima seção, juntamente com o coeficiente de correlação de Pearson. O SPSS considera a mesma equação apresentada nesta seção.

### 3.3.2. Coeficiente de correlação de Pearson

O coeficiente de correlação de Pearson ($r$) é uma medida que varia entre $-1$ e 1. Por meio do sinal, é possível verificar o tipo de relação linear entre as duas variáveis analisadas (direção em que a variável $y$ aumenta ou diminui em função da variação de $x$). Quanto mais próximo dos valores extremos, mais forte é a correlação entre elas:

- Se $r$ for positivo, existe uma relação diretamente proporcional entre as variáveis; se $r = 1$, tem-se uma correlação linear positiva perfeita.
- Se $r$ for negativo, existe uma relação inversamente proporcional entre as variáveis; se , $r = -1$ tem-se uma correlação linear negativa forte.
- Se r for nulo, não existe correlação entre as variáveis.

A Figura 4.33 apresenta um resumo da interpretação do coeficiente de correlação de Pearson.

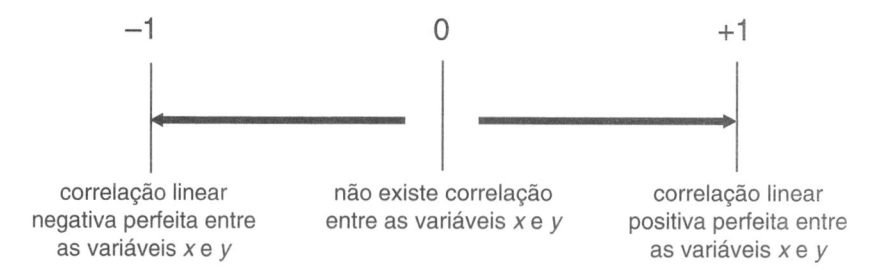

**Figura 4.33** *Interpretação do coeficiente de correlação de Pearson.*

O coeficiente de correlação de Pearson (*r*) pode ser calculado como a razão entre a covariância de duas variáveis e o produto dos desvios-padrão (*S*) de cada uma delas:

$$r = \frac{\text{cov}(x,y)}{S_x \cdot S_y} = \frac{\dfrac{\displaystyle\sum_{i=1}^{n}(x_i - \overline{x})(y_i - \overline{y})}{n-1}}{S_x \cdot S_y} \tag{4.10}$$

Como $S_x = \sqrt{\dfrac{\displaystyle\sum_{i=1}^{n}(x_i - \overline{x})^2}{n-1}}$ e $S_y = \sqrt{\dfrac{\displaystyle\sum_{i=1}^{n}(y_i - \overline{y})^2}{n-1}}$ (equação 3.34 do Capítulo 3), a equação (4.10) passa a ser expressa como:

$$r = \frac{\displaystyle\sum_{i=1}^{n}(x_i - \overline{x})(y_i - \overline{y})}{\sqrt{\displaystyle\sum_{i=1}^{n}(x_i - \overline{x})^2 \cdot \sum_{i=1}^{n}(y_i - \overline{y})^2}} \tag{4.11}$$

### *Exemplo 9*

Abra novamente o arquivo **Renda_Estudo.xls** e calcule o coeficiente de correlação de Pearson entre as duas variáveis.

### *Solução*

O cálculo do coeficiente de correlação de Pearson pela equação (4.10) é:

$$r = \frac{\text{cov}(x,y)}{S_x \cdot S_y} = \frac{761,336}{970,774 \cdot 1,009} = 0,777$$

O cálculo também poderia ser efetuado pela equação (4.11) que independe do tamanho da amostra. O resultado indica uma correlação positiva forte entre as variáveis Renda Familiar e Anos de Estudo.

O **Excel** também calcula o coeficiente de correlação de Pearson por meio da função PEARSON.

### Resolução dos Exemplos 8 e 9 (cálculo da covariância e do coeficiente de correlação de Pearson) pelo SPSS

Abra novamente o arquivo **Renda_Estudo.sav**. Para o cálculo da covariância e do coeficiente de correlação de Pearson pelo SPSS, clique em **Analyze → Correlate → Bivariate**. Será aberta a janela **Bivariate Correlations**. Selecione as variáveis Renda Familiar e Anos de Estudo, além do cálculo do coeficiente de correlação de

Pearson, como mostra a Figura 4.34. No botão **Options**, selecione a opção **Cross-product deviations and covariances**, de acordo com a Figura 4.35. Clique em **Continue** e finalmente em **OK**. Os resultados das estatísticas encontram-se na Figura 4.36.

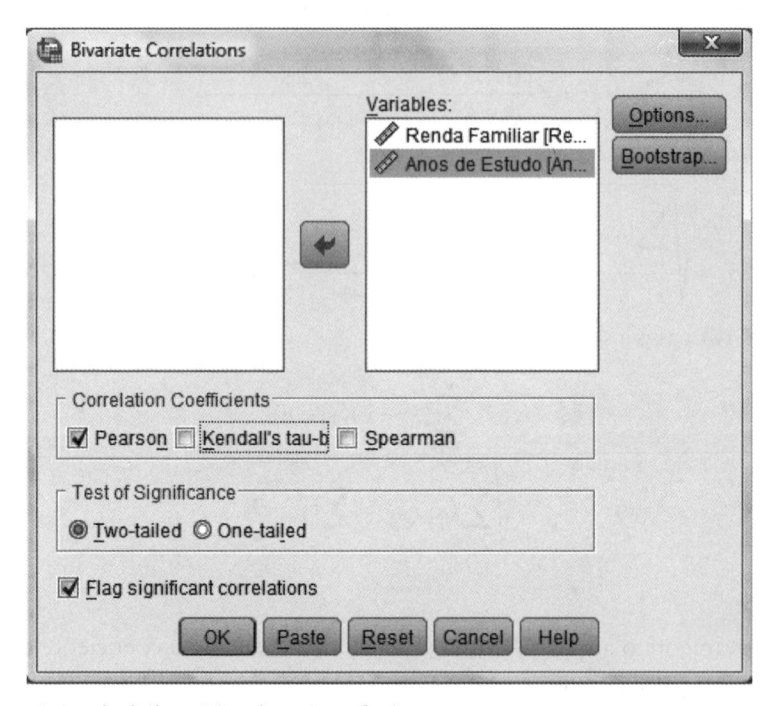

**Figura 4.34** *Caixa de diálogo **Bivariate Correlations**.*

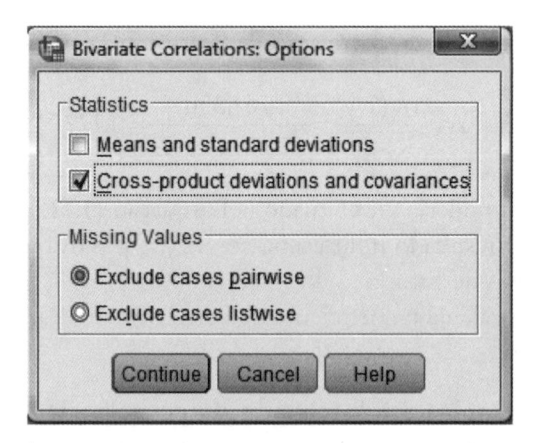

**Figura 4.35** *Selecionando a estatística da covariância.*

Semelhante ao coeficiente de Spearman, o coeficiente de correlação de Pearson também pode ser gerado pelo SPSS a partir do menu **Analyze** → **Descriptive Statistics** → **Crosstabs** (opção **Correlations** no botão **Statistics**).

**Correlations**

|  |  | Renda Familiar | Anos de Estudo |
|---|---|---|---|
| Renda Familiar | Pearson Correlation | 1 | ,777** |
|  | Sig. (2-tailed) |  | ,000 |
|  | Sum of Squares and Cross-products | 89528286,40 | 72326,925 |
|  | Covariance | 942403,015 | 761,336 |
|  | N | 96 | 96 |
| Anos de Estudo | Pearson Correlation | ,777** | 1 |
|  | Sig. (2-tailed) | ,000 |  |
|  | Sum of Squares and Cross-products | 72326,925 | 96,700 |
|  | Covariance | 761,336 | 1,018 |
|  | N | 96 | 96 |

\*\*. Correlation is significant at the 0.01 level (2-tailed).

**Figura 4.36** *Resultados da covariância e do coeficiente de correlação de Pearson pelo SPSS.*

# 4. RELAÇÃO ENTRE UMA VARIÁVEL QUALITATIVA E QUANTITATIVA

Segundo Bussab e Morettin (2011), para analisar a relação entre uma variável quantitativa e outra qualitativa, pode-se utilizar gráficos como histograma, ramo-e-folhas, *boxplot*, entre outros, medidas de posição ou localização, como média, moda, mediana, quartis, além de medidas de dispersão ou variabilidade, como amplitude, desvio-padrão, variância etc.

## 4.1. Representações gráficas

Gráficos como histograma, ramo-e-folhas, *boxplot*, entre outros, podem representar a relação entre uma variável qualitativa e outra quantitativa. O *boxplot*, por exemplo, permite comparar diferenças nas medidas de posição e de dispersão da variável quantitativa em função das diferentes categorias da variável qualitativa (Exemplo 10).

### Exemplo 10

A Tabela 4.11 apresenta a faixa etária de 15 indivíduos, com as respectivas rendas mensais. Construa o gráfico *boxplot* da variável renda mensal em função das diferentes faixas etárias.

**Tabela 4.11** Dados do Exemplo 10

| Nome | Faixa etária | Renda mensal (R$) |
|---|---|---|
| Márcia | de 25 a 40 anos | 10.200,00 |
| Leonor | mais de 55 anos | 16.400,00 |
| Ovídio | mais de 55 anos | 15.100,00 |
| Estela | de 25 a 40 anos | 6.900,00 |
| Ricardo | de 40 a 55 anos | 18.600,00 |

| Nome | Faixa etária | Renda mensal (R$) |
|---|---|---|
| Letícia | menos de 25 anos | 1.800,00 |
| Gustavo | menos de 25 anos | 1.750,00 |
| Luiz | de 25 a 40 anos | 13.00,00 |
| Paulo | de 25 a 40 anos | 3.400,00 |
| Antônio | mais de 55 anos | 13.300,00 |
| Ana Vera | mais de 55 anos | 8.100,00 |
| Patrícia | de 25 a 40 anos | 13.800,00 |
| Carla | menos de 25 anos | 4.200,00 |
| Mariana | de 40 a 55 anos | 9.380,00 |
| Jupira | mais de 55 anos | 11.800,00 |

### Solução

O *boxplot* será gerado por meio do software SPSS. Abra o arquivo **Quali_quanti.sav** que contém os dados da Tabela 4.11. Conforme apresentado na seção 6.3 do Capítulo 3, o *boxplot* pode ser gerado a partir do menu **Analyze → Descriptive Statistics → Explore**, selecionando-se a variável **Renda_mensal** em **Dependent List** e a variável **Faixa_etária** em **Factor List**. No botão **Plots**, selecionar a opção **Factor levels together**, em **Boxplots**. Outra alternativa é a partir do menu **Graphs → Legacy Dialogs → Boxplot**. Selecione a opção **Simple** e clique no botão **Define**. Selecione a variável **Renda_mensal em Variable** e a variável **Faixa_etária** em **Category Axis**. Clicando em **OK**, obtém-se o gráfico da Figura 4.37.

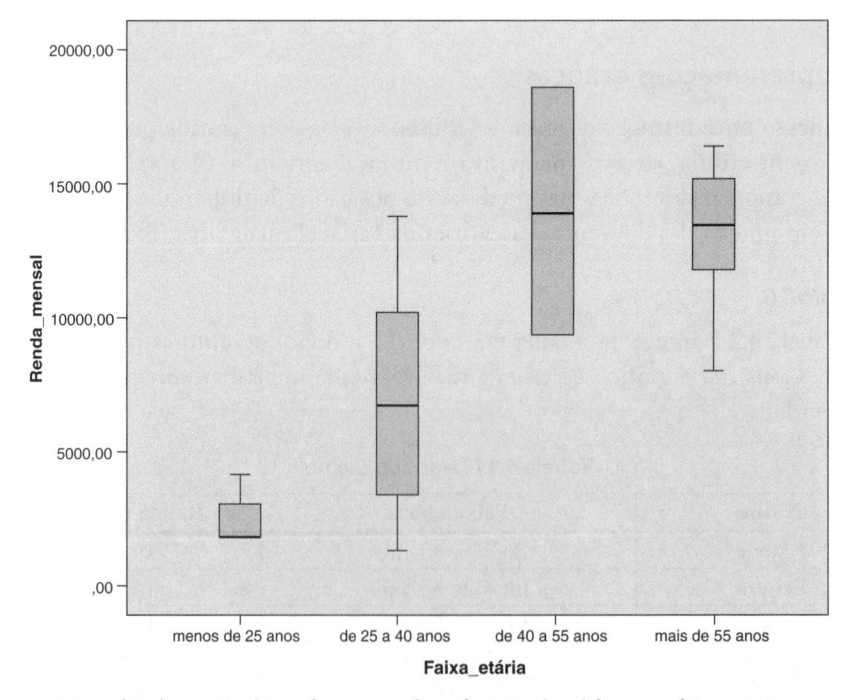

**Figura 4.37** *Boxplot da variável **Renda_mensal** em função das diferentes faixas etárias.*

A Figura 4.37 permite concluir que há uma dependência entre as variáveis renda mensal e faixa etária. Percebe-se que quanto maior a faixa etária, maior a renda mensal. É também possível comparar medidas de posição, como mediana, $Q_1$ e $Q_3$, valor mínimo e máximo, *outliers*, além de medidas de dispersão como amplitude. Verifica-se uma menor variabilidade nas faixas etárias extremas (menos de 29 anos e mais de 52 anos).

## 4.2. Medidas-resumo

Medidas de posição ou localização, como média, moda, mediana, quartis, além de medidas de dispersão ou variabilidade, como amplitude, desvio-padrão, variância, coeficiente de determinação, entre outras, podem ser utilizadas para analisar o comportamento da variável quantitativa dentro de cada categoria da variável qualitativa.

### *Exemplo 11*

Considere novamente os dados do Exemplo 10 (Tabela 4.11). O objetivo agora é analisar o comportamento da variável renda mensal dentro de cada categoria da variável faixa etária, por meio de medidas-resumo como média, mediana, valor máximo e mínimo, $Q_1$ e $Q_3$, amplitude, desvio-padrão e variância.

### *Solução*

O cálculo dessas medidas-resumo está representado na Tabela 4.12.

**Tabela 4.12** Medidas-resumo da variável renda mensal (*y*) para cada categoria de faixa etária

| Faixa etária | *n* | $\bar{y}$ | Mínimo | $Q_1$ | *Md* | $Q_3$ | Máximo | *A* | *S* | $S^2$ |
|---|---|---|---|---|---|---|---|---|---|---|
| menos de 25 anos | 3 | 2.583,33 | 1.750 | 1.750 | 1.775 | 1.800 | 4.200 | 2.450 | 1.400,30 | 1.960.833,33 |
| de 25 a 40 anos | 5 | 7.120,00 | 1.300 | 2.350 | 6.900 | 12.000 | 13.800 | 12.500 | 5.046,48 | 25.467.000,00 |
| de 40 a 55 anos | 2 | 13.990 | 9.380 | 9.380 | 13.990 | 18.600 | 18.600 | 9.220 | 6.519,52 | 42.504.200,00 |
| mais de 55 anos | 5 | 12.940 | 8.100 | 9.950 | 13.300 | 15.750 | 16.400 | 8.300 | 3.220,71 | 10.373.000,00 |
| **Todas** | 15 | 9.068,67 | 1.300 | 3.400 | 9.380 | 13.800 | 18.600 | 17.300 | 5.721,67 | 3.2737E7 |

A Tabela 4.12 também permite concluir que há uma dependência entre as variáveis renda mensal e faixa etária. Considerando as medidas de posição ou localização, verifica-se, em geral, que quanto maior a faixa etária, maior é o valor da renda; a exceção fica para a faixa etária "mais de 55 anos" cuja renda é menor que na faixa etária "de 40 a 55 anos". Pode-se concluir também por meio das medidas de dispersão, que a variabilidade é maior para as faixas "de 25 a 40 anos" e "de 40 a 55 anos" comparada às faixas "menos de 25 anos" e "mais de 55 anos".

## 4.2.1. Coeficiente de determinação ($R^2$)

Bussab e Morettin (2011) apresentam uma medida de dispersão ou variabilidade chamada coeficiente de determinação ($R^2$). O coeficiente de determinação é uma medida que varia entre 0 e 1 ($0 \leq R^2 \leq 1$) e quantifica a proporção da variação existente na variável quantitativa, representada no eixo das ordenadas ($y$), explicada pelas diferentes categorias ($k$) da variável qualitativa, representada no eixo das abscissas ($x$). Pode ser calculada como:

$$R^2 = \frac{S^2(y) - \overline{S^2(y)}}{S^2(y)} = 1 - \frac{\overline{S^2(y)}}{S^2(y)} \tag{4.12}$$

em que:

$$\overline{S^2(y)} = \frac{\sum_{i=1}^{k} n_i \times S_i^2(y)}{n} \tag{4.13}$$

e $S_i^2(y)$ é a variância de $y$ na $i$-ésima categoria de $x$.

### *Exemplo 12*

Calcule o coeficiente de determinação ($R^2$) para os dados da Tabela 4.12.

### *Solução*

Aplicando as equações (4.13) e (4.12), respectivamente, tem-se que:

$$\overline{S^2(y)} = \frac{3 \times 1.960.833,33 + 5 \times 25.467.000,00 + 2 \times 42.504.200,00 + 5 \times 10.373.000,00}{15} = 1,801 \times 10^7$$

$$R^2 = 1 - \frac{1,801 \times 10^7}{3,274 \times 10^7} = 0,45$$

de modo que 45% da variabilidade da variável renda mensal é explicada pela variável faixa etária.

## 5. CONSIDERAÇÕES FINAIS

Este capítulo apresentou os principais conceitos da estatística descritiva com enfoque para o estudo da relação entre duas variáveis (análise bivariada). Estudou-se as relações entre duas variáveis qualitativas (associações), duas variáveis quantitativas (correlações) e as relações entre uma variável qualitativa e outra quantitativa. Para cada uma das três situações, foram apresentadas diversas medidas, tabelas e gráficos que permitem uma melhor compreensão do comportamento dos dados. A Figura 4.1 resume essas informações.

A geração e a interpretação de distribuições de frequências, de representações gráficas, além de medidas-resumo (medidas de posição ou localização e medidas de dispersão ou

variabilidade), podem propiciar ao pesquisador uma melhor compreensão e visualização do comportamento dos dados entre duas variáveis. Técnicas mais avançadas podem ser aplicadas futuramente sobre o mesmo conjunto de dados para os pesquisadores que pretendem aprofundar seus estudos em análise bivariada e tomada de decisão.

## 6. RESUMO

A análise bivariada estuda as relações (associações para variáveis qualitativas e correlações para variáveis quantitativas) entre duas variáveis. As relações podem ser estudadas por meio da distribuição conjunta de frequências (tabelas de contingência ou tabelas de classificação cruzada – *cross tabulation*), representações gráficas e ainda por meio de medidas-resumo.

A análise bivariada é estudada a partir de três situações distintas:

**a)** Quando duas variáveis são qualitativas.
**b)** Quando duas variáveis são quantitativas.
**c)** Quando uma variável é qualitativa e a outra é quantitativa.

### CASO 1  Duas variáveis qualitativas

A forma mais simples de resumir um conjunto de dados provenientes de duas variáveis qualitativas é por meio de uma tabela de distribuição conjunta de frequências, neste caso específico chamada **tabela de contingência** ou **tabela de classificação cruzada** (*cross tabulation*) ou ainda **tabela de correspondência** que exibe de forma conjunta as frequências absolutas ou relativas das categorias das variáveis $x$ e $y$.

Já as principais medidas para representar a associação entre duas variáveis qualitativas são:

**a)** a estatística **qui-quadrado**, utilizada para variáveis qualitativas **nominais** e **ordinais**;
**b)** o **coeficiente Phi**, o coeficiente de contingência e o coeficiente V de Cramer, aplicados para variáveis **nominais** e baseadas no qui-quadrado;
**c)** o **coeficiente de Spearman** para variáveis qualitativas **ordinais**.

O comportamento dos dados de duas variáveis qualitativas também pode ser representado de forma gráfica por meio de **mapas perceptuais**, resultantes da técnica de análise de correspondência. A análise de correspondência é uma técnica exploratória, adequada para dados categóricos, que a partir da distribuição de frequências resultantes de duas variáveis categóricas, analisa graficamente as relações entre as categorias dessas variáveis por meio do chamado mapa perceptual que reduz a dimensionalidade dos dados.

### CASO 2  Duas variáveis quantitativas

Analogamente ao caso anterior, o estudo das relações entre duas variáveis quantitativas também pode ser realizado por meio de **tabelas de distribuição conjunta de**

**frequências**. No caso de dados contínuos que não se repetem com certa frequência, os dados podem ser agrupados em intervalos de classes (Capítulo 3).

A correlação entre duas variáveis quantitativas também pode ser representada de forma gráfica por meio de um **diagrama de dispersão**. O diagrama de dispersão representa graficamente os valores das variáveis $x$ e $y$ em um plano cartesiano. Um diagrama de dispersão permite, portanto, avaliar:

**a)** se existe ou não alguma relação entre as variáveis em estudo;

**b)** o tipo de relação entre as duas variáveis, isto é, a direção em que a variável $y$ aumenta ou diminui em função da variação de $x$;

**c)** o grau de relação entre as variáveis; e

**d)** a natureza da relação (linear, exponencial etc).

Por fim, pode-se utilizar medidas de correlação como a **covariância** e o **coeficiente de correlação de Pearson**. A covariância mede a variação conjunta entre duas variáveis quantitativas $x$ e $y$. Porém, uma de suas limitações é que a medida depende do tamanho da amostra, podendo levar a uma estimativa ruim em casos de pequenas amostras. O coeficiente de correlação de Pearson é uma alternativa para esse problema, sendo uma medida que varia entre $-1$ e $1$. Por meio do sinal, é possível verificar o tipo de relação linear entre as duas variáveis analisadas (direção em que a variável $y$ aumenta ou diminui em função da variação de $x$): quanto mais próximo dos valores extremos, mais forte é a correlação entre elas.

**CASO 3** **Uma variável qualitativa e outra quantitativa**

Segundo Bussab e Morettin (2011), para analisar a relação entre uma variável quantitativa e outra qualitativa, podemos utilizar **gráficos** como histograma, ramo-e-folhas, *boxplot*, entre outros, **medidas de posição ou localização**, como média, moda, mediana, quartis, além de **medidas de dispersão ou variabilidade**, como amplitude, desvio-padrão, variância, coeficiente de determinação etc. O objetivo é comparar as diferenças nas medidas de posição e de dispersão da variável quantitativa em função das diferentes categorias da variável qualitativa.

O **coeficiente de determinação**, por exemplo, é uma medida que varia entre 0 e 1 e quantifica a proporção da variação existente na variável quantitativa, representada no eixo das ordenadas ($y$), explicada pelas diferentes categorias ($k$) da variável qualitativa, representada no eixo das abscissas ($x$).

# 7. EXERCÍCIOS

**1.** Quais estatísticas descritivas podem ser utilizadas (e em que situações) para representar o comportamento entre duas variáveis qualitativas?

**2.** Idem para duas variáveis quantitativas.

**3.** Idem para uma variável qualitativa e outra quantitativa.

**4.** Em que situações devem ser utilizadas tabelas de contingência?

**5.** Como pode ser representado, de forma gráfica, o comportamento dos dados entre duas variáveis qualitativas?

**6.** Quais as diferenças entre a estatística qui-quadrado, o coeficiente Phi, o coeficiente de contingência, o coeficiente V de Cramer e o coeficiente de Spearman?

**7.** Quais as principais medidas-resumo para representar o comportamento dos dados entre duas variáveis quantitativas. Descreva cada uma delas.

**8.** Idem no caso de uma variável qualitativa e outra quantitativa.

**9.** Como o *boxplot*, dentre outras representações gráficas, é utilizado para representar o comportamento entre uma variável qualitativa e outra quantitativa?

**10.** Com o objetivo de identificar o comportamento do consumidor inadimplente em relação aos seus hábitos de pagamento, foi realizada uma pesquisa com informações sobre a faixa etária do respondente e o grau de inadimplência. O objetivo é determinar se existe associação entre as variáveis. Com base no arquivo **Inadimplência.sav**, pede-se:
   a) Construa as tabelas de distribuição conjunta de frequências para as variáveis faixa etária e inadimplência (frequências absolutas, frequências relativas em relação ao total geral, frequências relativas em relação ao total de cada linha, frequências relativas em relação ao total de cada coluna e frequências esperadas).
   b) Qual a porcentagem de indivíduos na faixa etária entre 31 e 40 anos?
   c) Qual a porcentagem de indivíduos muito endividados?
   d) Qual a porcentagem daqueles que são da faixa etária até 20 anos e que não têm dívidas?
   e) Dentre os indivíduos da faixa etária acima de 60 anos, quantos por cento são pouco endividados?
   f) Dentre os indivíduos mais ou menos endividados, quantos por cento pertencem à faixa etária entre 41 e 50 anos?
   g) Há indícios de dependência entre as variáveis?
   h) Confirme o item anterior usando a estatística qui-quadrado.
   i) Calcule os coeficientes Phi, de contingência e V de Cramer, confirmando se há ou não associação entre as variáveis a partir deles.

**11.** Ainda em relação ao arquivo **Inadimplência.sav**, em caso de associação entre as categorias das variáveis faixa etária e inadimplência, elabore e interprete o mapa perceptual resultante da técnica de análise de correspondência.

**12.** O arquivo **Motivação_Empresas.sav** apresenta um banco de dados com as variáveis Empresa e Grau de Motivação (*Motivação*), obtidas por meio de uma pesquisa realizada com 250 funcionários (50 respondentes para cada empresa), com o intuito de avaliar o grau de motivação dos funcionários em relação a algumas empresas. Dessa forma, pede-se:

a) Construa as tabelas de contingência de frequências absolutas, frequências relativas em relação ao total geral, frequências relativas em relação ao total de cada linha, frequências relativas em relação ao total de cada coluna e frequências esperadas.

b) Qual a porcentagem de respondentes muito desmotivados?

c) Qual a porcentagem de respondentes da empresa A e que estão muito desmotivados?

d) Qual a porcentagem de respondentes motivados na empresa D?

e) Qual a porcentagem de respondentes pouco motivados na empresa C?

f) Dentre os respondentes que estão muito motivados, quantos por cento pertencem a empresa B?

g) Há indícios de dependência entre as variáveis?

h) Confirme o item anterior usando a estatística qui-quadrado.

i) Calcule os coeficientes Phi, de contingência e V de Cramer, confirmando se há ou não associação entre as variáveis a partir deles.

**13.** Ainda em relação ao arquivo **Motivação_Empresas.sav**, aplique a técnica de análise de correspondência e interprete o mapa perceptual gerado.

**14.** Com o intuito de analisar a preferência partidária dos eleitores em diferentes regiões do Brasil, coletou-se uma amostra de 100 indivíduos em cada região.

a) Testar se há algum tipo de associação entre as duas variáveis;

b) Processar a análise de correspondência e interpretar os resultados obtidos.

| Região | Partido | | | |
|---|---|---|---|---|
| | A | B | C | Total |
| Norte | 10 | 20 | 70 | 100 |
| Nordeste | 5 | 30 | 65 | 100 |
| Centro-Oeste | 30 | 40 | 30 | 100 |
| Sul | 60 | 30 | 10 | 100 |
| Sudeste | 65 | 25 | 10 | 100 |
| **Total** | **170** | **145** | **185** | **500** |

**15.** O arquivo **Avaliação_Alunos.sav** apresenta as notas de 0 a 10 de 100 alunos de uma universidade pública em relação às seguintes disciplinas: Pesquisa Operacional, Estatística, Gestão de Operações e Finanças. Verifique se há correlação elaborando o diagrama de dispersão e calculando o coeficiente de correlação de Pearson para os seguintes pares de variáveis:

a) Pesquisa Operacional e Estatística

b) Gestão de Operações e Finanças

c) Pesquisa Operacional e Gestão de Operações

**16.** O arquivo **Supermercados_Brasileiros.sav** apresenta dados de faturamento e número de lojas dos 20 maiores supermercadistas brasileiros em 2014 (Fonte: Abras - Associação Brasileira de Supermercados). Pede-se:

a) Elabore o diagrama de dispersão para as variáveis faturamento x número de lojas.

b) Parece haver dependência entre as respectivas variáveis?

c) Calcule o coeficiente de correlação de Pearson. Qual a sua conclusão em relação à dependência dessas variáveis?

d) Existe algum conjunto de dados com comportamento diferente dos demais. Em caso positivo, elabore novamente o gráfico de dispersão e recalcule o coeficiente de correlação.

**17.** Com o objetivo de analisar o perfil dos investidores empresariais de uma agência bancária, o arquivo **Banco.sav** apresenta dados de 50 investidores em relação ao perfil de investimento (moderado, dinâmico ou arrojado) e a quantidade de dinheiro aplicada (em R$ mil). Pede-se:

a) Elabore histogramas, gráficos de ramo-e-folhas e *boxplots* que representem o comportamento da variável quantitativa (dinheiro investido) dentro de cada categoria da variável qualitativa (perfil do investidor).

b) Calcule medidas-resumo (média, valor mínimo e máximo, primeiro e terceiro quartil, mediana, amplitude, desvio-padrão e variância) para a variável "dinheiro investido" dentro de cada categoria da variável "perfil do investidor".

c) Calcule o coeficiente de determinação a partir dos dados do item (b).

**18.** O arquivo **Satisfação_Emprego.sav** apresenta o nível de satisfação de 45 funcionários de uma empresa e seus respectivos salários. O objetivo é analisar as possíveis relações entre as variáveis. Para isso, pede-se:

a) Elabore histogramas, gráficos de ramo-e-folhas e *boxplots* que representem o comportamento da variável quantitativa dentro de cada categoria da variável qualitativa.

b) Calcule medidas-resumo (média, valor mínimo e máximo, primeiro e terceiro quartil, mediana, amplitude, desvio-padrão e variância) para a variável quantitativa dentro de cada categoria da variável qualitativa.

c) Calcule o coeficiente de determinação a partir dos dados do item (b).

# Estatística Probabilística

# CAPÍTULO 5

# Introdução à Probabilidade

*Você quer ficar o resto da sua vida vendendo água com açúcar ou você quer uma chance de mudar o mundo?*
**Steve Jobs**

## Ao final deste capítulo, você será capaz de:

- Diferenciar a estatística probabilística da estatística descritiva e reconhecer em que situações utilizar cada uma delas.
- Descrever como surgiu a probabilidade e sua evolução.
- Compreender os conceitos e terminologias relativos à teoria das probabilidades.
- Prever a ocorrência de um ou mais eventos utilizando a teoria das probabilidades.
- Entender como a análise combinatória pode ser utilizada para o cálculo de probabilidades.

## 1. INTRODUÇÃO

Na segunda parte deste livro estudamos a estatística descritiva que descreve e sintetiza as características principais observadas em um conjunto de dados por meio de tabelas de distribuição de frequências, gráficos e medidas-resumo, permitindo ao pesquisador uma melhor compreensão dos dados.

Já a Estatística Probabilística utiliza a teoria das probabilidades para explicar a frequência de ocorrência de determinados eventos *incertos*, de forma a estimar ou prever a ocorrência de eventos futuros. Por exemplo, no lançamento de um dado, não se sabe ao certo qual elemento será sorteado, de modo que a probabilidade pode ser utilizada para indicar a probabilidade de ocorrência de um determinado evento.

Segundo Bruni (2011), a história da probabilidade se iniciou, provavelmente, com o ser humano primitivo, a fim de compreender melhor os fenômenos incertos da natureza. Já no século XVII, surgiu a teoria das probabilidades para explicar os eventos incertos. O estudo da probabilidade evoluiu com a finalidade de planejar jogadas ou traçar estratégias voltadas a jogos de azar. Atualmente, é aplicada também para o estudo da inferência estatística, a fim de generalizar o universo dos dados.

Este capítulo tem como objetivo apresentar os conceitos e terminologias relacionados à teoria das probabilidades, assim como sua aplicação prática.

## 2. TERMINOLOGIA E CONCEITOS

### 2.1. Experimento aleatório

Um **experimento** consiste em qualquer processo de observação ou medida. Um **experimento aleatório** é aquele que gera resultados imprevisíveis, de modo que se o processo for repetido inúmeras vezes, torna-se impossível prever seu resultado.

Por exemplo, o lançamento de uma moeda ou de um dado são exemplos de experimentos aleatórios.

### 2.2. Espaço amostral

O **espaço amostral** $S$ consiste em todos os possíveis resultados de um experimento.

Por exemplo, no lançamento de uma moeda, pode-se obter cara ($k$) ou coroa ($c$). Logo, $S = \{k, c\}$. Já no lançamento de um dado, o espaço amostral é representado por $S = \{1, 2, 3, 4, 5, 6\}$.

### 2.3. Eventos

Um **evento** é qualquer subconjunto de um espaço amostral.

Por exemplo, o evento $A$ contém apenas as ocorrências pares do lançamento de um dado. Logo, $A = \{2, 4, 6\}$.

### 2.4. Uniões, intersecções e complementos

Dois ou mais eventos podem formar uniões, intersecções e complementos.

A **união** de dois eventos $A$ e $B$, representada por $A \cup B$, resulta em um novo evento contendo todos os elementos de $A$, $B$ ou ambos, e pode ser ilustrada de acordo com a Figura 5.1.

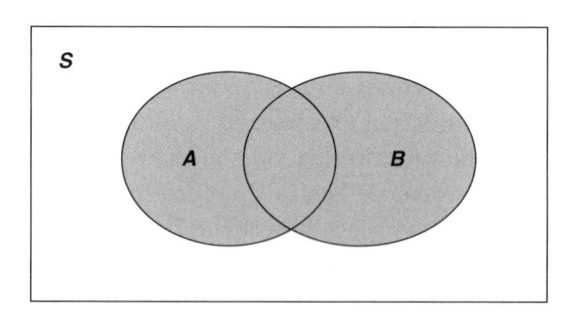

**Figura 5.1** *União de dois eventos (A ∪ B).*

A **intersecção** de dois eventos $A$ e $B$, representada por $A \cap B$, resulta em um novo evento contendo todos os elementos que estão simultaneamente em $A$ e $B$, e pode ser ilustrada de acordo com a Figura 5.2.

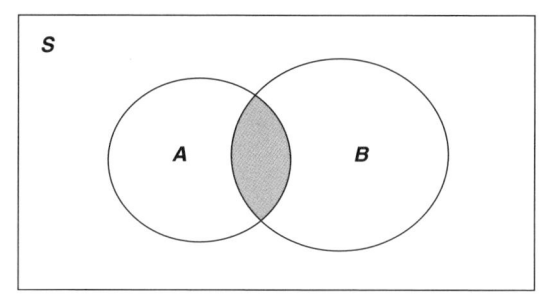

**Figura 5.2** *Intersecção de dois eventos (A ∩ B).*

O **complemento** de um evento $A$, representado por $A^c$, é o evento que contém todos os pontos de $S$ que não estão em $A$, como mostra a Figura 5.3.

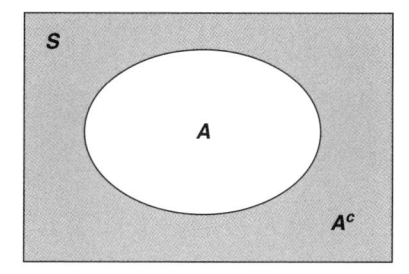

**Figura 5.3** *Complemento do evento A.*

## 2.5. Eventos independentes

Dois eventos $A$ e $B$ são **independentes** quando a probabilidade de ocorrência de $B$ **não** é condicional à probabilidade de ocorrência de $A$. O conceito de probabilidade condicional é estudado na seção 5.

## 2.6. Eventos mutuamente excludentes

Eventos **mutuamente excludentes** ou **exclusivos** são aqueles que não têm elementos em comum, de forma que eles não podem ocorrer simultaneamente. A Figura 5.4 ilustra dois eventos $A$ e $B$ mutuamente excludentes.

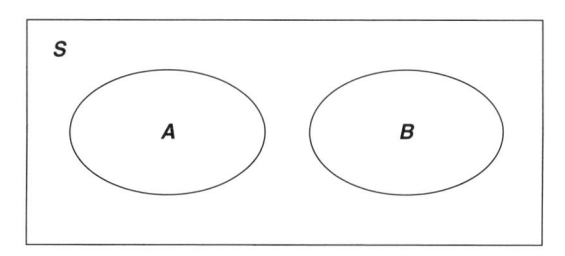

**Figura 5.4** *Eventos A e B mutuamente excludentes.*

## 3. DEFINIÇÃO DE PROBABILIDADE

A probabilidade de ocorrência de um determinado evento $A$ no espaço amostral $S$ é dada pela razão entre o número de casos favoráveis ao evento ($n_A$) e o número total de possíveis casos ($n$):

$$P(A) = \frac{n_A}{n} = \frac{\text{número de casos favoráveis ao evento A}}{\text{número total de possíveis casos}} \tag{5.1}$$

### Exemplo 1

No lançamento de um dado, qual a probabilidade de ocorrência de um número par?

### Solução

O espaço amostral é dado por $S = \{1, 2, 3, 4, 5, 6\}$. O evento de interesse é $A = \{$número par de um dado$\}$, de modo que $A = \{2, 4, 6\}$. A probabilidade de ocorrência de $A$ é, portanto:

$$P(A) = \frac{3}{6} = \frac{1}{2}$$

### Exemplo 2

Uma urna contém 3 bolas brancas, 2 bolas vermelhas, 4 bolas amarelas e 2 bolas pretas. Qual a probabilidade de que uma bola vermelha seja sorteada?

### Solução

Dado um total de 11 bolas e considerando $A = \{$a bola é vermelha$\}$, a probabilidade é:

$$P(A) = \frac{\text{número de bolas vermelhas}}{\text{número total de bolas}} = \frac{2}{11}$$

## 4. REGRAS BÁSICAS DA PROBABILIDADE

### 4.1. Campo de variação da probabilidade

A probabilidade de um evento $A$ ocorrer é um número entre 0 e 1:

$$0 \leq P(A) \leq 1 \tag{5.2}$$

### 4.2. Probabilidade do espaço amostral

O espaço amostral $S$ tem probabilidade igual a 1:

$$P(S) = 1 \tag{5.3}$$

## 4.3. Probabilidade de um conjunto vazio

A probabilidade de um conjunto vazio ($\phi$) ocorrer é nula:

$$P(\phi) = 0 \qquad (5.4)$$

## 4.4. Regra de adição de probabilidades

A probabilidade de ocorrência do evento $A$, do evento $B$ ou de ambos pode ser calculada como:

$$P(A \cup B) = P(A) + P(B) - P(A \cap B) \qquad (5.5)$$

Se os eventos $A$ e $B$ são **mutuamente excludentes**, isto é, $A \cap B \neq \phi$, a probabilidade de ocorrência de um deles é igual à soma das probabilidades individuais:

$$P(A \cup B) = P(A) + P(B) \qquad (5.6)$$

A equação (5.6) pode ser estendida para $n$ eventos ($A_1, A_2, ..., A_n$) mutuamente excludentes:

$$P(A_1 \cup A_2 \cup ... \cup A_n) = P(A_1) + P(A_2) + ... + P(A_n) \qquad (5.7)$$

## 4.5. Probabilidade de um evento complementar

Se $A^c$ é o evento complementar de $A$, então:

$$P(A^c) = 1 - P(A) \qquad (5.8)$$

## 4.6. Regra da multiplicação de probabilidades para eventos independentes

Se $A$ e $B$ forem dois eventos **independentes**, a probabilidade de ocorrência conjunta dos mesmos é igual ao produto de suas probabilidades individuais:

$$P(A \cap B) = P(A) \cdot P(B) \qquad (5.9)$$

A equação (5.9) pode ser estendida para $n$ eventos (($A_1, A_2, ..., A_n$)) independentes:

$$P(A_1 \cap A_2 \cap ... \cap A_n) = P(A_1) \cdot P(A_2) \cdot ... \cdot P(A_n) \qquad (5.10)$$

### *Exemplo 3*

Uma urna contém bolas numeradas de 1 a 60 que têm a mesma probabilidade de serem sorteadas. Pede-se:

**a)** Defina o espaço amostral.
**b)** Qual a probabilidade de que a bola sorteada seja ímpar?
**c)** Qual a probabilidade de que a bola sorteada seja um número múltiplo de 5?
**d)** Qual a probabilidade de que a bola sorteada seja ímpar ou um número múltiplo de 5?

**e)** Qual a probabilidade de sortear um número múltiplo de 7 ou múltiplo de 10?

**f)** Qual a probabilidade de que não seja sorteado um número múltiplo de 5?

**g)** Uma bola é sorteada ao acaso e reposta à urna. Uma nova bola passa a ser sorteada. Qual a probabilidade da primeira ser par e da segunda ser maior que 40?

### *Solução*

**a)** $S = \{1, 2, 3, ..., 60\}$.

**b)** $A = \{1, 3, 5, ..., 59\}$, $P(A) = \dfrac{30}{60} = \dfrac{1}{2}$

**c)** $A = \{5, 10, 15, ..., 60\}$, $P(A) = \dfrac{12}{60} = \dfrac{1}{5}$

**d)** Seja $A = \{1, 3, 5, ..., 59\}$ e $B = \{5, 10, 15, ..., 60\}$. Como $A$ e $B$ não são eventos mutuamente excludentes, já que têm elementos em comum (5, 15, 25, 35, 45, 55), aplica-se a equação (5.5):

$$P(A \cup B) = P(A) + P(B) - P(A \cap B) = \frac{1}{2} + \frac{1}{5} - \frac{6}{60} = \frac{3}{5}$$

**e)** Nesse caso, $A = \{7, 14, 21, 28, 35, 42, 49, 56\}$ e $B = \{10, 20, 30, 40, 50, 60\}$. Como os eventos são mutuamente excludentes ($A \cap B \neq \phi$), aplica-se a equação (5.6):

$$P(A \cup B) = P(A) + P(B) = \frac{8}{60} + \frac{6}{60} = \frac{7}{30}$$

**f)** Nesse caso, $A = \{$números múltiplos de 5$\}$ e $A^c = \{$números que não são múltiplos de 5$\}$. A probabilidade do evento complementar $A^c$ é, portanto:

$$P(A^c) = 1 - P(A) = 1 - \frac{1}{5} = \frac{4}{5}$$

**g)** Como os eventos são independentes, aplica-se a equação (5.9):

$$P(A \cap B) = P(A) \cdot P(B) = \frac{1}{2} \times \frac{20}{60} = \frac{1}{6}$$

## 5. PROBABILIDADE CONDICIONAL

Quando os eventos não forem independentes, deve-se utilizar o conceito de probabilidade condicional. Considerando dois eventos $A$ e $B$, a probabilidade de ocorrência de $A$, dado que $B$ ocorreu, é chamada *probabilidade condicional de A dado B* e é representada por $P(A|B)$:

$$P(A|B) = \frac{P(A \cap B)}{P(B)} \tag{5.11}$$

Um evento $A$ é dito independente de $B$ se:

$$P(A \mid B) = P(A) \qquad (5.12)$$

### Exemplo 4

Um dado é lançado. Qual a probabilidade de obter o número 4, dado que o número sorteado foi par?

### Solução

Nesse caso, $A = \{$número 4$\}$ e $B = \{$número par$\}$. Aplicando a equação (5.11), tem-se que:

$$P(A \mid B) = \frac{P(A \cap B)}{P(B)} = \frac{1/6}{1/2} = \frac{1}{3}$$

## 5.1. Regra da multiplicação de probabilidades

A partir da definição de probabilidade condicional, a regra da multiplicação permite calcular a probabilidade da ocorrência simultânea de dois eventos $A$ e $B$, como a probabilidade de um deles multiplicada pela probabilidade condicional do outro, dado que o primeiro evento ocorreu:

$$P(A \cap B) = P(A) \cdot P(B \mid A) = P(B) \cdot P(A \mid B) \qquad (5.13)$$

A regra da multiplicação pode ser estendida para três eventos $A$, $B$ e $C$:

$$P(A \cap B \cap C) = P(A) \cdot P(B \mid A) \cdot P(C \mid A \cap B) \qquad (5.14)$$

Esta é apenas uma das seis maneiras que a equação (5.14) pode ser escrita.

### Exemplo 5

Uma contém 8 bolas brancas, 6 bolas vermelhas e 4 bolas pretas. Sorteia-se, inicialmente, uma bola que não é reposta na urna. Uma nova bola passa a ser sorteada. Qual a probabilidade de ambas as bolas serem vermelhas?

### Solução

Diferentemente do exemplo anterior que calculava a probabilidade condicional de um único evento, o objetivo nesse caso é calcular a probabilidade de ocorrência simultânea de dois eventos. Os eventos também não são independentes, já que não há reposição da primeira bola na urna.

Seja o evento $A = \{$a primeira bola é vermelha$\}$ e $B = \{$a segunda bola é vermelha$\}$, para o cálculo de $P(A \cap B)$, aplica-se a equação (5.13):

$$P(A \cap B) = P(A) \cdot P(B \mid A) = \frac{6}{18} \cdot \frac{5}{17} = \frac{5}{51}$$

## Exemplo 6

Uma empresa sorteará um carro para um de seus clientes que estão localizados em diferentes regiões do Brasil. A Tabela 5.1 apresenta os dados referentes aos clientes, por sexo e cidade. Determine:

**a)** Qual a probabilidade de ser sorteado um cliente do sexo masculino?
**b)** Qual a probabilidade de ser sorteado um cliente do sexo feminino?
**c)** Qual a probabilidade de ser sorteado um cliente de Curitiba?
**d)** Qual a probabilidade de ser sorteado um cliente de São Paulo, dado que é do sexo masculino?
**e)** Qual a probabilidade de ser sorteado um cliente do sexo feminino, dado que é de Aracaju?
**f)** Qual a probabilidade de ser sorteado um cliente de Salvador e do sexo feminino?

**Tabela 5.1** Distribuição de frequências absolutas segundo sexo e cidade

| Cidade | Masculino | Feminino | Total |
|---|---|---|---|
| Goiânia | 12 | 14 | 26 |
| Aracaju | 8 | 12 | 20 |
| Salvador | 16 | 15 | 31 |
| Curitiba | 24 | 22 | 46 |
| São Paulo | 35 | 25 | 60 |
| Belo Horizonte | 10 | 12 | 22 |
| **Total** | **105** | **100** | **205** |

## Solução

**a)** A probabilidade do cliente ser do sexo masculino é $105/205 = 21/41$.
**b)** A probabilidade do cliente ser do sexo feminino é $100/205 = 20/41$.
**c)** A probabilidade do cliente ser de Curitiba é $46/205$.
**d)** Considerando que $A = \{\text{São Paulo}\}$ e $B = \{\text{sexo masculino}\}$, a $P(A|B)$ é calculada de acordo com a equação (5.11):

$$P(A|B)=\frac{P(A\cap B)}{P(B)}=\frac{35/205}{105/205}=\frac{1}{3}$$

**e)** Considerando que $A = \{\text{sexo feminino}\}$ e $B = \{\text{Aracaj}\}$, a $P(A|B)$ é:

$$P(A|B)=\frac{P(A\cap B)}{P(B)}=\frac{12/205}{20/205}=\frac{3}{5}$$

**f)** Seja $A = \{\text{Salvador}\}$ e $B = \{\text{sexo femino}\}$, a $P(A \cap B)$ é calculada de acordo com a equação (5.13):

$$P(A\cap B)=P(A)\cdot P(B|A)=\frac{31}{205}\cdot\frac{15}{31}=\frac{3}{41}$$

## 6. O TEOREMA DE BAYES

Imagine que a probabilidade de um determinado evento foi calculada. Porém, novas informações foram adicionadas ao processo, de modo que a probabilidade deve ser recalculada. A probabilidade calculada inicialmente é chamada probabilidade *a priori*; a probabilidade com as novas informações adicionadas é chamada probabilidade *a posteriori*. O cálculo da probabilidade *a posteriori* é baseado no teorema de Bayes e está descrito a seguir.

Considere $B_1, B_2, ..., B_n$ eventos mutuamente excludentes tal que $P(B_1) + P(B_2) + ... + P(B_n) = 1$. Já $A$ é um evento qualquer que ocorrerá em conjunto ou como consequência de um dos eventos $B_i$ ($i = 1, 2, ..., n$). A probabilidade de ocorrência de um evento $B_i$ dada a ocorrência do evento $A$ é calculada como:

$$P(B_i|A) = \frac{P(B_i \cap A)}{P(A)} = \frac{P(B_i) \cdot P(A|B_i)}{P(B_1) \cdot P(A|B_1) + P(B_2) \cdot P(A|B_2) + \cdots + P(B_n) \cdot P(A|B_n)} \quad (5.15)$$

em que:

$P(B_1)$ é a probabilidade *a priori*

$P(B_1|A)$ é a probabilidade *a posteriori* (probabilidade de $B_i$ depois da ocorrência de $A$)

### Exemplo 7

Considere três urnas idênticas $U_1$, $U_2$ e $U_3$. A urna $U_1$ contém duas bolas, uma amarela e outra vermelha. Já á urna $U_2$ contém três bolas azuis, enquanto a urna $U_3$ contém duas bolas vermelhas e uma amarela. Escolhe-se ao acaso uma das urnas e retira-se uma bola. Verifica-se que a bola escolhida é amarela. Qual a probabilidade de que a urna $U_1$ tenha sido escolhida?

### Solução

São definidos os seguintes eventos:

$B_1$ = escolha da urna $U_1$
$B_2$ = escolha da urna $U_2$
$B_3$ = escolha da urna $U_3$
$A$ = escolha da bola amarela

O objetivo é determinar , $P(B_1|A)$ sabendo que:

$P(B_1) = 1/3, P(A|B_1) = 1/2,$
$P(B_2) = 1/3, P(A|B_2) = 0,$
$P(B_3) = 1/3, P(A|B_3) = 1/3,$

Logo:

$$P(B_1|A) = \frac{P(B_1 \cap A)}{P(A)} = \frac{P(B_1) \cdot P(A|B_1)}{P(B_1) \cdot P(A|B_1) + P(B_2) \cdot P(A|B_2) + P(B_3) \cdot P(A|B_3)}$$

$$P(B_1|A) = \frac{\frac{1}{3} \cdot \frac{1}{2}}{\frac{1}{3} \cdot \frac{1}{2} + \frac{1}{3} \cdot 0 + \frac{1}{3} \cdot \frac{1}{3}} = \frac{3}{5}$$

## 7. ANÁLISE COMBINATÓRIA

A análise combinatória é um conjunto de procedimentos que calcula a quantidade de diferentes grupos que podem ser formados selecionando-se um número finito de elementos de um conjunto. Arranjos, combinações e permutações são os três tipos principais de agrupamentos e são aplicáveis à probabilidade. A probabilidade de um evento é então a razão entre o número de resultados do evento de interesse e o número total de resultados no espaço amostral (quantidade total de arranjos, combinações ou permutações).

## 7.1. Arranjos

Um arranjo calcula a quantidade possível de agrupamentos com elementos distintos de um determinado conjunto. Bruni (2011) define arranjo como o estudo da quantidade de maneiras em que se pode organizar uma amostra de objetos, extraída de um universo maior e em que a alteração da ordem dos objetos organizados seja relevante.

Dado $n$ diferentes objetos, se o objetivo é escolher $p$ desses objetos ($n$ e $p$ são inteiros, $n \geq p$), o número de arranjos ou maneiras possíveis de se fazer isso é representado por $An,p$ e calculado como:

$$A_{n,p} = \frac{n!}{(n-p)!} \tag{5.16}$$

### Exemplo 8

Considere um conjunto com três termos $A = \{1, 2, 3\}$. Se esses termos fossem tomados 2 a 2, quantos arranjos seriam possíveis? Qual a probabilidade de que o elemento 3 esteja na segunda posição?

### Solução

A partir da equação (5.16), tem-se que:

$$A_{n,p} = \frac{3!}{(3-2)!} = \frac{3 \times 2 \times 1}{1} = 6$$

Esses arranjos são: (1,2), (1,3), (2,1), (2,3), (3,1) e (3,2). No arranjo, a ordem como os elementos estão dispostos é relevante, por exemplo, $(1,2) \neq (2,1)$.

Definidos todos os arranjos, fica fácil calcularmos a probabilidade. Como temos 2 arranjos em que o elemento 3 está na segunda posição, dado um total de 6 arranjos, a probabilidade é 2/6 = 1/3.

### Exemplo 9

Calcule o número de maneiras possíveis de se colocar 6 automóveis em 3 vagas. Qual a probabilidade de que o automóvel 1 esteja na primeira vaga?

### Solução

Pela equação (5.16):

$$A_{6,3} = \frac{6!}{(6-3)!} = \frac{6 \times 5 \times 4 \times 3!}{3!} = 120$$

Dos 120 possíveis arranjos, em 20 deles o automóvel 1 está na primeira posição: (1,2,3), (1,2,4), (1,2,5), (1,2,6), (1,3,2), (1,3,4), (1,3,5), (1,3,6), (1,4,2), (1,4,3), (1,4,5), (1,4,6), (1,5,2), (1,5,3), (1,5,4), (1,5,6), (1,6,2), (1,6,3), (1,6,4), (1,6,5). Logo, a probabilidade é 20/120 = 1/6.

## 7.2. Combinações

A combinação é um caso particular do arranjo em que **não importa a ordem** com que os elementos são organizados.

Dado $n$ diferentes objetos, o número de maneiras ou combinações de organizar $p$ desses objetos é representado por $C_{n,p}$ (combinação de $n$ elementos combinados $p$ a $p$) e calculado como:

$$C_{n,p} = \binom{n}{p} = \frac{n!}{p!(n-p)!} \qquad (5.17)$$

### Exemplo 10

Em uma turma com 20 alunos, de quantas maneiras podem ser formados grupos de 4 alunos?

### Solução

Como a ordem dos elementos do grupo não é relevante, aplica-se a equação da combinação (5.17):

$$C_{20,4} = \binom{20}{4} = \frac{20!}{4!(20-4)!} = \frac{20 \times 19 \times 18 \times 17 \times 16!}{24(16)!} = 4.845$$

Assim, 4.845 diferentes grupos podem ser formados.

### Exemplo 11

Marcelo, Felipe, Luiz Paulo, Rodrigo e Ricardo foram brincar em um parque de diversão. O próximo brinquedo escolhido é de apenas 3 lugares, de forma que 3 deles serão escolhidos, aleatoriamente. Qual a probabilidade de que Felipe e Luiz Paulo estejam no brinquedo?

### Solução

O número total de combinações é:

$$C_{5,3} = \binom{5}{3} = \frac{5!}{3!\,2!} = \frac{5 \times 4 \times 3!}{3!\,2} = 10$$

As 10 possibilidades são:

Grupo 1: Marcelo, Felipe e Luiz Paulo

Grupo 2: Marcelo, Felipe e Rodrigo

Grupo 3: Marcelo, Felipe e Ricardo

Grupo 4: Marcelo, Luiz Paulo e Rodrigo

Grupo 5: Marcelo, Luiz Paulo e Ricardo

Grupo 6: Marcelo, Rodrigo e Ricardo

Grupo 7: Felipe, Luiz Paulo e Rodrigo

Grupo 8: Felipe, Luiz Paulo e Ricardo

Grupo 9: Felipe, Rodrigo e Ricardo

Grupo 10: Luiz Paulo, Rodrigo e Ricardo

A probabilidade é, portanto, de 3/10.

## 7.3 Permutações

A permutação é um arranjo em que todos os elementos do conjunto são selecio-nados. É, portanto, o número de maneiras com que $n$ elementos podem ser agrupados, trocando-se a ordem dos mesmos. O número de permutações possíveis é representado por $Pn$ e pode ser calculado como:

$$Pn = n!$$    (5.18)

### Exemplo 12

Considere um conjunto com três elementos, $A = \{1, 2, 3\}$. Qual é o número total de permutações possíveis?

### Solução

$P_3 = 3! = 3 \times 2 \times 1 = 6$. São elas: $(1, 2, 3), (1, 3, 2), (2, 1, 3), (2, 3, 1), (3, 1, 2)$ e $(3, 2, 1)$.

### Exemplo 13

Uma indústria fabrica 6 produtos distintos. A sequência de produção pode ocorrer de quantas maneiras?

### Solução

Para determinar o número de sequências possíveis de produção, basta aplicar a equação da permutação (5.18):

$$P_6 = 6! = 6 \times 5 \times 4 \times 3 \times 2 \times 1 = 720$$

## 8. CONSIDERAÇÕES FINAIS

O presente capítulo apresentou os conceitos e terminologias relacionados à teoria das probabilidades, assim como sua aplicação prática. A teoria das probabilidades é utilizada para avaliar a possibilidade de ocorrência de eventos incertos, tendo sua origem na compreensão de fenômenos naturais incertos, evoluindo para o planejamento de jogos de azar e, atualmente, sendo aplicado para o estudo da inferência estatística.

## 9. RESUMO

A teoria das probabilidades é utilizada para explicar a frequência de ocorrência de determinados eventos incertos, de forma a estimar ou prever a ocorrência de eventos futuros.

### Conceitos e terminologias

Um **experimento** consiste em qualquer processo de observação ou medida. Um **experimento aleatório** é aquele que gera resultados imprevisíveis, de modo que se o processo for repetido inúmeras vezes, torna-se impossível prever seu resultado.

O **espaço amostral** $S$ consiste em todos os possíveis resultados de um experimento.

Um **evento** é qualquer subconjunto de um espaço amostral.

Dois ou mais eventos podem formar uniões, intersecções e complementos. A **união** de dois eventos $A$ e $B$, representada por $A \cup B$, resulta em um novo evento contendo todos os elementos de $A$, $B$ ou ambos. A **intersecção** de dois eventos $A$ e $B$, representada por $A \cap B$, resulta em um novo evento contendo todos os elementos que estão simultaneamente em $A$ e $B$. O **complemento** de um evento $A$, representado por $A^c$, é o evento que contém todos os pontos de $S$ que não estão em $A$.

Dois eventos $A$ e $B$ são **independentes** quando a probabilidade de ocorrência de $B$ **não** é condicional à probabilidade de ocorrência de $A$.

Eventos **mutuamente excludentes** ou **exclusivos** são aqueles que não têm elementos em comum, de forma que eles não podem ocorrer simultaneamente.

### Definição de probabilidade

A probabilidade de ocorrência de um determinado evento $A$ no espaço amostral $S$ é dada pela razão entre o número de casos favoráveis ao evento $(n_A)$ e o número total de possíveis casos $(n)$:

$$P(A) = \frac{n_A}{n} = \frac{\text{número de casos favoráveis ao evento } A}{\text{número total de possíveis casos}} \tag{5.1}$$

### Regras básicas da probabilidade

A probabilidade de um evento $A$ ocorrer é um número entre 0 e 1:

$$0 \leq P(A) \leq 1 \tag{5.2}$$

O espaço amostral $S$ tem probabilidade igual a 1:

$$P(S) = 1 \tag{5.3}$$

A probabilidade de um conjunto vazio ($\phi$) ocorrer é nula:

$$P(\phi) = 0 \tag{5.4}$$

A probabilidade de ocorrência do evento $A$, do evento $B$ ou de ambos pode ser calculada como:

$$P(A \cup B) = P(A) + P(B) - P(A \cap B) \tag{5.5}$$

Se os eventos $A$ e $B$ são **mutuamente excludentes**, isto é, $A \cap B \neq \phi$, a equação (5.5) reduz-se a:

$$P(A \cup B) = P(A) + P(B) \tag{5.6}$$

A equação (5.6) pode ser estendida para $n$ eventos ($A_1, A_2, ..., A_n$) mutuamente excludentes:

$$P(A_1 \cup A_2 \cup ... \cup A_n) = P(A_1) + P(A_2) + ... + P(A_n) \tag{5.7}$$

Se $A^c$ é o evento complementar de $A$, então:

$$P(A^c) = 1 - P(A) \tag{5.8}$$

## Regra da multiplicação de probabilidades para eventos independentes

Se $A$ e $B$ forem dois eventos **independentes**, a probabilidade de ocorrência conjunta dos mesmos é igual ao produto de suas probabilidades individuais:

$$P(A \cap B) = P(A) \cdot P(B) \tag{5.9}$$

A equação (5.9) pode ser estendida para $n$ eventos ($A_1, A_2, ..., A_n$) independentes:

$$P(A_1 \cap A_2 \cap ... \cap A_n) = P(A_1) \cdot P(A_2) \cdot ... \cdot P(A_n) \tag{5.10}$$

## Probabilidade condicional

É utilizada quando os eventos não forem independentes. Considerando dois eventos $A$ e $B$, a probabilidade de ocorrência de $A$, dado que $B$ ocorreu, é chamada *probabilidade condicional de $A$ dado $B$* e é representada por $P(A|B)$:

$$P(A|B) = \frac{P(A \cap B)}{P(B)} \tag{5.11}$$

Se $P(A|B) = P(A)$, o evento $A$ é independente de $B$.

## Regra da multiplicação de probabilidades

A probabilidade da ocorrência simultânea de dois eventos $A$ e $B$ é calculada como a probabilidade de um deles multiplicada pela probabilidade condicional do outro, dado que o primeiro evento ocorreu:

$$P(A \cap B) = P(A) \cdot P(B|A) = P(B) \cdot P(A|B) \qquad (5.12)$$

A regra da multiplicação pode ser estendida para três eventos $A$, $B$ e $C$:

$$P(A \cap B \cap C) = P(A) \cdot P(B|A) \cdot P(C|A \cap B) \qquad (5.13)$$

## O teorema de Bayes

Considere $B_1$, $B_2$, ... , $B_n$ eventos mutuamente excludentes tal que $P(B_1) + P(B_2)$ $+...+ P(B_n) = 1$. Já $A$ é um evento qualquer que ocorrerá em conjunto ou como consequência de um dos eventos $B_i$ ($i = 1,2, ...n$). A probabilidade de ocorrência de um evento $B_i$ dada a ocorrência do evento $A$ é calculada como:

$$P(B_i|A) = \frac{P(B_i \cap A)}{P(A)} = \frac{P(B_i) \cdot P(A|B_i)}{P(B_1) \cdot P(A|B_1) + P(B_2) \cdot P(A|B_2) + \cdots + P(B_n) \cdot P(A|B_n)} \qquad (5.14)$$

## 10. EXERCÍCIOS

**1.** Dois times de futebol jogarão a prorrogação de um jogo com morte súbita. Defina o espaço amostral.

**2.** Qual a diferença entre eventos mutuamente excludentes e eventos independentes?

**3.** Em um baralho com 52 cartas, determine:
   **a)** A probabilidade de que uma carta de copas seja sorteada.
   **b)** A probabilidade de que uma dama seja sorteada.
   **c)** A probabilidade de que uma carta com figura (valete, dama ou rei) seja sorteada.
   **d)** A probabilidade de que uma carta sem figura seja sorteada.

**4.** Um lote de produção contém 240 peças, das quais 12 delas são defeituosas. Uma peça é sorteada ao acaso. Qual a probabilidade de que ela não seja defeituosa.

**5.** Um número é escolhido aleatoriamente entre 1 e 30. Pede-se:

**a)** Defina o espaço amostral.
   **b)** Qual a probabilidade de que esse número seja divisível por 3?
   **c)** Qual a probabilidade de que esse número seja múltiplo de 5?
   **d)** Qual a probabilidade de que esse número seja divisível por 3 ou múltiplo de 5?
   **e)** Qual a probabilidade de que esse número seja par dado que é múltiplo de 5?
   **f)** Qual a probabilidade de que esse número seja múltiplo de 5 dado que é divisível por 3?
   **g)** Qual a probabilidade de que esse número não seja divisível por 3?
   **h)** Supondo que sejam escolhidos dois números, cada um deles de forma aleatória, qual a probabilidade de que o primeiro número seja múltiplo de 5 e o segundo seja ímpar?

**6.** Dois dados são lançados simultaneamente. Determine:

    **a)** O espaço amostral.

    **b)** Qual a probabilidade de que ambos os números sejam pares?

    **c)** Qual a probabilidade de que a soma dos pontos seja 10?

    **d)** Qual a probabilidade de que o produto dos pontos seja 6?

    **e)** Qual a probabilidade de que a soma dos pontos seja 10 ou 6?

    **f)** Qual a probabilidade de que o número sorteado no primeiro dado seja ímpar ou que o número sorteado no segundo dado seja múltiplo de 3?

    **g)** Qual a probabilidade de que o número sorteado no primeiro dado seja par e que o número sorteado no segundo dado seja múltiplo de 4?

**7.** Qual a diferença entre arranjos, combinações e permutações?

# CAPÍTULO 6

# Variáveis Aleatórias e Distribuições de Probabilidade

*Aquilo a que chamamos acaso não é, não pode deixar de ser,*
*senão a causa ignorada de um efeito conhecido.*
**Voltaire**

Ao final deste capítulo, você será capaz de:

- Compreender os conceitos relativos a variáveis aleatórias discretas e contínuas.
- Calcular a esperança, a variância e a função de distribuição acumulada de variáveis aleatórias discretas e contínuas.
- Descrever os principais tipos de distribuição de probabilidades para variáveis aleatórias discretas: uniforme discreta, Bernoulli, binomial, geométrica, binomial negativa, hipergeométrica e Poisson.
- Descrever os principais tipos de distribuição de probabilidades para variáveis aleatórias contínuas: uniforme, normal, exponencial, gama, qui-quadrado, t de Student e F de Snedecor.
- Determinar a distribuição mais adequada para um determinado conjunto de dados.

## 1. INTRODUÇÃO

Nos Capítulos 3 e 4 foram estudadas diversas estatísticas para descrever o comportamento de dados qualitativos e quantitativos, incluindo distribuições de frequências amostrais. Neste capítulo, estudaremos as distribuições de probabilidade das populações (para variáveis quantitativas). A distribuição de frequência de uma amostra é uma estimativa da distribuição de probabilidade da população correspondente. Quando o tamanho da amostra é grande, a distribuição de frequência da amostra segue, aproximadamente, a distribuição de probabilidade da população (MARTINS & DOMINGUES, 2011).

Segundo os autores, para o estudo de pesquisas empíricas, bem como para solução de diversos problemas práticos, o estudo da estatística descritiva é de fundamental importância. Porém, quando o objetivo é estudar variáveis de uma população, a distribuição de probabilidade é mais adequada.

Este capítulo apresenta o conceito de variáveis aleatórias discretas e contínuas, as principais distribuições de probabilidades para cada um dos tipos de variável aleatória, assim como o cálculo da esperança e da variância de cada distribuição de probabilidade.

Para variáveis aleatórias discretas, as distribuições de probabilidades mais utilizadas são a uniforme discreta, Bernoulli, binomial, geométrica, binomial negativa, hipergeométrica e de Poisson. Já para variáveis aleatórias contínuas, estudaremos a distribuição uniforme, normal, exponencial, gama, qui-quadrado ($\chi^2$), $t$ de Student e $F$ de Snedecor.

## 2. VARIÁVEIS ALEATÓRIAS

Conforme visto no capítulo anterior, o conjunto de todos os possíveis resultados de um experimento aleatório é denominado espaço amostral. Para descrever um experimento aleatório, é conveniente associar valores numéricos aos elementos do espaço amostral. A variável aleatória pode ser caracterizada como uma variável que apresenta um valor único para cada elemento, sendo este valor determinado aleatoriamente.

Considere $\varepsilon$ um experimento aleatório e $S$ o espaço amostral associado ao experimento. A função $X$ que associa a cada elemento $s \in S$ um número real $X(s)$ é denominada **variável aleatória**. As variáveis aleatórias podem ser discretas ou contínuas.

### 2.1. Variável aleatória discreta

Uma **variável aleatória discreta** é aquela que assume valores em um conjunto enumerável, não podendo assumir, portanto, valores decimais ou não inteiros. Como exemplos de variáveis aleatórias discretas, podemos citar: número de filhos, número de funcionários de uma empresa, quantidade de automóveis produzidos etc.

### 2.1.1. Esperança de uma variável aleatória discreta

Seja $X$ uma variável aleatória discreta que pode assumir os valores $\{x_1, x_2, ..., x_n\}$ com as respectivas probabilidades $\{p(x_1), p(x_2), ..., p(x_n)\}$. A função $\{x_i, p(x_i), i = 1, 2, ..., n\}$ é chamada função de probabilidade da variável aleatória $X$ e associa, a cada valor de $x_i$, a sua probabilidade de ocorrência:

$$p(x_1) = p(X = x_i) = p_i, i = 1, 2, ..., n \qquad (6.1)$$

de modo que $p(x_i) \geq 0$ para $x_i$ todo e $\displaystyle\sum_{i=1}^{n} p(x_i) = 1$

A esperança (valor esperado ou médio) de $X$ é dada pela equação:

$$E(X) = \sum_{i=1}^{n} x_i \cdot P(X = x_i) = \sum_{i=1}^{n} x_i p_i \qquad (6.2)$$

A equação (6.2) é semelhante àquela utilizada para a média no Capítulo 3, onde no lugar das probabilidades $p_i$ tinham-se as frequências relativas $Fr_i$. A diferença entre $p_i$ e $Fr_i$ é que a primeira corresponde a valores de um modelo teórico pressuposto e a segunda a valores observados da variável. Como $p_i$ e $Fr_i$ têm a mesma interpretação, todas as medidas e gráficos apresentados no Capítulo 3, baseados na distribuição de $Fr_i$, possuem um correspondente na distribuição de uma variável aleatória. A mesma interpretação é válida para outras medidas de posição e variabilidade, como a mediana e desvio-padrão (BUSSAB & MORETTIN, 2011).

## 2.1.2. Variância de uma variável aleatória discreta

A variância de uma variável aleatória discreta $X$ é uma média ponderada das distâncias entre os valores que $X$ pode assumir e a esperança de $X$, onde os pesos são as probabilidades dos possíveis valores de $X$. Se $X$ assumir os valores $\{x_1, x_2,, ..., x_n\}$ com as respectivas probabilidades $\{p_1, p_2, ..., p_n\}$, então sua variância é dada por:

$$Var(X) = \sigma^2(X) = E\left[(X - E(X))^2\right] = \sum_{i=1}^{n}\left[x_i - E(X)\right]^2 p_i \qquad (6.3)$$

Em alguns casos, é conveniente utilizar o desvio-padrão de uma variável aleatória como medida de variabilidade. O desvio-padrão de $X$ é a raiz quadrada da variância:

$$\sigma(X) = \sqrt{Var(X)} \qquad (6.4)$$

### *Exemplo 1*

Suponha que a venda mensal de imóveis por um determinado corretor segue a distribuição de probabilidade da Tabela 6.1. Determine o valor esperado de venda mensal, assim como sua variância.

**Tabela 6.1** Venda mensal de imóveis e respectivas probabilidades

| $x_1$ (vendas) | 0 | 1 | 2 | 3 |
|---|---|---|---|---|
| $p(x_1)$ | 2/10 | 4/10 | 3/10 | 1/10 |

### *Solução*

O valor esperado de venda mensal é:

$$E(X) = 0 \times 0,20 + 1 \times 0,40 + 2 \times 0,30 + 3 \times 0,10 = 1,3$$

A variância pode ser calculada como:

$$Var(X) = (0 - 1,3)^2\, 0,2 + (1 - 1,3)^2\, 0,4 + (2 - 1,3)^2\, 0,3 + (3 - 1,3)^2\, 0,1 = 0,81$$

## 2.1.3. Função de distribuição acumulada de uma variável aleatória discreta

A função de distribuição acumulada (f.d.a.) de uma variável aleatória $X$, denotada por $F(x)$, corresponde à soma das probabilidades dos valores de $x_i$ menores ou iguais a $x$:

$$F(x) = P(X \le x) = \sum_{x_i \le x} p(x_i) \qquad (6.5)$$

As seguintes propriedades são válidas para a função de distribuição acumulada de uma variável aleatória discreta:

$$0 \leq F(x) \leq 1 \tag{6.6}$$

$$\lim_{x \to \infty} F(x) = 1 \tag{6.7}$$

$$\lim_{x \to -\infty} F(x) = 0 \tag{6.8}$$

$$a < b \rightarrow F(a) \leq F(b) \tag{6.9}$$

## Exemplo 2

Para os dados do Exemplo 1, calcule $F(0,5)$, $F(1)$, $F(2,5)$, $F(3)$, $F(4)$ e $F(-0,5)$.

## Solução

a) $F(0,5) = P(X \leq 0,5) = \dfrac{2}{10}$

b) $F(1) = P(X \leq 1) = \dfrac{2}{10} + \dfrac{4}{10} = \dfrac{6}{10}$

c) $F(2,5) = P(X \leq 2,5) = \dfrac{2}{10} + \dfrac{4}{10} + \dfrac{3}{10} = \dfrac{9}{10}$

d) $F(3) = P(X \leq 3) = \dfrac{2}{10} + \dfrac{4}{10} + \dfrac{3}{10} + \dfrac{1}{10} = 1$

e) $F(4) = P(X \leq 4) = 1$

f) $F(-0,5) = P(X \leq -0,5) = 0$

Em resumo, a função de distribuição acumulada da variável aleatória $X$ do Exemplo 1 é dada por:

$$F(x) = \begin{cases} 0 & \text{se } x < 0, \\ 2/10 & \text{se } 0 \leq x < 1, \\ 6/10 & \text{se } 1 \leq x < 2, \\ 9/10 & \text{se } 2 \leq x < 3, \\ 1 & \text{se } x \geq 3 \end{cases}$$

## 2.2. Variável aleatória contínua

Uma **variável aleatória contínua** é aquela que pode assumir diversos valores num intervalo de números reais. Como exemplos de variáveis aleatórias contínuas, podemos citar: renda familiar, faturamento da empresa, peso, comprimento, temperatura etc.

Uma variável aleatória contínua $X$ está associada a uma função $f(x)$, denominada função densidade de probabilidade (f.d.p.) de $X$, que satisfaz a seguinte condição:

$$\int_{-\infty}^{+\infty} f(x)dx = 1, \quad f(x) \geq 0$$

(6.10)

Para quaisquer $a$ e $b$, tal que $-\infty < a < b + \infty$, a probabilidade de que a variável aleatória $X$ assuma valores nesse intervalo é:

$$P(a \leq X \leq b) = \int_{a}^{b} f(x)dx$$

(6.11)

que pode ser representada graficamente como mostra a Figura 6.1.

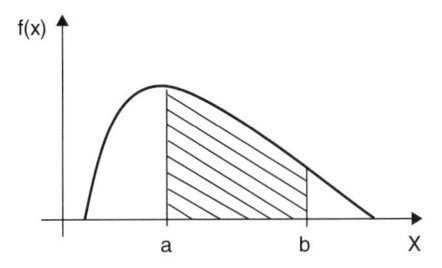

**Figura 6.1** *Probabilidade de X assumir valores no intervalo [a, b].*

### 2.2.1. Esperança de uma variável aleatória contínua

A esperança matemática (valor esperado ou médio) de uma variável aleatória contínua $X$ com função densidade de probabilidade $f(x)$ é dada pela equação:

$$E(X) = \int_{-\infty}^{+\infty} x f(x)dx$$

(6.12)

### 2.2.2. Variância de uma variável aleatória contínua

A variância de uma variável aleatória contínua $X$ com função densidade de probabilidade $f(x)$ é calculada como:

$$Var(X) = E\left(X^2\right) - \left[E(X)\right]^2 = \int_{-\infty}^{\infty} \left(x - E(X)\right)^2 f(x)dx$$

(6.13)

### Exemplo 3

A função densidade de probabilidade de uma variável aleatória contínua $X$ é dada por:

$$f(x) = \begin{cases} 2x, & 0 < x < 1 \\ 0, & \text{para quaisquer outros valores} \end{cases}$$

Calcule $E(X)$ e $Var(X)$.

### Solução

$$E(X) = \int_0^1 (x \times 2x)dx = \int_0^1 (2x^2)dx = \frac{2}{3}$$

$$E(X^2) = \int_0^1 (x^2 \times 2x)dx = \int_0^1 (2x^3)dx = \frac{1}{2}$$

$$VAR(X) = E(X^2) - [E(X)]^2 = \frac{1}{2} - \left(\frac{2}{3}\right)^2 = \frac{1}{18}$$

## 2.2.3. Função de distribuição acumulada de uma variável aleatória contínua

Assim como no caso discreto, pode-se calcular probabilidades associadas a uma variável aleatória contínua $X$ a partir de uma função de distribuição acumulada.

A função de distribuição acumulada $F(x)$ de uma variável aleatória contínua com função densidade de probabilidade $f(x)$ é definida por:

$$F(x) = P(X \leq x), -\infty < x < \infty \tag{6.14}$$

A equação (6.14) é semelhante ao caso discreto (6.5). A diferença é que, para variáveis contínuas, a função de distribuição acumulada é uma função contínua, sem saltos.

De (6.7) tem-se que:

$$F(x) = \int_{-\infty}^{x} f(x)dx \tag{6.15}$$

Assim como no caso discreto, valem as seguintes propriedades para a função de distribuição acumulada de uma variável aleatória contínua:

$$0 \leq F(x) \leq 1 \tag{6.16}$$

$$\lim_{x \to \infty} F(x) = 1 \tag{6.17}$$

$$\lim_{x \to -\infty} F(x) = 0 \tag{6.18}$$

$$a < b \to F(a) \leq F(b) \tag{6.19}$$

### Exemplo 4

Considere novamente a função densidade de probabilidade do Exemplo 3:

$$f(x) = \begin{cases} 2x, & 0 < x < 1 \\ 0, & \text{para quaisquer outros valores} \end{cases}$$

Calcule a função de distribuição acumulada de $X$.

### Solução

$$F(x) = P(X \leq x) = \int_{-\infty}^{x} f(x)dx = \int_{-\infty}^{x} 2x\,dx = \begin{cases} 0 & \text{se } x \leq 0 \\ x^2 & \text{se } 0 < x \leq 1 \\ 1 & \text{se } x > 1 \end{cases}$$

# 3. DISTRIBUIÇÕES DE PROBABILIDADES PARA VARIÁVEIS ALEATÓRIAS DISCRETAS

Para variáveis aleatórias discretas, as distribuições de probabilidades mais utilizadas são a uniforme discreta, Bernoulli, binomial, geométrica, binomial negativa, hipergeométrica e de Poisson.

## 3.1. Distribuição uniforme discreta

É a mais simples das distribuições discretas de probabilidade e recebe o nome uniforme porque todos os possíveis valores da variável aleatória têm a mesma probabilidade de ocorrência.

Uma variável aleatória discreta $X$ que assume os valores $x_1, x_2, ..., x_n$ tem distribuição uniforme discreta com parâmetro $n$, denotada por $X \sim U_d \{x_1, x_2, ..., x_n\}$, se sua função de probabilidade é dada por:

$$P(X = x_i) = p(x_i) = \frac{1}{n}, \quad i = 1, 2, ..., n \tag{6.20}$$

podendo ser representada graficamente como mostra a Figura 6.2.

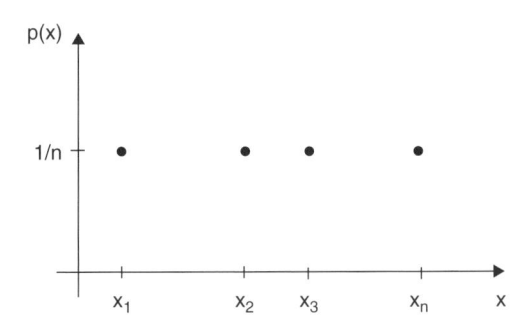

**Figura 6.2** *Distribuição uniforme discreta.*

A esperança matemática de $X$ é dada por:

$$E(X) = \frac{1}{n} \sum_{i=1}^{n} x_i \tag{6.21}$$

A variância de $X$ é calculada como:

$$Var(X) = \frac{1}{n} \left[ \sum_{i=1}^{n} x_i^2 - \frac{\left( \sum_{i=1}^{n} x_i \right)^2}{n} \right] \tag{6.22}$$

E a função de distribuição acumulada (f.d.a.) é:

$$F(X) = P(X \le x) = \sum_{x_i \le x} \frac{1}{n} = \frac{n(x)}{n}, \tag{6.23}$$

em que $n(x)$ é o número de $x_i \le x$, como mostra a Figura 6.3.

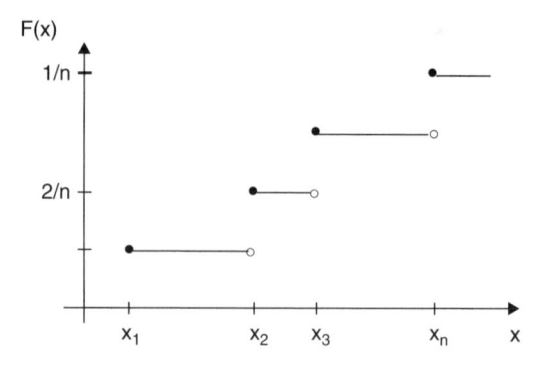

**Figura 6.3** *Função de distribuição acumulada.*

### Exemplo 5

Um dado não viciado é lançado, de modo que a variável aleatória $X$ representa o valor da face voltada para cima. Determine a distribuição de $X$, além da esperança e da variância de $X$.

### Solução

A distribuição de $X$ está representada na Tabela 6.2.

**Tabela 6.2** Distribuição de X

| $X$ | 1 | 2 | 3 | 4 | 5 | 6 | **Soma** |
|---|---|---|---|---|---|---|---|
| $f(x)$ | 1/6 | 1/6 | 1/6 | 1/6 | 1/6 | 1/6 | **1** |

Tem-se que:

$$E(X)=\frac{1}{6}\left(1+2+3+4+5+6\right)=3,5$$

$$Var(X)=\frac{1}{6}\left[\left(1+2^{2}+\cdots+6^{2}\right)-\frac{(21)^{2}}{6}\right]=\frac{35}{12}=2,917$$

## 3.2. Distribuição de Bernoulli

O **experimento de Bernoulli** é um experimento aleatório que fornece apenas dois possíveis resultados, convencionalmente denominados de sucesso ou fracasso. Como exemplo de um experimento de Bernoulli, podemos citar o lançamento de uma moeda, cujos possíveis resultados são: cara e coroa.

Para um determinado experimento de Bernoulli, considere a variável aleatória $X$ que assume o valor 1 no caso de sucesso e 0 no caso de fracasso. A probabilidade de sucesso é representada por $p$ e a probabilidade de fracasso por $(1 - p)$ ou $q$. A distribuição de Bernoulli fornece, portanto, a probabilidade de sucesso ou fracasso da variável $X$ na realização de um único experimento. Podemos dizer, portanto, que a variável $X$ segue uma distribuição de Bernoulli com parâmetro $p$, denotada por $X \sim Bern(p)$, se sua função de probabilidade for dada por:

$$P(X=x)=p(x)=\begin{cases} q=1-p, & \text{se } x=0 \\ p & , & \text{se } x=1 \end{cases} \tag{6.24}$$

que também pode ser representada da seguinte forma:

$$P(X = x) = p(x) = p^x(1 - p)^{1-x}, \qquad x = 0,1 \tag{6.25}$$

A função de probabilidade da variável aleatória $X$ está representada na Figura 6.4.

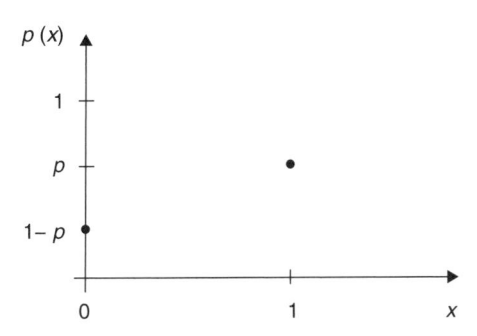

**Figura 6.4** *Função de probabilidade da distribuição de Bernoulli.*

É fácil verificar que o valor esperado de $X$ é:

$$E(X) = p \tag{6.26}$$

E a variância de $X$ é:

$$Var(X) = p(1 - p) \tag{6.27}$$

A função de distribuição acumulada (f.d.a.) de Bernoulli é dada por:

$$F(x)=P(X\le x)=\begin{cases} 0, & \text{se } x<0 \\ 1-p, & \text{se } x\le 0<1 \\ 1, & \text{se } x\ge 1 \end{cases} \tag{6.28}$$

que pode ser representada pela Figura 6.5.

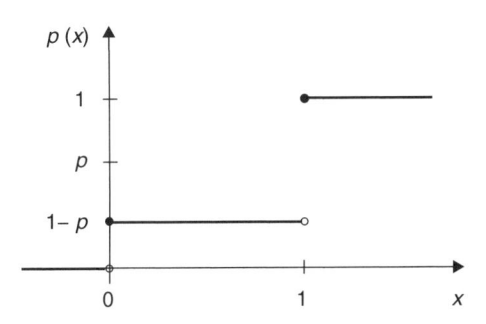

**Figura 6.5** *F.d.a. da distribuição de Bernoulli.*

## Exemplo 6

A final da Copa Interclubes de Futsal ocorrerá entre as equipes A e B. A variável aleatória $X$ representa o time vencedor da Copa. Sabe-se que a probabilidade da equipe A ser vencedora é 0,60. Determine a distribuição de $X$, além da esperança e da variância de $X$.

## Solução

A variável aleatória $X$ pode assumir apenas dois valores:

$$X = \begin{cases} 1, & \text{se a equipe A for vencedora} \\ 0, & \text{se a equipe B for vencedora} \end{cases}$$

Como se trata de um único jogo, a variável $X$ segue uma distribuição de Bernoulli com parâmetro $p = 0,60$, denotada por $X \sim Bern(0,6)$, de modo que:

$$P(X=x) = p(x) = \begin{cases} q=0,4, & \text{se } x=0 \text{ (equipe B)} \\ p=0,6, & \text{se } x=1 \text{ (equipe A)} \end{cases}$$

Tem-se que:

$$E(X) = p = 0,6$$

$$Var(X) = p(1-p) = 0,6 \times 0,4 = 0,24$$

## 3.3. Distribuição binomial

Um experimento binomial consiste em $n$ repetições independentes de um experimento de Bernoulli com probabilidade $p$ de sucesso, probabilidade essa que permanece constante em todas as repetições.

A variável aleatória discreta $X$ de um modelo binomial corresponde ao número de sucessos $(k)$ nas $n$ repetições do experimento. Então, $X$ tem distribuição binomial com parâmetros $n$ e $p$, denotada por $X \sim b(n, p)$, se sua função de distribuição de probabilidade for dada por:

$$f(k) = P(X=k) = \binom{n}{k} p^k (1-p)^{n-k}, \quad k=0,1,\ldots,n \tag{6.29}$$

em que $\binom{n}{k} = \dfrac{n!}{k!(n-k)!}$

A média de $X$ é dada por:

$$E(X) = np \tag{6.30}$$

Já a variância de $X$ pode ser expressa como:

$$Var(X) = np(1-p) \tag{6.31}$$

Note que a média e a variância da distribuição binomial são iguais à média e à variância da distribuição de Bernoulli, multiplicadas por $n$, o número de repetições de um experimento de Bernoulli.

A Figura 6.6 apresenta a função de probabilidade da distribuição binomial para $n = 10$ e $p$ variando de $0,3, 0,5$ e $0,7$.

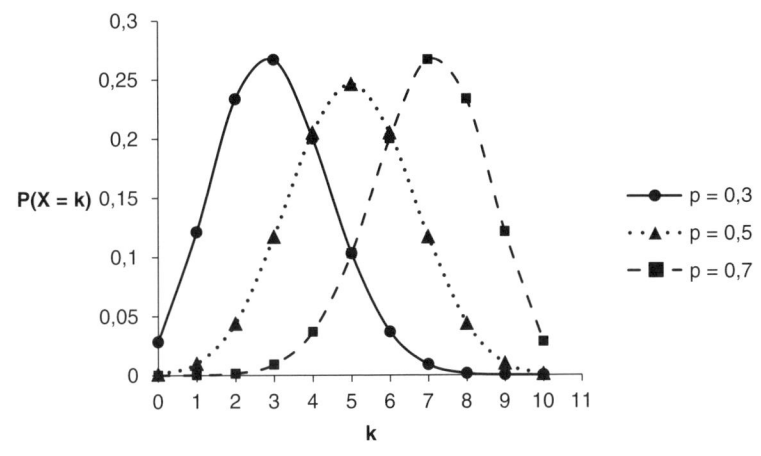

**Figura 6.6** *Função de probabilidade da distribuição binomial para n = 10.*

A partir da Figura 6.6, pode-se verificar que, para $p = 0,5$, a função de probabilidade é simétrica em torno da média. Se $p < 0,5$, a distribuição é assimétrica positiva, observando uma maior frequência para valores menores de $k$ e uma cauda mais longa à direita. Se $p < 0,5$, a distribuição é assimétrica negativa, observando uma maior frequência para valores maiores de $k$ e uma cauda mais longa à esquerda.

## Relação entre a distribuição binomial e a de Bernoulli

Uma distribuição binomial com parâmetro é equivalente a uma distribuição de Bernoulli:

$$X \sim b(1, p) \equiv X \sim Bern(p)$$

### *Exemplo 7*

Uma determinada peça é produzida em uma linha de produção. A probabilidade de que a peça não tenha defeitos é de 99%. Se forem produzidas 30 peças, qual a probabilidade de que pelo menos 28 delas esteja em boas condições? Determine também a média e a variância da variável aleatória.

### *Solução*

Tem-se que:

$X$ = variável aleatória que representa o número de sucessos (peças em boas condições) nas 30 repetições
$p = 0,99$ = probabilidade de que a peça esteja em boas condições

$q = 0,01$ = probabilidade de que a peça seja defeituosa
$n = 30$ repetições
$k$ = número de sucessos

A probabilidade de que pelo menos 28 peças não sejam defeituosas é dada por:

$$P(X \geq 28) = P(X = 28) + P(X = 29) + P(X = 30)$$

$$P(X=28)=\frac{30!}{28!2!}\left(\frac{99}{100}\right)^{28}\left(\frac{1}{100}\right)^{2}=0,0328$$

$$P(X=29)=\frac{30!}{29!1!}\left(\frac{99}{100}\right)^{29}\left(\frac{1}{100}\right)^{1}=0,224$$

$$P(X=30)=\frac{30!}{30!0!}\left(\frac{99}{100}\right)^{30}\left(\frac{1}{100}\right)^{0}=0,7397$$

$$P(X \geq 28) = 0,0328 + 0,224 + 0,7397 = 0,997$$

A média de $X$ é expressa por:

$$E(X) = np = 30 \times 0,99 = 29,7$$

E a variância de $X$ é:

$$Var(X) = np(1 - p) = 30 \times 0,99 \times 0,01 = 0,297$$

## 3.4. Distribuição geométrica

A distribuição geométrica, assim como a binomial, considera sucessivos ensaios de Bernoulli independentes, todos com probabilidade de sucesso $p$. Porém, em vez de utilizar um número fixo de tentativas, elas serão realizadas até que o primeiro sucesso seja obtido.

A distribuição geométrica apresenta duas parametrizações distintas; descreveremos cada uma delas.

A primeira parametrização considera sucessivos ensaios de Bernoulli independentes, com probabilidade de sucesso $p$ em cada ensaio, até que ocorra um sucesso. Nesse caso, não podemos incluir o zero como um possível resultado, de modo que o domínio é suportado pelo conjunto $\{1, 2, 3, ...\}$. Por exemplo, pode-se considerar o número de lançamentos de uma moeda até a primeira cara, o número de peças produzidas até a próxima defeituosa etc.

A segunda parametrização da geométrica conta o número de falhas ou fracassos antes do primeiro sucesso. Como aqui é possível obter sucesso já no primeiro ensaio de Bernoulli, inclui-se o zero como sendo um possível resultado, de modo que o domínio é suportado pelo conjunto $\{0, 1, 2, 3, ...\}$.

Seja $X$ a variável aleatória que representa o número de tentativas até o primeiro sucesso. A variável $X$ tem distribuição geométrica com parâmetro $p$, denotada por $X \sim Geo(p)$, se sua função de probabilidade é dada por:

$$f(x) = P(X = x) = p(1 - p)^{x-1}, \qquad x = 1, 2, 3, \ldots \qquad (6.32)$$

Para o segundo caso, considere $Y$ a variável aleatória que representa o número de falhas ou fracassos antes do primeiro sucesso. A variável $Y$ tem distribuição geométrica com parâmetro $p$, denotada por $Y \sim Geo(p)$, se sua função de probabilidade é dada por:

$$f(y) = P(Y = y) = p(1 - p)^{y}, \qquad y = 1, 2, 3, \ldots \qquad (6.33)$$

Em ambos os casos, a sequência de probabilidades é uma progressão geométrica.

A função de probabilidade da variável $X$ está representada graficamente na Figura 6.7, para p = 0,4.

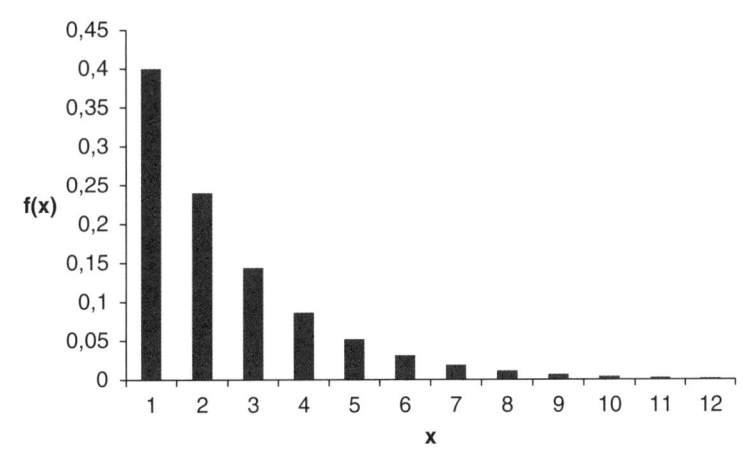

**Figura 6.7** *Função de probabilidade da variável X com parâmetro p = 0,4.*

O cálculo do valor esperado e da variância de $X$ é:

$$E(X) - \frac{1}{p} \qquad (6.34)$$

$$Var(X) = \frac{1-p}{p^{2}} \qquad (6.35)$$

De forma equivalente, para a variável $Y$, tem-se que:

$$E(Y) = \frac{1-p}{p} \qquad (6.36)$$

$$Var(Y) = \frac{1-p}{p^{2}} \qquad (6.37)$$

A distribuição geométrica é a única distribuição discreta que tem a propriedade da falta de memória (no caso das distribuições contínuas, veremos que a distribuição exponencial também apresenta essa propriedade). Isso significa que se um experimento for repetido antes do primeiro sucesso, então, dado que o primeiro sucesso ainda não ocorreu, a função de distribuição condicional do número de tentativas adicionais não depende do número de fracassos ocorridos até então.

Assim, para quaisquer dois inteiros positivos $s$ e $t$, se $X$ é maior do que $s$, então a probabilidade de que $X$ seja maior do que $s + t$ é igual à probabilidade incondicional de $X$ ser maior do que $t$:

$$P(X > s + t) \mid X > s) = P(X > t) \tag{6.38}$$

### Exemplo 8

Uma empresa fabrica um determinado componente eletrônico, de modo que, ao final do processo, cada componente é testado, um a um. Suponha que a probabilidade de um componente eletrônico ser defeituoso é de 0,05. Determine a probabilidade de que o primeiro defeito seja encontrado no oitavo componente testado. Determine também o valor esperado e a variância da variável aleatória.

### Solução

Tem-se que:
$X$ = variável aleatória que representa o número de componentes eletrônicos testados até o primeiro defeito
$p = 0,05$ = probabilidade de que o componente seja defeituoso
$q = 0,95$ = probabilidade de que o componente esteja em boas condições

A probabilidade de que o primeiro defeito seja encontrado no oitavo componente testado é dada por:

$$P(X = 8) = 0,05 \times (1 - 0,05)^{8-1} = 0,035$$

A média de $X$ é expressa por:

$$E(X) = \frac{1}{p} = 20$$

E a variância de $X$ é:

$$Var(X) = \frac{1-p}{p^2} = \frac{0,95}{0,0025} = 380$$

## 3.5. Distribuição binomial negativa

A distribuição binomial negativa, também conhecida como distribuição de Pascal, realiza sucessivos ensaios de Bernoulli independentes (com probabilidade de sucesso constante em todas as tentativas) até atingir um número prefixado de sucessos ($k$), ou seja, o experimento continua até que sejam observados $k$ sucessos.

Seja $X$ a variável aleatória que representa o número de tentativas realizadas (ensaios de Bernoulli) até conseguir o $k$-ésimo sucesso. A variável $X$ tem distribuição binomial negativa, denotada por $X \sim bn(k, p)$, se sua função de probabilidade é dada por:

$$f(x) = P(X = x) = \binom{x-1}{k-1} p^k (1-p)^{x-k}, \quad x = k, k+1, \dots \tag{6.39}$$

A representação gráfica de uma distribuição binomial negativa com parâmetro $k = 2$ e $p = 0,4$ está na Figura 6.8.

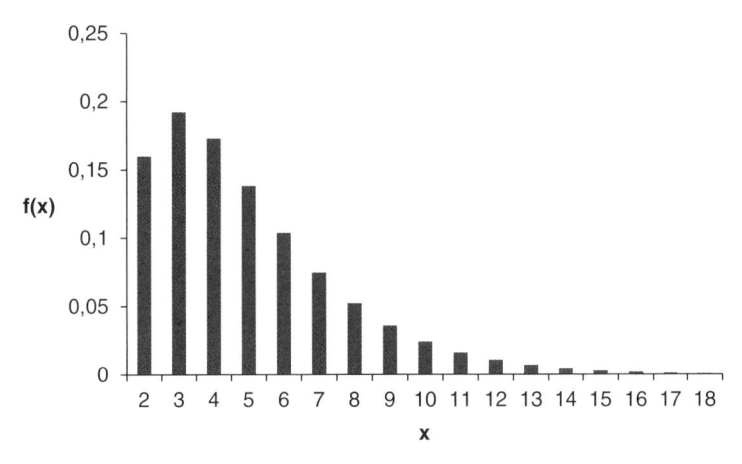

**Figura 6.8** *Função de probabilidade da variável X com parâmetro k = 2 e p = 0,4.*

O valor esperado de X é:

$$E(X) = \frac{k}{p} \tag{6.40}$$

E a variância é:

$$Var(X) = \frac{k(1-p)}{p^2} \tag{6.41}$$

## Relação entre a distribuição binomial negativa e a binomial

A distribuição binomial negativa está relacionada com a distribuição binomial. Na binomial, fixa-se o tamanho da amostra (número de ensaios de Bernoulli) e observa-se o número de sucessos (variável aleatória). Na binomial negativa, fixa-se o número de sucessos ($k$) e observa-se o número de ensaios de Bernoulli necessários para obter $k$ sucessos.

## Relação entre a distribuição binomial negativa e a geométrica

A distribuição binomial negativa com parâmetro $k = 1$ é equivalente à geométrica:

$$X \sim bn(1, p) \equiv X \sim Geo(p)$$

Ou ainda, uma série binomial negativa pode ser considerada uma soma de séries geométricas.

### Exemplo 9

Suponha que um aluno acerte três questões a cada cinco testes. Seja $X$ o número de tentativas até o décimo segundo acerto. Determine a probabilidade de que o aluno precise fazer 20 questões para acertar 12.

### Solução

Tem-se que:

$k = 12$;

$p = 3/5 = 0,6$;

$q = 2/5 = 0,4$

$X$ = número de tentativas até o décimo segundo acerto, isto é, $X \sim bn(12; 0, 6)$.

Logo:

$$f(20)= P(X=20) = \binom{20-1}{12-1}0,6^{12}0,4^{20-12} = 0,1078 = 10,78\%$$

## 3.6. Distribuição hipergeométrica

A distribuição hipergeométrica também está relacionada com um experimento de Bernoulli. Porém, diferentemente da amostragem binomial em que a probabilidade de sucesso é constante, na distribuição hipergeométrica, como a amostragem é sem reposição, à medida que os elementos são retirados da população para formar a amostra, o tamanho da população diminui, fazendo com que a probabilidade de sucesso varie.

A distribuição hipergeométrica descreve o número de sucessos em uma amostra de $n$ elementos extraída de uma população finita sem reposição. Por exemplo, considere uma população com $N$ elementos, dos quais $M$ possuem determinado atributo. A distribuição hipergeométrica descreve a probabilidade de que, em uma amostra com $n$ elementos distintos extraídos aleatoriamente da população sem reposição, exatamente $k$ possuem tal atributo ($k$ sucessos e $n - k$ fracassos).

Seja $X$ uma variável aleatória que representa o número de sucessos obtidos a partir dos $n$ elementos retirados na amostra. A variável $X$ segue distribuição hipergeométrica com parâmetros $N$, $M$, $n$, denotada por $X \sim Hip(N, M, n)$, se sua função de probabilidade for dada por:

$$f(k)=P(X=k)=\frac{\binom{M}{k}\binom{N-M}{n-k}}{\binom{N}{n}}, \qquad 0 \leq k \leq \min(M,n) \qquad (6.42)$$

A representação gráfica de uma distribuição hipergeométrica com parâmetros $N = 200$, $M = 50$ e $n = 30$ está na Figura 6.9.

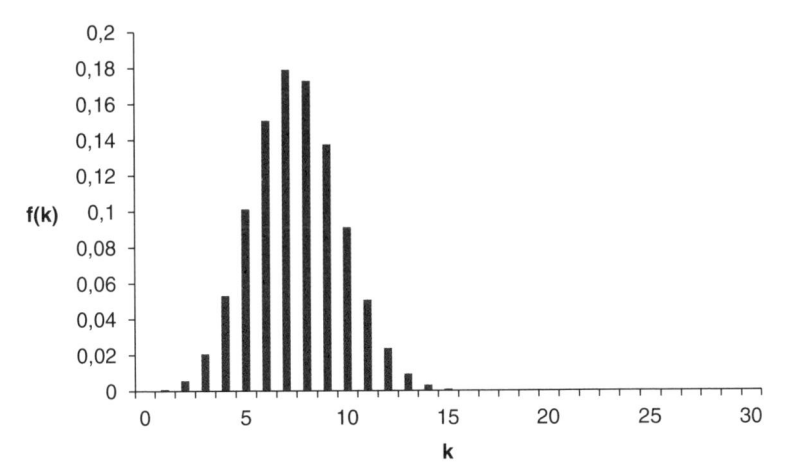

**Figura 6.9** *Função de probabilidade da variável X com parâmetros N = 200, M = 50 e n = 30.*

A média de $X$ pode ser calculada como:

$$E(X) = \frac{nM}{N}$$

$$(6.43)$$

A variância de $X$ é:

$$Var(X) = \frac{nM}{N} \frac{(N-M)(N-n)}{N(N-1)}$$

$$(6.44)$$

## Aproximação da distribuição hipergeométrica pela binomial

Seja $X$ uma variável aleatória que segue distribuição hipergeométrica com parâmetros $N$, $M$ e $n$, denotada por $X \sim Hip(N, M, n)$. Se a população for grande quando comparada ao tamanho da amostra, a distribuição hipergeométrica pode ser aproximada por uma distribuição binomial com parâmetros $n$ e $p = M/N$ (probabilidade de sucesso em um único ensaio):

$$X \sim Hip(N, M, n) \approx X \sim b(n, p), \text{com } p = M/N$$

### Exemplo 10

Uma urna contém 15 bolas das quais 5 são vermelhas. São escolhidas 7 bolas ao acaso, sem reposição. Determine:

a) A probabilidade de que exatamente duas bolas vermelhas sejam sorteadas.
b) A probabilidade de que pelo menos duas bolas vermelhas sejam sorteadas.
c) O número esperado de bolas vermelhas sorteadas.
d) A variância do número de bolas vermelhas sorteadas.

### Solução

Seja $X$ a variável aleatória que representa o número de bolas vermelhas sorteadas. Tem-se que, $N = 15$, $M = 5$ e $n = 7$.

$$P(X=2)=\frac{\binom{M}{k}\binom{N-M}{n-k}}{\binom{N}{n}}=\frac{\binom{5}{2}\binom{10}{5}}{\binom{15}{7}}=39,16\%$$

$$P(X\geq2)=1-P(X<2)=1-\left[P(X=0)+P(X=1)\right]=1-\frac{\binom{5}{0}\binom{10}{7}}{\binom{15}{7}}-\frac{\binom{5}{1}\binom{10}{6}}{\binom{15}{7}}=81,82\%$$

$$E(X)=\frac{nM}{N}=\frac{7\times5}{15}=2,33$$

$$Var(X)=\frac{nM}{N}\frac{(N-M)(N-n)}{N(N-1)}=\frac{7\times5}{5}\times\frac{10\times8}{15\times14}=0,8889=88,89\%$$

## 3.7. Distribuição de Poisson

A distribuição de Poisson é utilizada para registrar a ocorrência de eventos raros, com probabilidade de sucesso muito pequena ($p \to 0$), em um determinado intervalo de tempo ou espaço.

Diferentemente do modelo binomial que fornece a probabilidade do número de sucessos em um intervalo discreto (*n* repetições de um experimento), o modelo de Poisson fornece a probabilidade do número de sucessos em um determinado intervalo contínuo (tempo, área etc.). Como exemplos de variáveis que representam uma distribuição de Poisson, podemos citar: o número de clientes chegando na fila por unidade de tempo, número de defeitos por unidade de tempo, número de acidentes por intervalo de área etc. Note que a unidade de medida (tempo, área etc.) é contínua, mas a variável aleatória (número de ocorrências) é discreta.

A distribuição de Poisson apresenta as seguintes hipóteses:

**(i)**   Eventos definidos em intervalos não sobrepostos são independentes.

**(ii)**  Em intervalos de mesmo comprimento, as probabilidades de ocorrência de um mesmo número de sucessos são iguais.

**(iii)** Em intervalos muito pequenos, a probabilidade de ocorrência de mais de um sucesso é desprezível.

**(iv)**  Em intervalos muito pequenos, a probabilidade de um sucesso é proporcional ao comprimento do intervalo.

Considere uma variável aleatória discreta $X$ que representa o número de sucessos ($k$) em um intervalo de tempo, área etc. A variável aleatória $X$, com parâmetro $\lambda \geq 0$, apresenta distribuição de Poisson, denotada por $X \sim Poisson(\lambda)$, se sua função de probabilidade é dada por:

$$f(k)=P(X=k)=\frac{e^{-\lambda}\lambda^{k}}{k!}, \quad k=0, 1, 2,... \tag{6.45}$$

em que:

$e$ = base do logaritmo neperiano (e ≅ 2,718282)

$\lambda$ = taxa média de ocorrência no intervalo de tempo, área etc.

A Figura 6.10 apresenta a função de probabilidade da distribuição de Poisson para l = 1, 3 e 6.

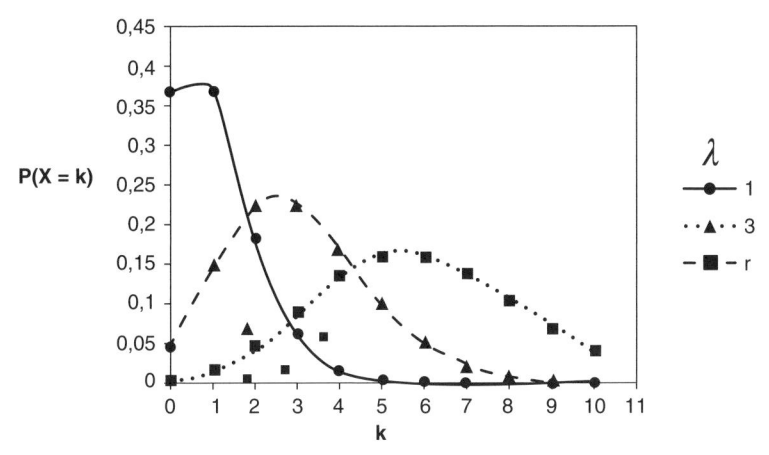

**Figura 6.10** *Função de probabilidade de Poisson.*

Na distribuição de Poisson, a média é igual à variância:

$$E(X) = VAR(X) = \lambda \tag{6.46}$$

## Aproximação da distribuição binomial pela de Poisson

Seja $X$ uma variável aleatória que segue distribuição binomial com parâmetros $n$ e $p$, denotada por $X \sim b(n, p)$. Quando o número de repetições de um experimento aleatório é muito grande ($n \to \infty$) e a probabilidade de sucesso é muito pequena ($n \to 0$), de tal forma que $np = \lambda$ = constante, a distribuição binomial aproxima-se da de Poisson:

$$X \sim b(n, p) \approx X \sim Poisson\ (\lambda), \qquad com\ \lambda = np$$

### Exemplo 11

Suponha que o número de clientes que chegam a um banco segue uma distribuição de Poisson. Verificou-se que, em média, chegam-se 12 clientes por minuto. Calcule: a) probabilidade de chegada de 10 clientes no próximo minuto; b) probabilidade de chegada de 40 clientes nos próximos 5 minutos; e c) média e variância de $X$.

### Solução

Tem-se que $\lambda = 12$ clientes por minuto.

**a)** $P(X=10)=\dfrac{e^{-12}12^{10}}{10!}=0,1048$

**b)** $P(X=8)=\dfrac{e^{-12}12^{8}}{8!}=0,0655$

**c)** $E(X)=VAR(X)=\lambda=12$

## Exemplo 12

Uma determinada peça é produzida em uma linha de produção. A probabilidade de que a peça seja defeituosa é de 0,01. Se forem produzidas 300 peças, qual a probabilidade de que nenhuma delas seja defeituosa?

## Solução

Este exemplo se caracteriza por uma distribuição binomial. Como o número de repetições é grande e a probabilidade de sucesso é pequena, a distribuição binomial pode ser aproximada por uma distribuição de Poisson com parâmetro $\lambda = np = 300 \times 0,01 = 3$, de modo que:

$$P(X=0)=\frac{e^{-3}\,3^0}{0!}=0,05$$

A Tabela 6.3 apresenta um resumo das distribuições discretas estudadas nesta seção, incluindo o cálculo da função de probabilidade da variável aleatória, os parâmetros da distribuição, além do cálculo do valor esperado e da variância de $X$.

**Tabela 6.3** Modelos para variáveis discretas

| Distribuição | Função de Probabilidade – $P(X)$ | Parâmetros | E(X) | Var(X) |
|---|---|---|---|---|
| Uniforme discreta | $\dfrac{1}{n}$ | $n$ | $\dfrac{1}{n}\sum_{i=1}^{n}x_i$ | $\dfrac{1}{n}\left[\sum_{i=1}^{n}x_i^2-\dfrac{\left(\sum_{i=1}^{n}x_i\right)^2}{n}\right]$ |
| Bernoulli | $p^x(1-p)^{1-x},\, x=0,1$ | $p$ | $p$ | $p(1-p)$ |
| Binomial | $\binom{n}{k}p^k(1-p)^{n-k},\, k=0,1,\dots,n$ | $n, p$ | $Np$ | $np(1-p)$ |
| Geométrica | $P(X)=p(1-p)^{x-1},\, x=1,2,3\dots$ <br> $P(Y)=p(1-p)^{y},\, y=1,2,3\dots$ | $p$ | $E(X)=\dfrac{1}{p}$ <br> $E(Y)=\dfrac{1-p}{p}$ | $Var(X)=\dfrac{1-p}{p^2}$ <br> $Var(Y)=\dfrac{1-p}{p^2}$ |
| Binomial negativa | $\binom{x-1}{k-1}p^k(1-p)^{x-k},\, x=k,k+1,\dots$ | $k, p$ | $\dfrac{k}{p}$ | $\dfrac{k(1-p)}{p^2}$ |
| Hiper-geométrica | $\dfrac{\binom{M}{k}\binom{N-M}{n-k}}{\binom{N}{n}},\, 0\le k\le \min(M,n)$ | $N, M, n$ | $\dfrac{nM}{N}$ | $\dfrac{nM}{N}\dfrac{(N-M)(N-n)}{N(N-1)}$ |
| Poisson | $\dfrac{e^{-\lambda}\lambda^k}{k!},\, k=0,1,2,\dots$ | $\lambda$ | $\lambda$ | $\lambda$ |

# 4. DISTRIBUIÇÕES DE PROBABILIDADES PARA VARIÁVEIS ALEATÓRIAS CONTÍNUAS

Para as variáveis aleatórias contínuas, estudaremos a distribuição uniforme, normal, exponencial, gama, qui-quadrado ($\chi^2$), $t$ de Student e $F$ de Snedecor.

## 4.1. Distribuição uniforme

O modelo uniforme é o modelo mais simples para variáveis aleatórias contínuas, sendo utilizado para modelar a ocorrência de eventos cuja probabilidade é constante em intervalos de mesma amplitude.

Uma variável aleatória $X$ tem distribuição uniforme no intervalo $[a, b]$, denotada por $X \sim U[a, b]$, se sua função densidade de probabilidade é dada por:

$$f(x) = \begin{cases} 1/(b-a), & \text{se } a \le x \le b \\ 0, & \text{caso contrário} \end{cases} \tag{6.47}$$

que pode ser representada graficamente como mostra a Figura 6.11.

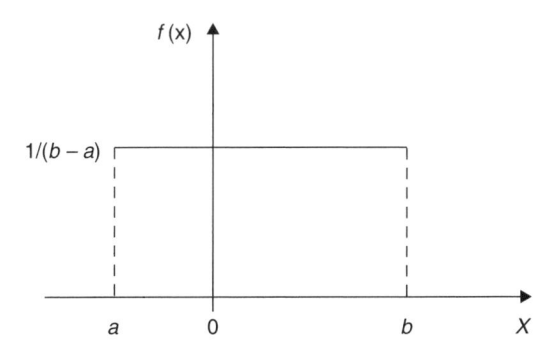

**Figura 6.11** *Distribuição uniforme no intervalo [a, b].*

A esperança de $X$ é calculada pela equação:

$$E(X) = \int_a^b x \frac{1}{b-a}\, dx = \frac{a+b}{2} \tag{6.48}$$

E a variância de $X$ é:

$$Var(X) = E(X^2) - [E(X)]^2 = \frac{(b-a)^2}{12} \tag{6.49}$$

Já a função de distribuição acumulada da distribuição uniforme é dada por:

$$F(x) = P(X \le x) = \int_a^x f(x)dx = \int_a^x \frac{1}{b-a}\, dx = \begin{cases} 0 & , \text{ se } x < a \\ \dfrac{x-a}{b-a}, & \text{ se } a \le x < b \\ 1 & , \text{ se } x \ge b \end{cases} \tag{6.50}$$

### Exemplo 13

A variável aleatória $X$ representa o tempo de utilização dos caixas eletrônicos de um banco (em minutos), e segue uma distribuição uniforme no intervalo $[1, 5]$. Determine:

**a)** $P(X < 2)$
**b)** $P(X > 3)$
**c)** $P(3 < X < 5)$
**d)** $E(X)$
**e)** $VAR(X)$

### Solução

**a)** $P(X < 2) = F(2) = (2 - 1)/(5 - 1) = 1/4$
**b)** $P(X > 3) = 1 - P(X < 3) = 1 - F(3) = 1 - (3 - 1)/(5 - 1) = 1/2$
**c)** $P(3 < X < 4) = F(4) - F(3) = (4 - 1)/(5 - 1) - (3 - 1)/(5\text{-}1) = 1/4$

**d)** $E(X) = \dfrac{(1+5)}{2} = 3$

**e)** $VAR(X) = \dfrac{(5-1)^2}{12} = \dfrac{4}{3}$

## 4.2. Distribuição normal

A distribuição normal, também conhecida como Gaussiana, é a distribuição de probabilidade mais utilizada e importante, pois permite modelar uma infinidade de fenômenos naturais, estudos do comportamento humano, processos industriais etc., além de possibilitar o uso de aproximações para o cálculo de probabilidades de muitas variáveis aleatórias.

Uma variável aleatória $X$ com média $\mu \in \Re$ e desvio-padrão $\sigma > 0$ tem distribuição normal ou Gaussiana, denotada por $X \sim N(\mu, \sigma^2)$, se a sua função densidade de probabilidade é dada por:

$$f(x) = \frac{1}{\sigma\sqrt{2\pi}} e^{-\frac{(x-\mu)^2}{2\sigma^2}}, \quad -\infty \le x \le +\infty \tag{6.51}$$

cuja representação gráfica está ilustrada na Figura 6.12.

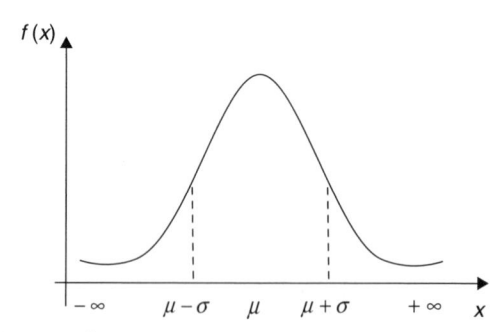

**Figura 6.12** *Distribuição normal.*

A Figura 6.13 mostra a área sob a curva normal em função do número de desvios-padrão.

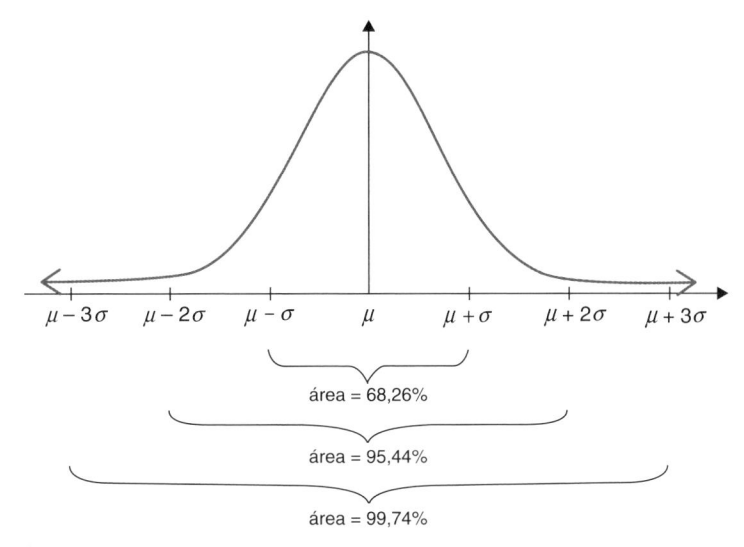

área = 68,26%

área = 95,44%

área = 99,74%

**Figura 6.13** *Área sob a curva normal.*

A partir da Figura 6.13, pode-se observar que a curva tem formato de sino e é simétrica em torno do parâmetro $\mu$, e quanto menor o parâmetro $\sigma$, mais concentrada é a curva em torno de $\mu$.

Na distribuição normal, a média de $X$ é, portanto:

$$E(X) = \mu \tag{6.52}$$

E a variância de $X$ é:

$$Var(X) = \sigma^2 \tag{6.53}$$

Para obter a **distribuição normal padrão** ou **distribuição normal reduzida**, a variável original $X$ é transformada em uma nova variável aleatória $Z$, com média 0 ($\mu = 0$) e variância 1 ($\sigma^2 = 1$):

$$Z = \frac{X - \mu}{\sigma} \sim N(0, 1) \tag{6.54}$$

O escore $Z$ representa o número de desvios-padrão que separa uma variável aleatória $X$ da média.

Esse tipo de transformação, conhecida por Z scores, é muito utilizada para padronização de variáveis, pois não altera a forma da distribuição normal da variável original e gera uma nova variável com média 0 e variância 1. Dessa forma, quando muitas variáveis com diferentes ordens de grandeza estiverem sendo utilizadas em uma modelagem, o processo de padronização Z scores fará com que todas as novas variáveis padronizadas apresentem a mesma distribuição, com ordens de grandeza iguais (FÁVERO *et al.*, 2009).

A função densidade de probabilidade da variável aleatória $Z$ reduz-se a:

$$f(z)=\frac{1}{\sqrt{2\pi}}e^{\frac{-z^2}{2}}, \quad -\infty \leq z \leq +\infty \tag{6.55}$$

cuja representação gráfica está ilustrada na Figura 6.14.

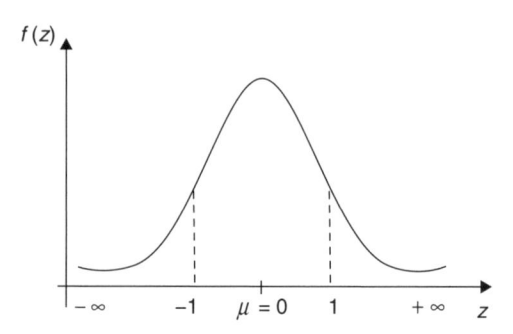

**Figura 6.14** *Distribuição normal padrão.*

A função de distribuição acumulada $F(x_c)$ de uma variável aleatória normal $X$ é obtida integrando-se a equação (6.51) de $-\infty$ até $x_c$, isto é:

$$F(x_c)=P(X \leq x_c)=\int_{-\infty}^{x_c} f(x)dx \tag{6.56}$$

A integral (6.56) corresponde à área, sob $f(x)$, desde $-\infty$ até $x_c$, como mostra a Figura 6.15.

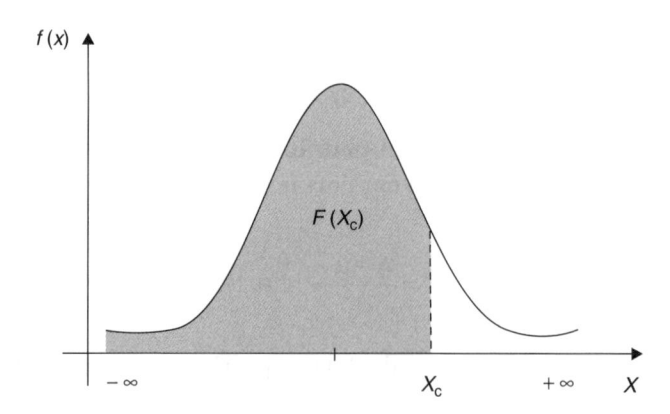

**Figura 6.15** *Distribuição normal acumulada.*

No caso específico da distribuição normal padrão, a função de distribuição acumulada é:

$$F(z_c)=P(Z \leq z_c)=\int_{-\infty}^{z_c} f(z)dz =\frac{1}{\sqrt{2\pi}}\int_{-\infty}^{z_c} e^{-\frac{z^2}{2}}dz \tag{6.57}$$

Para uma variável aleatória $Z$ com distribuição normal padrão, suponha agora que o objetivo é calcular $P(Z > z_c)$. Tem-se que:

$$P(Z > z_c) = \int_{z_c}^{\infty} f(z)dz = \frac{1}{\sqrt{2\pi}} \int_{z_c}^{\infty} e^{\frac{-z^2}{2}}dz \tag{6.58}$$

A Figura 6.16 representa essa probabilidade.

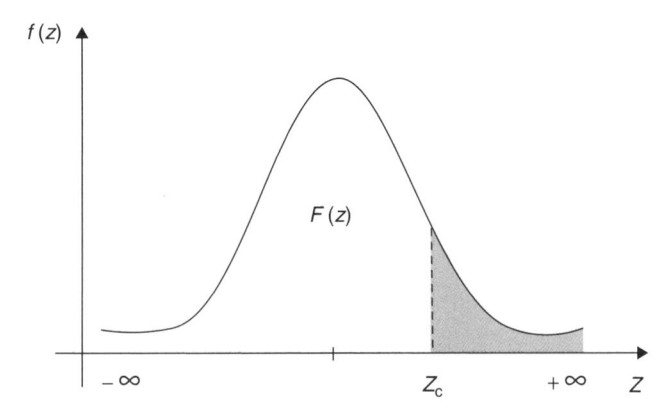

**Figura 6.16** *Representação gráfica da P(Z > $z_c$) para uma variável aleatória normal padronizada.*

A Tabela A do Apêndice fornece o valor de $P(Z > z_c)$, ou seja, a probabilidade acumulada de $z_c$ a $+\infty$ (área cinza sob a curva normal).

## Aproximação da distribuição binomial pela normal

Seja $X$ uma variável aleatória que apresenta distribuição binomial com parâmetros $n$ e $p$, denotada por $X \sim b(n, p)$. À medida que o número médio de sucessos e o número médio de fracassos tende a infinito ($np \to \infty$ e $n(1 - p) \to \infty$), a distribuição binomial aproxima-se de uma normal com média $\mu = np$ e variância $\sigma^2 = np(1 - p)$:

$$X \sim b(n, p) \approx X \sim N(\mu, \sigma^2), \text{com } \mu = np \text{ e } \sigma^2 = np(1 - p)$$

Alguns autores admitem que a aproximação da binomial pela normal é boa quando $np > 5$ e $n(1 - p) > 5$, ou ainda quando $np(1 - p) \geq 3$. Uma regra melhor e mais conservadora exige $np > 10$ e $n(1 - p) > 10$.

Porém, como é uma aproximação discreta por meio de uma contínua, recomenda-se uma maior precisão, realizando uma correção de continuidade que consiste em transformar, por exemplo, $P(X = x)$ no intervalo $P(x - 0,5 < X < x + 0,5)$.

## Aproximação da distribuição de Poisson pela normal

Analogamente à distribuição binomial, a distribuição de Poisson também pode ser aproximada por uma normal. Seja $X$ uma variável aleatória que apresenta distribuição de Poisson com parâmetro $\lambda$, denotada por $X \sim Poisson(\lambda)$. À medida que $\lambda \to \infty$, a distribuição de Poisson aproxima-se de uma normal com média $\mu = \lambda$ e variância $\sigma^2 = \lambda$:

$$X \sim Poisson(\lambda) \approx X \sim N(\mu, \sigma^2), \text{ com } \mu = \lambda \text{ e } \sigma^2 = \lambda$$

Em geral, admite-se que a aproximação da distribuição de Poisson pela normal é boa quando $\lambda > 10$.

Novamente, recomenda-se utilizar a correção de continuidade $x - 0,5$ e $x + 0,5$.

### Exemplo 14

Sabe-se que a espessura média dos abrigos para mangueira produzidos em uma fábrica ($X$) segue distribuição normal com média 3 mm e desvio-padrão 0,4 mm. Determine:

**a)** $P(X > 4,1)$
**b)** $P(X > 3)$
**c)** $P(X \leq 3)$
**d)** $P(X \leq 3,5)$
**e)** $P(X < 2,3)$
**f)** $P(2 \leq X \leq 3,8)$

### Solução

As probabilidades serão calculadas com base na Tabela A do Apêndice que fornece o valor de $P(Z > z_i)$:

**a)** $P(X > 4,1) = P\left(Z > \dfrac{4,1 - 3}{0,4}\right) = P(Z > 2,75) = 0,0030$

**b)** $P(X > 3) = P\left(Z > \dfrac{3 - 3}{0,4}\right) = P(Z > 0) = 0,5$

**c)** $P(X \leq 3) = P(Z \leq 0) = 0,5$

**d)** $P(X \leq 3,5) = P\left(Z \leq \dfrac{3,5 - 3}{0,4}\right) = P(Z \leq 1,25) = 1 - P(Z > 1,25)$

$$= 1 - 0,1056 = 0,8944$$

**e)** $P(X < 2,3) = P\left(Z < \dfrac{2,3 - 3}{0,4}\right) = P(Z < -1,75) = P(Z > 1,75) = 0,04$

**f)** $P(2 \leq X \leq 3,8) = P\left(\dfrac{2 - 3}{0,4} \leq Z \leq \dfrac{3,8 - 3}{0,4}\right) = P(-2,5 \leq Z \leq 2)$

$$= P(Z \leq 2) - P(Z < -2,5) = [1 - P(Z > 2)] - P(Z > 2,5) =$$

$$= [1 - 0,0228] - 0,0062 = 0,971$$

## 4.3. Distribuição exponencial

Outra distribuição importante e com aplicações em confiabilidade de sistemas e teoria das filas é a exponencial. Tem como principal característica a propriedade de não possuir memória, isto é, o tempo de vida futuro ($t$) de um determinado objeto tem a mesma distribuição, independente do seu tempo de vida passada ($s$), para quaisquer $s, t > 0$:

$$P(X > s + t \mid X > s) = P(X > t) \tag{6.38}$$

Uma variável aleatória contínua $X$ tem distribuição exponencial com parâmetro $\lambda > 0$, denotada por $X \sim \exp(\lambda)$, se sua função densidade de probabilidade é dada por:

$$f(x)=\begin{cases} \lambda e^{-\lambda x}, & \text{se } x \geq 0 \\ 0, & \text{se } x < 0 \end{cases} \tag{6.59}$$

A Figura 6.17 representa a função densidade de probabilidade da distribuição exponencial para parâmetros de $\lambda = 0,5$, $\lambda = 1$ e $\lambda = 2$.

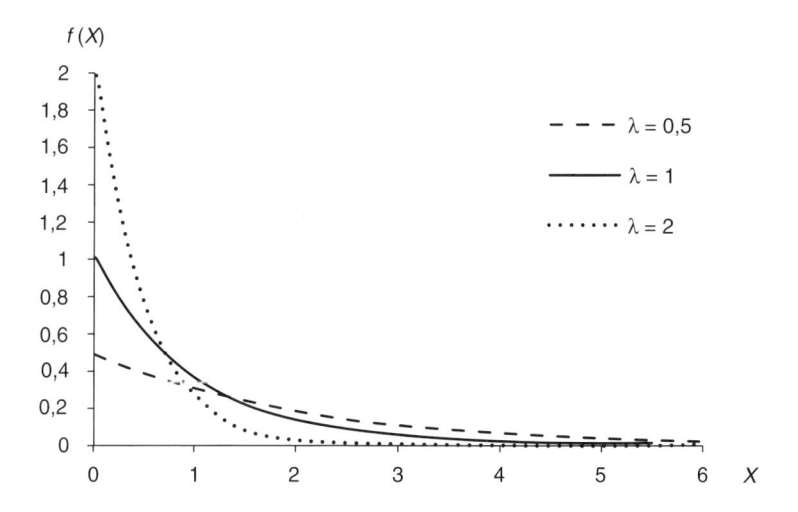

**Figura 6.17** *Distribuição exponencial para $\lambda = 0,5$, $\lambda = 1$ e $\lambda = 2$.*

Note que a distribuição exponencial é assimétrica positiva (à direita), observando uma maior frequência para valores menores de $x$ e uma cauda mais longa à direita. A função de densidade assume valor $\lambda$ quando $x = 0$, e tende a zero à medida que $x \to \infty$; quanto maior o valor de $\lambda$, mais rapidamente a função tende a zero.

Na distribuição exponencial, a média de $X$ é:

$$E(X)=\frac{1}{\lambda} \tag{6.60}$$

a variância de $X$ é:

$$Var(X)=\frac{1}{\lambda^2} \tag{6.61}$$

E a função de distribuição acumulada $F(x)$ é dada por:

$$F(x)=P(X\le x)=\int_{0}^{x} f(x)dx=\begin{cases}1-e^{-\lambda x}, & \text{se } x\ge 0 \\ 0 & , \text{ se } x<0\end{cases} \qquad (6.62)$$

De (6.62) concluímos que:

$$P(X > x) = e^{-\lambda x} \qquad (6.63)$$

Em confiabilidade de sistemas, a variável aleatória $X$ representa a **duração de vida**, isto é, o tempo em que um componente ou sistema mantém a sua capacidade de trabalho, fora do intervalo de reparos e acima de um limite especificado (de rendimento, pressão etc.). Já o parâmetro $\lambda$ representa a **taxa de falha**, ou seja, a quantidade de componentes ou sistemas que falharam em um intervalo de tempo estabelecido:

$$\lambda=\frac{\text{número de falhas}}{\text{tempo de operação}} \qquad (6.64)$$

As principais medidas de confiabilidade são: a) Tempo médio para falhar (MTTF – Mean Time to Failure) e b) Tempo médio entre falhas (MTBF – Mean Time Between Failure). Matematicamente, MTTF e MTBF são iguais à média da distribuição exponencial e representam o tempo médio de vida. Assim, a taxa de falha também pode ser calculada como:

$$\lambda=\frac{1}{\text{MTTF(MTBF)}} \qquad (6.65)$$

Em teoria das filas, a variável aleatória $X$ representa o tempo médio de espera até a próxima chegada (tempo médio entre duas chegadas de clientes). Já o parâmetro $\lambda$ representa a **taxa média de chegadas**, ou seja, o número esperado de chegadas por unidade de tempo.

## Relação entre a distribuição de Poisson e a exponencial

Se o número de ocorrências de um processo de contagens segue uma distribuição Poisson ($\lambda$), então as variáveis aleatórias "tempo até a primeira ocorrência" e "tempo entre quaisquer ocorrências sucessivas" do referido processo têm distribuição $\exp(\lambda)$.

### *Exemplo 15*

O tempo de vida útil de um componente eletrônico segue uma distribuição exponencial com vida média de 120 horas. Determine:

**a)** Probabilidade de um componente falhar nas primeiras 100 horas de funcionamento.

**b)** Probabilidade de um componente durar mais do que 150 horas.

### *Solução*

Seja $\lambda = 1/120$ e $X \sim \exp(1/120)$. Logo:

**a)** $P(X \leq 100) = \int_0^{100} 120e^{-\frac{x}{120}}dx = -\frac{120e^{-\frac{x}{120}}}{120}\bigg|_0^{100} = -e^{-\frac{x}{120}}\bigg|_0^{100} = -e^{-\frac{100}{120}} + 1 = 0,5654$

**b)** $P(X > 150) = \int_{150}^{\infty} 120e^{-\frac{x}{120}}dx = -\frac{120e^{-\frac{x}{120}}}{120}\bigg|_{150}^{\infty} = -e^{-\frac{x}{120}}\bigg|_{150}^{\infty} = e^{-\frac{150}{120}} = 0,2865$

## 4.4. Distribuição gama

A distribuição gama é uma das mais gerais, de modo que outras distribuições, como a *Erlang*, exponencial, qui-quadrado, são casos particulares dela. Assim como a distribuição exponencial, é também muito utilizada em confiabilidade de sistemas. Tem também aplicações em fenômenos físicos, em processos meteorológicos, teoria de riscos de seguros e teoria econômica.

Uma variável aleatória contínua $X$ tem distribuição gama com parâmetros $\alpha > 0$ e $\lambda > 0$, denotada por $X \sim \text{Gama}(\alpha, \lambda)$, se sua função densidade de probabilidade é dada por:

$$f(x) = \begin{cases} \dfrac{\lambda^{\alpha}}{\Gamma(\alpha)}x^{\alpha-1}e^{-\lambda x}, & \text{se } x \geq 0 \\ 0, & \text{se } x < 0 \end{cases} \qquad (6.66)$$

em que $\Gamma(\alpha)$ é a função gama, dada por:

$$\Gamma(\alpha) = \int_0^{\infty} e^{-x}x^{\alpha-1}dx \quad \alpha > 0 \qquad (6.67)$$

A função densidade de probabilidade gama para alguns valores de $\alpha$ e $\lambda$ está representada na Figura 6.18.

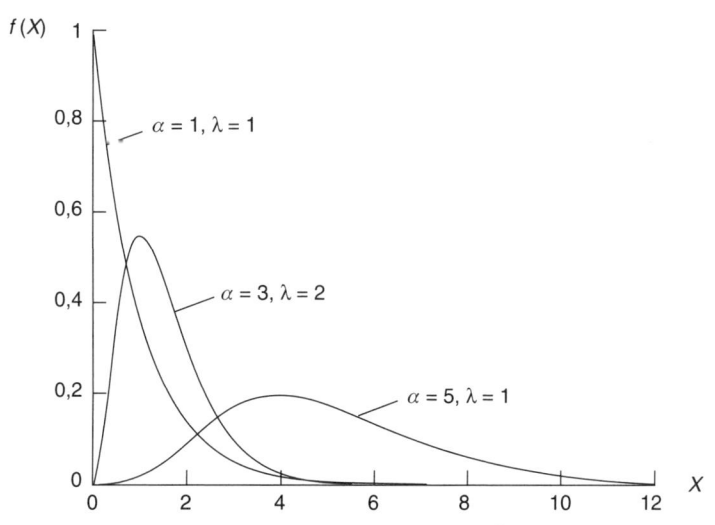

**Figura 6.18** *Função densidade de x para alguns valores de $\alpha$ e $\lambda$.*
*Fonte:* Navidi (2012)

Note que a distribuição gama é assimétrica positiva (à direita), observando uma maior frequência para valores menores de $x$ e uma cauda mais longa à direita. Porém, à medida que $\alpha$ tende a infinito, a distribuição torna-se simétrica. Observe também que quando $\alpha = 1$, a distribuição gama é igual à exponencial. E ainda, que quanto maior o valor de $\lambda$, mais rapidamente a função de densidade tende a zero.

O valor esperado de $X$ pode ser calculado como:

$$E(X) = \alpha\lambda \qquad (6.68)$$

Já a variância de $X$ é dada por:

$$\text{Var}(X) = \alpha\lambda^2 \qquad (6.69)$$

A função de distribuição acumulada é:

$$F(x) = P(X \le x) = \int_0^x f(x)dx = \frac{\lambda^\alpha}{\Gamma(\alpha)}\int_0^x x^{\alpha-1}e^{-\lambda x}dx \qquad (6.70)$$

## Casos particulares da distribuição gama

Uma distribuição gama com parâmetro $\alpha$ inteiro positivo é denominada **distribuição *Erlang***, de modo que:

$$\text{Se } \alpha \text{ é inteiro positivo} \Rightarrow X \sim Gama(\alpha,\lambda) \equiv X \sim Erlang(\alpha,\lambda)$$

Como mencionado anteriormente, uma distribuição gama com parâmetro $\alpha = 1$ é denominada **distribuição exponencial**:

$$\text{Se } \alpha = 1 \Rightarrow X \sim Gama(\alpha,\lambda) \equiv X \sim \exp(\lambda)$$

Ou ainda, uma distribuição gama com parâmetro $\alpha = n/2$ e $\lambda = 1/2$ é denominada **distribuição qui-quadrado com $v$ graus de liberdade**:

$$\text{Se } \alpha = n/2, \lambda = 1/2 \Rightarrow X \sim Gama(n/2, 1/2) \equiv X \sim \chi^2_{v=n}$$

## Relação entre a distribuição de Poisson e a gama

Na distribuição de Poisson, busca-se determinar o número de ocorrências de um determinado evento em um período fixado. Já a distribuição gama determina o tempo necessário para obtenção de um número especificado de ocorrências do evento.

## 4.5. Distribuição qui-quadrado

Uma variável aleatória contínua $X$ tem distribuição qui-quadrado com $v$ graus de liberdade, denotada por $X \sim \chi^2_v$, se sua função densidade de probabilidade é dada por:

$$f(x) = \begin{cases} \dfrac{1}{2^{\nu/2}\Gamma(\nu/2)} x^{\nu/2-1} e^{-x/2}, & x > 0 \\ 0, & x < 0 \end{cases} \tag{6.71}$$

em que $\Gamma(\alpha) = \displaystyle\int_0^\infty e^{-x} x^{\alpha-1} dx$

A distribuição qui-quadrado pode ser simulada a partir da distribuição normal. Considere $Z_1$, $Z_2$, ... $Z_\nu$ variáveis aleatórias independentes com distribuição normal padronizada (média 0 e desvio-padrão 1). Então, a soma dos quadrados das $\nu$ variáveis aleatórias é uma distribuição qui-quadrado com $\nu$ graus de liberdade:

$$\chi_\nu^2 = Z_1^2 + Z_2^2 + ... + Z_\nu^2 \tag{6.72}$$

A distribuição qui-quadrado apresenta uma curva assimétrica positiva. A representação gráfica da distribuição qui-quadrado, para diferentes valores de $\nu$, está ilustrada na Figura 6.19.

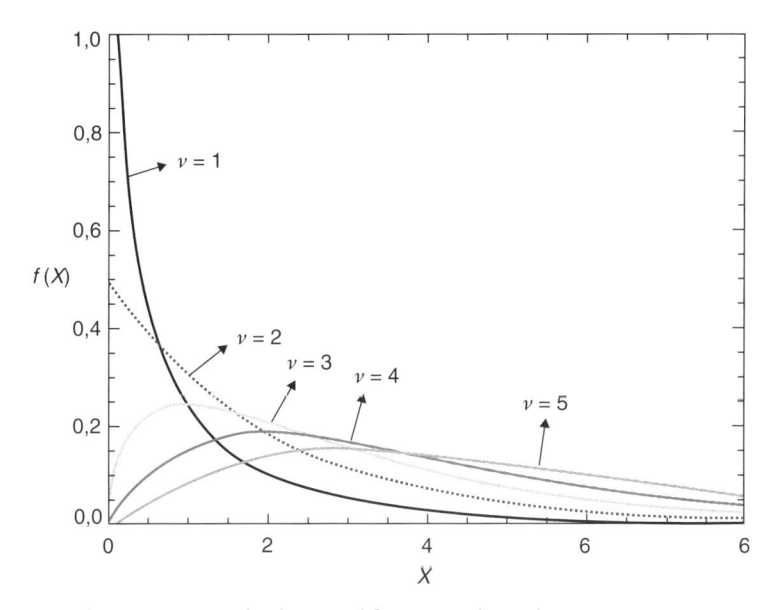

**Figura 6.19** *Distribuição qui-quadrado para diferentes valores de ν.*

Como a distribuição $\chi^2$ é proveniente da soma dos quadrados de $\nu$ variáveis aleatórias que apresentam distribuição normal com média zero e variância 1, para valores elevados de $\nu$, a distribuição $\chi^2$ aproxima-se de uma distribuição normal padrão, como pode ser observado a partir da Figura 6.19 (FÁVERO *et al.*, 2009). Note também que a distribuição qui-quadrado com 2 graus de liberdade equivale a uma distribuição exponencial com $\lambda = 1/2$.

O valor esperado de $X$ pode ser calculado como:

$$E(X) = \nu \tag{6.73}$$

Já a variância de $X$ é dada por:

$$Var(X) = 2v \tag{6.74}$$

A função de distribuição acumulada é:

$$F(x_c) = P(X \leq x_c) = \int_{-\infty}^{x_c} f(x)dx = \frac{\gamma(v/2, x_c/2)}{\Gamma(v/2)} \tag{6.75}$$

em que $\gamma(a, x_c) = \int_{0}^{x_c} x^{a-1} e^{-x} dx$

Se o objetivo é calcular $P(X > x_c)$, tem-se que:

$$P(X > x_c) = \int_{x_c}^{\infty} f(x)dx \tag{6.76}$$

que pode ser representada por meio da Figura 6.20.

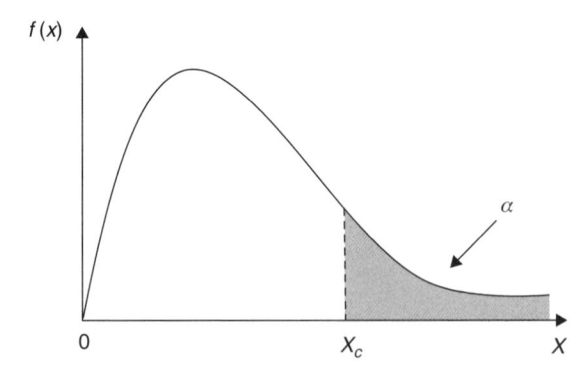

**Figura 6.20** *Representação gráfica da P(X > x_c) para uma variável aleatória com distribuição qui-quadrado.*

A distribuição qui-quadrado possui inúmeras aplicações em inferência estatística. Devido à sua importância, a distribuição qui-quadrado está tabulada para diferentes valores do parâmetro $v$ (Tabela C do Apêndice). A Tabela C fornece os valores críticos de $x_c$ tal que $P(X > x_c) = \alpha$; em outras palavras, pode-se obter o cálculo das probabilidades e da função de densidade de probabilidade acumulada para diferentes valores de $x$ da variável aleatória $X$.

### Exemplo 16

Suponha que a variável aleatória $X$ segue distribuição qui-quadrado com 13 graus de liberdade. Determine:

**a)** $P(X > 5)$
**b)** O valor $x$ tal que $P(X \leq x) = 0,95$
**c)** O valor $x$ tal que $P(X > x) = 0,95$

### Solução

Por meio da tabela de distribuição qui-quadrado (Tabela C do Apêndice), para $v = 13$, tem-se que:

**a)** $P(X > 5) = 97,5\%$
**b)** 22,362
**c)** 5,892

## 4.6. Distribuição *t* de Student

A distribuição $t$ de Student foi desenvolvida por William Sealy Gosset e é uma das principais distribuições de probabilidade, com inúmeras aplicações em inferência estatística.

Suponha uma variável aleatória $Z$ que tenha distribuição normal com média 0 e desvio-padrão 1, e uma variável aleatória $X$ com distribuição qui-quadrado com $v$ graus de liberdade, de modo que $Z$ e $X$ sejam independentes. A variável aleatória contínua $T$ é então definida como:

$$T = \frac{Z}{\sqrt{X/v}} \tag{6.77}$$

Dizemos que essa variável $T$ tem distribuição $t$ de Student com graus de liberdade, denotada por $T \sim t_v$, se sua função densidade de probabilidade for dada por:

$$f(t) = \frac{\Gamma\left(\frac{v+1}{2}\right)}{\Gamma\left(\frac{v}{2}\right)\sqrt{\pi v}} \cdot \left(1 + \frac{t^2}{v}\right)^{-\frac{v+1}{2}}, \qquad -\infty < t < \infty \tag{6.78}$$

em que $\Gamma(\alpha) = \int_0^\infty e^{-x} x^{\alpha-1} dx$

A Figura 6.21 exibe o comportamento da função densidade de probabilidade da distribuição $t$ de Student para diferentes graus de liberdade $v$, em comparação com a distribuição normal padronizada.

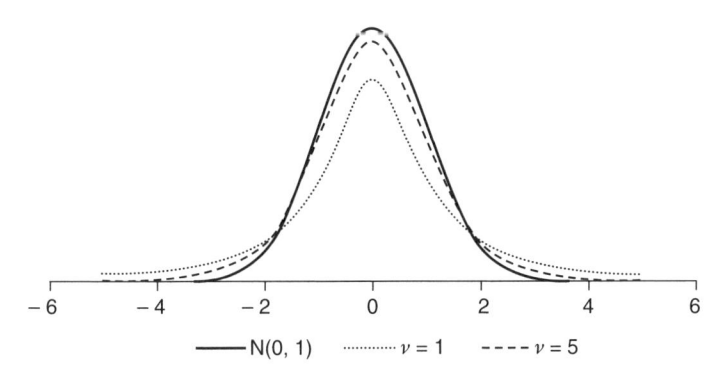

**Figura 6.21** *F.d.p. da distribuição t de Student para diferentes valores de v e comparação com a distribuição normal padronizada.*

Pode-se notar que a distribuição $t$ de Student é simétrica em torno da média, com formato de sino, e assemelha-se a uma distribuição normal padrão, porém, com caudas mais largas, podendo gerar valores mais extremos que uma normal.

O parâmetro $v$ (número de graus de liberdade) define e caracteriza a forma da distribuição $t$ de Student: quanto maior for o valor de $v$, mais a distribuição $t$ de Student se aproxima de uma normal padronizada.

O valor esperado de $T$ é dado por:

$$E(T) = 0 \tag{6.79}$$

Já a variância de $T$ pode ser calculada como:

$$Var(T) = \frac{v}{v-2}, \, v > 2 \tag{6.80}$$

A função de distribuição acumulada é:

$$F(t_c) = P(T \le t_c) = \int_{-\infty}^{t_c} f(t)dt \tag{6.81}$$

Se o objetivo é calcular $P(T > t_c)$, tem-se que:

$$P(T > t_c) = \int_{t_c}^{\infty} f(t)dt \tag{6.82}$$

conforme mostra a Figura 6.22.

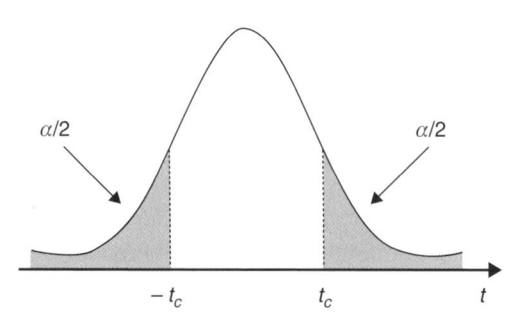

**Figura 6.22** *Representação gráfica da distribuição t de Student.*

Assim como as distribuições normal e qui-quadrado, a distribuição $t$ de Student tem inúmeras aplicações em inferência estatística, de modo que existe uma tabela para se obter as probabilidades, em função de diferentes valores do parâmetro $v$ (Tabela B do Apêndice). A Tabela B fornece os valores críticos de $t_c$ tal que $P(T > t_c) = \alpha$; em outras palavras, pode-se obter o cálculo das probabilidades e da função de densidade de probabilidade acumulada para diferentes valores de $t$ da variável aleatória $T$.

### *Exemplo 17*

Suponha que a variável aleatória $T$ segue distribuição $t$ de Student com 7 graus de liberdade. Determine:

a) $P(T > 3,5)$
b) $P(T < 3)$
c) $P(T < -0,711)$
d) O valor $t$ tal que $P(T \leq t) = 0,95$
e) O valor $t$ tal que $P(T > t) = 0,10$

### *Solução*

a) 0,5%
b) 99%
c) 25%
d) 1,895
e) 1,415

## 4.7. Distribuição *F* de Snedecor

A distribuição $F$ de Snedecor, também conhecida como distribuição de Fisher, é frequentemente utilizada em testes associados à análise de variância (ANOVA), para comparação de médias de mais de duas populações.

Considere as variáveis aleatórias contínuas $Y_1$ e $Y_2$ tais que:

- $Y_1$ e $Y_2$ são independentes.
- $Y_1$ tem distribuição qui-quadrado com $v_1$ graus de liberdade, denotada por $Y_1 \sim \chi^2_{v_1}$.
- $Y_2$ tem distribuição qui-quadrado com $v_2$ graus de liberdade, denotada por $Y_2 \sim \chi^2_{v_2}$.

Define-se uma nova variável aleatória contínua $X$ tal que:

$$X = \frac{Y_1 / v_1}{Y_2 / v_2} \qquad (6.83)$$

Então, diz-se que $X$ tem uma distribuição $F_{v_1, v_2}$ de Snedecor com $v_1$ e $v_2$ graus de liberdade, denotada por $X \sim F$, se sua função densidade de probabilidade é dada por:

$$f(x) = \frac{\Gamma\left(\dfrac{v_1 + v_2}{2}\right) \cdot \left(\dfrac{v_1}{v_2}\right)^{v_1/2} \cdot x^{(v_1/2)-1}}{\Gamma\left(\dfrac{v_1}{2}\right) \cdot \Gamma\left(\dfrac{v_2}{2}\right) \cdot \left[\left(\dfrac{v_1}{v_2}\right)x + 1\right]^{(v_1+v_2)/2}}, \quad x > 0 \qquad (6.84)$$

em que:

$$\Gamma(\alpha) = \int_0^\infty e^{-x} x^{\alpha-1} dx$$

A Figura 6.23 exibe o comportamento da função densidade de probabilidade da distribuição $F$ de Snedecor, para diferentes valores de $v_1$ e $v_2$.

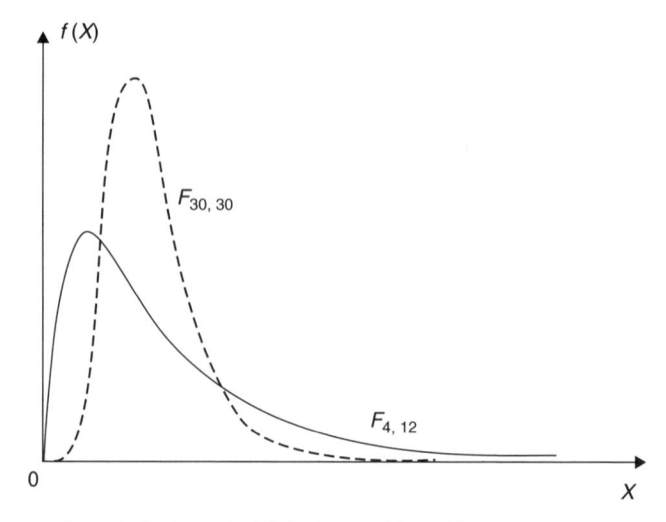

**Figura 6.23** *Função densidade de probabilidade para $F_{4,12}$ e $F_{30,30}$.*

Note que a distribuição $F$ de Snedecor é assimétrica positiva (à direita), observando uma maior frequência para valores menores de $x$ e uma cauda mais longa à direita. Porém, à medida que $v_1$ e $v_2$ tendem a infinito, a distribuição torna-se simétrica.

O valor esperado de $X$ é calculado como:

$$E(X)=\frac{v_2}{v_2-2} \text{ , para } v_2 > 2 \qquad (6.85)$$

Já a variância de $X$ é dada por:

$$Var(X)=\frac{2v_2^2(v_1+v_2-2)}{v_1(v_2-4)(v_2-2)^2} \text{ , para } v_2 > 4 \qquad (6.86)$$

Assim como as distribuições normal, qui-quadrado e $t$ de Student, a distribuição $F$ de Snedecor tem inúmeras aplicações em inferência estatística, de modo que existe uma tabela para se obter as probabilidades e a função de distribuição acumulada, em função de diferentes valores dos parâmetros $v_1$ e $v_2$ (Tabela D do Apêndice). A Tabela D fornece os valores críticos de $F_c$ tal que $P(X > F_c) = \alpha$.

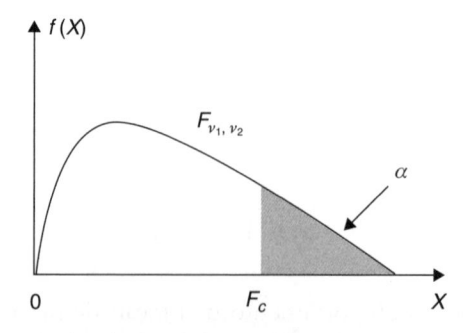

**Figura 6.24** *Valores críticos da distribuição F de Snedecor.*

## Relação entre a distribuição de *t* de Student e F de Snedecor

Considere uma variável aleatória $T$ com distribuição $t$ de Student com $v$ graus de liberdade. Então, o quadrado da variável $T$ tem distribuição $F$ de Snedecor com $v_1 = 1$ e $v_2$ graus de liberdade:

$$\text{Se } T \sim t_v, \text{ então } T^2 \sim F_{1,v_2}$$

### *Exemplo 18*

Suponha que a variável aleatória $X$ segue distribuição $F$ de Snedecor com $v_1 = 6$ graus de liberdade no numerador e $v_2 = 12$ graus de liberdade no denominador, isto é, $X \sim F_{6,12}$. Determine:

a) $P(X > 3)$
b) $F_{6,12}$ com $\alpha = 10\%$
c) O valor $x$ tal que $P(X \leq x) = 0,975$

### *Solução*

Por meio da tabela de distribuição $F$ de Snedecor (Tabela D do Apêndice), para $v_1 = 6$ e $v_2 = 12$, tem-se que:

a) $P(X > 3) = 5\%$
b) 2,33
c) 3,73

A Tabela 6.4 apresenta um resumo das distribuições contínuas estudadas nesta seção, incluindo o cálculo da função de probabilidade da variável aleatória, os parâmetros da distribuição, além do cálculo do valor esperado e da variância de $X$.

**Tabela 6.4** Modelos para variáveis contínuas

| Distribuição | Função de Probabilidade – P(X) | Parâmetros | E(X) | Var(X) |
|---|---|---|---|---|
| Uniforme | $\dfrac{1}{b-a}, a \leq x \leq b$ | $a, b$ | $\dfrac{a+b}{2}$ | $\dfrac{(b-a)^2}{12}$ |
| Normal | $\dfrac{1}{\sigma\sqrt{2\pi}}e^{-\frac{(x-\mu)^2}{2\sigma^2}}, -\infty \leq x \leq +\infty$ | $\mu, \sigma$ | $\mu$ | $\sigma^2$ |
| Exponencial | $\lambda e^{-\lambda x}, x \geq 0$ | $\lambda$ | $\dfrac{1}{\lambda}$ | $\dfrac{1}{\lambda^2}$ |
| Gama | $\dfrac{\lambda^u}{\Gamma(\alpha)}x^{\alpha-1}e^{-\lambda x}, \ x \geq 0$ | $\alpha, \lambda$ | $\alpha\lambda$ | $\alpha\lambda^2$ |
| Qui-quadrado | $\dfrac{1}{2^{v/2}\Gamma(v/2)}x^{v/2-1}e^{-x/2}, \ x > 0$ | $v$ | $v$ | $2v$ |
| *t* de Student | $f(t) = \dfrac{\Gamma\left(\frac{v+1}{2}\right)}{\Gamma\left(\frac{v}{2}\right)\sqrt{\pi v}} \cdot \left(1 + \dfrac{t^2}{v}\right)^{-\frac{v+1}{2}}, -\infty < t < \infty$ | $v$ | $E(T) = 0$ | $Var(T) = \dfrac{v}{v-2}$ |
| F de Snedecor | $\dfrac{\Gamma\left(\frac{v_1+v_2}{2}\right) \cdot \left(\frac{v_1}{v_2}\right)^{v_1/2} \cdot x^{(v_1/2)-1}}{\Gamma\left(\frac{v_1}{2}\right) \cdot \Gamma\left(\frac{v_2}{2}\right) \cdot \left[\left(\frac{v_1}{v_2}\right)x+1\right]^{(v_1+v_2)/2}} x > 0$ | $v_1, v_2$ | $\dfrac{v_2}{v_2-2}$ | $\dfrac{2v_2^2(v_1+v_2-2)}{v_1(v_2-4)(v_2-2)^2}$ |

## 5. CONSIDERAÇÕES FINAIS

Este capítulo apresentou as principais distribuições de probabilidade utilizadas em inferência estatística, incluindo as distribuições para variáveis aleatórias discretas (uniforme discreta, Bernoulli, binomial, geométrica, binomial negativa, hipergeométrica e Poisson) e para variáveis aleatórias contínuas (uniforme, normal, exponencial, gama, qui-quadrado, $t$ de Student e $F$ de Snedecor).

Na caracterização das distribuições de probabilidade, é de grande importância a utilização de medidas que indiquem aspectos relevantes da distribuição, como medidas de posição (média, mediana e moda), medidas de dispersão (variância e desvio-padrão) e medidas de assimetria e curtose.

O entendimento dos conceitos relativos a probabilidade e distribuições de probabilidade auxiliarão o pesquisador no estudo de tópicos sobre inferência estatística, incluindo testes de hipóteses paramétricos e não paramétricos, análise de regressão etc.

## 6. RESUMO

As variáveis aleatórias podem ser discretas ou contínuas. Uma variável aleatória discreta é aquela que assume valores em um conjunto enumerável, não podendo assumir, portanto, valores decimais ou não inteiros, como, por exemplo, número de filhos, número de dormitórios etc. Uma variável aleatória contínua é aquela que pode assumir diversos valores num intervalo de números reais, como, por exemplo, taxa de mortalidade, taxa de juros, renda familiar etc.

Para variáveis aleatórias discretas, as distribuições de probabilidades mais utilizadas são a uniforme discreta, Bernoulli, binomial, geométrica, binomial negativa, hipergeométrica e de Poisson.

Na distribuição uniforme discreta, todos os possíveis valores da variável aleatória têm a mesma probabilidade de ocorrência.

Um experimento de Bernoulli é um experimento aleatório que fornece apenas dois possíveis resultados, convencionalmente denominados de sucesso (1) ou fracasso (0). A distribuição de Bernoulli fornece a probabilidade de sucesso ($p$) ou fracasso ($1-p$) de uma variável aleatória na realização de um único experimento.

Um experimento binomial consiste em $n$ repetições independentes de um experimento de Bernoulli com probabilidade $p$ de sucesso, probabilidade essa que permanece constante em todas as repetições. A variável aleatória discreta representa o número de sucessos ($k$) nas $n$ repetições do experimento.

A distribuição geométrica, assim como a binomial, considera sucessivos ensaios de Bernoulli independentes, todos com probabilidade de sucesso $p$. Porém, ao invés de utilizar um número fixo de tentativas, elas serão realizadas até que o primeiro sucesso seja obtido.

A distribuição binomial negativa, também conhecida como distribuição de Pascal, realiza sucessivos ensaios de Bernoulli independentes (com probabilidade de sucesso constante em todas as tentativas) até atingir um número prefixado de sucessos ($k$), ou seja, o experimento continua até que sejam observados $k$ sucessos.

A distribuição hipergeométrica também está relacionada com um experimento de Bernoulli. Porém, diferentemente da amostragem binomial em que a probabilidade de sucesso é constante, na distribuição hipergeométrica, como a amostragem é sem reposição, à medida que os elementos são retirados da população para formar a amostra, o tamanho da população diminui, fazendo com que a probabilidade de sucesso varie. A distribuição hipergeométrica descreve o número de sucessos em uma amostra de $n$ elementos extraída de uma população finita sem reposição.

A distribuição de Poisson é utilizada para registrar a ocorrência de eventos raros, com probabilidade de sucesso muito pequena ($p \to 0$), em um determinado intervalo ou espaço. Diferentemente do modelo binomial que fornece a probabilidade do número de sucessos em um intervalo discreto ($n$ repetições de um experimento), o modelo de Poisson fornece a probabilidade do número de sucessos em um determinado intervalo contínuo (tempo, área etc.).

Para as variáveis aleatórias contínuas, destacam-se a distribuição uniforme, normal, exponencial, gama, qui-quadrado ($\chi^2$), $t$ de Student e $F$ de Snedecor.

O modelo uniforme é o modelo mais simples para variáveis aleatórias contínuas, sendo utilizado para modelar a ocorrência de eventos cuja probabilidade é constante em intervalos de mesma amplitude.

A distribuição normal, também conhecida como Gaussiana, é a distribuição de probabilidade mais utilizada e importante, pois permite modelar uma infinidade de fenômenos naturais, estudos do comportamento humano, processos industriais etc., além de possibilitar o uso de aproximações para o cálculo de probabilidades de muitas variáveis aleatórias.

Outra distribuição importante, e com aplicações em confiabilidade de sistemas e teoria das filas, é a exponencial. Tem como principal característica a propriedade de não possuir memória.

A distribuição gama é uma das mais gerais, de modo que outras distribuições, como a *Erlang*, exponencial, qui quadrado, são casos particulares dela. Assim como a distribuição exponencial, é também muito utilizada em confiabilidade de sistemas. Tem também aplicações em fenômenos físicos, em processos meteorológicos, teoria de riscos de seguros e teoria econômica.

Se uma variável aleatória contínua $X$ for obtida pela soma dos quadrados de $\nu$ variáveis aleatórias contínuas que possuem distribuição normal padrão ou reduzida (média 0 e desvio-padrão 1), pode-se dizer que a variável $X$ possui distribuição qui-quadrado com $\nu$ graus de liberdade.

A variável aleatória contínua $T$ da distribuição $t$ de Student é definida a partir de uma variável aleatória $Z$ com distribuição normal reduzida e uma variável aleatória $X$ com distribuição qui-quadrado com $\nu$ graus de liberdade, de modo que $Z$ e $X$ são independentes.

A distribuição $F$ de Snedecor, também conhecida como distribuição de Fisher, é frequentemente utilizada em testes associados à análise de variância (ANOVA), para comparação de médias de mais de duas populações. A variável aleatória contínua $X$ da distribuição $F$ de Snedecor é definida a partir de duas variáveis aleatórias contínuas e independentes, que apresentam distribuição qui-quadrado com $\nu_1$ e $\nu_2$ graus de liberdade, respectivamente ($Y_1$ e $Y_2$).

## 7. EXERCÍCIOS

**1.** Em uma linha de produção de calçados, a probabilidade de que uma peça defeituosa seja produzida é de 2%. Para um lote de 150 peças, determine a probabilidade de que no máximo duas peças sejam defeituosas. Determine também a média e da variância.

**2.** A probabilidade de que um aluno resolva um determinado problema é de 12%. Se 10 alunos são selecionados ao acaso, qual a probabilidade de que exatamente um deles tenha sucesso?

**3.** Um vendedor de telemarketing vende um produto a cada 8 clientes contatados. O vendedor prepara uma lista de clientes. Determine a probabilidade de que o primeiro produto seja vendido na quinta ligação, além do valor esperado das vendas e a respectiva variância.

**4.** A probabilidade de acerto de um jogador em uma cobrança de pênalti é de 95%. Determine a probabilidade de que o jogador necessite realizar 33 cobranças para fazer 30 gols, além da média de cobranças.

**5.** Suponha que, em um determinado hospital, 3 clientes são operados diariamente de cirurgia do estômago, seguindo uma distribuição de Poisson. Calcule a probabilidade de que 28 clientes sejam operados na próxima semana (7 dias úteis).

**6.** Suponha que uma determinada variável aleatória $X$ segue distribuição normal com $\mu = 8$ e $\sigma^2 = 36$. Determine as seguintes probabilidades:

 **a)** $P(X \leq 2)$
 **b)** $P(X < 5)$
 **c)** $P(X > 2)$
 **d)** $P(6 < X \leq 11)$

**7.** Considere a variável aleatória $Z$ com distribuição normal padronizada. Determine o valor crítico $z_c$ tal que $P(Z > z_c) = 80\%$.

**8.** No lançamento de 40 moedas honestas, determine as seguintes probabilidades:

 **a)** Saírem exatamente 22 caras
 **b)** Saírem mais de 25 caras

 Resolva este exercício aproximando a distribuição pela normal.

**9.** O tempo até a falha de um dispositivo eletrônico segue distribuição exponencial com uma taxa de falha por hora de 0,028. Determine a probabilidade de um dispositivo escolhido ao acaso sobreviver:

 **a)** 120 horas
 **b)** 60 horas

**10.** Certo tipo de equipamento segue distribuição exponencial com vida média de 180 horas. Determine:

  **a)** A probabilidade de o equipamento durar mais de 220 horas.
  **b)** A probabilidade de o equipamento durar no máximo 150 horas.

**11.** A chegada dos pacientes em um laboratório segue distribuição exponencial com taxa média de 1,8 cliente por minuto. Determine:

  **a)** A probabilidade de que a chegada do próximo cliente demore mais de 30 segundos.
  **b)** A probabilidade de que a chegada do próximo cliente demore no máximo 1,5 minuto.

**12.** O tempo entre as chegadas dos clientes em um restaurante segue uma distribuição exponencial com média de 3 minutos. Determine:

  **a)** A probabilidade de que mais de 3 clientes cheguem em 6 minutos.
  **b)** A probabilidade de que o tempo até a chegada do quarto cliente seja inferior a 10 minutos.

**13.** Uma variável aleatória $X$ possui distribuição qui-quadrado com $v = 12$ graus de liberdade. Qual é o valor crítico $x_c$ tal que $P(X > x_c) = 90\%$?

**14.** Suponha agora que $X$ segue distribuição qui-quadrado com $v = 16$ graus de liberdade. Determine:

  **a)** $P(X > 25)$
  **b)** $P(X \leq 32)$
  **c)** $P(25 < X \leq 32)$
  **d)** O valor $x$ tal que $P(X \leq x) = 0,975$
  **e)** O valor $x$ tal que $P(X > x) = 0,9756$

**15.** Uma variável aleatória $T$ segue distribuição $t$ de Student com $v = 20$ graus de liberdade. Determine:

  **a)** O valor crítico $t_c$ tal que $P(-t_c < t < t_c) = 95\%$
  **b)** $E(T)$
  **c)** $Var(T)$

**16.** Suponha agora que $T$ segue distribuição $t$ de Student com $v = 14$ graus de liberdade. Determine:

  **a)** $P(T > 3)$
  **b)** $P(T \leq 2)$
  **c)** $P(1,5 < T \leq 2)$
  **d)** O valor $t$ tal que $P(T \leq t) = 0,90$
  **e)** O valor $t$ tal que $P(T > t) = 0,025$

**17.** Considere uma variável aleatória $X$ que segue distribuição $F$ de Snedecor com $v_1 = 4$ e $v_2 = 16$ graus de liberdade, isto é, $X \sim F_{4,16}$. Determine:

a) $P(X > 3)$

b) $F_{4,16}$ com $\alpha = 2,5\%$

c) O valor $x$ tal que $P(X \leq x) = 0,99$

d) $E(X)$

e) $Var(X)$

## PARTE IV

# Estatística Inferencial

A inferência estatística tem como objetivo propiciar ao pesquisador a elaboração de conclusões acerca de uma população a partir de uma amostra. Nesta parte serão estudados os problemas e principais conceitos envolvidos em inferência estatística, como amostragem, estimação dos parâmetros populacionais e testes de hipóteses (testes paramétricos e não-paramétricos).

Dessa forma, a inferência estatística está dividida em três partes principais. A primeira apresenta os conceitos de população e amostra, bem como as principais técnicas de amostragem probabilísticas e não probabilísticas. A segunda parte descreve os métodos de estimação dos parâmetros populacionais que podem ser pontuais ou intervalares. Na terceira são apresentados os principais tipos de testes de hipóteses, divididos em testes paramétricos e testes não paramétricos. O capítulo de regressão também está incluído nesta parte.

# CAPÍTULO 7

# Amostragem

*É claro que meus filhos terão computadores, mas antes terão livros.*
**Bill Gates**

## Ao final deste capítulo, você será capaz de:

- Caracterizar as diferenças entre população e amostra.
- Descrever as principais técnicas de amostragem aleatória e não aleatória, assim como suas vantagens e desvantagens.
- Escolher a técnica de amostragem adequada para o estudo em questão.
- Calcular o tamanho da amostra em função da precisão e do grau de confiança desejado, para cada tipo de amostragem aleatória.

## 1. INTRODUÇÃO

Vimos no Capítulo 1 que a **população** é o conjunto com todos os indivíduos, objetos ou elementos a serem estudados, que apresentam uma ou mais características em comum. O **censo** é o estudo dos dados relativos a todos os elementos da população.

Segundo Bruni (2011), as populações podem ser finitas ou infinitas. As **populações finitas** são de tamanho limitado, permitindo que seus elementos sejam contados; já as **populações infinitas** são de tamanho ilimitado, não permitindo a contagem dos elementos.

Como exemplos de populações finitas, tem-se: número de empregados em uma determinada empresa, número de associados em um clube, quantidade de produtos fabricados em um período etc. Quando o número de elementos da população pode ser contado, porém, é muito grande, assume-se também que a população é infinita. São exemplos de populações infinitas: número de habitantes no mundo, número de casas existentes em São Paulo, os pontos de uma reta etc.

Dessa forma, existem situações em que o estudo com todos os elementos da população é impossível ou indesejável, de modo que a alternativa é extrair um subconjunto da população em análise, chamado **amostra**. A amostra deve ser representativa da população em estudo, daí a importância do presente capítulo. A partir das informações colhidas na amostra e utilizando procedimentos estatísticos apropriados, os resultados obtidos da amostra são utilizados para generalizar, inferir ou tirar conclusões acerca da população (inferência estatística).

Para Bussab e Morettin (2011) e Fávero *et al.* (2009), raramente é possível obter a distribuição exata de uma variável, devido ao alto custo, ao tempo despendido e às dificuldades de levantamento de dados. Dessa forma, a alternativa é selecionar parte dos elementos da população (amostra) e, a partir dela, inferir propriedades para o todo (população).

Existem, basicamente, dois tipos de amostragem: (1) amostragem probabilística ou aleatória e (2) amostragem não probabilística ou não aleatória. Na amostragem aleatória, as amostras são obtidas de forma aleatória, ou seja, a probabilidade de cada elemento da população fazer parte da amostra é igual. Na amostragem não aleatória, as amostras são obtidas de forma não aleatória, ou seja, a probabilidade de alguns ou de todos os elementos da população pertencer à amostra é desconhecida.

A Figura 7.1 apresenta as principais técnicas de amostragem aleatórias e não aleatórias.

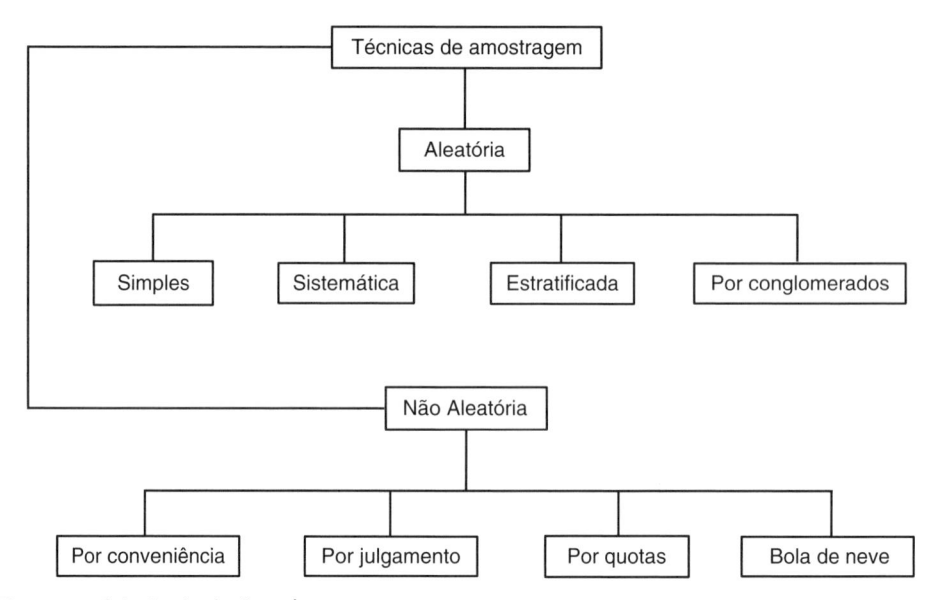

**Figura 7.1** *Principais técnicas de amostragem.*

Fávero *et al.* (2009) apresentam as vantagens e desvantagens das técnicas aleatórias e não aleatórias. Com relação às técnicas de amostragem aleatória, as principais vantagens são: a) os critérios de seleção dos elementos estão rigorosamente definidos, não permitindo que a subjetividade dos investigadores ou do entrevistador intervenha na escolha dos elementos; e b) a possibilidade de determinar matematicamente a dimensão da amostra em função da precisão e do grau de confiança desejado para os resultados. Por outro lado, as principais desvantagens são: a) dificuldade em obter listagens ou regiões atuais e completas da população; e b) a seleção aleatória pode originar uma amostra muito dispersa geograficamente, aumentando os custos, o tempo envolvido no estudo e a dificuldade de coleta de dados.

Em relação às técnicas de amostragem não aleatória, as vantagens referem-se ao menor custo, ao menor tempo de estudo e à menor necessidade de mão de obra. Como desvantagens, podemos listar: a) há unidades do universo que não têm possibilidade de serem escolhidas; b) pode ocorrer um viés de opinião pessoal; e c) não se sabe com que grau de confiança as conclusões obtidas podem ser inferidas para a população. Como essas técnicas não utilizam um método aleatório para seleção dos elementos da amostra, não há garantia de que a amostra selecionada seja representativa da população (FÁVERO *et al.*, 2009).

A escolha da técnica de amostragem deve levar em conta os objetivos da pesquisa, o erro nos resultados, a acessibilidade aos elementos da população, a representatividade desejada, o tempo dispendido, a disponibilidade de recursos financeiros e humanos etc.

## 2. AMOSTRAGEM PROBABILÍSTICA OU ALEATÓRIA

Neste tipo de amostragem, as amostras são obtidas de forma aleatória, ou seja, a probabilidade de cada elemento da população fazer parte da amostra é igual, e todas as amostras selecionadas são igualmente prováveis.

Nesta seção estudaremos as principais técnicas de amostragem probabilística ou aleatória: (a) amostragem aleatória simples; (b) amostragem sistemática; (c) amostragem estratificada; e (d) amostragem por conglomerados.

### 2.1. Amostragem aleatória simples

Segundo Bolfarine e Bussab (2005), a amostragem aleatória simples (AAS) é o método mais simples e mais importante para a seleção de uma amostra.

Considere uma população ou universo (*U*) com *N* elementos:

$$U = \{1, 2, \ldots, N\}$$

O planejamento e seleção da amostra, de acordo com Bolfarine e Bussab (2005), envolvem os seguintes passos:

a) Utilizando um procedimento aleatório (tabela de números aleatórios, urna etc.), sorteia-se com igual probabilidade um elemento da população *U*.

b) Repete-se o processo anterior até que seja retirada uma amostra com *n* observações (o cálculo do tamanho da amostra aleatória simples será estudado na seção 4).

c) Quando o elemento sorteado é removido de *U* antes do próximo sorteio, tem-se o processo **AAS sem reposição**. Caso seja permitido o sorteio de uma unidade mais de uma vez, estamos diante do processo **AAS com reposição**.

De acordo com Bolfarine e Bussab (2005), do ponto de vista prático, a AAS sem reposição é muito mais interessante, pois satisfaz o princípio intuitivo de que não se ganha mais informação caso uma mesma unidade apareça mais de uma vez na amostra. Por outro lado, a AAS com reposição traz vantagens matemáticas e estatísticas, como a independência entre as unidades sorteadas. Estudaremos a seguir cada uma delas.

## 2.1.1. Amostragem aleatória simples sem reposição

De acordo com Bolfarine e Bussab (2005), a AAS sem reposição opera da seguinte forma:

**a)** Todos os elementos da população são numerados de 1 a $N$:

$$U = \{1, 2, ..., N\}$$

**b)** Utilizando um procedimento de geração de números aleatórios, sorteia-se, com igual probabilidade, uma das $N$ observações da população.

**c)** Sorteia-se um elemento seguinte, com o elemento anterior sendo retirado da população.

**d)** Repete-se o procedimento até que $n$ observações tenham sido sorteadas (para o cálculo de $n$, ver a seção 4.1).

Neste tipo de amostragem, há $C_{N,n} = \begin{pmatrix} N \\ n \end{pmatrix} = \dfrac{N!}{n!(N-n)!}$ possíveis amostras de $n$ elementos que podem ser extraídas a partir da população, e cada amostra tem a mesma probabilidade, $1 \Big/ \begin{pmatrix} N \\ n \end{pmatrix}$, de ser selecionada.

### *Exemplo 1: Amostragem aleatória simples sem reposição*

A Tabela 7.1 refere-se ao peso (kg) de 30 peças. Extrair, sem reposição, uma amostra aleatória de tamanho $n = 5$. Quantas amostras diferentes de tamanho $n$ poderiam ser extraídas da população? Qual a probabilidade de que uma amostra seja selecionada?

**Tabela 7.1** Peso (kg) de 30 peças

| 6,4 | 6,2 | 7,0 | 6,8 | 7,2 | 6,4 | 6,5 | 7,1 | 6,8 | 6,9 | 7,0 | 7,1 | 6,6 | 6,8 | 6,7 |
|-----|-----|-----|-----|-----|-----|-----|-----|-----|-----|-----|-----|-----|-----|-----|
| 6,3 | 6,6 | 7,2 | 7,0 | 6,9 | 6,8 | 6,7 | 6,5 | 7,2 | 6,8 | 6,9 | 7,0 | 6,7 | 6,9 | 6,8 |

### *Solução*

As 30 peças foram numeradas de 1 a 30, como mostra a Tabela 7.2.

**Tabela 7.2** Numeração das peças

| 1 | 2 | 3 | 4 | 5 | 6 | 7 | 8 | 9 | 10 | 11 | 12 | 13 | 14 | 15 |
|-----|-----|-----|-----|-----|-----|-----|-----|-----|-----|-----|-----|-----|-----|-----|
| 6,4 | 6,2 | 7,0 | 6,8 | 7,2 | 6,4 | 6,5 | 7,1 | 6,8 | 6,9 | 7,0 | 7,1 | 6,6 | 6,8 | 6,7 |
| 16 | 17 | 18 | 19 | 20 | 21 | 22 | 23 | 24 | 25 | 26 | 27 | 28 | 29 | 30 |
| 6,3 | 6,6 | 7,2 | 7,0 | 6,9 | 6,8 | 6,7 | 6,5 | 7,2 | 6,8 | 6,9 | 7,0 | 6,7 | 6,9 | 6,8 |

Por meio de um procedimento aleatório (por exemplo, pode-se utilizar a função ALEATÓRIO ENTRE do Excel), foram selecionados os seguintes números:

$$02 \quad 03 \quad 14 \quad 24 \quad 28$$

As peças associadas a estes números constituem a amostra aleatória selecionada.

Há $\begin{pmatrix} 30 \\ 5 \end{pmatrix} = \dfrac{30 \cdot 29 \cdot 28 \cdot 27 \cdot 26}{5!} = 142.506$ amostras diferentes.

A probabilidade de que uma determinada amostra seja selecionada é $1/142.506$.

### 2.1.2. Amostragem aleatória simples com reposição

De acordo com Bolfarine e Bussab (2005), a AAS com reposição opera da seguinte forma:

**a)** Todos os elementos da população são numerados de 1 a $N$:

$$U = \{1, 2, ..., N\}$$

**b)** Utilizando um procedimento de geração de números aleatórios, sorteia-se, com igual probabilidade, uma das $N$ observações da população.

**c)** Repõe-se essa unidade na população e sorteia-se o elemento seguinte.

**d)** Repete-se o procedimento até que $n$ observações tenham sido sorteadas (para o cálculo de $n$, ver a seção 4.1).

Neste tipo de amostragem, há $N^n$ possíveis amostras de $n$ elementos que podem ser extraídas a partir da população, e cada amostra tem a mesma probabilidade, $1/N^n$, de ser selecionada.

### *Exemplo 2: Amostragem aleatória simples com reposição*

Refaça o Exemplo 1 considerando amostragem aleatória simples com reposição.

### *Solução*

As 30 peças foram numeradas de 1 a 30. Por meio de um procedimento aleatório (por exemplo, pode-se utilizar a função ALEATÓRIOENTRE do Excel), sorteia-se a primeira peça da amostra (12). A peça é reposta e sorteia-se o segundo elemento (33). O procedimento é repetido até que tenham sido sorteadas 5 peças:

12    33    02    25    33

As peças associadas a estes números constituem a amostra aleatória selecionada.
Há $30^5 = 24.300.000$ amostras diferentes.
A probabilidade de que uma determinada amostra seja selecionada é $1/24.300.000$.

## 2.2. Amostragem sistemática

Segundo Costa Neto (2002), quando os elementos da população estão ordenados e são retirados periodicamente, tem-se uma amostragem sistemática. Assim, por exemplo, em uma linha de produção, podemos retirar um elemento a cada 50 itens produzidos.

Como vantagens da amostragem sistemática em relação à amostragem aleatória simples, podemos citar: é executada com maior rapidez e menor custo, está bem menos sujeita a erros do entrevistador durante a pesquisa. A principal desvantagem é a possibilidade de existirem ciclos de variação, especialmente se o período de ciclos coincidir com o período de retirada dos elementos da amostra. Por exemplo, suponha que a cada 60 peças produzidas em uma determinada máquina, uma peça é inspecionada; porém, a mesma máquina apresenta uma falha regularmente ocorrente, de modo que a cada 20 peças produzidas, uma é defeituosa.

Supondo que os elementos da população estão ordenados de 1 a $N$ e que já se conhece o tamanho da amostra ($n$), a amostragem sistemática opera da seguinte forma:

a) Determinar o intervalo de amostragem ($k$), obtido pelo quociente entre o tamanho da população e o tamanho da amostra:

$$k = \frac{N}{n}$$

Esse valor deve ser arredondado para o inteiro mais próximo.

b) Nesta fase introduz-se um elemento de aleatoriedade, escolhendo a unidade de partida. O primeiro elemento escolhido $\{x_1\}$ pode ser um elemento qualquer entre 1 e $k$.

c) Escolhido o primeiro elemento, a cada $k$ elementos, um novo elemento é retirado da população. O processo é repetido até atingir o tamanho da amostra ($n$):

$$x_1, x_1 + k, x_1 + 2k, ..., x_1 + (n - 1)k$$

### Exemplo 3: Amostragem sistemática

Imagine uma população com $N = 500$ elementos ordenados. Deseja-se retirar uma amostra com $n = 20$ elementos dessa população. Aplique o procedimento da amostragem sistemática.

### Solução

a) O intervalo de amostragem ($k$) é:

$$k = \frac{N}{n} = \frac{500}{20} = 25$$

b) O primeiro elemento escolhido $\{x\}$ pode ser um elemento qualquer entre 1 e 25; suponha que $x = 5$.

c) Como o primeiro elemento da amostra é $x = 5$, o segundo elemento será $x = 5 + 25 = 30$, o terceiro elemento $x = 5 + 50 = 55$, e assim sucessivamente, de modo que o último elemento da amostra será $x = 5 + 19 \times 25 = 480$:

$$A = \begin{cases} 5, 30, 55, 80, 105, 130, 155, 180, 205, 230, 255, 280, 305, 330, 355, 380, \\ 405, 430, 455, 480 \end{cases}$$

## 2.3. Amostragem estratificada

Neste tipo de amostragem, uma população heterogênea é estratificada ou dividida em subpopulações ou estratos homogêneos, e, em cada estrato, uma amostra é retirada. Dessa

forma, define-se, primeiramente, o número de estratos, obtendo-se assim o tamanho de cada estrato; para cada estrato, especificam-se quantos elementos serão retirados da subpopulação, podendo ser uma alocação uniforme ou proporcional. Segundo Costa Neto (2002), na **amostragem estratificada uniforme**, sorteia-se igual número de elementos em cada estrato, sendo recomendada quando os estratos forem aproximadamente do mesmo tamanho. Na **amostragem estratificada proporcional**, o número de elementos em cada estrato é proporcional ao número de elementos existentes no estrato.

Segundo Freund (2006), se os elementos selecionados em cada estrato constituem amostras aleatórias simples, o processo global (estratificação seguida de amostragem aleatória) é chamado de **amostragem aleatória estratificada (simples)**.

A amostragem estratificada, segundo Freund (2006), opera da seguinte forma:

**a)** Uma população de tamanho $N$ é dividida em $k$ estratos de tamanhos $N_1$, $N_2, ..., N_k$.

**b)** Para cada estrato, uma amostra aleatória de tamanho $n_i$, $(i = 1, 2, ..., k)$ é selecionada, resultando em $k$ subamostras de tamanhos $n_1, n_2, ..., n_k$.

Na **amostragem estratificada uniforme**, tem-se que:

$$n_1 = n_2 = ... n_k \qquad (7.1)$$

de modo que o tamanho da amostra extraída de cada estrato é:

$$n_i = \frac{n}{k}, \quad \text{para } i = 1, 2, ..., k \qquad (7.2)$$

em que $n = n_1 + n_2 + ... + n_k$

Já na **amostragem estratificada proporcional**, tem-se que:

$$\frac{n_1}{N_1} = \frac{n_2}{N_2} = ... = \frac{n_k}{N_k} \qquad (7.3)$$

Na amostragem proporcional, o tamanho da amostra extraída de cada estrato pode ser obtido de acordo com a seguinte equação:

$$n_i = \frac{N_i}{N} \cdot n, \quad \text{para } i = 1, 2, ..., k \qquad (7.4)$$

Como exemplos de amostragem estratificada, podemos citar a estratificação de uma cidade em bairros, a estratificação de uma população por sexo ou faixa etária, a estratificação de consumidores por segmento, a estratificação de alunos por área etc.

O cálculo do tamanho da amostra estratificada será estudado na seção 4.3.

### Exemplo 4: Amostragem estratificada

Considere um clube que possui $N = 5.000$ associados. A população pode ser dividida por faixa etária, com o objetivo de identificar as principais atividades praticadas por cada faixa: até 4 anos; 5-11 anos; 12-17 anos; 18-25 anos; 26-36 anos; 37-50 anos; 51-65 anos; acima de 65 anos. Tem-se que $N_1 = 330$, $N_2 = 350$, $N_3 = 400$, $N_4 = 520$,

$N_5 = 650$, $N_6 = 1030$, $N_7 = 980$, $N_8 = 740$. Deseja-se extrair uma amostra estratificada de tamanho $n = 80$ da população. Qual deve ser o tamanho da amostra extraída de cada estrato, no caso de amostragem uniforme e amostragem proporcional?

### Solução

Para amostragem uniforme, $n_i = n/k = 80/8 = 10$. Logo, $n_1 = \ldots = n_8 = 10$.

Para amostragem proporcional, calcula-se $n_i = \dfrac{N_i}{N} \cdot n$, para $i = 1, 2, \ldots, 8$:

$$n_1 = \frac{N_1}{N} \cdot n = \frac{330}{5.000} \cdot 80 = 5,3 \cong 6 \qquad n_2 = \frac{N_2}{N} \cdot n = \frac{350}{5.000} \cdot 80 = 5,6 \cong 6$$

$$n_3 = \frac{N_3}{N} \cdot n = \frac{400}{5.000} \cdot 80 = 6,4 \cong 7 \qquad n_4 = \frac{N_4}{N} \cdot n = \frac{520}{5.000} \cdot 80 = 8,3 \cong 9$$

$$n_5 = \frac{N_5}{N} \cdot n = \frac{650}{5.000} \cdot 80 = 10,4 \cong 11 \qquad n_6 = \frac{N_6}{N} \cdot n = \frac{1.030}{5.000} \cdot 80 = 16,5 \cong 17$$

$$n_7 = \frac{N_7}{N} \cdot n = \frac{980}{5.000} \cdot 80 = 15,7 \cong 16 \qquad n_8 = \frac{N_8}{N} \cdot n = \frac{740}{5.000} \cdot 80 = 11,8 \cong 12$$

## 2.4. Amostragem por conglomerados

Na amostragem por conglomerados, a população total é subdividida em grupos de unidades elementares, denominados conglomerados. A amostragem é feita a partir dos grupos e não dos indivíduos da população. Dessa forma, sorteia-se aleatoriamente um número suficiente de conglomerados e os objetos deste constituirão a amostra. Esse tipo de amostragem é denominado **amostragem por conglomerados em um estágio**.

Segundo Bolfarine e Bussab (2005), uma das inconveniências da amostragem por conglomerados está no fato de que os elementos dentro de um mesmo conglomerado tendem a apresentar características similares. Os autores demonstram que, quanto mais parecidos forem os elementos dentro do conglomerado, menos eficiente é o procedimento. Cada conglomerado deve ser um bom representante do universo, ou seja, deve ser heterogêneo, contendo todo tipo de participante. É o oposto da amostragem estratificada.

De acordo com Martins e Domingues (2011), a amostragem por conglomerados é uma amostragem aleatória simples em que as unidades amostrais são os conglomerados. É, portanto, menos custosa do que a amostragem aleatória simples.

Quando se sorteiam elementos dentro dos conglomerados selecionados, tem-se uma **amostragem por conglomerados em dois estágios**: no primeiro estágio, sorteiam-se os conglomerados e, no segundo, sorteiam-se os elementos. O número de elementos a serem sorteados depende da variabilidade dentro do conglomerado;

quanto maior for a variabilidade, mais elementos devem ser sorteados; por outro lado, quando as unidades dentro do conglomerado forem muito parecidas, não é recomendável o sorteio de todos os elementos, pois eles trarão o mesmo tipo de informação, aumentando a variação amostral (BOLFARINE & BUSSAB, 2005).

A amostragem por conglomerados pode ser generalizada para vários estágios.

As principais vantagens que justificam a grande utilização da amostragem por conglomerados são: a) muitas populações já estão agrupadas em subgrupos naturais ou geográficos, facilitando sua aplicação; e b) permite uma redução substancial nos custos de obtenção da amostra, sem comprometer sua precisão. Em resumo, é rápida, barata e eficiente. A única desvantagem é que os conglomerados raramente são do mesmo tamanho, dificultando o controle da amplitude da amostra. Para contornar esse problema, recorre-se a técnicas estatísticas.

Como exemplos de conglomerados, podemos citar: a produção de uma fábrica dividida em linhas de montagem, trabalhadores de uma empresa divididos por área, estudantes de um município divididos por escolas, população de um município dividida por distrito etc.

Considere a seguinte notação para a amostragem por conglomerados:

$N$ = tamanho da população

$M$ = número de conglomerados em que a população foi dividida

$N_i$ = tamanho do conglomerado $i$ ($i$ = 1, 2, ..., M)

$N$ = tamanho da amostra

$M$ = número de conglomerados sorteados ($m < M$)

$n_i$ = tamanho do conglomerado $i$ da amostra ($i$ = 1, 2, ..., m), tal que $n_i = N_i$

$b_i$ = tamanho do conglomerado $i$ da amostra ($i$ = 1, 2, ..., m), tal que $b_i < n_i$

Em resumo, a **amostragem por conglomerados em um estágio** adota o seguinte procedimento:

a) A população é dividida em $M$ conglomerados ($C_1$, ..., $C_M$), de tamanhos não necessariamente iguais.

b) Segundo um plano amostral, geralmente AAS, sorteiam-se $m$ conglomerados ($m < M$).

c) Todos os elementos de cada conglomerado sorteado constituem a amostra global

$$\left( n_i = N_i \ \text{e} \ \sum_{i=1}^{m} n_i = n \right).$$

O cálculo do número de conglomerados ($m$) será estudado na seção 4.4.

Já a **amostragem por conglomerados em dois estágios** opera da seguinte forma:

a) A população é dividida em $M$ conglomerados ($C_1$, ..., $C_M$), de tamanhos não necessariamente iguais.

**b)** Sorteiam-se $m$ conglomerados no primeiro estágio, segundo algum plano amostral, geralmente AAS.

**c)** De cada conglomerado $i$ sorteado de tamanho $n_i$, sorteiam-se $b_i$ elementos no segundo estágio, segundo o mesmo ou outro plano amostral $\left( b_i < n_i \quad \text{e} \quad n = \sum_{i=1}^{m} b_i \right)$.

### *Exemplo 5: Amostragem por conglomerados em um estágio*

Considere uma população com $N = 20$ elementos, $U = \{1, 2, ..., 20\}$. A população é dividida em 7 conglomerados: $C_1 = \{1, 2\}$, $C_2 = \{3, 4, 5\}$, $C_3 = \{6, 7, 8\}$, $C_4 = \{9, 10, 11\}$, $C_5 = \{12, 13, 14\}$, $C_6 = \{15, 16\}$, $C_7 = \{17, 18, 19, 20\}$. O plano amostral adotado manda sortear três conglomerados ($m = 3$) por amostragem aleatória simples sem reposição. Supondo que foram sorteados os conglomerados $C_1$, $C_3$ e $C_4$, determine o tamanho da amostra, além dos elementos que constituirão a amostragem por conglomerados em um estágio.

### *Solução*

Na amostragem por conglomerados em um estágio, todos os elementos de cada conglomerado sorteado constituem a amostra, de modo que $M_3 = \{C_1, C_3, C_4\} = \{(1, 2),$ $(6, 7, 8), (9, 10, 11)\}$. Portanto, $n_1 = 2, n_2 = 3, n_3 = 3$ e $n = \sum_{i=1}^{3} n_i = 8$.

### *Exemplo 6: Amostragem por conglomerados em dois estágios*

O Exemplo 5 será estendido para o caso de amostragem por conglomerados em dois estágios. Assim, a partir dos conglomerados sorteados no primeiro estágio, o plano amostral adotado manda sortear um único elemento com igual probabilidade de cada conglomerado $\left( b_i = 1, \quad i = 1, 2, 3 \quad \text{e} \quad n = \sum_{i=1}^{m} b_i = 3 \right)$, obtendo-se o seguinte resultado:

Estágio 1: $M = \{C_1, C_3, C_4\} = \{(1,2), (6, 7, 8), (9, 10, 11)\}$

Estágio 2: $M = \{(1, 8, 10\}$

## 3. AMOSTRAGEM NÃO PROBABILÍSTICA OU NÃO ALEATÓRIA

Nos métodos de amostragem não probabilística, as amostras são obtidas de forma não aleatória, ou seja, a probabilidade de alguns ou de todos os elementos da população pertencer à amostra é desconhecida. Assim, não é possível estimar o erro amostral e nem generalizar os resultados da amostra para a população, já que a amostra não é representativa da população.

Para Costa Neto (2002), esse tipo de amostragem é muitas vezes empregado pela simplicidade ou impossibilidade de se obter amostras probabilísticas, como seria desejável.

Deve-se, portanto, ter cuidado ao optar pela utilização deste tipo de amostragem, uma vez que ela é subjetiva, baseada nos critérios e julgamentos do pesquisador, e a variabilidade amostral não pode ser estabelecida com precisão.

Nesta seção estudaremos as principais técnicas de amostragem não probabilística ou não aleatória: (a) amostragem por conveniência; (b) amostragem por julgamento ou intencional; (c) amostragem por quotas; e (d) amostragem de propagação geométrica ou bola de neve.

## 3.1. Amostragem por conveniência

A amostragem por conveniência é empregada quando a participação é voluntária ou os elementos da amostra são escolhidos por uma questão de conveniência ou simplicidade, como, por exemplo, amigos, vizinhos, estudantes etc. A vantagem deste método é que ele permite obter informações de maneira rápida e barata.

Entretanto, o processo amostral não garante que a amostra seja representativa da população, devendo ser empregada apenas em situações extremas e casos especiais que justifiquem a sua utilização.

### Exemplo 7: Amostragem por conveniência

Um pesquisador deseja estudar o comportamento do consumidor em relação à marca e, para isto, desenvolve um plano de amostragem. A coleta de dados é feita por meio de entrevistas com amigos, vizinhos e colegas de trabalho. Isto representa uma **amostragem por conveniência**, uma vez que essa amostra não é representativa da população.

É importante ressaltar que, se a população for muito heterogênea, os resultados da amostra não podem ser generalizados para a população.

## 3.2. Amostragem por julgamento ou intencional

Na amostragem por julgamento ou intencional, a amostra é escolhida segundo a opinião ou julgamento prévio de um especialista. Seu risco é decorrente de um possível equívoco por parte do pesquisador em seu prejulgamento.

O emprego deste tipo de amostragem requer conhecimento da população e dos elementos selecionados.

### Exemplo 8: Amostragem por julgamento ou intencional

Uma pesquisa busca identificar as razões que levaram um grupo de trabalhadores de uma empresa a entrar em greve. Para isso, o pesquisador entrevista os principais líderes dos movimentos sindicais e políticos, bem como os trabalhadores sem qualquer movimento desta natureza.

Como o tamanho da amostra é pequeno, não é possível generalizar os resultados para a população, já que a amostra não é representativa da população.

## 3.3. Amostragem por quotas

A amostragem por quotas apresenta maior rigor quando comparada às demais amostragens não aleatórias. Para Martins e Domingues (2011), é um dos métodos de amostragem mais utilizados em pesquisas de mercados e de opinião eleitoral.

A amostragem por quotas é uma variação da amostragem por julgamento. Inicialmente, fixam-se as quotas com base em um determinado critério; dentro das quotas, a seleção dos itens da amostra depende do julgamento do entrevistador.

A amostragem por quotas também pode ser considerada a versão não probabilística da amostragem estratificada.

A amostragem por quotas consiste em três passos:

a) Selecionam-se as variáveis de controle ou as características da população consideradas relevantes para o estudo em questão.

b) Determina-se a proporção da população (%) para cada uma das categorias das variáveis relevantes.

c) Dimensionam-se as quotas (número de pessoas a serem entrevistadas que possuem as características determinadas) para cada entrevistador, de modo que a amostra tenha proporções iguais à da população.

As principais vantagens da amostragem por quotas são o baixo custo, a rapidez e a conveniência ou facilidade para o entrevistador na seleção dos elementos. Porém, como a seleção dos elementos não é aleatória, não há garantia de que a amostra seja representativa da população, não sendo possível generalizar os resultados da pesquisa para a população.

### Exemplo 9: Amostragem por quotas

Deseja-se realizar uma pesquisa de opinião pública para as eleições de prefeito em um determinado município com 14.253 eleitores. A pesquisa tem como objetivo identificar as intenções de votos por sexo e faixa etária. A Tabela 7.3 apresenta as frequências absolutas para cada par de categorias das variáveis analisadas. Aplique a amostragem por quotas, considerando que o tamanho da amostra é de 200 eleitores e o número de entrevistadores é 2.

**Tabela 7.3** Frequências absolutas para cada par de categorias

| Faixa etária | Masculino | Feminino | Total |
|---|---|---|---|
| 16/17 anos | 50 | 48 | 98 |
| 18 a 24 | 1.097 | 1.063 | 2.160 |
| 25 a 44 | 3.409 | 3.411 | 6.820 |
| 45 a 69 | 2.269 | 2.207 | 4.476 |
| > 69 | 359 | 331 | 690 |
| **Total** | **7.184** | **7.060** | **14.244** |

### Solução

a) As variáveis relevantes para o estudo são *sexo* e *faixa etária*.

b) A proporção da população (%) para cada par de categorias das variáveis analisadas está detalhada na Tabela 7.4.

**Tabela 7.4** Proporção da população para cada par de categorias

| Faixa etária | Masculino | Feminino | Total |
|---|---|---|---|
| 16/17 anos | 0,35% | 0,34% | 0,69% |
| 18 a 24 | 7,70% | 7,46% | 15,16% |
| 25 a 44 | 23,93% | 23,95% | 47,88% |
| 45 a 69 | 15,93% | 15,49% | 31,42% |
| >70 | 2,52% | 2,32% | 4,84% |
| **% do Total** | **50,44%** | **49,56%** | **100,00%** |

**c)** Multiplicando cada célula da Tabela 7.4 pelo tamanho da amostra (200), obtém-se o dimensionamento das quotas que compõem a amostra global, como mostra a Tabela 7.5.

**Tabela 7.5** Dimensionamento das quotas

| Faixa etária | Masculino | Feminino | Total |
|---|---|---|---|
| 16/17 anos | 1 | 1 | 2 |
| 18 a 24 | 16 | 15 | 31 |
| 25 a 44 | 48 | 48 | 96 |
| 45 a 69 | 32 | 31 | 63 |
| >70 | 5 | 5 | 10 |
| **Total** | **102** | **100** | **202** |

Considerando que há dois entrevistadores, a quota para cada um será:

**Tabela 7.6** Dimensionamento das quotas por entrevistador

| Faixa etária | Masculino | Feminino | Total |
|---|---|---|---|
| 16/17 anos | 1 | 1 | 2 |
| 18 a 24 | 8 | 8 | 16 |
| 25 a 44 | 24 | 24 | 48 |
| 45 a 69 | 16 | 16 | 32 |
| >70 | 3 | 3 | 6 |
| **Total** | **52** | **52** | **104** |

Obs.: Os dados das Tabelas 7.5 e 7.6 foram arredondados para cima, resultando num total de 202 eleitores na Tabela 7.5 e 104 eleitores na Tabela 7.6.

## 3.4. Amostragem de propagação geométrica ou bola de neve (*snowball*)

A amostragem de propagação geométrica ou bola de neve é bastante utilizada quando os elementos da população são raros, de difícil acesso ou desconhecidos.

Neste método, identificam-se um ou mais indivíduos da população-alvo, e estes identificam outros indivíduos pertencentes à mesma população. O processo é repetido até que seja alcançado o objetivo proposto ou "ponto de saturação". O "ponto de saturação" é atingido quando os últimos entrevistados não acrescentam novas informações relevantes à pesquisa, repetindo assim conteúdos de entrevistas anteriores.

Como vantagens, pode-se listar: a) permite ao pesquisador localizar a característica desejada da população; b) facilidade de aplicação, pois o recrutamento é feito através da indicação de outras pessoas pertencentes à população; c) baixo custo, pois necessita de menos planejamento e pessoas; e d) é eficiente ao penetrar em populações de difícil acesso.

### Exemplo 10: Amostragem por bola de neve

Uma empresa está recrutando profissionais com um perfil específico. O grupo inicialmente contratado indica outros profissionais com o mesmo perfil. O processo se repete até que sejam contratados o número de funcionários necessários. Tem-se, portanto, um exemplo de **amostragem por bola de neve**.

## 4. TAMANHO DA AMOSTRA

De acordo com Cabral (2006), existem seis fatores que são determinantes no cálculo do tamanho da amostra:

1) Características da população, como variância ($\sigma^2$) e dimensão ($N$).
2) Distribuição amostral do estimador utilizado.
3) Precisão e confiança requeridos nos resultados, sendo necessário especificar o erro de estimação ($B$) que é a máxima diferença que o investigador admite entre o parâmetro populacional e a estimativa obtida a partir da amostra.
4) Custo: quanto maior o tamanho da amostra, maior será o custo incorrido.
5) Custo *versus* erro amostral: deve-se selecionar uma amostra de tamanho maior para reduzir o erro amostral, ou deve-se reduzir o tamanho da amostra a fim de minimizar os recursos e esforços incorridos, garantindo assim melhor controle dos entrevistadores, uma taxa de resposta mais alta, mais exata, melhor processamento das informações etc.?
6) As técnicas estatísticas que serão utilizadas: algumas técnicas estatísticas exigem uma amostra de dimensão maior que outras.

A amostra selecionada deve ser representativa da população. Com base em Ferrão *et al.* (2001), Bolfarine e Bussab (2005) e Martins e Domingues (2011), esta seção apresenta o cálculo do tamanho da amostra para a média (variável quantitativa) e proporção (variável binária) de uma população finita e infinita, com um erro máximo de estimação igual a *B*, para cada tipo de amostragem aleatória (simples, sistemática, estratificada e por conglomerados).

No caso de amostras não aleatórias, dimensiona-se o tamanho da amostra em que é possível custear ou então adota-se uma dimensão já utilizada com sucesso em estudos anteriores com as mesmas características. Uma terceira alternativa seria calcular o tamanho de uma amostra aleatória e tê-la como referência.

## 4.1. Tamanho da amostra aleatória simples

Esta seção apresenta o cálculo do tamanho da amostra aleatória simples para estimar a média (variável quantitativa) e proporção (variável binária) de uma população finita e infinita, com um erro máximo de estimação igual a $B$.

O erro de estimação ($B$) para a média é a máxima diferença que o investigador admite entre $\mu$ (média populacional) e $\bar{x}$ (média da amostra), isto é, $B \geq |\mu - \bar{x}|$.

Já o erro de estimação ($B$) para a proporção é a máxima diferença que o investigador admite entre $p$ (proporção da população) e $\hat{p}$ (proporção da amostra), isto é, $B \geq |p - \hat{p}|$.

### 4.1.1 Tamanho da amostra para estimar a média de uma população infinita

Se a variável escolhida for quantitativa e a população infinita, o tamanho de uma amostra aleatória simples, tal que $P(|\bar{x} - \mu| \leq B) = 1 - \alpha$, pode ser calculado como:

$$n = \frac{\sigma^2}{B^2/z_\alpha^2} \qquad (7.5)$$

em que:

$\sigma^2$ – variância populacional

$B$ – erro máximo de estimação

$z_\alpha$ – abscissa da distribuição normal padrão, fixado um nível de significância $\alpha$

De acordo com Bolfarine e Bussab (2005), para determinar o tamanho da amostra é preciso fixar o erro máximo de estimação ($B$), o nível de significância $\alpha$ (traduzido pelo valor tabelado $z_\alpha$) e possuir algum conhecimento *a priori* da variância populacional ($\sigma^2$). Os dois primeiros são fixados pelo pesquisador, enquanto o terceiro exige mais trabalho.

Quando não se conhece $\sigma^2$, seu valor deve ser substituído por um estimador inicial razoável. Em muitos casos, uma amostra piloto pode fornecer informação suficiente sobre a população. Em outros casos, pesquisas amostrais efetuadas anteriormente sobre a população também podem fornecer estimativas iniciais satisfatórias para $\sigma^2$. Por fim, alguns autores sugerem o uso de um valor aproximado para o desvio padrão, dado por $\sigma \cong amplitude/4$.

### 4.1.2. Tamanho da amostra para estimar a média de uma população finita

Se a variável escolhida for quantitativa e a população finita, o tamanho de uma amostra aleatória simples, tal que $P(|\bar{x} - \mu| \leq B) = 1 - \alpha$, pode ser calculado como:

$$n = \frac{N\sigma^2}{(N-1)\dfrac{B^2}{z_\alpha^2} + \sigma^2} \qquad (7.6)$$

em que:

$N$ – tamanho da população
$\sigma^2$ – variância populacional
$B$ – erro máximo de estimação
$z_\alpha$ – abscissa da distribuição normal padrão, fixado um nível de significância $\alpha$

### 4.1.3. Tamanho da amostra para estimar a proporção de uma população infinita

Se a variável escolhida for binária e a população infinita, o tamanho de uma amostra aleatória simples, tal que $P(|\hat{p} - p| \leq B) = 1 - \alpha$, pode ser calculado como:

$$n = \frac{pq}{B^2 / z_\alpha^2} \tag{7.7}$$

em que:

$p$ – proporção da população que contém a característica desejada
$q = 1 - p$
$B$ – erro máximo de estimação
$z_\alpha$ – abscissa da distribuição normal padrão, fixado um nível de significância $\alpha$

Na prática, não se conhece o valor de $p$, devendo, portanto, encontrar sua estimativa ($\hat{p}$). Mas se este valor também for desconhecido, admita que $\hat{p} = 50$, obtendo assim um tamanho conservador, isto é, maior do que o necessário para garantir a precisão imposta.

### 4.1.4. Tamanho da amostra para estimar a proporção de uma população finita

Se a variável escolhida for binária e a população finita, o tamanho de uma amostra aleatória simples, tal que $P(|\hat{p} - p| \leq B) = 1 - \alpha$, pode ser calculado como:

$$n = \frac{Npq}{(N-1)\dfrac{B^2}{z_\alpha^2} + pq} \tag{7.8}$$

em que:

$N$ – tamanho da população
$p$ – proporção da população que contém a característica desejada
$q = 1 - p$
$B$ – erro máximo de estimação
$z_\alpha$ – abscissa da distribuição normal padrão, fixado um nível de significância $\alpha$

### *Exemplo 11: Cálculo do tamanho da amostra aleatória simples*

Considere a população de moradores de um condomínio ($N = 540$). Deseja-se estimar a idade média dos respectivos condôminos. Com base em pesquisas passadas, pode-se obter uma estimativa para $\sigma^2$ de 463,32. Suponha que uma amostra aleatória

simples será retirada da população. Admitindo que a diferença entre a média amostral e a verdadeira média populacional seja no máximo de 4 anos, com um intervalo de confiança de 95%, determine o tamanho da amostra a ser coletada?

### Solução

O valor de $z_\alpha$ para $\alpha = 5\%$ (teste bilateral) é 1,96. O tamanho da amostra, a partir da equação (7.6), é:

$$n = \frac{N\sigma^2}{(N-1)\dfrac{B^2}{z_\alpha^2} + \sigma^2} = \frac{540 \times 463,32}{539 \times \dfrac{4^2}{1,96^2} + 463,32} = 92,38 \cong 93$$

Coletando-se, portanto, uma amostra aleatória simples de pelo menos 93 moradores da população, pode-se inferir, com um intervalo de confiança de 95%, de que a média amostral ($\bar{x}$) diferirá no máximo em 4 anos da verdadeira média populacional ($\mu$).

### Exemplo 12: Cálculo do tamanho da amostra aleatória simples

Deseja-se estimar a proporção de eleitores insatisfeitos ao governo de um determinado político. Admite-se que a verdadeira proporção é desconhecida, assim como sua estimativa. Supondo que uma amostra aleatória simples será retirada da população infinita e admitindo um erro amostral de 2% e um nível de significância de 5%, determine o tamanho da amostra.

### Solução

Como não se conhece o verdadeiro valor de $p$, nem sua estimativa, admite-se que $\hat{p} = 0,50$. Aplicando a equação (7.7) para estimar a proporção de uma população infinita, tem-se que:

$$n = \frac{pq}{B^2/z_\alpha^2} = \frac{0,5 \times 0,5}{0,02^2 / 1,96^2} = 2.401$$

Portanto, entrevistando aleatoriamente 2.401 eleitores, pode-se inferir sobre a verdadeira proporção de eleitores insatisfeitos, com um erro máximo de estimação de 2% e um intervalo de confiança de 95%.

## 4.2. Tamanho da amostra sistemática

Na amostragem sistemática, utilizam-se as mesmas equações da amostragem aleatória simples (ver a seção 4.1), de acordo com o tipo de variável (quantitativa ou qualitativa) e população (infinita ou finita).

## 4.3. Tamanho da amostra estratificada

Esta seção apresenta o cálculo do tamanho da amostra estratificada para estimar a média (variável quantitativa) e proporção (variável binária) de uma população finita e infinita, com um erro máximo de estimação igual a $B$.

O erro de estimação ($B$) para a média é a máxima diferença que o investigador admite entre $\mu$ (média populacional) e $\bar{x}$ (média da amostra), isto é, $B \geq |\mu - \bar{x}|$.

Já o erro de estimação ($B$) para a proporção é a máxima diferença que o investigador admite entre $p$ (proporção da população) e $\hat{p}$ (proporção da amostra), isto é, $B \geq |p - \hat{p}|$.

Utilizaremos a seguinte notação para o cálculo do tamanho da amostra estratificada:

$k$ – número de estratos
$N_i$ – tamanho do estrato $i$, $i = 1, 2,..., k$
$N = N_1 + N_2 + ... N_k$ (tamanho da população)
$W_i = N_i/N$ (peso ou proporção do estrato $i$, com $\sum_{i=1}^{k} W_i = 1$)
$\mu_i$ – média populacional do estrato $i$
$\sigma_i^2$ – variância populacional do estrato $i$
$n_i$ – número de elementos selecionados aleatoriamente do estrato $i$
$n = n_1 + n_2 ... n_k$ (tamanho da amostra)
$\bar{x}_i$ – média amostral do estrato $i$
$S_i^2$ – variância amostral do estrato $i$
$p_i$ – proporção de elementos que possui a característica desejada no estrato $i$
$q_i = 1 - p_i$

### 4.3.1. Tamanho da amostra para estimar a média de uma população infinita

Se a variável escolhida for quantitativa e a população infinita, o tamanho da amostra estratificada, tal que $P(|\bar{x} - \mu| \leq B) = 1 - \alpha$, pode ser calculado como:

$$n = \frac{\sum_{i=1}^{k} W_i \sigma_i^2}{B^2 / z_\alpha^2} \tag{7.9}$$

em que:

$W_i = N_i / N$ (peso ou proporção do estrato $i$, com $\sum_{i=1}^{k} W_i = 1$)
$\sigma_i^2$ – variância populacional do estrato $i$
$B$ – erro máximo de estimação
$z_\alpha$ – abscissa da distribuição normal padrão, fixado um nível de significância $\alpha$

### 4.3.2. Tamanho da amostra para estimar a média de uma população finita

Se a variável escolhida for quantitativa e a população finita, o tamanho da amostra estratificada, tal que $P(|\bar{x} - \mu| \leq B) = 1 - \alpha$, pode ser calculado como:

$$n = \frac{\sum_{i=1}^{k} N_i^2 \sigma_i^2 / W_i}{N^2 \dfrac{B^2}{z_\alpha^2} + \sum_{i=1}^{k} N_i \sigma_i^2} \tag{7.10}$$

em que:

$N_1$ – tamanho do estrato $i$, $i = 1, 2,..., k$

$\sigma_i^2$ – variância populacional do estrato $i$

$W_i = N_i/N$ (peso ou proporção do estrato $i$, com $\sum_{i=1}^{k}W_i=1$)

$N$ – tamanho da população

$B$ – erro máximo de estimação

$z_\alpha$ – abscissa da distribuição normal padrão, fixado um nível de significância $\alpha$

### 4.3.3. Tamanho da amostra para estimar a proporção de uma população infinita

Se a variável escolhida for binária e a população infinita, o tamanho da amostra estratificada, tal que $P(|\hat{p} - p| \leq B) = 1 - \alpha$, pode ser calculado como:

$$n = \frac{\sum_{i=1}^{k}W_i p_i q_i}{B^2/z_\alpha^2}$$

(7.11)

em que:

$W_i = N_i/N$ (peso ou proporção do estrato $i$, com $\sum_{i=1}^{k}W_i=1$)

$p_i$ – proporção de elementos que possui a característica desejada no estrato $i$

$q = 1 - p$

$B$ – erro máximo de estimação

$z_\alpha$ – abscissa da distribuição normal padrão, fixado um nível de significância $\alpha$

### 4.3.4. Tamanho da amostra para estimar a proporção de uma população finita

Se a variável escolhida for binária e a população finita, o tamanho de uma amostra estratificada, tal que $P(|\hat{p} - p| \leq B) = 1 - \alpha$, pode ser calculado como:

$$n = \frac{\sum_{i=1}^{k}N_i^2 p_i q_i/W_i}{N^2\dfrac{B^2}{z_\alpha^2}+\sum_{i=1}^{k}N_i p_i q_i}$$

(7.12)

em que:

$N_i$ – tamanho do estrato $i$, $i = 1, 2,..., k$

$p_i$ – proporção de elementos que possui a característica desejada no estrato $i$

$q_i = 1 - p_i$

$W_i = N_i/N$ (peso ou proporção do estrato $i$, com $\sum_{i=1}^{k}W_i=1$)

$N$ – tamanho da população

$B$ – erro máximo de estimação

$z_\alpha$ – abscissa da distribuição normal padrão, fixado um nível de significância $\alpha$

### Exemplo 13: Cálculo do tamanho da amostra estratificada

Uma universidade possui 11.886 alunos matriculados em 14 cursos de graduação, divididos em três grandes áreas: Exatas, Humanas e Biológicas. A Tabela 7.7 apresenta o número de alunos matriculados por área. Uma pesquisa será realizada a fim de estimar o tempo médio de estudo semanal dos alunos (em horas). Com base em amostras pilotos, obtêm-se os seguintes estimadores para as variâncias nas áreas de exatas, humanas e biológicas: 124,36, 153,22 e 99,87, respectivamente. As amostras selecionadas devem ser proporcionais ao número de alunos por área. Determine o tamanho da amostra, considerando um erro de estimação de 0,8 e um intervalo de confiança de 95%.

**Tabela 7.7** Alunos matriculados por área

| Área | Alunos matriculados |
|------|---------------------|
| Exatas | 5.285 |
| Humanas | 3.877 |
| Biológicas | 2.724 |
| **Total** | **11.886** |

### Solução

Pelos dados do enunciado, tem-se que:

$$k = 3; \quad N_1 = 5.285; \quad N_2 = 3.877; \quad N_3 = 2.724; \quad N = 11.886; \quad B = 0,8$$

$$W_1 = \frac{5.285}{11.886} = 0,44 \quad W_2 = \frac{3.877}{11.886} = 0,33 \quad W_3 = \frac{2.724}{11.886} = 0,23$$

Para $\alpha = 5\%$, tem-se que $z_\alpha = 1,96$. Com base na amostra piloto, utilizam-se os estimadores para $\sigma_1^2$, $\sigma_2^2$ e $\sigma_3^2$. O tamanho da amostra é calculado a partir da equação (7.10):

$$n = \frac{\sum_{i=1}^{k} N_i^2 \sigma_i^2 / W_i}{N^2 \dfrac{B^2}{z_\alpha^2} + \sum_{i=1}^{k} N_i \sigma_i^2}$$

$$n = \frac{\left( \dfrac{5.285^2 \times 124,36}{0,44} + \dfrac{3.877^2 \times 153,22}{0,33} + \dfrac{2.724^2 \times 99,87}{0,23} \right)}{11.886^2 \times \dfrac{0,8^2}{1,96^2} + \left( 5.285 \times 124,36 + 3.877 \times 153,22 + 2.724 \times 99,87 \right)} = 722,52 \cong 723$$

Como a amostragem é proporcional, pode-se obter o tamanho de cada estrato pela equação $n_i = W_i \times n$ $(i = 1, 2, 3)$:

$$n_1 = W_1 \times n = 0,44 \times 723 = 321,48 \cong 322$$

$$n_2 = W_{12} \times n = 0,33 \times 723 = 235,83 \cong 236$$

$$n_3 = W_3 \times n = 0,23 \times 723 = 165,70 \cong 166$$

Assim, para realizar a pesquisa, devem ser selecionados 322 alunos da área de Exatas, 236 da área de Humanas e 166 da área de Biomédicas. A partir da amostra selecionada, pode-se inferir, com um intervalo de confiança de 95%, que a diferença entre a média amostral e a verdadeira média populacional será de no máximo 0,8 horas.

### Exemplo 14: Cálculo do tamanho da amostra estratificada

Considere a mesma população do exemplo anterior, porém, o objetivo agora é estimar, para cada área, a proporção de alunos que trabalham. Com base em uma amostra piloto, têm-se as seguintes estimativas por área: $\hat{p}_1 = 0,3$ (exatas), $\hat{p}_2 = 0,6$ (humanas) e $\hat{p}_3 = 0,4$ (biológicas). O tipo de amostragem utilizada nesse caso é uniforme. Determine o tamanho da amostra, considerando um erro de estimação de 3% e um intervalo de confiança de 90%.

### Solução

Como não se conhece o verdadeiro valor de $p$ para cada área, utiliza-se sua estimativa. Para um intervalo de confiança de 90%, tem-se que $Z_\alpha = 1,645$. Aplicando a equação (7.11) da amostragem estratificada para estimar a proporção de uma população finita, tem-se que:

$$n = \frac{\sum_{i=1}^{k} N_i^2 p_i q_i / W_i}{N^2 \dfrac{B^2}{z_\alpha^2} + \sum_{i=1}^{k} N_i p_i q_i}$$

$$n = \frac{5.285^2 \times 0,3 \times 0,7 / 0,44 + 3.877^2 \times 0,6 \times 0,4 / 0,33 + 2.724^2 \times 0,4 \times 0,6 / 0,23}{11.886^2 \times \dfrac{0,03^2}{1,645^2} + 5.285 \times 0,3 \times 0,7 + 3.877 \times 0,6 \times 0,4 + 2.724 \times 0,4 \times 0,6}$$

$$n = 644,54 \cong 645$$

Como a amostragem é uniforme, tem-se que $n_1 = n_2 = n_3 = 215$.

Portanto, para realizar a pesquisa, devem ser selecionados aleatoriamente 215 alunos de cada área. A partir da amostra selecionada, pode-se inferir, com um intervalo de confiança de 90%, que a diferença entre a proporção amostral e a verdadeira proporção populacional será de no máximo 3%.

## 4.4. Tamanho da amostra por conglomerados

Esta seção apresenta o cálculo do tamanho da amostra por conglomerados em um único estágio e em dois estágios.

Considere a seguinte notação para o cálculo do tamanho da amostra por conglomerados:

$N$ = tamanho da população
$M$ = número de conglomerados em que a população foi dividida

$N_i$ = tamanho do conglomerado $i$, $i$ = 1, 2, ..., $M$

$n$ = tamanho da amostra

$m$ = número de conglomerados sorteados ($m < M$)

$n_i$ = tamanho do conglomerado $i$ da amostra sorteada no primeiro estágio ($i = 1, 2, ..., m$), tal que $n_i = N_i$

$b_i$ = tamanho do conglomerado $i$ da amostra sorteada no segundo estágio ($i = 1, 2, ..., m$), tal que $b_i < n_i$

$\bar{N}$ = $N/M$ (tamanho médio dos conglomerados da população)

$\bar{n}$ = $n/m$ (tamanho médio dos conglomerados da amostra)

$x_{ij}$ = $j$-ésima observação no conglomerado $i$

$\sigma^2_{dc}$ = variância populacional dentro dos conglomerados

$\sigma^2_{ec}$ = variância populacional entre conglomerados

$\sigma^2_i$ = variância populacional dentro do conglomerado $i$

$\mu_i$ = média populacional dentro do conglomerado $i$

$\sigma^2_c = \sigma^2_{dc} + \sigma^2_{ec}$ (variância populacional total)

Segundo Bolfarine e Bussab (2005), o cálculo de $\sigma^2_{dc}$ e $\sigma^2_{ec}$ é dado por:

$$\sigma^2_{dc} = \frac{\sum_{i=1}^{M}\sum_{j=1}^{N_i}\left(x_{ij}-\mu_i\right)^2}{N} = \frac{1}{M}\sum_{i=1}^{M}\frac{N_i}{\bar{N}}\sigma^2_i \qquad (7.13)$$

$$\sigma^2_{ec} = \frac{1}{N}\sum_{i=1}^{M}N_i(\mu_i-\mu)^2 = \frac{1}{M}\sum_{i=1}^{M}\frac{N_i}{\bar{N}}(\mu_i-\mu)^2 \qquad (7.14)$$

Supondo que todos os conglomerados têm tamanhos iguais, as equações anteriores se resumem a:

$$\sigma^2_{dc} = \frac{1}{M}\sum_{i=1}^{M}\sigma^2_i \qquad (7.15)$$

$$\sigma^2_{ec} = \frac{1}{M}\sum_{i=1}^{M}(\mu_i-\mu)^2 \qquad (7.16)$$

### 4.4.1. Tamanho da amostra por conglomerados em um estágio

Esta seção apresenta o cálculo do tamanho da amostra por conglomerados em um estágio para estimar a média (variável quantitativa) de uma população finita e infinita, com um erro máximo de estimação igual a $B$.

O erro de estimação ($B$) para a média é a máxima diferença que o investigador admite entre $\mu$ (média populacional) e $\bar{x}$ (média da amostra), isto é, $B \geq |\mu - \bar{x}|$.

### 4.4.1.1. Tamanho da amostra para estimar a média de uma população infinita

Se a variável escolhida for quantitativa e a população infinita, o número de conglomerados sorteados no primeiro estágio ($m$), tal que $P(|\bar{x} - \mu| \leq B) = 1 - \alpha$, pode ser calculado como:

$$m = \frac{\sigma_c^2}{B^2 / z_\alpha^2} \tag{7.17}$$

em que:

$\sigma_c^2 = \sigma_{dc}^2 + \sigma_{ec}^2$ (ver equações 7.13 a 7.16)
$B$ – erro máximo de estimação
$z_\alpha$ – abscissa da distribuição normal padrão, fixado um nível de significância $\alpha$

Se os conglomerados são de tamanhos iguais, Bolfarine e Bussab (2005) demonstram que:

$$m = \frac{\sigma_e^2}{B^2 / z_\alpha^2} \tag{7.18}$$

Segundo os autores, em geral, $\sigma_c^2$ é desconhecido e tem que ser estimado a partir de amostras pilotos ou de pesquisas amostrais anteriores.

### 4.4.1.2. Tamanho da amostra para estimar a média de uma população finita

Se a variável escolhida for quantitativa e a população finita, o número de conglomerados sorteados no primeiro estágio ($m$), tal que $P(|\bar{x} - \mu| \leq B) = 1 - \alpha$, pode ser calculado como:

$$m = \frac{M\sigma_c^2}{M \dfrac{B^2 \bar{N}^2}{z_\alpha^2} + \sigma_c^2} \tag{7.19}$$

em que:

$M$ – número de conglomerados em que a população foi dividida
$\sigma_c^2 = \sigma_{dc}^2 + \sigma_{ec}^2$ (ver equações 7.13 a 7.16)
$B$ – erro máximo de estimação
$\bar{N} = N/M$ (tamanho médio dos conglomerados da população)
$Z_\alpha$ – abscissa da distribuição normal padrão, fixado um nível de significância $\alpha$

### 4.4.1.3. Tamanho da amostra para estimar a proporção de uma população infinita

Se a variável escolhida for binária e a população infinita, o número de conglomerados sorteados no primeiro estágio ($m$), tal que $P(|\hat{p} - p| \leq B) = 1 - \alpha$, pode ser calculado como:

$$m = \frac{\dfrac{1}{M} \sum\limits_{i=1}^{M} \dfrac{N_i}{\overline{N}} p_i q_i}{B^2 / z_\alpha^2} \tag{7.20}$$

em que:

$M$ – número de conglomerados em que a população foi dividida
$N_i$ – tamanho do conglomerado $i$, $i = 1, 2, ..., M$
$\overline{N} = N/M$ (tamanho médio dos conglomerados da população)
$p_i$ – proporção de elementos que possui a característica desejada no conglomerado $i$
$q_i = 1 - p_i$
$B$ – erro máximo de estimação
$z_\alpha$ – abscissa da distribuição normal padrão, fixado um nível de significância $\alpha$

### 4.4.1.4. Tamanho da amostra para estimar a proporção de uma população finita

Se a variável escolhida for binária e a população finita, o número de conglomerados sorteados no primeiro estágio ($m$), tal que $P(|\hat{p} - p| \leq B) = 1 - \alpha$, pode ser calculado como:

$$m = \frac{\sum\limits_{i=1}^{M} \dfrac{N_i}{\overline{N}} p_i q_i}{M \dfrac{B^2 \overline{N}^2}{z_\alpha^2} + \dfrac{1}{M} \sum\limits_{i=1}^{M} \dfrac{N_i}{\overline{N}} p_i q_i} \tag{7.21}$$

em que:

$M$ – número de conglomerados em que a população foi dividida
$N_i$ – tamanho do conglomerado $i$, $i = 1, 2, ..., M$
$\overline{N} = N/M$ (tamanho médio dos conglomerados da população)
$p_i$ – proporção de elementos que possui a característica desejada no conglomerado $i$
$q_i = 1 - p_i$
$B$ – erro máximo de estimação
$z_\alpha$ – abscissa da distribuição normal padrão, fixado um nível de significância $\alpha$

### 4.4.2. Tamanho da amostra por conglomerados em dois estágios

Nesse caso, supõe-se que todos os conglomerados têm o mesmo tamanho. Com base em Bolfarine e Bussab (2005), considere uma função de custo linear:

$$C = c_1 n + c_2 b \tag{7.22}$$

em que:

$c_1$ = custo de observação de uma unidade do primeiro estágio
$c_2$ = custo de observação de uma unidade do segundo estágio
$n$ = tamanho da amostra no primeiro estágio
$b$ = tamanho da amostra no segundo estágio

O tamanho ótimo de $b$ que minimiza a função de custo linear é dado por:

$$b^\star = \frac{\sigma_{dc}}{\sigma_{ec}}\sqrt{\frac{c_1}{c_2}} \tag{7.23}$$

## Exemplo 15: Cálculo do tamanho da amostra por conglomerados

Considere a população de sócios de um determinado clube paulista ($N = 4.500$). Deseja-se estimar a nota média (0 a 10) de avaliação dos sócios em relação aos principais atributos que o clube oferece. A população é dividida em 10 grupos de 450 elementos, de acordo com o número de sócio. A estimativa da média e da variância populacional por grupo, com base em pesquisas anteriores, consta na Tabela 7.8. Supondo que a amostragem por conglomerados é baseada em um único estágio, determine o número de conglomerados que deve ser sorteado, considerando $B = 2\%$ e $\alpha = 1\%$.

**Tabela 7.8** Média e variância populacional por grupo

| $i$ | 1 | 2 | 3 | 4 | 5 | 6 | 7 | 8 | 9 | 10 |
|---|---|---|---|---|---|---|---|---|---|---|
| $\mu_i$ | 7,4 | 6,6 | 8,1 | 7,0 | 6,7 | 7,3 | 8,1 | 7,5 | 6,2 | 6,9 |
| $\sigma_i^2$ | 22,5 | 36,7 | 29,6 | 33,1 | 40,8 | 51,7 | 39,7 | 30,6 | 40,5 | 42,7 |

## Solução

A partir dos dados do enunciado, tem-se que:

$$N = 4.500, \quad M = 10, \quad \bar{N} = 4.500/10 = 450, \quad B = 0,02 \text{ e } z_\alpha = 2,575.$$

Como todos os conglomerados têm tamanhos iguais, o cálculo de $\sigma_{dc}^2$ e $\sigma_{ec}^2$ é dado por:

$$\sigma_{dc}^2 = \frac{1}{M}\sum_{i=1}^{M}\sigma_i^2 = \frac{22,5+36,7+\ldots+42,7}{10} = 36,79$$

$$\sigma_{ec}^2 = \frac{1}{M}\sum_{i=1}^{M}(\mu_i - \mu)^2 = \frac{(7,4-7,18)^2 + \ldots + (6,9-7,18)^2}{10} = 0,35$$

Logo, $\sigma_c^2 = \sigma_{dc}^2 + \sigma_{ec}^2 = 36,79 + 0,35 = 37,14$

O número de conglomerados a serem sorteados em um estágio, para uma população finita, é dado pela equação (7.19):

$$m = \frac{M\sigma_c^2}{M\dfrac{B^2\bar{N}^2}{z_\alpha^2} + \sigma_c^2} = \frac{10 \times 37,14}{10 \times \dfrac{0,02^2 \times 450^2}{2,575^2} + 37,14} = 2,33 \cong 3$$

Portanto, a população de $N = 4.500$ sócios é dividida em $M = 10$ conglomerados de tamanhos iguais ($N_i = 450$, $i = 1, \ldots 10$). Do total de conglomerados, sorteiam-se, aleatoriamente, $m = 3$ conglomerados. No caso da amostragem por conglomerados em um único estágio, todos os elementos de cada conglomerado sorteado constituem a amostra global ($n = 450 \times 3 = 1.350$).

A partir da amostra selecionada, pode-se inferir, com um intervalo de confiança de 99%, que a diferença entre a média amostral e a verdadeira média populacional será de no máximo 2%.

O Quadro 7.1 apresenta uma síntese das equações utilizadas no cálculo do tamanho da amostra para a média (variável quantitativa) e proporção (variável binária) de uma população finita e infinita, com um erro máximo de estimação igual a $B$, para cada tipo de amostragem aleatória (simples, sistemática, estratificada e por conglomerados).

**Quadro 7.1** Equações para o cálculo do tamanho das amostras aleatórias

| Tipo de amostra aleatória | Estimar média (população infinita) | Estimar média (população finita) | Estimar proporção (população infinita) | Estimar proporção (população finita) |
|---|---|---|---|---|
| Simples | $n=\dfrac{\sigma^2}{B^2/z_\alpha^2}$ | $n=\dfrac{N\sigma^2}{(N-1)\dfrac{B^2}{z_\alpha^2}+\sigma^2}$ | $n=\dfrac{pq}{B^2/z_\alpha^2}$ | $n=\dfrac{Npq}{(N-1)\dfrac{B^2}{z_\alpha^2}+pq}$ |
| Sistemática | $n=\dfrac{\sigma^2}{B^2/z_\alpha^2}$ | $n=\dfrac{N\sigma^2}{(N-1)\dfrac{B^2}{z_\alpha^2}+\sigma^2}$ | $n=\dfrac{pq}{B^2/z_\alpha^2}$ | $n=\dfrac{Npq}{(N-1)\dfrac{B^2}{z_\alpha^2}+pq}$ |
| Estratificada | $n=\dfrac{\sum\limits_{i=1}^{k}W_i\sigma_i^2}{B^2/z_\alpha^2}$ | $n=\dfrac{\sum\limits_{i=1}^{k}N_i^2\sigma_i^2/W_i}{N^2\dfrac{B^2}{z_\alpha^2}+\sum\limits_{i=1}^{k}N_i\sigma_i^2}$ | $n=\dfrac{\sum\limits_{i=1}^{k}W_ip_iq_i}{B^2/z_\alpha^2}$ | $n=\dfrac{\sum\limits_{i=1}^{k}N_i^2 p_iq_i/W_i}{N^2\dfrac{B^2}{z_\alpha^2}+\sum\limits_{i=1}^{k}N_ip_iq_i}$ |
| Por conglomerados (em um estágio) | $m=\dfrac{\sigma_c^2}{B^2/z_\alpha^2}$ | $m=\dfrac{M\sigma_c^2}{M\dfrac{B^2\overline{N}^2}{z_\alpha^2}+\sigma_c^2}$ | $m=\dfrac{1\!\!/_M\sum\limits_{i=1}^{M}\dfrac{N_i}{\overline{N}}p_iq_i}{B^2/z_\alpha^2}$ | $m=\dfrac{\sum\limits_{i=1}^{M}\dfrac{N_i}{\overline{N}}p_iq_i}{M\dfrac{B^2\overline{N}^2}{z_\alpha^2}+1\!\!/_M\sum\limits_{i=1}^{M}\dfrac{N_i}{\overline{N}}p_iq_i}$ |

## 5. CONSIDERAÇÕES FINAIS

Raramente é possível obter a distribuição exata de uma variável selecionando-se todos os elementos da população, devido ao alto custo, ao tempo despendido e às dificuldades de levantamento de dados. Dessa forma, a alternativa é selecionar parte dos elementos da população (amostra) e, a partir dela, inferir propriedades para o todo (população). Como a amostra deve ser representativa da população, a escolha da técnica de amostragem é fundamental neste processo.

As técnicas de amostragem podem ser classificadas em dois grandes grupos: amostragem probabilística ou aleatória e amostragem não probabilística ou não aleatória. Dentre as principais técnicas de amostragem aleatória, destacam-se: amostragem aleatória simples (com e sem reposição), sistemática, estratificada e por conglomerados.

As principais técnicas de amostragem não aleatória são: amostragem por conveniência, por julgamento ou intencional, por quotas e bola de neve. Cada uma das técnicas apresenta vantagens e desvantagens. A escolha da técnica adequada deve ser ponderada para cada estudo em questão.

Este capítulo também apresentou o cálculo do tamanho da amostra para estimar a média e proporção de uma população infinita e finita, para cada tipo de amostragem aleatória. No caso de amostras não aleatórias, dimensiona-se o tamanho da amostra em que é possível custear ou então adota-se uma dimensão já utilizada com sucesso em estudos anteriores com as mesmas características. Uma terceira alternativa seria calcular o tamanho de uma amostra aleatória e tê-la como referência.

## 6. RESUMO

Define-se **população** como o conjunto com todos os indivíduos, objetos ou elementos a serem estudados, que apresentam uma ou mais características em comum. As populações podem ser finitas ou infinitas. As **populações finitas** são de tamanho limitado, permitindo que seus elementos sejam contados; já as **populações infinitas** são de tamanho ilimitado, não permitindo a contagem dos elementos.

Dessa forma, existem situações em que o estudo com todos os elementos da população é impossível ou indesejável, de modo que a alternativa é extrair um subconjunto da população em análise, chamado **amostra**. A amostra deve ser representativa da população em estudo, daí a importância das técnicas de amostragem.

Existem, basicamente, dois tipos de amostragem: (1) amostragem probabilística ou aleatória e (2) amostragem não probabilística ou não aleatória. Na amostragem aleatória, as amostras são obtidas de forma aleatória, ou seja, a probabilidade de cada elemento da população fazer parte da amostra é igual. Na amostragem não aleatória, as amostras são obtidas de forma não aleatória, ou seja, a probabilidade de alguns ou de todos os elementos da população pertencer à amostra é desconhecida.

Cada um dos métodos apresenta vantagens e desvantagens. Com relação às técnicas de amostragem aleatória, as principais vantagens são: a) os critérios de seleção dos elementos estão rigorosamente definidos, não permitindo que a subjetividade dos investigadores ou do entrevistador intervenha na escolha dos elementos; e b) a possibilidade de determinar matematicamente a dimensão da amostra em função da precisão e do grau de confiança desejado para os resultados. Por outro lado, as principais desvantagens são: a) a dificuldade em obter listagens ou regiões atuais e completas da população; e b) a seleção aleatória pode originar uma amostra muito dispersa geograficamente, aumentando os custos, o tempo envolvido no estudo e a dificuldade de coleta de dados (FÁVERO *et al.*, 2009).

Em relação às técnicas de amostragem não aleatória, as vantagens referem-se ao menor custo, ao menor tempo de estudo e à menor necessidade de pessoal. Como desvantagens, podemos listar: a) há unidades do universo que não têm possibilidade de serem escolhidas; b) pode ocorrer um viés de opinião pessoal; e c) não se sabe com que grau de confiança as conclusões obtidas podem ser inferidas para a população. Como essas técnicas não utilizam um método aleatório para seleção dos elementos da amostra, não há garantia de que a amostra selecionada seja representativa da população (FÁVERO *et al.*, 2009).

A escolha da técnica de amostragem deve levar em conta os objetivos da pesquisa, o erro nos resultados, a acessibilidade aos elementos da população, a representatividade desejada, o tempo dispendido, a disponibilidade de recursos financeiros e humanos etc.

As principais técnicas de amostragem aleatória são: amostragem simples (com e sem reposição), sistemática, estratificada e por conglomerados.

A técnica de **amostragem aleatória simples (AAS)** sorteia, com igual probabilidade, um elemento qualquer da população. O processo é repetido até atingir o tamanho da amostra. Quando o elemento sorteado é removido da população antes do próximo sorteio, tem-se o processo **AAS sem reposição**. Caso seja permitido o sorteio de uma unidade mais de uma vez, estamos diante do processo **AAS com reposição**.

Quando os elementos da população estão ordenados e são retirados periodicamente, tem-se uma **amostragem sistemática**. Assim, por exemplo, em uma linha de produção, podemos retirar um elemento a cada 50 itens produzidos.

Na **amostragem estratificada**, a população é estratificada ou dividida em subpopulações, chamadas de estratos e, em cada estrato, uma amostra é retirada. Dessa forma, define-se, primeiramente, o número de estratos, obtendo-se assim o tamanho de cada estrato; para cada estrato, especificam-se quantos elementos serão retirados da subpopulação, podendo ser uma alocação uniforme ou proporcional. Na alocação **uniforme**, sorteia-se igual número de elementos em cada estrato, sendo recomendada quando os estratos forem aproximadamente do mesmo tamanho. Na **proporcional**, o número de elementos em cada estrato é proporcional ao número de elementos existentes no estrato.

Na **amostragem por conglomerados**, a população total é subdividida em grupos de unidades elementares, denominados conglomerados. Cada conglomerado deve ser um bom representante do universo, ou seja, deve ser heterogêneo, contendo todo tipo de participante. É o oposto da amostragem estratificada. A amostragem é feita a partir dos grupos e não dos indivíduos da população. Dessa forma, sorteia-se aleatoriamente um número suficiente de conglomerados e os objetos deste constituirão a amostra. Esse tipo de amostragem é denominado **amostragem por conglomerados em um estágio**. Quando se sorteiam elementos dentro dos conglomerados selecionados, tem-se uma **amostragem por conglomerados em dois estágios**: no primeiro estágio, sorteiam-se os conglomerados e, no segundo, sorteiam-se os elementos.

Já as principais técnicas de amostragem não aleatória são: amostragem por conveniência, por julgamento ou intencional, por quotas e bola de neve.

A **amostragem por conveniência** é empregada quando a participação é voluntária ou os elementos da amostra são escolhidos por uma questão de conveniência ou simplicidade, como, por exemplo, amigos, vizinhos, estudantes etc. Dessa forma, o processo amostral não garante que a amostra por conveniência seja representativa da população.

Na **amostragem por julgamento ou intencional**, a amostra é escolhida segundo a opinião ou julgamento prévio de um especialista. Seu risco é decorrente de um possível equívoco por parte do pesquisador em seu prejulgamento.

A **amostragem por quotas** é uma variação da amostragem por julgamento. Inicialmente, fixam-se as quotas com base em um determinado critério; dentro das quotas, a seleção dos itens da amostra depende do julgamento do entrevistador.

Na **amostragem por bola de neve**, identificam-se um ou mais indivíduos da população-alvo, e estes identificam outros indivíduos pertencentes à mesma população. O processo é repetido até que seja alcançado o objetivo proposto ou "ponto de saturação". O "ponto de saturação" é atingido quando os últimos entrevistados não acrescentam novas informações relevantes à pesquisa, repetindo assim conteúdos de entrevistas anteriores.

## 7. EXERCÍCIOS

**1.** Qual a importância da amostragem?

**2.** Quais as diferenças entre as técnicas de amostragem aleatórias e não aleatórias? Em que casos elas devem ser utilizadas?

**3.** Qual a diferença entre a amostragem estratificada e por conglomerados?

**4.** Quais as vantagens e limitações de cada técnica de amostragem?

**5.** Qual tipo de amostragem é utilizada no sorteio da MegaSena?

**6.** Para verificar se uma peça atende a determinadas especificações de qualidade, a cada lote de 150 peças produzidas, retira-se uma unidade ao acaso e inspecionam-se todas as características de qualidade. Qual o tipo de amostragem utilizada nesse caso?

**7.** Suponha que a população do município de São Paulo está dividida por nível de escolaridade. Assim, para cada faixa, será entrevistada uma porcentagem da população. Qual o tipo de amostragem utilizada nesse caso?

**8.** Em uma linha de produção, um lote de 1.500 peças é produzido a cada hora. De cada lote, retira-se ao acaso uma amostra de 125 unidades. Em cada unidade da amostra, inspecionam-se todas as características de qualidade para verificar se a peça é defeituosa ou não. Qual o tipo de amostragem utilizada nesse caso?

**9.** Suponha que a população do município de São Paulo está dividida em 98 distritos. Desse total, serão sorteados aleatoriamente 24 distritos, e, para cada distrito, será entrevistada uma pequena amostra da população, em uma pesquisa de opinião pública. Qual o tipo de amostragem utilizada?

**10.** Deseja-se estimar a taxa de analfabetismo em um município com 4 mil habitantes 15 anos ou mais. Com base em pesquisas passadas, estima-se que $\hat{p} = 0,24$. Uma amostra aleatória será retirada da população. Supondo um erro máximo de estimação de 5% e um intervalo de confiança de 95%, qual deve ser o tamanho da amostra?

**11.** A população de um determinado município com 120 mil habitantes está dividida em cinco regiões (Norte, Sul, Centro, Leste e Oeste). A tabela a seguir apresenta o número de habitantes por região. Uma amostra aleatória será coletada de cada região a fim de estimar a idade média dos habitantes. As amostras selecionadas devem ser proporcionais ao número de habitantes por região. Com base em amostras pilotos, obtêm-se os seguintes estimadores para as variâncias nas cinco regiões: 44,5 (Norte), 59,3 (Sul), 82,4 (Centro), 66,2 (Leste) e 69,5 (Oeste). Determine o tamanho da amostra, considerando um erro de estimação de 0,6 e um intervalo de confiança de 99%.

| Região | Habitantes |
|--------|------------|
| Norte  | 14.060     |
| Sul    | 19.477     |
| Centro | 36.564     |
| Leste  | 26.424     |
| Oeste  | 23.475     |

**12.** Considere um município com 120 mil habitantes. Deseja-se estimar a porcentagem da população que vive em áreas urbanas e rurais. O plano de amostragem utilizado divide o município em 85 distritos de tamanhos diferentes. Do total de distritos, deseja-se selecionar parte deles, e, para cada distrito sorteado, serão selecionados todos os habitantes. O arquivo **Distritos.xls** apresenta o tamanho de cada distrito, assim como a porcentagem estimada da população urbana e rural. Supondo um erro máximo de estimação de 10% e um intervalo de confiança de 90%, determine o total de distritos a serem sorteados?

# CAPÍTULO 8

# Estimação

*O estudo profundo da natureza é a mais fecunda*
*fonte de descobertas matemáticas.*
**Joseph Fourier**

## Ao final deste capítulo, você será capaz de:

- Compreender como a estimação está inserida no contexto da inferência estatística.
- Compreender que os parâmetros da população podem ser estimados por meio de um único ponto (estimação pontual) ou por meio de um conjunto de valores (estimação por intervalos).
- Identificar as principais diferenças entre estimação pontual e intervalar.
- Descrever os principais métodos de estimação pontual e intervalar.

## 1. INTRODUÇÃO

Como descrito anteriormente, a inferência estatística tem como objetivo tirar conclusões acerca da população a partir de dados extraídos da amostra. A amostra deve ser representativa da população. Um dos grandes objetivos da inferência estatística corresponde à estimação dos parâmetros da população, foco do presente capítulo. Para Bussab e Morettin (2011), **parâmetro** pode ser definido como uma função do conjunto de valores da população; **estatística** como uma função do conjunto de valores da amostra; e **estimativa** como o valor assumido pelo parâmetro em determinada amostra.

Os parâmetros podem ser estimados pontualmente, por meio de um único ponto (estimação pontual) ou por meio de um intervalo de valores (estimação por intervalos).

Os principais métodos de estimação pontual são: o estimador dos momentos, o método dos mínimos quadrados e o método da máxima verossimilhança. Já os principais métodos de estimação intervalar ou intervalos de confiança (IC) são: IC para a média populacional quando a variância é conhecida, IC para a média populacional quando a variância é desconhecida, IC para a variância populacional e IC para a proporção.

## 2. ESTIMAÇÃO POR PONTO E POR INTERVALO

Os parâmetros da população podem então ser estimados por meio de um único ponto ou por meio de um intervalo de valores. Como exemplos de estimadores de parâmetros populacionais (por ponto e por intervalo), podemos citar a média, a variância e a proporção.

## 2.1. Estimação por ponto

A estimação pontual é utilizada quando se deseja estimar um único valor do parâmetro populacional de interesse. A estimativa do parâmetro populacional é calculada a partir de uma amostra.

Dessa forma, a média amostral ($\bar{x}$) é uma estimativa por ponto da verdadeira média populacional ($\mu$). Analogamente, a variância amostral ($S^2$) é uma estimativa pontual do parâmetro populacional ($\sigma^2$), assim como a proporção amostral ($\hat{p}$) é uma estimativa pontual da proporção populacional ($p$).

### *Exemplo 1: Estimação por ponto*

Considere um condomínio fechado de alto luxo com 702 lotes. Deseja-se estimar o tamanho médio dos lotes, sua variância, assim como a proporção de lotes à venda. Para isso, uma amostra aleatória de 60 lotes é sorteada, revelando um tamanho médio por lote de 1.750 m$^2$, uma variância de 420 m$^2$ e uma proporção de 8% dos lotes à venda. Portanto:

a) $\bar{x} = 1.750$ é uma estimativa pontual da verdadeira média populacional ($\mu$);
b) $S^2 = 420$ é uma estimativa pontual da verdadeira variância populacional ($\sigma^2$); e
c) $\hat{p} = 0{,}08$ é uma estimativa pontual da verdadeira proporção populacional ($p$).

## 2.2. Estimação por intervalo

A estimação por intervalos é utilizada quando se deseja conhecer um intervalo de possíveis valores no qual o parâmetro estimado esteja presente, com um determinado nível de confiança $(1 - \alpha)$.

### *Exemplo 2: Estimação por intervalo*

Considere o enunciado do Exemplo 1. Porém, ao invés de uma estimativa pontual do parâmetro populacional, utiliza-se uma estimativa intervalar:

a) O intervalo [1.700; 1.800] contém o tamanho médio dos 702 lotes do condomínio, com um intervalo de confiança de 99%.
b) Com 95% de confiança, o intervalo [400; 440] contém a variância populacional do tamanho dos lotes.
c) O intervalo [6%, 10%] contém a proporção de lotes à venda no condomínio, com 90% de confiança.

## 3. MÉTODOS DE ESTIMAÇÃO PONTUAL

Os principais métodos de estimação pontual são: método dos momentos, método dos mínimos quadrados e método da máxima verossimilhança.

## 3.1. Método dos momentos

No método dos momentos, os parâmetros populacionais são estimados a partir dos estimadores amostrais, como, por exemplo, a média e a variância amostral.

Considere uma variável aleatória $X$ com função densidade de probabilidade (f.d.p.) $f(x)$. Seja $X_1, X_2, ..., X_n$ uma amostra aleatória de tamanho $n$ retirada da população $X$. Para $k = 1, 2, ...$ o $k$-ésimo **momento populacional** da distribuição $f(x)$ é:

$$E(X^k) \tag{8.1}$$

Considere uma variável aleatória $X$ com f.d.p. $f(x)$. Seja $X_1, X_2, ..., X_n$ uma amostra aleatória de tamanho $n$ retirada da população $X$. Para $k = 1, 2, ...$ o $k$-ésimo **momento amostral** da distribuição $f(x)$ é:

$$M_k = \frac{\sum_{i=1}^{n} X_i^k}{n} \tag{8.2}$$

O procedimento de estimação do método dos momentos está descrito a seguir. Seja $X$ uma variável aleatória com f.d.p. $f(x, \theta_1, ..., \theta_m)$, em que $\theta_1, ..., \theta_m$ são parâmetros populacionais cujos valores são desconhecidos. Uma amostra aleatória $X_1, X_2, ..., X_n$ é retirada da população $X$.

Os estimadores dos momentos $\hat{\theta}_1, ... \hat{\theta}_m$ são obtidos igualando os $m$ primeiros momentos amostrais aos $m$ momentos populacionais correspondentes e resolvendo as equações resultantes para $\theta_1, ..., \theta_m$.

Assim, o primeiro momento da população é:

$$E(X) = \mu \tag{8.3}$$

E o primeiro momento amostral é:

$$M_1 = \overline{X} = \frac{\sum_{i=1}^{n} X_i}{n} \tag{8.4}$$

Igualando os momentos da população e da amostra, tem-se que:

$$\hat{\mu} = \overline{X}$$

Portanto, **a média amostral é o estimador de momento da média popu-lacional.**

O Quadro 8.1 apresenta o cálculo de $E(X)$ e $VAR(X)$ para diferentes distribuições de probabilidade.

**Quadro 8.1** Cálculo de $E(X)$ e $VAR(X)$ para diferentes distribuições de probabilidade

| Distribuição | $E(X)$ | $VAR(X)$ | $M$ |
|:---:|:---:|:---:|:---:|
| Normal [$X\sim N(\mu, \sigma^2)$] | $\mu$ | $\sigma^2$ | 2 |
| Binomial [$X\sim Bin(n, p)$] | $np$ | $np(1-p)$ | 1 |
| Poisson [$X\sim Poi(\lambda)$] | $\lambda$ | $\lambda$ | 1 |
| Uniforme [$X\sim Uni(a,b)$] | $(a+b)/2$ | $(b-a)^2/12$ | 2 |
| Exponencial [$X\sim Exp(\lambda)$] | $1/\lambda$ | $1/\lambda^2$ | 1 |
| Gamma [$X\sim Gamma(a,b)$] | $ab$ | $ab^2$ | 2 |

### Exemplo 3: Método dos momentos

Suponha que uma determinada variável aleatória $X$ segue distribuição exponencial com parâmetro $\lambda$. Uma amostra aleatória de 10 unidades é retirada da população cujos dados encontram-se na Tabela 8.1. Calcule a estimação do momento de $\lambda$.

**Tabela 8.1** Dados obtidos da amostra

| 5,4 | 9,8 | 6,3 | 7,9 | 9,2 | 10,7 | 12,5 | 15,0 | 13,9 | 17,2 |
|-----|-----|-----|-----|-----|------|------|------|------|------|

### Solução

Tem-se que $E(X) = \overline{X}$.

Para uma distribuição exponencial, como $E(X)=\dfrac{1}{\lambda}$, tem-se que $\dfrac{1}{\lambda}=\overline{X}$.

Logo, o estimador dos momentos de $\lambda$ é dado por $\hat{\lambda}=\dfrac{1}{\overline{X}}$.

Para os dados do Exemplo 3, como $\overline{X} = 10,79$, a estimação do momento de $\lambda$ é:

$$\hat{\lambda}=\frac{1}{\overline{X}}=\frac{1}{10,79}=0,093$$

## 3.2. Método dos mínimos quadrados

Um modelo de regressão linear simples (para mais detalhes ver o Capítulo 11) é dado pela seguinte equação:

$$Y_i = \alpha + \beta X_i + \varepsilon_i, \qquad i = 1, 2, ..., n \qquad (8.5)$$

em que:

$Y_i$ é o $i$-ésimo valor observado da variável dependente
$\alpha$ é o coeficiente linear da reta ou constante
$\beta$ é o coeficiente angular da reta
$X_i$ é o $i$-ésimo valor observado da variável explicativa
$\varepsilon_i$ é o termo de erro aleatório da relação linear entre $Y$ e $X$

Como os parâmetros $\alpha$ e $\beta$ do modelo de regressão são desconhecidos, deseja-se estimá-los pela reta de regressão:

$$\hat{Y}_i = a + bX_i \qquad (8.6)$$

em que:

$\hat{Y}_i$ é o $i$-ésimo valor estimado ou previsto pelo modelo
$a$ e $b$ são as estimativas dos parâmetros $\alpha$ e $\beta$ do modelo de regressão
$X_i$ é o $i$-ésimo valor observado da variável explicativa

Porém, os valores observados de $Y_i$ nem sempre serão iguais aos valores de $\hat{Y}_i$ estimados pela reta de regressão. A diferença entre o valor observado e o valor estimado na $i$-ésima observação é chamada de resíduo estimado ($e_i$):

$$e_i = Y_i - \hat{Y}_i \qquad (8.7)$$

Dessa forma, o método dos mínimos quadrados é utilizado para determinar a melhor reta que se ajusta aos pontos de um diagrama, isto é, o método consiste em estimar $a$ e $b$ de forma que a soma dos quadrados dos resíduos seja a menor possível:

$$\min \sum_{i=1}^{n} e_i^2 = \sum_{i=1}^{n} \left(Y_i - a - bX_i\right)^2$$

O cálculo dos estimadores é dado por:

$$b = \frac{\sum_{i=1}^{n}(Y_i - \overline{Y})(X_i - \overline{X})}{\sum_{i=1}^{n}(X_i - \overline{X})^2} = \frac{\sum_{i=1}^{n} Y_i X_i - n\overline{XY}}{\sum_{i=1}^{n} X_i^2 - n\overline{X}^2} \qquad (8.8)$$

$$a = \overline{Y} - b\overline{X} \qquad (8.9)$$

## 3.3. Método da máxima verossimilhança

O método da máxima verossimilhança é um dos procedimentos utilizados para estimação de parâmetros de um modelo a partir da distribuição de probabilidades da variável que represente o fenômeno em estudo. Esses parâmetros são escolhidos de modo a maximizar a função de verossimilhança, que é a função-objetivo de um problema de programação linear (FÁVERO, 2015).

Considere uma variável aleatória $X$ com função densidade de probabilidade $f(x, \theta)$, em que o vetor $\theta = \theta_1, \theta_2, ..., \theta_n$ é desconhecido. Uma amostra aleatória $X_1, X_2, ..., X_n$ de tamanho $n$ é retirada da população $X$; considere $x_1, x_2, ..., x_n$ os valores efetivamente observados.

A função de verossimilhança $L$ associada a $X$ é uma função densidade de probabilidade conjunta dada pelo produto das densidades de cada uma das observações:

$$L\left(\theta; x_1, x_2, ..., x_n\right) = f(x_1, \theta) \times f(x_2, \theta) + \cdots + f(x_n, \theta) = \prod_{i=1}^{n} f(x_i, \theta) \qquad (8.10)$$

O estimador da máxima verossimilhança é o vetor $\hat{\theta}$ que maximiza a função de verossimilhança.

## 4. ESTIMATIVA INTERVALAR OU INTERVALOS DE CONFIANÇA

Na seção 2, os parâmetros de interesse da população foram estimados por meio de um único valor (estimação pontual). A principal limitação da estimação pontual é que quando um parâmetro é estimado através de um único ponto, todas as informações dos dados são resumidas por meio deste valor numérico.

Como alternativa, pode-se utilizar a estimação por intervalos. Assim, ao invés de estimar o parâmetro da população por meio de um único ponto, é dado um intervalo de estimativas prováveis. Define-se, portanto, um intervalo de valores que conterá o verdadeiro parâmetro da população, com um determinado nível de confiança $(1 - \alpha)$.

Considere $\hat{\theta}$ um estimador do parâmetro $\theta$ da população. Uma estimativa por intervalos para $\hat{\theta}$ é obtida pelo intervalo $]\theta - k; \theta + k[$, de modo que $P(\theta - k < \hat{\theta} < \theta + k) = 1 - \alpha$.

## 4.1. Intervalo de confiança para a média populacional ($\mu$)

A estimação da média populacional a partir de uma amostra é aplicada para dois casos: quando a variância populacional ($\sigma^2$) é conhecida ou desconhecida.

### 4.1.1. Variância populacional ($\sigma^2$) conhecida

Seja $X$ uma variável aleatória com distribuição normal, média $\mu$ e variância $\sigma^2$ conhecida, isto é, $X \sim N(\mu, \sigma^2)$. Assim, tem-se que:

$$Z = \frac{\overline{X} - \mu}{\sigma / \sqrt{n}} \sim N(0, 1) \tag{8.11}$$

ou seja, a variável $Z$ tem distribuição normal padronizada.

Considere que a probabilidade da variável $Z$ assumir valores entre $-z_c$ e $z_c$ é $1 - \alpha$, de modo que os valores críticos de $-z_c$ e $z_c$ são obtidos da tabela de distribuição normal padrão (Tabela A do Apêndice), como mostra a Figura 8.1.

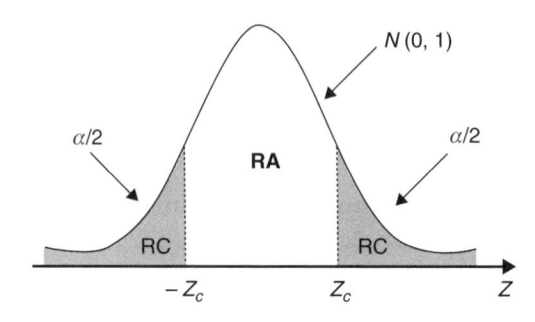

**Figura 8.1** *Distribuição normal padrão.*

Então, tem-se que:

$$P(-z_c < Z < z_c) = 1 - \alpha \tag{8.12}$$

ou ainda:

$$P\left(-z_c < \frac{\overline{X} - \mu}{\sigma / \sqrt{n}} < z_c\right) = 1 - \alpha \tag{8.13}$$

O intervalo de confiança para $\mu$ é, portanto:

$$P\left(\overline{X} - z_c \frac{\sigma}{\sqrt{n}} < \mu < \overline{X} + z_c \frac{\sigma}{\sqrt{n}}\right) = 1 - \alpha \tag{8.14}$$

### Exemplo 4: IC para a média populacional quando a variância é conhecida

Deseja-se estimar o tempo médio de processamento de uma determinada peça, com um intervalo de confiança de 95%. Sabe-se que $\sigma = 1,2$. Para isso, uma amostra aleatória com 400 peças foi coletada, obtendo-se uma média amostral de $\overline{X} = 5,4$. Construa, portanto, um intervalo de confiança de 95% para a verdadeira média populacional.

### Solução

Tem-se que: $\sigma = 1,2$; $n = 400$; $\overline{X} = 5,4$ e IC = 95% ($\alpha = 5\%$). Os valores críticos de $-z_c$ e $z_c$ para $\alpha = 5\%$ podem ser obtidos da Tabela A do Apêndice:

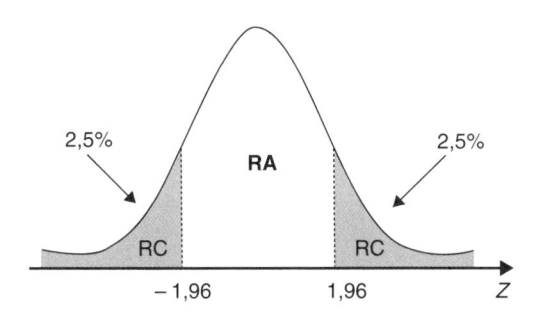

**Figura 8.2** *Valores críticos de –$z_c$ e $z_c$.*

Aplicando a equação (8.14):

$$P\left(5,4-1,96\frac{1,2}{\sqrt{400}}<\mu<5,4+1,96\frac{1,2}{\sqrt{400}}\right)=95\%$$

ou seja:

$$P(5,28 < \mu < 5,52) = 95\%$$

Logo, o intervalo [5,28; 5,52] contém o valor médio da população com 95% de confiança.

### 4.1.2. Variância populacional ($\sigma^2$) desconhecida

Seja $X$ uma variável aleatória com distribuição normal, média $\mu$ e variância $\sigma^2$ desconhecida, isto é, $X \sim N(\mu, \sigma^2)$ Como a variância é desconhecida, é necessário usar um estimador ($S^2$) no lugar de $\sigma^2$, proveniente de outra variável aleatória:

$$T=\frac{\left(\overline{X}-\mu\right)}{\left(S/\sqrt{n}\right)}\sim t_{n-1} \tag{8.15}$$

ou seja, a variável $T$ segue distribuição $t$ de Student com $n - 1$ graus de liberdade.

Considere que a probabilidade da variável $T$ assumir valores entre $-t_c$ e $t_c$ é $1 - \alpha$, de modo que os valores críticos de $-t_c$ e $t_c$ são obtidos da tabela de distribuição $t$ de Student (Tabela B do Apêndice), como mostra a Figura 8.3.

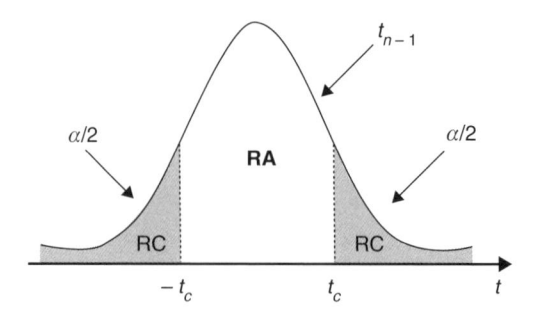

**Figura 8.3** *Distribuição t de Student.*

Então, tem-se que:

$$P(-t_c < T < t_c) = 1 - \alpha \tag{8.16}$$

ou ainda:

$$P\left(-t_c < \frac{\overline{X} - \mu}{S/\sqrt{n}} < t_c\right) = 1 - \alpha \tag{8.17}$$

O intervalo de confiança para $\mu$ é, portanto:

$$P\left(\overline{X} - t_c \frac{S}{\sqrt{n}} < \mu < \overline{X} + t_c \frac{S}{\sqrt{n}}\right) = 1 - \alpha \tag{8.18}$$

### Exemplo 5: IC para a média populacional quando a variância é desconhecida

Deseja-se estimar o peso médio de uma determinada população, com um intervalo de confiança de 95%. A variável aleatória analisada tem distribuição normal com média $\mu$ e variância $\sigma^2$ desconhecida. Retira-se uma amostra de 25 indivíduos da população e calcula-se a média amostral ($\overline{X} = 78$) e a variância amostral ($S^2 = 36$). Determine o intervalo que contém o peso médio da população.

### Solução

Como a variância é desconhecida, utiliza-se o estimador $S^2$ proveniente da variável $T$ que segue distribuição $t$ de Student. Os valores críticos de $-t_c$ e $t_c$, obtidos a partir da Tabela B do Apêndice, para um nível de significância de $\alpha = 5\%$ e 24 graus de liberdade, constam na Figura 8.4.

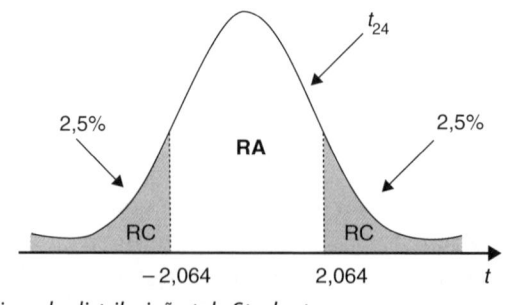

**Figura 8.4** *Valores críticos da distribuição t de Student.*

Aplicando a equação (8.18):

$$P\left(78-2{,}064\frac{6}{\sqrt{25}}<\mu<78+2{,}064\frac{6}{\sqrt{25}}\right)=95\%$$

ou seja:

$$P(75{,}5 < \mu < 80{,}5) = 95\%$$

Logo, o intervalo [75,5 ; 80,5] contém o peso médio da população com 95% de confiança.

## 4.2. Intervalo de confiança para proporções

Considere $X$ uma variável aleatória que representa a presença ou não de uma característica de interesse da população. Assim, $X$ segue uma distribuição binomial com parâmetro $p$, em que $p$ representa a probabilidade de um elemento da população apresentar a característica de interesse:

$$X \sim binomial(p)$$

com média $\mu = p$ e variância $\sigma^2 = p(1-p)$.

Uma amostra aleatória $X_1$, $X_2$, ..., $X_n$ de tamanho $n$ é retirada da população. Considere $k$ o número de elementos da amostra com a característica de interesse. O estimador da proporção populacional $p$ $(\hat{p})$ é dado por:

$$\hat{p}=\frac{k}{n} \tag{8.19}$$

Se $n$ é grande, pode-se considerar que a proporção amostral $\hat{p}$ segue, aproximadamente, uma distribuição normal com média $p$ e variância $p(1-p)/n$:

$$\hat{p}\sim N\left(p,\frac{p(1-p)}{n}\right) \tag{8.20}$$

Considera-se que a variável $Z=\dfrac{\hat{p}-p}{\sqrt{\dfrac{p(1-p)}{n}}}\sim N(0,1)$. Como $n$ é grande, podemos substituir $p$ por $\hat{p}$:

$$Z=\frac{\hat{p}-p}{\sqrt{\dfrac{\hat{p}(1-\hat{p})}{n}}}\sim N(0,1) \tag{8.21}$$

Considere que a probabilidade da variável $Z$ assumir valores entre $-z_c$ e $z_c$ é $1 - \alpha$, de modo que os valores críticos de $-z_c$ e $z_c$ são obtidos da tabela de distribuição normal padrão (Tabela A do Apêndice), como mostra a Figura 8.5.

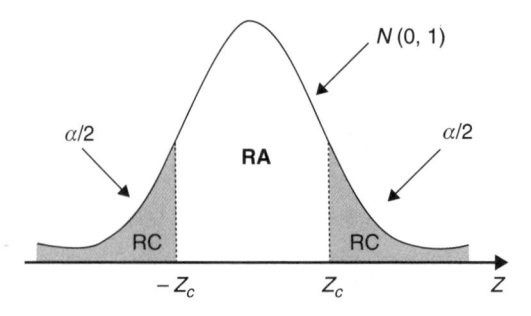

**Figura 8.5** *Distribuição normal padrão.*

Então, tem-se que:

$$P(-z_c < Z < z_c) = 1 - \alpha \qquad (8.22)$$

ou ainda:

$$P\left(-z_c < \frac{\hat{p} - p}{\sqrt{\dfrac{\hat{p}(1-\hat{p})}{n}}} < z_c\right) = 1 - \alpha \qquad (8.23)$$

O intervalo de confiança para $p$ é, portanto:

$$P\left(\hat{p} - z_c\sqrt{\dfrac{\hat{p}(1-\hat{p})}{n}} < p < \hat{p} + z_c\sqrt{\dfrac{\hat{p}(1-\hat{p})}{n}}\right) = 1 - \alpha \qquad (8.24)$$

### Exemplo 6: IC para proporções

Uma indústria verificou que a proporção de produtos defeituosos para um lote de 1.000 peças produzidas é de 230 peças. Construa um intervalo de confiança de 95% para a verdadeira proporção de produtos defeituosos.

### Solução

$$n = 1.000$$

$$\hat{p} = \frac{k}{n} = \frac{230}{1.000} = 0,23$$

$$z_c = 1,96$$

Logo, a equação (8.22) pode ser escrita por:

$$P\left(0,23 - 1,96\sqrt{\dfrac{0,23 \cdot 0,77}{1.000}} < p < 0,23 + 1,96\sqrt{\dfrac{0,23 \cdot 0,77}{1.000}}\right) = 95\%$$

$$P(0,204 < p < 0,256) = 95\%$$

Assim, o intervalo [20,4%; 25,6%] contém a verdadeira proporção de produtos defeituosos com 95% de confiança.

## 4.3. Intervalo de confiança para a variância populacional

Seja $X_i$ uma variável aleatória com distribuição normal, média $\mu$ e variância $\sigma^2$, isto é, $X_i \sim N(\mu, \sigma^2)$. Um estimador para $\sigma^2$ é a variância amostral $S^2$. Assim, considera-se que a variável aleatória $Q$ tem distribuição qui-quadrado com $n-1$ graus de liberdade:

$$Q = \frac{(n-1)\cdot S^2}{\sigma^2} \sim \chi^2_{n-1} \tag{8.25}$$

Considere que a probabilidade da variável $Q$ assumir valores entre $\chi^2_{\text{inf}}$ e $\chi^2_{\text{sup}}$ é $1 - \alpha$, de modo que os valores críticos de $\chi^2_{\text{inf}}$ e $\chi^2_{\text{sup}}$ são obtidos da tabela de distribuição qui-quadrado (Tabela C do Apêndice), como mostra a Figura 8.6.

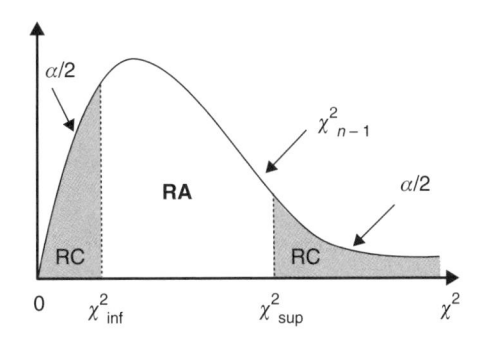

**Figura 8.6** *Distribuição qui-quadrado.*

Então, tem-se que:

$$P(\chi^2_{\text{inf}} < \chi^2_{n-1} < \chi^2_{\text{sup}}) = 1 - \alpha \tag{8.26}$$

ou ainda:

$$P\left( \chi^2_{\text{inf}} < \frac{(n-1)\cdot S^2}{\sigma^2} < \chi^2_{\text{sup}} \right) = 1 - \alpha \tag{8.27}$$

O intervalo de confiança para $\sigma^2$ é, portanto:

$$P\left( \frac{(n-1)\cdot S^2}{\chi^2_{\text{sup}}} < \sigma^2 < \frac{(n-1)\cdot S^2}{\chi^2_{\text{inf}}} \right) = 1 - \alpha \tag{8.28}$$

### *Exemplo 7: IC para a variância populacional*

Considere a população de estudantes do curso de Administração de uma universidade pública cuja variável de interesse é a idade dos alunos. Uma amostra de 101 alunos foi extraída da população normal e forneceu $S^2 = 18{,}22$. Construa um intervalo de confiança de 90% para a variância populacional.

### *Solução*

A partir da tabela de distribuição $\chi^2$ (Tabela C do Apêndice), para 100 graus de liberdade, tem-se que:

$$\chi^2_{\text{inf}} = 77,929$$

$$\chi^2_{\text{sup}} = 124,342$$

Logo, a equação (8.26) pode ser escrita da seguinte forma:

$$P\left( \frac{100 \cdot 18,22}{124,342} < \sigma^2 < \frac{100 \cdot 18,22}{77,929} \right) = 90\%$$

$$P(14,65 < \sigma^2 < 23,38) = 90\%$$

Dessa forma, o intervalo [14,6; 23,38] contém a verdadeira variância populacional com 90% de confiança.

## 5. CONSIDERAÇÕES FINAIS

A inferência estatística está dividida em três partes principais: amostragem, estimação dos parâmetros populacionais e testes de hipóteses. Este capítulo estudou os métodos de estimação.

Os métodos de estimação dos parâmetros populacionais podem ser pontuais ou intervalares. Entre os métodos de estimação pontuais, destacam-se o estimador dos momentos, o método dos mínimos quadrados e o método da máxima verossimilhança. Já entre os métodos de estimação intervalar, foram estudados o intervalo de confiança (IC) para a média populacional (quando a variância é conhecida e desconhecida), o IC para proporções e o IC para a variância populacional.

## 6. RESUMO

Os parâmetros da população podem ser estimados pontualmente, por meio de um único ponto (estimação pontual) ou por meio de um intervalo de valores (estimação por intervalos).

A estimação pontual é utilizada quando se deseja estimar um único valor do parâmetro populacional de interesse. A estimativa do parâmetro populacional é calculada a partir de uma amostra.

A estimação por intervalos é utilizada quando se deseja conhecer um intervalo de possíveis valores no qual o parâmetro estimado esteja presente, com um determinado nível de confiança $(1 - \alpha)$.

Os principais métodos de estimação pontual são: o estimador dos momentos, o método dos mínimos quadrados e o método da máxima verossimilhança. Já os principais métodos de estimação intervalar ou intervalos de confiança (IC) são: IC para a média populacional quando a variância é conhecida, IC para a média populacional

quando a variância é desconhecida, IC para proporções e IC para a variância populacional.

No método dos momentos, os parâmetros populacionais são estimados a partir dos estimadores amostrais, como, por exemplo, a média e a variância amostral.

O método dos mínimos quadrados é utilizado para determinar a reta que melhor se ajusta aos pontos de um diagrama.

Já o método da máxima verossimilhança é um dos procedimentos utilizados para estimação de parâmetros de um modelo a partir da distribuição de probabilidades da variável que represente o fenômeno em estudo. Esses parâmetros são escolhidos de modo a maximizar a função de verossimilhança, que é a função-objetivo de um problema de programação linear (FÁVERO, 2015).

Todos os estimadores descritos anteriormente são pontuais, isto é, estimam um valor único. A principal limitação da estimação pontual é que quando um parâmetro é estimado através de um único ponto, todas as informações dos dados são resumidas por meio deste valor numérico.

Como alternativa, pode-se utilizar a estimação por intervalos. Assim, ao invés de estimar o parâmetro da população por meio de um único ponto, é dado um intervalo de estimativas prováveis. Define-se, portanto, um intervalo de valores que conterá o verdadeiro parâmetro da população, com um determinado nível de confiança $(1 - \alpha)$.

## 7. EXERCÍCIOS

**1.** Deseja-se estimar a média de idade de uma população com distribuição normal e desvio-padrão $\sigma = 18$. Para isso, uma amostra de 120 indivíduos foi retirada da população, obtendo-se uma média igual a 51 anos. Construa um intervalo de confiança de 90% para a verdadeira média populacional.

**2.** Deseja-se estimar a renda média de uma determinada populaçao com distribuição normal e variância desconhecida. Uma amostra de 36 indivíduos foi extraída da população, apresentando uma média $\overline{X} = 5.400$ e desvio-padrão $S = 200$. Construa um intervalo de confiança de 95% para a média da população.

**3.** Deseja-se estimar a taxa de analfabetismo de um determinado município. Uma amostra de 500 habitantes foi retirada da população, apresentando uma porcentagem de 24% de analfabetos. Construa um intervalo de confiança de 95% para a proporção de analfabetos do município.

**4.** Deseja-se estimar a variabilidade do tempo médio de atendimento dos clientes de uma agência bancária. Uma amostra de 61 clientes foi extraída da população com distribuição normal e forneceu $S^2 = 8$. Construa um intervalo de confiança de 95% para a variância da população.

# CAPÍTULO 9

# Testes de Hipóteses

*Devemos investigar e aceitar os resultados. Se não resistem
a estes testes, até as palavras de Buda devem ser rejeitadas.*
**Dalai Lama**

## Ao final deste capítulo, você será capaz de:

- Compreender como os testes de hipóteses estão inseridos na estatística inferencial.
- Conceituar os testes de hipóteses e seus objetivos, assim como o procedimento para sua construção.
- Classificar os testes de hipóteses como paramétricos e não paramétricos, e definir os conceitos e suposições dos testes paramétricos (os testes não paramétricos serão estudados no próximo capítulo).
- Estabelecer as vantagens e desvantagens dos testes paramétricos.
- Estudar os principais tipos de testes de hipóteses paramétricos.
- Compreender as suposições inerentes a cada um dos testes paramétricos.
- Saber quando utilizar cada um dos testes paramétricos.
- Resolver cada teste analiticamente e também a partir do IBM SPSS Statistics Software®.
- Interpretar os resultados obtidos.

## 1. INTRODUÇÃO

Como apresentado anteriormente, um dos problemas a serem resolvidos pela inferência estatística é o de testar hipóteses. Uma **hipótese estatística** é uma suposição sobre um determinado parâmetro da população, como média, desvio-padrão, coeficiente de correlação etc. Um **teste de hipótese** é um procedimento para decisão sobre a veracidade ou falsidade de uma determinada hipótese. Para que uma hipótese estatística seja validada ou rejeitada com certeza, seria necessário examinar toda a população, o que na prática é inviável. Como alternativa, extrai-se uma amostra aleatória da população de interesse. Como a decisão é tomada com base na amostra, podem ocorrer erros (rejeitar uma hipótese quando ela for verdadeira ou não rejeitar uma hipótese quando ela for falsa), como será visto mais adiante.

O procedimento e os conceitos necessários para a construção de um teste de hipótese serão apresentados a seguir. Considere $x$ uma variável associada a uma população e $\theta$ um determinado parâmetro desta população.

Define-se a hipótese a ser testada sobre o parâmetro $\theta$ desta população, que é chamada de hipótese nula:

$$H_0 : \theta = \theta_0 \tag{9.1}$$

Define-se também a hipótese alternativa $(H_1)$, caso $H_0$ seja rejeitada, que pode ser caracterizada da seguinte forma:

$$H_1 : \theta \neq \theta_0 \tag{9.2}$$

e o teste é chamado de **teste bilateral (ou bicaudal).**

O nível de significância $(\alpha)$ de um teste representa a probabilidade de rejeitar a hipótese nula quando ela for verdadeira (é um dos dois tipos de erro que podem ocorrer conforme veremos a seguir). A região crítica de um teste bilateral é representada por duas caudas de tamanhos iguais, respectivamente na extremidade esquerda e direita da curva de distribuição, e cada uma delas corresponde à metade do nível de significância $\alpha$, conforme mostra a Figura 9.1.

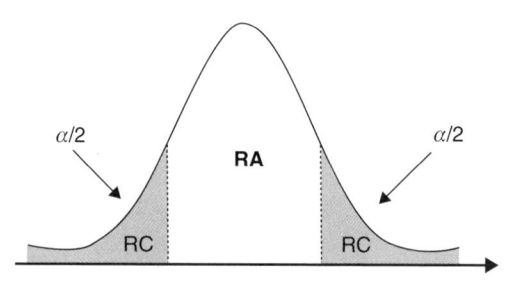

**Figura 9.1** *Região crítica de um teste bilateral.*

Outra forma de definir a hipótese alternativa $(H_1)$ seria:

$$H_1 : \theta < \theta_0 \tag{9.3}$$

e o teste é chamado **unilateral (ou unicaudal) à esquerda.**

Nesse caso, a região crítica está na cauda esquerda da distribuição e corresponde ao nível de significância $\alpha$, como mostra a Figura 9.2.

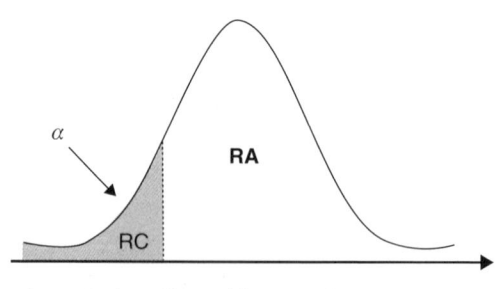

**Figura 9.2** *Região crítica de um teste unilateral à esquerda.*

Ou ainda, a hipótese alternativa poderia ser:

$$H_1 : \theta > \theta_0 \tag{9.4}$$

e o teste é chamado **unilateral (ou unicaudal) à direita**. Nesse caso, a região crítica está na cauda direita da distribuição e corresponde ao nível de significância $\alpha$, como mostra a Figura 9.3.

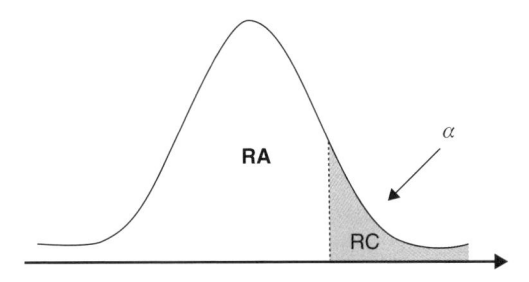

**Figura 9.3** *Região crítica de um teste unilateral à direita.*

Assim, se o objetivo for verificar se um parâmetro é significativamente superior ou inferior a um determinado valor, utiliza-se um teste unilateral. Por outro lado, se o objetivo for verificar se um parâmetro é diferente de um determinado valor, utiliza-se o teste bilateral.

Definida a hipótese nula a ser testada, por meio de uma amostra aleatória coletada nesta população, comprova-se ou não tal hipótese. Como a decisão é tomada com base na amostra, dois tipos de erros podem ocorrer:

**Erro do tipo I**: rejeitar a hipótese nula quando ela é verdadeira. A probabilidade deste tipo de erro é representada por $\alpha$:

$$P(\text{erro do tipo I}) = P(\text{rejeitar } H_0 \mid H_0 \text{ é verdadeira}) = \alpha \qquad (9.5)$$

**Erro do tipo II**: não rejeitar a hipótese nula quando ela é falsa. A probabilidade deste tipo de erro é representada por $\beta$:

$$P(\text{erro do tipo II}) = P(\text{não rejeitar } H_0 \mid H_0 \text{ é falsa}) = \alpha \qquad (9.6)$$

O Quadro 9.1 apresenta os tipos de erros que podem ocorrer em um teste de hipótese.

**Quadro 9.1** Tipos de erros

| Decisão | $H_0$ é verdadeira | $H_0$ é falsa |
|---|---|---|
| Não rejeitar $H_0$ | Decisão correta $(1 - \alpha)$ | Erro do tipo II $(\beta)$ |
| Rejeitar $H_0$ | Erro do tipo I $(\alpha)$ | Decisão correta $(1 - \beta)$ |

O procedimento para a construção dos testes de hipóteses envolve as seguintes etapas:

**Passo 1:** Dado o intuito do pesquisador, escolher o teste estatístico adequado.

**Passo 2:** Apresentar a hipótese nula $H_0$ e a hipótese alternativa $H_1$ do teste.

**Passo 3:** Fixar o nível de significância $\alpha$.

**Passo 4:** Calcular o valor observado da estatística do teste com base na amostra extraída da população.

**Passo 5**: Determinar a região crítica do teste em função do valor de $\alpha$ fixado no passo 3.

**Passo 6:** Decisão: se o valor da estatística pertencer à região crítica, rejeitar $H_0$; caso contrário, não rejeitar $H_0$.

Segundo Fávero *et al.* (2009), a maioria dos softwares estatísticos, entre eles o SPSS, calcula o *p-value* (*p*-valor ou valor-*p*) que corresponde à probabilidade associada ao valor da estatística do teste calculado a partir da amostra. O *p-value* indica o menor nível de significância observado que levaria à rejeição da hipótese nula. Assim, rejeita-se $H_0$ se $p \leq \alpha$.

Se utilizarmos o *p-value* ao invés do valor crítico da estatística, os passos 5 e 6 da construção dos testes de hipóteses seriam:

**Passo 5:** Determinar o *p-value* que corresponde à probabilidade associada ao valor da estatística do teste calculado no passo 4.

**Passo 6:** Se o valor de *p-value* for menor do que o nível de significância $\alpha$ estabelecido no passo 3, rejeitar $H_0$; caso contrário, não rejeitar $H_0$.

## 2. TESTES PARAMÉTRICOS

Os testes de hipóteses se dividem em paramétricos e não paramétricos. Este capítulo estudará apenas os testes paramétricos. Os testes não paramétricos serão estudados no próximo capítulo.

Os testes paramétricos envolvem parâmetros populacionais. Um parâmetro é qualquer medida numérica ou característica quantitativa que descreve a população; são valores fixos, usualmente desconhecidos e representados por caracteres gregos, como a média populacional ($\mu$), o desvio-padrão populacional ($\sigma$), a variância populacional ($\sigma^2$), a proporção populacional ($p$) etc.

Quando as hipóteses são formuladas sobre os parâmetros da população, o teste de hipóteses é chamado paramétrico. Nos testes não paramétricos, as hipóteses são formuladas sobre características qualitativas da população.

Os métodos paramétricos são então aplicados para dados quantitativos e exigem suposições fortes para sua validação, incluindo:

**i)** as observações devem ser independentes;

**ii)** a amostra deve ser retirada de populações com uma distribuição, geralmente anormal;

**iii)** para testes de comparação de duas médias populacionais emparelhadas ou $k$ médias populacionais ($k \geq 3$), essas populações devem ter variâncias iguais; e

**iv)** as variáveis em estudo devem ser medidas em escala intervalar ou de razão, de modo que seja possível utilizar operações aritméticas sobre os respectivos valores.

Estudaremos os principais testes paramétricos, incluindo testes de normalidade, testes de homogeneidade de variâncias, o teste $t$ de *Student* e suas aplicações, além da ANOVA e suas extensões. Todos eles serão resolvidos de forma analítica e também por meio do software estatístico SPSS.

Para verificar a normalidade univariada dos dados, os testes mais utilizados são os de Kolmogorov-Smirnov e de Shapiro-Wilk. Para a comparação da homogeneidade de variâncias entre populações, têm-se os testes $\chi^2$ de Bartlett (1937), C de Cochran (1947), $F_{max}$ de Hartley (1950) e F de Levene (1960).

O teste $t$ de Student será descrito para três situações: testar hipóteses sobre uma média populacional, testar hipóteses para comparar duas médias independentes e para comparar duas médias emparelhadas.

A Análise de Variância (ANOVA) é uma extensão do teste $t$ de Student e é utilizada para comparar médias de mais de duas populações. Neste capítulo, serão descritas a ANOVA de um fator, a ANOVA de dois fatores e a sua extensão para mais de dois fatores.

## 3. TESTES PARA NORMALIDADE UNIVARIADA

Dentre os testes de normalidade univariada, os mais utilizados são o de Kolmogorov-Smirnov e o de Shapiro-Wilk.

### 3.1. Teste de Kolmogorov-Smirnov

O teste de Kolmogorov-Smirnov (K-S) é um teste de aderência, isto é, compara a distribuição de frequências acumuladas de um conjunto de valores amostrais (valores observados) com uma distribuição teórica. O objetivo é testar se os valores amostrais são oriundos de uma população com uma suposta distribuição teórica ou esperada, neste caso a distribuição normal. A estatística do teste é o ponto de maior diferença (em valor absoluto) entre as duas distribuições.

Para utilização do teste de K-S, a média e o desvio-padrão da população devem ser conhecidos. Para pequenas amostras, o teste perde potência, de modo que ele deve ser utilizado em amostras grandes ($n \geq 30$).

O teste de K-S assume as seguintes hipóteses:

$$\begin{cases} H_0: \text{ a amostra provém de uma população com distribuição } N(\mu,\sigma) \\ H_1: \text{ a amostra não provém de uma população com distribuição } N(\mu,\sigma) \end{cases}$$

Conforme especificado em Fávero *et al.* (2009), seja $F_{esp}(x)$ uma função de distribuição esperada (normal) de frequências relativas acumuladas da variável $x$, em que $F_{esp}(x) \sim N(\mu, \sigma)$, e $F_{obs}(x)$ a distribuição de frequências relativas acumuladas observada da variável $X$. Deseja-se testar se $F_{obs}(x) = F_{esp}(x)$ contra a alternativa de que $F_{obs}(x) \neq F_{esp}(x)$.

A estatística do teste é:

$$D_{cal} = \max\{(F_{esp}(x_i) - F_{obs}(x_i) \mid ; \mid F_{esp}(x_i) - F_{obs}(x_{i-1}) \mid \}, \text{ para } i = 1, ..., n \quad (9.7)$$

em que:

$F_{esp}(x_i)$ = frequência relativa acumulada esperada na categoria $i$

$F_{obs}(x_i)$ = frequência relativa acumulada observada na categoria $i$

$F_{obs}(x_{i-1})$ = frequência relativa acumulada observada na categoria

Os valores críticos da estatística de Kolmogorov-Smirnov ($D_c$) estão na Tabela G do Apêndice. A Tabela G fornece os valores críticos de $D_c$ tal que $P(D_{cal} > D_c) = \alpha$ (para um teste unilateral à direita). Para que a hipótese nula $H_0$ seja rejeitada, o valor da estatística $D_{cal}$ deve pertencer à região crítica, isto é, $D_{cal} > D_c$; caso contrário, não se rejeita $H_0$.

O *p-value* (probabilidade associada ao valor da estatística calculada $D_{cal}$ a partir da amostra) também pode ser obtido da Tabela G. Nesse caso, rejeita-se $H_0$ se $p \leq \alpha$.

### Exemplo 1: Aplicação do teste de Kolmogorov-Smirnov

A Tabela 9.1 apresenta os dados de produção mensal de máquinas agrícolas de uma empresa nos últimos 36 meses. Verifique se os dados da Tabela 9.1 são provenientes de uma população com distribuição normal, considerando $\alpha = 5\%$.

**Tabela 9.1** Produção de máquinas agrícolas nos últimos 36 meses

| | | | | | | | | | | | |
|---|---|---|---|---|---|---|---|---|---|---|---|
| 52 | 50 | 44 | 50 | 42 | 30 | 36 | 34 | 48 | 40 | 55 | 40 |
| 30 | 36 | 40 | 42 | 55 | 44 | 38 | 42 | 40 | 38 | 52 | 44 |
| 52 | 34 | 38 | 44 | 48 | 36 | 36 | 55 | 50 | 34 | 44 | 42 |

### Solução

**Passo 1**: Como o objetivo é verificar se os dados da Tabela 9.1 são provenientes de uma população com distribuição normal, o teste indicado é o de Kolmogorov-Smirnov (K-S).

**Passo 2**: As hipóteses do teste de K-S para este exemplo são:

$$\begin{cases} H_0\text{: a produção de máquinas agrícolas na população segue distribuição } N(\mu,\sigma) \\ H_1\text{: a produção de máquinas agríc. na população não segue distribuição } N(\mu,\sigma) \end{cases}$$

**Passo 3**: O nível de significância a ser considerado é de 5%.

**Passo 4**: Consiste no cálculo da estatística de Kolmogorov-Smirnov $D_{cal}$ para os dados da Tabela 9.1. Todos os passos necessários para o cálculo de $D_{cal}$ a partir da equação (9.7) estão especificados na Tabela 9.2.

**Tabela 9.2** Cálculo da estatística de Kolmogorov-Smirnov

| $X_i$ | $^aF_{abs}$ | $^bF_{ac}$ | $^cFrac_{obs}$ | $^dz_i$ | $^eFrac_{esp}$ | $\mid F_{esp}(x_i) - F_{obs}(x_i) \mid$ | $\mid F_{esp}(x_i) - F_{obs}(x_{i-1}) \mid$ |
|---|---|---|---|---|---|---|---|
| 30 | 2 | 2 | 0,056 | -1,7801 | 0,0375 | 0,018 | 0,036 |
| 34 | 3 | 5 | 0,139 | -1,2168 | 0,1118 | 0,027 | 0,056 |
| 36 | 4 | 9 | 0,250 | -0,9351 | 0,1743 | 0,076 | 0,035 |
| 38 | 3 | 12 | 0,333 | -0,6534 | 0,2567 | 0,077 | 0,007 |
| 40 | 4 | 16 | 0,444 | -0,3717 | 0,3551 | 0,089 | 0,022 |
| 42 | 4 | 20 | 0,556 | -0,0900 | 0,4641 | 0,092 | 0,020 |
| 44 | 5 | 25 | 0,694 | 0,1917 | 0,5760 | 0,118 | 0,020 |
| 48 | 2 | 27 | 0,750 | 0,7551 | 0,7749 | 0,025 | 0,081 |
| 50 | 3 | 30 | 0,833 | 1,0368 | 0,8501 | 0,017 | 0,100 |
| 52 | 3 | 33 | 0,917 | 1,3185 | 0,9064 | 0,010 | 0,073 |
| 55 | 3 | 36 | 1 | 1,7410 | 0,9592 | 0,041 | 0,043 |

[a] Frequência absoluta.
[b] Frequência (absoluta) acumulada.
[c] Frequência relativa acumulada observada de $x_i$.
[d] Valores padronizados de $x_i$ de acordo com a equação $z_i = \dfrac{x_i - \overline{x}}{S}$.
[e] Frequência relativa acumulada esperada de $x_i$ e corresponde à probabilidade obtida na Tabela A do Apêndice (Tabela de distribuição normal padrão) a partir do valor de $z_i$.

O valor real da estatística de K-S com base na amostra é então $D_{cal} = 0,118$.

**Passo 5**: De acordo com a Tabela G do Apêndice, para $n = 36$ e $\alpha = 5\%$, o valor crítico da estatística de Kolmogorov-Smirnov é $D_c = 0,23$.

**Passo 6**: Decisão: como o valor calculado não pertence à região crítica ($D_{cal} < D_c$), a hipótese nula não é rejeitada, concluindo que a amostra é obtida de uma população com distribuição normal.

Se utilizarmos o *p-value* ao invés do valor crítico da estatística, os passos 5 e 6 seriam:

**Passo 5:** De acordo com a Tabela G do Apêndice, para uma amostra de tamanho $n = 36$, a probabilidade associada à estatística $D_{cal} = 0,118$ tem como limite inferior $p = 0,20$.

**Passo 6:** Como $p > 0,05$, não se rejeita $H_0$.

## 3.2. Teste de Shapiro-Wilk

O teste de Shapiro-Wilk (S-W) é baseado em Shapiro e Wilk (1965) e pode ser aplicado para amostras de tamanho $4 \leq n \leq 2.000$, sendo uma alternativa ao teste de normalidade de Kolmogorov-Smirnov (K-S) no caso de pequenas amostras ($n < 30$).

Analogamente ao teste de K-S, o teste de normalidade de S-W assume as seguintes hipóteses:

$\begin{cases} H_0: \text{ a amostra provém de uma população com distribuição } N(\mu, \sigma) \\ H_1: \text{ a amostra não provém de uma população com distribuição } N(\mu, \sigma) \end{cases}$

O cálculo da estatística de Shapiro-Wilk ($W_{cal}$) é:

$$W_{cal} = \frac{b^2}{\sum_{i=1}^{n}(x_i - \bar{x})^2}, \text{ para } i = 1, ..., n. \tag{9.8}$$

e:

$$b = \sum_{i=1}^{n/2} a_{i,n} \cdot \left(x_{(n-i+1)} - x_{(i)}\right) \tag{9.9}$$

em que:

$x_{(i)}$ são as estatísticas de ordem $i$ da amostra, ou seja, a $i$-ésima observação ordenada, de modo que $x_{(1)} \leq x_{(2)} \leq ... \leq x_{(n)}$

$\bar{x}$ é a média de $x$

$a_{i,n}$ são constantes geradas das médias, variâncias e covariâncias das estatísticas de ordem de uma amostra aleatória de tamanho $n$ a partir de uma distribuição normal. Seus valores encontram-se na Tabela $H_2$.

Pequenos valores de $W_{cal}$ indicam que a distribuição da variável em estudo não é normal. Os valores críticos da estatística de Shapiro-Wilk ($W_c$) estão na Tabela $H_1$ do Apêndice. Diferentemente da maioria das tabelas, a Tabela $H_1$ fornece os valores críticos de $W_c$ tal que $P(W_{cal} < W_c) = \alpha$ (para um teste unilateral à **esquerda**). Para que a hipótese nula $H_0$ seja rejeitada, o valor da estatística $W_{cal}$ deve pertencer à região crítica, isto é, $W_{cal} < W_c$; caso contrário, não se rejeita $H_0$.

O *p-value* (probabilidade associada ao valor da estatística calculada $W_{cal}$ a partir da amostra) também pode ser obtido da Tabela $H_1$. Nesse caso, rejeita-se $H_0$ se $p \leq \alpha$.

### Exemplo 2: Aplicação do teste de Shapiro-Wilk

A Tabela 9.3 apresenta os dados de produção mensal de aviões de uma empresa aeroespacial nos últimos 24 meses. Verifique se os dados da Tabela 9.3 são provenientes de uma população com distribuição normal, considerando $\alpha = 1\%$.

**Tabela 9.3** Produção de aviões nos últimos 24 meses

| 28 | 32 | 46 | 24 | 22 | 18 | 20 | 34 | 30 | 24 | 31 | 29 |
|----|----|----|----|----|----|----|----|----|----|----|----|
| 15 | 19 | 23 | 25 | 28 | 30 | 32 | 36 | 39 | 16 | 23 | 36 |

### Solução

**Passo 1**: Para um teste de normalidade em que $n < 30$, o teste indicado é o de Shapiro-Wilk (S-W).

**Passo 2**: As hipóteses do teste de S-W para este exemplo são:

$\begin{cases} H_0 : \text{a produção de aviões na população segue distribuição normal } N(\mu, \sigma) \\ H_1 : \text{a produção de aviões na população não segue distribuição normal } N(\mu, \sigma) \end{cases}$

**Passo 3**: O nível de significância a ser considerado é de 1%.

**Passo 4**: O cálculo da estatística de S-W para os dados da Tabela 9.3, de acordo com as equações (9.8) e (9.9), está detalhado a seguir.

Primeiramente, para o cálculo de $b$, classificam-se os valores da Tabela 9.3 em ordem crescente, como mostra a Tabela 9.4.

**Tabela 9.4:** Valores da Tabela 9.3 classificados em ordem crescente

| 15 | 16 | 18 | 19 | 20 | 22 | 23 | 23 | 24 | 24 | 25 | 28 |
|----|----|----|----|----|----|----|----|----|----|----|----|
| 28 | 29 | 30 | 30 | 31 | 32 | 32 | 34 | 36 | 36 | 39 | 46 |

O procedimento completo para o cálculo de $b$ a partir da equação (9.9) está especificado na Tabela 9.5. Os valores de $a_{i,n}$ foram obtidos da Tabela $H_2$.

**Tabela 9.5** Procedimento para o cálculo de b

| $i$ | $n-i+1$ | $a_{i,n}$ | $x_{(n-i+1)}$ | $x_{(i)}$ | $a_{i,n}(x_{(n-i+1)} - x_{(i)})$ |
|-----|---------|-----------|---------------|-----------|----------------------------------|
| 1 | 24 | 0,4493 | 46 | 15 | 13,9283 |
| 2 | 23 | 0,3098 | 39 | 16 | 7,1254 |
| 3 | 22 | 0,2554 | 36 | 18 | 4,5972 |
| 4 | 21 | 0,2145 | 36 | 19 | 3,6465 |
| 5 | 20 | 0,1807 | 34 | 20 | 2,5298 |
| 6 | 19 | 0,1512 | 32 | 22 | 1,5120 |
| 7 | 18 | 0,1245 | 32 | 23 | 1,1205 |
| 8 | 17 | 0,0997 | 31 | 23 | 0,7976 |
| 9 | 16 | 0,0764 | 30 | 24 | 0,4584 |
| 10 | 15 | 0,0539 | 30 | 24 | 0,3234 |
| 11 | 14 | 0,0321 | 29 | 25 | 0,1284 |
| 12 | 13 | 0,0107 | 28 | 28 | 0,0000 |
| | | | | | $b = 36,1675$ |

Calcula-se $\sum_{i=1}^{n}\left(x_i - \bar{x}\right)^2 = (28-27,5)^2 + \cdots + (36-27,5)^2 = 1.338$

Logo, $W_{cal} = \dfrac{b^2}{\sum_{i=1}^{n}\left(x_i - \bar{x}\right)^2} = \dfrac{(36,1675)^2}{1.338} = 0,978$

**Passo 5**: De acordo com a Tabela $H_1$ do Apêndice, para $n = 24$ e $\alpha = 1\%$, o valor crítico da estatística de Shapiro-Wilk é $W_c = 0,884$.

**Passo 6:** Decisão: a hipótese nula não é rejeitada já que $W_{cal} > W_c$ (a Tabela $H_1$ fornece os valores críticos de $W_c$ tal que tal que $P(W_{cal} < W_c) = \alpha$), concluindo que a amostra é obtida de uma população com distribuição normal.

Se utilizarmos o *p-value* ao invés do valor crítico da estatística, os passos 5 e 6 seriam:

**Passo 5:** De acordo com a Tabela $H_1$ do Apêndice, para uma amostra de tamanho $n = 24$, a probabilidade associada à estatística $W_{cal} = 0,978$ (*p-value*) está entre 0,50 e 0,90 (uma probabilidade de 0,90 está associada ao valor $W_{cal} = 0,981$).

**Passo 6:** Como $p > 0,01$, não se rejeita $H_0$.

## 3.3. Resolução dos testes de normalidade por meio do software SPSS

Os testes de normalidade de Kolmogorov-Smirnov e Shapiro-Wilk podem ser resolvidos por meio do IBM SPSS Statistics Software®. Com base no procedimento que será descrito a seguir, o SPSS apresenta os resultados tanto do teste de K-S como o de S-W para a amostra selecionada. A reprodução das imagens nessa seção tem autorização da International Business Machines Corporation©.

Considere os dados do Exemplo 1 que estão disponíveis no arquivo **Produção_MáquinasAgrícolas.sav**. Abra o arquivo e selecione o menu **Analyze > Descriptive Statistics > Explore**, como mostra a Figura 9.4.

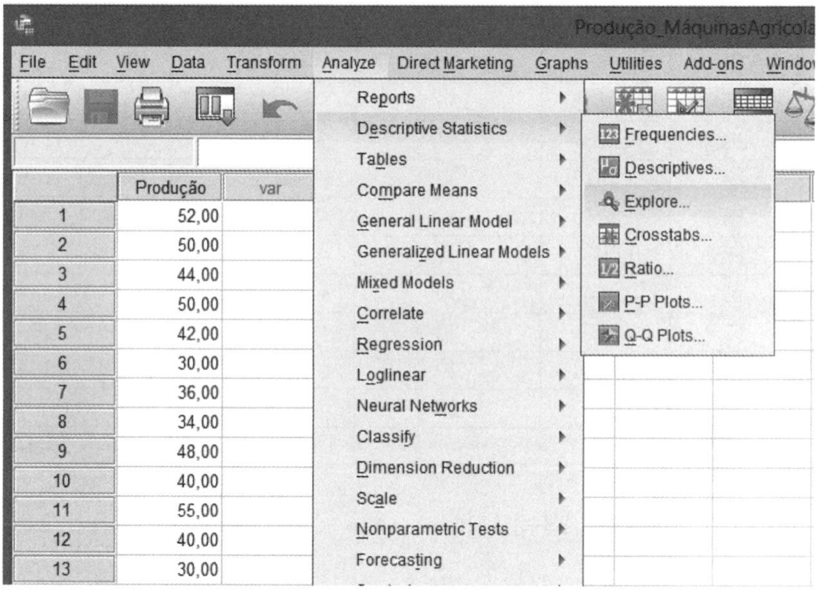

**Figura 9.4** *Procedimento de aplicação do teste de normalidade no SPSS para o Exemplo 1.*

A partir da caixa de diálogo **Explore**, selecione a variável de interesse em **Dependent List**, como mostra a Figura 9.5. Clique no botão **Plots** (será aberta a caixa de diálogo **Explore: Plots**) e selecione a opção **Normality plots with tests** (Figura 9.6). Finalmente, clique em **Continue** e em **OK**.

Os resultados dos testes de normalidade de Kolmogorov-Smirnov e Shapiro-Wilk para os dados do Exemplo 1 estão na Tabela 9.6.

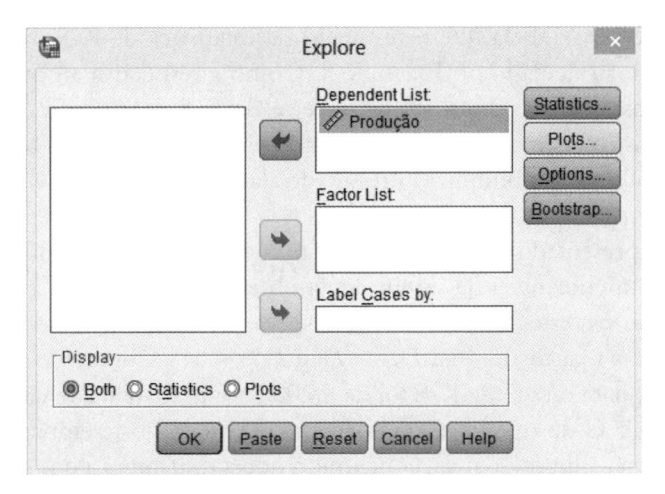

**Figura 9.5** *Seleção da variável de interesse.*

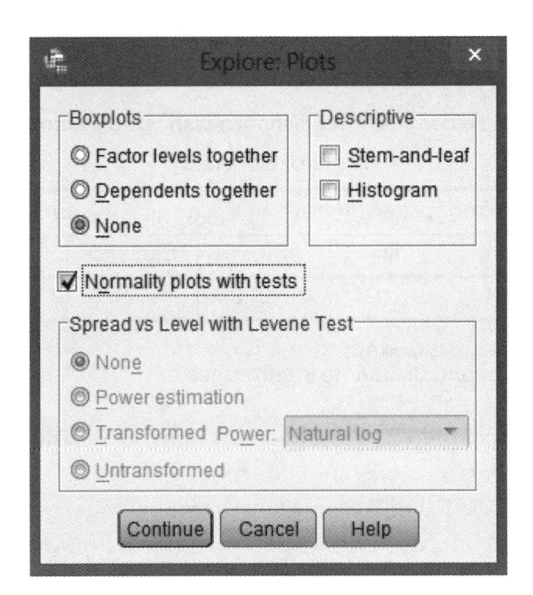

**Fiqura 9.6** *Seleção do teste de normalidade no SPSS.*

**Tabela 9.6** Resultados dos testes de normalidade para o Exemplo 1 no SPSS

### Tests of Normality

| | Kolmogorov-Smirnov[a] | | | Shapiro-Wilk | | |
|---|---|---|---|---|---|---|
| | Statistic | df | Sig. | Statistic | df | Sig. |
| Produção | ,118 | 36 | ,200[*] | ,957 | 36 | ,167 |

a. Lilliefors Significance Correction
*. This is a lower bound of the true significance.

De acordo com a Tabela 9.6, o resultado da estatística de K-S foi de 0,118, semelhante ao valor calculado no Exemplo 1. Como a respectiva amostra possui mais de 30 elementos, nós utilizamos apenas o teste de K-S para verificação da normalidade dos dados (o teste de S-W foi aplicado para o Exemplo 2). De qualquer forma, o SPSS também disponibiliza o resultado da estatística de S-W para a amostra selecionada.

Conforme apresentado na introdução deste capítulo, o SPSS calcula o *p-value* que corresponde ao menor nível de significância observado que levaria à rejeição da hipótese nula. Para os testes de K-S e S-W, respectivamente, o *p-value* corresponde ao menor valor de $p$ a partir do qual $D_{cal} > D_c$ e $W_{cal} < W_c$. Conforme mostra a Tabela 9.6, o valor de $p$ para o teste de K-S foi de 0,200 (essa probabilidade também pode ser extraída da Tabela G do Apêndice, conforme apresentado no Exemplo 1). Como $p >$ 0,05, não se rejeita a hipótese nula, concluindo que a distribuição dos dados é normal. O teste de S-W também conclui que os dados são normais.

Aplicando o mesmo procedimento para verificação da normalidade dos dados do Exemplo 2 (os dados estão disponíveis no arquivo **Produção_Aviões.sav**), obtém-se os resultados da Tabela 9.7.

**Tabela 9.7** Resultados dos testes de normalidade para o Exemplo 2 no SPSS

**Tests of Normality**

|  | Kolmogorov-Smirnov[a] | | | Shapiro-Wilk | | |
|---|---|---|---|---|---|---|
|  | Statistic | df | Sig. | Statistic | df | Sig. |
| Produção | ,094 | 24 | ,200[*] | ,978 | 24 | ,857 |

a. Lilliefors Significance Correction
*. This is a lower bound of the true significance.

Analogamente ao Exemplo 2, o resultado do teste de S-W foi de 0,978. O teste de K-S não foi aplicado para esse exemplo em função do tamanho da amostra ($n < 30$). O *p-value* do teste de S-W é 0,857 (vimos no Exemplo 2 que essa probabilidade estaria entre 0,50 e 0,90, e próxima de 0,90). Como $p > 0,01$, a hipótese nula não é rejeitada, concluindo que os dados na população seguem distribuição normal. O teste de K-S também conclui que os dados são normais.

## 4. TESTES PARA HOMOGENEIDADE DE VARIÂNCIAS

Uma das condições para se aplicar um teste paramétrico para comparação de $k$ médias populacionais é que as variâncias das populações, estimadas a partir de $k$ amostras representativas, sejam homogêneas ou iguais. Os testes mais utilizados para verificação da homogeneidade de variâncias são os testes $\chi^2$ de Bartlett (1937), C de Cochran (1947), $F_{max}$ de Hartley (1950) e F de Levene (1960).

A hipótese nula dos testes de homogeneidade de variância afirma que as variâncias das $k$ populações são homogêneas. A hipótese alternativa afirma que pelo menos uma variância populacional é diferente das demais:

$$H_0 : \sigma_1^2 = \sigma_2^2 = \ldots = \sigma_k^2$$
$$H_1 : \exists_{i,j} : \sigma_i^2 \neq \sigma_j^2 \quad (i, j = 1, \ldots, k) \tag{9.10}$$

## 4.1. Teste $\chi^2$ de Bartlett

O teste original proposto para verificar a homogeneidade de variâncias entre grupos foi o teste $\chi^2$ de Bartlett (1937). Esse teste é muito sensível a desvios de normalidade, sendo o teste de Levene uma alternativa nesse caso.

A estatística de Bartlett é calculada a partir de $q$:

$$q = (N-k) \ln S_p^2 - \sum_{i=1}^{k} (n_i - 1) \ln S_i^2 \tag{9.11}$$

em que:

$n_i$, $i = 1, \ldots k$, é o tamanho de cada amostra $i$, de modo que $\sum_{i=1}^{k} n_i = N$

$S_i^2$, $i = 1, \ldots k$, é a variância de cada amostra $i$

e

$$S_p^2 = \frac{\sum_{i=1}^{k} (n_i - 1) S_i^2}{N-k} \tag{9.12}$$

Um fator de correção é aplicado à estatística $q$ ($c$):

$$c = 1 + \frac{1}{3(k-1)} \left( \sum_{i=1}^{k} \frac{1}{n_i - 1} - \frac{1}{N-k} \right) \tag{9.13}$$

de modo que a estatística de Bartlett ($B_{cal}$) segue aproximadamente uma distribuição qui-quadrado com $k - 1$ graus de liberdade:

$$B_{cal} = \frac{q}{c} \sim \chi_{k-1}^2 \tag{9.14}$$

Pelas equações anteriores, verifica-se que quanto maior a diferença entre as variâncias, maior será o valor de $B$. Por outro lado, se todas as variâncias amostrais forem iguais, seu valor é zero. Para confirmar se a hipótese nula de homogeneidade de variâncias será ou não rejeitada, o valor calculado deve ser comparado com o valor crítico da estatística ($\chi_c^2$) que está disponível na Tabela C do Apêndice.

A Tabela C fornece os valores críticos de $\chi_c^2$ tal que $P(\chi_{cal}^2 > \chi_c^2) = \alpha$ (para um teste unilateral à direita). Assim, rejeita-se a hipótese nula se $B_{cal} > \chi_c^2$. Por outro lado, se $B_{cal} \leq \chi_c^2$, não se rejeita $H_0$.

O *p-value* (probabilidade associada à estatística $\chi_{cal}^2$) também pode ser obtido a partir da Tabela C. Nesse caso, rejeita-se $H_0$ se $p \leq \alpha$.

### Exemplo 3: Aplicação do teste de Bartlett

Uma rede supermercadista deseja avaliar o número de clientes atendidos diariamente para tomar decisões estratégicas de operações. A Tabela 9.8 apresenta os respectivos dados para três lojas ao longo de duas semanas. Verifique se as variâncias entre os grupos são homogêneas. Considere $\alpha = 5\%$.

**Tabela 9.8** Número de clientes atendidos por dia e por loja

|  | Loja 1 | Loja 2 | Loja 3 |
|---|---|---|---|
| Dia 1 | 620 | 710 | 924 |
| Dia 2 | 630 | 780 | 695 |
| Dia 3 | 610 | 810 | 854 |
| Dia 4 | 650 | 755 | 802 |
| Dia 5 | 585 | 699 | 931 |
| Dia 6 | 590 | 680 | 924 |
| Dia 7 | 630 | 710 | 847 |
| Dia 8 | 644 | 850 | 800 |
| Dia 9 | 595 | 844 | 769 |
| Dia 10 | 603 | 730 | 863 |
| Dia 11 | 570 | 645 | 901 |
| Dia 12 | 605 | 688 | 888 |
| Dia 13 | 622 | 718 | 757 |
| Dia 14 | 578 | 702 | 712 |
| **Desvio-padrão** | **24,4059** | **62,2466** | **78,9144** |
| **Variância** | **595,6484** | **3.874,6429** | **6.227,4780** |

## Solução

Se aplicarmos o teste de normalidade de Kolmogorov-Smirnov ou de Shapiro--Wilk aos dados da Tabela 9.8, confirmaremos que os mesmos são normais, de modo que o teste $\chi^2$ de Bartlett pode ser aplicado para comparar a homogeneidade de variância entre os grupos.

**Passo 1**: Como o objetivo é comparar a igualdade de variâncias entre os grupos, pode-se utilizar o teste $\chi^2$ de Bartlett.

**Passo 2**: As hipóteses do teste $\chi^2$ de Bartlett para este exemplo são:

$$\begin{cases} H_0: \text{ as variâncias populacionais dos 3 grupos são homogêneas} \\ H_1: \text{ a variância populacional de pelo menos um grupo é diferente das demais} \end{cases}$$

**Passo 3**: O nível de significância a ser considerado é de 5%.

**Passo 4**: O cálculo completo da estatística $\chi^2$ de Bartlett está detalhado a seguir. Primeiramente, calcula-se o valor de $S_p^2$, de acordo com a equação (9.12):

$$S_p^2 = \frac{13 \times (595,65 + 3.874,64 + 6.227,48)}{42 - 3} = 3.565,92$$

Assim, pode-se calcular $q$ por meio da equação (9.11):

$$q = 39 \ln 3.565,95 - 13(\ln 595,65 + \ln 3.874,64 + \ln 6.227,48) = 14,94$$

O fator de correção à estatística $q$ ($c$) é calculado a partir da equação (9.13):

$$c=\left(1+\frac{1}{3(3-1)}\right)\times3\times\left(\frac{1}{13}-\frac{1}{42-3}\right)=0{,}1795$$

Finalmente, calcula-se $B_{cal}$:

$$B_{cal}=\frac{q}{c}=\frac{14{,}94}{0{,}1795}=83{,}22$$

**Passo 5**: De acordo com a Tabela C do Apêndice, para $v=3-1$ graus de liberdade e $\alpha=5\%$, o valor crítico do teste $\chi^2$ de Bartlett é $\chi_c^2=5{,}991$.

**Passo 6:** Decisão: como o valor calculado pertence à região crítica ($B_{cal}>\chi_c^2$), a hipótese nula é rejeitada, concluindo que a variância populacional de pelo menos um grupo é diferente das demais.

Se utilizarmos o *p-value* ao invés do valor crítico da estatística, os passos 5 e 6 seriam:

**Passo 5:** De acordo com a Tabela C do Apêndice, para $v=2$ graus de liberdade, a probabilidade associada à estatística $\chi_{cal}^2=83{,}22$ (*p-value*) é inferior à 0,005 (uma probabilidade de 0,005 está associada à estatística $\chi_{cal}^2=10{,}597$).

**Passo 6:** Como $p<0{,}05$, rejeita-se $H_0$.

## 4.2. Teste C de Cochran

O teste C de Cochran (1947) compara o grupo com maior variância em relação aos demais. O teste exige que os dados tenham distribuição normal.

A estatística C de Cochran é dada por:

$$C_{cal}=\frac{S_{max}^2}{\sum_{i=1}^{k}S_i^2} \qquad (9.15)$$

em que:

$S_{max}^2$ = maior variância da amostra
$S_i^2$ = variância da amostra $i$, $i=1,\dots,k$

De acordo com a equação (9.15), se todas as variâncias forem iguais, o valor da estatística $C_{cal}$ é $1/k$. Quanto maior a diferença de $S_{max}^2$ em relação às demais variâncias, o valor de $C_{cal}$ aproxima-se de 1. Para confirmar se a hipótese nula será ou não rejeitada, o valor calculado deve ser comparado com o valor crítico da estatística de Cochran ($C_c$) que está disponível na Tabela M do Apêndice.

Os valores de $C_c$ variam em função do número de grupos ($k$), do número de graus de liberdade $v=\max(n_i-1)$ e do valor de $\alpha$. A Tabela M fornece os valores críticos de $C_c$ tal que $P(C_{cal}>C_c)=\alpha$ (para um teste unilateral à direita). Assim, rejeita-se $H_0$ se $C_{cal}>C_c$; caso contrário, não se rejeita $H_0$.

### Exemplo 4: Aplicação do teste C de Cochran

Aplique o teste C de Cochran para o Exemplo 3. O objetivo aqui é comparar o grupo com maior variabilidade em relação aos demais.

### Solução

**Passo 1**: Como o objetivo é comparar o grupo com maior variância (grupo 3 – ver a Tabela 9.8) em relação aos demais, o teste indicado é o C de Cochran.

**Passo 2**: As hipóteses do teste de C de Cochran para este exemplo são:

$$\begin{cases} H_0: \text{ a variância populacional do grupo 3 é igual às demais} \\ H_1: \text{ a variância populacional do grupo 3 é diferente das demais} \end{cases}$$

**Passo 3**: O nível de significância a ser considerado é de 5%.

**Passo 4**: A partir da Tabela 9.8, observa-se que $S^2_{max} = 6.227{,}48$. Logo, o cálculo da estatística C de Cochran é dado por:

$$C_{cal} = \frac{S^2_{max}}{\sum\limits_{i=1}^{k} S^2_i} = \frac{6.227{,}48}{595{,}65 + 3.874{,}64 + 6.227{,}48} = 0{,}582$$

**Passo 5**: De acordo com a Tabela M do Apêndice, para $k = 3$, $v = 13$ e $\alpha = 5\%$, o valor crítico da estatística C de Cochran é $C_c = 0{,}575$.

**Passo 6**: Decisão: como o valor calculado pertence à região crítica ($C_{cal} > C_c$), a hipótese nula é rejeitada, concluindo que a variância populacional do grupo 3 é diferente das demais.

## 4.3. Teste $F_{max}$ de Hartley

O teste $F_{max}$ de Hartley (1950) divide o grupo com maior variância ($S^2_{max}$) pelo grupo com menor variância ($S^2_{min}$):

$$F_{max,\,cal} = \frac{S^2_{max}}{S^2_{min}} \tag{9.16}$$

O teste assume que o número de observações por grupo é igual ($n_1 = n_2 = \ldots = n_k = n$). Se todas as variâncias forem iguais, o valor de $F_{max}$ será 1. Quanto maior a diferença entre $S^2_{max}$ e $S^2_{min}$, maior será o valor de $F_{max}$. Para confirmar se a hipótese nula de homogeneidade de variâncias será ou não rejeitada, o valor calculado deve ser comparado com o valor crítico da estatística ($F_{max,c}$) que está disponível na Tabela N do Apêndice.

Os valores críticos da Tabela N variam em função do número de grupos ($k$), do número de graus de liberdade $v = n - 1$ e do valor de $\alpha$. A Tabela N fornece os valores críticos de $F_{max,c}$ tal que $P(F_{max,cal} > F_{max,c}) = \alpha$ (para um teste unilateral

à direita). Assim, a hipótese nula $H_0$ de homogeneidade de variâncias é rejeitada se $F_{max,cal} > F_{max,c}$; caso contrário, não se rejeita $H_0$.

O *p-value* (probabilidade associada à estatística $F_{max,cal}$) também pode ser obtido a partir da Tabela N. Nesse caso, rejeita-se $H_0$ se $p \leq \alpha$.

### Exemplo 5: Aplicação do teste $F_{max}$ de Hartley

Aplique o teste $F_{max}$ de Hartley para o Exemplo 3. O objetivo aqui é comparar o grupo com maior variabilidade em relação ao grupo com menor variabilidade.

### Solução

**Passo 1**: Como o objetivo é comparar o grupo com maior variância (grupo 3 – ver a Tabela 9.8) com o grupo de menor variância (grupo 1), o teste indicado é o $F_{max}$ de Hartley.

**Passo 2**: As hipóteses do teste $F_{max}$ de Hartley para este exemplo são:

$$\begin{cases} H_0: \text{a variância populacional do grupo 3 é igual à do grupo 1} \\ H_1: \text{a variância populacional do grupo 3 é diferente à do grupo 1} \end{cases}$$

**Passo 3**: O nível de significância a ser considerado é de 5%.

**Passo 4**: A partir da Tabela 9.8, observa-se que $S_{min}^2 = 595,65$ e $S_{max}^2 = 6.227,48$. Logo, o cálculo do teste $F_{max}$ de Hartley é dado por:

$$F_{max,\,cal} = \frac{S_{max}^2}{S_{min}^2} = \frac{6.227,48}{595,65} = 10,45$$

**Passo 5**: De acordo com a Tabela N do Apêndice, para $k = 3$, $v = 13$ e $\alpha = 5\%$, o valor crítico do teste é $F_{max} = 3,953$.

**Passo 6**: Decisão: como o valor calculado pertence à região crítica ($F_{max,cal} > F_{max,c}$), a hipótese nula é rejeitada, concluindo que a variância populacional do grupo 3 é diferente à do grupo 1.

Se utilizarmos o *p-value* ao invés do valor crítico da estatística, os passos 5 e 6 seriam:

**Passo 5:** De acordo com a Tabela N do Apêndice, a probabilidade associada à estatística ($F_{max,cal} = 10,45$ (*p-value*), para $k = 3$ e $v = 13$, é inferior à 0,01.

**Passo 6:** Como $p < 0,05$, rejeita-se $H_0$.

## 4.4. Teste $F$ de Levene

A vantagem do teste $F$ de Levene em relação aos demais testes de homogeneidade de variância é que ele é menos sensível a desvios de normalidade, além de ser considerado um teste mais robusto.

A estatística do teste de Levene é dada pela equação a seguir e segue aproximadamente uma distribuição $F$ com $v_1 = k - 1$ e $v_2 = N - k$ graus de liberdade, para um nível de significância $\alpha$:

$$F_{cal} = \frac{(N-k)}{(k-1)} \cdot \frac{\sum_{i=1}^{k} n_i (\bar{z}_i - \bar{z})^2}{\sum_{i=1}^{k}\sum_{j=1}^{n_i} (z_{ij} - \bar{z}_i)^2} \underset{\text{sob } H_0}{\sim} F_{k-1,N-k,\alpha} \qquad (9.17)$$

em que:

$n_i$ é a dimensão de cada uma das $k$ amostras $(i = 1, ..., k)$
$N$ é a dimensão da amostra global $(N = n_1 + n_2 + ... + n_k)$
$z_{ij} = |x_{ij} - \bar{x}_i|$, $i = 1, ... k$ e $j = 1, ..., n_i$
$x_{ij}$ é a observação $j$ da amostra $i$
$\bar{x}_i$ é a média da amostra $i$
$\bar{z}_i$ é a média de $z_{ij}$ na amostra $i$
$\bar{z}$ é a média de $z_i$ na amostra global

Uma expansão do teste de Levene pode ser encontrado em Brown e Forsythe (1974).

A partir da tabela de distribuição F (Tabela D do Apêndice), podem-se determinar os valores críticos da estatística de Levene ($F_c = F_{k-1,N-k,\alpha}$). A Tabela D fornece os valores críticos de $F_c$ tal que $P(F_{cal} > F_c) = \alpha$ (tabela unilateral à direita). Para que a hipótese nula $H_0$ seja rejeitada, o valor da estatística deve pertencer à região crítica, isto é, $F_{cal} > F_c$. Se $F_{cal} \leq F_c$, não se rejeita $H_0$.

O *p-value* (probabilidade associada à estatística $F_{cal}$) também pode ser obtido a partir da Tabela D. Nesse caso, rejeita-se $H_0$ se $p \leq \alpha$.

### Exemplo 6: Aplicação do teste de Levene

Aplique o teste de Levene para o Exemplo 3.

### Solução

**Passo 1**: O teste de Levene pode ser aplicado para verificar a homogeneidade de variância entre os grupos, sendo mais robusto que os demais testes.

**Passo 2**: As hipóteses do teste de Levene para este exemplo são:

$$\begin{cases} H_0: \text{as variâncias populacionais dos 3 grupos são homogêneas} \\ H_1: \text{a variância populacional de pelo menos um grupo é diferente das demais} \end{cases}$$

**Passo 3**: O nível de significância a ser considerado é de 5%.

**Passo 4**: O cálculo da estatística $F_{cal}$ de acordo com a equação (9.17) está detalhado a seguir.

**Tabela 9.9** Cálculo da estatística $F_{cal}$

| $i$ | $x_{1j}$ | $z_{1j} = \mid x_{1j} - \bar{x}_1 \mid$ | $z_{1j} - \bar{z}_1$ | $(z_{1j} - \bar{z}_1)^2$ |
|---|---|---|---|---|
| 1 | 620 | 10,571 | –9,429 | 88,898 |
| 1 | 630 | 20,571 | 0,571 | 0,327 |
| 1 | 610 | 0,571 | –19,429 | 377,469 |
| 1 | 650 | 40,571 | 20,571 | 423,184 |
| 1 | 585 | 24,429 | 4,429 | 19,612 |
| 1 | 590 | 19,429 | –0,571 | 0,327 |
| 1 | 630 | 20,571 | 0,571 | 0,327 |
| 1 | 644 | 34,571 | 14,571 | 212,327 |
| 1 | 595 | 14,429 | –5,571 | 31,041 |
| 1 | 603 | 6,429 | –13,571 | 184,184 |
| 1 | 570 | 39,429 | 19,429 | 377,469 |
| 1 | 605 | 4,429 | –15,571 | 242,469 |
| 1 | 622 | 12,571 | –7,429 | 55,184 |
| 1 | 578 | 31,429 | 11,429 | 130,612 |
|  | $\bar{x}_1 = 609,429$ | $\bar{z}_1 = 20$ |  | soma = 2.143,429 |
| $i$ | $x_{2j}$ | $z_{2j} = \mid x_{2j} - \bar{x}_2 \mid$ | $z_{2j} - \bar{z}_2$ | $(z_{2j} - \bar{z}_2)^2$ |
| 2 | 710 | 27,214 | –23,204 | 538,429 |
| 2 | 780 | 42,786 | –7,633 | 58,257 |
| 2 | 810 | 72,786 | 22,367 | 500,298 |
| 2 | 755 | 17,786 | –32,633 | 1064,890 |
| 2 | 699 | 38,214 | –12,204 | 148,940 |
| 2 | 680 | 57,214 | 6,796 | 46,185 |
| 2 | 710 | 27,214 | –23,204 | 538,429 |
| 2 | 850 | 112,786 | 62,367 | 3889,686 |
| 2 | 844 | 106,786 | 56,367 | 3177,278 |
| 2 | 730 | 7,214 | –43,204 | 1866,593 |
| 2 | 645 | 92,214 | 41,796 | 1746,899 |
| 2 | 688 | 49,214 | –1,204 | 1,450 |
| 2 | 718 | 19,214 | –31,204 | 973,695 |
| 2 | 702 | 35,214 | –15,204 | 231,164 |
|  | $\bar{x}_2 = 737,214$ | $\bar{z}_2 = 50,418$ |  | soma = 14.782,192 |
| $i$ | $x_{3j}$ | $z_{3j} = \mid x_{3j} - \bar{x}_3 \mid$ | $z_{3j} - \bar{z}_3$ | $(z_{3j} - \bar{z}_3)^2$ |
| 3 | 924 | 90,643 | 24,194 | 585,344 |
| 3 | 695 | 138,357 | 71,908 | 5170,784 |
| 3 | 854 | 20,643 | –45,806 | 2098,201 |
| 3 | 802 | 31,357 | –35,092 | 1231,437 |
| 3 | 931 | 97,643 | 31,194 | 973,058 |
| 3 | 924 | 90,643 | 24,194 | 585,344 |
| 3 | 847 | 13,643 | –52,806 | 2788,487 |
| 3 | 800 | 33,357 | –33,092 | 1095,070 |
| 3 | 769 | 64,357 | –2,092 | 4,376 |
| 3 | 863 | 29,643 | –36,806 | 1354,691 |
| 3 | 901 | 67,643 | 1,194 | 1,425 |
| 3 | 888 | 54,643 | –11,806 | 139,385 |
| 3 | 757 | 76,357 | 9,908 | 98,172 |
| 3 | 712 | 121,357 | 54,908 | 3014,906 |
|  | $\bar{x}_3 = 833,36$ | $\bar{z}_3 = 66,449$ |  | soma = 19.140,678 |

Logo, o cálculo de $F_{cal}$ é:

$$F_{cal} = \frac{(42-3)}{(3-1)} \cdot \frac{14 \times (20 - 45{,}62)^2 + 14 \times (50{,}418 - 45{,}62)^2 + 14 \times (66{,}449 - 45{,}62)^2}{2.143{,}429 + 14.782{,}192 + 19.140{,}678}$$

$$F_{cal} = 8{,}427$$

**Passo 5**: De acordo com a Tabela D do Apêndice, para $v_1 = 2$, $v_2 = 39$ e $\alpha = 5\%$, o valor crítico do teste é $F_c = 3{,}24$.

**Passo 6**: Decisão: como o valor calculado pertence à região crítica ($F_{cal} > F_c$), a hipótese nula é rejeitada, concluindo que a variância populacional de pelo menos um grupo é diferente das demais.

Se utilizarmos o *p-value* ao invés do valor crítico da estatística, os passos 5 e 6 seriam:

**Passo 5:** De acordo com a Tabela D do Apêndice, para $v_1 = 2$, $v_2 = 39$, a probabilidade associada à estatística $F_{cal} = 8{,}427$ (*p-value*) é inferior à 0,01.

**Passo 6:** Como $p < 0{,}05$, rejeita-se $H_0$.

## 4.5. Resolução do teste de Levene por meio do software SPSS

A reprodução das imagens nessa seção tem autorização da International Business Machines Corporation©.

Para testar a homogeneidade de variâncias entre os grupos, o SPSS utiliza o teste de Levene.

Os dados do Exemplo 3 estão disponíveis no arquivo **Atendimentos_Loja.sav**. O procedimento para aplicação do teste é o seguinte: **Analyze > Descriptive Statistics > Explore**.

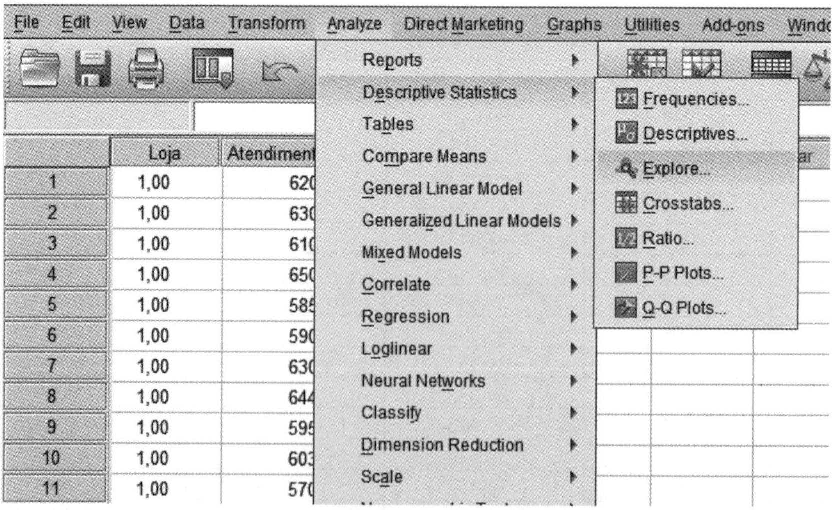

**Figura 9.7** *Procedimento para o Teste de Levene no SPSS.*

Selecione a variável *Atendimentos* para a lista de variáveis dependentes (**Dependent List**) e a variável *Loja* para a lista de fatores (**Factor List)**, conforme mostra a Figura 9.8.

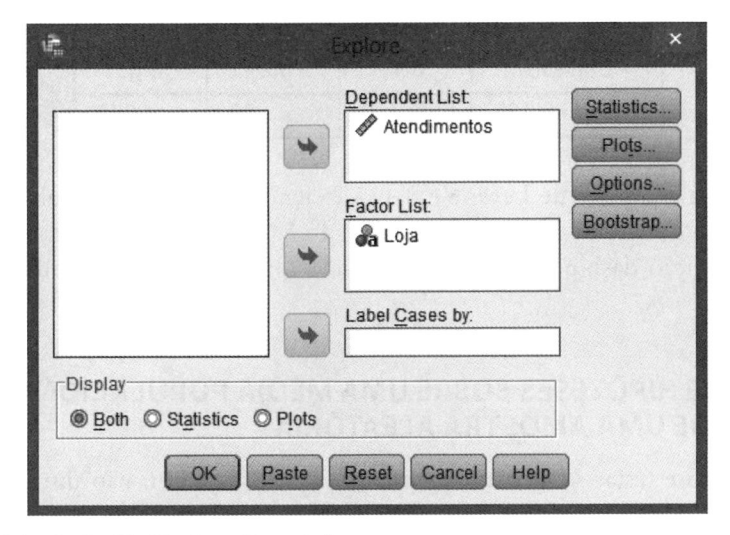

**Figura 9.8** *Seleção das Variáveis no Teste de Levene.*

A seguir, clique em **Plots** e selecione a opção **Untransformed** em **Spread vs Level with Levene Test**.

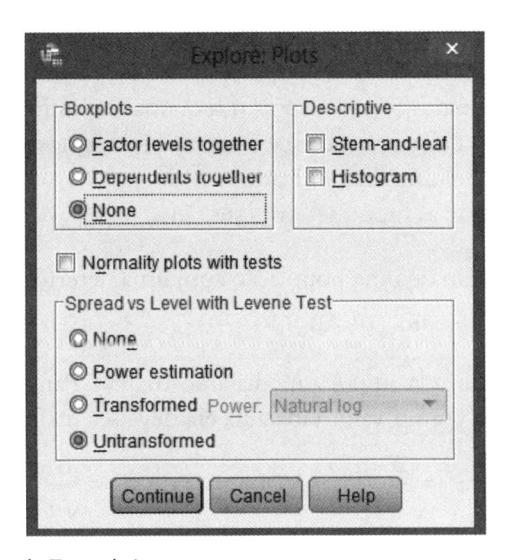

**Figura 9.9** *Continuação do Teste de Levene.*

Finalmente, clique em **Continue** e em **OK**. O resultado do teste de Levene também pode ser obtido pelo teste ANOVA por meio dos seguintes comandos: **Analyze > Compare Means > One-Way ANOVA**. Na caixa **Options**, selecione a opção **Homogeneity of variance test**. A tabela gerada está ilustrada a seguir:

**Tabela 9.10** Resultado do teste de Levene

**Test of Homogeneity of Variances**

Atendimentos

| Levene Statistic | df1 | df2 | Sig. |
|---|---|---|---|
| 8,427 | 2 | 39 | ,001 |

O valor da estatística de Levene é 8,427, exatamente como já calculado anterior-mente. Como o nível de significância observado é 0,001, valor inferior a 0,05, o teste apresenta rejeição da hipótese nula, concluindo que as variâncias populacionais não são homogêneas.

## 5. TESTE DE HIPÓTESES SOBRE UMA MÉDIA POPULACIONAL ($\mu$) A PARTIR DE UMA AMOSTRA ALEATÓRIA

O objetivo é testar se uma média populacional assume ou não um determinado valor.

### 5.1. Teste $z$ quando o desvio-padrão populacional ($\sigma$) é conhecido e a distribuição é normal

Esse teste é aplicado quando uma amostra aleatória de tamanho $n$ é extraída de uma população com distribuição normal de média $\mu$ (desconhecida) e desvio-padrão ($\sigma$) conhecido. Caso a distribuição da população não seja conhecida, é necessário tra-balhar com amostras grandes ($n > 30$), pois o teorema do limite central garante que, à medida que o tamanho da amostra cresce, a distribuição amostral de sua média apro-xima-se cada vez mais de uma distribuição normal.

Para um teste bilateral, as hipóteses do teste são:

$\begin{cases} H_0: \text{ a amostra provém de uma população com uma determinada média } (\mu = \mu_0) \\ H_1: \text{ contesta a hipótese nula } (\mu \neq \mu_0) \end{cases}$

A estatística teste utilizada aqui é a média amostral ($\overline{x}$). Para que a média da amos-tra possa ser comparada com o valor tabelado, ela deve ser padronizada, de modo que:

$$z_{cal} = \frac{\overline{x} - \mu_0}{\sigma_{\overline{x}}} \sim N(0, 1), \quad \text{onde } \sigma_{\overline{x}} = \frac{\sigma}{\sqrt{n}} \qquad (9.18)$$

Os valores críticos da estatística ($z_c$) encontram-se na Tabela A do Apêndice. A Tabela A fornece os valores críticos de $z_c$ tal que $P(z_{cal} > z_c) = \alpha$ (para um teste uni-lateral à direita). Para um teste bilateral, deve-se considerar $P(z_{cal} > z_c) = \alpha/2$, já que $P(z_{cal} < -z_c) + P(z_{cal} > z_c) = \alpha$. A hipótese nula $H_0$ de um teste bilateral é rejeitada se o valor da estatística $z_{cal}$ pertencer à região crítica, isto é, se $z_{cal} < -z_c$ ou $z_{cal} > z_c$; caso contrário, não se rejeita $H_0$.

As probabilidades unilaterais associadas à estatística $z_{cal}$ ($p_1$) também podem ser obtidas a partir da Tabela A. Para um teste unilateral, considera-se $p = p_1$. Para um teste bilateral, essa probabilidade deve ser dobrada ($p = 2p_1$). Assim, para ambos os testes, rejeita-se $H_0$ se $p \leq \alpha$.

### Exemplo 7: Aplicação do teste z para uma amostra

Um fabricante de cereais afirma que a quantidade média de fibra alimentar em cada porção do produto é, no mínimo, de 4,2 g com um desvio-padrão de 1 g. Uma agência de saúde vai verificar se essa afirmação procede. Para isso, uma amostra aleatória de 42 porções foi coletada, e a quantidade média de fibra alimentar foi de 3,9 g. Com um nível de significância de 5%, você tem evidências para rejeitar a afirmação do fabricante?

### Solução

**Passo 1**: O teste adequado para uma média populacional com $\sigma$ conhecido, considerando uma única amostra de tamanho $n > 30$ (distribuição normal), é o teste z.

**Passo 2**: As hipóteses do teste $z$ para este exemplo são:

$$\begin{cases} H_0: \ \mu \geq 4{,}2 \text{ g (alegação do fornecedor)} \\ H_1: \ \mu < 4{,}2 \text{ g} \end{cases}$$

que corresponde a um teste unilateral à esquerda.

**Passo 3**: O nível de significância a ser considerado é de 5%.

**Passo 4**: O cálculo da estatística $z_{cal}$ de acordo com a equação (9.18) é:

$$z_{cal} = \frac{\bar{x} - \mu_0}{\sigma/\sqrt{n}} = \frac{3{,}9 - 4{,}2}{1/\sqrt{42}} = -1{,}94$$

**Passo 5**: De acordo com a Tabela A do Apêndice, para um teste unilateral à esquerda com $\alpha = 5\%$, o valor crítico do teste é $z_c = -1{,}645$.

**Passo 6**: Decisão: como o valor calculado pertence à região crítica ($z_{cal} < -1{,}645$), a hipótese nula é rejeitada, concluindo que a quantidade média de fibra alimentar do fabricante é menor que 4,2 g.

Se ao invés de compararmos o valor calculado com o valor crítico da distribuição normal padrão, utilizarmos o cálculo do *p-value*, os passos 5 e 6 seriam:

**Passo 5**: De acordo com a Tabela A do Apêndice, para um teste unilateral à esquerda, a probabilidade associada ao valor da estatística $z_{cal} = -1{,}94$ é 0,0262 (*p-value*).

**Passo 6**: Decisão: como o $p < 0{,}05$, a hipótese nula é rejeitada, concluindo que a quantidade média de fibra alimentar do fabricante é menor que 4,2 g.

## 5.2 Teste *t* de Student quando o desvio-padrão populacional ($\sigma$) não é conhecido

O teste *t* de Student para uma amostra é aplicado quando não se conhece o desvio-padrão da população ($\sigma$), de modo que seu valor é estimado a partir do desvio-padrão da amostra ($S$). Porém, ao substituir $\sigma$ por $S$ na equação (9.18), a distribuição da variável não é mais normal, e sim uma distribuição t de Student com $n-1$ graus de liberdade.

Analogamente ao teste $z$, o teste *t* de Student para uma amostra assume as seguintes hipóteses para um teste bilateral:

$$\begin{cases} H_0: \ \mu = \mu_0 \\ H_1: \ \mu \neq \mu_0 \end{cases}$$

O cálculo da estatística é:

$$T_{cal} = \frac{\bar{x} - \mu_0}{S/\sqrt{n}} \sim t_{n-1} \tag{9.19}$$

O valor calculado deve ser comparado com o valor tabelado da distribuição *t* de Student (Tabela B do Apêndice). A Tabela B fornece os valores críticos de $t_c$ tal que $P(T_{cal} > t_c) = \alpha$ (para um teste unilateral à direita). Para um teste bilateral, tem-se que $P(T_{cal} < -t_c) = \alpha/2, = P(T_{cal} > t_c)$ como mostra a Figura 9.10.

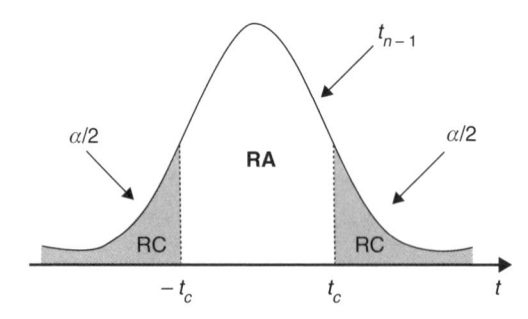

**Figura 9.10** *Região de aceitação (RA) e região crítica (RC) da distribuição t de Student para um teste bilateral.*

Portanto, para um teste bilateral, a hipótese nula é rejeitada se $T_{cal} < -t_c$ ou $T_{cal} > t_c$; se $-t_c \leq T_{cal} \leq t_c$ não se rejeita $H_0$.

As probabilidades unilaterais associadas à estatística $T_{cal}$ ($p_1$) também podem ser obtidas a partir da Tabela B. Para um teste unilateral, tem-se que $p = p_1$. Para um teste bilateral, essa probabilidade deve ser dobrada ($p = 2p_1$). Assim, para ambos os testes, rejeita-se $H_0$ se $p \leq \alpha$.

### *Exemplo 8: Aplicação do teste t de Student para uma amostra*

O tempo médio de processamento de uma determinada tarefa em uma máquina tem sido de 18 minutos. Foram introduzidos novos conceitos para reduzir o tempo médio de processamento. Dessa forma, após um certo período, coletou-se uma

amostra de 25 elementos, obtendo-se um tempo médio de 16,808 minutos com desvio-padrão de 2,733 minutos. Verifique se esse resultado evidencia uma melhora no tempo médio de processamento. Considerar $\alpha = 1\%$.

### Solução

**Passo 1**: O teste adequado para uma média populacional com $\sigma$ desconhecido é o teste $t$ de Student.

**Passo 2**: As hipóteses do teste $t$ de Student para este exemplo são:

$$\begin{cases} H_0: \ \mu = 18 \\ H_1: \ \mu < 18 \end{cases}$$

que corresponde a um teste unilateral à esquerda.

**Passo 3**: O nível de significância a ser considerado é de 1%.

**Passo 4**: O cálculo da estatística $T_{cal}$ de acordo com a equação (9.19) é:

$$T_{cal} = \frac{\overline{x} - \mu_0}{S/\sqrt{n}} = \frac{16,808 - 18}{2,733/\sqrt{25}} = -2,18$$

**Passo 5**: De acordo com a Tabela B do Apêndice, para um teste unilateral à esquerda com 24 graus de liberdade e $\alpha = 1\%$, o valor crítico do teste é $t_c = -2,492$.

**Passo 6**: Decisão: como o valor calculado não pertence à região crítica ($T_{cal} < -2,492$), a hipótese nula não é rejeitada, concluindo que não houve melhora no tempo médio de processamento.

Se ao invés de compararmos o valor calculado com o valor crítico da distribuição t de *Student*, utilizarmos o cálculo do *p-value*, os passos 5 e 6 seriam:

**Passo 5**: De acordo com a Tabela B do Apêndice, para um teste unilateral à esquerda com 24 graus de liberdade, a probabilidade associada ao valor da estatística $T_{cal} < -2,18$ está entre 0,01 e 0,025 (*p-value*).

**Passo 6**: Decisão: como o $p > 0,01$, a hipótese nula não é rejeitada.

## 5.3 Resolução do teste *t* de Student a partir de uma única amostra por meio do software SPSS

A reprodução das imagens nessa seção tem autorização da International Business Machines Corporation©.

Para comparar médias a partir de uma única amostra, o SPSS disponibiliza o teste $t$ de Student.

Os dados do Exemplo 8 estão disponíveis no arquivo **Exemplo8_Test_t.sav**. O procedimento para aplicação do teste a partir do Exemplo 8 será descrito a seguir. Selecione **Analyze > Compare Means > One-Sample T Test**, conforme apresentado na Figura 9.11.

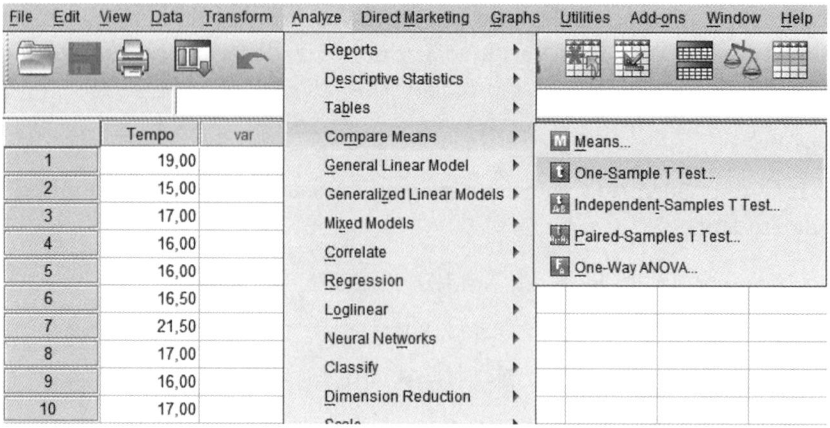

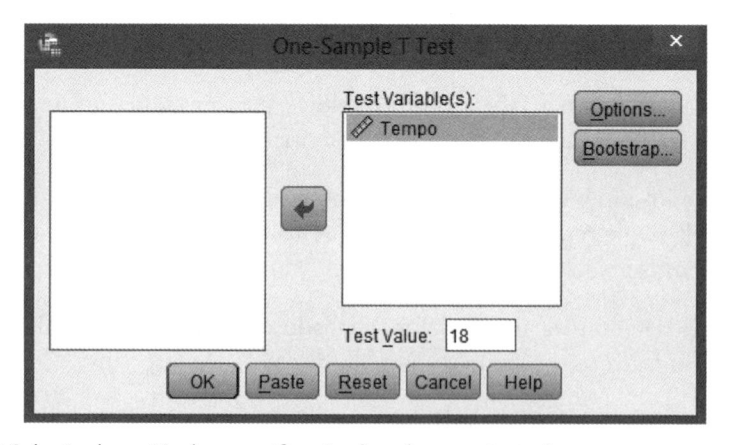

**Figura 9.11** *Procedimento para o teste t a partir de uma amostra no SPSS.*

Selecione a variável *Tempo* e especifique o valor de 18 que será testado em **Test Value**, conforme mostra a Figura 9.12.

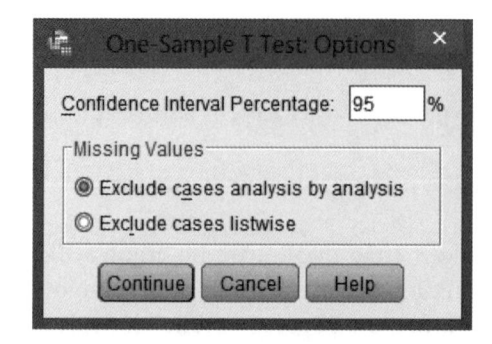

**Figura 9.12** *Seleção da variável e especificação do valor a ser testado.*

A seguir, clique em **Options** para definir o intervalo de confiança.

**Figura 9.13** *Opções – Definição do intervalo de confiança.*

Finalmente, clique em **Continue** e em **OK**. Os resultados do teste encontram-se na Tabela 9.11.

**Tabela 9.11** Resultados do teste *t* para uma amostra

**One-Sample Test**

| | Test Value = 18 | | | | | |
|---|---|---|---|---|---|---|
| | | | | | 95% Confidence Interval of the Difference | |
| | t | df | Sig. (2-tailed) | Mean Difference | Lower | Upper |
| Tempo | -2,180 | 24 | ,039 | -1,19200 | -2,3203 | -,0637 |

A Tabela 9.11 apresenta o resultado do teste *t* (semelhante ao valor calculado no Exemplo 8) e a probabilidade associada (*p*-value) para um teste bilateral. Para um teste unilateral, a probabilidade associada é 0,0195 (vimos no Exemplo 8 que essa probabilidade estaria entre 0,01 e 0,025). Como 0,0195 > 0,01, não se rejeita a hipótese nula, concluindo que não houve melhora no tempo de processamento.

## 6. TESTE *t* DE STUDENT PARA COMPARAÇÃO DE DUAS MÉDIAS POPULACIONAIS A PARTIR DE DUAS AMOSTRAS ALEATÓRIAS INDEPENDENTES

O teste *t* para duas amostras independentes é aplicado para comparar as médias de duas amostras aleatórias ($x_{1i}, i = 1, ..., n_1$ e $x_{2j}, j = 1, ... n_2$) extraídas da mesma população. Neste teste, a variância populacional é desconhecida.

Para um teste bilateral, a hipótese nula do teste afirma que as médias populacionais são iguais; se as médias populacionais forem diferentes, a hipótese nula é rejeitada:

$$\begin{cases} H_0: \mu_1 = \mu_2 \\ H_1: \mu_1 \neq \mu_2 \end{cases}$$

O cálculo da estatística *T* depende da comparação das variâncias populacionais entre os grupos.

**CASO 1** $\sigma_1^2 \neq \sigma_2^2$

Considerando que as variâncias populacionais são diferentes, a estatística *T* é dada por:

$$T_{cal} = \frac{(\overline{x}_1 - \overline{x}_2)}{\sqrt{\dfrac{S_1^2}{n_1} + \dfrac{S_2^2}{n_2}}} \tag{9.20}$$

E o número de graus de liberdade é dado por:

$$\nu = \frac{\left(\dfrac{S_1^2}{n_1} + \dfrac{S_2^2}{n_2}\right)^2}{\dfrac{\left(S_1^2/n_1\right)^2}{(n_1 - 1)} + \dfrac{\left(S_2^2/n_2\right)^2}{(n_2 - 1)}} \tag{9.21}$$

**CASO 2** $\sigma_1^2 = \sigma_2^2$

Quando as **variâncias populacionais são homogêneas**, o cálculo da estatística é:

$$T_{cal} = \frac{(\bar{x}_1 - \bar{x}_2)}{S_p \sqrt{\dfrac{1}{n_1} + \dfrac{1}{n_2}}} \tag{9.22}$$

em que:

$$S_p = \sqrt{\frac{(n_1 - 1)S_1^2 + (n_2 - 1)S_2^2}{n_1 + n_2 - 2}} \tag{9.23}$$

de modo que $T_{cal}$ segue uma distribuição $t$ de Student com $v = n_1 + n_2 - 2$ graus de liberdade.

O valor calculado deve ser comparado com o valor tabelado da distribuição $t$ de Student (Tabela B do Apêndice). A Tabela B fornece os valores críticos de $t_c$ tal que $P(T_{cal} > t_c) = \alpha$ (para um teste unilateral à direita). Para um teste bilateral, tem-se que $P(T_{cal} < -t_c) = \alpha/2, = P(T_{cal} > t_c)$, como mostra a Figura 9.14.

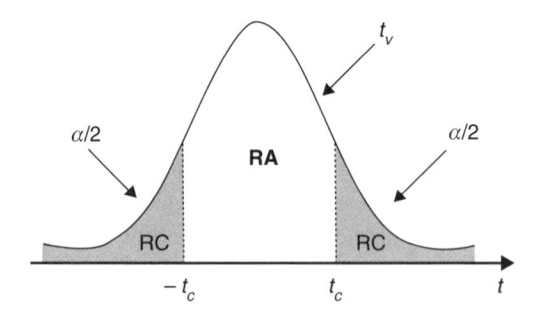

**Figura 9.14** *Região de aceitação (RA) e região crítica (RC) da distribuição t de Student para um teste bilateral.*

Portanto, para um teste bilateral, se o valor da estatística pertencer à região crítica, isto é, se $T_{cal} < -t_c$ ou $T_{cal} > t_c$, o teste oferece condições à rejeição da hipótese nula. Se $-t_c \le T \le t_c$, não se rejeita $H_0$.

As probabilidades unilaterais associadas à estatística $T_{cal}$ ($p_1$) também podem ser obtidas a partir da Tabela B. Para um teste unilateral, tem-se que $p = p_1$. Para um teste bilateral, essa probabilidade deve ser dobrada ($p = 2p_1$). Assim, para ambos os testes, rejeita-se $H_0$ se $p \le \alpha$.

### Exemplo 9: Aplicação do teste t de Student para duas amostras independentes

Um engenheiro de qualidade desconfia que o tempo médio de fabricação de um determinado produto plástico pode depender da matéria-prima utilizada que é proveniente de dois fornecedores. Uma amostra com 30 observações de cada fornecedor foi coletada para teste e os resultados encontram-se nas Tabelas 9.12 e 9.13. Para um nível de significância $\alpha = 5\%$, verifique se há diferença entre as médias.

**Tabela 9.12** Tempo de fabricação utilizando matéria-prima do fornecedor 1

| 22,8 | 23,4 | 26,2 | 24,3 | 22,0 | 24,8 | 26,7 | 25,1 | 23,1 | 22,8 |
|------|------|------|------|------|------|------|------|------|------|
| 25,6 | 25,1 | 24,3 | 24,2 | 22,8 | 23,2 | 24,7 | 26,5 | 24,5 | 23,6 |
| 23,9 | 22,8 | 25,4 | 26,7 | 22,9 | 23,5 | 23,8 | 24,6 | 26,3 | 22,7 |

**Tabela 9.13** Tempo de fabricação utilizando matéria-prima do fornecedor 2

| 26,8 | 29,3 | 28,4 | 25,6 | 29,4 | 27,2 | 27,6 | 26,8 | 25,4 | 28,6 |
|------|------|------|------|------|------|------|------|------|------|
| 29,7 | 27,2 | 27,9 | 28,4 | 26,0 | 26,8 | 27,5 | 28,5 | 27,3 | 29,1 |
| 29,2 | 25,7 | 28,4 | 28,6 | 27,9 | 27,4 | 26,7 | 26,8 | 25,6 | 26,1 |

## Solução

**Passo 1**: O teste adequado para comparar duas médias populacionais com $\sigma$ desconhecido é o teste $t$ de Student para duas amostras independentes.

**Passo 2**: As hipóteses do teste $t$ de Student para este exemplo são:

$$\begin{cases} H_0: \mu_1 = \mu_2 \\ H_1: \mu_1 \neq \mu_2 \end{cases}$$

**Passo 3**: O nível de significância a ser considerado é de 5%.

**Passo 4**: A partir dos dados das Tabelas 9.12 e 9.13, calcula-se $\bar{x}_1 = 24{,}277$, $\bar{x}_2 = 24{,}277$, $S_1^2 = 1{,}810$ e $S_2^2 = 1{,}559$. Considerando que as variâncias populacionais são homogêneas (ver a solução pelo SPSS), utilizaremos as equações (9.15) e (9.16) para o cálculo da estatística $T_{cal}$:

$$S_p = \sqrt{\frac{29 \times 1{,}810 + 29 \times 1{,}559}{30 + 30 - 2}} = 1{,}298$$

$$T_{cal} = \frac{24{,}277 - 27{,}530}{1{,}298\sqrt{\frac{1}{30} + \frac{1}{30}}} = -9{,}708$$

E o número de graus de liberdade é $v = 30 + 30 - 2 = 58$

**Passo 5**: A região crítica do teste bilateral, considerando $v = 58$ graus de liberdade e $\alpha = 5\%$, pode ser definida a partir da tabela de distribuição $t$ de *Student* (Tabela B do Apêndice), como mostra a Figura 9.15.

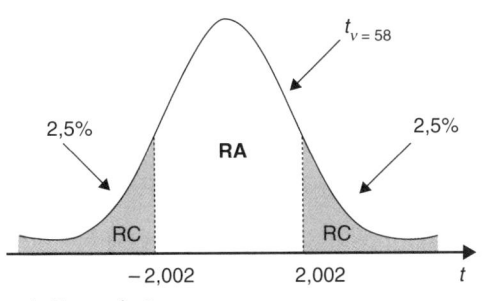

**Figura 9.15** *Região crítica do Exemplo 9.*

Para um teste bilateral, cada uma das caudas corresponde à metade do nível de significância $\alpha$.

**Passo 6**: Decisão: como o valor calculado pertence à região crítica, isto é, $T_{cal} < -2{,}002$, a hipótese nula é rejeitada, concluindo que as médias populacionais são diferentes.

Se em vez de compararmos o valor calculado com o valor crítico da distribuição $t$ de *Student*, utilizarmos o cálculo do *p-value*, os passos 5 e 6 seriam:

**Passo 5**: De acordo com a Tabela B do Apêndice, para um teste unilateral à direita com $v = 58$ graus de liberdade, a probabilidade $p_1$ associada ao valor da estatística $T_{cal} = 9{,}708$ é inferior à 0,0005. Para um teste bilateral, essa probabilidade deve ser dobrada ($p = 2p_1$).

**Passo 6**: Decisão: como o valor $p < 0{,}05$, a hipótese nula é rejeitada.

## 6.1. Resolução do teste *t* de Student a partir de duas amostras independentes por meio do software SPSS

Os dados do Exemplo 9 estão disponíveis no arquivo **Test_t_Duas_Amostras_ Independentes.sav**. O procedimento para resolução do teste *t* de Student para a comparação de duas médias populacionais a partir de duas amostras aleatórias independentes no SPSS está descrito a seguir. A reprodução das imagens nessa seção tem autorização da International Business Machines Corporation©.

Selecione **Analyze > Compare Means > Independent–Samples T Test**, conforme mostra a Figura 9.16.

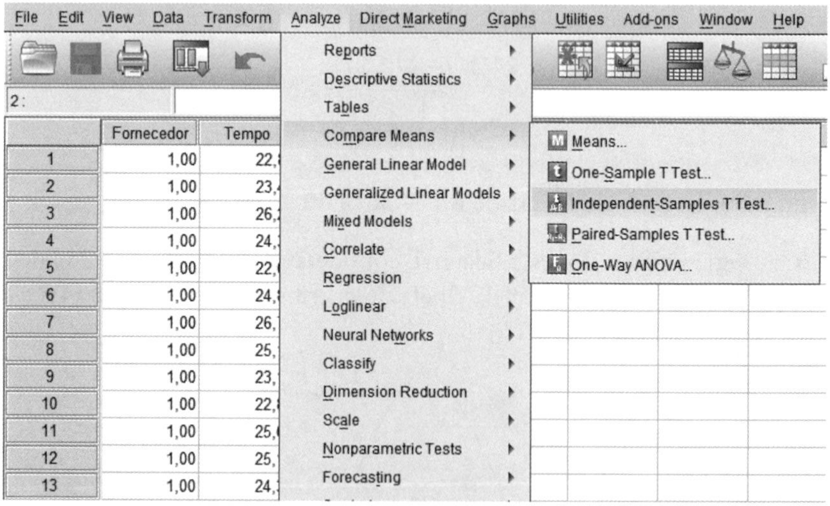

**Figura 9.16** *Procedimento para o teste t a partir de duas amostras independentes.*

Selecione a variável "Tempo" em **Test Variable(s)** e a variável "Fornecedor" em **Grouping Variable**. Clique no botão **Define Groups** para definir os grupos (categorias) da variável *Fornecedor*, como mostra a Figura 9.17.

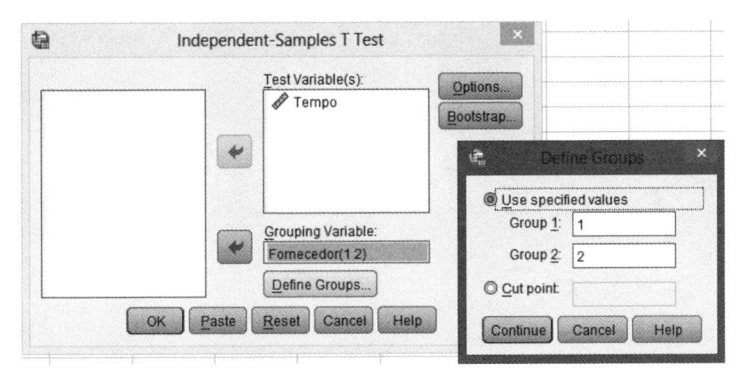

**Figura 9.17** *Seleção das variáveis e definição dos grupos.*

Se o intervalo de confiança for diferente de 95%, clique em **Options** para alterá-lo. Finalmente, clique em **OK**. Os resultados do teste encontram-se na Tabela 9.14.

**Tabela 9.14** Resultados do teste *t* para duas amostras independentes

Independent Samples Test

| | | Levene's Test for Equality of Variances | | t-test for Equality of Means | | | | | 95% Confidence Interval of the Difference | |
|---|---|---|---|---|---|---|---|---|---|---|
| | | F | Sig. | t | df | Sig. (2-tailed) | Mean Difference | Std. Error Difference | Lower | Upper |
| Tempo | Equal variances assumed | ,156 | ,694 | -9,708 | 58 | ,000 | -3,25333 | ,33510 | -3,92412 | -2,58255 |
| | Equal variances not assumed | | | -9,708 | 57,679 | ,000 | -3,25333 | ,33510 | -3,92420 | -2,58247 |

O valor do teste *t* é −9,708 e a probabilidade bilateral associada é 0,000 ($p < 0,05$), o que leva à rejeição da hipótese nula e permite concluir que as médias populacionais são diferentes. Note que a Tabela 9.14 também apresenta o resultado do teste de Levene. Como o nível de significância observado é 0,694, valor superior a 0,05, conclui-se que as variâncias são homogêneas.

## 7. TESTE *T* DE STUDENT PARA COMPARAÇÃO DE DUAS MÉDIAS POPULACIONAIS A PARTIR DE DUAS AMOSTRAS ALEATÓRIAS EMPARELHADAS

Este teste é aplicado para verificar se as médias de duas amostras emparelhadas ou relacionadas, extraídas da mesma população (antes e depois) com distribuição normal, são ou não significativamente diferentes. Além da normalidade dos dados de cada amostra, o teste exige a homogeneidade das variâncias entre os grupos.

Diferentemente do teste *t* para duas amostras independentes, calcula-se, primeiramente, a diferença entre cada par de valores na posição $i$ ($d_i = x_{antes,i} - x_{depois,i}$, $i = 1, ..., n$) e a partir daí testa-se a hipótese nula de que a média das diferenças na população é zero.

Para um teste bilateral, tem-se que:

$$\begin{cases} H_0: \ \mu_d = 0, \quad \mu_d = \mu_{antes} - \mu_{depois} \\ H_1: \ \mu_d \neq 0 \end{cases}$$

A estatística do teste é:

$$T_{cal} = \frac{\bar{d} - \mu_d}{S_d / \sqrt{n}} \sim t_{v=n-1}$$

(9.24)

em que:

$$\bar{d} = \frac{\sum_{i=1}^{n} d_i}{n}$$

(9.25)

$$S_d = \sqrt{\frac{\sum_{i=1}^{n} (d_i - \bar{d})^2}{n-1}}$$

(9.26)

O valor calculado deve ser comparado com o valor tabelado da distribuição $t$ de Student (Tabela B do Apêndice). A Tabela B fornece os valores críticos de $t_c$ tal que $P(T_{cal} > t_c) = \alpha$ (para um teste unilateral à direita). Para um teste bilateral, tem-se que $P(T_{cal} < -t_c) = \alpha/2 = P(T_{cal} > t_c)$, como mostra a Figura 9.18.

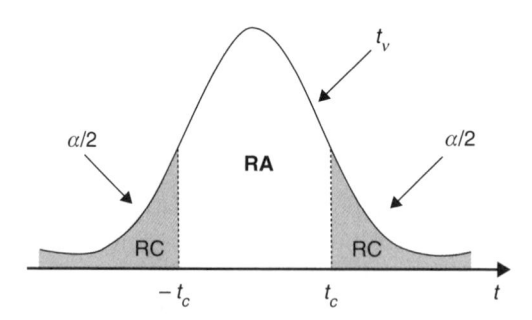

**Figura 9.18** *Região de aceitação (RA) e região crítica (RC) da distribuição t de Student para um teste bilateral.*

Portanto, para um teste bilateral, a hipótese nula é rejeitada se $T_{cal} < -t_c$ ou $T_{cal} > t_c$; se $-t_c \leq T_{cal} \leq t_c$ não se rejeita $H_0$.

As probabilidades unilaterais associadas à estatística $T_{cal}$ $(p_1)$ também podem ser obtidas a partir da Tabela B. Para um teste unilateral, tem-se que $p = p_1$. Para um teste bilateral, essa probabilidade deve ser dobrada $(p = 2p_1)$. Assim, para ambos os testes, rejeita-se $H_0$ se $p \leq \alpha$.

### Exemplo 10: Aplicação do teste t de Student para duas amostras emparelhadas

Um grupo de 10 operadores de máquinas realizava uma determinada tarefa. O mesmo grupo de operadores foi treinado executar tal tarefa de forma mais eficiente. Para verificar se houve redução no tempo de execução, mediu-se o tempo gasto por cada operador, antes e depois do treinamento. Teste a hipótese de que as médias populacionais das duas amostras emparelhadas são semelhantes, isto é, de que não houve redução no tempo de execução da tarefa após o treinamento. Considere $\alpha = 5\%$.

**Tabela 9.15** Tempo gasto por operador antes do treinamento

| 3,2 | 3,6 | 3,4 | 3,8 | 3,4 | 3,5 | 3,7 | 3,2 | 3,5 | 3,9 |
|-----|-----|-----|-----|-----|-----|-----|-----|-----|-----|

**Tabela 9.16** Tempo gasto por operador depois do treinamento

| 3,0 | 3,3 | 3,5 | 3,6 | 3,4 | 3,3 | 3,4 | 3,0 | 3,2 | 3,6 |
|-----|-----|-----|-----|-----|-----|-----|-----|-----|-----|

## Solução

**Passo 1**: O teste adequado nesse caso é o teste $t$ de Student para duas amostras emparelhadas.

Como o teste exige a normalidade dos dados de cada amostra e a homogeneidade de variâncias entre os grupos, os testes de K-S ou S-W, além do teste de Levene, devem ser aplicados para tal comprovação. Conforme veremos mais adiante na solução deste exemplo pelo SPSS, todas essas suposições serão validadas.

**Passo 2**: As hipóteses do teste $t$ de Student para este exemplo são:

$$\begin{cases} H_0: \ \mu_d = 0 \\ H_1: \ \mu_d \neq 0 \end{cases}$$

**Passo 3**: O nível de significância a ser considerado é de 5%.

**Passo 4**: Para o cálculo da estatística $T_{cal}$, primeiramente calcularemos $d_i$:

**Tabela 9.17** Cálculo de $d_i$

| $X_{antes,\ i}$ | 3,2 | 3,6 | 3,4 | 3,8 | 3,4 | 3,5 | 3,7 | 3,2 | 3,5 | 3,9 |
|-----------------|-----|-----|-----|-----|-----|-----|-----|-----|-----|-----|
| $X_{depois,\ i}$ | 3,0 | 3,3 | 3,5 | 3,6 | 3,4 | 3,3 | 3,4 | 3,0 | 3,2 | 3,6 |
| $d_i$ | 0,2 | 0,3 | −0,1 | 0,2 | 0 | 0,2 | 0,3 | 0,2 | 0,3 | 0,3 |

$$\overline{d} = \frac{\sum_{i=1}^{n} d_i}{n} = \frac{0,2 + 0,3 + \cdots + 0,3}{10} = 0,19$$

$$S_d = \sqrt{\frac{(0,2-0,19)^2 + (0,3-0,19)^2 + \cdots + (0,3-0,19)^2}{9}} = 0,137$$

$$T_{cal} = \frac{\overline{d}}{S_d/\sqrt{n}} = \frac{0,19}{0,137/\sqrt{10}} = 4,385$$

**Passo 5**: A região crítica do teste bilateral pode ser definida a partir da tabela de distribuição $t$ de Student (Tabela B do Apêndice), considerando $v = 9$ graus de liberdade e $\alpha = 5\%$, como mostra a Figura 9.19.

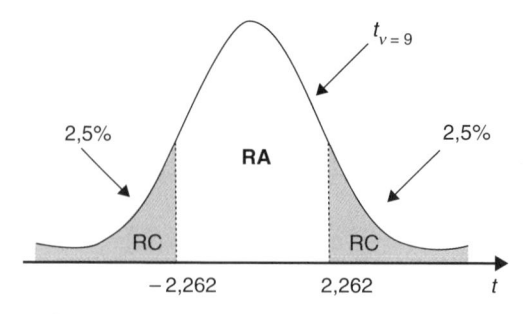

**Figura 9.19** *Região crítica do Exemplo 10.*

Para um teste bilateral, cada cauda corresponde à metade do nível de significância $\alpha$.

**Passo 6**: Decisão: como o valor calculado pertence à região crítica ($T_{cal} > 2,262$), a hipótese nula é rejeitada, concluindo que existe diferença significativa entre os tempos dos operadores antes e depois do treinamento.

Se em vez de compararmos o valor calculado com o valor crítico da distribuição $t$ de *Student*, utilizarmos o cálculo do *p-value*, os passos 5 e 6 seriam:

**Passo 5**: De acordo com a Tabela B do Apêndice, para um teste unilateral à direita com $v = 9$ graus de liberdade, a probabilidade $p_1$ associada ao valor da estatística $T_{cal} = 4,385$ está entre $0,0005$ e $0,001$. Para um teste bilateral, essa probabilidade deve ser dobrada ($p = 2p_1$), de modo que $0,001 < p < 0,002$.

**Passo 6**: Decisão: como o valor $p < 0,05$, a hipótese nula é rejeitada.

## 7.1 Resolução do teste *t* de Student a partir de duas amostras emparelhadas por meio do software SPSS

Primeiramente, deve-se testar a normalidade dos dados de cada amostra, assim como a homogeneidade de variância entre os grupos. Utilizando os mesmos procedimentos descritos nas seções 3.3 e 4.5 (os dados devem estar tabelados da mesma forma que na seção 4.5), obtêm-se as Tabelas 9.18 e 9.19.

**Tabela 9.18** Resultado do teste de normalidade

**Tests of Normality**

|  |  | Kolmogorov-Smirnov[a] | | | Shapiro-Wilk | | |
|---|---|---|---|---|---|---|---|
| | Amostra | Statistic | df | Sig. | Statistic | df | Sig. |
| Tempo | Antes | ,134 | 10 | ,200[*] | ,954 | 10 | ,715 |
| | Depois | ,145 | 10 | ,200[*] | ,920 | 10 | ,353 |

a. Lilliefors Significance Correction
*. This is a lower bound of the true significance.

**Tabela 9.19** Resultado do teste de Levene

**Test of Homogeneity of Variances**

Tempo

| Levene Statistic | df1 | df2 | Sig. |
|---|---|---|---|
| ,061 | 1 | 18 | ,808 |

Pela Tabela 9.18, conclui-se que há normalidade dos dados para cada amostra. A partir da Tabela 9.19, pode-se concluir que as variâncias entre as amostras são homogêneas.

A reprodução das imagens nessa seção tem autorização da International Business Machines Corporation©.

Para aplicar o procedimento de solução do teste $t$ de Student para duas amostras emparelhadas no SPSS, abra o arquivo **Test_t_Duas_Amostras_Emparelhadas.sav**. Selecione **Analyze > Compare Means > Paired-Samples T Test**, conforme mostra a Figura 9.20.

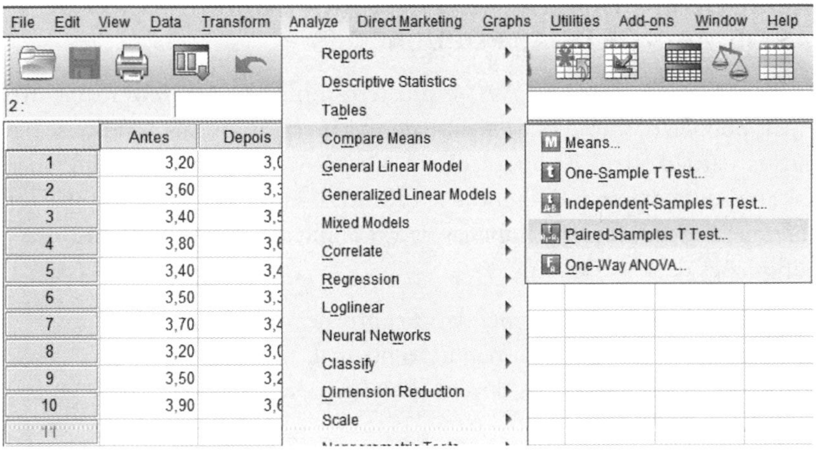

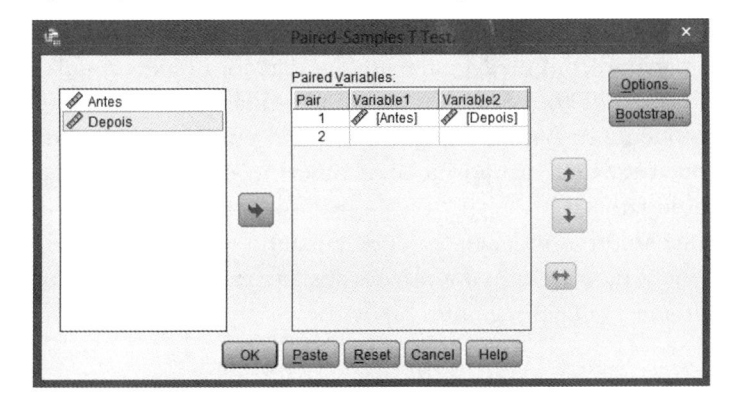

**Figura 9.20** *Procedimento para o teste t a partir de duas amostras emparelhadas.*

Selecione a variável *Antes* e desloque-a para *Variable1*, assim como a variável *Depois*, deslocando-a para *Variable2*, conforme mostra a Figura 9.21.

**Figura 9.21** *Seleção das variáveis a serem emparelhadas.*

Se o intervalo de confiança for diferente de 95%, clique em **Options** para alterá--lo. Finalmente, clique em **OK**. Os resultados do teste encontram-se na Tabela 9.20.

**Tabela 9.20** Resultados do teste *t* para duas amostras emparelhadas

Paired Samples Test

| | | Paired Differences | | | | | | | |
| | | Mean | Std. Deviation | Std. Error Mean | 95% Confidence Interval of the Difference | | t | df | Sig. (2-tailed) |
| | | | | | Lower | Upper | | | |
| Pair 1 | Antes - Depois | ,19000 | ,13703 | ,04333 | ,09197 | ,28803 | 4,385 | 9 | ,002 |

O valor do teste *t* é 4,385 e o nível de significância observado para um teste bilateral é 0,002, valor inferior a 0,05, o que leva a rejeição da hipótese nula, concluindo que existe diferença significativa entre os tempos dos operadores antes e depois do treinamento.

## 8. ANÁLISE DE VARIÂNCIA (ANOVA) PARA COMPARAÇÃO DE MÉDIAS DE MAIS DE DUAS POPULAÇÕES

A Análise de Variância (ANOVA) é um teste utilizado para comparar médias de três ou mais populações, através da análise de variâncias amostrais. O teste se baseia em uma amostra extraída de cada população. A ANOVA determina se as diferenças entre as médias amostrais sugerem diferenças significativas entre as médias populacionais, ou se tais diferenças são decorrentes apenas da variabilidade implícita da amostra.

As suposições da ANOVA são:

**i)** as amostras devem ser independentes entre si;

**ii)** as populações devem ter distribuição normal;

**iii)** as variâncias populacionais devem ser homogêneas.

### 8.1. ANOVA de um fator (*One-Way ANOVA*)

A ANOVA de um fator, conhecido em inglês como *One-Way ANOVA*, é uma extensão do teste *t* de Student para duas médias populacionais, permitindo ao pesquisador comparar três ou mais médias populacionais.

A hipótese nula do teste afirma que as médias populacionais são iguais; se existir pelo menos um grupo com média diferente dos demais, a hipótese nula é rejeitada.

Para Fávero *et al.* (2009), a ANOVA de um fator permite verificar o efeito de uma variável independente de natureza qualitativa (fator) em uma variável dependente de natureza quantitativa. Cada grupo inclui as observações da variável dependente em uma categoria do fator.

Supondo que amostras independentes de tamanho $n$ sejam extraídas de $k$ populações ($k \geq 3$) e que as médias destas populações possam ser representadas por $\mu_1, \mu_2, ..., \mu_k$, a análise de variância testa as seguintes hipóteses:

$$H_0 : \mu_1 = \mu_2 = ... = \mu_k$$
$$H_1 : \exists_{(i,j)} \; \mu_i \neq \mu_j, \; i \neq j \tag{9.27}$$

Segundo Maroco (2011), de forma genérica, as observações para este tipo de problema podem ser representadas de acordo com o Quadro 9.2.

**Quadro 9.2** Observações da ANOVA de um fator

| Amostras ou Grupos | | | |
|---|---|---|---|
| **1** | **2** | **...** | **k** |
| $y_{11}$ | $y_{12}$ | ... | $y_{1k}$ |
| $y_{21}$ | $y_{22}$ | ... | $y_{2k}$ |
| ... | ... | ... | ... |
| $y_{n_1 1}$ | $y_{n_2 2}$ | ... | $y_{n_k k}$ |

em que $Y_{ij}$ representa a observação $i$ da amostra ou grupo $j$ ($i = 1, ..., n_j; j = 1, ..., k$) e $n_j$ é a dimensão da amostra ou grupo $j$. A dimensão da amostra global é $N = \sum_{i=1}^{k} n_i$. Pestana e Gageiro (2008) apresentam o seguinte modelo:

$$Y_{ij} = \mu_i + \varepsilon_{ij} \tag{9.28}$$

$$Y_{ij} = \mu_i + (\mu_i + \mu)\, \varepsilon_{ij} \tag{9.29}$$

$$Y_{ij} = \mu + \alpha_i + \varepsilon_{ij} \tag{9.30}$$

em que:

$\mu$ é a média global da população
$\mu_i$ é a média da amostra ou grupo $i$
$\alpha_i$ é o efeito da amostra ou grupo $i$
$\varepsilon_{ij}$ é o erro aleatório

A ANOVA presume, portanto, que cada grupo é oriundo de uma população com distribuição normal de média $\mu_i$ e variância homogênea, $Y_{ij} \sim N(\mu_i, \sigma)$, resultando na hipótese de que os erros têm distribuição normal com média zero e variância constante, $\varepsilon_{ij} \sim N(0, \sigma)$ e são independentes (FÁVERO *et al.*, 2009).

As hipóteses da técnica são testadas a partir do cálculo das variâncias dos grupos, daí o nome ANOVA. A técnica envolve o cálculo das variações entre os grupos ($\overline{Y}_i - \overline{Y}$) e dentro de cada grupo ($Yij - \overline{Y}_i$). A soma dos quadrados dos erros ($SQE$) dentro dos grupos é calculada por:

$$SQE = \sum_{i=1}^{k} \sum_{j=1}^{n_j} \left( Y_{ij} - \overline{Y}_i \right)^2 \tag{9.31}$$

A soma dos quadrados dos erros entre os grupos ou soma dos quadrados do fator ($SQF$) é dada por:

$$SQF = \sum_{i=1}^{k} n_i \left( \overline{Y}_i - \overline{Y} \right)^2 \tag{9.32}$$

Logo, a soma total é:

$$SQT = SQE + SQF = \sum_{i=1}^{k}\sum_{j=1}^{n_i}\left(Y_{ij} - \overline{Y}\right)^2 \tag{9.33}$$

Segundo Maroco (2011) e Fávero *et al.* (2009), a estatística da ANOVA é dada pela divisão entre a variância do fator ($SQF$ dividido por $k - 1$ graus de liberdade) e a variância dos erros ($SQE$ dividido por $N - k$ graus de liberdade):

$$F_{cal} = \frac{\dfrac{SQF}{k-1}}{\dfrac{SQE}{N-k}} = \frac{QMF}{QME} \tag{9.34}$$

em que:

$QMF$ é o quadrado médio do fator (estimativa da variância do fator)
$QME$ é o quadrado médio dos erros (estimativa da variância do modelo)

O Quadro 9.3 resume os cálculos da ANOVA de um fator.

**Quadro 9.3** Cálculos da ANOVA de um fator

| Fonte de variação | Soma dos quadrados | Graus de liberdade | Quadrados médios | F |
|---|---|---|---|---|
| Entre os grupos | $SQF = \sum_{i=1}^{k} n_i\left(\overline{Y}_i - \overline{Y}\right)^2$ | $k - 1$ | $QMF = \dfrac{SQF}{k-1}$ | $F = \dfrac{QMF}{QME}$ |
| Dentro dos grupos | $SQE = \sum_{i=1}^{k}\sum_{j=1}^{n_i}\left(Y_{ij} - \overline{Y}_i\right)^2$ | $N - k$ | $QME = \dfrac{SQE}{N-k}$ | |
| Total | $SQT = \sum_{i=1}^{k}\sum_{j=1}^{n_i}\left(Y_{ij} - \overline{Y}\right)^2$ | $N - 1$ | | |

*Fonte:* Maroco (2011) e Fávero *et al.* (2009).

O valor de $F$ pode ser nulo ou positivo, mas nunca negativo. A ANOVA requer, portanto, uma distribuição $F$ assimétrica à direita.

O valor calculado ($F_{cal}$) deve ser comparado com o valor tabelado da distribuição $F$ (Tabela D do Apêndice). A Tabela D fornece os valores críticos de $F_c = F_{k-1,N-k,\alpha}$ tal que $P(F_{cal} > F_c) = \alpha$ (tabela unilateral à direita). Portanto, a hipótese nula da ANOVA de um Fator é rejeitada se $F_{cal} > F_c$; caso contrário ($F_{cal} \leq F_c$), não se rejeita $H_0$.

### Exemplo 11: Aplicação do teste ANOVA de um fator

Uma amostra de 32 produtos foi coletada para analisar a qualidade do mel de três fornecedores. Uma das medidas de qualidade do mel é a porcentagem de sacarose que normalmente varia de 0,25 a 6,5%. A Tabela 9.21 apresenta a porcentagem de sacarose para a amostra coletada de cada fornecedor. Verifique se há diferenças desse indicador de qualidade entre os três fornecedores, considerando um nível de significância de 5%.

**Tabela 9.21** Porcentagem de sacarose para os três fornecedores

| Fornecedor 1 ($n_1 = 12$) | Fornecedor 2 ($n_2 = 10$) | Fornecedor 3 ($n_3 = 10$) |
|:---:|:---:|:---:|
| 0,33 | 1,54 | 1,47 |
| 0,79 | 1,11 | 1,69 |
| 1,24 | 0,97 | 1,55 |
| 1,75 | 2,57 | 2,04 |
| 0,94 | 2,94 | 2,67 |
| 2,42 | 3,44 | 3,07 |
| 1,97 | 3,02 | 3,33 |
| 0,87 | 3,55 | 4,01 |
| 0,33 | 2,04 | 1,52 |
| 0,79 | 1,67 | 2,03 |
| 1,24 | | |
| 3,12 | | |
| $\overline{Y}_1 = 1,316$ | $\overline{Y}_2 = 2,285$ | $\overline{Y}_3 = 2,338$ |
| $S_1 = 0,850$ | $S_2 = 0,948$ | $S_3 = 0,886$ |

## Solução

**Passo 1**: O teste adequado nesse caso é a ANOVA de um fator.

Primeiramente, verificam-se os pressupostos de normalidade para cada grupo e de homogeneidade das variâncias entre os grupos por meio dos testes de Kolmogorov-Smirnov, Shapiro-Wilk e Levene. As Tabelas 9.22 e 9.23 apresentam os resultados a partir do software SPSS.

**Tabela 9.22** Testes de Normalidade

**Tests of Normality**

| | | Kolmogorov-Smirnov[a] | | | Shapiro-Wilk | | |
|---|---|---|---|---|---|---|---|
| | Fornecedor | Statistic | df | Sig. | Statistic | df | Sig. |
| Sacarose | 1,00 | ,202 | 12 | ,189 | ,915 | 12 | ,246 |
| | 2,00 | ,155 | 10 | ,200[*] | ,929 | 10 | ,438 |
| | 3,00 | ,232 | 10 | ,137 | ,883 | 10 | ,142 |

a. Lilliefors Significance Correction
*. This is a lower bound of the true significance.

**Tabela 9.23** Teste de Levene

**Test of Homogeneity of Variances**

Sacarose

| Levene Statistic | df1 | df2 | Sig. |
|---|---|---|---|
| ,337 | 2 | 29 | ,716 |

Como o nível de significância observado dos testes de normalidade para cada grupo e do teste de homogeneidade de variância entre os grupos é superior a 5%, conclui-se que cada um dos grupos apresenta distribuição normal e que as variâncias entre os grupos são homogêneas. Como os pressupostos da ANOVA de um fator foram atendidos, a técnica pode ser aplicada.

**Passo 2:** A hipótese nula da ANOVA para este exemplo afirma que não há diferenças no teor de sacarose dos três fornecedores; se existir pelo menos um fornecedor com média populacional diferente dos demais, a hipótese nula é rejeitada:

$$H_0 : \mu_1 = \mu_2 = \mu_3$$
$$H_1 : \exists_{(i,j)} \ \mu_i \neq \mu_j, \ i \neq j$$

**Passo 3:** O nível de significância a ser considerado é de 5%.

**Passo 4:** O cálculo da estatística $F_{cal}$ está especificado a seguir.

Para este exemplo, tem-se que $k = 3$ grupos e a dimensão da amostra global é $N = 32$. A média da amostra global é $\overline{Y} = 1,938$.

A soma dos quadrados do fator (SQF) é:

$$SQF = 12 \times (1,316 - 1,938)^2 + 10 \times (2,285 - 1,938)^2 +$$
$$+ \ 10 \times (2,338 - 1,938)^2 = 7,449$$

Logo, o quadrado médio do fator (QMF) é:

$$QMF = \frac{SQF}{k-1} = \frac{7,449}{2} = 3,725$$

O cálculo da soma dos quadrados dos erros (SQE) está detalhado na Tabela 9.24. Logo, o quadrado médio dos erros é:

$$QME = \frac{SQE}{N-k} = \frac{23,100}{29} = 0,797$$

O valor da estatística é, portanto:

$$F_{cal} = \frac{QMF}{QME} = \frac{3,725}{0,797} = 4,676$$

**Passo 5:** De acordo com a Tabela D do Apêndice, o valor crítico da estatística é $F_c = F_{2,29,5\%} = 3,33$.

**Passo 6:** Decisão: como o valor calculado pertence à região crítica ($F_{cal} > F_c$), a hipótese nula é rejeitada, concluindo que existe pelo menos um fornecedor com média populacional diferente dos demais.

**Tabela 9.24** Cálculo da soma dos quadrados dos erros (SQE)

| Fornecedor | Sacarose | $Y_{ij} - \bar{Y}_i$ | $(Y_{ij} - \bar{Y}_i)^2$ |
|:---:|:---:|:---:|:---:|
| 1 | 0,33 | −0,986 | 0,972 |
| 1 | 0,79 | −0,526 | 0,277 |
| 1 | 1,24 | −0,076 | 0,006 |
| 1 | 1,75 | 0,434 | 0,189 |
| 1 | 0,94 | ⁻0,376 | 0,141 |
| 1 | 2,42 | 1,104 | 1,219 |
| 1 | 1,97 | 0,654 | 0,428 |
| 1 | 0,87 | ⁻0,446 | 0,199 |
| 1 | 0,33 | ⁻0,986 | 0,972 |
| 1 | 0,79 | ⁻0,526 | 0,277 |
| 1 | 1,24 | ⁻0,076 | 0,006 |
| 1 | 3,12 | 1,804 | 3,255 |
| 2 | 1,54 | ⁻0,745 | 0,555 |
| 2 | 1,11 | ⁻1,175 | 1,381 |
| 2 | 0,97 | ⁻1,315 | 1,729 |
| 2 | 2,57 | 0,285 | 0,081 |
| 2 | 2,94 | 0,655 | 0,429 |
| 2 | 3,44 | 1,155 | 1,334 |
| 2 | 3,02 | 0,735 | 0,540 |
| 2 | 3,55 | 1,265 | 1,600 |
| 2 | 2,04 | ⁻0,245 | 0,060 |
| 2 | 1,67 | ⁻0,615 | 0,378 |
| 3 | 1,47 | ⁻0,868 | 0,753 |
| 3 | 1,69 | ⁻0,648 | 0,420 |
| 3 | 1,55 | ⁻0,788 | 0,621 |
| 3 | 2,04 | ⁻0,298 | 0,089 |
| 3 | 2,67 | 0,332 | 0,110 |
| 3 | 3,07 | 0,732 | 0,536 |
| 3 | 3,33 | 0,992 | 0,984 |
| 3 | 4,01 | 1,672 | 2,796 |
| 3 | 1,52 | 0,818 | 0,669 |
| 3 | 2,03 | ⁻0,308 | 0,095 |
| **SQE** | | | **23,100** |

Se ao invés de compararmos o valor calculado com o valor crítico da distribuição $F$ de *Snedecor*, utilizarmos o cálculo do *p-value*, os passos 5 e 6 seriam:

**Passo 5**: De acordo com a Tabela D do Apêndice, para graus de liberdade no numerador e $v_2 = 29$ graus de liberdade no denominador, a probabilidade associada ao valor da estatística $F_{cal} = 4,676$ está entre 0,01 e 0,025 (*p-value*).

**Passo 6**: Decisão: como o valor $p < 0,05$, a hipótese nula é rejeitada.

## 8.2. Resolução do teste ANOVA de um fator por meio do software SPSS

A reprodução das imagens nessa seção tem autorização da International Business Machines Corporation©.

Os dados do Exemplo 11 estão disponíveis no arquivo **ANOVA_Um_Fator.sav**. Selecione **Analyze > Compare Means > One-Way ANOVA**, conforme mostra a Figura 9.22.

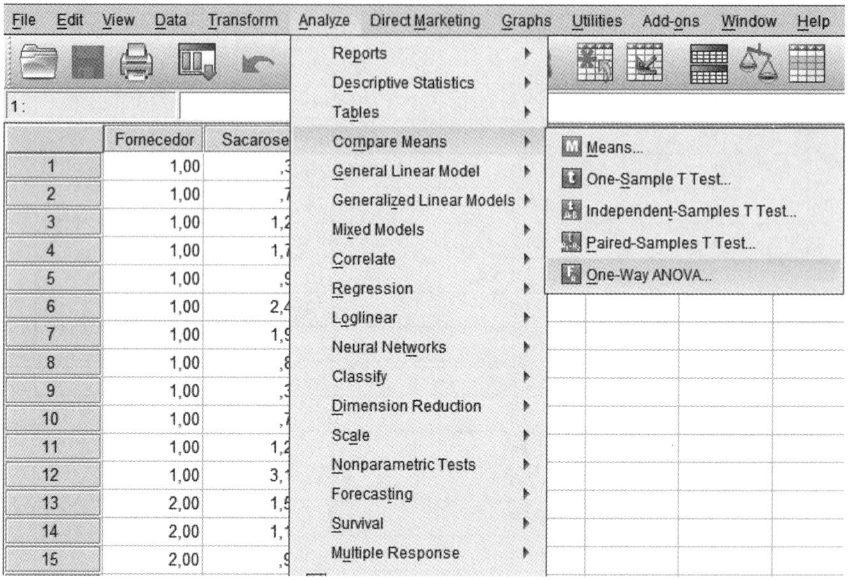

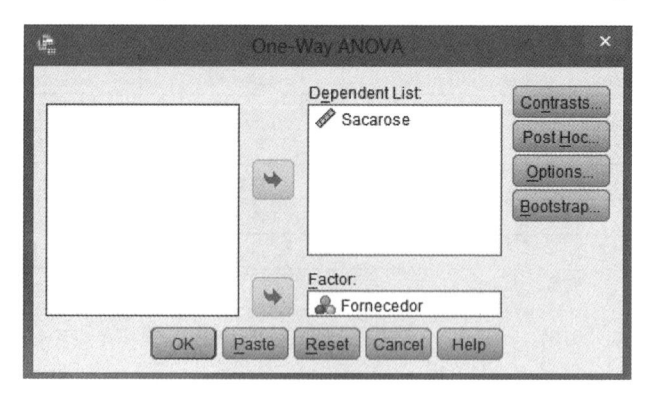

**Figura 9.22** *Procedimento para ANOVA de um fator (One-Way ANOVA).*

Selecione a variável *Sacarose* para a lista de variáveis dependentes (**Dependent List**) e a variável *Fornecedor* para a caixa **Factor**, de acordo com a Figura 9.23.

**Figura 9.23** *Seleção das variáveis.*

Clique no botão **Options** e escolha a opção *homogeneity of variance test* (teste de Levene para homogeneidade de variância). Clique em **Continue** e **OK** e obtenha o resultado do teste de Levene, além da tabela ANOVA. Como a ANOVA não disponibiliza o teste de normalidade, ele deve ser obtido aplicando o mesmo procedimento descrito na seção 3.3.

**Tabela 9.25** Resultado do teste de normalidade

**Tests of Normality**

| | | Kolmogorov-Smirnov[a] | | | Shapiro-Wilk | | |
|---|---|---|---|---|---|---|---|
| | Fornecedor | Statistic | df | Sig. | Statistic | df | Sig. |
| Sacarose | 1,00 | ,202 | 12 | ,189 | ,915 | 12 | ,246 |
| | 2,00 | ,155 | 10 | ,200[*] | ,929 | 10 | ,438 |
| | 3,00 | ,232 | 10 | ,137 | ,883 | 10 | ,142 |

a. Lilliefors Significance Correction
*. This is a lower bound of the true significance.

**Tabela 9.26** Teste de Levene

**Test of Homogeneity of Variances**

Sacarose

| Levene Statistic | df1 | df2 | Sig. |
|---|---|---|---|
| ,337 | 2 | 29 | ,716 |

**Tabela 9.27** Tabela ANOVA

**ANOVA**

Sacarose

| | Sum of Squares | df | Mean Square | F | Sig. |
|---|---|---|---|---|---|
| Between Groups | 7,449 | 2 | 3,725 | 4,676 | ,017 |
| Within Groups | 23,100 | 29 | ,797 | | |
| Total | 30,549 | 31 | | | |

De acordo com a Tabela 9.25, verifica-se que cada um dos grupos apresenta distribuição normal. Pela Tabela 9.26, conclui-se que as variâncias entre os grupos são homogêneas.

A partir da tabela ANOVA, tem-se que o valor do teste $F$ é 4,676 e o respectivo *p-value* é 0,017 (vimos no Exemplo 11 que esse valor estaria entre 0,01 e 0,025), valor inferior a 0,05, o que leva à rejeição da hipótese nula, concluindo que pelo menos uma das médias populacionais é diferente das demais (há diferenças na porcentagem de sacarose do mel dos três fornecedores).

## 8.3. ANOVA fatorial

A ANOVA fatorial é uma extensão da ANOVA de um fator considerando dois ou mais fatores, e assume os mesmos pressupostos. A ANOVA fatorial presume que a variável dependente de natureza quantitativa é influenciada por mais de uma variável independente de natureza qualitativa (fator). Ela também testa as possíveis interações entre os fatores, por meio do efeito resultante da combinação do nível *i* do fator A com o nível *j* do fator B, conforme Maroco (2011), Pestana e Gageiro (2008) e Fávero *et al.* (2009).

Para Pestana e Gageiro (2008) e Fávero *et al.* (2009), o objetivo da ANOVA fatorial é determinar se as médias para cada nível do fator são iguais (efeito isolado dos fatores na variável dependente) e verificar a interação entre os fatores (efeito conjunto dos fatores na variável dependente).

A ANOVA fatorial será descrita para o modelo de dois fatores, para fins didáticos.

### 8.3.1. ANOVA de dois fatores (Two-Way ANOVA)

Segundo Maroco (2011) e Fávero *et al.* (2009), as observações da ANOVA de dois fatores (Two-Way ANOVA) podem ser representadas, de forma genérica, como mostra o Quadro 9.4. Para cada célula, verificam-se os valores da variável dependente nos fatores $A$ e $B$ em estudo.

**Quadro 9.4** Observações da ANOVA de dois fatores

| | | Fator $B$ | | | |
|---|---|---|---|---|---|
| | | **1** | **2** | **...** | **b** |
| **Fator $A$** | **1** | $y_{111}$ | $y_{121}$ | ... | $y_{ab1}$ |
| | | $y_{112}$ | $y_{122}$ | | $y_{ab2}$ |
| | | ... | ... | | ... |
| | | $y_{11n}$ | $y_{12n}$ | | $y_{abn}$ |
| | **2** | $y_{211}$ | $y_{221}$ | ... | $y_{2b1}$ |
| | | $y_{212}$ | $y_{222}$ | | $y_{2b2}$ |
| | | ... | ... | | ... |
| | | $y_{21n}$ | $y_{22n}$ | | $y_{2bn}$ |
| **...** | | ... | ... | ... | ... |
| | **a** | $y_{a11}$ | $y_{a21}$ | ... | $y_{ab1}$ |
| | | $y_{a12}$ | $y_{a22}$ | | $y_{ab2}$ |
| | | ... | ... | | ... |
| | | $y_{a1n}$ | $y_{a2n}$ | | $y_{abn}$ |

*Fonte*: Maroco (2011) e Fávero *et al.* (2009).

em $y_{ijk}$ que representa a observação $k$ ($k = 1, ..., n$) do nível $i$ do fator $A$ ($i = 1, ..., a$) e do nível $j$ do fator $B$ ($j = 1, ..., b$).

Primeiramente, para verificar os efeitos isolados dos fatores $A$ e $B$, são testadas as seguintes hipóteses (MAROCO, 2011 e FÁVERO *et al.*, 2009):

$$H_0^A : \mu_1 = \mu_2 = ... = \mu_a$$
$$H_1^A : \exists_{(i,j)} \, \mu_i \neq \mu_j, i \neq j \quad (i, j = 1, ..., a)$$

(9.35)

e

$$H_0^B : \mu_1 = \mu_2 = ... = \mu_b$$
$$H_1^B : \exists_{(i,j)} \, \mu_i \neq \mu_j, i \neq j \quad (i, j = 1, ..., b)$$

(9.36)

Para verificar o efeito conjunto dos fatores na variável dependente, as hipóteses são (MAROCO, 2011 e FÁVERO *et al.*, 2009):

$H_0 : \gamma_{ij} = 0$, para $i \neq j$ (não há interação entre os fatores A e B)

$H_1 : \gamma_{ij} \neq 0$, para $i \neq j$ (há interação entre os fatores A e B) (9.37)

O modelo apresentado por Pestana e Gageiro (2008) pode ser descrito como:

$$Y_{ijk} = \mu + \alpha_i + \beta_j + \gamma_{ij} + \varepsilon_{ijk}$$ (9.38)

em que:

$\mu$ é a média global da população
$\alpha_i$ é o efeito do nível $i$ do fator $A$, dado por $\mu_i - \mu$
$\beta_j$ é o efeito do nível $j$ do fator $B$, dado por $\mu_j - \mu$
$\gamma_{ij}$ é a interação entre os fatores
$\varepsilon_{ijk}$ é o erro aleatório que tem distribuição normal com média zero e variância constante

Para padronizar os efeitos dos níveis escolhidos dos dois fatores, assume-se que:

$$\sum_{i=1}^{a} \alpha_i = \sum_{j=1}^{b} \beta_j = \sum_{i=1}^{a} \gamma_{ij} = \sum_{i=1}^{b} \gamma_{ij} = 0$$ (9.39)

Considere $\overline{Y}$, $\overline{Y}_{ij}$, $\overline{Y}_i$ e $\overline{Y}_j$ a média geral da amostra global, a média por amostra, a média do nível $i$ do fator $A$ e a média do nível $j$ do fator $B$, respectivamente.

A soma dos quadrados dos erros (*SQE*) pode ser descrita como:

$$SQE = \sum_{i=1}^{a} \sum_{j=1}^{b} \sum_{k=1}^{n} \left( Y_{ijk} - \overline{Y}_{ij} \right)^2$$ (9.40)

Já a soma dos quadrados do fator $A$ ($SQF_A$), a soma dos quadrados do fator $B$ ($SQF_B$) e a soma dos quadrados da interação ($SQ_{AB}$) estão representadas a partir das equações (9.36), (9.37) e (9.38), respectivamente:

$$SQF_A = b \cdot n \cdot \sum_{i=1}^{a} \left( \overline{Y}_i - \overline{Y} \right)^2$$ (9 41)

$$SQF_B = a \cdot n \cdot \sum_{j=1}^{b} \left( \overline{Y}_j - \overline{Y} \right)^2$$ (9.42)

$$SQ_{AB} = n \cdot \sum_{i=1}^{a} \sum_{j=1}^{b} \left( \overline{Y}_{ij} - \overline{Y}_i - \overline{Y}_j + \overline{Y} \right)^2$$ (9.43)

De modo que a soma dos quadrados totais é:

$$SQT = SQE + SQF_A + SQF_B + SQ_{AB} = \sum_{i=1}^{a} \sum_{j=1}^{b} \sum_{k=1}^{n} \left( Y_{ijk} - \overline{Y} \right)^2$$ (9.44)

Assim, a estatística da ANOVA para o fator $A$ é dada por:

$$F_A = \frac{\dfrac{SQF_A}{a-1}}{\dfrac{SQE}{(n-1)ab}} = \frac{QMF_A}{QME} \qquad (9.45)$$

em que:

$QMF_A$ é o quadrado médio do fator $A$

$QME$ é o quadrado médio dos erros

A estatística da ANOVA para o fator $B$ é dada por:

$$F_B = \frac{\dfrac{SQF_B}{b-1}}{\dfrac{SQE}{(n-1)ab}} = \frac{QMF_B}{QME} \qquad (9.46)$$

em que:

$QMF_B$ é o quadrado médio do fator $B$

Já a estatística da ANOVA para a interação é representada por:

$$F_{AB} = \frac{\dfrac{SQ_{AB}}{(a-1)(b-1)}}{\dfrac{SQE}{(n-1)ab}} = \frac{QM_{AB}}{QME} \qquad (9.47)$$

em que:

$QM_{AB}$ é o quadrado médio da interação.

Os cálculos da ANOVA de dois fatores estão resumidos no Quadro 9.5.

**Quadro 9.5** Cálculos da ANOVA de dois fatores

| Fonte de variação | Soma dos quadrados | Graus de liberdade | Quadrados médios | F |
|---|---|---|---|---|
| Fator $A$ | $SQF_A = b \cdot n \cdot \sum_{i=1}^{a}\left(\overline{Y}_i - \overline{Y}\right)^2$ | $a-1$ | $QMF_A = \dfrac{SQF_A}{a-1}$ | $F_A = \dfrac{QMF_A}{QME}$ |
| Fator $B$ | $SQF_B = a \cdot n \cdot \sum_{j=1}^{b}\left(\overline{Y}_j - \overline{Y}\right)^2$ | $b-1$ | $QMF_B = \dfrac{SQF_B}{b-1}$ | $F_B = \dfrac{QMF_B}{QME}$ |
| Interação | $SQ_{AB} = n \cdot \sum_{i=1}^{a}\sum_{j=1}^{b}\left(\overline{Y}_{ij} - \overline{Y}_i - \overline{Y}_j + \overline{Y}\right)^2$ | $(a-1)(b-1)$ | $QM_{AB} = \dfrac{SQ_{AB}}{(a-1)(b-1)}$ | $F_{AB} = \dfrac{QM_{AB}}{QME}$ |
| Erro | $SQE = \sum_{i=1}^{a}\sum_{j=1}^{b}\sum_{k=1}^{n}\left(Y_{ijk} - \overline{Y}_{ij}\right)^2$ | $(n-1)ab$ | $QME = \dfrac{SQE}{(n-1)ab}$ | |
| Total | $SQT = \sum_{i=1}^{a}\sum_{j=1}^{b}\sum_{k=1}^{n}(Y_{ijk} - \overline{Y})^2$ | $N-1$ | | |

*Fonte*: Maroco (2011) e Fávero *et al.* (2009).

Os valores calculados das estatísticas ($F_A^{cal}$, $F_B^{cal}$ e $F_{AB}^{cal}$) devem ser comparados com os valores críticos obtidos a partir da tabela de distribuição $F$ (Tabela D do Apêndice): $F_A^c = F_{a-1,(n-1)ab,\alpha}$, $F_B^c = F_{b-1,(n-1)ab,\alpha}$ e $F_{AB}^c = F_{(a-1)(b-1),(n-1)ab,\alpha}$. Para cada estatística, se o valor pertencer à região crítica ($F_A^{cal} > F_A^c$, $F_B^{cal} > F_B^c$, $F_{AB}^{cal} > F_{AB}^c$), rejeita-se a hipótese nula. Caso contrário, não se rejeita .

### *Exemplo 12: Aplicação do teste ANOVA de dois fatores*

Uma amostra foi coletada com 24 passageiros que viajaram no percurso São Paulo-Campinas em uma determinada semana. Foram analisadas as seguintes variáveis: (1) tempo de viagem em minutos; (2) companhia de ônibus escolhida; e (3) dia da semana. O objetivo é verificar se existe relação entre tempo de viagem e a companhia de ônibus, entre tempo de viagem e o dia da semana, e entre a companhia de ônibus e o dia da semana. Os níveis considerados na variável companhia de ônibus são: empresa A (1), empresa B (2) e empresa C (3). Já os níveis referentes ao dia da semana são: segunda-feira (1), terça-feira (2), quarta-feira (3), quinta-feira (4), sexta-feira (5), sábado (6), domingo (7). Os resultados da amostra encontram-se na Tabela 9.28 e também estão disponíveis no arquivo **ANOVA_Dois_Fatores.sav**. Teste as hipóteses em questão, considerando um nível de significância de 5%.

**Tabela 9.28** Dados do exemplo de aplicação do teste ANOVA de dois fatores

| Tempo (min) | Companhia | Dia da semana |
|:-----------:|:---------:|:-------------:|
| 90 | 2 | 4 |
| 100 | 1 | 5 |
| 72 | 1 | 6 |
| 76 | 3 | 1 |
| 85 | 2 | 2 |
| 95 | 1 | 5 |
| 79 | 3 | 1 |
| 100 | 2 | 4 |
| 70 | 1 | 7 |
| 80 | 3 | 1 |
| 85 | 2 | 3 |
| 90 | 1 | 5 |
| 77 | 2 | 7 |
| 80 | 1 | 2 |
| 85 | 3 | 4 |
| 74 | 2 | 7 |
| 72 | 3 | 6 |
| 92 | 1 | 5 |
| 84 | 2 | 4 |
| 80 | 1 | 3 |
| 79 | 2 | 1 |
| 70 | 3 | 6 |
| 88 | 3 | 5 |
| 84 | 2 | 4 |

### Solução do teste ANOVA de dois fatores utilizando o software SPSS

A reprodução das imagens nessa seção tem autorização da International Business Machines Corporation©.

**Passo 1**: O teste adequado nesse caso é a ANOVA de dois fatores.

Primeiramente, verifica-se se há normalidade da variável *Tempo* (métrica) no modelo (ver os resultados na Tabela 9.29). A hipótese de homogeneidade das variâncias será verificada no passo 4.

**Tabela 9.29** Testes de normalidade

**Tests of Normality**

|  | Kolmogorov-Smirnov[a] | | | Shapiro-Wilk | | |
|---|---|---|---|---|---|---|
|  | Statistic | df | Sig. | Statistic | df | Sig. |
| Tempo | ,126 | 24 | ,200[*] | ,956 | 24 | ,370 |

a. Lilliefors Significance Correction
*. This is a lower bound of the true significance.

De acordo com a Tabela 9.29, pode-se concluir que a variável *Tempo* possui distribuição normal.

**Passo 2**: A hipótese nula $H_0$ da ANOVA de dois fatores para este exemplo assume que as médias populacionais de cada nível do fator *Companhia* e de cada nível do fator *Dia da semana* são iguais, isto é, $H_0^A : \mu_1 = \mu_2 = \mu_3$ e $H_0^B : \mu_1 = \mu_2 = ... = \mu_7$.

A hipótese nula $H_0$ também afirma que não há interação entre o fator *Companhia* e o fator *Dia da semana*, isto é, $H_0 : \gamma_{ij} = 0$, para $i \neq j$.

**Passo 3**: O nível de significância a ser considerado é de 5%.

**Passo 4**: As estatísticas $F$ da ANOVA para o fator *Companhia*, para o fator *Dia da semana* e para a interação *Companhia* * *Dia da semana* serão obtidas por meio do software SPSS, de acordo com o procedimento especificado a seguir.

Selecione **Analyze > General Linear Model > Univariate**, conforme mostra a Figura 9.24.

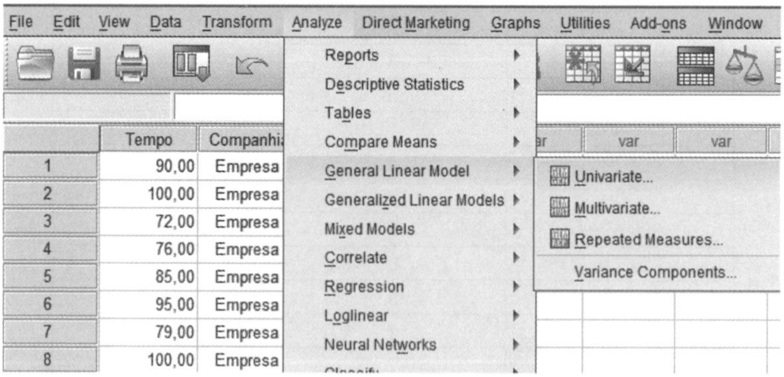

**Figura 9.24** *Procedimento para ANOVA de dois fatores.*

Selecione a variável *Tempo* para a caixa das variáveis dependentes (**Dependent Variable**) e as variáveis *Companhia* e *Dia_da_semana* para a caixa Fator Fixo (**Fixed Factor(s)**), como mostra a Figura 9.25.

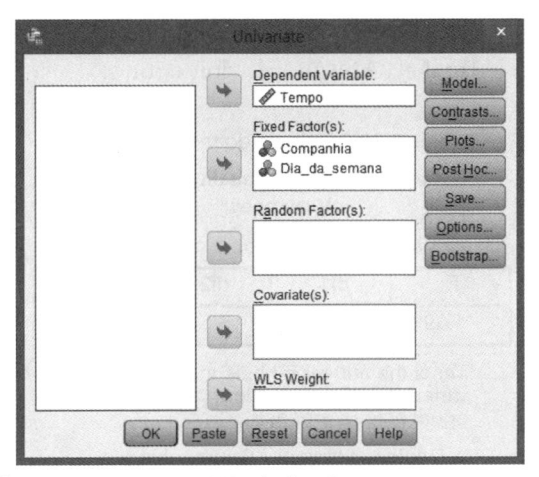

**Figura 9.25** *Seleção das variáveis para ANOVA de dois fatores.*

Este exemplo é baseado na ANOVA do tipo I, em que os fatores são fixos. Caso um dos fatores fosse escolhido aleatoriamente, ele seria inserido na caixa **Random Factor(s)**, resultando em um caso de ANOVA do tipo III. O botão **Model** define o modelo de análise de variância a ser testado. Por meio do *menu* **Contrasts**, é possível avaliar se uma categoria de um dos fatores é significativamente diferente das demais categorias do mesmo fator. Os gráficos podem ser gerados por meio da opção **Plots**, permitindo assim a visualização da existência ou não de interações entre os fatores. Já o botão **Post Hoc** faz comparações de múltiplas médias. Finalmente, a partir do *menu* **Options**, é possível calcular estatísticas descritivas, o teste de Levene de homogeneidade de variâncias, selecionar o nível de significância apropriado etc. (MAROCO, 2011 e FÁVERO *et al.*, 2009).

Portanto, como queremos testar a homogeneidade das variâncias, selecione em **Options** a opção *Homogeneity tests*, conforme mostra a Figura 9.26.

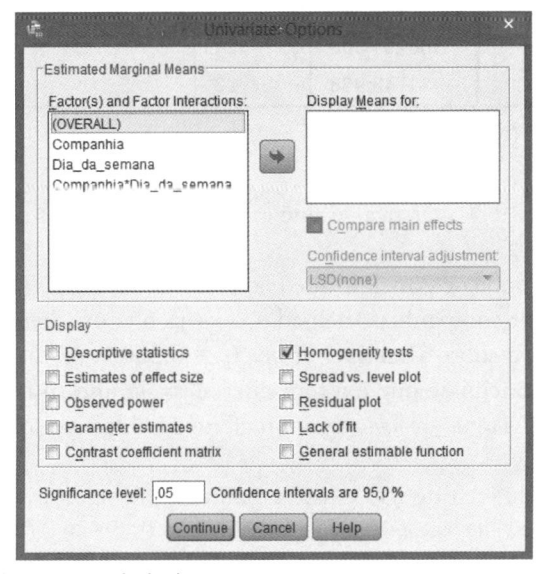

**Figura 9.26** *Teste de homogeneidade das variâncias.*

Clique em **Continue** e em **OK** para a obtenção do teste de Levene de homogeneidade de variâncias e da tabela ANOVA de dois fatores.

**Tabela 9.30** Resultado do teste de Levene

**Levene's Test of Equality of Error Variances[a]**

Dependent Variable:Tempo

| F | df1 | df2 | Sig. |
|---|---|---|---|
| 1,096 | 13 | 10 | ,451 |

Tests the null hypothesis that the error variance of the dependent variable is equal across groups.

a. Design: Intercept + Companhia + Dia_semana + Companhia * Dia_semana

**Tabela 9.31** Resultados da ANOVA de dois fatores

**Tests of Between-Subjects Effects**

Dependent Variable:Tempo

| Source | Type III Sum of Squares | df | Mean Square | F | Sig. |
|---|---|---|---|---|---|
| Corrected Model | 1501,042[a] | 13 | 115,465 | 4,753 | ,009 |
| Intercept | 117283,924 | 1 | 117283,924 | 4828,155 | ,000 |
| Companhia | 60,332 | 2 | 30,166 | 1,242 | ,330 |
| Dia_da_semana | 1116,751 | 6 | 186,125 | 7,662 | ,003 |
| Companhia * Dia_da_semana | 37,190 | 5 | 7,438 | ,306 | ,898 |
| Error | 242,917 | 10 | 24,292 | | |
| Total | 166251,000 | 24 | | | |
| Corrected Total | 1743,958 | 23 | | | |

a. R Squared = ,861 (Adjusted R Squared = ,680)

A partir da Tabela 9.30, verifica-se que as variâncias entre os grupos são homogêneas ($p = 0,451 > 0,05$).

Pela Tabela 9.31, pode-se concluir que não existem diferenças significativas entre os tempos de viagem das companhias analisadas, ou seja, o fator *Companhia* não apresenta um efeito significativo sobre a variável *Tempo* ($p = 0,330 > 0,05$).

Por outro lado, conclui-se que existem diferenças significativas entre os dias da semana, isto é, o fator *Dias_da_semana* tem um efeito significativo sobre a variável *Tempo* ($p = 0,003 < 0,05$).

Finalmente, conclui-se que não existe uma interação significativa entre os dois fatores *Companhia* e *Dia_da_semana*, já que o valor $p = 0,898 > 0,05$.

## 8.3.2. ANOVA com mais de dois fatores

A ANOVA de dois fatores pode ser generalizada para três ou mais fatores. Segundo Maroco (2011), o modelo torna-se muito complexo, já que o efeito de múltiplas interações pode confundir o efeito dos fatores. O modelo genérico com três fatores apresentado pelo autor é:

$$Y_{ijkl} = \mu + \alpha_i + \beta_j + \gamma_k + \alpha\beta_{ij} + \alpha\gamma_{ik} + \beta\gamma_{jk} + \alpha\beta\gamma_{ijk} + \varepsilon_{ijkl} \qquad (9.48)$$

# 9. CONSIDERAÇÕES FINAIS

Este capítulo apresentou os conceitos e objetivos dos testes de hipóteses, assim como o procedimento geral para sua construção. O foco de estudo deste capítulo foram os testes paramétricos.

Foram estudados os principais tipos de testes de hipóteses paramétricos e as situações em que devem ser utilizados. Além disso, foram estabelecidas as vantagens e desvantagens de cada teste, assim como suas suposições.

São eles: os testes de normalidade de Kolmogorov-Smirnov e de Shapiro-Wilk, testes de homogeneidade de variâncias ($\chi^2$ de Bartlett, C de Cochran, $F_{\max}$ de Hartley e $F$ de Levene), o teste $t$ de *Student* para uma média populacional, para duas médias independentes e duas médias emparelhadas, assim como a ANOVA e suas extensões.

# 10. RESUMO

Uma **hipótese estatística** é uma suposição sobre um determinado parâmetro da população, como média, desvio-padrão, coeficiente de correlação etc. Um **teste de hipótese** é um procedimento para decisão sobre a veracidade ou falsidade de uma determinada hipótese. Para que uma hipótese estatística seja validada ou rejeitada com certeza, seria necessário examinar toda a população, o que na prática é inviável. Como alternativa, extrai-se uma amostra aleatória da população de interesse. Como a decisão é tomada com base na amostra, podem ocorrer erros (rejeitar uma hipótese quando ela for verdadeira ou não rejeitar uma hipótese quando ela for falsa).

Os testes paramétricos envolvem parâmetros populacionais. Um parâmetro é qualquer medida numérica ou característica quantitativa que descreve a população; são valores fixos, usualmente desconhecidos e representados por caracteres gregos, como a média populacional ($\mu$), o desvio-padrão populacional ($\sigma$), a variância populacional ($\sigma^2$), a proporção populacional ($p$), etc.

Quando as hipóteses são formuladas sobre os parâmetros da população, o teste de hipóteses é chamado **paramétrico**. Nos testes não paramétricos, as hipóteses são formuladas sobre características qualitativas da população.

Os métodos paramétricos são então aplicados para dados quantitativos e exigem suposições fortes para sua validação, incluindo:

**i)** As observações devem ser independentes.

**ii)** A amostra deve ser retirada de populações com uma determinada distribuição, geralmente a normal.

**iii)** Para testes de comparação de duas médias populacionais emparelhadas ou $k$ médias populacionais ($k \geq 3$), essas populações devem ter variâncias iguais.

**iv)** As variáveis em estudo devem ser medidas em escala intervalar ou de razão, do modo que seja possível utilizar operações aritméticas sobre os respectivos valores.

Para verificar a normalidade univariada dos dados, os testes mais utilizados são os de Kolmogorov-Smirnov (K-S) e de Shapiro-Wilk (S-W). O teste de S-W é uma alternativa ao teste de normalidade de K-S no caso de pequenas amostras ($n < 30$).

Para a comparação da homogeneidade de variâncias entre populações, têm-se os testes $\chi^2$ de Bartlett (1937), C de Cochran (1947), $F_{max}$ de Hartley (1950) e $F$ de Levene (1960). A vantagem do teste F de Levene em relação aos demais testes é que ele é menos sensível a desvios de normalidade, além de ser considerado um teste mais robusto.

O teste $t$ de Student pode ser aplicado para três situações: testar hipóteses sobre uma média populacional, testar hipóteses para comparar duas médias independentes e para comparar duas médias emparelhadas.

A Análise de Variância (ANOVA) é uma extensão do teste $t$ de Student para duas médias populacionais, pois permite comparar médias de três ou mais populações. Estudou-se a ANOVA de um fator, a ANOVA de dois fatores e a sua extensão para mais de dois fatores.

## 11. EXERCÍCIOS

**1.** Em que situações são aplicados os testes paramétricos? Quais os pressupostos dos testes paramétricos?

**2.** Quais as vantagens e desvantagens dos testes paramétricos?

**3.** Quais os principais testes paramétricos para verificar a normalidade dos dados? Em que situações deve-se utilizar cada um deles?

**4.** Quais os principais testes paramétricos para verificar a homogeneidade de variâncias entre os grupos? Em que situações deve-se utilizar cada um deles?

**5.** Para testar uma única média populacional, pode-se utilizar o teste $z$ e o teste $t$ de *Student*. Em que casos cada um deles deve ser aplicado?

**6.** Quais os principais testes de comparação de médias? Quais os pressupostos de cada teste?

**7.** Considere os dados de venda mensal de aviões ao longo do último ano. Verifique se há normalidade dos dados. Considerar $\alpha = 5\%$.

| Jan | Fev | Mar | Abr | Mai | Jun | Jul | Ago | Set | Out | Nov | Dez |
|-----|-----|-----|-----|-----|-----|-----|-----|-----|-----|-----|-----|
| 48  | 52  | 50  | 49  | 47  | 50  | 51  | 54  | 39  | 56  | 52  | 55  |

**8.** Teste a normalidade dos dados de temperatura listados a seguir ($\alpha = 5\%$):

| 12,5 | 14,2 | 13,4 | 14,6 | 12,7 | 10,9 | 16,5 | 14,7 | 11,2 | 10,9 | 12,1 | 12,8 |
|------|------|------|------|------|------|------|------|------|------|------|------|
| 13,8 | 13,5 | 13,2 | 14,1 | 15,5 | 16,2 | 10,8 | 14,3 | 12,8 | 12,4 | 11,4 | 16,2 |
| 14,3 | 14,8 | 14,6 | 13,7 | 13,5 | 10,8 | 10,4 | 11,5 | 11,9 | 11,3 | 14,2 | 11,2 |
| 13,4 | 16,1 | 13,5 | 17,5 | 16,2 | 15,0 | 14,2 | 13,2 | 12,4 | 13,4 | 12,7 | 11,2 |

**9.** A tabela a seguir apresenta as médias finais de dois alunos em nove disciplinas. Verifique se há homogeneidade de variâncias entre os alunos.

| **Aluno1** | 6,4 | 5,8 | 6,9 | 5,4 | 7,3 | 8,2 | 6,1 | 5,5 | 6,0 |
|------------|-----|-----|-----|-----|-----|-----|-----|-----|-----|
| **Aluno2** | 6,5 | 7,0 | 7,5 | 6,5 | 8,1 | 9,0 | 7,5 | 6,5 | 6,8 |

**10.** Um fabricante de iogurtes desnatados afirma que a quantidade de calorias em cada pote é 60 cal. Para verificar se essa informação procede, uma amostra aleatória com 36 potes foi coletada, e verificou-se que a quantidade média de calorias foi de 65 cal com desvio-padrão 3,5. Aplique o teste adequado e verifique se a afirmação do fabricante é verdadeira, considerando um nível de significância de 5%.

**11.** Deseja-se comparar o tempo médio de espera para atendimento (min) em 2 hospitais. Para isso, coletou-se uma amostra com 20 pacientes de cada hospital. Os dados encontram-se disponíveis nas tabelas a seguir. Verifique se há diferenças entre os tempos médios de espera dos dois hospitais. Considerar $\alpha = 1\%$.

Hospital 1

| 72 | 58 | 91 | 88 | 70 | 76 | 98 | 101 | 65 | 73 |
|----|----|----|----|----|----|----|-----|----|----|
| 79 | 82 | 80 | 91 | 93 | 88 | 97 | 83  | 71 | 74 |

Hospital 2

| 66 | 40 | 55 | 70 | 76 | 61 | 53 | 50 | 47 | 61 |
|----|----|----|----|----|----|----|----|----|----|
| 52 | 48 | 60 | 72 | 57 | 70 | 66 | 55 | 46 | 51 |

**12.** Trinta adolescentes com nível de colesterol total acima do permitido foram submetidos a um tratamento que consistia de dieta e atividade física. As tabelas a seguir apresentam as taxas de colesterol total (mg %) antes e depois do tratamento. Verifique se o tratamento foi eficaz ($\alpha = 5\%$).

Antes do tratamento

| 220 | 212 | 227 | 234 | 204 | 209 | 211 | 245 | 237 | 250 |
|-----|-----|-----|-----|-----|-----|-----|-----|-----|-----|
| 208 | 224 | 220 | 218 | 208 | 205 | 227 | 207 | 222 | 213 |
| 210 | 234 | 240 | 227 | 229 | 224 | 204 | 210 | 215 | 228 |

Depois do tratamento

| 195 | 180 | 200 | 204 | 180 | 195 | 200 | 210 | 205 | 211 |
|-----|-----|-----|-----|-----|-----|-----|-----|-----|-----|
| 175 | 198 | 195 | 200 | 190 | 200 | 222 | 198 | 201 | 194 |
| 190 | 204 | 230 | 222 | 209 | 198 | 195 | 190 | 201 | 210 |

**13.** Uma empresa aeronáutica produz helicópteros civis e militares a partir de suas três fábricas. As tabelas a seguir apresentam as produções mensais de helicópteros nos últimos 12 meses para cada fábrica. Verifique se há diferença entre as médias populacionais. Considerar $\alpha = 5\%$.

Fábrica 1

| 24 | 26 | 28 | 22 | 31 | 25 | 27 | 28 | 30 | 21 | 20 | 24 |
|----|----|----|----|----|----|----|----|----|----|----|----|

Fábrica 2

| 28 | 26 | 24 | 30 | 24 | 27 | 25 | 29 | 30 | 27 | 26 | 25 |
|----|----|----|----|----|----|----|----|----|----|----|----|

Fábrica 3

| 29 | 25 | 24 | 26 | 20 | 22 | 22 | 27 | 20 | 26 | 24 | 25 |
|----|----|----|----|----|----|----|----|----|----|----|----|

# CAPÍTULO 10

# Testes Não Paramétricos

*A Matemática possui uma força maravilhosa capaz de
nos fazer compreender muitos mistérios de nossa fé.*
**São Jerônimo**

## Ao final deste capítulo, você será capaz de:

- Identificar em que situações aplicar os testes não paramétricos.
- Perceber como os testes não paramétricos se diferenciam dos paramétricos.
- Compreender as suposições inerentes aos testes de hipótese não paramétricos.
- Estudar os principais tipos de testes não paramétricos.
- Saber quando utilizar cada um dos testes não paramétricos.
- Listar as vantagens e desvantagens dos testes não paramétricos.
- Resolver cada teste por meio do IBM SPSS Statistics Software®.
- Interpretar os resultados obtidos.

## 1. INTRODUÇÃO

Conforme visto no capítulo anterior, os testes de hipóteses se dividem em paramétricos e não paramétricos. Os testes paramétricos, aplicados para dados de nature za quantitativa, formulam hipóteses sobre os parâmetros da população, como a média populacional ($\mu$), o desvio-padrão populacional ($\sigma$), a variância populacional ($\sigma^2$), a proporção populacional ($p$) etc.

Os testes paramétricos exigem suposições fortes em relação à distribuição dos dados. Por exemplo, em muitos casos, supõe-se que as amostras sejam retiradas de populações normais. Ou ainda, para testes de comparação de duas médias populacionais emparelhadas ou $k$ médias populacionais ($k \geq 3$), as variâncias populacionais devem ser homogêneas.

Já os testes não paramétricos formulam hipóteses sobre características qualitativas da população, sendo então aplicados para dados de natureza qualitativa, em escala nominal ou ordinal. Como as suposições em relação à distribuição dos dados são em menor número e mais fracas do que as provas paramétricas, são também conhecidas como testes livres de distribuição.

Os testes não paramétricos são uma alternativa aos paramétricos quando suas hipóteses são violadas. Por exigirem um número menor de pressupostos, são mais simples, de fácil aplicação, porém, menos robustos quando comparados aos testes paramétricos.

Em resumo, as principais vantagens dos testes não paramétricos são:

**a)** Podem ser aplicados em uma grande variedade de situações, pois não exigem premissas rígidas da população, como ocorre com os métodos paramétricos. Em particular, os métodos não paramétricos não exigem que as populações tenham distribuição normal.

**b)** Diferentemente dos métodos paramétricos, os métodos não paramétricos podem ser aplicados para dados qualitativos, em escala nominal e ordinal.

**c)** Facilidade de aplicação, pois envolvem cálculos mais simples quando comparados aos métodos paramétricos.

As principais desvantagens são:

**a)** No caso de dados quantitativos, como eles devem ser transformados em dados qualitativos para aplicação dos testes não paramétricos, perde-se muita informação.

**b)** Como os testes não paramétricos são menos eficientes do que os paramétricos, necessita-se de maior evidência (uma amostra maior ou com maiores diferenças) para rejeitar a hipótese nula.

Desta maneira, como os testes paramétricos são mais poderosos que os não paramétricos, isto é, têm maior probabilidade de rejeição da hipótese nula quando ela realmente é falsa, eles devem ser escolhidos desde que todas as suposições sejam satisfeitas. Por outro lado, os testes não paramétricos são uma alternativa aos paramétricos quando as hipóteses são violadas ou no caso de variáveis qualitativas.

Os testes não paramétricos são classificados de acordo com o nível de mensuração das variáveis e o tamanho da amostra.

Para uma única amostra, estudaremos o teste binomial, qui-quadrado e dos sinais. O teste binomial é aplicado para variável de natureza binária, o teste qui-quadrado pode ser aplicado tanto para variável de natureza nominal quanto ordinal, enquanto o teste dos sinais é aplicado apenas para variáveis ordinais.

No caso de duas amostras emparelhadas, os principais testes são o teste de McNemar, o teste dos sinais e o teste de Wilcoxon. O teste de McNemar é aplicado para variáveis qualitativas que assumem apenas duas categorias (binárias), enquanto o teste dos sinais e o teste de Wilcoxon são aplicados para variáveis ordinais.

Considerando duas amostras independentes, destacam-se o teste qui-quadrado e o teste $U$ de Mann-Whitney. O teste qui-quadrado pode ser aplicado para variáveis nominais ou ordinais, enquanto o teste $U$ de Mann-Whitney considera apenas variáveis ordinais.

Para $k$ amostras emparelhadas ($k \geq 3$), tem-se o teste $Q$ de Cochran que considera variáveis binárias e o teste de Friedman que considera variáveis ordinais.

Finalmente, no caso de mais de duas amostras independentes, estudaremos o teste qui-quadrado para variáveis nominais ou ordinais e o teste de Kruskal-Wallis para variáveis ordinais.

O Quadro 10.1 apresenta esta classificação.

**Quadro 10.1** Classificação dos testes estatísticos não paramétricos

| Dimensão | Nível de Mensuração | Teste Não Paramétrico |
|---|---|---|
| Uma amostra | Binária | Binomial |
| | Nominal ou Ordinal | Qui-quadrado |
| | Ordinal | Teste dos sinais |
| Duas amostras emparelhadas | Binária | Teste de McNemar |
| | Ordinal | Teste dos sinais<br>Teste de Wilcoxon |
| Duas amostras independentes | Nominal ou Ordinal | Qui-quadrado |
| | Ordinal | $U$ de Mann-Whitney |
| $K$ amostras emparelhadas | Binária | $Q$ de Cochran |
| | Ordinal | Teste de Friedman |
| $K$ amostras independentes | Nominal ou Ordinal | Qui-quadrado |
| | Ordinal | Teste de Kruskal-Wallis |

*Fonte*: Adaptado de Fávero *et al.* (2009)

Os testes não paramétricos em que o nível de mensuração das variáveis é ordinal também podem ser aplicados para variáveis quantitativas, mas só devem ser utilizados nestes casos quando as hipóteses dos testes paramétricos forem violadas.

## 2. TESTES PARA UMA AMOSTRA

Neste caso, uma amostra aleatória é extraída da população e testa-se a hipótese de que os dados da amostra apresentam determinada característica ou distribuição. Dentre os testes estatísticos não paramétricos para uma única amostra destacam-se o teste binomial, o teste qui-quadrado e o teste dos sinais. O teste binomial é aplicado para dados de natureza binária, o teste qui-quadrado para dados de natureza nominal ou ordinal, enquanto o teste dos sinais é aplicado para dados ordinais.

### 2.1. Teste binomial

O teste binomial aplica-se a uma amostra independente em que a variável de interesse ($x$) é binária (*dummy*) ou dicotômica, isto é, tem apenas duas possibilidades de ocorrência: sucesso ou fracasso. Por conveniência, costuma-se denotar o resultado $x = 1$ como sucesso e o resultado $x = 0$ como fracasso. A probabilidade de sucesso ao selecionar uma determinada observação é representada por $p$ e a probabilidade de fracasso por $q$, isto é:

$$P[x = 1] = p \quad \text{e} \quad P[x = 0] = q = 1 - p$$

Para um teste bilateral, consideram-se as seguintes hipóteses:

$$\begin{cases} H_0: \ p = p_0 \\ H_1: \ p \neq p_0 \end{cases}$$

O número de sucessos $(Y)$ ou o número de resultados do tipo $[x = 1]$ em uma sequência de $N$ observações, segundo Siegel e Castellan (2006), é:

$$Y = \sum_{i=1}^{N} x_i$$

Para os autores, em uma amostra de tamanho $N$, a probabilidade de obter $k$ objetos em uma categoria e $N - k$ objetos na outra categoria é dada por:

$$P[Y = k] = \binom{N}{k} p^k q^{N-k} \qquad k = 0, 1, ..., N \tag{10.1}$$

em que:

$p$ = probabilidade de sucesso
$q$ = probabilidade de fracasso

$$\binom{N}{k} = \frac{N!}{k!(N-k)!}$$

A Tabela E do Apêndice fornece a probabilidade de $P[Y = k]$ para diversos valores de $N$, $k$ e $p$.

Porém, quando se testa hipóteses, utiliza-se a probabilidade de obter valores maiores ou iguais ao valor observado:

$$P(Y \geq k) = \sum_{i=k}^{N} \binom{N}{i} p^i q^{N-i} \tag{10.2}$$

Ou a probabilidade de obter de valores menores ou iguais ao valor observado:

$$P(Y \leq k) = \sum_{i=0}^{k} \binom{N}{i} p^i q^{N-i} \tag{10.3}$$

De acordo com Siegel e Castellan (2006), quando $p = q = \frac{1}{2}$, ao invés de calcular as probabilidades com base nas equações anteriores, é mais conveniente utilizar a Tabela F do Apêndice. A Tabela F fornece as probabilidades unilaterais, sob a hipótese nula $H_0$: $p = \frac{1}{2}$, de se obter valores tão ou mais extremos do que $k$, seja $k$ a menor das frequências observadas ($P(Y \leq k)$). Devido à simetria da distribuição binomial, quando $p = \frac{1}{2}$, tem-se que $P(Y \geq k) = P(Y \leq N - k)$. Um teste unilateral é usado quando predizemos de antemão qual das duas categorias deve conter o menor número de casos. Para um teste bilateral (quando a predição é simplesmente de que as duas frequências irão diferir), basta duplicar os valores da Tabela F.

Esse valor final obtido denomina-se *p-value* que, conforme apresentado no Capítulo 9, corresponde à probabilidade (unilateral ou bilateral) associada ao valor observado da amostra. O *p-value* indica o menor nível de significância observado que levaria à rejeição da hipótese nula. Assim, rejeita-se $H_0$ se $p \leq \alpha$.

No caso de **grandes amostras** $(N > 25)$, a distribuição amostral da variável $Y$ se aproxima de uma distribuição normal padrão, de modo que a probabilidade pode ser calculada pela seguinte estatística:

$$z_{cal} = \frac{|N\hat{p} - Np| - 0,5}{\sqrt{Npq}} \qquad (10.4)$$

em que:

$\hat{p}$ = é a estimativa amostral da proporção de sucessos para testa $H_0$.

O valor de $z_{cal}$ (equação 10.4) deve ser comparado com o valor crítico da distribuição normal padrão (Tabela A do Apêndice). A Tabela A fornece os valores críticos de $z_c$ tal que $P(z_{cal} > z_c) = \alpha$ (para um teste unilateral à direita). Para um teste bilateral, tem-se que $P(z_{cal} < -z_c) = \alpha/2 = P(z_{cal} > z_c)$.

Portanto, para um teste unilateral à direita, a hipótese nula é rejeitada se $z_{cal} > z_c$. Já para um teste bilateral, rejeita-se $H_0$ se $z_{cal} < -z_c$ ou $z_{cal} > z_c$.

### Exemplo 1: Aplicação do teste binomial para pequenas amostras

Um grupo de 18 alunos fez um curso intensivo de inglês e foi submetido a duas formas de aprendizagem. No final do curso, cada aluno escolheu o método de ensino de sua preferência, como mostra a Tabela 10.1. Espera-se que não exista diferença entre os métodos de ensino. Teste a hipótese nula ao nível de significância de 5%.

**Tabela 10.1** Frequência obtida após a escolha dos alunos

| Eventos | Método 1 | Método 2 | Total |
|---|---|---|---|
| Frequência | 11 | 7 | 18 |
| Proporção | 0,611 | 0,389 | 1,0 |

### Solução

Antes de iniciarmos o procedimento geral de construção de testes de hipóteses, denotaremos alguns parâmetros para facilitar a compreensão.

A escolha do método será denotada como: $x = 1$ (método 1) e $x = 0$ (método 2). A probabilidade de escolher o método 1 é representada por $P[x = 1] = p$ e o método 2 por $P[x = 0] = q$. O número de sucessos $(Y = k)$ corresponde ao total de resultados do tipo $x = 1$, de modo que $x = 11$.

**Passo 1**: O teste adequado é o binomial já que os dados estão categorizados em duas classes.

**Passo 2**: A hipótese nula afirma que não existem diferenças entre as probabilidades de escolha dos dois métodos:

$$\begin{cases} H_0: & p = q = 1/2 \\ H_1: & p \neq q \end{cases}$$

**Passo 3**: O nível de significância a ser considerado é de 5%.

**Passo 4**: Tem-se que $N = 18$, $k = 11$, $p = 1/2$ e $q = 1/2$. Devido à simetria da distribuição binomial, quando $p = 1/2$, $P(Y \geq k) = P(Y \leq N - k)$, isto é, $P(Y \geq 11) = P(Y \leq 7)$. Dessa forma, calcularemos $P(Y \leq 7)$ por meio da equação (10.3) e demonstraremos como essa probabilidade pode ser obtida diretamente da Tabela F do Apêndice.

A probabilidade de que no máximo sete alunos escolham o método 2 é dada por:

$$P(Y \le 7) = P(Y = 0) + P(Y = 1) + \cdots + P(Y = 7)$$

$$P(Y = 0) = \frac{18!}{0!18!}\left(\frac{1}{2}\right)^{0}\left(\frac{1}{2}\right)^{18} = 3,815\,\text{E}-06$$

$$P(Y = 1) = \frac{18!}{1!17!}\left(\frac{1}{2}\right)^{1}\left(\frac{1}{2}\right)^{17} = 6,866\,\text{E}-05$$

$$\vdots$$

$$P(Y = 7) = \frac{18!}{7!11!}\left(\frac{1}{2}\right)^{7}\left(\frac{1}{2}\right)^{11} = 0,121$$

Portanto:

$$P(Y \le 7) = 3,815\text{E}-06 + \cdots + 0,121 = 0,240$$

Como $p = 1/2$, a probabilidade $P(Y \le 7)$ poderia ser obtida diretamente da Tabela F do Apêndice. Para $N = 18$ e $k = 7$ (menor frequência observada), a probabilidade unilateral associada é $p_1 = 0,240$.

Como estamos diante de um teste bilateral, esse valor deve ser dobrado ($p = 2p_1$), de modo que a probabilidade bilateral associada é $p = 0,480$.

Obs.: No procedimento geral de testes de hipóteses, o passo 4 corresponde ao cálculo da estatística do teste com base na amostra. Já o passo 5 determina a probabilidade associada ao valor da estatística do teste obtido no passo 4. No caso do teste binomial, o passo 4 já calcula diretamente a probabilidade associada à ocorrência da amostra.

**Passo 5**: Decisão: como a probabilidade associada é maior do que $\alpha$ ($p = 0,480 > 0,05$), não se rejeita $H_0$, concluindo que não existem diferenças nas probabilidades de escolher o método 1 ou 2.

### Exemplo 2: Aplicação do teste binomial para grandes amostras

Refaça o exemplo anterior considerando os seguintes resultados:

**Tabela 10.2** Frequência obtida após a escolha dos alunos

| Eventos | Método 1 | Método 2 | Total |
|---|---|---|---|
| Frequência | 18 | 12 | 30 |
| Proporção | 0,6 | 0,4 | 1,0 |

### Solução

**Passo 1**: Aplica-se o teste binomial.

**Passo 2:** A hipótese nula afirma que não existem diferenças entre as probabilidades de escolha dos dois métodos:

$$\begin{cases} H_0: \ p=q=1/2 \\ H_1: \ p \neq q \end{cases}$$

**Passo 3**: O nível de significância a ser considerado é de 5%.

**Passo 4**: Como $N > 25$, a distribuição amostral da variável $Y$ se aproxima de uma normal padrão, de modo que a probabilidade pode ser calculada a partir da estatística $z$:

$$z_{cal} = \frac{\left| N\hat{p} - Np \right| - 0,5}{\sqrt{Npq}} = \frac{\left| 30 \cdot 0,6 - 30 \cdot 0,5 \right| - 0,5}{\sqrt{30 \cdot 0,5 \cdot 0,5}} = 0,913$$

**Passo 5:** A região crítica de uma distribuição normal padrão (Tabela A do Apêndice), para um teste bilateral em que $\alpha = 5\%$, está ilustrada na Figura 10.1.

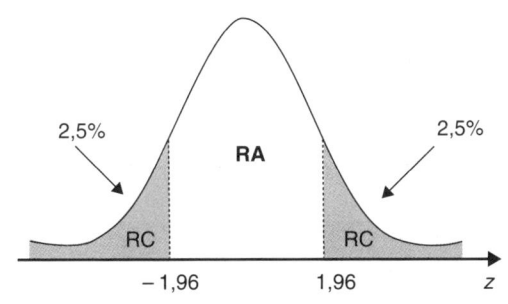

**Figura 10.1** *Região crítica do Exemplo 2.*

Para um teste bilateral, cada uma das caudas corresponde à metade do nível de significância $\alpha$.

**Passo 6**: Decisão: como o valor calculado não pertence à região crítica, isto é, $-1,96 \leq z_{cal} \leq 1,96$, a hipótese nula não é rejeitada, concluindo que não existem diferenças nas probabilidades de escolha entre os métodos ($p = q = \frac{1}{2}$).

Se utilizarmos o *p-value* ao invés do valor crítico da estatística, os passos 5 e 6 seriam:

**Passo 5:** De acordo com a Tabela A do Apêndice, a probabilidade unilateral associada à estatística $z_{cal} = 0,913$ é $p_1 = 0,1762$. Para um teste bilateral, essa probabilidade deve ser dobrada (*p-value* = 0,3564).

**Passo 6:** Como $p > 0,05$, não se rejeita $H_0$.

### 2.1.1. Resolução do teste binomial por meio do software SPSS

O Exemplo 1 será resolvido por meio do IBM SPSS Statistics Software®. A reprodução das imagens nessa seção tem autorização da International Business Machines Corporation©.

Os dados encontram-se disponíveis no arquivo **Teste_Binomial.sav**. O procedimento para resolução do teste binomial pelo SPSS está descrito a seguir. Selecione **Analyze→Nonparametric Tests→Legacy Dialogs→Binomial**.

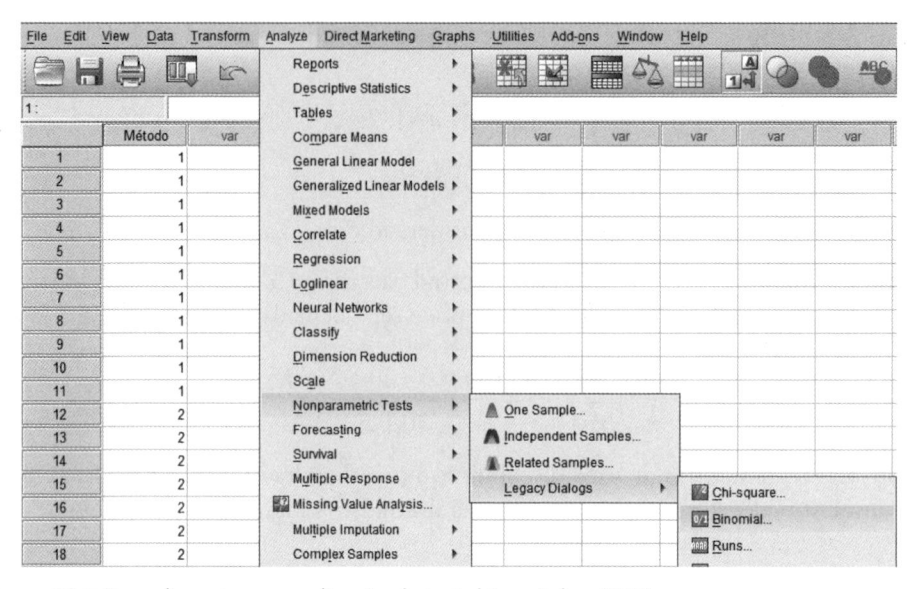

**Figura 10.2** *Procedimento para aplicação do teste binomial no SPSS.*

Mova a variável *Método* para **Test Variable List**. Em **Test Proportion**, defina $p = 0,5$, já que a probabilidade de sucesso e fracasso é a mesma.

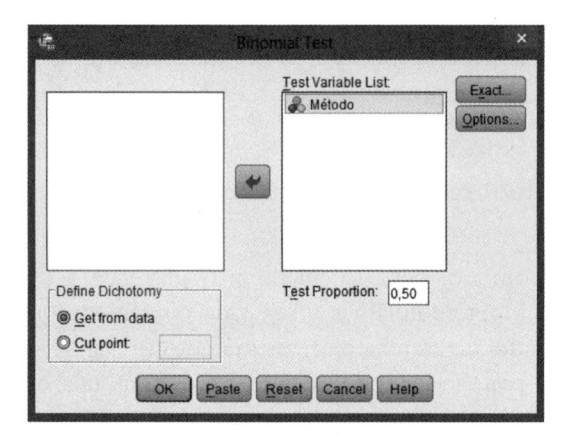

**Figura 10.3** *Seleção da variável e da proporção para o teste binomial.*

Clique em **OK**. Os resultados encontram-se na Tabela 10.3.

**Tabela 10.3** Resultados do teste binomial

**Binomial Test**

|  |  | Category | N | Observed Prop. | Test Prop. | Exact Sig. (2-tailed) |
|---|---|---|---|---|---|---|
| Método | Group 1 | 1 | 11 | ,61 | ,50 | ,481 |
|  | Group 2 | 2 | 7 | ,39 |  |  |
|  | Total |  | 18 | 1,00 |  |  |

A probabilidade associada para um teste bilateral é $p = 0,481$, semelhante ao valor calculado no Exemplo 1. Como *p-value* é maior do que $\alpha$ ($0,481 > 0,05$), não se rejeita $H_0$, concluindo que $p = q = \frac{1}{2}$.

## 2.2. Teste qui-quadrado para uma amostra

O teste qui-quadrado apresentado nesta seção é uma extensão do teste binomial e é aplicado a uma única amostra em que a variável em estudo assume duas ou mais categorias. As variáveis podem ser de natureza nominal ou ordinal. O teste compara as frequências observadas com as frequências esperadas em cada categoria.

O teste qui-quadrado assume as seguintes hipóteses:

$\begin{cases} H_0: \text{não há diferença significativa entre as frequências observadas e esperadas} \\ H_1: \text{há diferença significativa entre as frequências observadas e esperadas} \end{cases}$

A estatística do teste é dada por:

$$\chi^2_{cal} = \sum_{i=1}^{k} \frac{(O_i - E_i)^2}{E_i} \tag{10.5}$$

em que:

$O_i$ = número de casos observados na $i$-ésima categoria

$E_i$ = número de casos esperados na $i$-ésima categoria quando $H_0$ é verdadeira

$k$ = número de categorias

Os valores de $\chi^2_{cal}$ seguem, aproximadamente, uma distribuição qui-quadrado com $\nu = k - 1$ graus de liberdade.

Os valores críticos da estatística qui-quadrado ($\chi^2_c$) encontram-se na Tabela C do Apêndice. A Tabela C fornece os valores críticos de $\chi^2_c$ tal que $P(\chi^2_{cal} > \chi^2_c) = \alpha$ (para um teste unilateral à direita). Para que a hipótese nula $H_0$ seja rejeitada, o valor da estatística $\chi^2_{cal}$ deve pertencer à região crítica, isto é, $\chi^2_{cal} > \chi^2_c$; caso contrário, não se rejeita $H_0$.

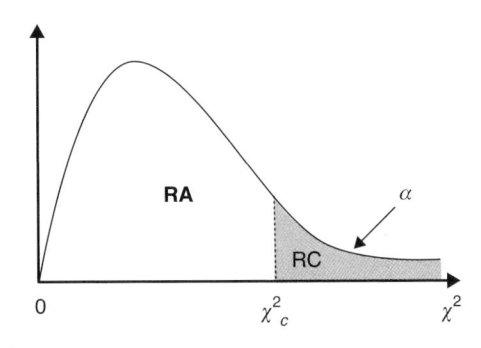

**Figura 10.4** *Distribuição qui-quadrado.*

O *p-value* (probabilidade associada ao valor da estatística calculada $\chi^2_{cal}$ a partir da amostra) também pode ser obtido da Tabela C. Nesse caso, rejeita-se $H_0$ se $p \leq \alpha$.

### *Exemplo 3: Aplicação do teste qui-quadrado para uma amostra*

Uma loja de doces caseiros deseja verificar se o número de brigadeiros vendidos diariamente varia em função do dia da semana. Para isso, uma amostra foi coletada ao longo de uma semana, escolhida aleatoriamente, e os resultados encontram-se na Tabela 10.4. Teste a hipótese de que as vendas independam do dia da semana. Considerar $\alpha = 5\%$.

**Tabela 10.4** Frequências observadas *versus* Frequências esperadas

| Eventos | Dom | Seg | Ter | Qua | Qui | Sex | Sab |
|---|---|---|---|---|---|---|---|
| Frequências observadas | 35 | 24 | 27 | 32 | 25 | 36 | 31 |
| Frequências esperadas | 30 | 30 | 30 | 30 | 30 | 30 | 30 |

### *Solução*

**Passo 1**: O teste adequado para comparar as frequências observadas com as esperadas de uma amostra com mais de duas categorias é o qui-quadrado para uma única amostra.

**Passo 2**: A hipótese nula afirma que não existem diferenças significativas entre as vendas observadas e esperadas para cada dia da semana; a hipótese alternativa afirma que há diferença em pelo menos um dia da semana:

$$\begin{cases} H_0: \ O_i = E_i \\ H_1: \ O_i \neq E_i \end{cases}$$

**Passo 3**: O nível de significância a ser considerado é de 5%.

**Passo 4**: O valor da estatística teste é:

$$\chi^2_{cal} = \sum_{i=1}^{k} \frac{(O_i - E_i)^2}{E_i} = \frac{(35-30)^2}{30} + \frac{(24-30)^2}{30} + \cdots + \frac{(31-30)^2}{30} = 4,533$$

**Passo 5**: A região crítica do teste qui-quadrado, considerando $\alpha = 5\%$ e $v = 6$ graus de liberdade, está representada na Figura 10.5.

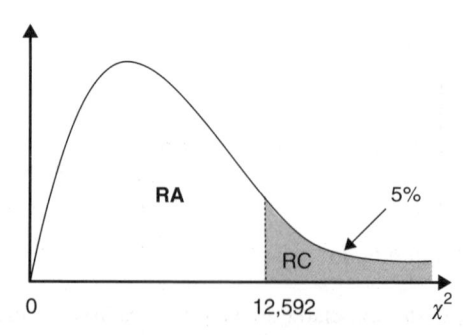

**Figura 10.5** *Região crítica do Exemplo 3.*

**Passo 6**: Decisão: como o valor calculado não pertence à região crítica, isto é, $\chi^2_{cal} < 12,592$, a hipótese nula não é rejeitada, concluindo que a quantidade de brigadeiros vendidos diariamente não varia em função do dia da semana.

Se utilizarmos o *p-value* ao invés do valor crítico da estatística, os passos 5 e 6 da construção dos testes de hipóteses seriam:

**Passo 5**: De acordo com a Tabela C do Apêndice, para $v = 6$ graus de liberdade, a probabilidade associada ao valor da estatística $\chi^2_{cal} = 4,533$ (*p-value*) está entre 0,1 e 0,9.

**Passo 6**: Decisão: como $p > 0,05$, a hipótese nula não é rejeitada.

### 2.2.1. Resolução do teste qui-quadrado para uma amostra por meio do SPSS

A reprodução das imagens nessa seção tem autorização da International Business Machines Corporation©.

Os dados do Exemplo 3 estão disponíveis no arquivo **Qui-Quadrado_Uma_Amostra.sav**. O procedimento para aplicação do teste qui-quadrado no SPSS está listado a seguir. Clique em **Analyze→Nonparametric Tests→Legacy Dialogs→Chi-Square**, como mostra a Figura 10.6.

**Figura 10.6** *Procedimento para o teste qui-quadrado no SPSS.*

Insira a variável *Dia_semana* em **Test Variable List**. A variável em estudo apresenta sete categorias. As opções **Getfrom data** e **Use specified range** (**Lower** = 1 e **Upper** = 7) em **Expected Range** geram os mesmos resultados. As frequências esperadas para as sete categorias são iguais; dessa forma, seleciona-se a opção **All categories equal** em **Expected Values**.

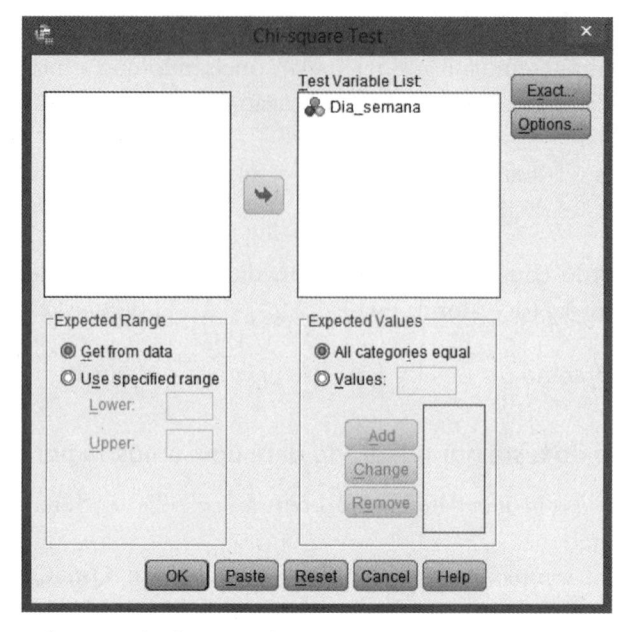

**Figura 10.7** *Seleção da variável e dos procedimentos para o teste qui-quadrado.*

Clique em **OK** e obtenha os resultados do teste qui-quadrado, como mostra a Tabela 10.5.

**Tabela 10.5** Resultados do teste Qui-quadrado

**Test Statistics**

|  | Dia_semana |
|---|---|
| Chi-Square | 4,533[a] |
| df | 6 |
| Asymp. Sig. | ,605 |

a. 0 cells (,0%) have expected frequencies less than 5. The minimum expected cell frequency is 30,0.

O valor da estatística qui-quadrado é, portanto, 4,533, semelhante ao valor calculado no Exemplo 3. Como o *p-value* = 0,605 > 0,05 (vimos no Exemplo 3 que $0,1 < p < 0,9$), não se rejeita $H_0$, o que permite concluir que as vendas independem do dia da semana.

## 2.3. Teste dos sinais para uma amostra

O teste dos sinais é uma alternativa ao teste *t* para uma única amostra aleatória quando a população não segue uma distribuição normal. A única pressuposição exigida pelo teste dos sinais é que a distribuição da variável seja contínua.

O teste dos sinais é baseado na mediana da população ($\mu$). A probabilidade de obter um valor amostral inferior à mediana e a probabilidade de obter um valor amostral superior à mediana são iguais ($p = \frac{1}{2}$). A hipótese nula do teste é de que $\mu$ seja igual a um determinado valor especificado pelo investigador ($\mu_0$). Para um teste bilateral, tem-se:

$$\begin{cases} H_0: \ \mu = \mu_0 \\ H_1: \ \mu \neq \mu_0 \end{cases}$$

Os dados quantitativos são convertidos para sinais de (+) ou (−), isto é, valores superiores à mediana ($\mu_0$) passam a ser representados com sinal de (+) e valores inferiores a $\mu_0$ com sinal de (−). Dados com valores iguais a $\mu_0$ são excluídos da amostra. O teste dos sinais é aplicado, portanto, para dados de natureza ordinal. O teste dos sinais tem pouco poder, já que essa conversão faz com que se perca muita informação dos dados.

## Pequenas amostras

Denota-se por $N$ o número de sinais positivos e negativos (tamanho da amostra descontando os empates) e $k$ o número de sinais que corresponde à menor frequência.

Para pequenas amostras ($N \leq 25$), faz-se uso do teste binomial com $p = \frac{1}{2}$ e calcula-se $P(Y \leq k)$. Essa probabilidade pode ser obtida diretamente da Tabela F do Apêndice.

## Grandes amostras

Quando $N > 25$, a distribuição binomial aproxima-se de uma normal. O valor de $z$ é dado por:

$$z = \frac{(x \pm 0{,}5) - N/2}{0{,}5\sqrt{N}} \sim N(0, 1) \tag{10.6}$$

em que $x$ corresponde à menor ou maior frequência. Se $x$ representar a menor frequência, calcula-se $x + 0{,}5$. Por outro lado, se $x$ representar a maior frequência, calcula-se $x - 0{,}5$.

### *Exemplo 4: Aplicação do teste dos sinais para uma única amostra*

Estima-se que a idade mediana de aposentadoria em uma determinada cidade brasileira é de 65 anos. Uma amostra aleatória de 20 aposentados foi extraída da população e os resultados encontram-se na Tabela 10.6. Teste a hipótese nula de que $\mu = 65$, ao nível de significância de 10%.

**Tabela 10.6** Idade de aposentadoria

| 59 | 62 | 66 | 37 | 60 | 64 | 66 | 70 | 72 | 61 |
|----|----|----|----|----|----|----|----|----|----|
| 64 | 66 | 68 | 72 | 78 | 93 | 79 | 65 | 67 | 59 |

### *Solução*

**Passo 1**: Como os dados não seguem distribuição normal, o teste adequado para avaliar a mediana da população é o teste dos sinais.

**Passo 2**: As hipóteses do teste são:

$$\begin{cases} H_0: \ \mu = 65 \\ H_1: \ \mu \neq 65 \end{cases}$$

**Passo 3**: O nível de significância a ser considerado é de 10%.

**Passo 4**: Calcula-se $P(Y \leq k)$.

Para facilitar a compreensão, ordenaremos os dados da Tabela 10.6 de forma crescente.

**Tabela 10.7** Dados da Tabela 10.6 ordenados de forma crescente

| 37 | 59 | 59 | 60 | 61 | 62 | 64 | 64 | 65 | 66 |
|----|----|----|----|----|----|----|----|----|----|
| 66 | 66 | 67 | 68 | 70 | 72 | 72 | 78 | 79 | 93 |

Excluindo-se o valor 65 (empate), tem-se que o número de sinais (-) é 8, o número de sinais (+) é 11 e $N = 19$.

A partir da Tabela F do Apêndice, para $N = 19$, $k = 8$ e $p = 1/2$, a probabilidade unilateral associada é $p_1 = 0,324$. Como estamos diante de um teste bilateral, esse valor deve ser dobrado, de modo que a probabilidade bilateral associada é 0,648 (*p-value*).

**Passo 5**: Decisão: como *p-value* é maior do que $\alpha$ (0,648 > 0,10), não se rejeita $H_0$, concluindo que $\mu = 65$.

## 2.3.1. Resolução do teste dos sinais para uma amostra por meio do SPSS

A reprodução das imagens nessa seção tem autorização da International Business Machines Corporation©.

O SPSS disponibiliza o teste dos sinais apenas para duas amostras relacionadas (2 *Related Samples*). Assim, para utilizarmos o teste para uma única amostra, cria-se uma nova variável com $n$ valores (tamanho da amostra incluindo empates), todos iguais a $\mu_0$. Os dados do Exemplo 4 estão disponíveis no arquivo **Teste_Sinais_Uma_Amostra.sav**.

O procedimento para aplicação do teste dos sinais no SPSS está ilustrado a seguir. Clique em **Analyze→Nonparametric Tests→Legacy Dialogs→2 Related Samples**, como mostra a Figura 10.8.

Selecione a variável1 (Idade_pop) e a variável2 (Idade_amostra) em **Test Pairs**. Marque também a opção referente ao teste dos sinais (**Sign**) em **Test Type**, como mostra a Figura 10.9.

Clique em **OK** e obtenha os resultados do teste dos sinais (Tabelas 10.8 e 10.9).

A Tabela 10.8 apresenta as frequências de sinais negativos e positivos, o número total de empates e a frequência total.

A Tabela 10.9 apresenta a probabilidade associada para um teste bilateral, que é semelhante ao valor encontrado no Exemplo 4. Como $p = 0,648 > 0,10$, a hipótese nula não é rejeitada, concluindo que a idade mediana de aposentadoria é de 65 anos.

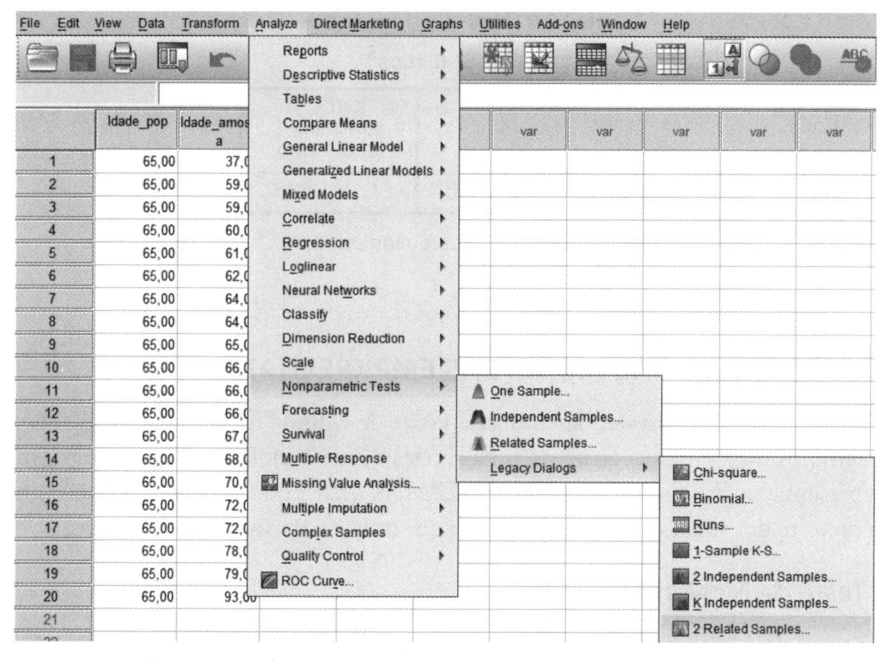

**Figura 10.8** *Procedimento para aplicação do teste dos sinais no SPSS.*

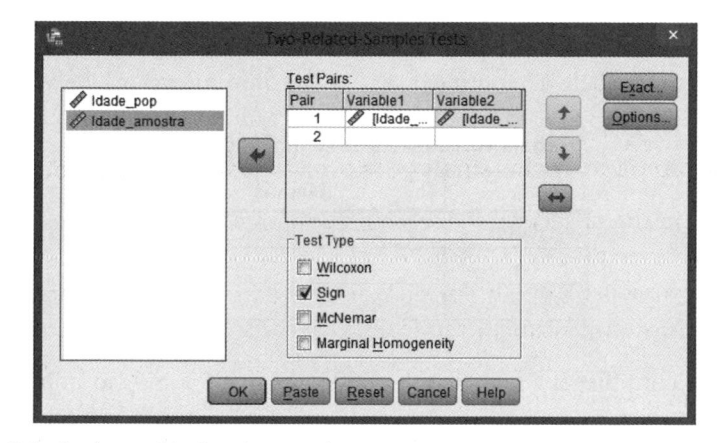

**Figura 10.9** *Seleção das variáveis e do teste dos sinais.*

**Tabela 10.8** Frequências observadas

**Frequencies**

|  |  | N |
|---|---|---|
| Idade_amostra - Idade_pop | Negative Differences[a] | 8 |
|  | Positive Differences[b] | 11 |
|  | Ties[c] | 1 |
|  | Total | 20 |

a. Idade_amostra < Idade_pop
b. Idade_amostra > Idade_pop
c. Idade_amostra = Idade_pop

**Tabela 10.9** Estatística do teste dos sinais

**Test Statistics[b]**

| | Idade_ amostra - Idade_pop |
|---|---|
| Exact Sig. (2-tailed) | ,648[a] |

a. Binomial distribution used.
b. Sign Test

## 3. TESTES PARA DUAS AMOSTRAS EMPARELHADAS

Esses testes investigam se duas amostras estão, de alguma forma, relacionadas entre si. Os exemplos mais comuns analisam uma situação antes e depois de um acontecimento. São apresentados os seguintes testes: teste de McNemar, aplicado para variáveis binárias, além do teste dos sinais e do teste de Wilcoxon, ambos para variáveis de natureza ordinal.

### 3.1. Teste de McNemar

O teste de McNemar é aplicado para testar a significância de mudanças em duas amostras relacionadas a partir de variáveis qualitativas ou categóricas que assumem apenas duas categorias (variáveis binárias). O objetivo do teste é verificar se houve mudanças significativas "antes e depois" da ocorrência de um determinado evento. Para isto, utiliza-se uma tabela de contingência $2 \times 2$, como mostra a Tabela 10.10.

**Tabela 10.10** Tabela de contingência $2 \times 2$

| | Depois | |
|---|---|---|
| **Antes** | + | − |
| + | $A$ | $B$ |
| − | $C$ | $D$ |

De acordo com Siegel e Castellan Jr. (2006), os sinais + e − são utilizados para representar as possíveis mudanças nas respostas "antes" e "depois". As frequências de cada ocorrência estão sinalizadas nas respectivas células da Tabela 10.10.

Por exemplo, se houve mudanças da primeira resposta (+) para a segunda (−), o resultado será contabilizado na célula superior direita, de modo que $B$ representa o número total de observações que apresentaram mudança no comportamento de + para −.

Analogamente, se houve mudanças da primeira resposta (−) para a segunda (+), o resultado será contabilizado na célula inferior esquerda, de modo que $C$ representa o número total de observações que apresentaram mudança no comportamento de − para +.

Por outro lado, $A$ representa o número total de observações que tiveram a mesma resposta (+) antes e depois, enquanto $D$ representa o número total de observações com a mesma resposta (−) nos dois períodos.

Desse modo, o número total de indivíduos que mudaram de resposta pode ser representado por $B + C$.

A hipótese nula do teste afirma que o número total de mudanças em cada direção é igualmente provável, isto é:

$$\begin{cases} H_0: \ P(B \rightarrow C) = P(C \rightarrow B) \\ H_1: \ P(B \rightarrow C) \neq P(C \rightarrow B) \end{cases}$$

A estatística de McNemar, segundo Siegel e Castellan Jr. (2006), é calculada com base na estatística qui-quadrado ($\chi^2$):

$$\chi^2_{cal} = \sum_{i=1}^{2} \frac{(O_i - E_i)^2}{E_i} = \frac{(B - (B+C)/2)^2}{(B+C)/2} + \frac{(C - (B+C)/2)^2}{(B+C)/2} = \frac{(B-C)^2}{B+C} \sim \chi^2_1 \quad (10.7)$$

Segundo os autores, um fator de correção deve ser utilizado para que uma distribuição qui-quadrado contínua aproxime-se de uma distribuição qui-quadrado discreta:

$$\chi^2_{cal} = \frac{(|B-C|-1)^2}{B+C} \text{ com 1 grau de liberdade} \quad (10.8)$$

O valor calculado deve ser comparado com o valor crítico da distribuição qui-quadrado (Tabela C do Apêndice). A Tabela C fornece os valores críticos de $\chi^2_c$ tal que P ($\chi^2_{cal} > \chi^2_c$) = $\alpha$ (para um teste unilateral à direita). Se o valor da estatística pertencer à região crítica, isto é, se $\chi^2_{cal} > \chi^2_c$, rejeita-se $H_0$; caso contrário, não se rejeita $H_0$.

A probabilidade associada à estatística $\chi^2_{cal}$ (*p-value*) também pode ser obtida a partir da Tabela C. Nesse caso, a hipótese nula é rejeitada se $p \leq \alpha$; caso contrário não se rejeita $H_0$.

### Exemplo 5: Aplicação do teste de McNemar

Estava para ser votada no Senado o fim da aposentadoria integral para os servidores públicos federais. Com o objetivo de verificar se essa medida traria alguma mudança na procura por concursos públicos, foi feita uma entrevista com um grupo de 60 trabalhadores antes e depois da reforma, de modo que eles indicassem sua preferência em trabalhar em uma instituição particular ou pública. Os resultados encontram-se na Tabela 10.11. Teste a hipótese de que não houve uma mudança significativa nas respostas dos trabalhadores antes e depois da reforma previdenciária. Considerar $\alpha = 5\%$.

**Tabela 10.11** Tabela de contingência

| Antes da reforma | Depois da reforma | |
|---|---|---|
| | Particular | Pública |
| Particular | 22 | 3 |
| Pública | 21 | 14 |

### Solução

**Passo 1**: O teste adequado para testar a significância de mudanças do tipo "antes e depois" em duas amostras relacionadas, aplicado a variáveis nominais ou categóricas, é o teste de McNemar.

**Passo 2:** A hipótese nula afirma que a reforma não seria eficiente em mudar as preferências em uma direção particular. Em outras palavras, entre aqueles trabalhadores que mudaram suas preferências, a probabilidade de que troquem a preferência de particular para pública depois da reforma é igual à probabilidade de que troquem de pública para particular:

$$\begin{cases} H_0: \ \mathrm{P(Particular \rightarrow Pública)=P(Pública \rightarrow Particular)} \\ H_1: \ \mathrm{P(Particular \rightarrow Pública) \neq P(Pública \rightarrow Particular)} \end{cases}$$

**Passo 3:** O nível de significância a ser considerado é de 5%.

**Passo 4:** O valor da estatística teste, de acordo com a equação (10.7) é:

$$\chi^2_{cal} = \frac{(|B-C|)^2}{B+C} = \frac{(|3-21|)^2}{3+21} = 13,5 \ \text{com} \ v = 1$$

Se utilizarmos o fator de correção, o valor da estatística a partir da equação (10.8) passa a ser:

$$\chi^2_{cal} = \frac{(|B-C|-1)^2}{B+C} = \frac{(|3-21|-1)^2}{3+21} = 12,042 \ \text{com} \ v = 1$$

**Passo 5:** O valor do qui-quadrado crítico $(\chi^2_c)$, obtido a partir da Tabela C do Apêndice, considerando $\alpha = 5\%$ e $v = 1$ grau de liberdade, é 3,841.

**Passo 6:** Decisão: como o valor calculado pertence à região crítica, isto é, $\chi^2_{cal} > 3,841$, a hipótese nula é rejeitada, concluindo que houve mudanças significativas na escolha de se trabalhar em uma instituição particular ou pública após a reforma previdenciária.

Se utilizarmos o *p-value* em vez do valor crítico da estatística, os passos 5 e 6 seriam:

**Passo 5:** De acordo com a Tabela C do Apêndice, para $v = 1$ grau de liberdade, a probabilidade associada à estatística $\chi^2_{cal} = 12,042$ ou 13,5 (*p-value*) é inferior à 0,005 (uma probabilidade de 0,005 está associada à estatística $\chi^2_{cal} = 7,879$).

**Passo 6:** Como $p < 0,05$, rejeita-se $H_0$.

### 3.1.1. Resolução do teste de McNemar por meio do software SPSS

O Exemplo 5 será resolvido por meio do software SPSS. A reprodução das imagens nessa seção tem autorização da International Business Machines Corporation©.

Os dados encontram-se disponíveis no arquivo **Teste_McNemar.sav**. O procedimento para aplicação do teste de McNemar no SPSS está apresentado a seguir. Clique em **Analyze→Nonparametric Tests→Legacy Dialogs→2 Related Samples**, conforme mostra a Figura 10.10.

Selecione a variável 1 (*Antes*) e a variável 2 (*Depois*) em **Test Pairs**. Selecione também a opção do teste de **McNemar** em **Test Type**, como mostra a Figura 10.11.

Finalmente, clique em **OK** e obtenha as Tabelas 10.12 e 10.13. A Tabela 10.12 apresenta as frequências observadas antes e depois da reforma (Tabela de contingência). O resultado do teste de McNemar encontra-se na Tabela 10.13.

De acordo com a Tabela 10.13, o nível de significância observado do teste de McNemar é 0,000, valor inferior a 5%, fazendo com que a hipótese nula seja rejeitada. Conclui-se, portanto, que houve uma mudança significativa na escolha de se trabalhar em uma instituição pública ou particular após a reforma previdenciária.

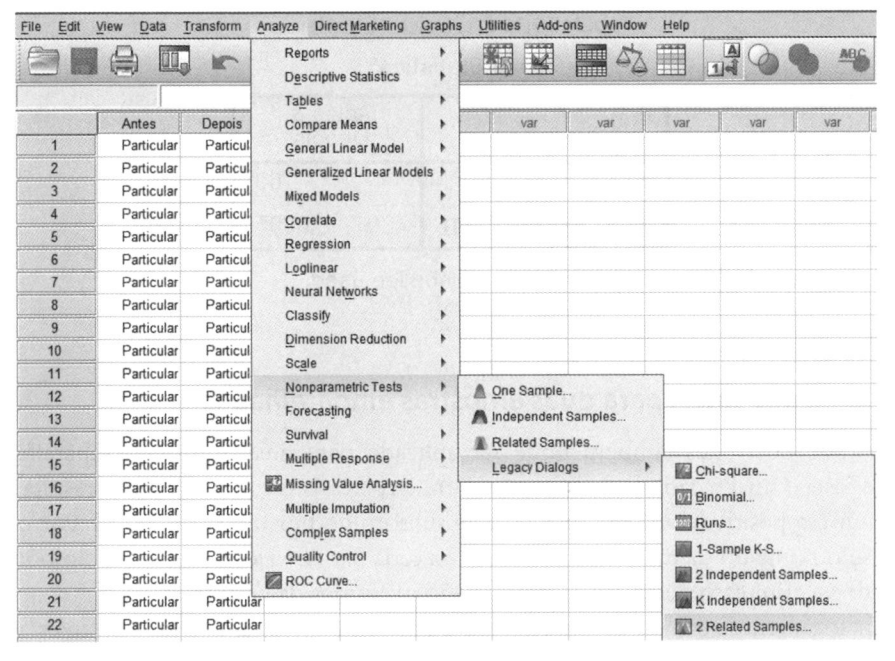

**Figura 10.10** *Procedimento para o teste de McNemar no SPSS.*

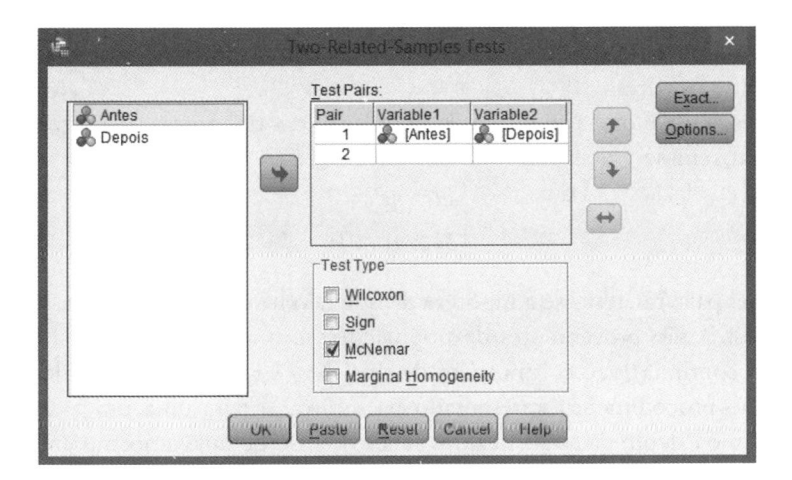

**Figura 10.11** *Seleção das variáveis e do teste de McNemar.*

**Tabela 10.12** Frequências observadas

**Antes & Depois**

| Antes | Depois | |
|---|---|---|
| | Particular | Pública |
| Particular | 22 | 3 |
| Pública | 21 | 14 |

**Tabela 10.13** Estatística de McNemar

**Test Statistics[b]**

|  | Antes & Depois |
|---|---|
| N | 60 |
| Exact Sig. (2-tailed) | ,000[a] |

a. Binomial distribution used.
b. McNemar Test

## 3.2. Teste dos sinais para duas amostras emparelhadas

O teste dos sinais também pode ser aplicado para duas amostras emparelhadas. Nesse caso, o sinal é dado pela diferença entre os pares, isto é, se a diferença resultar em um número positivo, cada par de valores é substituído por um sinal de (+). Por outro lado, se o resultado da diferença for negativo, cada par de valores é substituído por um sinal de (−). Em caso de empate, os dados são excluídos da amostra.

Analogamente ao teste dos sinais para uma única amostra, o teste dos sinais apresentado nesta seção também é uma alternativa ao teste $t$ para a comparação de duas amostras relacionadas quando os dados não seguem uma distribuição normal. Os dados quantitativos são transformados em dados ordinais. O teste dos sinais é, portanto, muito menos poderoso que o teste $t$, pois utiliza como informação apenas o sinal da diferença entre os pares.

A hipótese nula é que a mediana da população das diferenças ($\mu_d$) é zero. Para um teste bilateral, tem-se:

$$\begin{cases} H_0: \mu_d = 0 \\ H_1: \mu_d \neq 0 \end{cases}$$

Em outras palavras, testa-se a hipótese de que não há diferenças entre as duas amostras (as amostras são provenientes de populações com a mesma mediana e a mesma distribuição contínua), isto é, o número de sinais (+) é igual ao número de sinais (-).

O mesmo procedimento apresentado na seção 2.3 para uma única amostra será utilizado para o cálculo da estatística dos sinais no caso de duas amostras emparelhadas.

### Pequenas amostras

Denota-se por $N$ o número de sinais positivos e negativos (tamanho da amostra descontando os empates) e $k$ o número de sinais que corresponde à menor frequência. Caso $N \leq 25$, faz-se uso do teste binomial com $p = \frac{1}{2}$ e calcula-se $P(Y \leq k)$. Essa probabilidade pode ser obtida diretamente da Tabela F do Apêndice.

### Grandes amostras

Quando $N > 25$, a distribuição binomial aproxima-se de uma normal. O valor de $z$ é dado por:

$$z = \frac{(x \pm 0,5) - N/2}{0,5\sqrt{N}} \sim N(0, 1) \tag{10.6}$$

em que $x$ corresponde à menor ou maior frequência. Se $x$ representar a menor frequência, utiliza-se $x + 0,5$. Por outro lado, se $x$ representar a maior frequência, utiliza-se $x - 0,5$.

### Exemplo 6: Aplicação do teste dos sinais para duas amostras emparelhadas

Um grupo de 30 operários foi submetido a um treinamento com o objetivo de melhorar a produtividade. O resultado, em número médio de peças produzidas por hora para cada funcionário, antes e depois do treinamento, encontra-se na Tabela 10.14. Teste a hipótese nula de que não houve alterações na produtividade antes e depois do treinamento. Considerar $\alpha = 5\%$.

**Tabela 10.14** Produtividade antes e depois do treinamento

| Antes | Depois | Sinal da diferença |
|-------|--------|--------------------|
| 36 | 40 | + |
| 39 | 41 | + |
| 27 | 29 | + |
| 41 | 45 | + |
| 40 | 39 | − |
| 44 | 42 | − |
| 38 | 39 | + |
| 42 | 40 | − |
| 40 | 42 | + |
| 43 | 45 | + |
| 37 | 35 | − |
| 41 | 40 | − |
| 38 | 38 | 0 |
| 45 | 43 | − |
| 40 | 40 | 0 |
| 39 | 42 | + |
| 38 | 41 | + |
| 39 | 39 | 0 |
| 41 | 40 | − |
| 36 | 38 | + |
| 38 | 36 | − |
| 40 | 38 | − |
| 36 | 35 | − |
| 40 | 42 | + |
| 40 | 41 | + |
| 38 | 40 | + |
| 37 | 39 | + |
| 40 | 42 | + |
| 38 | 36 | − |
| 40 | 40 | 0 |

### *Solução*

**Passo 1**: Como os dados não seguem distribuição normal, o teste dos sinais pode ser uma alternativa ao teste $t$ para duas amostras emparelhadas.

**Passo 2**: A hipótese nula é de que não há diferença na produtividade antes e depois do treinamento:

$$\begin{cases} H_0: \mu_d = 0 \\ H_1: \mu_d \neq 0 \end{cases}$$

**Passo 3**: O nível de significância a ser considerado é de 5%.

**Passo 4**: Como $N > 25$, a distribuição binomial aproxima-se de uma normal, e o valor de $z$ é dado por:

$$z = \frac{(x \pm 0{,}5) - N/2}{0{,}5\sqrt{N}} = \frac{(11+0{,}5)-13}{0{,}5\sqrt{26}} = -0{,}588$$

**Passo 5**: Com o auxílio da tabela de distribuição normal reduzida (Tabela A do Apêndice), determina-se a região crítica para um teste bilateral:

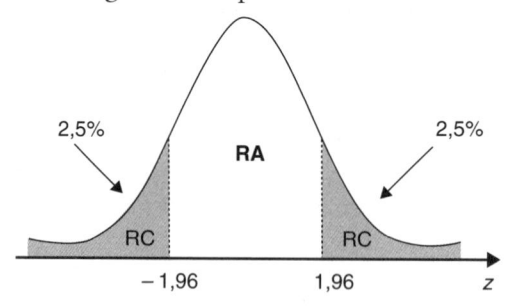

**Figura 10.12** *Região crítica do Exemplo 6.*

**Passo 6**: Decisão: como o valor calculado não pertence à região crítica, isto é, $-1{,}96 \leq z_{cal} \leq 1{,}96$, a hipótese nula não é rejeitada, concluindo que não existe diferença na produtividade antes e depois do treinamento.

Se ao invés de compararmos o valor calculado com o valor crítico da distribuição normal padrão, utilizarmos o cálculo do *p-value*, os passos 5 e 6 seriam:

**Passo 5**: De acordo com a Tabela A do Apêndice, a probabilidade unilateral associada à estatística $z_{cal} = -0{,}59$ é $p_1 = 0{,}278$. Para um teste bilateral, essa probabilidade deve ser dobrada (*p-value* = 0,556).

**Passo 6**: Decisão: como $p > 0{,}05$, a hipótese nula não é rejeitada.

### 3.2.1. Resolução do teste dos sinais para duas amostras emparelhadas por meio do software SPSS

A reprodução das imagens nessa seção tem autorização da International Business Machines Corporation©.

Os dados do Exemplo 6 estão disponíveis no arquivo **Teste_Sinais_Duas_Amostras_Emparelhadas.sav**. O procedimento para aplicação do teste dos sinais para duas amostras emparelhadas no SPSS está ilustrado a seguir. Clique em **Analyze→Nonparametric Tests→Legacy Dialogs→2 Related Samples**, como mostra a Figura 10.13.

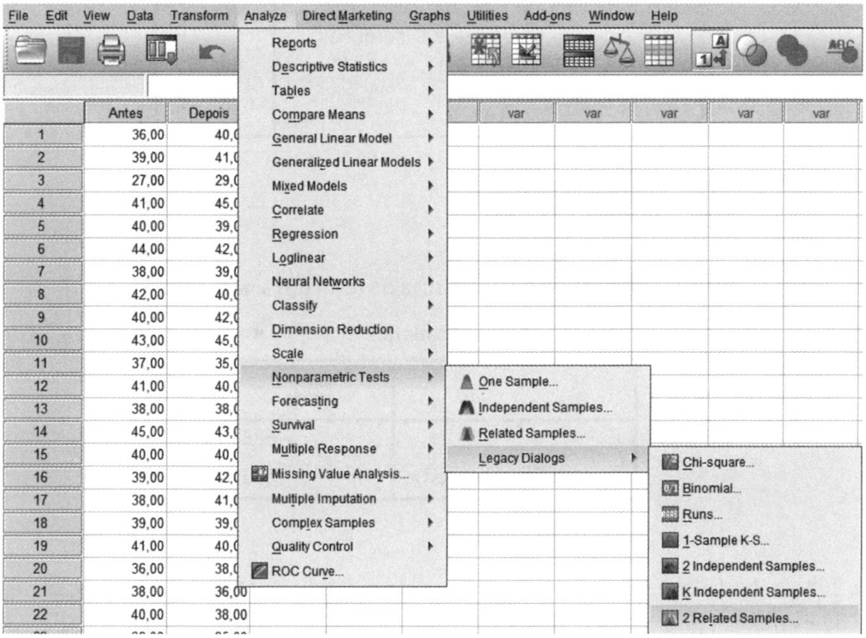

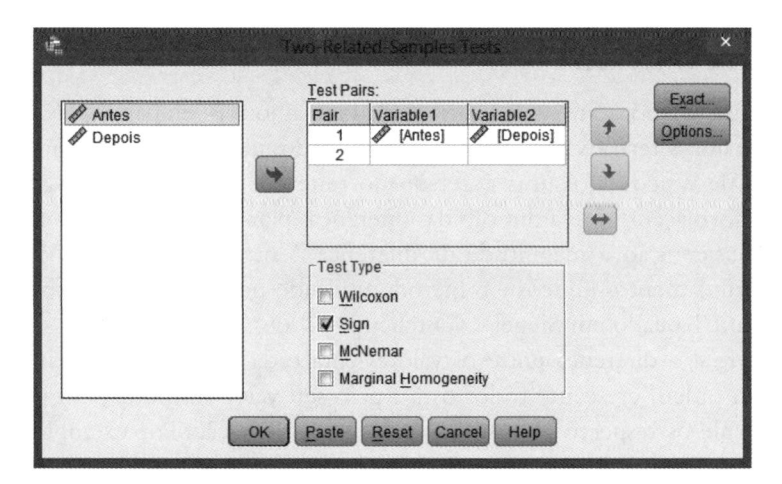

**Figura 10.13** *Procedimento para aplicação do teste dos sinais no SPSS.*

Selecione a variável 1 (*Antes*) e a variável 2 (*Depois*) em **Test Pairs**. Marque também a opção referente ao teste dos sinais (**Sign**) em **Test Type**, como mostra a Figura 10.14.

**Figura 10.14** *Seleção das variáveis e do teste dos sinais.*

Clique em **OK** e obtenha os resultados do teste dos sinais para duas amostras emparelhadas (Tabelas 10.15 e 10.16).

**Tabela 10.15** Frequências observadas

**Frequencies**

|  |  | N |
|---|---|---|
| Depois - Antes | Negative Differences[a] | 11 |
|  | Positive Differences[b] | 15 |
|  | Ties[c] | 4 |
|  | Total | 30 |

a. Depois < Antes
b. Depois > Antes
c. Depois = Antes

**Tabela 10.16:** Estatística do teste dos sinais

**Test Statistics[a]**

|  | Depois - Antes |
|---|---|
| Z | -,588 |
| Asymp. Sig. (2-tailed) | ,556 |

a. Sign Test

A Tabela 10.15 apresenta as frequências de sinais negativos e positivos, o número total de empates e a frequência total.

A Tabela 10.16 apresenta o resultado do teste $z$, além da probabilidade $p$ associada para um teste bilateral, valores semelhantes àqueles calculados no Exemplo 6. Como $p\text{-value} = 0,556 > 0,05$, a hipótese nula não é rejeitada, concluindo que não há diferença na produtividade antes e depois do treinamento.

### 3.3. Teste de Wilcoxon

Analogamente ao teste dos sinais para duas amostras emparelhadas, o teste de Wilcoxon é uma alternativa ao teste $t$ quando os dados não seguem distribuição normal.

O teste de Wilcoxon é uma extensão do teste dos sinais, porém, mais poderoso. Além da informação sobre a direção das diferenças para cada par, o teste de Wilcoxon leva em consideração a magnitude da diferença dentro dos pares (FÁVERO *et al.*, 2009). Os fundamentos lógicos e o método utilizado no teste de Wilcoxon estão descritos a seguir, baseado em Siegel e Castellan Jr. (2006).

Considere $d_i$ a diferença entre os valores para cada par de dados. Primeiramente, coloque em ordem crescente todos os $d_i$'s pelo seu valor absoluto (sem considerar o sinal) e calcule os respectivos postos usando esta ordenação. Por exemplo, o posto 1 é atribuído ao menor $|d_i|$, o posto 2 ao segundo menor, e assim sucessivamente. Ao final, deve ser atribuído o sinal da diferença $d_i$ para cada posto. A soma dos postos positivos é representado por $S_p$ e a soma dos postos negativos por $S_n$.

Eventualmente, os valores para um determinado par de dados são iguais ($d_i = 0$). Nesse caso, eles são excluídos da amostra. É o mesmo procedimento adotado no teste

dos sinais, de modo que o valor de $N$ representa o tamanho da amostra descontando esses empates.

Pode ocorrer ainda outro tipo de empate, em que duas ou mais diferenças tenham o mesmo valor absoluto. Nesse caso, o mesmo posto será atribuído aos empates, que corresponderá à média dos postos que teriam sido atribuídos se as diferenças fossem diferentes. Por exemplo, suponha que três pares de dados indicaram as seguintes diferenças: −1, 1 e 1. A cada par é atribuído o posto 2, que corresponde à média entre 1, 2 e 3. O próximo valor, pela ordem, receberia o posto 4, já que os postos 1, 2 e 3 já foram utilizados.

A hipótese nula é que a mediana da população das diferenças ($\mu_d$) é zero, ou seja, as populações não diferem em localização. Para um teste bilateral, tem-se:

$$\begin{cases} H_0: \mu_d = 0 \\ H_1: \mu_d \neq 0 \end{cases}$$

Em outras palavras, testa-se a hipótese de que não há diferenças entre as duas amostras (as amostras são provenientes de populações com a mesma mediana e a mesma distribuição contínua), isto é, a soma dos postos positivos ($S_p$) é igual à soma dos postos negativos ($S_n$).

## Pequenas amostras

Se $N \leq 15$, a Tabela I do Apêndice mostra as probabilidades unilaterais associadas aos diversos valores críticos de $S_c$ ($P(S_p > S_c) = \alpha$). Para um teste bilateral, este valor deve ser dobrado. Se a probabilidade obtida (*p-value*) for menor ou igual a $\alpha$, rejeita-se $H_0$.

## Grandes amostras

À medida que $N$ cresce, a distribuição de Wilcoxon aproxima-se de uma distribuição normal padrão. Assim, para $N > 15$, calcula-se o valor da variável $z$ que, segundo Siegel e Castellan Jr. (2006), Maroco (2011) e Fávero *et al.* (2009), é:

$$z_{cal} = \frac{\min(S_p, S_n) - \dfrac{N(N+1)}{4}}{\sqrt{\dfrac{N(N+1)(2N+1)}{24} - \dfrac{\displaystyle\sum_{j=1}^{g} t_j^3 - \sum_{j=1}^{g} t_j}{48}}} \tag{10.9}$$

em que:

$\dfrac{\displaystyle\sum_{j=1}^{g} t_j^3 - \sum_{j=1}^{g} t_j}{48}$ é um fator de correção quando há empates

$g$ = número de grupos de postos empatados
$t_j$ = número de observações empatados no grupo $j$

O valor calculado deve ser comparado com o valor crítico da distribuição normal padrão (Tabela A do Apêndice). A Tabela A fornece os valores críticos de $z_c$ tal que $P(z_{cal} > z_c) = \alpha$ (para um teste unilateral à direita). Para um teste bilateral, tem-se que $P(z_{cal} < -z_c) = P(z_{cal} > z_c) = \alpha/2$. A hipótese nula $H_0$ de um teste bilateral é rejeitada se o valor da estatística $z_{cal}$ pertencer à região crítica, isto é, se $z_{cal} < -z_c$ ou $z_{cal} > z_c$; caso contrário, não se rejeita $H_0$.

As probabilidades unilaterais associadas à estatística $z_{cal}$ $(p_1)$ também podem ser obtidas a partir da Tabela A. Para um teste unilateral, considera-se $p = p_1$. Para um teste bilateral, essa probabilidade deve ser dobrada $(p = 2p_1)$. Assim, para ambos os testes, rejeita-se $H_0$ se $p \le \alpha$.

### Exemplo 7: Aplicação do teste de Wilcoxon

Um grupo de 18 alunos do 3º ano do ensino médio foi submetido a um exame de proficiência na língua inglesa, sem nunca ter feito um curso extracurricular. O mesmo grupo de alunos foi submetido a um curso intensivo de inglês por 6 meses e ao final fizeram novamente o exame de proficiência. Os resultados encontram-se na Tabela 10.17. Teste a hipótese de que não houve melhoras antes e depois do curso. Considerar $\alpha = 5\%$.

**Tabela 10.17** Notas antes e depois do curso intensivo

| Antes | Depois |
|---|---|
| 56 | 60 |
| 65 | 62 |
| 70 | 74 |
| 78 | 79 |
| 47 | 53 |
| 52 | 59 |
| 64 | 65 |
| 70 | 75 |
| 72 | 75 |
| 78 | 88 |
| 80 | 78 |
| 26 | 26 |
| 55 | 63 |
| 60 | 59 |
| 71 | 71 |
| 66 | 75 |
| 60 | 71 |
| 17 | 24 |

### Solução

**Passo 1**: Como os dados não seguem distribuição normal, o teste de Wilcoxon pode ser aplicado, sendo mais poderoso do que o teste dos sinais para duas amostras emparelhadas.

**Passo 2:** A hipótese nula é de que não há diferença na performance dos alunos antes e depois do curso:

$$\begin{cases} H_0 : \mu_d = 0 \\ H_1 : \mu_d \neq 0 \end{cases}$$

**Passo 3:** O nível de significância a ser considerado é de 5%.

**Passo 4:** Como $N > 15$, a distribuição de Wilcoxon aproxima-se de uma normal. Para o cálculo do valor de $z$, primeiramente calcularemos $d_i$ e os respectivos postos, como mostra a Tabela 10.18.

**Tabela 10.18** Cálculo de $d_i$ e respectivos postos

| Antes | Depois | $d_i$ | Posto de $d_i$ |
|:---:|:---:|:---:|:---:|
| 56 | 60 | 4 | 7,5 |
| 65 | 62 | −3 | −5,5 |
| 70 | 74 | 4 | 7,5 |
| 78 | 79 | 1 | 2 |
| 47 | 53 | 6 | 10 |
| 52 | 59 | 7 | 11,5 |
| 64 | 65 | 1 | 2 |
| 70 | 75 | 5 | 9 |
| 72 | 75 | 3 | 5,5 |
| 78 | 88 | 10 | 15 |
| 80 | 78 | −2 | −4 |
| 26 | 26 | 0 | |
| 55 | 63 | 8 | 13 |
| 60 | 59 | −1 | −2 |
| 71 | 71 | 0 | |
| 66 | 75 | 9 | 14 |
| 60 | 71 | 11 | 16 |
| 17 | 24 | 7 | 11,5 |

Como há dois pares de dados com valores iguais ($d_i = 0$), eles são excluídos da amostra, de modo que $N = 16$. A soma dos postos positivos é $S_p = 2 + ... + 16 + 124,5$. A soma dos postos negativos é $S_n = 2 + 4 + 5,5 = 11,5$.

Agora, pode-se calcular o valor de $z$ por meio da equação (10.9):

$$z_{cal} = \frac{\min(S_p, S_n) - \dfrac{N(N+1)}{4}}{\sqrt{\dfrac{N(N+1)(2N+1)}{24} - \dfrac{\sum_{j=1}^{g} t_j^3 - \sum_{j=1}^{g} t_j}{48}}} = \frac{11,5 - \dfrac{16 \cdot 17}{4}}{\sqrt{\dfrac{16 \cdot 17 \cdot 33}{24} - \dfrac{59 - 11}{2}}} = -2,925$$

**Passo 5**: Com o auxílio da tabela de distribuição normal reduzida (Tabela A do Apêndice), determina-se a região crítica para o teste bilateral:

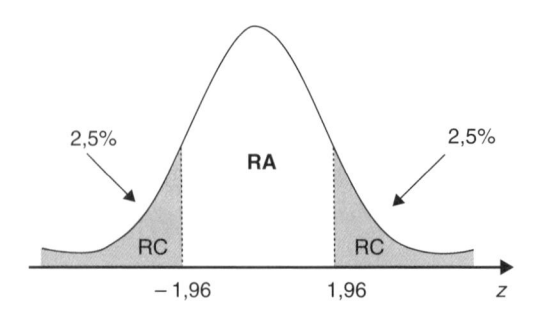

**Figura 10.15** *Região crítica do Exemplo 7.*

**Passo 6**: Decisão: como o valor calculado pertence à região crítica, isto é, $z_{cal} < -1,96$, a hipótese nula é rejeitada, concluindo que existe diferença na performance dos alunos antes e depois do curso.

Se, em vez de compararmos o valor calculado com o valor crítico da distribuição normal padrão, utilizarmos o cálculo do *p-value*, os passos 5 e 6 seriam:

**Passo 5**: De acordo com a Tabela A do Apêndice, a probabilidade unilateral associada à estatística $z_{cal} = -2,925$ é $p_1 = 0,0017$. Para um teste bilateral, essa probabilidade deve ser dobrada (*p-value* = 0,0034).

**Passo 6**: Decisão: como $p < 0,05$, a hipótese nula é rejeitada.

### 3.3.1 Resolução do teste de Wilcoxon por meio do software SPSS

A reprodução das imagens nessa seção tem autorização da International Business Machines Corporation©.

Os dados do Exemplo 7 estão disponíveis no arquivo **Teste_Wilcoxon.sav**. O procedimento para aplicação do teste de Wilcoxon para duas amostras emparelhadas no SPSS está ilustrado a seguir. Clique em **Analyze→Nonparametric Tests→Legacy Dialogs→2 Related Samples**, como mostra a Figura 10.16.

Selecione a variável 1 (*Antes*) e a variável 2 (*Depois*) em **Test Pairs**. Marque também a opção referente ao teste de Wilcoxon em **Test Type**, como mostra a Figura 10.17.

Clique em **OK** e obtenha os resultados do teste de Wilcoxon para duas amostras emparelhadas (Tabelas 10.19 e 10.20).

A Tabela 10.19 apresenta o número de postos negativos, positivos e empatados, além da média e da soma dos postos positivos e negativos.

A Tabela 10.20 apresenta o resultado do teste $z$, além da probabilidade $p$ associada para um teste bilateral, valores semelhantes àqueles encontrados no Exemplo 7. Como *p-value* = 0,003 < 0,05, a hipótese nula é rejeitada, concluindo que há diferença na performance dos alunos antes e depois do curso.

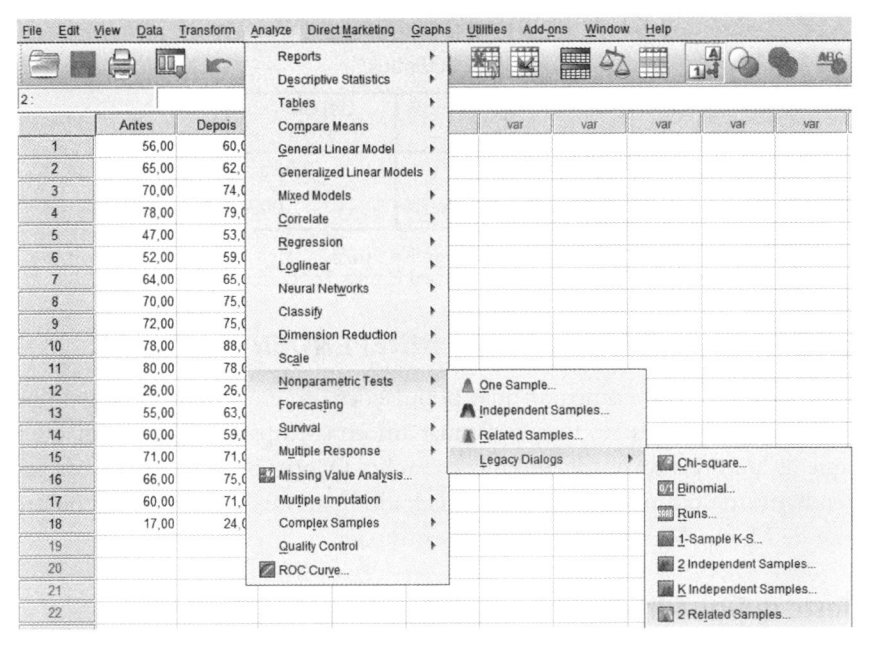

**Figura 10.16** *Procedimento para aplicação do teste de Wilcoxon no SPSS.*

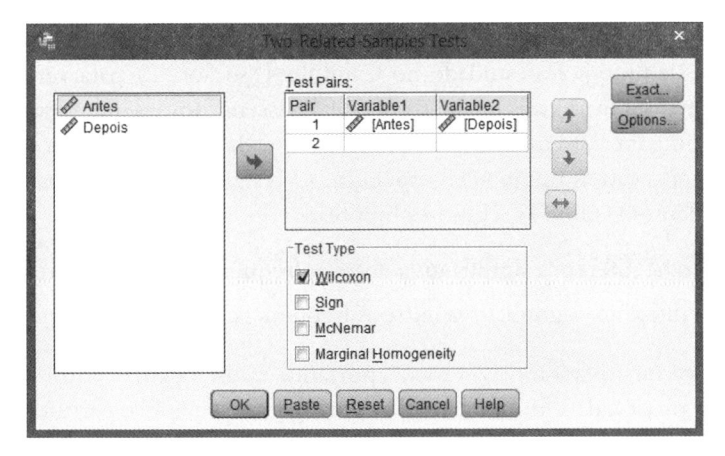

**Figura 10.17** *Seleção das variáveis e do teste de Wilcoxon.*

**Tabela 10.19** Postos

**Ranks**

|  |  | N | Mean Rank | Sum of Ranks |
|---|---|---|---|---|
| Depois - Antes | Negative Ranks | 3[a] | 3,83 | 11,50 |
|  | Positive Ranks | 13[b] | 9,58 | 124,50 |
|  | Ties | 2[c] |  |  |
|  | Total | 18 |  |  |

a. Depois < Antes
b. Depois > Antes
c. Depois = Antes

**Tabela 10.20** Estatística do teste de Wilcoxon

**Test Statistics[b]**

|  | Depois - Antes |
|---|---|
| Z | -2,925[a] |
| Asymp. Sig. (2-tailed) | ,003 |

a. Based on negative ranks.
b. Wilcoxon Signed Ranks Test

# 4. TESTE PARA DUAS AMOSTRAS INDEPENDENTES

Neste teste busca-se comparar duas populações representadas por suas respectivas amostras. Diferentemente do teste para duas amostras emparelhadas, aqui não é necessário que as amostras sejam do mesmo tamanho. Dentre os testes para duas amostras independentes, destacam-se o teste qui-quadrado (para variáveis nominais ou ordinais) e o teste de Mann-Whitney para variáveis ordinais.

## 4.1. Teste qui-quadrado para duas amostras independentes

Na seção 2.2 do presente capítulo, o teste qui-quadrado foi aplicado para uma única amostra em que a variável em estudo era qualitativa (nominal ou ordinal). Aqui o teste será aplicado para duas amostras independentes, a partir de variáveis qualitativas nominais ou ordinais. Esse teste já foi estudado no Capítulo 4 (seção 2.2), para verificar se existe associação entre duas variáveis qualitativas, e será descrito novamente nesta seção.

O teste compara as frequências observadas em cada uma das células de uma tabela de contingência com as frequências esperadas. O teste qui-quadrado para duas amostras independentes assume as seguintes hipóteses:

$\begin{cases} H_0 : \text{não há diferença significativa entre as frequências observadas e esperadas} \\ H_1 : \text{há diferença significativa entre as frequências observadas e esperadas} \end{cases}$

A estatística qui-quadrado ($\chi^2$) mede, portanto, a discrepância entre uma tabela de contingência observada e uma tabela de contingência esperada, partindo da hipótese de que não há associação entre as categorias das duas variáveis estudadas. Se a distribuição de frequências observadas for exatamente igual à distribuição de frequências esperadas, o resultado da estatística qui-quadrado é zero. Assim, um valor baixo de $\chi^2$ indica independência entre as variáveis.

A estatística qui-quadrado para duas amostras independentes é dada por:

$$\chi^2 = \sum_{i=1}^{r}\sum_{j=1}^{c} \frac{(O_{ij} - E_{ij})^2}{E_{ij}}$$

(10.10)

em que:

$O_{if}$ = valores observados na $i$-ésima categoria da variável $x$ e na $j$-ésima categoria da variável $y$

$E_{ij}$ = valores esperados na $i$-ésima categoria da variável $x$ e na $j$-ésima categoria da variável $y$

$r$ = número de categorias (linhas) da variável $x$
$c$ = número de categorias (colunas) da variável $y$

Os valores de $\chi^2_{cal}$ seguem, aproximadamente, uma distribuição qui-quadrado com $v = (r-1)(c-1)$ graus de liberdade.

Os valores críticos da estatística qui-quadrado ($\chi^2_c$) encontram-se na Tabela C do Apêndice. A Tabela C fornece os valores críticos de $\chi^2_c$ tal que $P(\chi^2_{cal} > \chi^2_c) = a$ (para um teste unilateral à direita). Para que a hipótese nula $H_0$ seja rejeitada, o valor da estatística $\chi^2_{cal}$ deve pertencer à região crítica, isto é, $\chi^2_{cal} > \chi^2_c$; caso contrário, não se rejeita $H_0$.

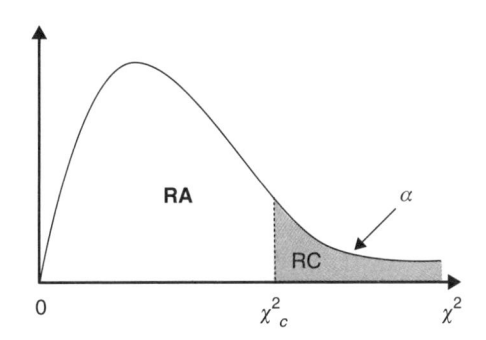

**Figura 10.18** *Distribuição qui-quadrado.*

### Exemplo 8: Aplicação do teste qui-quadrado para duas amostras independentes

Considere novamente o Exemplo 1 do Capítulo 4. Um estudo foi feito com 200 indivíduos buscando analisar o comportamento conjunto da variável $x$ (operadora de plano de saúde) com a variável $y$ (nível de satisfação). A tabela de contingência exibindo a distribuição conjunta de frequências absolutas das variáveis, além dos totais marginais, está representada na Tabela 10.21. Teste a hipótese de que não há associação entre as categorias das duas variáveis, considerando $\alpha = 5\%$.

**Tabela 10.21** Distribuição conjunta de frequências absolutas das variáveis em estudo

| Operadora | Nível de satisfação | | | Total |
|---|---|---|---|---|
| | Baixo | Médio | Alto | Total |
| Total Health | 40 | 16 | 12 | 68 |
| Viva Vida | 32 | 24 | 16 | 72 |
| Mena Saúde | 24 | 32 | 4 | 60 |
| **Total** | **96** | **72** | **32** | **200** |

### Solução

**Passo 1**: O teste adequado para comparar as frequências observadas em cada célula de uma tabela de contingência com as frequências esperadas é o qui-quadrado para duas amostras independentes.

**Passo 2:** A hipótese nula afirma que não existem associações entre as categorias das variáveis **Operadora** e **Nível de satisfação**, isto é, as frequências observadas e esperadas são iguais para cada par de categorias das variáveis. A hipótese alternativa afirma que há diferenças em pelo menos um par de categorias:

$$\begin{cases} H_0: O_{ij} = E_{ij} \\ H_1: O_{ij} \neq E_{ij} \end{cases}$$

**Passo 3:** O nível de significância a ser considerado é de 5%.

**Passo 4:** Para o cálculo da estatística, é necessário comparar os valores observados com os esperados. A Tabela 10.22 apresenta os valores observados da distribuição com as respectivas frequências relativas em relação ao total geral da linha. O cálculo também poderia ser efetuado em relação ao total geral da coluna, chegando ao mesmo resultado da estatística qui-quadrado.

**Tabela 10.22** Valores observados de cada categoria com as respectivas proporções em relação ao total geral da linha

| Operadora | Nível de satisfação | | | Total |
|---|---|---|---|---|
| | Baixo | Médio | Alto | |
| Total Health | 40 (58,8%) | 16 (23,5%) | 12 (17,6%) | 68 (100%) |
| Viva Vida | 32 (44,4%) | 24 (33,3%) | 16 (22,2%) | 72 (100%) |
| Mena Saúde | 24 (40%) | 32 (53,3%) | 4 (6,7%) | 60 (100%) |
| **Total** | **96 (48%)** | **72 (36%)** | **32 (16%)** | **200 (100%)** |

Os dados da Tabela 10.22 apontam uma dependência entre as variáveis. Supondo que não houvesse associação entre as variáveis, seria esperada uma proporção de 48% em relação ao total da linha para as três operadoras no nível de satisfação baixo, 36% para o nível médio e 16% para o nível alto. Os cálculos dos valores esperados encontram-se na Tabela 10.23. Por exemplo, o cálculo da primeira célula é 0,48 × 68 = 32,64.

**Tabela 10.23** Valores esperados da Tabela 10.22 assumindo a não associação entre as variáveis

| Operadora | Nível de satisfação | | | Total |
|---|---|---|---|---|
| | Baixo | Médio | Alto | |
| Total Health | 32,6 (48%) | 24,5 (36%) | 10,9 (16%) | 68 (100%) |
| Viva Vida | 34,6 (48%) | 25,9 (36%) | 11,5 (16%) | 72 (100%) |
| Mena Saúde | 28,8 (48%) | 21,6 (36%) | 9,6 (16%) | 60 (100%) |
| **Total** | **96 (48%)** | **72 (36%)** | **32 (16%)** | **200 (100%)** |

Para o cálculo da estatística qui-quadrado, aplica-se a equação (10.10) para os dados das Tabelas 10.22 e 10.23. O cálculo de cada termo $\dfrac{(O_{ij} - E_{ij})^2}{E_{ij}}$ está representado na Tabela 10.24, juntamente com a medida $\chi^2_{cal}$ resultante da soma das categorias.

**Tabela 10.24** Cálculo da estatística qui-quadrado

| Operadora | Nível de satisfação | | |
|---|---|---|---|
| | Baixo | Médio | Alto |
| Total Health | 1,66 | 2,94 | 0,12 |
| Viva Vida | 0,19 | 0,14 | 1,74 |
| Mena Saúde | 0,80 | 5,01 | 3,27 |
| **Total** | $\chi^2_{cal} = 15,861$ | | |

**Passo 5**: A região crítica da distribuição qui-quadrado (Tabela C do Apêndice), considerando $\alpha = 5\%$ e $v = (r - 1)(c - 1) = 4$ graus de liberdade, está representada na Figura 10.19.

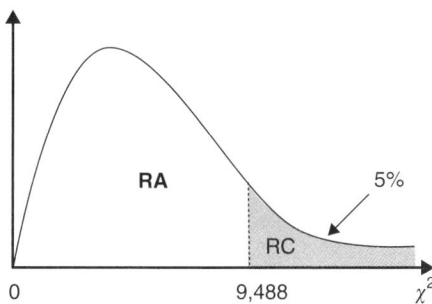

**Figura 10.19** *Região crítica do Exemplo 8.*

**Passo 6**: Decisão: como o valor calculado pertence à região crítica, isto é, $\chi^2_{cal} > 9,488$, a hipótese nula é rejeitada, concluindo que existe associação entre as categorias das variáveis.

Se utilizarmos o *p-value* ao invés do valor crítico da estatística, os passos 5 e 6 seriam:

**Passo 5:** De acordo com a Tabela C do Apêndice, a probabilidade associada à estatística $\chi^2_{cal} = 15,861$, para $v = 4$ graus de liberdade, é inferior à 0,005.

**Passo 6:** Como *p-value* < 0,05, rejeita-se $H_0$.

## 4.1.1 Resolução da estatística qui-quadrado por meio do software SPSS

A reprodução das imagens nessa seção tem autorização da International Business Machines Corporation©.

Os dados do Exemplo 8 estão disponíveis no arquivo **PlanoSaude.sav.** Para o cálculo da estatística qui-quadrado para duas amostras independentes, clique em **Analyze→Descriptive Statistics→Crosstabs**. Selecione a variável "Operadora" em Row(s) e a variável "Satisfacao" em Column(s), como mostra a Figura 10.20.

No botão **Statistics**, selecione a opção **Chi-square** (ver a Figura 10.21). Finalmente, clique em **Continue** e **OK**. O resultado encontra-se na Tabela 10.25.

A partir da Tabela 10.25, verifica-se que o valor de $\chi^2$ é 15,861, semelhante ao calculado no Exemplo 8. Para um intervalo de confiança de 95%, como $p = 0,003 < 0,05$, rejeita-se a hipótese nula, concluindo que há associação entre as categorias das variáveis, isto é, as frequências observadas diferem das frequências esperadas em pelo menos um par de categorias.

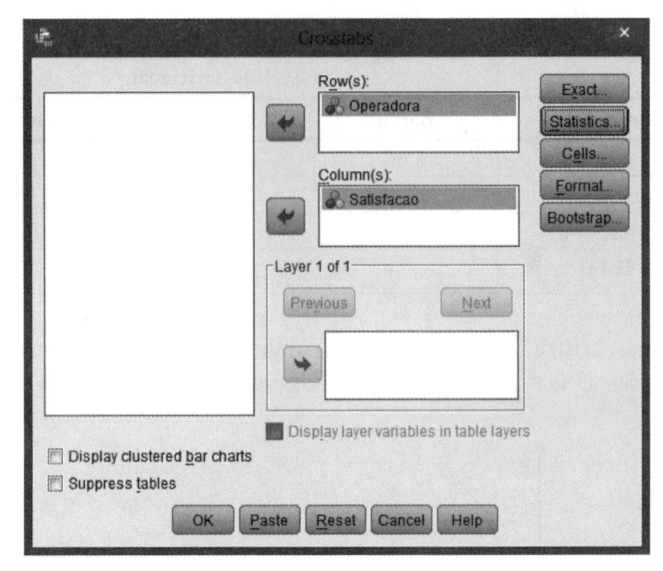

**Figura 10.20** *Seleção das variáveis.*

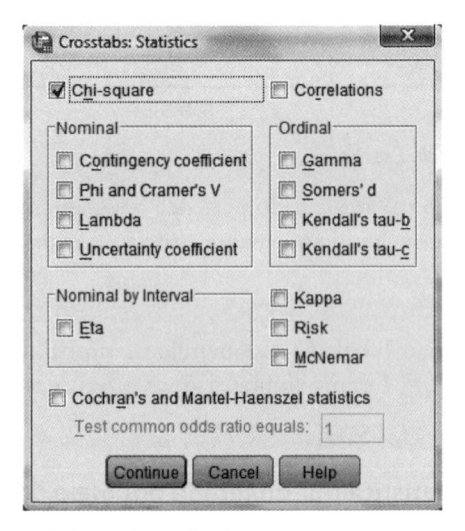

**Figura 10.21** *Seleção da estatística qui-quadrado.*

**Tabela 10.25** Resultado da estatística qui-quadrado

**Chi-Square Tests**

| | Value | df | Asymp. Sig. (2-sided) |
|---|---|---|---|
| Pearson Chi-Square | 15,861[a] | 4 | ,003 |
| Likelihood Ratio | 16,302 | 4 | ,003 |
| Linear-by-Linear Association | ,429 | 1 | ,512 |
| N of Valid Cases | 200 | | |

a. 0 cells (,0%) have expected count less than 5. The minimum expected count is 9,60.

## 4.2. Teste *U* de Mann-Whitney

O teste $U$ de Mann-Whitney é um dos testes não paramétricos mais poderosos, aplicado para variáveis quantitativas ou qualitativas em escala ordinal, e tem como objetivo verificar se duas amostras não pareadas ou independentes foram extraídas da mesma população. É uma alternativa ao teste $t$ de Student quando a hipótese de normalidade for violada ou quando o tamanho da amostra for pequeno, podendo ser considerado a versão paramétrica do teste $t$ para duas amostras independentes.

Como os dados originais são transformados em postos (ordenações), perde-se algum tipo de informação, de modo que o teste de Mann-Whitney não é tão poderoso como o teste $t$.

Diferentemente do teste $t$ que testa a igualdade das médias de duas populações contínuas e independentes, o teste $U$ de Mann-Whitney testa a igualdade das medianas. Para um teste bilateral, a hipótese nula é de que a mediana das duas populações é igual:

$$\begin{cases} H_0: \ \mu_1 = \mu_2 \\ H_1: \ \mu_1 \neq \mu_2 \end{cases}$$

O cálculo da estatística $U$ de Mann-Whitney está especificado a seguir, para pequenas e grandes amostras.

### Pequenas amostras

#### Método

a) Considere $N_1$ o tamanho da amostra com menor quantidade de observações e $N_2$ o tamanho da amostra com maior quantidade de observações. Assume-se que as duas amostras são independentes.

b) Para aplicar o teste de Mann-Whitney, juntam-se as duas amostras numa única amostra combinada que será formada por $N = N_1 + N_2$ elementos. Mas deve-se identificar a amostra de origem de cada elemento da amostra combinada. Ordena-se a amostra combinada de forma crescente e atribui-se postos a cada elemento. Por exemplo, o posto 1 é atribuído à menor observação e o posto $N$ à maior observação. Caso haja empates, atribui-se a média dos postos correspondentes.

c) Em seguida, calcula-se a soma dos postos para cada amostra, isto é, calcula-se $R_1$ que corresponde à soma dos postos da amostra com menor número de observações e $R_2$ que corresponde à soma dos postos da amostra com maior número de observações.

d) Calculam-se as quantidades $U_1$ e $N_2$:

$$U_1 = N_1 \cdot N_2 + \frac{N_1(N_1+1)}{2} - R_1 \qquad (10.11)$$

$$U_2 = N_1 \cdot N_2 + \frac{N_2(N_2+1)}{2} - R_2 \qquad (10.12)$$

e) A estatística $U$ de Mann-Whitney é dada por:

$$U_{cal} = \min(U_1, U_2)$$

A Tabela J do Apêndice apresenta os valores críticos de $U$ tal que $P(U_{cal} < U_c) = \alpha$ (para um teste unilateral à esquerda), para valores de $N_2 \leq 20$ e níveis de significância de 0,05, 0,025, 0,01 e 0,005. Para que a hipótese nula $H_0$ do teste unilateral à esquerda seja rejeitada, o valor da estatística $U_{cal}$ deve pertencer à região crítica, isto é, $U_{cal} < U_c$; caso contrário, não se rejeita $H_0$. Para um teste bilateral, deve-se considerar $P(U_{cal} < U_c) = \alpha/2$, já que $P(U_{cal} < U_c) + P(U_{cal} > U_c) = \alpha$.

As probabilidades unilaterais associadas à estatística $U_{cal}$ ($p_1$) também podem ser obtidas a partir da Tabela J. Para um teste unilateral, tem-se que $p = p_1$. Para um teste bilateral, essa probabilidade deve ser dobrada ($p = 2p_1$). Assim, rejeita-se $H_0$ se $p \leq \alpha$.

## Grandes amostras

À medida que o tamanho da amostra cresce ($N_2 > 20$), a distribuição de Mann-Whitney aproxima-se de uma distribuição normal padrão.

O valor real da estatística $z$ é dado por:

$$z_{cal} = \frac{(U - N_1 \cdot N_2 / 2)}{\sqrt{\dfrac{N_1 \cdot N_2}{N(N-1)}\left(\dfrac{N^3 - N}{12} - \dfrac{\displaystyle\sum_{j=1}^{g} t_j^3 - \sum_{j=1}^{g} t_j}{12}\right)}}$$

(10.13)

em que:

$\dfrac{\displaystyle\sum_{j=1}^{g} t_j^3 - \sum_{j=1}^{g} t_j}{12}$ é um fator de correção quando há empates

$g$ = número de grupos de postos empatados

$t_{ji}$ = número de observações empatados no grupo $j$

O valor calculado deve ser comparado com o valor crítico da distribuição normal padrão (Tabela A do Apêndice). A Tabela A fornece os valores críticos de $z_c$ tal que $P(z_{cal} > z_c) = \alpha$ (para um teste unilateral à direita). Para um teste bilateral, tem-se que $P(z_{cal} < -z_c) = P(z_{cal} > z_c) = \alpha/2$. Portanto, para um teste bilateral, a hipótese nula é rejeitada se $z_{cal} < -z_c$ ou $z_{cal} > z_c$.

As probabilidades unilaterais associadas à estatística $z_{cal}$ ($p_1 = p$) também podem ser obtidas a partir da Tabela A. Para um teste bilateral, essa probabilidade deve ser dobrada ($p = 2p_1$). Assim, a hipótese nula é rejeitada se $p \leq \alpha$.

### *Exemplo 9: Aplicação do teste U de Mann-Whitney para pequenas amostras*

Com o objetivo de avaliar a qualidade de duas máquinas, são comparados os diâmetros das peças produzidas (em mm) em cada uma delas, como mostra a Tabela 10.26. Utilize o teste adequado, ao nível de 0,05 de significância, para testar se as duas amostras provêm ou não de populações com médias iguais.

**Tabela 10.26** Diâmetro de peças produzidas em duas máquinas

| Máq. A | 48,50 | 48,65 | 48,58 | 48,55 | 48,66 | 48,64 | 48,50 | 48,72 |
|--------|-------|-------|-------|-------|-------|-------|-------|-------|
| **Máq. B** | 48,75 | 48,64 | 48,80 | 48,85 | 48,78 | 48,79 | 49,20 | |

## Solução

**Passo 1**: Aplicando o teste de normalidade para as duas amostras, verifique se que os dados da máquina B não seguem distribuição normal. Dessa forma, o teste adequado para comparar as médias (no caso as medianas) de duas populações independentes é o teste $U$ de Mann-Whitney.

**Passo 2**: A hipótese nula afirma que o diâmetro mediano das peças nas duas máquinas são iguais:

$$\begin{cases} H_0: \mu_A = \mu_B \\ H_1: \mu_A \neq \mu_B \end{cases}$$

**Passo 3**: O nível de significância a ser considerado é de 5%.

**Passo 4**: Cálculo da estatística $U$:

**a)** $N_1 = 7$ (tamanho da amostra da máquina B)
$N_2 = 8$ (tamanho da amostra da máquina A)

**b)** Amostra combinada e respectivos postos:

**Tabela 10.27** Dados combinados

| Dados | Máquina | Postos |
|-------|---------|--------|
| 48,50 | A | 1,5 |
| 48,50 | A | 1,5 |
| 48,55 | A | 3 |
| 48,58 | A | 4 |
| 48,64 | A | 5,5 |
| 48,64 | B | 5,5 |
| 48,65 | A | 7 |
| 48,66 | A | 8 |
| 48,72 | A | 9 |
| 48,75 | B | 10 |
| 48,78 | B | 11 |
| 48,79 | B | 12 |
| 48,80 | B | 13 |
| 48,85 | B | 14 |
| 49,20 | B | 15 |

**c)** $R_1 = 80,5$ (soma dos postos da máquina B com menor número de observações)
$R_2 = 39,5$ (soma dos postos da máquina A com maior número de observações)

**d)** Cálculo de $U_1$ e $U_2$:

$$U_1 = N_1 \cdot N_2 + \frac{N_1(N_1+1)}{2} - R_1 = 7 \cdot 8 + \frac{7 \cdot 8}{2} - 80,5 = 3,5$$

$$U_2 = N_1 \cdot N_2 + \frac{N_2(N_2+1)}{2} - R_2 = 7 \cdot 8 + \frac{8 \cdot 9}{2} - 39,5 = 52,5$$

**e)** Cálculo da estatística $U$ de Mann-Whitney:

$$U_{cal} = \min(U_1, U_2) = 3,5$$

**Passo 5**: De acordo com a Tabela J do Apêndice, para $N_1 = 7$, $N_2 = 8$, e $P(U_{cal} < U_c) = \alpha/2 = 0,025$ (teste bilateral), o valor crítico da estatística $U$ de Mann-Whitney é $U_c = 10$.

**Passo 6**: Decisão: como o valor da estatística calculada pertence à região crítica, isto é, $U_{cal} < 10$, a hipótese nula é rejeitada, concluindo que as medianas das duas populações são diferentes.

Se utilizarmos o *p-value* ao invés do valor crítico da estatística, os passos 5 e 6 seriam:

**Passo 5:** De acordo com a Tabela J do Apêndice, a probabilidade $p_1$ unilateral associada à estatística $U_{cal} < 3,5$, para $N_1 = 7$ e $N_2 = 8$, é inferior a 0,005. Para um teste bilateral, essa probabilidade deve ser dobrada ($p < 0,01$).

**Passo 6:** Como $p$, rejeita-se $H_0$.

### Exemplo 10: Aplicação do teste U de Mann-Whitney para grandes amostras

Conforme descrito anteriormente, à medida que o tamanho da amostra cresce ($N_2 > 20$), a distribuição de Mann-Whitney aproxima-se de uma distribuição normal padrão. Apesar dos dados do Exemplo 9 representar uma amostra pequena ($N_2 = 8$), qual seria o valor de $z$ nesse caso utilizando a equação (10.13)? Interprete o resultado.

### Solução

$$z_{cal} = \frac{(U - N_1 \cdot N_2/2)}{\sqrt{\frac{N_1 \cdot N_2}{N(N-1)} \left[ \frac{N^3 - N}{12} - \frac{\sum_{j=1}^{g} t_j^3 - \sum_{j=1}^{g} t_j}{12} \right]}} = \frac{(3,5 - 7 \cdot 8/2)}{\sqrt{\frac{7 \cdot 8}{8 \cdot 7} \left( \frac{15^3 - 15}{12} - \frac{16 - 4}{12} \right)}} = -2,840$$

O valor crítico da estatística $z_c$ para um teste bilateral, ao nível de significância de 5%, é -1,96 (Tabela A do Apêndice). Como $z_{cal} < -1,96$, a hipótese nula também seria rejeitada por meio da estatística $z$, concluindo que as medianas populacionais são diferentes.

Em vez de compararmos o valor calculado com o valor crítico, poderíamos obter diretamente da Tabela A o *p-value*. Assim, a probabilidade unilateral associada à

estatística $z_{cal} = -2,840$ é $p_1 = 0,0023$. Para um teste bilateral, essa probabilidade deve ser dobrada ($p$-$value$ = 0,0046).

### 4.2.1. Resolução do teste de Mann-Whitney por meio do software SPSS

A reprodução das imagens nessa seção tem autorização da International Business Machines Corporation©.

Os dados do Exemplo 9 encontram-se disponíveis no arquivo **Teste_Mann-Whitney. sav**. Como o grupo 1 é aquele com o menor número de observações, em **Data→Define Variable Properties**, atribuiu-se o valor 1 ao grupo B e o valor 2 ao grupo A.

Para resolver o teste de Mann-Whitney pelo software SPSS, clique em **Analyze→ Nonparametric Tests→Legacy Dialogs→2 Independent Samples**, conforme mostra a Figura 10.22.

**Figura 10.22** *Procedimento para aplicação do teste de Mann-Whitney.*

Insira a variável *Diametro* na caixa **Test Variable List** e a variável *Maquina* em **Grouping Variable**, definindo os respectivos grupos. Selecione também o teste U de Mann-Whitney, conforme mostra a Figura 10.23.

Finalmente, clique em **OK** e obtenha as Tabelas 10.28 e 10.29. A Tabela 10.28 apresenta a média e a soma dos postos para cada grupo, enquanto a Tabela 10.29 apresenta as estatísticas do teste.

Os resultados da Tabela 10.28 são semelhantes àqueles calculados no Exemplo 9.

De acordo com a Tabela 10.29, o resultado da estatística U de Mann-Whitney é 3,50, semelhante ao valor calculado no Exemplo 9. A probabilidade bilateral associada à estatística U é $p = 0,002$ (vimos no Exemplo 9 que essa probabilidade era inferior à

0,01). Para os mesmos dados do Exemplo 9, se fosse calculada a estatística $z$ e a respectiva probabilidade bilateral associada, o resultado seria $z_{cal} = -2,840$ e $p = 0,005$, semelhantes aos valores calculados no Exemplo 10. Para os dois testes, como a probabilidade bilateral associada é menor do que 0,05, a hipótese nula é rejeitada, concluindo que as medianas das duas populações são diferentes.

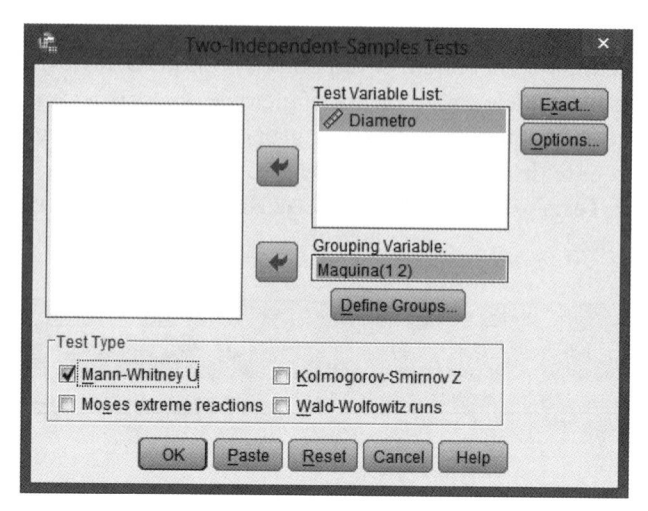

**Figura 10.23** *Seleção das variáveis e do teste de Mann-Whitney.*

**Tabela 10.28** Postos

**Ranks**

| | Maquina | N | Mean Rank | Sum of Ranks |
|---|---|---|---|---|
| Diametro | B | 7 | 11,50 | 80,50 |
| | A | 8 | 4,94 | 39,50 |
| | Total | 15 | | |

**Tabela 10.29** Estatísticas do teste de Mann-Whitney

**Test Statistics[b]**

| | Diametro |
|---|---|
| Mann-Whitney U | 3,500 |
| Wilcoxon W | 39,500 |
| Z | -2,840 |
| Asymp. Sig. (2-tailed) | ,005 |
| Exact Sig. [2*(1-tailed Sig.)] | ,002[a] |

a. Not corrected for ties.
b. Grouping Variable: Maquina

Os resultados da Tabela 10.28 são semelhantes àqueles calculados no Exemplo 9.

# 5. TESTES PARA *K* AMOSTRAS EMPARELHADAS

Estes testes analisam as diferenças entre *k* (três ou mais) amostras emparelhadas ou relacionadas. Segundo Siegel e Castellan Jr. (2006), testa-se a hipótese nula de que *k* amostras tenham sido extraídas de uma mesma população. Os principais testes para *k* amostras emparelhadas são: teste *Q* de Cochran (para variáveis de natureza binária) e o teste de Friedman (para variáveis de natureza ordinal).

## 5.1. Teste Q de Cochran

O teste *Q* de Cochran para *k* amostras emparelhadas é uma extensão do teste de McNemar para duas amostras, e testa a hipótese de que a frequência ou proporção de três ou mais grupos relacionados diferem significativamente entre si. Da mesma forma que no teste de McNemar, os dados são de natureza binária.

Segundo Siegel e Castellan Jr. (2006), o teste *Q* de Cochran compara as características de diversos indivíduos ou características do mesmo indivíduo observado sob condições diferentes. Por exemplo, pode-se analisar se *k* itens diferem significativamente para *N* indivíduos. Ou ainda, pode-se ter apenas um item para analisar e o objetivo é comparar a resposta de *N* indivíduos sob *k* condições distintas.

Suponha que os dados de estudo estejam organizados em uma tabela com *N* linhas e *k* colunas, em que *N* é o número de casos e *k* o número de grupos ou condições. A hipótese nula do teste *Q* de Cochran afirma que não há diferença entre as frequências ou proporções de sucesso (*p*) dos *k* grupos relacionados, isto é, a proporção de uma resposta desejada (sucesso) é a mesma em cada coluna. A hipótese alternativa afirma que há diferenças entre pelo menos dois grupos:

$$H_0 : p_1 = p_2 = \ldots = p_k$$
$$H_1 : \exists_{(i,j)} \ p_i \neq p_j, i \neq j$$

A estatística *Q* de Cochran é:

$$Q_{cal} = \frac{k(k-1)\sum_{j=1}^{k}\left(G_j - \overline{G}\right)^2}{k\sum_{i=1}^{N}L_i - \sum_{i=1}^{N}L_i^2} = \frac{(k-1)\left[k\sum_{j=1}^{k}G_j^2 - \left(\sum_{j=1}^{k}G_j\right)^2\right]}{k\sum_{i=1}^{N}L_i - \sum_{i=1}^{N}L_i^2} \qquad (10.14)$$

Que segue aproximadamente uma distribuição $\chi^2$ com $k-1$ graus de liberdade, em que:

$G_j$ = número total de sucessos na *j*-ésima coluna
$\overline{G}$ = média dos $G_j$
$L_i$ = número total de sucessos na *i*-ésima linha

O valor calculado deve ser comparado com o valor crítico da distribuição qui-quadrado (Tabela C do Apêndice). A Tabela C fornece os valores críticos de $\chi_c^2$ tal que

$P(\chi_{cal}^2 > \chi_c^2) = \alpha$ (para um teste unilateral à direita). Se o valor da estatística pertencer à região crítica, isto é, se $Q_{cal} > \chi_c^2$, rejeita-se $H_0$; caso contrário, não se rejeita $H_0$.

A probabilidade associada à estatística calculada (*p-value*) também pode ser obtida a partir da Tabela C. Nesse caso, a hipótese nula é rejeitada se $p \leq \alpha$; caso contrário não se rejeita $H_0$.

### Exemplo 11: Aplicação do teste Q de Cochran

Deseja-se avaliar o grau de satisfação de 20 consumidores em relação a três supermercados. Verificou-se se os clientes estão satisfeitos (escore 1) ou não (escore 0) em relação à qualidade, à diversidade e ao preço dos produtos, para cada supermercado. Verifique a hipótese de que a probabilidade de uma boa avaliação por parte dos clientes é a mesma para os três supermercados. Considerar um nível de significância de 10%. A Tabela 10.30 apresenta os resultados da avaliação.

**Tabela 10.30** Resultados da avaliação para os três supermercados

| Consumidor | A | B | C | $L_i$ | $L_i^2$ |
|:---:|:---:|:---:|:---:|:---:|:---:|
| 1 | 1 | 1 | 1 | 3 | 9 |
| 2 | 1 | 0 | 1 | 2 | 4 |
| 3 | 0 | 1 | 1 | 2 | 4 |
| 4 | 0 | 0 | 0 | 0 | 0 |
| 5 | 1 | 1 | 0 | 2 | 4 |
| 6 | 1 | 1 | 1 | 3 | 9 |
| 7 | 0 | 0 | 1 | 1 | 1 |
| 8 | 1 | 0 | 1 | 2 | 4 |
| 9 | 1 | 1 | 1 | 3 | 9 |
| 10 | 0 | 0 | 1 | 1 | 1 |
| 11 | 0 | 0 | 0 | 0 | 0 |
| 12 | 1 | 1 | 0 | 2 | 4 |
| 13 | 1 | 0 | 1 | 2 | 4 |
| 14 | 1 | 1 | 1 | 3 | 9 |
| 15 | 0 | 1 | 1 | 2 | 4 |
| 16 | 0 | 1 | 1 | 2 | 4 |
| 17 | 1 | 1 | 1 | 3 | 9 |
| 18 | 1 | 1 | 1 | 3 | 9 |
| 19 | 0 | 0 | 1 | 1 | 1 |
| 20 | 0 | 0 | 1 | 1 | 1 |
| **Total** | $G_1 = 11$ | $G_2 = 11$ | $G_3 = 16$ | $\sum_{i=1}^{20} L_i = 38$ | $\sum_{i=1}^{20} L_i^2 = 90$ |

### Solução

**Passo 1**: O teste adequado para comparar proporções de três ou mais grupos emparelhados é o teste Q de Cochran.

**Passo 2**: A hipótese nula afirma que a proporção de sucessos (escore 1) é a mesma para os três supermercados; a hipótese alternativa afirma que a proporção de clientes satisfeitos difere entre pelo menos dois supermercados:

$$H_0 : p_1 = p_2 = p_3$$
$$H_1 : \exists_{(i,j)} \ p_i \neq p_j, i \neq j$$

**Passo 3**: O nível de significância a ser considerado é de 10%.

**Passo 4**: Cálculo da estatística $Q$ de Cochran a partir da equação (10.14):

$$Q_{cal} = \frac{(k-1)\left[ k \sum_{j=1}^{k} G_j^2 - \left( \sum_{j=1}^{k} G_j \right)^2 \right]}{k \sum_{i=1}^{N} L_i - \sum_{i=1}^{N} L_i^2} = \frac{(3-1)\left[3\left(11^2 + 11^2 + 16^2\right) - 38^2\right]}{3 \cdot 38 - 90} = 4,167$$

**Passo 5**: A região crítica da distribuição qui-quadrado (Tabela C do Apêndice), considerando $\alpha = 10\%$ e $\nu = k - 1 = 2$ graus de liberdade, está representada na Figura 10.24.

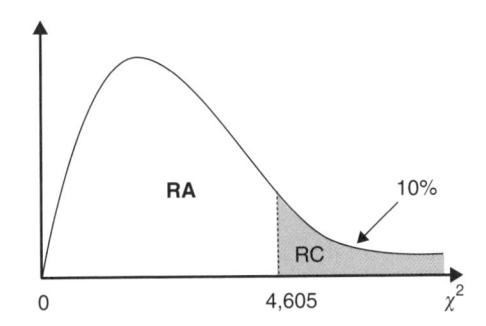

**Figura 10.24** *Região crítica do Exemplo 11.*

**Passo 6**: Decisão: como o valor calculado não pertence à região crítica, isto é, $Q_{cal} < 4,605$, a hipótese nula não é rejeitada, concluindo que a proporção de clientes satisfeitos é igual para os três supermercados.

Se utilizarmos o *p-value* ao invés do valor crítico da estatística, os passos 5 e 6 seriam:

**Passo 5:** De acordo com a Tabela C do Apêndice, para $\nu = 2$ graus de liberdade, a probabilidade associada à estatística é $Q_{cal} = 4,167$ maior do que 0,1 (*p-value* > 0,10).

**Passo 6:** Como $p > 0,10$, não se rejeita $H_0$.

## 5.1.1. Resolução do teste Q de Cochran por meio do software SPSS

A reprodução das imagens nessa seção tem autorização da International Business Machines Corporation©.

Os dados do Exemplo 11 estão disponíveis no arquivo **Teste_Q_Cochran.sav**. O procedimento para aplicação do teste $Q$ de Cochran no SPSS está ilustrado a seguir.

Clique em **Analyze→Nonparametric Tests→Legacy Dialogs→K Related Samples**, conforme mostra a Figura 10.25.

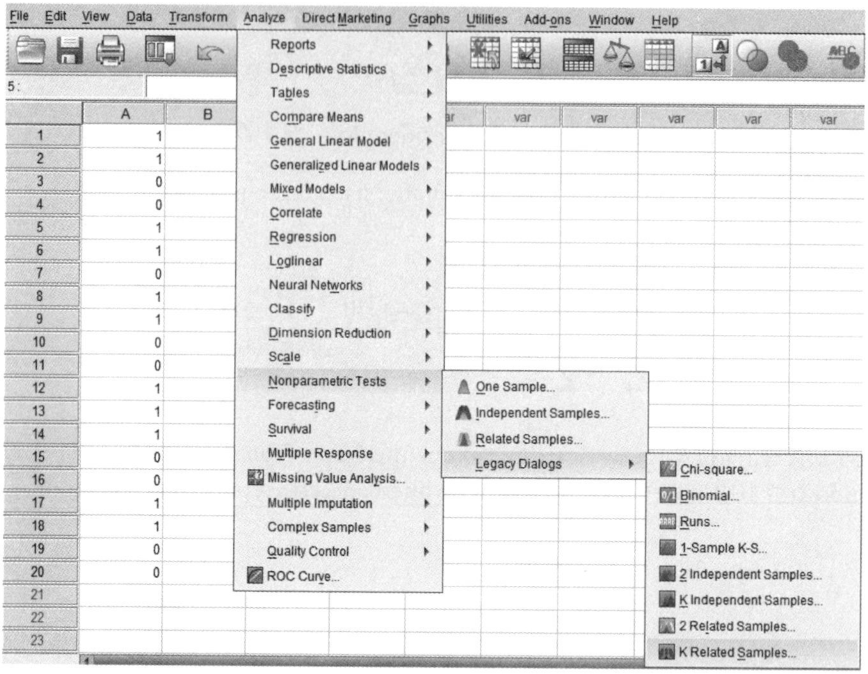

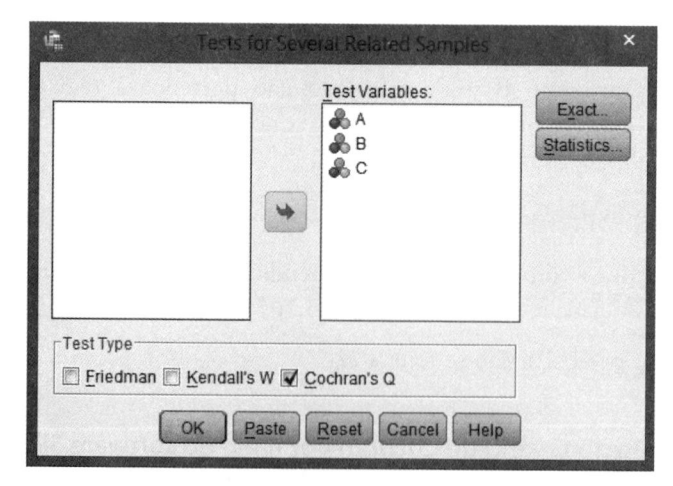

**Figura 10.25** *Procedimento para aplicação do teste Q de Cochran no SPSS.*

Insira as variáveis $A$, $B$ e $C$ na caixa **Test Variables**, e selecione a opção **Cochran's Q** em **Test Type**, como mostra a Figura 10.26.

**Figura 10.26** *Seleção das variáveis e do teste Q de Cochran.*

Clique em **OK** e obtenha os resultados do teste. A Tabela 10.31 apresenta as frequências de cada grupo e a Tabela 10.32 ilustra o resultado da estatística.

**Tabela 10.31** Frequências

**Frequencies**

|   | Value | |
|---|---|---|
|   | 0 | 1 |
| A | 9 | 11 |
| B | 9 | 11 |
| C | 4 | 16 |

**Tabela 10.32** Estatísticas do teste $Q$ de Mann-Whitney

**Test Statistics**

| N | 20 |
|---|---|
| Cochran's Q | 4,167[a] |
| df | 2 |
| Asymp. Sig. | ,125 |

a. 1 is treated as a
success.

O valor da estatística $Q$ de Cochran é 4,167, semelhante ao valor calculado no Exemplo 11. A probabilidade associada à estatística é 0,125 (vimos no Exemplo 11 que $p > 0,10$). Como $p > \alpha$, a hipótese nula não é rejeitada, concluindo que não há seis diferenças na proporção de clientes satisfeitos para os três supermercados.

## 5.2. Teste de Friedman

O teste de Friedman é aplicado para variáveis quantitativas ou qualitativas em escala ordinal e tem como objetivo verificar se $k$ amostras emparelhadas foram extraídas da mesma população. É uma extensão do teste de Wilcoxon para três ou mais amostras emparelhadas. É também uma alternativa à Análise de Variância quando suas hipóteses (normalidade e homogeneidade das variâncias) forem violadas ou quando o tamanho da amostra é pequeno.

Os dados são representados em uma tabela de dupla entrada com $N$ linhas e $k$ colunas, em que as linhas representam os diversos indivíduos ou conjuntos correspondentes de indivíduos, e as colunas representam as diversas condições.

A hipótese nula do teste de Friedman assume, portanto, que as $k$ amostras (colunas) são provenientes da mesma população ou de populações com a mesma mediana ($\mu$). Para um teste bilateral, tem-se que:

$$H_0 : \mu_1 = \mu_2 = ... = \mu_k$$
$$H_1 : \exists_{(i,j)}\ \mu_i \neq \mu_j, i \neq j$$

Para aplicar a estatística de Friedman, atribuem-se postos de 1 a $k$ a cada elemento de cada linha. Por exemplo, o posto 1 é atribuído à menor observação da linha e o posto $N$ à maior observação. Caso haja empates, atribui-se a média dos postos correspondentes.

A estatística de Friedman é dada por:

$$F_{cal} = \frac{12}{Nk(k+1)} \sum_{j=1}^{k} (R_j)^2 - 3N(k+1)$$

(10.15)

em que:

$N$ = número de linhas
$k$ = número de colunas
$R_j$ = soma dos postos da coluna $j$

Porém, segundo Siegel e Castellan Jr. (2006), quando há empates entre os postos do mesmo grupo ou linha, a estatística de Friedman precisa ser corrigida de forma a considerar as mudanças na distribuição amostral:

$$F_{cal}' = \frac{12 \sum_{j=1}^{k} (R_j)^2 - 3N^2 k(k+1)^2}{Nk(k+1) + \dfrac{\left( Nk - \sum_{i=1}^{N} \sum_{j=1}^{g_i} t_{ij}^3 \right)}{(k-1)}}$$

(10.16)

em que:

$g_i$ = número de conjunto de observações empatadas no $i$-ésimo grupo, incluindo os conjuntos de tamanho 1.
$t_{ij}$ = tamanho do $j$-ésimo conjunto de empates no $i$-ésimo grupo.

O valor calculado deve ser comparado com o valor crítico da distribuição amostral. Quando $N$ e $k$ são pequenos ($k = 3$ e $3 < N < 13$, ou $k = 4$ e $2 < N < 8$ ou $k = 5$ e $3 < N < 5$, utilizar a tabela K que apresenta os valores críticos da estatística de Friedman ($F_c$) tal que $P(F_{cal} > F_c) = \alpha$ (para um teste unilateral à direita). Para valores de $N$ e $k$ elevados, a distribuição amostral pode ser aproximada pela distribuição Qui-quadrado ($\chi^2$) com $v = k - 1$ graus de liberdade.

Portanto, se o valor da estatística $F_{cal}$ pertencer à região crítica, isto é, se $F_{cal} > F_c$ para $N$ e $K$ pequenos ou $F_{cal} > \chi_c^2$ para $N$ e $K$ elevados, a hipótese nula é rejeitada. Caso contrário, não se rejeita $H_0$.

### Exemplo 12: Aplicação do teste de Friedman

Uma pesquisa foi realizada para verificar a eficácia do café da manhã na redução de peso. Um total de 15 pacientes foram acompanhados durante três meses. Foram coletados dados referentes ao peso dos pacientes durante três períodos diferentes: antes do tratamento (AT), pós-tratamento (PT) e depois de três meses de tratamento (D3M). Verifique se o tratamento teve algum resultado. Considerar $\alpha = 5\%$

**Tabela 10.33** Peso dos pacientes em cada período

| Paciente | Tipo de dieta | | |
|---|---|---|---|
| | AT | PT | D3M |
| 1 | 65 | 62 | 58 |
| 2 | 89 | 85 | 80 |
| 3 | 96 | 95 | 95 |
| 4 | 90 | 84 | 79 |
| 5 | 70 | 70 | 66 |
| 6 | 72 | 65 | 62 |
| 7 | 87 | 84 | 77 |
| 8 | 74 | 74 | 69 |
| 9 | 66 | 64 | 62 |
| 10 | 135 | 132 | 132 |
| 11 | 82 | 75 | 71 |
| 12 | 76 | 73 | 67 |
| 13 | 94 | 90 | 88 |
| 14 | 80 | 80 | 77 |
| 15 | 73 | 70 | 68 |

## Solução

**Passo 1**: Como os dados não seguem distribuição normal, o teste de Friedman é uma alternativa à ANOVA para testar se as três amostras emparelhadas foram extraídas da mesma população.

**Passo 2**: A hipótese nula afirma que não há diferença entre os tratamentos; a hipótese alternativa afirma que o tratamento teve algum resultado:

$$H_0 : \mu_1 = \mu_2 = \mu_3$$
$$H_1 : \exists_{(i,j)} \, \mu_i \neq \mu_j, \, i \neq j$$

**Passo 3**: O nível de significância a ser considerado é de 5%.

**Passo 4**: Para o cálculo da estatística de Friedman, primeiramente, atribuem-se postos de 1 a 3 a cada elemento de cada linha, como mostra a Tabela 10.34. Caso haja empates, atribui-se a média dos postos correspondentes.

**Tabela 10.34** Atribuição de postos

| Paciente | Tipo de dieta | | |
|---|---|---|---|
| | AT | PT | D3M |
| 1 | 3 | 2 | 1 |
| 2 | 3 | 2 | 1 |
| 3 | 3 | 1,5 | 1,5 |
| 4 | 3 | 2 | 1 |
| 5 | 2,5 | 2,5 | 1 |
| 6 | 3 | 2 | 1 |
| 7 | 3 | 2 | 1 |
| 8 | 2,5 | 2,5 | 1 |

*(continua)*

**Tabela 10.34** Atribuição de postos (*continuação*)

| Paciente | Tipo de dieta | | |
|---|---|---|---|
| | AT | PT | D3M |
| 9 | 3 | 2 | 1 |
| 10 | 3 | 1,5 | 1,5 |
| 11 | 3 | 2 | 1 |
| 12 | 3 | 2 | 1 |
| 13 | 3 | 2 | 1 |
| 14 | 2,5 | 2,5 | 1 |
| 15 | 3 | 2 | 1 |
| $R_j$ | 43,5 | 30,5 | 16 |
| Média dos postos | 2,900 | 2,030 | 1,067 |

Conforme mostra a Tabela 10.34, há duas observações empatadas no grupo 3, duas no grupo 5, duas no grupo 8, duas no grupo 10 e duas no grupo 14. Portanto, o número total de empates de tamanho 2 é 5 e o número de empates de tamanho 1 é 35. Logo:

$$\sum_{i=1}^{N}\sum_{j=1}^{g_i}t_{ij}^3=35\times1+5\times2^3=75$$

Como há empates, o valor real da estatística de Friedman é calculado a partir da equação (10.16):

$$F_{cal}'=\frac{12\sum_{j=1}^{k}(R_j)^2-3N^2k(k+1)^2}{Nk(k+1)+\frac{\left(Nk-\sum_{i=1}^{N}\sum_{j=1}^{g_i}t_{ij}^3\right)}{(k-1)}}=\frac{12\cdot(43,5^2+30,5^2+16^2)-3\cdot15^2\cdot3\cdot4^2}{15\cdot3\cdot4+\frac{(15\cdot3-75)}{2}}$$

$$F_{cal}'=27,527$$

Se aplicássemos a fórmula (15) sem o fator de correção, o resultado do teste de Friedman seria 25,233.

**Passo 5**: Como $k=3$ e $N=15$, será utilizada a distribuição $\chi^2$. A região crítica da distribuição qui-quadrado (Tabela C do Apêndice), considerando $\alpha=5\%$ e $v=k-1=2$ graus de liberdade, está representada na Figura 10.27.

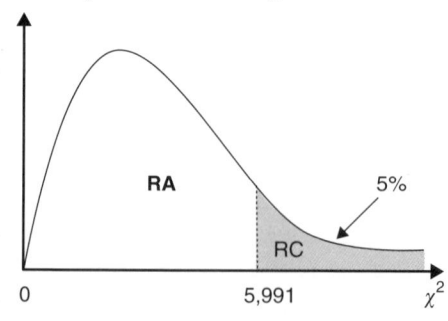

**Figura 10.27** *Região crítica do Exemplo 12.*

**Passo 6**: Decisão: como o valor calculado pertence à região crítica, isto é, $F'_{cal} > 5,991$, a hipótese nula é rejeitada, concluindo que o tratamento teve resultado.

Se utilizarmos o *p-value* ao invés do valor crítico da estatística, os passos 5 e 6 seriam:

**Passo 5:** De acordo com a Tabela C do Apêndice, para $v = 2$ graus de liberdade, a probabilidade associada à estatística $F'_{cal} = 27,527$ é menor do que $0,005$ (*p-value* $< 0,005$).

**Passo 6:** Decisão: Como $p < \alpha$, rejeita-se $H_0$.

### 5.2.1. Resolução do teste de Friedman por meio do software SPSS

A reprodução das imagens nessa seção tem autorização da International Business Machines Corporation©.

Os dados do Exemplo 12 encontram-se disponíveis no arquivo **Teste_Friedman. sav**. Para a aplicação do teste de Friedman no SPSS, clique em **Analyze→ Nonparametric Tests→Legacy Dialogs→K Related Samples**, como mostra a Figura 10.28.

**Figura 10.28** *Procedimento para aplicação do teste de Friedman no SPSS.*

Insira as variáveis *AT*, *PT* e *D3M* na caixa **Test Variables**, e selecione a opção **Friedman** em **Test Type**, como mostra a Figura 10.29.

Clique em **OK** e obtenha os resultados do teste de Friedman. A Tabela 10.35 apresenta a média dos postos, semelhante aos valores calculados na Tabela 10.34.

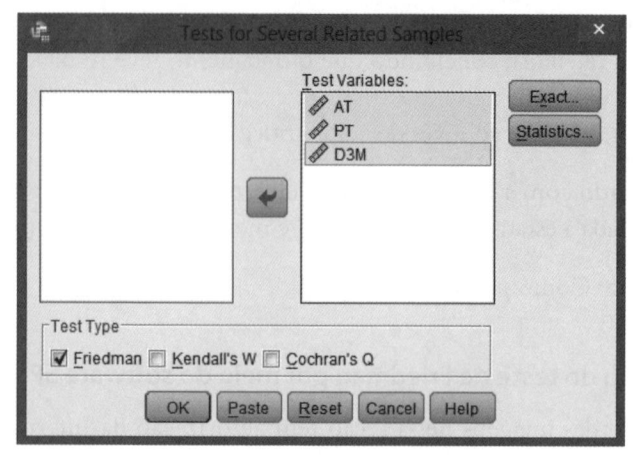

**Figura 10.29** *Seleção das variáveis e do teste de Friedman.*

**Tabela 10.35** Média dos postos

**Ranks**

|      | Mean Rank |
|------|-----------|
| AT   | 2,90      |
| PT   | 2,03      |
| D3M  | 1,07      |

O valor da estatística de Friedman e o nível de significância do teste estão na Tabela 10.36.

**Tabela 10.36** Resultado do teste de Friedman

**Test Statistics**[a]

| N          | 15     |
|------------|--------|
| Chi-Square | 27,527 |
| df         | 2      |
| Asymp. Sig.| ,000   |

a. Friedman Test

O valor do teste é 27,527, semelhante àquele calculado no Exemplo 12. A probabilidade associada à estatística é 0,000 (vimos no Exemplo 12 que essa probabilidade era menor do que 0,005). Como $p < \alpha$, rejeita-se a hipótese nula, concluindo que o tratamento teve resultado.

## 6. TESTE PARA *k* AMOSTRAS INDEPENDENTES

Este teste analisa se *k* amostras independentes são provenientes da mesma população. Dentre os testes mais utilizados para mais de duas amostras independentes, tem-se o teste qui-quadrado que considera variáveis de natureza nominal ou ordinal e o teste de Kruskal-Wallis para variáveis de natureza ordinal.

## 6.1. Teste qui-quadrado para *k* amostras independentes

Na seção 2.2 do presente capítulo, o teste qui-quadrado foi aplicado para uma única amostra. Já na seção 4.1 o teste qui-quadrado foi aplicado para duas amostras independentes. Em ambos os casos, a natureza da(s) variável(is) é qualitativa (nominal ou ordinal). O teste qui-quadrado para *k* amostras independentes ($k \geq 3$) é uma extensão direta do teste para duas amostras independentes.

Os dados são disponibilizados em uma tabela de contingência $r \times k$. As linhas representam as diferentes categorias de uma determinada variável; as colunas representam os diferentes grupos. A hipótese nula do teste é de que as frequências ou proporções em cada uma das categorias da variável analisada é a mesma em cada grupo:

$$\begin{cases} H_0: \text{não há diferença significativa entre os } k \text{ grupos} \\ H_1: \text{há diferença significativa entre os } k \text{ grupos} \end{cases}$$

A estatística qui-quadrado é dada por:

$$\chi_{cal}^2 = \sum_{i=1}^{r} \sum_{j=1}^{k} \frac{(O_{ij} - E_{ij})^2}{E_{ij}} \tag{10.10}$$

em que:

$O_{ij}$ = valores observados na *i*-ésima categoria da variável analisada e no *j*-ésimo grupo
$E_{ij}$ = valores esperados na *i*-ésima categoria da variável analisada e no *j*-ésimo grupo
$r$ = número de categorias (linhas) da variável analisada
$k$ = número de grupos (colunas)

Os valores de $\chi_{cal}^2$ seguem, aproximadamente, uma distribuição qui-quadrado com $v = (r - 1)(k - 1)$ graus de liberdade.

Os valores críticos da estatística qui-quadrado ($\chi_c^2$) encontram-se na Tabela C do Apêndice. A Tabela C fornece os valores críticos de $\chi_c^2$ tal que $P(\chi_{cal}^2 > \chi_c^2) = a$ (para um teste unilateral à direita). Para que a hipótese nula $H_0$ seja rejeitada, o valor da estatística $\chi_{cal}^2$ deve pertencer à região crítica, isto é, $\chi_{cal}^2 > \chi_c^2$; caso contrário, não se rejeita $H_0$.

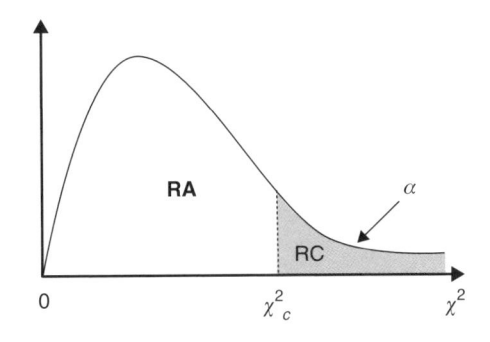

**Figura 10.30** *Distribuição qui-quadrado.*

## *Exemplo 13: Aplicação do teste qui-quadrado para k amostras independentes*

Uma empresa quer avaliar se a produtividade dos funcionários depende ou não do turno de trabalho. Para isso, coletou os dados de produtividade (baixa, média e alta) para todos os funcionários de cada turno. Os dados encontram-se na Tabela 10.37. Teste a hipótese de que os grupos provenham da mesma população, a um nível de significância de 5%.

**Tabela 10.37** Frequência de respostas por turno

| Produtividade | Turno 1 | Turno 2 | Turno 3 | Turno 4 | Total |
|---|---|---|---|---|---|
| Baixa | 50 (59,3) | 60 (51,9) | 40 (44,4) | 50 (44,4) | 200 (200) |
| Média | 80 (97,8) | 90 (85,6) | 80 (73,3) | 80 (73,3) | 330 (330) |
| Alta | 270 (243,0) | 200 (212,6) | 180 (182,2) | 170 (182,2) | 820 (820) |
| **Total** | **400 (400)** | **350 (350)** | **300 (300)** | **300 (300)** | **1350 (1350)** |

### *Solução*

**Passo 1**: O teste adequado para comparar $k$ amostras independentes ($k \geq 3$), no caso de dados qualitativos em escala nominal ou ordinal, é o teste qui-quadrado para $k$ amostras independentes.

**Passo 2**: A hipótese nula do teste afirma que a frequência de indivíduos em cada uma das categorias do nível de produtividade é a mesma para cada um dos turnos:

$$\begin{cases} H_0: \text{ não há diferença significativa na produtividade entre os 4 turnos} \\ H_1: \text{ há diferença significativa na produtividade entre os 4 turnos} \end{cases}$$

**Passo 3**: O nível de significância a ser considerado é de 5%.

**Passo 4**: O cálculo da estatística é dado por:

$$\chi^2_{cal} = \frac{(50-59,3)^2}{59,3} + \frac{(60-51,9)^2}{51,9} + \frac{(40-44,4)^2}{44,4} + \frac{(50-44,4)^2}{44,4} +$$
$$\frac{(80-97,8)^2}{97,8} + \frac{(90-85,6)^2}{85,6} + \frac{(80-73,3)^2}{73,3} + \frac{(80-73,3)^2}{73,3} +$$
$$\frac{(270-243,0)^2}{243,0} + \frac{(200-212,6)^2}{212,6} + \frac{(180-182,2)^2}{182,2} + \frac{(170-182,2)^2}{182,2}$$

$$\chi^2_{cal} = 13,143$$

**Passo 5**: A região crítica da distribuição qui-quadrado (Tabela C do Apêndice), considerando $\alpha = 5\%$ e $v = (r-1, k-1) = 6$ graus de liberdade, está representada na Figura 10.31.

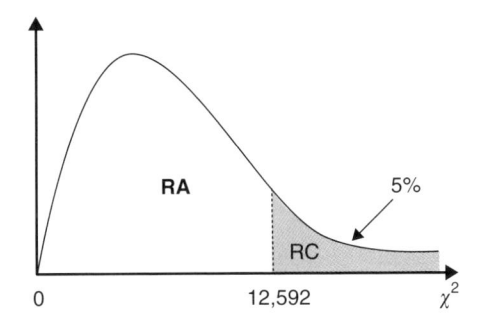

**Figura 10.31** *Região crítica do Exemplo 13.*

**Passo 6**: Decisão: como o valor calculado pertence à região crítica, isto é, $\chi^2_{cal} > 12{,}592$, a hipótese nula é rejeitada, concluindo que há diferença na produtividade entre os 4 turnos.

Se utilizarmos o *p-value* ao invés do valor crítico da estatística, os passos 5 e 6 seriam:

**Passo 5:** De acordo com a Tabela C do Apêndice, a probabilidade associada à estatística $\chi^2_{cal} = 13{,}143$, para $v = 6$ graus de liberdade, está entre 0,05 e 0,025.

**Passo 6:** Como *p-value* < 0,05, rejeita-se $H_0$.

### 6.1.1. Resolução do teste qui-quadrado para *k* amostras independentes pelo SPSS

A reprodução das imagens nessa seção tem autorização da International Business Machines Corporation©.

Os dados do Exemplo 13 estão disponíveis no arquivo **Qui-Quadrado_k_Amostras_ Independentes.sav**. Clique em **Analyze→Descriptive Statistics→Crosstabs**. Selecione a variável "Produtividade" em Row(s) e a variável "Turno" em Column(s), como mostra a Figura 10.32.

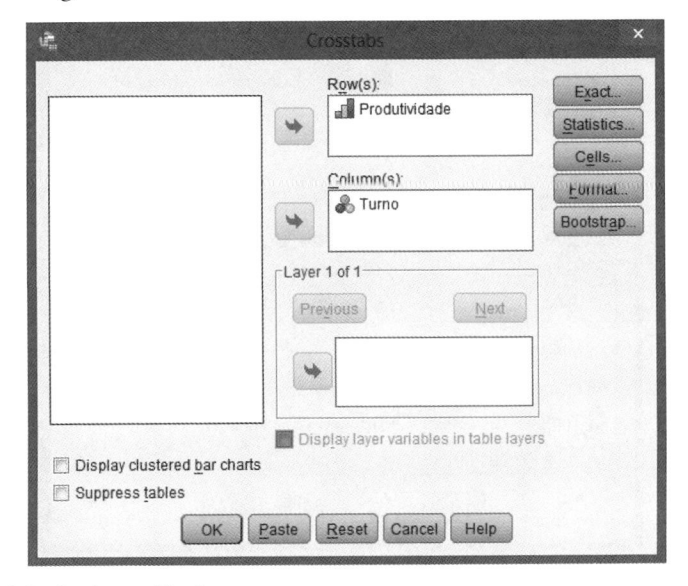

**Figura 10.32** *Seleção das variáveis.*

No botão **Statistics**, selecione a opção **Chi–square** (ver a Figura 10.33). Caso deseje obter a tabela de distribuição de frequências observadas e esperadas, no botão **Cell Display**, selecione as opções **Observed** e **Expected** em **Counts**, como mostra a Figura 10.34. Finalmente, clique em **Continue** e **OK**. Os resultados encontram-se nas Tabelas 10.38 e 10.39.

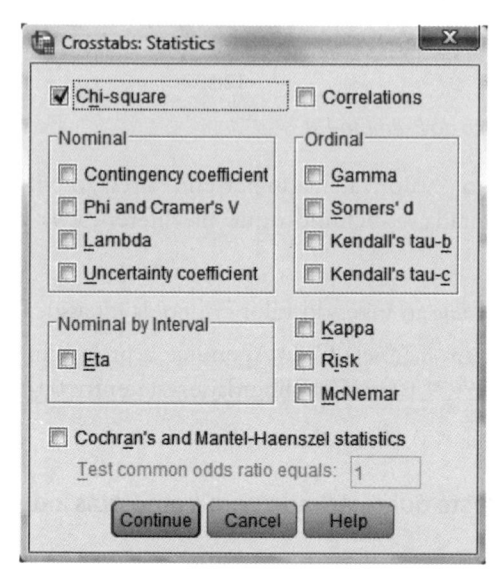

**Figura 10.33** *Seleção da estatística qui-quadrado.*

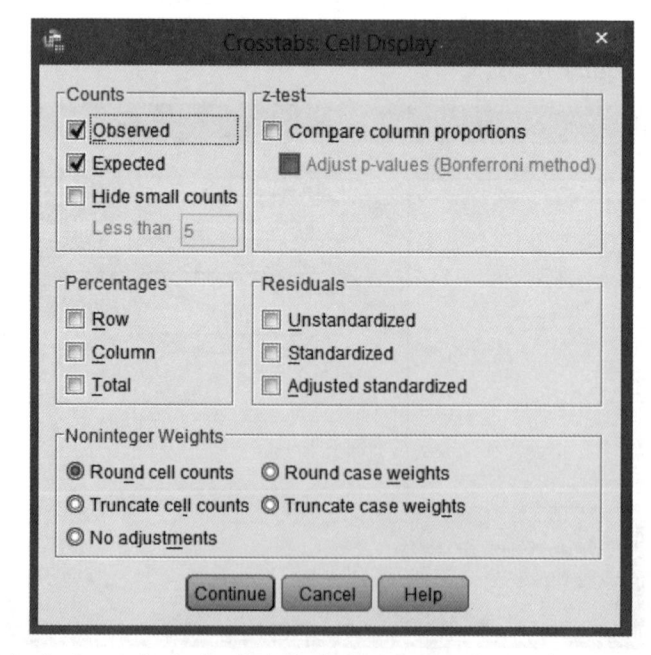

**Figura 10.34** *Seleção da tabela de distribuição de frequências observadas e esperadas.*

**Tabela 10.38** Distribuição de frequências observadas e esperadas

**Produtividade * Turno Crosstabulation**

| | | | \multicolumn{4}{c}{Turno} | | | | |
| | | | 1,00 | 2,00 | 3,00 | 4,00 | Total |
|---|---|---|---|---|---|---|---|
| Produtividade | Baixa | Count | 50 | 60 | 40 | 50 | 200 |
| | | Expected Count | 59,3 | 51,9 | 44,4 | 44,4 | 200,0 |
| | Média | Count | 80 | 90 | 80 | 80 | 330 |
| | | Expected Count | 97,8 | 85,6 | 73,3 | 73,3 | 330,0 |
| | Alta | Count | 270 | 200 | 180 | 170 | 820 |
| | | Expected Count | 243,0 | 212,6 | 182,2 | 182,2 | 820,0 |
| Total | | Count | 400 | 350 | 300 | 300 | 1350 |
| | | Expected Count | 400,0 | 350,0 | 300,0 | 300,0 | 1350,0 |

**Tabela 10.39** Resultado da estatística qui-quadrado

**Chi-Square Tests**

| | Value | df | Asymp. Sig. (2-sided) |
|---|---|---|---|
| Pearson Chi-Square | 13,143[a] | 6 | ,041 |
| Likelihood Ratio | 13,256 | 6 | ,039 |
| Linear-by-Linear Association | 5,187 | 1 | ,023 |
| N of Valid Cases | 1350 | | |

a. 0 cells (,0%) have expected count less than 5. The minimum expected count is 44,44.

A partir da Tabela 10.39, verifica-se que o valor de $\chi^2$ é 13,143, semelhante ao calculado no Exemplo 13. Para um intervalo de confiança de 95%, como $p = 0,041 < 0,05$ (vimos no Exemplo 13 que essa probabilidade estaria entre 0,025 e 0,05), rejeita-se a hipótese nula, concluindo que há diferença na produtividade entre os 4 turnos.

## 6.2. Teste de Kruskal-Wallis

O teste de Kruskal-Wallis verifica se $k$ amostras independentes ($k > 2$) são provenientes da mesma população. É uma alternativa à Análise de Variância quando as hipóteses de normalidade e igualdade das variâncias forem violadas, ou quando o tamanho da amostra for pequeno, ou ainda quando a variável for medida em escala ordinal. Para $k = 2$, o teste de Kruskal-Wallis é equivalente ao teste Mann-Whitney.

Os dados são representados em uma tabela de dupla entrada com $n$ linhas e $k$ colunas, em que as linhas representam as observações e as colunas representam as diversas amostras ou grupos.

A hipótese nula do teste de Kruskal-Wallis assume que as $k$ amostras são provenientes da mesma população ou de populações idênticas com a mesma mediana ($\mu$). Para um teste bilateral, tem-se que:

$$H_0 : \mu_1 = \mu_2 = \ldots = \mu_k$$

$$H_1 : \exists_{(i,j)} \; \mu_i \neq \mu_j, i \neq j$$

Seja $N$ o número total de observações da amostra global. No teste de Kruskal-Wallis, todas as $N$ observações são organizadas em uma única série e atribuem-se postos a cada elemento da série. Assim, o posto 1 é atribuído à menor observação da amostra global, o posto 2 à segunda menor observação, e assim sucessivamente, até o posto $N$. Caso haja empates, atribui-se a média dos postos correspondentes.

A estatística de Kruskal-Wallis $(H)$ é dada por:

$$H_{cal} = \frac{12}{N \cdot (N+1)} \sum_{j=1}^{k} \frac{R_j^2}{n_j} - 3 \cdot (N+1)$$

(10.17)

em que:

$k$ = número de amostras ou grupos
$n_j$ = número de observações na amostra ou grupo $j$
$N$ = número de observações na amostra global
$R_j$ = soma dos postos na amostra ou grupo $j$

Porém, segundo Siegel e Castellan Jr. (2006), quando há empates entre dois ou mais postos, independentemente do grupo, a estatística de Kruskal-Wallis precisa ser corrigida de forma a considerar as mudanças na distribuição amostral:

$$H_{cal}' = \frac{H}{1 - \dfrac{\sum_{j=1}^{g} \left( t_j^3 - t_j \right)}{(N^3 - N)}}$$

(10.18)

em que:

$g$ = número de agrupamentos de postos diferentes empatados
$t_j$ = número de postos empatados no $j$-ésimo agrupamento

Segundo Siegel e Castellan Jr. (2006), o objetivo da correção para empates é aumentar o valor de $H$, tornando o resultado mais significativo.

O valor calculado deve ser comparado com o valor crítico da distribuição amostral. Se $k = 3$ e $n_1, n_2, n_3 \leq 5$, utilizar a Tabela L do Apêndice que apresenta os valores críticos da estatística de Kruskal-Wallis $(H_c)$ tal que $P(H_{cal} > H_c) = \alpha$ (para um teste unilateral à direita). Caso contrário, a distribuição amostral pode ser aproximada pela distribuição qui-quadrado $(\chi^2)$ com $v = k - 1$ graus de liberdade.

Portanto, se o valor da estatística $H_{cal}$ pertencer à região crítica, isto é, se $H_{cal} > H_c$ para $k = 3$ e $n_1, n_2, n_3 \leq 5$, ou $H_{cal} > \chi_c^2$ para outros valores, a hipótese nula é rejeitada, concluindo que não há diferença entre as amostras. Caso contrário, não se rejeita $H_0$.

### *Exemplo 14: Aplicação do teste de Kruskal-Wallis*

Um grupo de 36 pacientes com mesmo nível de estresse foi submetido a 3 diferentes tratamentos, isto é, 12 pacientes foram submetidos ao tratamento A, outros 12 ao tratamento B e os 12 restantes ao tratamento C. Ao final do tratamento, cada paciente foi submetido a um questionário que avalia o nível de estresse, classificado em três fases: fase de resistência para aqueles que apresentaram até 3 pontos, fase de alerta a partir de 6 pontos e fase de exaustão a partir de 8 pontos. Os resultados encontram-se na Tabela 10.40. Verificar se os três tratamentos conduzem a resultados iguais. Considerar nível de significância de 1%.

**Tabela 10.40** Nível de estresse depois do tratamento

| Tratamento A | 6 | 5 | 4 | 5 | 3 | 4 | 5 | 2 | 4 | 3 | 5 | 2 |
|---|---|---|---|---|---|---|---|---|---|---|---|---|
| Tratamento B | 6 | 7 | 5 | 8 | 7 | 8 | 6 | 9 | 8 | 6 | 8 | 8 |
| Tratamento C | 5 | 9 | 8 | 7 | 9 | 11 | 7 | 8 | 9 | 10 | 7 | 8 |

### *Solução*

**Passo 1**: Como a variável é medida em escala ordinal, o teste apropriado para testar se as três amostras independentes foram extraídas da mesma população é o teste de Kruskal-Wallis.

**Passo 2**: A hipótese nula afirma que não há diferença entre os tratamentos; a hipótese alternativa afirma que há diferença entre pelo menos dois tratamentos:

$$H_0 : \mu_1 = \mu_2 = \mu_3$$
$$H_1 : \exists_{(i,j)} \ \mu_i \neq \mu_j , i \neq j$$

**Passo 3**: O nível de significância a ser considerado é de 1%.

**Passo 4**: Para o cálculo da estatística de Kruskal-Wallis, primeiramente, atribuem-se postos de 1 a 36 a cada elemento da amostra global, como mostra a Tabela 10.41. Em caso de empates, atribui-se a média dos postos correspondentes.

**Tabela 10.41** Atribuições de postos

|   |   |   |   |   |   |   |   |   |   |   |   |   | Soma | Média |
|---|---|---|---|---|---|---|---|---|---|---|---|---|---|---|
| **A** | 15,5 | 10,5 | 6 | 10,5 | 3,5 | 6 | 10,5 | 1,5 | 6 | 3,5 | 10,5 | 1,5 | 85,5 | 7,13 |
| **B** | 15,5 | 20 | 10,5 | 26,5 | 20 | 26,5 | 15,5 | 32,5 | 26,5 | 15,5 | 26,5 | 26,5 | 262 | 21,83 |
| **C** | 10,5 | 32,5 | 26,5 | 20 | 32,5 | 36 | 20 | 26,5 | 32,5 | 35 | 20 | 26,5 | 318,5 | 26,54 |

Como há empates, a estatística de Kruskal-Wallis é calculada a partir da equação (10.18). Primeiramente calcula-se o valor de *H*:

$$H = \frac{12}{N \cdot (N+1)} \sum_{i=1}^{k} \frac{R_i^2}{N_i} - 3 \cdot (N+1) = \frac{12}{36 \cdot 37} \cdot \frac{85,5^2 + 262^2 + 318,5^2}{12} - 3 \cdot 37$$

$$H = 22,181$$

Verifica-se a partir das Tabelas 10.40 e 10.41 que há oito grupos empatados. Por exemplo, há dois grupos com pontuação 2 (com posto de 1,5), dois grupos com pontuação 3 (com posto de 3,5), três grupos com pontuação 4 (com posto de 6) e, assim, sucessivamente, até quatro grupos com pontuação 9 (com posto 32,5). A estatística de Kruskal-Wallis é corrigida para:

$$H'_{cal} = \frac{H}{1 - \frac{\sum_{i=1}^{g}(t_i^3 - t_i)}{(N^3 - N)}} = \frac{22,181}{1 - \frac{(2^3 - 2) + (2^3 - 2) + (3^3 - 3) + \cdots + (4^3 - 4)}{(36^3 - 36)}} = 22,662$$

**Passo 5**: Como $n_1$, $n_2$, $n_3 > 5$, será utilizada a distribuição $\chi^2$. A região crítica da distribuição qui-quadrado (Tabela C do Apêndice), considerando $\alpha = 1\%$ e $v = k - 1 = 2$ graus de liberdade, está representada na Figura 10.35.

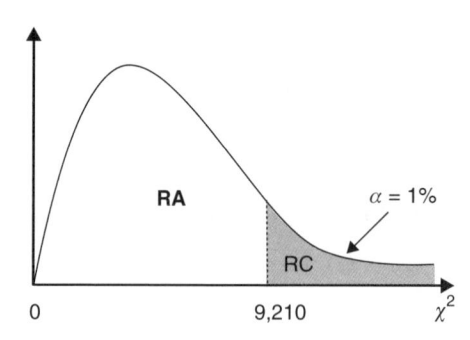

**Figura 10.35** *Região crítica do Exemplo 14.*

**Passo 6**: Decisão: como o valor calculado pertence à região crítica, isto é, $H'_{cal} > 9,210$, a hipótese nula é rejeitada, concluindo que há diferença entre os tratamentos.

Se utilizarmos o *p-value* ao invés do valor crítico da estatística, os passos 5 e 6 seriam:

**Passo 5:** De acordo com a Tabela C do Apêndice, para $v = 2$ graus de liberdade, a probabilidade associada à estatística $H'_{cal} > 22,662$ é menor do que 0,005 (*p-value* < 0,005).

**Passo 6:** Decisão: Como $p < \alpha$, rejeita-se $H_0$.

### 6.2.1. Resolução do teste de Kruskal-Wallis por meio do software SPSS

A reprodução das imagens nessa seção tem autorização da International Business Machines Corporation©.

Os dados do Exemplo 14 encontram-se disponíveis no arquivo **Teste_Kruskal-Wallis.sav**. Para a aplicação do teste de Kruskal-Wallis no SPSS, clique em **Analyze→Nonparametric Tests→Legacy Dialogs→K Independent Samples**, como mostra a Figura 10.36.

Selecione a variável *Resultado* na caixa **Test Variable List**, defina os grupos da variável *Tratamento* e selecione o teste de Kruskal-Wallis, conforme mostra a Figura 10.37.

Clique em **OK** e obtenha os resultados do teste de Kruskal-Wallis. A Tabela 10.42 apresenta a média dos postos para cada grupo, semelhante aos valores calculados na Tabela 10.41.

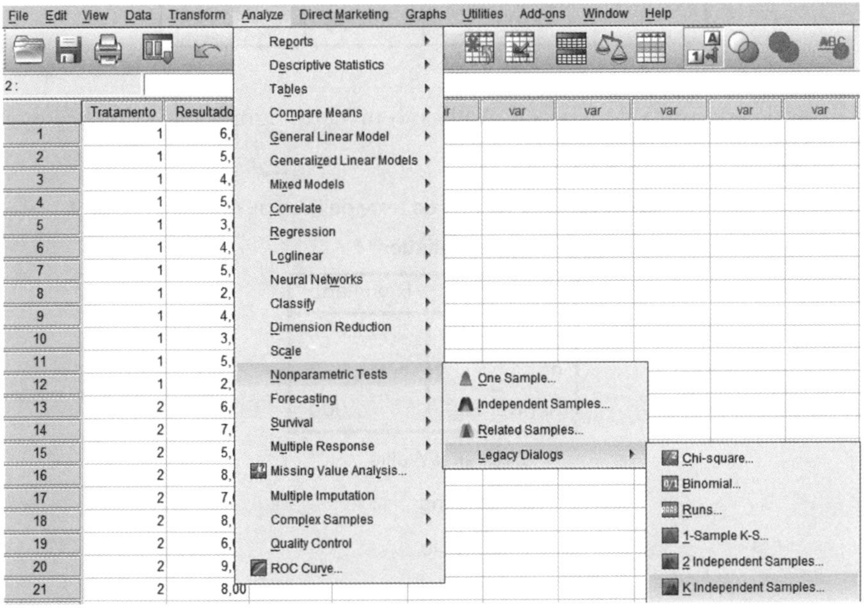

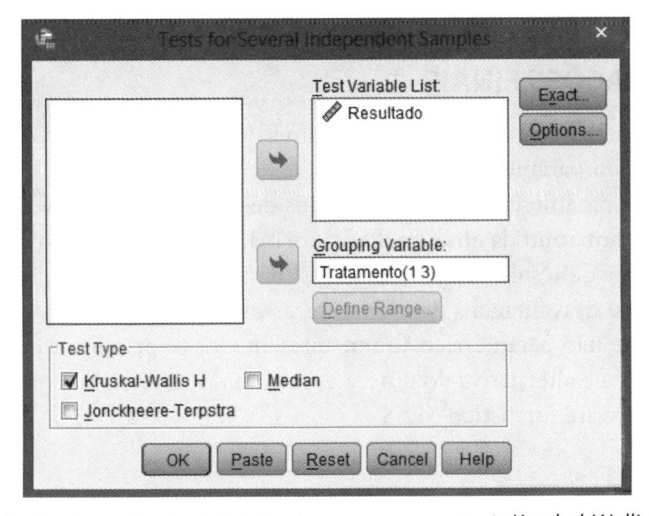

**Figura 10.36** *Procedimento para aplicação do Kruskal-Wallis no SPSS.*

**Figura 10.37** *Seleção da variável e definição dos grupos no teste de Kruskal-Wallis.*

**Tabela 10.42** Postos

**Ranks**

|  | Tratamento | N | Mean Rank |
|---|---|---|---|
| Resultado | 1 | 12 | 7,13 |
|  | 2 | 12 | 21,83 |
|  | 3 | 12 | 26,54 |
|  | Total | 36 |  |

O valor da estatística de Kruskal-Wallis e o nível de significância do teste estão na Tabela 10.43.

**Tabela 10.43** Resultado do teste de Kruskal-Wallis

**Test Statistics[a,b]**

|  | Resultado |
|---|---|
| Chi-Square | 22,662 |
| df | 2 |
| Asymp. Sig. | ,000 |

a. Kruskal Wallis Test
b. Grouping Variable: Tratamento

O valor do teste é 22,662, semelhante ao valor calculado no Exemplo 14. A probabilidade associada à estatística é 0,000 (vimos no Exemplo 14 que essa probabilidade era menor do que 0,005). Como $p < \alpha$, rejeita-se a hipótese nula, concluindo que há diferença entre os tratamentos.

## 7. CONSIDERAÇÕES FINAIS

O capítulo anterior estudou os testes paramétricos. O foco de estudo deste capítulo foram os testes não paramétricos.

Os testes não paramétricos são classificados de acordo com o nível de mensuração das variáveis e o tamanho da amostra. Dessa forma, para cada situação, foram estudados os principais tipos de testes não paramétricos existentes. Além disso, foram estabelecidas as vantagens e desvantagens de cada teste, assim como suas suposições.

Para cada teste não paramétrico, foram apresentados os principais conceitos inerentes, a hipótese nula e alternativa do teste, a estatística do teste, assim como sua resolução por meio do software estatístico SPSS.

## 8. RESUMO

Diferentemente dos testes paramétricos que exigem suposições específicas sobre os parâmetros populacionais (que o nível de mensuração das variáveis seja quantitativo,

que as amostras sejam retiradas de distribuições normais, que a variância entre os grupos seja homogênea etc.), os testes não paramétricos não exigem suposições numerosas em relação à distribuição dos dados.

Os métodos não paramétricos são matematicamente simples, de fácil execução e aplicam-se não só a dados quantitativos, mas também a dados de natureza nominal e ordinal. Porém, como são menos robustos que os testes paramétricos, devem ser utilizados apenas quando os pressupostos destes não se verificarem.

Os testes não paramétricos são classificados de acordo com o nível de mensuração das variáveis e o tamanho da amostra.

Para **uma única amostra**, foram estudados o teste binomial, qui-quadrado e dos sinais. O teste binomial é aplicado para variável de natureza binária, o teste qui-quadrado pode ser aplicado tanto para variável de natureza nominal quanto ordinal, enquanto o teste dos sinais é aplicado apenas para variáveis ordinais.

No caso de **duas amostras emparelhadas**, os principais testes são o teste de McNemar, o teste dos sinais e o teste de Wilcoxon. O teste de McNemar é aplicado para variáveis qualitativas que assumem apenas duas categorias (binárias), enquanto o teste dos sinais e o teste de Wilcoxon são aplicados para variáveis ordinais.

Considerando **duas amostras independentes**, destacam-se o teste qui-quadrado e o teste $U$ de Mann-Whitney. O teste qui-quadrado pode ser aplicado para variáveis nominais ou ordinais, enquanto o teste $U$ de Mann-Whitney considera apenas variáveis ordinais.

Para **$k$ amostras emparelhadas ($k > 2$)**, tem-se o teste $Q$ de Cochran que considera variáveis binárias e o teste de Friedman que considera variáveis ordinais.

Finalmente, no caso de **$k$ amostras independentes ($k > 2$)**, aplica-se o teste qui-quadrado para variáveis nominais ou ordinais e o teste de Kruskal-Wallis para variáveis ordinais.


# 9. EXERCÍCIOS

**1.** Em que situações são aplicados os testes não paramétricos?

**2.** Quais as vantagens e desvantagens dos testes não paramétricos?

**3.** Quais as diferenças entre o teste dos sinais e o teste de Wilcoxon para duas amostras emparelhadas?

**4.** Qual teste é uma alternativa ao teste $t$ para uma amostra quando os dados não seguem distribuição normal?

**5.** Um grupo de 20 consumidores fez um teste de degustação em relação a dois tipos de café (A e B). Ao final, escolheram uma das duas marcas, como mostra a tabela a seguir. Teste a hipótese nula de que não há diferença na preferência dos consumidores, a um nível de significância de 5%.

| Eventos | Marca A | Marca B | Total |
|---|---|---|---|
| Frequência | 8 | 12 | 20 |
| Proporção | 0,40 | 0,60 | 1,00 |

**6.** Um grupo de 60 leitores fez uma avaliação de três livros de romance e ao final escolheram uma das três opções, como mostra a tabela a seguir. Teste a hipótese nula de que não há diferença na preferência dos leitores, a um nível de significância de 5%.

| Eventos | Livro A | Livro B | Livro C | Total |
|---|---|---|---|---|
| Frequência | 29 | 15 | 16 | 60 |
| Proporção | 0,483 | 0,250 | 0,267 | 1,00 |

**7.** Um grupo de 20 adolescentes fez a dieta dos pontos por um período de 30 dias. Verifique se houve redução de peso depois da dieta. Considerar $\alpha = 5\%$.

| Antes | Depois |
|---|---|
| 58 | 56 |
| 67 | 62 |
| 72 | 65 |
| 88 | 84 |
| 77 | 72 |
| 67 | 68 |
| 75 | 76 |
| 69 | 62 |
| 104 | 97 |
| 66 | 65 |
| 58 | 59 |
| 59 | 60 |
| 61 | 62 |
| 67 | 63 |
| 73 | 65 |
| 58 | 58 |
| 67 | 62 |
| 67 | 64 |
| 78 | 72 |
| 85 | 80 |

**8.** Com o objetivo de comparar o tempo médio de atendimento de um determinado serviço em duas agências bancárias, foram coletados dados de 22 clientes de cada agência, como mostra a tabela a seguir. Utilize o teste adequado, ao nível de 0,05 de significância, para testar se as duas amostras provêm ou não de populações com médias iguais.

| Agência A | Agência B |
|-----------|-----------|
| 6,24 | 8,14 |
| 8,47 | 6,54 |
| 6,54 | 6,66 |
| 6,87 | 7,85 |
| 2,24 | 8,03 |
| 5,36 | 5,68 |
| 7,09 | 3,05 |
| 7,56 | 5,78 |
| 6,88 | 6,43 |
| 8,04 | 6,39 |
| 7,05 | 7,64 |
| 6,58 | 6,97 |
| 8,14 | 8,07 |
| 8,3 | 8,33 |
| 2,69 | 7,14 |
| 6,14 | 6,58 |
| 7,14 | 5,98 |
| 7,22 | 6,22 |
| 7,58 | 7,08 |
| 6,11 | 7,62 |
| 7,25 | 5,69 |
| 7,5 | 8,04 |

**9.** Um grupo de 20 alunos do curso de Administração avaliou o nível de aprendizado a partir de três disciplinas cursadas na área de Métodos Quantitativos Aplicados, respondendo se o nível de aprendizado foi alto (1) ou baixo (0). Os resultados encontram-se na tabela a seguir. Verifique se a proporção de alunos com alto nível de aprendizado é a mesma para cada disciplina. Considerar um nível de significância de 2,5%.

| Aluno | A | B | C |
|-------|---|---|---|
| 1 | 0 | 1 | 1 |
| 2 | 1 | 1 | 1 |
| 3 | 0 | 0 | 0 |
| 4 | 0 | 1 | 0 |
| 5 | 0 | 1 | 1 |
| 6 | 1 | 1 | 1 |
| 7 | 1 | 0 | 1 |
| 8 | 0 | 1 | 1 |
| 9 | 0 | 0 | 0 |
| 10 | 0 | 0 | 0 |

*(continua)*

(*continuação*)

| Aluno | A | B | C |
|---|---|---|---|
| 11 | 1 | 1 | 1 |
| 12 | 0 | 0 | 1 |
| 13 | 1 | 0 | 1 |
| 14 | 0 | 1 | 1 |
| 15 | 0 | 0 | 1 |
| 16 | 1 | 1 | 1 |
| 17 | 0 | 0 | 1 |
| 18 | 1 | 1 | 1 |
| 19 | 0 | 1 | 1 |
| 20 | 1 | 1 | 1 |

**10.** Um grupo de 15 consumidores avaliou o nível de satisfação (1 – baixo, 2 – médio e 3 – alto) de três diferentes serviços. Os resultados encontram-se na tabela a seguir. Verifique se há diferença entre os três serviços. Considerar um nível de significância de 5%.

| Consumidor | A | B | C |
|---|---|---|---|
| 1 | 3 | 2 | 3 |
| 2 | 2 | 2 | 2 |
| 3 | 1 | 2 | 1 |
| 4 | 3 | 2 | 2 |
| 5 | 1 | 1 | 1 |
| 6 | 3 | 2 | 1 |
| 7 | 3 | 3 | 2 |
| 8 | 2 | 2 | 1 |
| 9 | 3 | 2 | 2 |
| 10 | 2 | 1 | 1 |
| 11 | 1 | 1 | 2 |
| 12 | 3 | 1 | 1 |
| 13 | 3 | 2 | 1 |
| 14 | 2 | 1 | 2 |
| 15 | 3 | 1 | 2 |

# CAPÍTULO 11

# Regressão Linear Simples e Múltipla

*O amor e a verdade estão tão unidos entre si que é praticamente impossível separá-los. São como duas faces da mesma medalha.*
**Mahatma Gandhi**

## Ao final deste capítulo, você será capaz de:

- Estabelecer as circunstâncias a partir das quais os modelos de regressão simples e múltipla podem ser utilizados.
- Estimar os parâmetros dos modelos de regressão simples e múltipla.
- Avaliar os resultados dos testes estatísticos pertinentes aos modelos de regressão.
- Elaborar intervalos de confiança dos parâmetros do modelo para efeitos de previsão.
- Identificar os pressupostos dos modelos de regressão pelo método de mínimos quadrados ordinários.
- Estimar modelos de regressão no Excel e no IBM SPSS Statistics Software® e interpretar seus resultados.

## 1. INTRODUÇÃO

As técnicas de dependência são utilizadas quando uma determinada variável (dependente) pode ser explicada por uma ou mais variáveis (explicativas), sem que haja necessariamente relação de causa e efeito. Dentre as técnicas de dependência, aquelas conhecidas por **modelos de regressão simples e múltipla** são as mais utilizadas em diversos campos do conhecimento.

Imagine que um grupo de pesquisadores tenha interesse em estudar como as taxas de retorno de um ativo financeiro comportam-se em relação ao mercado, ou como o custo de uma empresa varia quando o parque fabril aumenta a sua capacidade produtiva ou incrementa o número de horas trabalhadas, ou, ainda, como o número de dormitórios e a área útil de uma amostra de imóveis residenciais podem influenciar a formação dos preços de venda.

Note, em todos estes exemplos, que os fenômenos principais sobre os quais há o interesse de estudo são representados, em cada caso, por uma variável métrica, ou quantitativa, e, portanto, podem ser estudados por meio da estimação de modelos de regressão, que têm por finalidade principal analisar como se comportam as relações entre um conjunto de variáveis explicativas, métricas ou *dummies*, e uma variável dependente métrica (fenômeno em estudo).

É importante enfatizar que todo e qualquer modelo de regressão deve ser definido com base na teoria subjacente e na experiência do pesquisador, de modo que seja possível estimar o modelo desejado, analisar os resultados obtidos por meio de testes estatísticos, e elaborar previsões.

Neste capítulo trataremos apenas dos modelos de regressão linear, com os seguintes objetivos: (1) introduzir os conceitos sobre regressão linear simples e múltipla; (2) apresentar a aplicação da técnica em Excel e SPSS; e (3) interpretar os resultados obtidos. Inicialmente, será elaborada a solução em Excel de um exemplo concomitantemente à apresentação dos conceitos e à resolução manual deste mesmo exemplo. Após a introdução dos conceitos é que serão apresentados os procedimentos para a elaboração da técnica de regressão no SPSS.

## 2. O MODELO DE REGRESSÃO LINEAR

Segundo Fávero *et al.* (2009), a técnica de **regressão linear** oferece, prioritariamente, a possibilidade de que seja estudada a relação entre uma ou mais variáveis explicativas, que se apresentam na forma linear, e uma variável dependente quantitativa. Assim, um modelo geral de regressão linear pode ser definido da seguinte maneira:

$$Y_i = a + b_1 \cdot X_{1i} + b_2 \cdot X_{2i} + ... + b_k \cdot X_{1k} + u_i \qquad (11.1)$$

em que $Y$ representa o fenômeno em estudo (**variável dependente quantitativa**), $a$ representa o **intercepto** (**constante** ou **coeficiente linear**), $b_j$ ($j = 1, 2, ..., k$) são os coeficientes de cada variável (**coeficientes angulares**), $X_j$ são as **variáveis explicativas** (métricas ou *dummies*) e $u$ é o **termo de erro** (diferença entre o valor real de $Y$ e o valor previsto de $Y$ por meio do modelo para cada observação). Os subscritos $i$ representam cada uma das observações da amostra em análise ($i = 1, 2, ..., n$, em que $n$ é o tamanho da amostra).

A equação (11.1) representa um **modelo de regressão múltipla**, uma vez que considera a inclusão de diversas variáveis explicativas para o estudo do comportamento do fenômeno em questão. Por outro lado, caso seja inserida apenas uma variável $X$, estaremos diante de um **modelo de regressão simples**. Para efeitos didáticos, introduziremos os conceitos e apresentaremos o passo a passo da estimação dos parâmetros por meio de um modelo de regressão simples. Na sequência, ampliaremos a discussão por meio da estimação de modelos de regressão múltipla, inclusive com a consideração de variáveis *dummy* do lado direito da equação.

É importante enfatizar, portanto, que o modelo de regressão linear simples a ser estimado apresenta a seguinte equação:

$$\hat{Y}_i = \alpha + \beta \cdot X_i \qquad (11.2)$$

em que $\hat{Y}_i$ representa o **valor previsto** da variável dependente que será obtido por meio do modelo estimado para cada observação $i$, e $\alpha$ e $\beta$ representam, respectivamente, os **parâmetros estimados** do intercepto e da inclinação do modelo proposto. A Figura 11.1 apresenta, graficamente, a configuração geral de um modelo estimado de regressão linear simples.

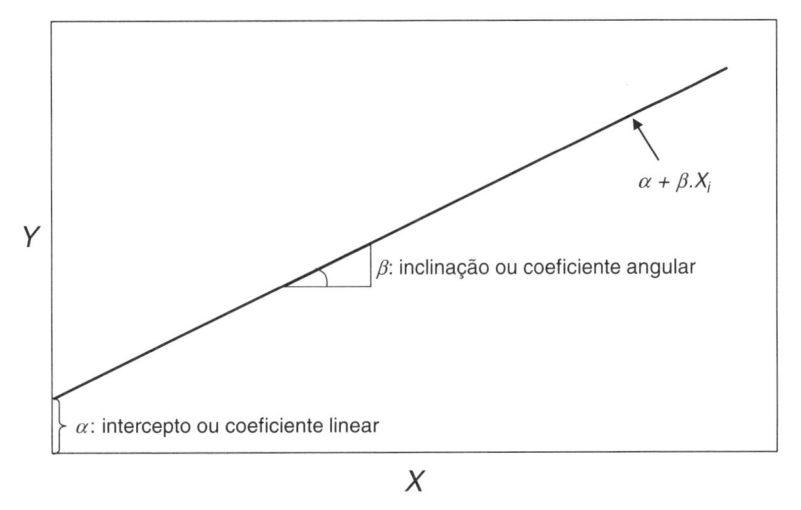

**Figura 11.1** *Modelo estimado de regressão linear simples.*

Podemos, portanto, verificar que, enquanto o parâmetro estimado $\alpha$ mostra o ponto da reta de regressão em que $X = 0$, o parâmetro estimado $\beta$ representa a inclinação da reta, ou seja, o incremento (ou decréscimo) de $Y$ para cada unidade adicional de $X$, em média.

Logo, a inclusão do termo de erro $u$ na equação (11.1), também conhecido por resíduo, é justificada pelo fato de que qualquer relação que seja proposta dificilmente se apresentará de maneira perfeita. Em outras palavras, muito provavelmente o fenômeno que se deseja estudar, representado pela variável $Y$, apresentará relação com alguma outra variável $X$ não incluída no modelo proposto e que, portanto, precisará ser representada pelo termo de erro $u$. Sendo assim, o termo de erro $u$, para cada observação $i$, pode ser escrito como:

$$u_i = Y_i - \hat{Y}_i \tag{11.3}$$

De acordo com Kennedy (2008), Fávero *et al.* (2009) e Wooldridge (2012), os termos de erro ocorrem em função de algumas razões que precisam ser conhecidas e consideradas pelos pesquisadores, como:

- Existência de variáveis agregadas e/ou não aleatórias.
- Incidência de falhas quando da especificação do modelo (formas funcionais não lineares e omissão de variáveis explicativas relevantes).
- Ocorrência de erros quando do levantamento dos dados.

Discutidos estes conceitos preliminares, vamos partir para o estudo propriamente dito da estimação de um modelo de regressão linear.

## 2.1. Estimação do modelo de regressão linear por mínimos quadrados ordinários

Frequentemente vislumbramos, de forma racional ou intuitiva, a relação entre comportamentos de variáveis que se apresentam a nós de forma direta ou indireta. Será que se eu frequentar mais as piscinas do meu clube, poderei aumentar a minha massa muscular? Será que se eu mudar de emprego, passarei a ter mais tempo para ficar com meus filhos? Será que se eu poupar maior parcela de meu salário, poderei me aposentar mais jovem? Estas questões oferecem nitidamente relações entre uma determinada variável dependente, que representa o fenômeno que se deseja estudar, e, no caso, uma única variável explicativa.

O objetivo principal da análise de regressão é, portanto, propiciar ao pesquisador condições de avaliar como se comporta uma variável $Y$ com base no comportamento de uma ou mais variáveis $X$, sem que, necessariamente, ocorra uma relação de causa e efeito.

Introduziremos os conceitos de regressão por meio de um exemplo que considera apenas uma variável explicativa (regressão linear simples). Imagine que, em um determinado dia de aula, um professor tenha interesse em saber, para uma turma de 10 estudantes de uma mesma classe, qual a influência da distância percorrida para se chegar à escola sobre o tempo de percurso. Sendo assim, o professor elaborou um questionamento com cada um dos seus 10 alunos e montou um banco de dados, que se encontra na Tabela 11.1.

**Tabela 11.1** Exemplo: Tempo de percurso × Distância percorrida

| Estudante | Tempo para se chegar à escola (minutos) | Distância percorrida até a escola (quilômetros) |
|---|---|---|
| Gabriela | 15 | 8 |
| Dalila | 20 | 6 |
| Gustavo | 20 | 15 |
| Letícia | 40 | 20 |
| Luiz Ovídio | 50 | 25 |
| Leonor | 25 | 11 |
| Ana | 10 | 5 |
| Antônio | 55 | 32 |
| Júlia | 35 | 28 |
| Mariana | 30 | 20 |

Na verdade, o professor deseja saber a equação que regula o fenômeno "tempo de percurso até a escola" em função da "distância percorrida pelos alunos". É sabido que outras variáveis influenciam o tempo de um determinado percurso, como o trajeto adotado, o tipo de transporte ou o horário em que o aluno se dirigiu para a escola naquele dia. Entretanto, o professor tem conhecimento de que estas não entrarão no modelo, já que nem mesmo as coletou para a formação da base de dados.

Pode-se, portanto, modelar o problema da seguinte maneira:

$$tempo = f(dist)$$

Assim, a equação, ou modelo de regressão simples, será:

$$tempo_i = a + b \cdot dist_i + u_i$$

e, dessa forma, o valor esperado (estimativa) da variável dependente, para cada observação $i$, será dado por:

$$tem\hat{p}o_i = \alpha + \beta \cdot dist_i$$

em que $\alpha$ e $\beta$ são, respectivamente, as estimativas dos parâmetros *a* e *b*.

Esta última equação mostra que o **valor esperado** da variável *tempo* ($\hat{Y}$), também conhecido por **média condicional**, é calculado para cada observação da amostra, em função do comportamento da variável *dist*, sendo que o subscrito *i* representa, para os dados do nosso exemplo, os próprios alunos da escola ($i$ = 1, 2, ..., 10). O nosso objetivo aqui é, portanto, estudar se o comportamento da variável dependente *tempo* apresenta relação com a variação da distância, em quilômetros, a que cada um dos alunos se submete para chegar à escola em um determinado dia de aula.

No nosso exemplo, não faz muito sentido discutirmos qual seria o tempo percorrido no caso de a distância até a escola ser zero (parâmetro $\alpha$). O parâmetro b, por outro lado, nos informará qual é o incremento no tempo para se chegar à escola ao se aumentar a distância percorrida em um quilômetro, em média.

Vamos, dessa forma, elaborar um gráfico (Figura 11.2) que relaciona o tempo de percurso ($Y$) com a distância percorrida ($X$), em que cada ponto representa um dos alunos.

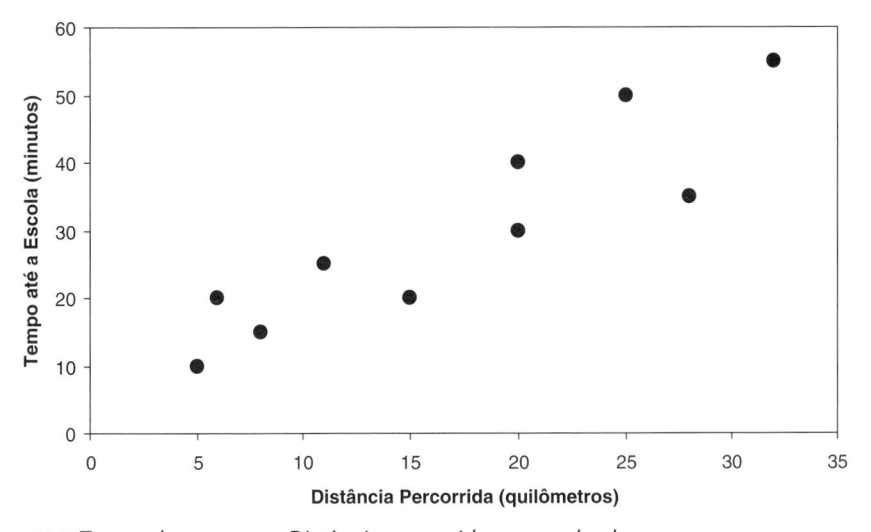

**Figura 11.2** *Tempo de percurso* × *Distância percorrida para cada aluno.*

Como comentado anteriormente, não é somente a distância percorrida que afeta o tempo para se chegar à escola, uma vez que este pode também ser afetado por outras variáveis relacionadas ao tráfego, ao meio de transporte ou ao próprio indivíduo e, desta maneira, o termo de erro *u* deverá capturar o efeito das demais variáveis não incluídas no modelo. Logo, para que estimemos a equação que melhor se ajusta a esta nuvem de pontos, devemos estabelecer duas condições fundamentais relacionadas aos resíduos.

1) **A somatória dos resíduos deve ser zero:** $\sum_{i=1}^{n} u_i = 0$, em que *n* é o tamanho da amostra.

Apenas com esta primeira condição, podem ser encontradas diversas retas de regressão em que a somatória dos resíduos seja zero, como mostra a Figura 11.3.

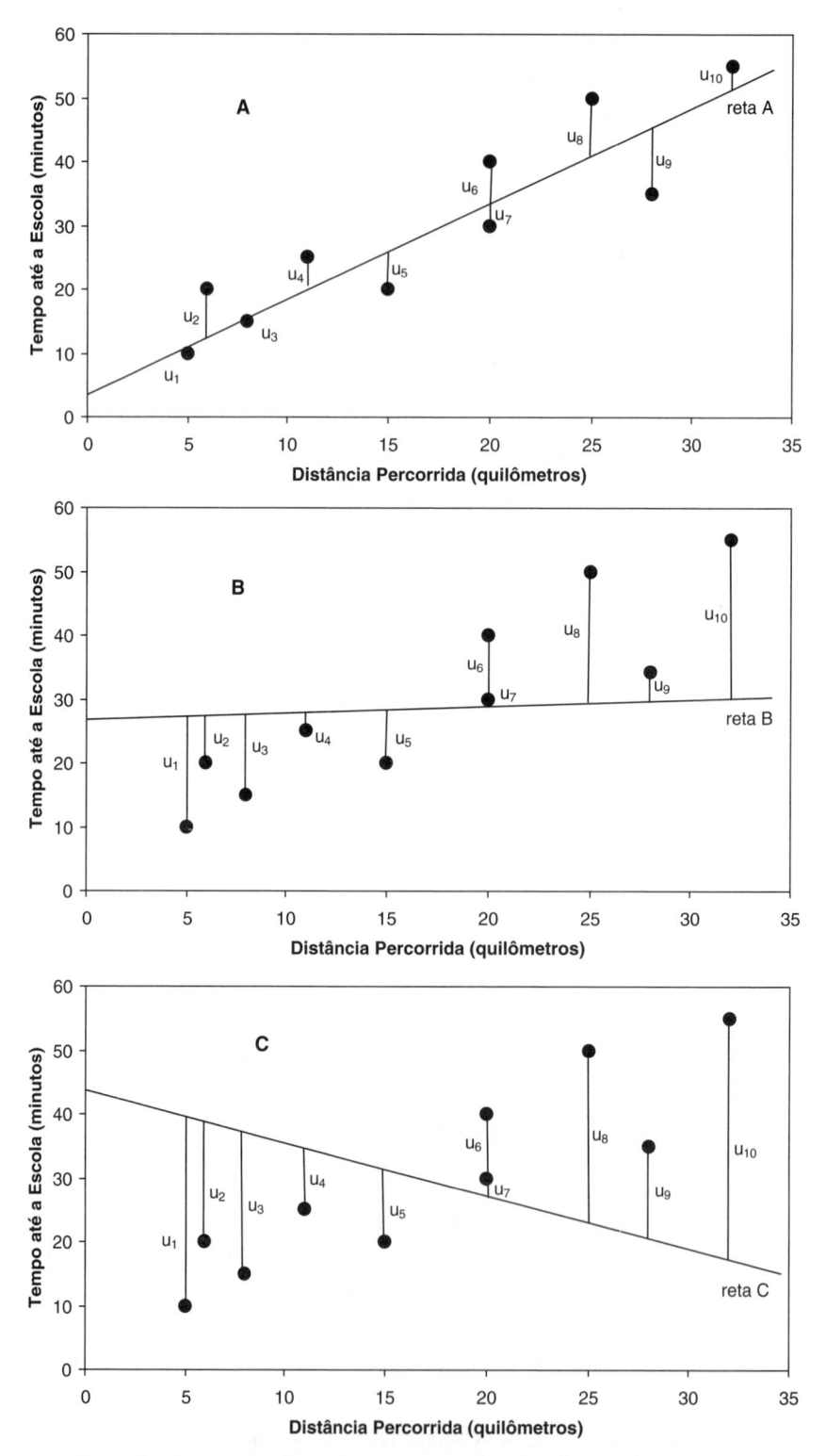

**Figura 11.3** *Exemplos de retas de regressão em que a somatória dos resíduos é zero.*

Nota-se, para o mesmo banco de dados, que diversas retas podem respeitar a condição de que a somatória dos resíduos seja igual a zero. Portanto, faz-se necessário o estabelecimento de uma segunda condição.

**2) A somatória dos resíduos ao quadrado é a mínima possível:** $\sum_{i=1}^{n} u_i^2 = \text{mín.}$

Com esta condição, escolhe-se a reta que apresenta o melhor ajuste possível à nuvem de pontos, partindo-se, portanto, da definição de **mínimos quadrados**, ou seja, deve-se determinar $\alpha$ e $\beta$ de modo que a somatória dos quadrados dos resíduos seja a menor possível (**método de mínimos quadrados ordinários – MQO**, ou, em inglês, ***ordinary least squares – OLS***). Assim:

$$\sum_{i=1}^{n}(Y_i - \beta \cdot X_i - \alpha)^2 = \text{mín} \tag{11.4}$$

A minimização ocorre ao se derivar a equação (11.4) em $\alpha$ e $\beta$ e igualar as equações resultantes a zero. Assim:

$$\frac{\partial\left[\sum_{i=1}^{n}(Y_i - \beta \cdot X_i - \alpha)^2\right]}{\partial \alpha} = -2\sum_{i=1}^{n}(Y_i - \beta \cdot X_i - \alpha) = 0 \tag{11.5}$$

$$\frac{\partial\left[\sum_{i=1}^{n}(Y_i - \beta \cdot X_i - \alpha)^2\right]}{\partial \beta} = -2\sum_{i=1}^{n}X_i \cdot (Y_i - \beta \cdot X_i - \alpha) = 0 \tag{11.6}$$

Ao se distribuir e dividir a equação (11.5) por $2.n$, em que $n$ é o tamanho da amostra, tem-se que:

$$\frac{-2\sum_{i=1}^{n}Y_i}{2n} + \frac{2\sum_{i=1}^{n}\beta \cdot X_i}{2n} + \frac{2\sum_{i=1}^{n}\alpha}{2n} = \frac{0}{2n} \tag{11.7}$$

de onde vem que:

$$-\overline{Y} + \beta \cdot \overline{X} + \alpha - 0 \tag{11.8}$$

e, portanto:

$$\alpha = \overline{Y} - \beta \cdot \overline{X} \tag{11.9}$$

em que $\overline{Y}$ e $\overline{X}$ representam, respectivamente, a média amostral de $Y$ e de $X$.

Ao se substituir este resultado na equação (11.6), tem-se que:

$$-2\sum_{i=1}^{n}X_i \cdot (Y_i - \beta \cdot X_i - \overline{Y} + \beta \cdot \overline{X}) = 0 \tag{11.10}$$

que, ao se desenvolver:

$$\sum_{i=1}^{n}X_i \cdot (Y_i - \overline{Y}) + \beta\sum_{i=1}^{n}X_i \cdot (\overline{X} - X_i) = 0 \tag{11.11}$$

e que gera, portanto:

$$\beta = \frac{\sum_{i=1}^{n}(X_i - \overline{X}) \cdot (Y_i - \overline{Y})}{\sum_{i=1}^{n}(X_i - \overline{X})^2} \qquad (11.12)$$

Retornando ao nosso exemplo, o professor então elaborou uma planilha de cálculo a fim de obter a reta de regressão linear, conforme mostra a Tabela 11.2.

**Tabela 11.2** Planilha de cálculo para a determinação de $\alpha$ e $\beta$

| Observação (i) | Tempo ($Y_i$) | Distância ($X_i$) | $Y_i - \overline{Y}$ | $X_i - \overline{X}$ | $(X_i - \overline{X}) \cdot (Y_i - \overline{Y})$ | $(X_i - \overline{X})^2$ |
|---|---|---|---|---|---|---|
| 1 | 15 | 8 | -15 | -9 | 135 | 81 |
| 2 | 20 | 6 | -10 | -11 | 110 | 121 |
| 3 | 20 | 15 | -10 | -2 | 20 | 4 |
| 4 | 40 | 20 | 10 | 3 | 30 | 9 |
| 5 | 50 | 25 | 20 | 8 | 160 | 64 |
| 6 | 25 | 11 | -5 | -6 | 30 | 36 |
| 7 | 10 | 5 | -20 | -12 | 240 | 144 |
| 8 | 55 | 32 | 25 | 15 | 375 | 225 |
| 9 | 35 | 28 | 5 | 11 | 55 | 121 |
| 10 | 30 | 20 | 0 | 3 | 0 | 9 |
| **Soma** | **300** | **170** | | | **1155** | **814** |
| **Média** | **30** | **17** | | | | |

Por meio da planilha apresentada na Tabela 11.2 podemos calcular os estimadores $\alpha$ e $\beta$, de acordo como segue:

$$\beta = \frac{\sum_{i=1}^{n}(X_i - \overline{X}) \cdot (Y_i - \overline{Y})}{\sum_{i=1}^{n}(X_i - \overline{X})^2} = \frac{1155}{814} = 1,4189$$

$$\alpha = \overline{Y} - \beta \cdot \overline{X} = 30 - 1,4189 \cdot 17 = 5,8784$$

E a equação de regressão linear simples pode ser escrita como:

$$\hat{tempo}_i = 5,8784 + 1,4189 \cdot dist_i$$

A estimação dos parâmetros do modelo do nosso exemplo também pode ser efetuada por meio da ferramenta **Solver** do Excel, respeitando-se as condições de que $\sum_{i=1}^{10} u_i = 0$ e $\sum_{i=1}^{10} u_i^2 = \text{mín}$. Dessa forma, vamos inicialmente abrir o arquivo **TempoMínimosQuadrados.xls** que contém os dados do nosso exemplo, além das

colunas referentes ao $\hat{Y}$, ao $u$ e ao $u^2$ de cada observação. A Figura 11.4 apresenta este arquivo, antes da elaboração do procedimento **Solver**.

|   | A | B | C | D | E | F | G | H |
|---|---|---|---|---|---|---|---|---|
| 1 | Tempo (Y) | Distância (X₁) | Ŷᵢ | uᵢ | uᵢ² | | | |
| 2 | 15 | 8 | 0 | 15,00000 | 225,00000 | | | |
| 3 | 20 | 6 | 0 | 20,00000 | 400,00000 | | α | |
| 4 | 20 | 15 | 0 | 20,00000 | 400,00000 | | | |
| 5 | 40 | 20 | 0 | 40,00000 | 1600,00000 | | β | |
| 6 | 50 | 25 | 0 | 50,00000 | 2500,00000 | | | |
| 7 | 25 | 11 | 0 | 25,00000 | 625,00000 | | | |
| 8 | 10 | 5 | 0 | 10,00000 | 100,00000 | | | |
| 9 | 55 | 32 | 0 | 55,00000 | 3025,00000 | | | |
| 10 | 35 | 28 | 0 | 35,00000 | 1225,00000 | | | |
| 11 | 30 | 20 | 0 | 30,00000 | 900,00000 | | | |
| 12 | | | | | | | | |
| 13 | | | Somatória | 300,00000 | 11000,00000 | | | |

**Figura 11.4** *Dados do arquivo* **TempoMínimosQuadrados.xls**.

Seguindo a lógica proposta por Belfiore e Fávero (2012), vamos então abrir a ferramenta **Solver** do Excel. A função-objetivo está na célula E13, que é a nossa célula de destino e deverá ser minimizada (somatória dos quadrados dos resíduos). Além disso, os parâmetros $\alpha$ e $\beta$, cujos valores estão nas células H3 e H5, respectivamente, são as células variáveis. Por fim, devemos impor que o valor da célula D13 seja igual a zero (restrição de que a soma dos resíduos seja igual a zero). A janela do **Solver** ficará como mostra a Figura 11.5.

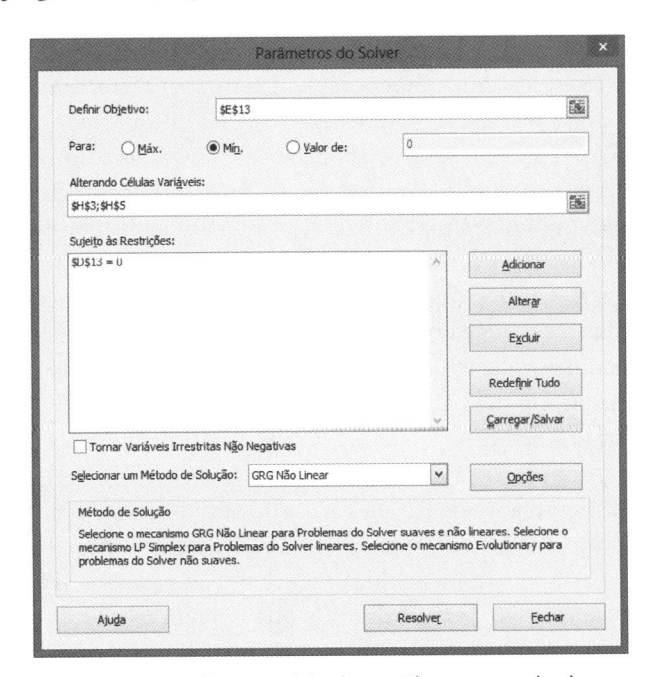

**Figura 11.5 Solver** – *Minimização da somatória dos resíduos ao quadrado.*

Ao clicarmos em **Resolver** e em **OK**, obteremos a solução ótima do problema de minimização dos resíduos ao quadrado. A Figura 11.6 apresenta os resultados obtidos pela modelagem.

| | A | B | C | D | E | F | G | H |
|---|---|---|---|---|---|---|---|---|
| 1 | Tempo (Y) | Distância (X₁) | Ŷi | u₁ | u₁² | | | |
| 2 | 15 | 8 | 17 | -2,22973 | 4,97169 | | | |
| 3 | 20 | 6 | 14 | 5,60811 | 31,45088 | | α | 5,87838 |
| 4 | 20 | 15 | 27 | -7,16216 | 51,29657 | | | |
| 5 | 40 | 20 | 34 | 5,74324 | 32,98484 | | β | 1,41892 |
| 6 | 50 | 25 | 41 | 8,64865 | 74,79912 | | | |
| 7 | 25 | 11 | 21 | 3,51351 | 12,34478 | | | |
| 8 | 10 | 5 | 13 | -2,97297 | 8,83857 | | | |
| 9 | 55 | 32 | 51 | 3,71622 | 13,81026 | | | |
| 10 | 35 | 28 | 46 | -10,60811 | 112,53196 | | | |
| 11 | 30 | 20 | 34 | -4,25676 | 18,11998 | | | |
| 12 | | | | | | | | |
| 13 | | | Somatória | 0,00000 | 361,14865 | | | |

**Figura 11.6** *Obtenção dos parâmetros quando da minimização da somatória de u2 pelo Solver.*

Logo, o intercepto $\alpha$ é 5,8784 e o coeficiente angular $\beta$ é 1,4189, conforme já havíamos estimado por meio da solução analítica. De forma elementar, o tempo médio para se chegar à escola por parte dos alunos que não percorrem distância alguma, ou seja, que já se encontram na escola, é de 5,8784 minutos, o que não faz muito sentido do ponto de vista físico. Em alguns casos, este tipo de situação pode ocorrer com frequência, em que valores de $\alpha$ não são condizentes com a realidade. Do ponto de vista matemático, isto não está errado, porém o pesquisador deve sempre analisar o sentido físico ou econômico da situação em estudo, bem como a teoria subjacente utilizada. Ao analisarmos o gráfico da Figura 11.2 perceberemos que não há nenhum estudante com distância percorrida próxima de zero, e o intercepto reflete apenas o prolongamento, projeção ou extrapolação da reta de regressão até o eixo Y. É comum, inclusive, que alguns modelos apresentem $\alpha$ negativo quando do estudo de fenômenos que não podem oferecer valores negativos. O pesquisador deve, portanto, ficar sempre atento a este fato, já que um modelo de regressão pode ser bastante útil para que sejam elaboradas inferências sobre o comportamento de uma variável Y dentro dos limites de variação de X, ou seja, para a elaboração de **interpolações**. Já as **extrapolações** podem oferecer inconsistências por eventuais mudanças de comportamento da variável Y fora dos limites de variação de X na amostra em estudo.

Dando sequência à análise, cada quilômetro adicional de distância entre o local de partida de cada aluno e a escola incrementa o tempo de percurso em 1,4189 minutos, em média. Assim, um estudante que mora 10 quilômetros mais longe da escola do que outro tenderá a gastar, em média, pouco mais de 14 minutos (1,4189 × 10) a mais para chegar à escola do que seu colega que mora mais perto. A Figura 11.7 apresenta a reta de regressão linear simples do nosso exemplo.

Concomitantemente à discussão de cada um dos conceitos e à resolução manual do exemplo proposto, iremos também apresentar a solução por meio do Excel, passo a passo. Na seção 3 partiremos para a solução por meio do software SPSS. Desta maneira, vamos agora abrir o arquivo **Tempodist.xls** que contém os dados do nosso exemplo, ou seja, dados fictícios de tempo de percurso e distância percorrida por um grupo de 10 alunos até o local da escola.

Ao clicarmos em **Dados→Análise de Dados**, aparecerá a caixa de diálogo da Figura 11.8.

Vamos clicar em **Regressão** e, em seguida, em **OK**. A caixa de diálogo para inserção dos dados a serem considerados na regressão aparecerá na sequência (Figura 11.9).

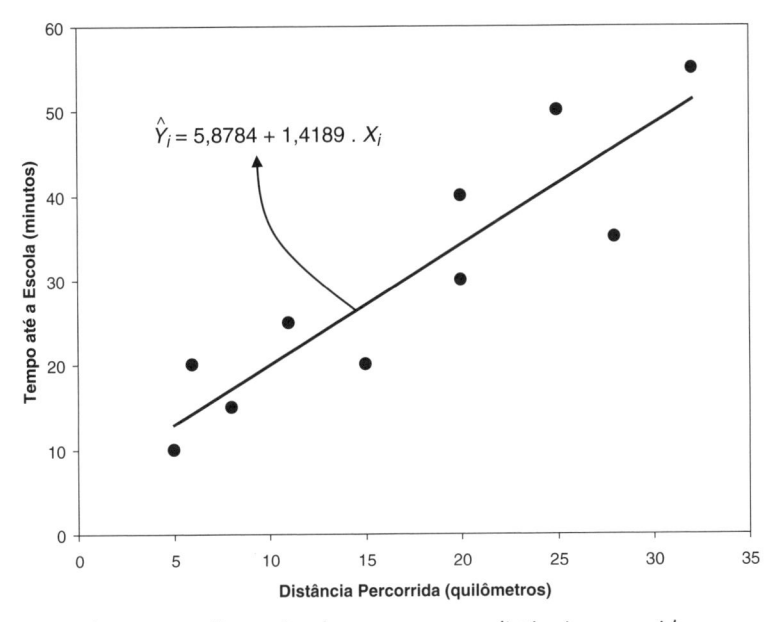

**Figura 11.7** *Reta de regressão linear simples entre tempo e distância percorrida.*

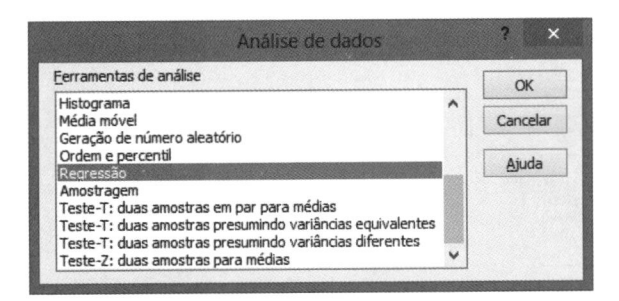

**Figura 11.8** *Caixa de diálogo para análise de dados no Excel.*

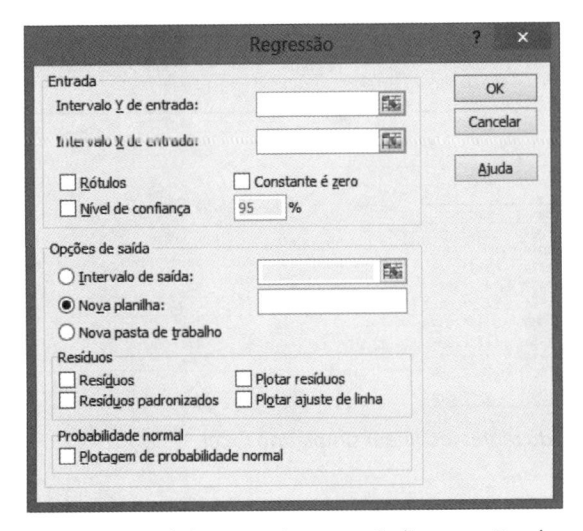

**Figura 11.9** *Caixa de diálogo para elaboração de regressão linear no Excel.*

Para o nosso exemplo, a variável *tempo* (min) é a dependente (*Y*) e a variável *dist* (km) é a explicativa (*X*). Portanto, devemos inserir seus dados nos respectivos intervalos de entrada, conforme mostra a Figura 11.10.

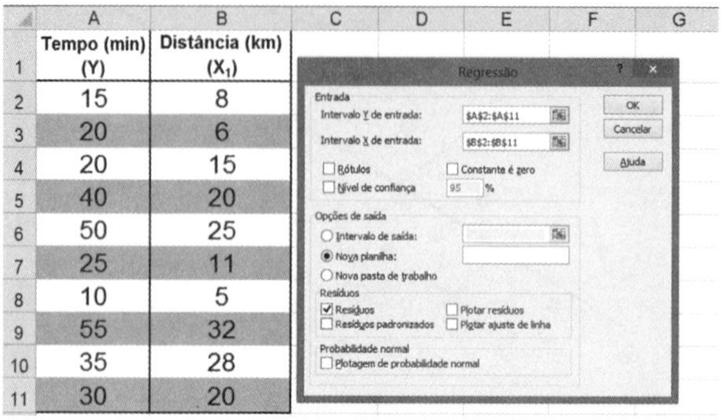

**Figura 11.10** *Inserção dos dados para elaboração de regressão linear no Excel.*

Além da inserção dos dados, vamos também marcar a opção **Resíduos**, conforme mostra a Figura 11.10. Na sequência, vamos clicar em **OK**. Uma nova planilha será gerada, com os *outputs* da regressão. Iremos analisar cada um deles à medida que formos introduzindo os conceitos e elaborando também os cálculos manualmente.

| | A | B | C | D | E | F | G | H | I |
|---|---|---|---|---|---|---|---|---|---|
| 1 | RESUMO DOS RESULTADOS | | | | | | | | |
| 2 | | | | | | | | | |
| 3 | *Estatística de regressão* | | | | | | | | |
| 4 | R múltiplo | 0,90522134 | | | | | | | |
| 5 | R-Quadrado | 0,81942568 | | | | | | | |
| 6 | R-quadrado ajustado | 0,79685389 | | | | | | | |
| 7 | Erro padrão | 6,71889731 | | | | | | | |
| 8 | Observações | 10 | | | | | | | |
| 9 | | | | | | | | | |
| 10 | ANOVA | | | | | | | | |
| 11 | | *gl* | *SQ* | *MQ* | *F* | *F de significação* | | | |
| 12 | Regressão | 1 | 1638,851351 | 1638,85135 | 36,303087 | 0,000314449 | | | |
| 13 | Resíduo | 8 | 361,1486486 | 45,1435811 | | | | | |
| 14 | Total | 9 | 2000 | | | | | | |
| 15 | | | | | | | | | |
| 16 | | Coeficientes | Erro padrão | Stat t | valor-P | 95% inferiores | 95% superiores | Inferior 95,0% | Superior 95,0% |
| 17 | Interseção | 5,87837838 | 4,532327565 | 1,29698886 | 0,23078848 | -4,573187721 | 16,32994448 | -4,573187721 | 16,32994448 |
| 18 | Variável X 1 | 1,41891892 | 0,235497229 | 6,02520431 | 0,00031445 | 0,875861336 | 1,961976502 | 0,875861336 | 1,961976502 |
| 19 | | | | | | | | | |
| 20 | | | | | | | | | |
| 21 | | | | | | | | | |
| 22 | RESULTADOS DE RESÍDUOS | | | | | | | | |
| 23 | | | | | | | | | |
| 24 | Observação | Y previsto | Resíduos | | | | | | |
| 25 | 1 | 17,2297297 | -2,22972973 | | | | | | |
| 26 | 2 | 14,3918919 | 5,608108108 | | | | | | |
| 27 | 3 | 27,1621622 | -7,16216216 | | | | | | |
| 28 | 4 | 34,2567568 | 5,743243243 | | | | | | |
| 29 | 5 | 41,3513514 | 8,648648649 | | | | | | |
| 30 | 6 | 21,4864865 | 3,513513514 | | | | | | |
| 31 | 7 | 12,972973 | -2,97297297 | | | | | | |
| 32 | 8 | 51,2837838 | 3,716216216 | | | | | | |
| 33 | 9 | 45,6081081 | -10,6081081 | | | | | | |
| 34 | 10 | 34,2567568 | -4,25675676 | | | | | | |

**Figura 11.11** *Outputs da regressão linear simples no Excel.*

Conforme podemos observar por meio da Figura 11.11, 4 grupos de *outputs* são gerados (estatísticas da regressão, tabela de análise de variância [*analysis of variance*, ou

*ANOVA*], tabela de coeficientes da regressão e tabela de resíduos). Iremos discutir cada um deles.

Como calculado anteriormente, podemos verificar os coeficientes da equação de regressão nos *outputs* (Figura 11.12).

| | A | B | C | D | E | F | G | H | I |
|---|---|---|---|---|---|---|---|---|---|
| 1 | RESUMO DOS RESULTADOS | | | | | | | | |
| 2 | | | | | | | | | |
| 3 | *Estatística de regressão* | | | | | | | | |
| 4 | R múltiplo | 0,90522134 | | | | | | | |
| 5 | R-Quadrado | 0,81942568 | | | | | | | |
| 6 | R-quadrado ajustado | 0,79685389 | | | | | | | |
| 7 | Erro padrão | 6,71889731 | | | | | | | |
| 8 | Observações | 10 | | | | | | | |
| 9 | | | | | | | | | |
| 10 | ANOVA | | | | | | | | |
| 11 | | *gl* | SQ | MQ | F | F de significação | | | |
| 12 | Regressão | 1 | 1638,851351 | 1638,85135 | 36,303087 | 0,000314449 | | | |
| 13 | Resíduo | 8 | 361,1486486 | 45,1435811 | | | | | |
| 14 | Total | 9 | 2000 | | | | | | |
| 15 | | | | | | | | | |
| 16 | | Coeficientes | Erro padrão | Stat t | valor-P | 95% inferiores | 95% superiores | Inferior 95,0% | Superior 95,0% |
| 17 | Interseção | 5,87837838 | 4,532327565 | 1,29698886 | 0,23078848 | -4,573187721 | 16,32994448 | -4,573187721 | 16,32994448 |
| 18 | Variável X 1 | 1,41891892 | 0,235497229 | 6,02520431 | 0,00031445 | 0,875861336 | 1,961976502 | 0,875861336 | 1,961976502 |
| 19 | | | | | | | | | |
| 20 | | | | | | | | | |
| 21 | | | | | | | | | |
| 22 | RESULTADOS DE RESÍDUOS | | | | | | Equação de Regressão Linear | | |
| 23 | | | | | | | | | |
| 24 | Observação | Y previsto | Resíduos | | | | | | |
| 25 | 1 | 17,2297297 | -2,22972973 | | | | | | |
| 26 | 2 | 14,3918919 | 5,608108108 | | | | | | |
| 27 | 3 | 27,1621622 | -7,16216216 | | | | | | |
| 28 | 4 | 34,2567568 | 5,743243243 | | | | | | |
| 29 | 5 | 41,3513514 | 8,648648649 | | | | | | |
| 30 | 6 | 21,4864865 | 3,513513514 | | | | | | |
| 31 | 7 | 12,972973 | -2,97297297 | | | | | | |
| 32 | 8 | 51,2837838 | 3,716216216 | | | | | | |
| 33 | 9 | 45,6081081 | -10,6081081 | | | | | | |
| 34 | 10 | 34,2567568 | -4,25675676 | | | | | | |

$$tempo_i = 5,8784 + 1,4189.dist_i$$

**Figura 11.12** *Coeficientes da equação de regressão linear.*

## 2.2. Poder explicativo do modelo de regressão: $R^2$

Segundo Fávero *et al.* (2009), para mensurarmos o poder explicativo de um determinado modelo de regressão, ou o percentual de variabilidade da variável Y que é explicado pelo comportamento de variação das variáveis explicativas, precisamos entender alguns importantes conceitos. Enquanto a **soma total dos quadrados (STQ)** mostra a variação em Y em torno da própria média, a **soma dos quadrados da regressão (SQR)** oferece a variação de Y considerando as variáveis X utilizadas no modelo. Além disso, a **soma dos quadrados dos resíduos (SQU)** apresenta a variação de Y que não é explicada pelo modelo elaborado. Logo, podemos definir que:

$$STQ = SQR + SQU \qquad (11.13)$$

de modo que:

$$Y_i - \overline{Y} = (\hat{Y}_i - \overline{Y}) + (Y_i - \hat{Y}_i) \qquad (11.14)$$

em que $Y_i$ equivale ao valor de Y de cada observação *i* da amostra, $\overline{Y}$ é a média de Y e $\hat{Y}_i$ representa o valor ajustado da reta da regressão para cada observação *i*. Logo, temos:

$Y_i - \overline{Y}$: desvio total dos valores de cada observação em relação à média

$(\hat{Y}_i - \overline{Y})$: desvio dos valores da reta de regressão para cada observação em relação à média

$(Y_i - \hat{Y}_i)$: desvio dos valores de cada observação em relação à reta de regressão

de onde vem que:

$$\sum_{i=1}^{n}(Y_i - \overline{Y})^2 = \sum_{i=1}^{n}(\hat{Y}_i - \overline{Y})^2 + \sum_{i=1}^{n}(Y_i - \hat{Y}_i)^2 \tag{11.15}$$

de onde vem que:

$$\sum_{i=1}^{n}(Y_i - \overline{Y})^2 = \sum_{i=1}^{n}(\hat{Y}_i - \overline{Y})^2 + \sum_{i=1}^{n}(u_i)^2 \tag{11.16}$$

que é a própria equação (11.13).

A Figura 11.13 mostra graficamente esta relação.

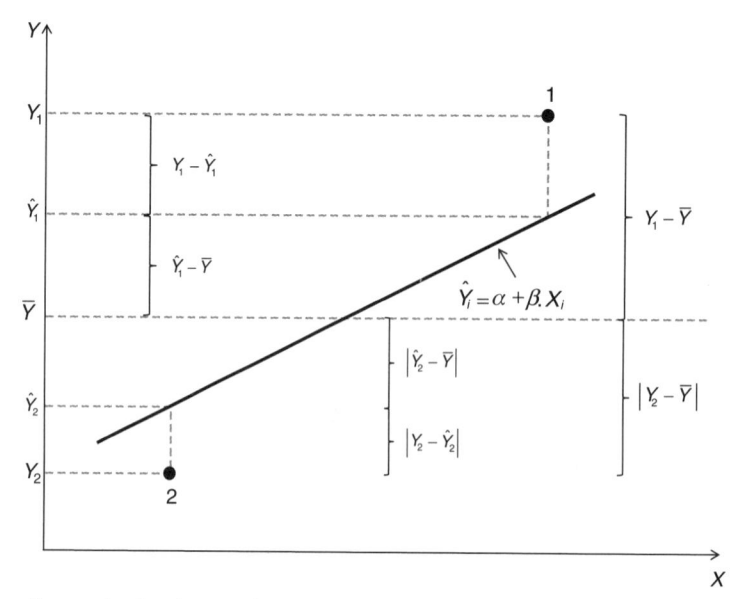

**Figura 11.13** *Ilustração dos desvios de Y.*

Feitas estas considerações e definida a equação de regressão, partiremos para o estudo do poder explicativo do modelo de regressão, também conhecido por **coeficiente de ajuste $R^2$**. Stock e Watson (2004) definem o $R^2$ como a fração da variância da amostra de $Y_i$ explicada (ou prevista) pelas variáveis explicativas. Da mesma forma, Wooldridge (2012) considera o $R^2$ como a proporção da variação amostral da variável dependente explicada pelo conjunto de variáveis explicativas, podendo ser utilizado como uma medida do grau de ajuste do modelo proposto.

Segundo Fávero *et al.* (2009), a capacidade explicativa do modelo é analisada pelo $R^2$ da regressão, conhecido também por **coeficiente de ajuste** ou **de explicação**. Para um modelo de regressão simples, esta medida mostra quanto do comportamento da

variável $Y$ é explicado pelo comportamento de variação da variável $X$, sempre lembrando que não existe, necessariamente, uma relação de causa e efeito entre as variáveis $X$ e $Y$. Para um modelo de regressão múltipla, esta medida mostra quanto do comportamento da variável $Y$ é explicado pela variação conjunta das variáveis $X$ consideradas no modelo.

O $R^2$ é obtido da seguinte forma:

$$R^2 = \frac{SQR}{SQR + SQU} = \frac{SQR}{SQT}$$

(11.17)

ou

$$R^2 = \frac{\sum_{i=1}^{n}(\hat{Y}_i - \overline{Y})^2}{\sum_{i=1}^{n}(\hat{Y}_i - \overline{Y})^2 + \sum_{i=1}^{n}(u_i)^2}$$

(11.18)

Conforme discutem os últimos autores, o $R^2$ pode variar entre 0 e 1 (0 a 100%), porém é praticamente impossível a obtenção de um $R^2$ igual a 1, uma vez que dificilmente todos os pontos vão se situar em cima de uma reta. Em outras palavras, se o $R^2$ for 1, não haverá resíduos para cada uma das observações da amostra em estudo, e a variabilidade da variável $Y$ estará totalmente explicada pelo vetor de variáveis $X$ consideradas no modelo de regressão. É importante enfatizar que, em diversos campos do conhecimento humano, como em Ciências Sociais aplicadas, este fato é realmente muito pouco provável de acontecer.

Quanto mais dispersa for a nuvem de pontos, menos aquela variável $X$ explicará o comportamento de variação da variável $Y$, maiores serão os resíduos e mais próximo de zero será o $R^2$. Em um caso extremo, se a variação de $X$ não corresponder a nenhuma variação em $Y$, o $R^2$ será zero. A Figura 11.14 apresenta, de forma ilustrativa, o comportamento do $R^2$ para diferentes casos.

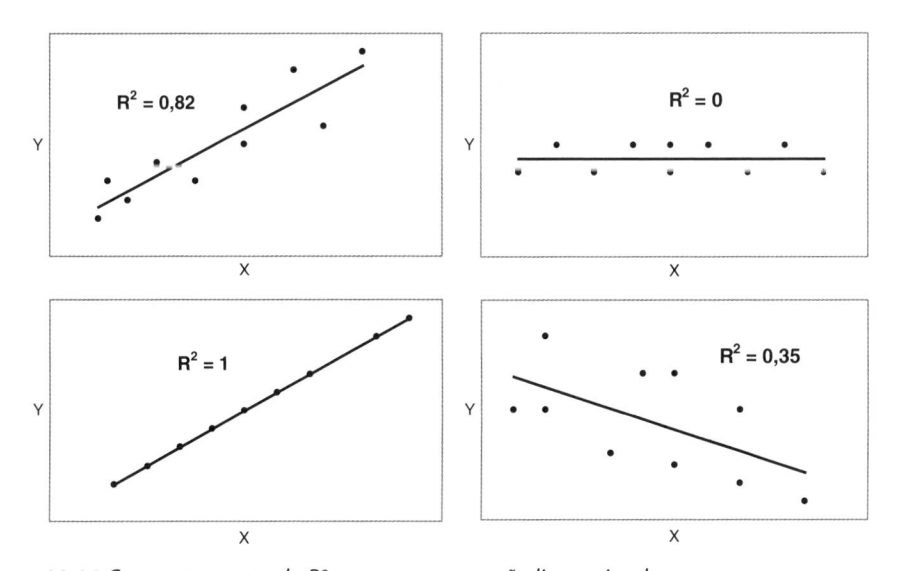

**Figura 11.14** *Comportamento do $R^2$ para uma regressão linear simples.*

Voltando ao nosso exemplo em que o professor tem intenção de estudar o comportamento do tempo que os alunos levam para chegar à escola e se este fenômeno é influenciado pela distância percorrida pelos estudantes, apresentamos a seguir uma planilha (Tabela 11.3) que nos auxiliará no cálculo do $R^2$.

**Tabela 11.3** Planilha para o cálculo do coeficiente de ajuste do modelo de regressão $R^2$

| Observação (i) | Tempo ($Y_i$) | Distância ($X_i$) | $\hat{Y}_i$ | $u_i\ (Y_i - \hat{Y}_i)$ | $(\hat{Y}_i - \overline{Y})^2$ | $(u_i)^2$ |
|---|---|---|---|---|---|---|
| 1 | 15 | 8 | 17,23 | −2,23 | 163,08 | 4,97 |
| 2 | 20 | 6 | 14,39 | 5,61 | 243,61 | 31,45 |
| 3 | 20 | 15 | 27,16 | −7,16 | 8,05 | 51,30 |
| 4 | 40 | 20 | 34,26 | 5,74 | 18,12 | 32,98 |
| 5 | 50 | 25 | 41,35 | 8,65 | 128,85 | 74,80 |
| 6 | 25 | 11 | 21,49 | 3,51 | 72,48 | 12,34 |
| 7 | 10 | 5 | 12,97 | −2,97 | 289,92 | 8,84 |
| 8 | 55 | 32 | 51,28 | 3,72 | 453,00 | 13,81 |
| 9 | 35 | 28 | 45,61 | −10,61 | 243,61 | 112,53 |
| 10 | 30 | 20 | 34,26 | −4,26 | 18,12 | 18,12 |
| **Soma** | **300** | **170** | | | **1638,85** | **361,15** |
| **Média** | **30** | **17** | | | | |

Obs.: Em que $\hat{Y}_i = \hat{tempo}_i = 5{,}8784 + 1{,}4189 \cdot dist_i$.

A planilha apresentada na Tabela 11.3 permite que calculemos o $R^2$ do modelo de regressão linear simples do nosso exemplo. Assim:

$$R^2 = \frac{\displaystyle\sum_{i=1}^{n}(\hat{Y} - \overline{Y})^2}{\displaystyle\sum_{i=1}^{n}(\hat{Y} - \overline{Y})^2 + \sum_{i=1}^{n}(u_i)^2} = \frac{1638{,}85}{1638{,}85 + 361{,}15} = 0{,}8194$$

Dessa forma, podemos agora afirmar que, para a mostra estudada, 81,94% da variabilidade do tempo para se chegar à escola é devido à variável referente à distância percorrida durante o percurso elaborado pelos alunos. E, portanto, pouco mais de 18% desta variabilidade é devido a outras variáveis não incluídas no modelo e que, portanto, foram decorrentes da variação dos resíduos.

Os *outputs* gerados no Excel também trazem esta informação, conforme pode ser observado na Figura 11.15.

Note que os *outputs* também fornecem os valores de $\hat{Y}$ e dos resíduos para cada observação, bem como o valor mínimo da somatória dos resíduos ao quadrado, que são exatamente iguais aos obtidos quando da estimação dos parâmetros por meio da ferramenta **Solver** do Excel (Figura 11.6) e também calculados e apresentados na Tabela 11.3. Por meio destes valores, temos condições de calcular o $R^2$.

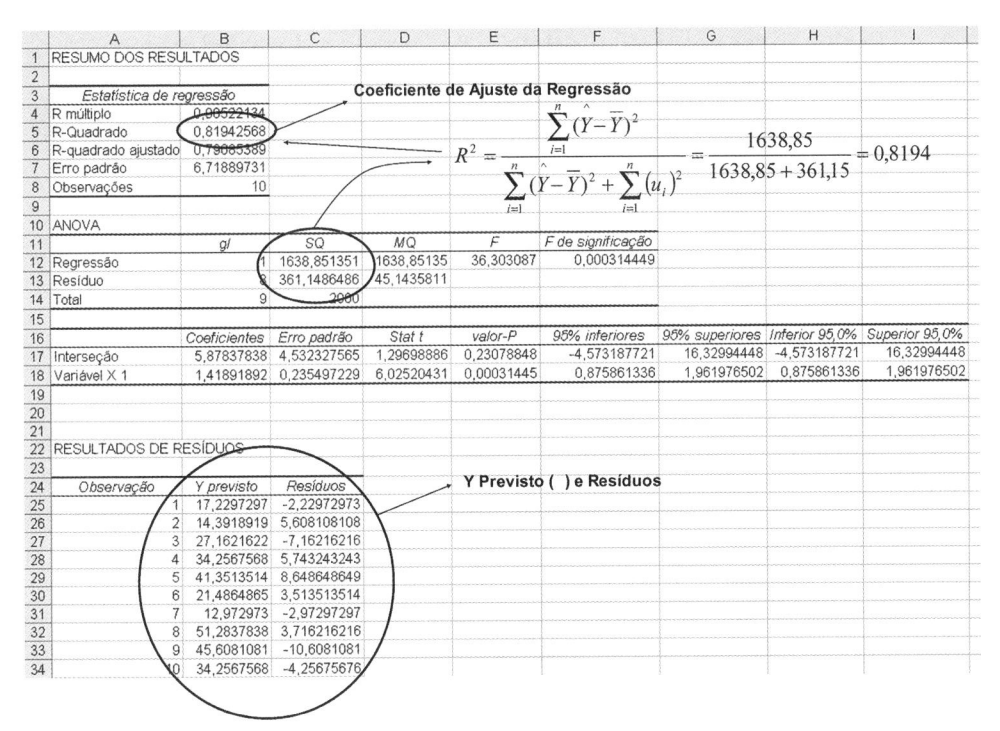

**Figura 11.15** *Coeficiente de ajuste da regressão.*

Segundo Stock e Watson (2004) e Fávero *et al.* (2009), **o coeficiente de ajuste $R^2$ não diz** aos pesquisadores se uma determinada variável explicativa é estatisticamente significante e se esta variável é a causa verdadeira da alteração de comportamento da variável dependente. Mais do que isso, o $R^2$ também não oferece condições de se avaliar a existência de um eventual viés de omissão de variáveis explicativas e se a escolha daquelas que foram inseridas no modelo proposto foi adequada.

A importância dada à dimensão do $R^2$ é frequentemente demasiada e, em diversas situações, os pesquisadores destacam a adequabilidade de seus modelos pela obtenção de altos valores de $R^2$, dando ênfase inclusive à relação de causa e efeito entre as variáveis explicativas e a variável dependente, mesmo que isso seja bastante equivocado, uma vez que esta medida apenas captura a relação entre as variáveis utilizadas no modelo. Wooldridge (2012) é ainda mais enfático, destacando que é fundamental não dar importância considerável ao valor do $R^2$ na avaliação de modelos de regressão.

Segundo Fávero *et al.* (2009), se conseguirmos, por exemplo, encontrar uma variável que explique 40% do retorno das ações, num primeiro momento pode parecer uma capacidade explicativa baixa. Porém, se uma única variável conseguir capturar toda esta relação numa situação de existência de inúmeros outros fatores econômicos, financeiros, perceptuais e sociais, o modelo poderá ser bastante satisfatório.

A significância estatística geral do modelo e de seus parâmetros estimados não é dada pelo $R^2$, mas por meio de testes estatísticos apropriados que passaremos a estudar na próxima seção.

## 2.3. A significância geral do modelo e de cada um dos parâmetros

Inicialmente, é de fundamental importância que estudemos a significância estatística geral do modelo estimado e, com tal finalidade, devemos fazer uso do **teste $F$**, cujas hipóteses nula e alternativa, para um modelo geral de regressão, são, respectivamente:

$$H_0: \beta_1 = \beta_2 = ... = \beta_k = 0$$
$$H_1: \text{existe pelo menos um } \beta_j \neq 0$$

E, para um modelo de regressão simples, portanto, estas hipóteses passam a ser:

$$H_0: \beta = 0$$
$$H_1: \beta \neq 0$$

Este teste torna possível que o pesquisador verifique se o modelo que está sendo estimado de fato existe, uma vez que, se todos os $\beta_j$ $(j = 1, 2, ..., k)$ forem estatisticamente iguais a 0, o comportamento de alteração de cada uma das variáveis explicativas não influenciará em absolutamente nada o comportamento de variação da variável dependente. A **estatística $F$** apresenta a seguinte equação:

$$F = \frac{\dfrac{\sum_{i=1}^{n}(\hat{Y}-\overline{Y})^2}{(k-1)}}{\dfrac{\sum_{i=1}^{n}(u_i)^2}{(n-k)}} = \frac{\dfrac{SQR}{(k-1)}}{\dfrac{SQU}{(n-k)}} \qquad (11.19)$$

em que $k$ representa o número de parâmetros do modelo estimado (inclusive o intercepto) e $n$, o tamanho da amostra.

Podemos, portanto, obter a expressão da estatística $F$ com base na expressão do $R^2$ apresentada em (11.17). Sendo assim, temos que:

$$F = \frac{\dfrac{SQR}{(k-1)}}{\dfrac{SQU}{(n-k)}} = \frac{\dfrac{R^2}{(k-1)}}{\dfrac{(1-R^2)}{(n-k)}} \qquad (11.20)$$

Logo, voltando ao nosso exemplo inicial, obtemos:

$$F = \frac{\dfrac{1638,85}{(2-1)}}{\dfrac{361,15}{(10-2)}} = 36,30$$

que, para 1 grau de liberdade da regressão $(k - 1 = 1)$ e 8 graus de liberdade para os resíduos $(n - k = 10 - 2 = 8)$, temos, por meio da Tabela A do Apêndice, que o $F_c = 5,32$ ($F$ crítico ao nível de significância de 5%). Dessa forma, como o $F$ calculado $F_{cal} = 36,30 > F_c = F_{1,8,5\%} = 5,32$, podemos rejeitar a hipótese nula de que todos os parâmetros $\beta_j$ $(j = 1)$ sejam estatisticamente iguais a zero. Logo, pelo menos uma variável

$X$ é estatisticamente significante para explicar a variabilidade de $Y$ e teremos um modelo de regressão estatisticamente significante para fins de previsão. Como, neste caso, temos apenas uma única variável $X$ (regressão simples) esta será estatisticamente significante, ao nível de significância de 5%, para explicar o comportamento de variação de $Y$.

Os *outputs* oferecem, por meio da análise de variância ($ANOVA$), a estatística $F$ e o seu correspondente nível de significância (Figura 11.16).

| | A | B | C | D | E | F | G | H | I |
|---|---|---|---|---|---|---|---|---|---|
| 1 | RESUMO DOS RESULTADOS | | | | | | | | |
| 2 | | | | | | $\sum_{i=1}^{n}(Y-\hat{Y})^2$ | | | |
| 3 | *Estatística de regressão* | | | | | | SQR | 1638,85 | |
| 4 | R múltiplo | 0,90522134 | | | | | | | |
| 5 | R-Quadrado | 0,81942568 | | | | $F = \dfrac{\dfrac{\sum_{i=1}^{n}(Y-\hat{Y})^2}{(k-1)}}{\dfrac{\sum_{i=1}^{n}(u_i)^2}{(n-k)}} = \dfrac{\dfrac{SQR}{(k-1)}}{\dfrac{SQU}{(n-k)}} = \dfrac{\dfrac{1638,85}{(2-1)}}{\dfrac{361,15}{(10-2)}} = 36,30$ | | | |
| 6 | R-quadrado ajustado | 0,79685389 | | | | | | | |
| 7 | Erro padrão | 6,71889731 | | | | | | | |
| 8 | Observações | 10 | | | | | | | |
| 9 | | | | | | | | | |
| 10 | ANOVA | | | | | | | | |
| 11 | | *gl* | *SQ* | *MQ* | *F* | *F de significação* | | | Nível de significância do $F_{cal}$ < 0,05 |
| 12 | Regressão | 1 | 1638,851351 | 1638,85135 | 36,30308 | 0,000314449 | | | |
| 13 | Resíduo | 8 | 361,1486486 | 45,1435811 | | | | | |
| 14 | Total | 9 | 2000 | | | | | | |
| 15 | | | | | | | | | |
| 16 | | *Coeficientes* | *Erro padrão* | *Stat t* | *valor-P* | *95% inferiores* | *95% superiores* | *Inferior 95,0%* | *Superior 95,0%* |
| 17 | Interseção | 5,87837838 | 4,532327565 | 1,29698886 | 0,23078848 | -4,573187721 | 16,32994448 | -4,573187721 | 16,32994448 |
| 18 | Variável X 1 | 1,41891892 | 0,235497229 | 6,02520431 | 0,00031445 | 0,875861336 | 1,961976502 | 0,875861336 | 1,961976502 |
| 19 | | | | | | | | | |
| 20 | | | | | | | | | |
| 21 | | | | | | | | | |
| 22 | RESULTADOS DE RESÍDUOS | | | | | | | | |
| 23 | | | | | | | | | |
| 24 | *Observação* | *Y previsto* | *Resíduos* | | | | | | |
| 25 | 1 | 17,2297297 | -2,22972973 | | | | | | |
| 26 | 2 | 14,3918919 | 5,608108108 | | | | | | |
| 27 | 3 | 27,1621622 | -7,16216216 | | | | | | |
| 28 | 4 | 34,2567568 | 5,743243243 | | | | | | |
| 29 | 5 | 41,3513514 | 8,648648649 | | | | | | |
| 30 | 6 | 21,4864865 | 3,513513514 | | | | | | |
| 31 | 7 | 12,972973 | -2,97297297 | | | | | | |
| 32 | 8 | 51,2837838 | 3,716216216 | | | | | | |
| 33 | 9 | 45,6081081 | -10,6081081 | | | | | | |
| 34 | 10 | 34,2567568 | -4,25675676 | | | | | | |

**Figura 11.16** *Output da ANOVA – Teste F para avaliação conjunta de significância dos parâmetros.*

Softwares como o Excel e o SPSS não oferecem o $F_c$ para os graus de liberdade definidos e um determinado nível de significância. Todavia, oferecem o nível de significância do $F_{cal}$ para estes graus de liberdade. Dessa forma, em vez de analisarmos se $F_{cal} > F_c$, devemos verificar se o nível de significância do $F_{cal}$ é menor do que 0,05 (5%) a fim de darmos continuidade à análise de regressão. O Excel chama este nível de significância de *F de significação*. Assim:

Se *F de significação* < 0,05, existe pelo menos um $\beta_j \neq 0$.

O nível de significância do $F_{cal}$ pode ser obtido no Excel por meio do comando **Fórmulas→Inserir Função→DISTF**, que abrirá uma caixa de diálogo conforme mostra a Figura 11.17.

Muitos modelos apresentam mais de uma variável explicativa $X$ (regressões múltiplas) e, como o teste $F$ avalia a significância conjunta das variáveis explicativas, acaba por não se definir qual ou quais destas variáveis consideradas no modelo apresentam parâmetros estimados estatisticamente diferentes de zero, a um determinado nível de significância. Desta maneira, é preciso que o pesquisador avalie se cada um dos parâmetros do modelo de regressão é estatisticamente diferente de zero, a fim de que a sua respectiva variável $X$ seja, de fato, incluída no modelo final proposto.

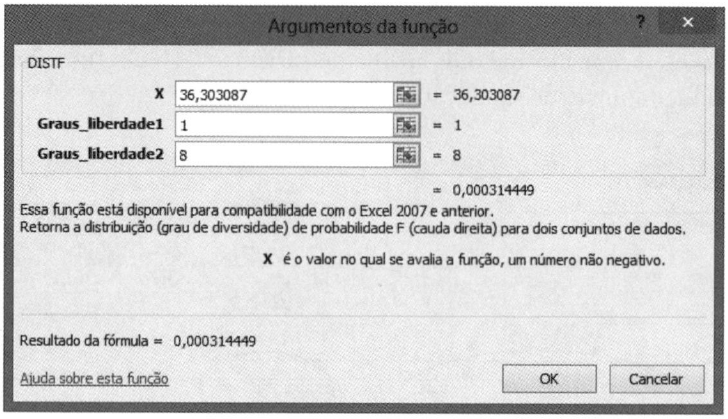

**Figura 11.17** *Obtenção do nível de significância de F (comando **Inserir Função**).*

A **estatística *t*** é importante para fornecer ao pesquisador a significância estatística de cada parâmetro a ser considerado no modelo de regressão, e as hipóteses do teste correspondente (**teste *t***) para o intercepto e para cada $\beta_j$ ($j$ = 1, 2, ..., $k$) são, respectivamente:

$$H_0: \alpha = 0$$
$$H_1: \alpha \neq 0$$
$$H_0: \beta_j = 0$$
$$H_1: \beta_j \neq 0$$

Este teste propicia ao pesquisador uma verificação sobre a significância estatística de cada parâmetro estimado, $\alpha$ e $\beta_j$, e sua expressão é dada por:

$$t_\alpha = \frac{\alpha}{s \cdot e \cdot (\alpha)} \qquad (11.21)$$

$$t_{\beta_j} = \frac{\beta_j}{s \cdot e \cdot (\beta_j)}$$

em que *s.e.* corresponde ao **erro-padrão (*standard error*)** de cada parâmetro em análise e será discutido adiante. Após a obtenção das estatísticas *t*, o pesquisador pode utilizar as respectivas tabelas de distribuição para obtenção dos valores críticos a um dado nível de significância e verificar se tais testes rejeitam ou não a hipótese nula. Entretanto, como no caso do teste *F*, os pacotes estatísticos também oferecem os valores dos níveis de significância dos testes *t*, chamados de *valor-P* (ou *P-value*), o que facilita a decisão, já que, com 95% de nível de confiança (5% de nível de significância), teremos:

Se *valor-P t* < 0,05 para o intercepto, $\alpha \neq 0$

e

Se *valor-P t* < 0,05 para uma determinada variável $X$, $\beta \neq 0$.

Utilizando os dados do nosso exemplo inicial, temos que o erro-padrão da regressão é:

$$s \cdot e \cdot = \sqrt{\frac{\sum_{i=1}^{n}(u_i)^2}{(n-k)}} = \sqrt{\frac{361,15}{(10-2)}} = 6,7189$$

que também é fornecido pelos *outputs* do Excel (Figura 11.18).

| | A | B | C | D | E | F | G | H | I |
|---|---|---|---|---|---|---|---|---|---|
| 1 | RESUMO DOS RESULTADOS | | | | | | | | |
| 2 | | | | | | | | | |
| 3 | Estatística de regressão | | | | | | | | |
| 4 | R múltiplo | 0,90522134 | | **Erro Padrão** | | | | | |
| 5 | R-Quadrado | 0,81942568 | | | | | | | |
| 6 | R-quadrado ajustado | 0,79685389 | | | | | | | |
| 7 | Erro padrão | 6,71889731 | | | | | | | |
| 8 | Observações | 10 | | | | | | | |
| 9 | | | | | | | | | |
| 10 | ANOVA | | | | | | | | |
| 11 | | gl | SQ | MQ | F | F de significação | | | |
| 12 | Regressão | 1 | 1638,851351 | 1638,85135 | 36,303087 | 0,000314449 | | | |
| 13 | Resíduo | 8 | 361,1486486 | 45,1435811 | | | | | |
| 14 | Total | 9 | 2000 | | | | | | |
| 15 | | | | | | | | | |
| 16 | | Coeficientes | Erro padrão | Stat t | valor-P | 95% inferiores | 95% superiores | Inferior 95,0% | Superior 95,0% |
| 17 | Interseção | 5,87837838 | 4,532327565 | 1,29698886 | 0,23078848 | -4,573187721 | 16,32994448 | -4,573187721 | 16,32994448 |
| 18 | Variável X 1 | 1,41891892 | 0,235497229 | 6,02520431 | 0,00031445 | 0,875861336 | 1,961976502 | 0,875861336 | 1,961976502 |
| 19 | | | | | | | | | |
| 20 | | | | | | | | | |
| 21 | | | | | | | | | |
| 22 | RESULTADOS DE RESÍDUOS | | | | | | | | |
| 23 | | | | | | | | | |
| 24 | Observação | Y previsto | Resíduos | | | | | | |
| 25 | 1 | 17,2297297 | -2,22972973 | | | | | | |
| 26 | 2 | 14,3918919 | 5,608108108 | | | | | | |
| 27 | 3 | 27,1621622 | -7,16216216 | | | | | | |
| 28 | 4 | 34,2567568 | 5,743243243 | | | | | | |
| 29 | 5 | 41,3513514 | 8,648648649 | | | | | | |
| 30 | 6 | 21,4864865 | 3,513513514 | | | | | | |
| 31 | 7 | 12,972973 | -2,97297297 | | | | | | |
| 32 | 8 | 51,2837838 | 3,716216216 | | | | | | |
| 33 | 9 | 45,6081081 | -10,6081081 | | | | | | |
| 34 | 10 | 34,2567568 | -4,25675676 | | | | | | |

$$s.e. = \sqrt{\frac{\sum_{i=1}^{n}(u_i)^2}{(n-k)}} = \sqrt{\frac{361,15}{(10-2)}} = 6,7189$$

**Figura 11.18** *Cálculo do erro-padrão.*

A partir da equação (11.21), podemos calcular, para o nosso exemplo:

$$t_\alpha = \frac{\alpha}{s \cdot e \cdot (\alpha)} = \frac{5,8784}{6,7189 \cdot \sqrt{a_{jj}}}$$

$$t_\beta = \frac{\beta}{s \cdot e \cdot (\beta)} = \frac{1,4189}{6,7189 \cdot \sqrt{a_{jj}}}$$

em que $a_{jj}$ é o *j*-ésimo elemento da diagonal principal resultante do seguinte cálculo matricial:

$$\left[ \begin{pmatrix} 1 & 1 & 1 & ... \\ 8 & 6 & 15 & ... \end{pmatrix} \cdot \begin{pmatrix} 1 & 8 \\ 1 & 6 \\ 1 & 15 \\ ... & ... \end{pmatrix} \right]^{-1} = \begin{pmatrix} 0,4550 & -0,0209 \\ -0,0209 & 0,0012 \end{pmatrix}$$

que resulta, portanto, em:

$$t_\alpha = \frac{\alpha}{s \cdot e \cdot (\alpha)} = \frac{5,8784}{6,7189.\sqrt{0,4550}} = \frac{5,8784}{4,532} = 1,2969$$

$$t_\beta = \frac{\beta}{s \cdot e \cdot (\beta)} = \frac{1,4189}{6,7189 \cdot \sqrt{0,0012}} = \frac{1,4189}{0,2354} = 6,0252$$

que, para 8 graus de liberdade ($n - k = 10 - 2 = 8$), temos, por meio da Tabela B do Apêndice, que o $t_c = 2,306$ para o nível de significância de 5% (probabilidade na cauda superior de 0,025 para a distribuição bicaudal). Dessa forma, como o $t_{cal} = 1,2969 < t_c = t_{8,2,5\%} = 2,306$, não podemos rejeitar a hipótese nula de que o parâmetro a seja estatisticamente igual a zero a este nível de significância para a amostra em questão.

O mesmo, todavia, não ocorre para o parâmetro $\beta$, já que $t_{cal} = 6,0252 > t_c = t_8, 2,5\% = 2,306$. Podemos, portanto, rejeitar a hipótese nula neste caso, ou seja, ao nível de significância de 5% não podemos afirmar que este parâmetro seja estatisticamente igual a zero.

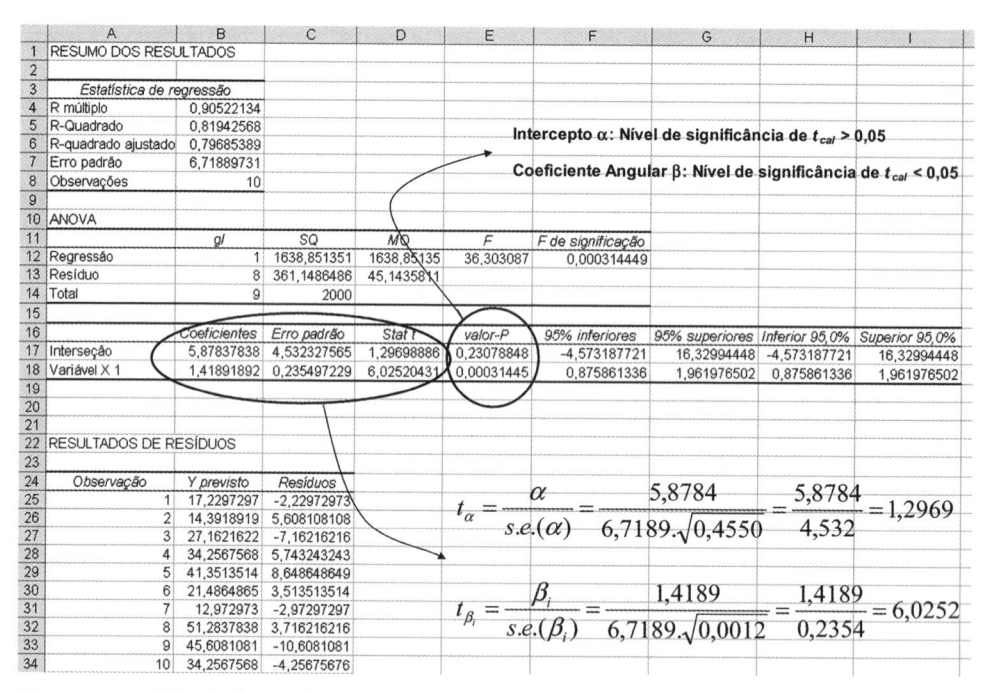

**Figura 11.19** *Cálculo dos coeficientes e teste t de significância dos parâmetros.*

Analogamente ao teste $F$, em vez de analisarmos se $t_{cal} > t_c$ para cada parâmetro, podemos diretamente verificar se o nível de significância (*valor-P*) de cada $t_{cal}$ é menor do que 0,05 (5%), a fim de mantermos o parâmetro no modelo final. O *valor-P* de cada $t_{cal}$ pode ser obtido no Excel por meio do comando **Fórmulas→Inserir Função→DISTT**, que abrirá uma caixa de diálogo conforme mostra a Figura 11.20. Nessa figura, já estão apresentadas as caixas de diálogo correspondentes aos parâmetros $\alpha$ e $\beta$.

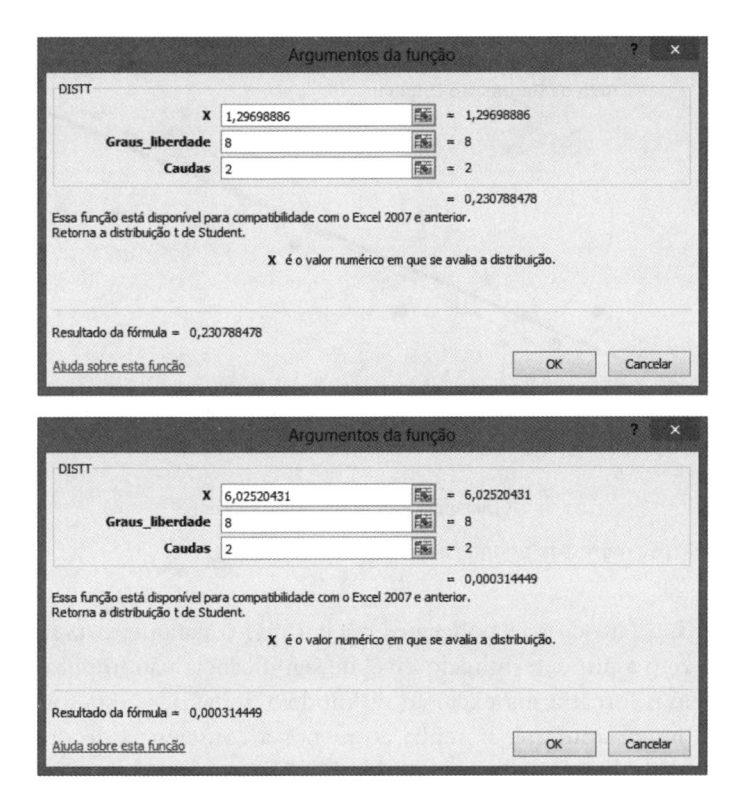

**Figura 11.20** *Obtenção dos níveis de significância de t para os parâmetros a e β (comando Inserir Função).*

É importante mencionar que, para regressões simples, a estatística $F = t^2$ do parâmetro $\beta$, conforme demonstram Fávero *et al.* (2009). No nosso exemplo, portanto, podemos verificar que:

$$t_\beta^2 = F$$
$$t_\beta^2 = (6{,}0252)^2 = 36{,}30 = F$$

Como a hipótese $H_1$ do teste $F$ nos diz que pelo menos um parâmetro $\beta$ é estatisticamente diferente de zero para um determinado nível de significância, e como uma regressão simples apresenta apenas um único parâmetro $\beta$, se $H_0$ for rejeitada para o teste $F$, $H_0$ também o será para o teste $t$ deste parâmetro $\beta$.

Já para o parâmetro $\alpha$, como $t_{cal} < t_c$ (*valor-P* de $t_{cal}$ para o parâmetro $\alpha > 0{,}05$) no nosso exemplo, poderíamos pensar na elaboração de uma nova regressão forçando que o intercepto seja igual a zero. Isso poderia ser elaborado por meio da caixa de diálogo de Regressão do Excel, com a seleção da opção **Constante é zero**.

Todavia, não iremos elaborar tal procedimento, uma vez que a não rejeição da hipótese nula de que o parâmetro $\alpha$ seja estatisticamente igual a zero é decorrência da pequena amostra utilizada, porém não impede que um pesquisador faça previsões por meio da utilização do modelo obtido. A imposição de que o $\alpha$ seja zero poderá gerar vieses de previsão pela geração de outra reta que possivelmente não será a mais adequada para se elaborarem interpolações nos dados. A Figura 11.21 ilustra este fato.

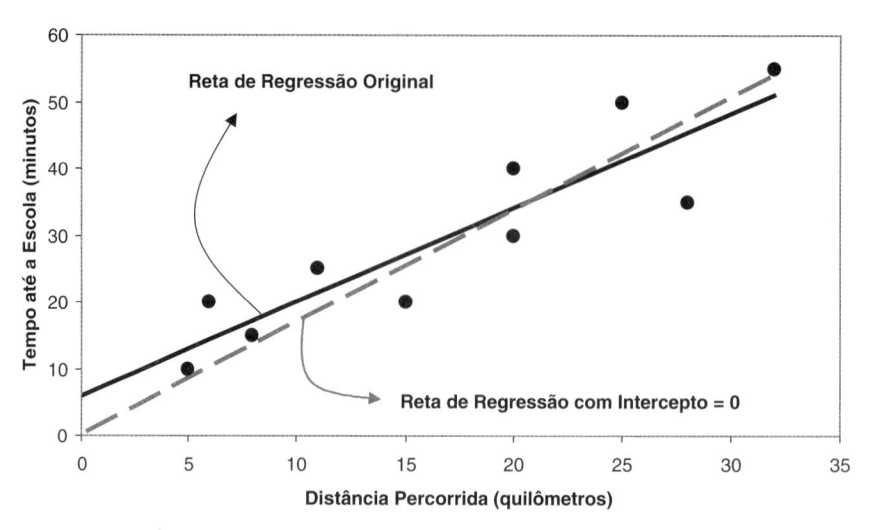

**Figura 11.21** *Retas de regressão original e com intercepto igual a zero.*

Dessa forma, o fato de não podermos rejeitar que o parâmetro $\alpha$ seja estatisticamente igual a zero a um determinado nível de significância não implica que necessariamente devemos forçar a sua exclusão do modelo. Todavia, se esta for a decisão do pesquisador, é importante que se tenha ao menos a consciência de que apenas será gerado um modelo diferente daquele obtido inicialmente, com consequências para a elaboração de previsões.

A não rejeição da hipótese nula para o parâmetro $\beta$ a um determinado nível de significância, por outro lado, deve indicar que a correspondente variável $X$ não se correlaciona com a variável $Y$ e, portanto, deve ser excluída do modelo final.

Quando apresentarmos, mais adiante neste capítulo, a análise de regressão por meio dos software SPSS (seção 3), será introduzido o **procedimento Stepwise**, que tem a propriedade de automaticamente excluir ou manter os parâmetros $\beta$ no modelo em função dos critérios apresentados e oferecer o modelo final apenas com parâmetros $\beta$ estatisticamente diferentes de zero para um determinado nível de significância.

## 2.4. Construção dos intervalos de confiança dos parâmetros do modelo e elaboração de previsões

Os intervalos de confiança para os parâmetros $\alpha$ e $\beta_j$ $(j = 1, 2, ..., k)$ para o nível de confiança de 95%, podem ser escritos, respectivamente, da seguinte forma:

$$P\left[\hat{\alpha}-t_{\frac{\alpha}{2}}\cdot\sqrt{\frac{\sum_{i=1}^{n}(u_i)^2}{(n-k)}\cdot\left(\frac{1}{n}+\frac{\overline{X}^2}{\sum_{i=1}^{n}(X_i-\overline{X})^2}\right)}\leq\hat{\alpha}\leq\hat{\alpha}+t_{\frac{\alpha}{2}}\cdot\sqrt{\frac{\sum_{i=1}^{n}(u_i)^2}{(n-k)}\cdot\left(\frac{1}{n}+\frac{\overline{X}^2}{\sum_{i=1}^{n}(X_i-\overline{X})^2}\right)}\right]=95\%$$

$$(11.22)$$

$$P\left[\hat{\beta}_j - t_{\frac{\alpha}{2}} \cdot \frac{s.e.}{\sqrt{\left(\sum_{i=1}^{n} X_i^2\right) - \frac{\left(\sum_{i=1}^{n} X_i\right)^2}{n}}} \leq \hat{\beta}_j \leq \hat{\beta}_j + t_{\frac{\alpha}{2}} \cdot \frac{s \cdot e \cdot}{\sqrt{\left(\sum_{i=1}^{n} X_i^2\right) - \frac{\left(\sum_{i=1}^{n} X_i\right)^2}{n}}}\right] = 95\%$$

Portanto, para o nosso exemplo, temos que:

Parâmetro $\alpha$:

$$P\left[5,8784 - 2,306 \cdot \sqrt{\frac{361,1486}{(8)} \cdot \left(\frac{1}{10} + \frac{289}{814}\right)} \leq \hat{\alpha} \leq 5,8784 + 2,306 \cdot \sqrt{\frac{361,1486}{(8)} \cdot \left(\frac{1}{10} + \frac{289}{814}\right)}\right] = 95\%$$

$$P\left[-4,5731 \leq \hat{\alpha} \leq 16,3299\right] = 95\%$$

Como o intervalo de confiança para o parâmetro $\alpha$ contém o zero, não podemos rejeitar, ao nível de confiança de 95%, que este parâmetro seja estatisticamente igual a zero, conforme já verificado quando do cálculo da estatística $t$.

Parâmetro $\beta$:

$$P\left[1,4189 - 2,306 \cdot \frac{6,7189}{\sqrt{(3704) - \frac{(170)^2}{10}}} \leq \hat{\beta} \leq 1,4189 + 2,306 \cdot \frac{6,7189}{\sqrt{(3704) - \frac{(170)^2}{10}}}\right] = 95$$

$$P\left[0,8758 \leq \hat{\beta} \leq 1,9619\right] = 95\%$$

Como o intervalo de confiança para o parâmetro $\beta$ não contém o zero, podemos rejeitar, ao nível de confiança de 95%, que este parâmetro seja estatisticamente igual a zero, conforme também já verificado quando do cálculo da estatística $t$.

Estes intervalos também são gerados nos *outputs* do Excel. Como o padrão do software é utilizar um nível de confiança de 95%, estes intervalos são mostrados duas vezes, a fim de permitir que o pesquisador altere manualmente o nível de confiança desejado, selecionando a opção **Nível de confiança** na caixa de diálogo de Regressão do Excel, e ainda tenha condições de analisar os intervalos para o nível de confiança mais comumente utilizado (95%). Em outras palavras, os intervalos para o nível de confiança de 95% no Excel serão sempre apresentados, dando ao pesquisador a possibilidade de analisar paralelamente intervalos com outro nível de confiança.

Iremos, dessa forma, alterar a caixa de diálogo da regressão (Figura 11.22), a fim de permitir que o software também calcule os intervalos dos parâmetros ao nível de confiança de, por exemplo, 90%. Estes *outputs* estão apresentados na Figura 11.23.

Percebe-se que os valores das bandas inferior e superior são simétricos em relação ao parâmetro médio estimado e oferecem ao pesquisador uma possibilidade de serem elaboradas previsões com um determinado nível de confiança. No caso do parâmetro $\beta$ do nosso exemplo, como os extremos das bandas inferior e superior são positivos, podemos dizer que este parâmetro é positivo, com 95% de confiança. Além disso, podemos também dizer que o intervalo [0,8758; 1,9619] contém $\beta$ com 95% de confiança.

| | A | B |
|---|---|---|
| 1 | Tempo (min) (Y) | Distância (km) (X₁) |
| 2 | 15 | 8 |
| 3 | 20 | 6 |
| 4 | 20 | 15 |
| 5 | 40 | 20 |
| 6 | 50 | 25 |
| 7 | 25 | 11 |
| 8 | 10 | 5 |
| 9 | 55 | 32 |
| 10 | 35 | 28 |
| 11 | 30 | 20 |

**Figura 11.22** *Alteração do nível de confiança dos intervalos dos parâmetros para 90%.*

| | A | B | C | D | E | F | G | H | I |
|---|---|---|---|---|---|---|---|---|---|
| 1 | RESUMO DOS RESULTADOS | | | | | | | | |
| 2 | | | | | | | | | |
| 3 | Estatística de regressão | | | | | | | | |
| 4 | R múltiplo | 0,90522134 | | | | | | | |
| 5 | R-Quadrado | 0,81942568 | | | | | | | |
| 6 | R-quadrado ajustado | 0,79685389 | | | | | | | |
| 7 | Erro padrão | 6,71889731 | | | | | | | |
| 8 | Observações | 10 | | | | | | | |
| 9 | | | | | | | | | |
| 10 | ANOVA | | | | | | | | |
| 11 | | gl | SQ | MQ | F | F de significação | | | |
| 12 | Regressão | 1 | 1638,851351 | 1638,85135 | 36,303087 | 0,000314449 | | | |
| 13 | Resíduo | 8 | 361,1486486 | 45,1435811 | | | | | |
| 14 | Total | 9 | 2000 | | | | | | |
| 15 | | | | | | | | | |
| 16 | | Coeficientes | Erro padrão | Stat t | valor-P | 95% inferiores | 95% superiores | Inferior 90,0% | Superior 90,0% |
| 17 | Interseção | 5,87837838 | 4,532327565 | 1,29698886 | 0,23078848 | -4,573187721 | 16,32994448 | -2,549702432 | 14,30645919 |
| 18 | Variável X 1 | 1,41891892 | 0,235497229 | 6,02520431 | 0,00031445 | 0,875861336 | 1,961976502 | 0,98100051 | 1,856837328 |
| 19 | | | | | | | | | |
| 20 | | | | | | | | | |
| 21 | | | | | | | | | |
| 22 | RESULTADOS DE RESÍDUOS | | | | | | | | |
| 23 | | | | | | | | | |
| 24 | Observação | Y previsto | Resíduos | | | | | | |
| 25 | 1 | 17,2297297 | -2,22972973 | | | | **Intervalos dos Parâmetros** | **Intervalos dos Parâmetros** | |
| 26 | 2 | 14,3918919 | 5,608108108 | | | | **com Nível de Confiança de 95%** | **com Nível de Confiança de 90%** | |
| 27 | 3 | 27,1621622 | -7,16216216 | | | | | | |
| 28 | 4 | 34,2567568 | 5,743243243 | | | | | | |
| 29 | 5 | 41,3513514 | 8,648648649 | | | | | | |
| 30 | 6 | 21,4864865 | 3,513513514 | | | | | | |
| 31 | 7 | 12,972973 | -2,97297297 | | | | | | |
| 32 | 8 | 51,2837838 | 3,716216216 | | | | | | |
| 33 | 9 | 45,6081081 | -10,6081081 | | | | | | |
| 34 | 10 | 34,2567568 | -4,25675676 | | | | | | |

**Figura 11.23** *Intervalos com níveis de confiança de 95% e 90% para cada um dos parâmetros.*

Diferentemente do que fizemos para o nível de confiança de 95%, não iremos calcular manualmente os intervalos dos parâmetros para o nível de confiança de 90%. Porém, a análise dos *outputs* do Excel nos permite afirmar que o intervalo [0,9810; 1,8568] contém $\beta$ com 90% de confiança. Desta maneira, podemos dizer que, quanto menores os níveis de confiança, mais estreitos (menor amplitude) serão os intervalos para conter um determinado parâmetro. Por outro lado, quanto maiores forem os níveis de confiança, maior amplitude terão os intervalos para conter este parâmetro.

A Figura 11.24 ilustra o que acontece quando temos uma nuvem dispersa de pontos em torno de uma reta de regressão.

Podemos notar que, por mais que o parâmetro $\alpha$ seja positivo e matematicamente igual a 5,8784, não podemos afirmar que ele seja estatisticamente diferente de zero para esta pequena amostra, uma vez que o intervalo de confiança contém o intercepto igual a zero (origem). Uma amostra maior poderia resolver este problema.

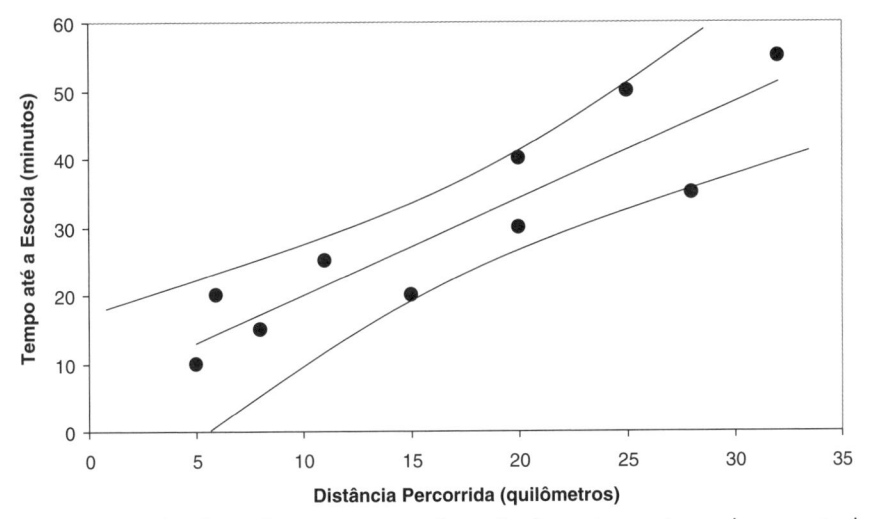

**Figura 11.24** *Intervalos de confiança para uma dispersão de pontos em torno de uma reta de regressão.*

Já para o parâmetro $\beta$, podemos notar que a inclinação tem sido sempre positiva, com valor médio calculado matematicamente e igual a 1,4189. Podemos visualmente notar que seu intervalo de confiança não contém a inclinação igual a zero.

Conforme já discutido, a rejeição da hipótese nula para o parâmetro $\beta$, a um determinado nível de significância, indica que a correspondente variável $X$ correlaciona-se com a variável $Y$ e, consequentemente, deve permanecer no modelo final. Podemos, portanto, concluir que a decisão pela exclusão de uma variável $X$ num determinado modelo de regressão pode ser realizada por meio da análise direta da estatística $t$ de seu respectivo parâmetro $\beta$ (se $t_{cal} < t_c \rightarrow$ *valor-P* $> 0,05 \rightarrow$ não podemos rejeitar que o parâmetro seja estatisticamente igual a zero) ou por meio da análise do intervalo de confiança (se o mesmo contém o zero). O Quadro 11.1 apresenta os critérios de inclusão ou exclusão de parâmetros $\beta_j$ ($j = 1, 2, ..., k$) em modelos de regressão.

**Quadro 11.1** Decisão de inclusão de parâmetros $\beta_j$ em modelos de regressão

| Parâmetro | Estatística $t$ (para nível de significância $\alpha$) | Teste $t$ (análise do *valor-P* para nível de significância $\alpha$) | Análise pelo Intervalo de Confiança | Decisão |
|---|---|---|---|---|
| $\beta_j$ | $t_{cal} < t_{c\ \alpha/2}$ | *valor-P* > nível de sig. $\alpha$ | O intervalo de confiança contém o zero | Excluir o parâmetro do modelo |
| | $t_{cal} > t_{c\ \alpha/2}$ | *valor-P* < nível de sig. $\alpha$ | O intervalo de confiança não contém o zero | Manter o parâmetro no modelo |

*Obs.*: O mais comum em ciências sociais aplicadas é a adoção do nível de significância $\alpha = 5\%$.

Após a discussão desses conceitos, o professor propôs o seguinte exercício para a turma de estudantes: **Qual a previsão do tempo médio de percurso ($Y$ estimado, ou $\hat{Y}$) de um aluno que percorre 17 quilômetros para chegar à escola? Quais seriam os valores mínimo e máximo que este tempo de percurso poderia assumir, com 95% de confiança?**

A primeira parte do exercício pode ser resolvida pela simples substituição do valor de $X_i = 17$ na equação inicialmente obtida. Assim:

$$\hat{tempo}_i = 5,8784 + 1,4189 \cdot dist_i = 5,8784 + 1,4189 \cdot (17) = 29,9997 \, \text{min}$$

A segunda parte do exercício nos remete aos *outputs* da Figura 11.23, já que os parâmetros $\alpha$ e $\beta$ assumem intervalos de [-4,5731; 16,3299] e [0,8758; 1,9619], respectivamente, ao nível de confiança de 95%. Sendo assim, as equações que determinam os valores mínimo e máximo do tempo de percurso para este nível de confiança são:

Tempo mínimo:

$$\hat{tempo}_{min} = -4,5731 + 0,8758 \cdot dist_i = -4,5731 + 0,8758 \cdot (17) = 10,3155 \, \text{min}$$

Tempo máximo:

$$\hat{tempo}_{max} = 16,3299 + 1,9619 \cdot dist_i = 16,3299 + 1,9619 \cdot (17) = 49,6822 \, \text{min}$$

Logo, podemos dizer que há 95% de confiança de que um aluno que percorre 17 quilômetros para chegar à escola leve entre 10,3155 min e 49,6822 min, com tempo médio estimado de 29,9997 min.

Obviamente que a amplitude destes valores não é pequena, por conta do intervalo de confiança do parâmetro $\alpha$ ser bastante amplo. Este fato poderia ser corrigido pelo incremento do tamanho da amostra ou pela inclusão de novas variáveis $X$ estatisticamente significantes no modelo (que passaria a ser um modelo de regressão múltipla), já que, neste último caso, aumentar-se-ia o valor do $R^2$.

Após o professor apresentar os resultados de seu modelo aos estudantes, um curioso aluno levantou-se e perguntou: **Mas então, professor, existe alguma influência do coeficiente de ajuste $R^2$ dos modelos de regressão sobre a amplitude dos intervalos de confiança? Se elaborássemos esta regressão linear substituindo $Y$ por $\hat{Y}$, como seriam os resultados? A equação seria alterada? E o $R^2$? E os intervalos de confiança?**

E o professor substituiu $Y$ por $\hat{Y}$ e elaborou novamente a regressão por meio do banco de dados apresentado na Tabela 11.4.

**Tabela 11.4** Banco de dados para a elaboração da nova regressão

| Observação (*i*) | Tempo previsto ($\hat{Y}_i$) | Distância ($X_i$) |
|:---:|:---:|:---:|
| 1 | 17,23 | 8 |
| 2 | 14,39 | 6 |
| 3 | 27,16 | 15 |
| 4 | 34,26 | 20 |
| 5 | 41,35 | 25 |
| 6 | 21,49 | 11 |
| 7 | 12,97 | 5 |
| 8 | 51,28 | 32 |
| 9 | 45,61 | 28 |
| 10 | 34,26 | 20 |

O primeiro passo adotado pelo professor foi elaborar o novo gráfico de dispersão, já com a reta estimada de regressão. Este gráfico está apresentado na Figura 11.25.

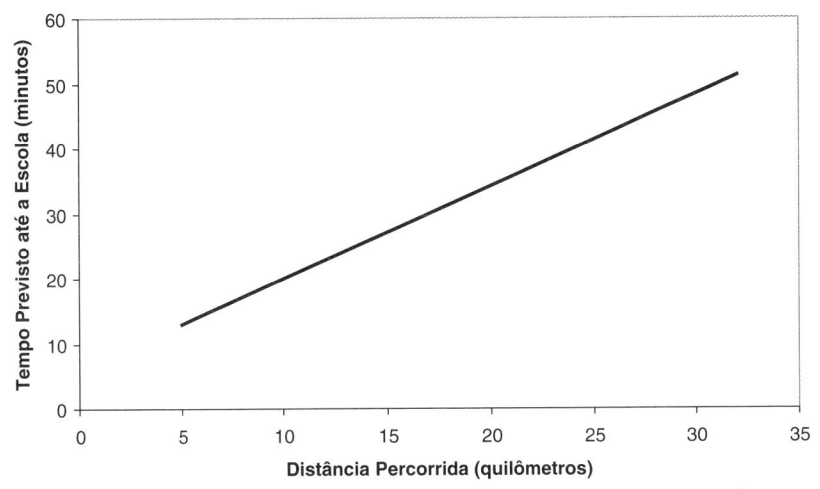

**Figura 11.25** *Gráfico de dispersão e reta de regressão linear entre tempo previsto (Ŷ) e distância percorrida (X).*

Como podemos observar, obviamente todos os pontos agora se situam sobre a reta de regressão, uma vez que tal procedimento forçou esta situação pelo fato de o cálculo de cada $\hat{Y}_i$ ter utilizado a própria reta de regressão obtida anteriormente. Dessa forma, podemos afirmar de antemão que o $R^2$ desta nova regressão é 1. Vamos aos novos *outputs* (Figura 11.26).

| | A | B | C | D | E | F | G |
|---|---|---|---|---|---|---|---|
| 1 | RESUMO DOS RESULTADOS | | | | | | |
| 2 | | | | | | | |
| 3 | *Estatística de regressão* | | | | | | |
| 4 | R múltiplo | 1 | | | | | |
| 5 | R-Quadrado | 1 | | | | | |
| 6 | R-quadrado ajustado | 1 | | | | | |
| 7 | Erro padrão | 0 | | | | | |
| 8 | Observações | 10 | | | | | |
| 9 | | | | | | | |
| 10 | ANOVA | | | | | | |
| 11 | | *gl* | *SQ* | *MQ* | *F* | *F de significação* | |
| 12 | Regressão | 1 | 1638,851351 | 1638,851351 | 4,03541E+32 | 0,00 | |
| 13 | Resíduo | 8 | 0 | 0 | | | |
| 14 | Total | 9 | 1638,851351 | | | | |
| 15 | | | | | | | |
| 16 | | *Coeficientes* | *Erro padrão* | *Stat t* | *valor-P* | *95% inferiores* | *95% superiores* |
| 17 | Interseção | 5,878378378 | 0,00 | 4,32420E+15 | 0,00 | 5,070370370 | 5,878378378 |
| 18 | Variável X 1 | 1,418918919 | 0,00 | 2,00883E+16 | 0,00 | 1,418918919 | 1,418918919 |
| 19 | | | | | | | |
| 20 | | | | | | | |
| 21 | | | | | | | |
| 22 | RESULTADOS DE RESÍDUOS | | | | | | |
| 23 | | | | | | | |
| 24 | *Observação* | *Y previsto* | *Resíduos* | | | | |
| 25 | 1 | 17,22972973 | 0 | | | | |
| 26 | 2 | 14,39189189 | 0 | | | | |
| 27 | 3 | 27,16216216 | 0 | | | | |
| 28 | 4 | 34,25675676 | 0 | | | | |
| 29 | 5 | 41,35135135 | 0 | | | | |
| 30 | 6 | 21,48648649 | 0 | | | | |
| 31 | 7 | 12,97297297 | 0 | | | | |
| 32 | 8 | 51,28378378 | 0 | | | | |
| 33 | 9 | 45,60810811 | 0 | | | | |
| 34 | 10 | 34,25675676 | 0 | | | | |

**Figura 11.26** *Outputs da regressão linear entre tempo previsto (Ŷ) e distância percorrida (X).*

Como já esperávamos, o $R^2$ é 1. E a equação do modelo é exatamente aquela já calculada anteriormente, uma vez que é a mesma reta.

Porém, podemos observar que os testes $F$ e $t$ fazem com que rejeitemos fortemente as suas respectivas hipóteses nulas. Mesmo para o parâmetro $\alpha$, que anteriormente não podia ser considerado estatisticamente diferente de zero, agora apresenta seu teste $t$ nos dizendo que podemos rejeitar, ao nível de confiança de 95% (ou até maior), que este parâmetro é estatisticamente igual a zero. Isso ocorre porque anteriormente a pequena amostra utilizada ($n = 10$ observações) não nos permitia afirmar que o intercepto era diferente de zero, já que a dispersão de pontos gerava um intervalo de confiança que continha o intercepto igual a zero (Figura 11.24).

Agora, por outro lado, quando todos os pontos estão sobre a reta, cada um dos termos do resíduo passa a ser zero, o que faz com que o $R^2$ se torne 1. Além disso, a equação obtida não é mais uma reta ajustada a uma dispersão de pontos, mas a própria reta que passa por todos os pontos e explica completamente o comportamento da amostra. Assim, não temos dispersão em torno da reta de regressão e os intervalos de confiança passam a apresentar amplitude nula, como também podemos observar por meio da Figura 11.26. Neste caso, para qualquer nível de confiança, não são mais alterados os valores de cada intervalo dos parâmetros, o que nos faz afirmar que o intervalo [5,8784; 5,8784] contém $\alpha$ e o intervalo [1,4189; 1,4189] contém $\beta$ com 100% de confiança. Em outras palavras, neste caso extremo $\alpha$ é matematicamente igual a 5,8784 e $\beta$ é matematicamente igual a 1,4189.

Assim sendo, o $R^2$ é um indicador de quão amplos serão os intervalos de confiança dos parâmetros. Portanto, modelos com $R^2$ mais elevados propiciarão ao pesquisador a elaboração de previsões com maior acurácia, dado que a nuvem de pontos será menos dispersa em torno da reta de regressão, o que reduzirá a amplitude dos intervalos de confiança dos parâmetros.

Por outro lado, modelos com baixos valores de $R^2$ podem prejudicar a elaboração de previsões dada a maior amplitude dos intervalos de confiança dos parâmetros, mas não invalidam a existência do modelo propriamente dito. Conforme já discutimos, muitos pesquisadores dão importância demasiada ao $R^2$, porém será o teste $F$ que permitirá ao mesmo afirmar que há a existência de um modelo de regressão (pelo menos uma variável $X$ considerada é estatisticamente significante para explicar $Y$). Assim, não é raro encontrarmos em Administração, em Contabilidade ou em Economia modelos com baixíssimos valores de $R^2$ e com valores de $F$ estatisticamente significantes, o que demonstra que o fenômeno estudado $Y$ sofreu mudanças em seu comportamento em decorrência de algumas variáveis $X$ adequadamente incluídas no modelo, porém baixa será a acurácia de previsão pela impossibilidade de se monitorarem todas as variáveis que efetivamente explicam a variação daquele fenômeno $Y$. Dentro das mencionadas áreas do conhecimento, tal fato é facilmente encontrado em trabalhos sobre Finanças e Mercado de Ações.

## 2.5. Estimação de modelos lineares de regressão múltipla

Segundo Fávero *et al.* (2009), a regressão linear múltipla apresenta a mesma lógica da apresentada para a regressão linear simples, porém agora com a inclusão de mais de

uma variável explicativa $X$ no modelo. A utilização de muitas variáveis explicativas dependerá da teoria subjacente e de estudos predecessores, bem como da experiência e do bom senso do pesquisador, a fim de que seja possível fundamentar a decisão.

Inicialmente, o conceito *ceteris paribus* (mantidas as demais condições constantes) deve ser utilizado na análise da regressão múltipla, uma vez que a interpretação do parâmetro de cada variável será feita isoladamente. Assim, em um modelo que possui duas variáveis explicativas, $X_1$ e $X_2$, os respectivos coeficientes serão analisados de forma a considerar todos os outros fatores constantes.

Para exemplificarmos a análise de regressão linear múltipla, utilizaremos o mesmo exemplo até agora abordado neste capítulo. Porém, neste momento, imaginemos que o professor tenha tomado a decisão de coletar mais uma variável de cada um dos alunos. Esta variável será referente ao número de semáforos que cada aluno é obrigado a passar, e a chamaremos de variável *sem*. Dessa forma, o modelo teórico passará a ser:

$$tempo_i = a + b_1 \cdot dist_i + b_2 \cdot sem_i + u_i$$

que, analogamente ao apresentado para a regressão simples, temos que:

$$\hat{tempo}_i = \alpha + \beta_1 \cdot dist_i + \beta_2 \cdot sem_i$$

em que $\alpha$, $\beta_1$ e $\beta_2$ são, respectivamente, as estimativas dos parâmetros $a$, $b_1$ e $b_2$.

O novo banco de dados encontra-se na Tabela 11.5, bem como no arquivo **Tempodistsem.xls**.

**Tabela 11.5** Exemplo: Tempo de percurso × Distância percorrida e quantidade de semáforos

| Estudante | Tempo para chegar à escola (minutos) ($Y_i$) | Distância percorrida até a escola (quilômetros) ($X_{1i}$) | Quantidade de semáforos ($X_{2i}$) |
|---|---|---|---|
| Gabriela | 15 | 8 | 0 |
| Dalila | 20 | 6 | 1 |
| Gustavo | 20 | 15 | 0 |
| Letícia | 40 | 20 | 1 |
| Luiz Ovídio | 50 | 25 | 2 |
| Leonor | 25 | 11 | 1 |
| Ana | 10 | 5 | 0 |
| Antônio | 55 | 32 | 3 |
| Júlia | 35 | 28 | 1 |
| Mariana | 30 | 20 | 1 |

Iremos agora desenvolver algebricamente os procedimentos para o cálculo dos parâmetros do modelo, assim como fizemos para o modelo de regressão simples. Por meio da seguinte equação:

$$Y_i = a + b_1 \cdot X_{1i} + b_2 \cdot X_{2i} + u_i$$

podemos também definir que a somatória dos quadrados dos resíduos seja mínima. Assim:

$$\sum_{i=1}^{n} (Y_i - \beta_1 \cdot X_{1i} - \beta_2 \cdot X_{2i} - \alpha)^2 = \min$$

A minimização ocorre ao se derivar a equação anterior em $\alpha, \beta_1$ e $\beta_2$ e igualar as equações resultantes a zero. Assim:

$$\frac{\partial\left[\sum_{i=1}^{n}(Y_i-\beta_1\cdot X_{1i}-\beta_2\cdot X_{2i}-\alpha)^2\right]}{\partial\alpha}=-2\sum_{i=1}^{n}(Y_i-\beta_1\cdot X_{1i}-\beta_2\cdot X_{2i}-\alpha)=0 \tag{11.23}$$

$$\frac{\partial\left[\sum_{i=1}^{n}(Y_i-\beta_1\cdot X_{1i}-\beta_2\cdot X_{2i}-\alpha)^2\right]}{\partial\beta_1}=-2\sum_{i=1}^{n}X_{1i}\cdot(Y_i-\beta_1\cdot X_{1i}-\beta_2\cdot X_{2i}-\alpha)=0 \tag{11.24}$$

$$\frac{\partial\left[\sum_{i=1}^{n}(Y_i-\beta_1\cdot X_{1i}-\beta_2\cdot X_{2i}-\alpha)^2\right]}{\partial\beta_2}=-2\sum_{i=1}^{n}X_{2i}\cdot(Y_i-\beta_1\cdot X_{1i}-\beta_2\cdot X_{2i}-\alpha)=0 \tag{11.25}$$

que gera o seguinte sistema de três equações e três incógnitas:

$$\begin{cases}\sum_{i=1}^{n}Y_i=n\cdot\alpha+\beta_1\cdot\sum_{i=1}^{n}X_{1i}+\beta_2\cdot\sum_{i=1}^{n}X_{2i}\\[2mm]\sum_{i=1}^{n}Y_i\cdot X_{1i}=\alpha\cdot\sum_{i=1}^{n}X_{1i}+\beta_1\cdot\sum_{i=1}^{n}X_{1i}^2+\beta_2\cdot\sum_{i=1}^{n}X_{1i}\cdot X_{2i}\\[2mm]\sum_{i=1}^{n}Y_i\cdot X_{2i}=\alpha\cdot\sum_{i=1}^{n}X_{2i}+\beta_1\cdot\sum_{i=1}^{n}X_{1i}\cdot X_{2i}+\beta_2\cdot\sum_{i=1}^{n}X_{2i}^2\end{cases} \tag{11.26}$$

Dividindo-se a primeira expressão da equação (11.26) por $n$, chegamos a:

$$\alpha=\overline{Y}-\beta_1\cdot\overline{X}_1-\beta_2\cdot\overline{X}_2 \tag{11.27}$$

Por meio da substituição da equação (11.27) nas duas últimas expressões da equação (11.26), chegaremos ao seguinte sistema de duas equações e duas incógnitas:

$$\begin{cases}\sum_{i=1}^{n}Y_i\cdot X_{1i}-\dfrac{\sum_{i=1}^{n}Y_i\cdot\sum_{i=1}^{n}X_{1i}}{n}=\beta_1\cdot\left[\sum_{i=1}^{n}X_{1i}^2-\dfrac{\left(\sum_{i=1}^{n}X_{1i}\right)^2}{n}\right]+\beta_2\cdot\left[\sum_{i=1}^{n}X_{1i}\cdot X_{2i}-\dfrac{\left(\sum_{i=1}^{n}X_{1i}\right)\cdot\left(\sum_{i=1}^{n}X_{2i}\right)}{n}\right]\\[6mm]\sum_{i=1}^{n}Y_i\cdot X_{2i}-\dfrac{\sum_{i=1}^{n}Y_i\cdot\sum_{i=1}^{n}X_{2i}}{n}=\beta_1\cdot\left[\sum_{i=1}^{n}X_{1i}\cdot X_{2i}-\dfrac{\left(\sum_{i=1}^{n}X_{1i}\right)\cdot\left(\sum_{i=1}^{n}X_{2i}\right)}{n}\right]+\beta_2\cdot\left[\sum_{i=1}^{n}X_{2i}^2-\dfrac{\left(\sum_{i=1}^{n}X_{2i}\right)^2}{n}\right]\end{cases} \tag{11.28}$$

Vamos agora calcular manualmente os parâmetros do modelo do nosso exemplo. Para tanto, iremos utilizar a planilha apresentada por meio da Tabela 11.6.

**Tabela 11.6** Planilha para o cálculo dos parâmetros da regressão linear múltipla

| Obs. (i) | $Y_i$ | $X_{1i}$ | $X_{2i}$ | $Y_i \cdot X_{1i}$ | $Y_i \cdot X_{2i}$ | $X_{1i} \cdot X_{2i}$ | $(Y_i)^2$ | $(X_{1i})^2$ | $(X_{2i})^2$ |
|---|---|---|---|---|---|---|---|---|---|
| 1 | 15 | 8 | 0 | 120 | 0 | 0 | 225 | 64 | 0 |
| 2 | 20 | 6 | 1 | 120 | 20 | 6 | 400 | 36 | 1 |
| 3 | 20 | 15 | 0 | 300 | 0 | 0 | 400 | 225 | 0 |
| 4 | 40 | 20 | 1 | 800 | 40 | 20 | 1600 | 400 | 1 |
| 5 | 50 | 25 | 2 | 1250 | 100 | 50 | 2500 | 625 | 4 |
| 6 | 25 | 11 | 1 | 275 | 25 | 11 | 625 | 121 | 1 |
| 7 | 10 | 5 | 0 | 50 | 0 | 0 | 100 | 25 | 0 |
| 8 | 55 | 32 | 3 | 1760 | 165 | 96 | 3025 | 1024 | 9 |
| 9 | 35 | 28 | 1 | 980 | 35 | 28 | 1225 | 784 | 1 |
| 10 | 30 | 20 | 1 | 600 | 30 | 20 | 225 | 400 | 1 |
| **Soma** | **300** | **170** | **10** | **6255** | **415** | **231** | **11000** | **3704** | **18** |
| **Média** | **30** | **17** | **1** | | | | | | |

Vamos agora substituir os valores no sistema representado pela equação (11.28). Assim:

$$\begin{cases} 6255 - \dfrac{300 \cdot 170}{10} = \beta_1 \cdot \left[ 3704 - \dfrac{(170)^2}{10} \right] + \beta_2 \cdot \left[ 231 - \dfrac{(170) \cdot (10)}{10} \right] \\ 415 - \dfrac{300 \cdot 10}{10} = \beta_1 \cdot \left[ 231 - \dfrac{(170) \cdot (10)}{10} \right] + \beta_2 \cdot \left[ 18 - \dfrac{(10)^2}{10} \right] \end{cases}$$

que resulta em:

$$\begin{cases} 1155 = 814 \cdot \beta_1 + 61 \cdot \beta_2 \\ 115 = 61 \cdot \beta_1 + 8 \cdot \beta_2 \end{cases}$$

Resolvendo o sistema, chegaremos a:

$$\beta_1 = 0{,}792 \qquad e \qquad \beta_2 = 8{,}2963$$

Assim,

$$\alpha = \overline{Y} - \beta_1 \cdot \overline{X}_1 - \beta_2 \cdot \overline{X}_2 = 30 - 0{,}7972 \cdot (17) - 8{,}2963 \cdot (1) = 8{,}1512$$

Portanto, a equação do tempo estimado para se chegar à escola agora passa a ser:

$$\hat{tempo}_i = 8{,}1512 + 0{,}7972 \cdot dist_i + 8{,}2963 \cdot sem_i$$

Ressalta-se que a estimação destes parâmetros também poderia ter sido obtida por meio do procedimento **Solver** do Excel, como elaborado na seção 2.1.

Os cálculos do coeficiente de ajuste $R^2$, das estatísticas $F$ e $t$ e dos valores extremos dos intervalos de confiança não serão novamente elaborados de forma manual, dado que seguem exatamente o mesmo procedimento já executado nas seções 2.2, 2.3 e 2.4 e podem ser realizados por meio das respectivas equações apresentadas até o presente momento. A Tabela 11.7 poderá auxiliar neste sentido.

**Tabela 11.7** Planilha para o cálculo das demais estatísticas

| Observação (i) | Tempo ($Y_i$) | Distância ($X_{1i}$) | Semáforos ($X_{2i}$) | $\hat{Y}_i$ | $u_i$ ($Y_i - \hat{Y}_i$) | $(\hat{Y}_i - \bar{Y})^2$ | $(u_i)^2$ |
|---|---|---|---|---|---|---|---|
| 1 | 15 | 8 | 8 | 14,53 | 0,47 | 239,36 | 0,22 |
| 2 | 20 | 6 | 6 | 21,23 | −1,23 | 76,90 | 1,51 |
| 3 | 20 | 15 | 15 | 20,11 | −0,11 | 97,83 | 0,01 |
| 4 | 40 | 20 | 20 | 32,39 | 7,61 | 5,72 | 57,89 |
| 5 | 50 | 25 | 25 | 44,67 | 5,33 | 215,32 | 28,37 |
| 6 | 25 | 11 | 11 | 25,22 | −0,22 | 22,88 | 0,05 |
| 7 | 10 | 5 | 5 | 12,14 | −2,14 | 319,08 | 4,57 |
| 8 | 55 | 32 | 32 | 58,55 | −3,55 | 815,14 | 12,61 |
| 9 | 35 | 28 | 28 | 38,77 | −3,77 | 76,90 | 14,21 |
| 10 | 30 | 20 | 20 | 32,39 | −2,39 | 5,72 | 5,72 |
| **Soma** | **300** | **170** | **10** | | | **1874,85** | **125,15** |
| **Média** | **30** | **17** | **1** | | | | |

Vamos diretamente para a elaboração desta regressão linear múltipla no Excel (arquivo **Tempodistsem.xls**). Na caixa de diálogo da regressão, devemos selecionar conjuntamente as variáveis referentes a distância percorrida e à quantidade de semáforos, como mostra a Figura 11.27.

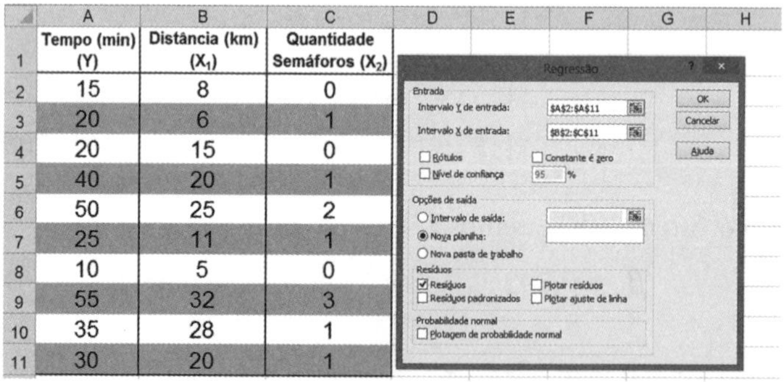

**Figura 11.27** *Regressão linear múltipla – seleção conjunta das variáveis explicativas.*

A Figura 11.28 apresenta os *outputs* gerados.

Nestes *outputs* podemos encontrar os parâmetros do nosso modelo de regressão linear múltipla calculado manualmente.

Neste momento é importante introduzirmos o conceito de **R² ajustado**. Segundo Fávero *et al.* (2009), quando há o intuito de comparar o coeficiente de ajuste ($R^2$) entre dois modelos ou entre um mesmo modelo com tamanhos de amostra diferentes,

|   | A | B | C | D | E | F | G | H | I |
|---|---|---|---|---|---|---|---|---|---|
| 1 | RESUMO DOS RESULTADOS | | | | | | | | |
| 2 | | | | | | | | | |
| 3 | Estatística de regressão | | | | | | | | |
| 4 | R múltiplo | 0,96820652 | | | | | | | |
| 5 | R-Quadrado | 0,93742386 | | | | | | | |
| 6 | R-quadrado ajustado | 0,91954497 | | | | | | | |
| 7 | Erro padrão | 4,22834441 | | | | | | | |
| 8 | Observações | 10 | | | | | | | |
| 9 | | | | | | | | | |
| 10 | ANOVA | | | | | | | | |
| 11 | | gl | SQ | MQ | F | F de significação | | | |
| 12 | Regressão | 2 | 1874,847725 | 937,423862 | 52,4318637 | 6,12958E-05 | | | |
| 13 | Resíduo | 7 | 125,1522752 | 17,8788965 | | | | | |
| 14 | Total | 9 | 2000 | | | | | | |
| 15 | | | | | | | | | |
| 16 | | Coeficientes | Erro padrão | Stat t | valor-P | 95% inferiores | 95% superiores | Inferior 95,0% | Superior 95,0% |
| 17 | Interseção | 8,15120029 | 2,920086914 | 2,79142386 | 0,02685329 | 1,246291955 | 15,05610862 | 1,246291955 | 15,05610862 |
| 18 | Variável X 1 | 0,7972053 | 0,226378631 | 3,52155722 | 0,00970731 | 0,261904901 | 1,332505704 | 0,261904901 | 1,332505704 |
| 19 | Variável X 2 | 8,29630957 | 2,283508533 | 3,63314148 | 0,00836288 | 2,896669913 | 13,69594922 | 2,896669913 | 13,69594922 |
| 20 | | | | | | | | | |
| 21 | | | | | | | | | |
| 22 | | | | | | | | | |
| 23 | RESULTADOS DE RESÍDUOS | | | | | | | | |
| 24 | | | | | | | | | |
| 25 | Observação | Y previsto | Resíduos | | | | | | |
| 26 | 1 | 14,5288427 | 0,471157291 | | | | | | |
| 27 | 2 | 21,2307417 | -1,23074167 | | | | | | |
| 28 | 3 | 20,1092798 | -0,10927983 | | | | | | |
| 29 | 4 | 32,3916159 | 7,608384092 | | | | | | |
| 30 | 5 | 44,673952 | 5,326048011 | | | | | | |
| 31 | 6 | 25,2167682 | -0,21676818 | | | | | | |
| 32 | 7 | 12,1372268 | -2,1372268 | | | | | | |
| 33 | 8 | 58,5506987 | -3,55069867 | | | | | | |
| 34 | 9 | 38,7692583 | -3,76925833 | | | | | | |
| 35 | 10 | 32,3916159 | -2,39161591 | | | | | | |

**Figura 11.28** *Outputs da regressão linear múltipla no Excel.*

faz-se necessário o uso do $R^2$ ajustado, que é uma medida do $R^2$ da regressão estimada pelo método de mínimos quadrados ordinários ajustada pelo número de graus de liberdade, uma vez que a estimativa amostral de $R^2$ tende a superestimar o parâmetro populacional. A expressão do $R^2$ ajustado é:

$$R^2_{ajust} = 1 - \frac{n-1}{n-k}(1-R^2) \qquad (11.29)$$

em que $n$ é o tamanho da amostra e $k$ é o número de parâmetros do modelo de regressão (número de variáveis explicativas mais o intercepto). Quando o número de observações é muito grande, o ajuste pelos graus de liberdade torna-se desprezível, porém quando há um número significativamente diferente de variáveis $X$ para duas amostras, deve-se utilizar o $R^2$ ajustado para a elaboração de comparações entre os modelos e optar pelo modelo com maior $R^2$ ajustado.

O $R^2$ aumenta quando uma nova variável é adicionada ao modelo, entretanto o $R^2$ ajustado nem sempre aumentará, bem como poderá diminuir ou até ficar negativo. Para este último caso, Stock e Watson (2004) explicam que o $R^2$ ajustado pode ficar negativo quando as variáveis explicativas, tomadas em conjunto, reduzirem a soma dos quadrados dos resíduos em um montante tão pequeno que esta redução não consiga compensar o fator $(n-1)/(n-k)$.

Para o nosso exemplo, temos que:

$$R^2_{ajust} = 1 - \frac{10-1}{10-3}(1-0,9374) = 0,9195$$

Portanto, até o presente momento, em detrimento da regressão simples aplicada inicialmente, devemos optar por esta regressão múltipla como sendo um melhor modelo para se estudar o comportamento do tempo de percurso para se chegar até a escola, uma vez que o $R^2$ ajustado é maior para este caso.

Vamos dar sequência à análise dos demais *outputs*. Inicialmente, o teste $F$ já nos informa que pelo menos uma das variáveis $X$ é estatisticamente significante para explicar o comportamento de $Y$. Além disso, podemos também verificar, ao nível de significância de 5%, que todos os parâmetros $(\alpha, \beta_1 \text{ e } \beta_2)$ são estatisticamente diferentes de zero (*valor-P* $< 0,05$ → intervalo de confiança não contém o zero). Conforme já discutido, a não rejeição da hipótese nula de que o intercepto seja estatisticamente igual a zero pode ser alterada ao se incluir uma variável explicativa significante no modelo. Notamos também que houve um perceptivo aumento no valor do $R^2$, o que fez também com que os intervalos de confiança dos parâmetros se tornassem mais estreitos.

Dessa forma, podemos concluir, para este caso, que o aumento de um semáforo ao longo do trajeto até a escola incrementa o tempo médio de percurso em 8,2963 minutos, *ceteris paribus*. Por outro lado, um incremento de um quilômetro na distância a ser percorrida aumenta agora apenas 0,7972 minutos no tempo médio de percurso, *ceteris paribus*. A redução no valor estimado de $\beta$ da variável *dist* ocorreu porque parte do comportamento desta variável está contemplada na própria variável *sem*. Em outras palavras, distâncias maiores são mais suscetíveis a uma quantidade maior de semáforos e, portanto, há uma correlação alta entre elas.

Segundo Kennedy (2008), Fávero *et al.* (2009), Gujarati (2011) e Wooldridge (2012), a existência de altas correlações entre variáveis explicativas, conhecida por **multicolinearidade**, não afeta a intenção de elaboração de previsões. Gujarati (2011) ainda destaca que a existência de altas correlações entre variáveis explicativas não gera necessariamente estimadores ruins ou fracos e que a presença de multicolinearidade não significa que o modelo possua problemas. Discutiremos mais sobre a multicolinearidade na seção 3.2.

Dessa forma, as equações que determinam os valores mínimo e máximo para o tempo de percurso, ao nível de confiança de 95%, são:

Tempo mínimo:

$$\hat{tempo}_{min} = 1,2463 + 0,2619 \cdot dist_i + 2,8967 \cdot sem_i$$

Tempo máximo:

$$\hat{tempo}_{max} = 15,0561 + 1,3325 \cdot dist_i + 13,6959 \cdot sem_i$$

## 2.6. Variáveis *dummy* em modelos de regressão

De acordo com Sharma (1996) e Fávero *et al.* (2009), a determinação do número de variáveis necessárias para a investigação de um fenômeno é direta e simplesmente igual ao número de variáveis utilizadas para mensurar as respectivas características. Entretanto, o procedimento para determinar o número de variáveis explicativas cujos dados estejam em escalas qualitativas é diferente.

Imagine, por exemplo, que desejamos estudar como se altera o comportamento de um determinado fenômeno organizacional, como a lucratividade total, quando são consideradas, no mesmo banco de dados, empresas provenientes de diferentes setores. Ou, em outra situação, desejamos verificar se o tíquete médio de compras realizadas em supermercados apresenta diferenças significativas ao compararmos consumidores

provenientes de diferentes sexos e faixas de idade. Numa terceira situação, desejamos estudar como se comportam as taxas de crescimento do PIB de diferentes países considerados emergentes e desenvolvidos. Em todas estas hipotéticas situações, as variáveis dependentes são quantitativas (lucratividade total, tíquete médio ou taxa de crescimento do PIB), porém desejamos saber como estas se comportam em função de variáveis explicativas qualitativas (setor, sexo, faixa de idade, classificação do país) que serão incluídas do lado direito dos respectivos modelos de regressão a serem estimados.

Não podemos simplesmente atribuir valores a cada uma das categorias da variável qualitativa, pois isso seria um erro grave, denominado de **ponderação arbitrária**, uma vez que estaríamos supondo que as diferenças na variável dependente seriam previamente conhecidas e de magnitudes iguais às diferenças dos valores atribuídos a cada uma das categorias da variável explicativa qualitativa. Nestas situações, a fim de que este problema seja completamente eliminado, devemos recorrer ao artifício das **variáveis *dummy***, ou **binárias**, que assumem valores iguais a 0 ou 1, de forma a estratificar a amostra da maneira que for definido um determinado critério, evento ou atributo, para, aí assim, serem incluídas no modelo em análise. Até mesmo um determinado período (dia, mês ou ano) em que ocorre um importante evento pode ser objeto de análise.

As variáveis *dummy* devem, portanto, ser utilizadas quando desejarmos estudar a relação entre o comportamento de determinada variável explicativa qualitativa e o fenômeno em questão, representado pela variável dependente.

Voltando ao nosso exemplo, imagine agora que o professor também tenha perguntado aos estudantes o período em que vieram à escola naquele dia, ou seja, se cada um deles veio de manhã, a fim de ficar estudando na biblioteca, ou se veio apenas no final da tarde para a aula noturna. A intenção do professor agora é saber se o tempo de percurso até a escola sofre variação em função da distância percorrida, da quantidade de semáforos e também do período do dia em que os estudantes se deslocam para chegar até a escola. Portanto, uma nova variável foi acrescentada ao banco de dados, conforme mostra a Tabela 11.8.

**Tabela 11.8** Exemplo: Tempo de percurso x Distância percorrida, quantidade de semáforos e período do dia para o trajeto até a escola

| Estudante | Tempo para se chegar à escola (minutos) ($Y_i$) | Distância percorrida até a escola (quilômetros) ($X_{1i}$) | Quantidade de semáforos ($X_{2i}$) | Período do dia ($X_{3i}$) |
|---|---|---|---|---|
| Gabriela | 15 | 8 | 0 | Manhã |
| Dalila | 20 | 6 | 1 | Manhã |
| Gustavo | 20 | 15 | 0 | Manhã |
| Letícia | 40 | 20 | 1 | Tarde |
| Luiz Ovídio | 50 | 25 | 2 | Tarde |
| Leonor | 25 | 11 | 1 | Manhã |
| Ana | 10 | 5 | 0 | Manhã |
| Antônio | 55 | 32 | 3 | Tarde |
| Júlia | 35 | 28 | 1 | Manhã |
| Mariana | 30 | 20 | 1 | Manhã |

Devemos, portanto, definir qual das categorias da variável qualitativa será a referência (*dummy* = 0). Como, neste caso, temos somente duas categorias (manhã ou tarde), apenas uma única variável *dummy* deverá ser criada, em que a categoria de referência assumirá valor 0 e a outra categoria, valor 1. Este procedimento permitirá ao pesquisador estudar as diferenças que acontecem na variável Y ao se alterar a categoria da variável qualitativa, uma vez que o $\beta$ desta *dummy* representará exatamente a diferença que ocorre no comportamento da variável Y quando se passa da categoria de referência da variável qualitativa para a outra categoria, estando o comportamento da categoria de referência representado pelo intercepto $\alpha$. Portanto, a decisão de escolha sobre qual será a categoria de referência é do próprio pesquisador e os parâmetros do modelo serão obtidos com base no critério adotado.

Dessa forma, o professor decidiu que a categoria de referência será o período da tarde, ou seja, as células do banco de dados com esta categoria assumirão valores iguais a 0. Logo, as células com a categoria *manhã* assumirão valores iguais a 1. Isso porque o professor deseja avaliar se a ida à escola no período da manhã traz algum benefício ou prejuízo de tempo em relação ao período da tarde, que é imediatamente anterior à aula. Chamaremos esta *dummy* de variável *per*. Assim sendo, o banco de dados passa a ficar de acordo com o apresentado na Tabela 11.9.

**Tabela 11.9** Substituição das categorias da variável qualitativa pela *dummy*

| Estudante | Tempo para se chegar à escola (minutos) $(Y_i)$ | Distância percorrida até a escola (quilômetros) $(X_{1i})$ | Quantidade de semáforos $(X_{2i})$ | Período do dia *Dummy per* $(X_{3i})$ |
|---|---|---|---|---|
| Gabriela | 15 | 8 | 0 | 1 |
| Dalila | 20 | 6 | 1 | 1 |
| Gustavo | 20 | 15 | 0 | 1 |
| Letícia | 40 | 20 | 1 | 0 |
| Luiz Ovídio | 50 | 25 | 2 | 0 |
| Leonor | 25 | 11 | 1 | 1 |
| Ana | 10 | 5 | 0 | 1 |
| Antônio | 55 | 32 | 3 | 0 |
| Júlia | 35 | 28 | 1 | 1 |
| Mariana | 30 | 20 | 1 | 1 |

E, portanto, o novo modelo passa a ser:

$$tempo_i = a + b_1 \cdot dist_i + b_2 \cdot sem_i + b_3 \cdot per_i + u_i$$

que, analogamente ao apresentado para a regressão simples, temos que:

$$\hat{tempo}_i = \alpha + \beta_1 \cdot dist_i + \beta_2 \cdot sem_i + \beta_3 \cdot per_i$$

em que $\alpha$, $\beta_1$, $\beta_2$ e $\beta_3$ são, respectivamente, as estimativas dos parâmetros $a$, $b_1$, $b_2$ e $b_3$.

Resolvendo novamente pelo Excel, devemos agora incluir a variável *dummy per* no vetor de variáveis explicativas, conforme mostra a Figura 11.29 (arquivo **Tempodistsemper.xls**).

| | A | B | C | D |
|---|---|---|---|---|
| 1 | Tempo (min) (Y) | Distância (km) (X₁) | Quantidade Semáforos (X₂) | Período Dummy per (X₃) |
| 2 | 15 | 8 | 0 | 1 |
| 3 | 20 | 6 | 1 | 1 |
| 4 | 20 | 15 | 0 | 1 |
| 5 | 40 | 20 | 1 | 0 |
| 6 | 50 | 25 | 2 | 0 |
| 7 | 25 | 11 | 1 | 1 |
| 8 | 10 | 5 | 0 | 1 |
| 9 | 55 | 32 | 3 | 0 |
| 10 | 35 | 28 | 1 | 1 |
| 11 | 30 | 20 | 1 | 1 |

**Figura 11.29** *Regressão linear múltipla – seleção conjunta das variáveis explicativas com dummy.*

Os *outputs* são apresentados na Figura 11.30.

| | A | B | C | D | E | F | G | H | I |
|---|---|---|---|---|---|---|---|---|---|
| 1 | RESUMO DOS RESULTADOS | | | | | | | | |
| 2 | | | | | | | | | |
| 3 | *Estatística de regressão* | | | | | | | | |
| 4 | R múltiplo | 0,99192476 | | | | | | | |
| 5 | R-Quadrado | 0,98391472 | | | | | | | |
| 6 | R-quadrado ajustado | 0,97587208 | | | | | | | |
| 7 | Erro padrão | 2,31554735 | | | | | | | |
| 8 | Observações | 10 | | | | | | | |
| 9 | | | | | | | | | |
| 10 | ANOVA | | | | | | | | |
| 11 | | gl | SQ | MQ | F | F de significação | | | |
| 12 | Regressão | 3 | 1967,82944 | 655,943148 | 122,337293 | 9,04894E-06 | | | |
| 13 | Resíduo | 6 | 32,1705573 | 5,36175955 | | | | | |
| 14 | Total | 9 | 2000 | | | | | | |
| 15 | | | | | | | | | |
| 16 | | Coeficientes | Erro padrão | Stat t | valor-P | 95% inferiores | 95% superiores | Inferior 95,0% | Superior 95,0% |
| 17 | Interseção | 19,6352768 | 3,18782198 | 6,15946465 | 0,00084014 | 11,8349574 | 27,43559611 | 11,8349574 | 27,43559611 |
| 18 | Variável X 1 | 0,70844841 | 0,12578944 | 5,63201834 | 0,00134086 | 0,400652751 | 1,016244075 | 0,400652751 | 1,016244075 |
| 19 | Variável X 2 | 5,25727366 | 1,4478751 | 3,63102706 | 0,0109517 | 1,714450931 | 8,800096381 | 1,714450931 | 8,800096381 |
| 20 | Variável X 3 | -9,9088192 | 2,37945112 | -4,16432979 | 0,00591578 | -15,73112633 | -4,086512054 | -15,7311263 | -4,086512054 |
| 21 | | | | | | | | | |
| 22 | | | | | | | | | |
| 23 | | | | | | | | | |
| 24 | RESULTADOS DE RESÍDUOS | | | | | | | | |
| 25 | | | | | | | | | |
| 26 | Observação | Y previsto | Resíduos | | | | | | |
| 27 | 1 | 15,3940449 | -0,39404487 | | | | | | |
| 28 | 2 | 19,2344217 | 0,7655783 | | | | | | |
| 29 | 3 | 20,3531838 | -0,35318370 | | | | | | |
| 30 | 4 | 39,0615187 | 0,93848133 | | | | | | |
| 31 | 5 | 47,8610344 | 2,13896561 | | | | | | |
| 32 | 6 | 22,7766638 | 2,22333623 | | | | | | |
| 33 | 7 | 13,2686996 | -3,26869963 | | | | | | |
| 34 | 8 | 58,0774469 | -3,07744694 | | | | | | |
| 35 | 9 | 34,8202868 | 0,17971322 | | | | | | |
| 36 | 10 | 29,1526995 | 0,84730052 | | | | | | |

**Figura 11.30** *Outputs da regressão linear múltipla com dummy no Excel.*

Por meio dos *outputs* apresentados na Figura 11.30, podemos, inicialmente, verificar que o coeficiente de ajuste $R^2$ subiu para 0,9839, o que nos permite dizer que mais de 98% do comportamento de variação do tempo para se chegar à escola é explicado pela variação conjunta das três variáveis X (*dist*, *sem* e *dummy*). Além disso, este modelo é preferível em relação aos anteriores estudados, uma vez que apresenta maior $R^2$ ajustado.

Enquanto o teste *F* nos permite afirmar que pelo menos um parâmetro estimado $\beta$ é estatisticamente diferente de zero ao nível de significância de 5%, os testes *t* de cada parâmetro mostram que todos eles ($\beta_1$, $\beta_2$, $\beta_3$ e o próprio $\alpha$) são estatisticamente diferentes de zero a este nível de significância, pois cada *valor-P* < 0,05. Assim, nenhuma variável X precisa ser excluída da modelagem e a equação final que estima o tempo para se chegar à escola apresenta-se da seguinte forma:

$$\widehat{tempo}_i = 19{,}6353 + 0{,}7084 \cdot dist_i + 5{,}2573 \cdot sem_i - 9{,}9088 \cdot per_{i \, \{ \substack{tarde=0 \\ manhã=1}}}$$

Dessa forma, podemos afirmar, para o nosso exemplo, que o tempo médio previsto para se chegar à escola é de 9,9088 minutos mais baixo para os alunos que optarem por ir no período da manhã em relação àqueles que optarem por ir à tarde, *ceteris paribus*. Isso provavelmente deve ter acontecido por razões associadas ao trânsito, porém investigações mais aprofundadas poderiam ser elaboradas neste momento. Assim, o professor propôs mais um exercício: **Qual o tempo estimado para se chegar à escola por parte de um aluno que se desloca 17 quilômetros, passa por dois semáforos e vem à escola pouco antes do início da aula noturna, ou seja, no período da tarde?** A solução encontra-se a seguir:

$$\widehat{tempo} = 19{,}6353 + 0{,}7084 \cdot (17) + 5{,}2573 \cdot (2) - 9{,}9088 \cdot (0) = 42{,}1934 \text{min}$$

Ressalta-se que eventuais diferenças a partir da terceira casa decimal podem ocorrer por problemas de arredondamento. Utilizamos aqui os próprios valores obtidos nos *outputs* do Excel.

**E qual seria o tempo estimado para outro aluno que também se desloca 17 quilômetros, passa também por dois semáforos, porém decide ir à escola de manhã?**

$$\widehat{tempo} = 19{,}6353 + 0{,}7084 \cdot (17) + 5{,}2573 \cdot (2) - 9{,}9088 \cdot (1) = 32{,}2846 \text{min}$$

Conforme já discutimos, a diferença entre estas duas situações é capturada pelo $\beta_3$ da variável *dummy*. A condição *ceteris paribus* impõe que nenhuma outra alteração seja considerada, exatamente como mostrado neste último exercício.

Imagine agora que o professor, ainda não satisfeito, tenha realizado um último questionamento aos estudantes, referente ao estilo de direção. Assim, perguntou como cada um se considera em termos de **perfil ao volante: calmo, moderado ou agressivo**. Ao obter as respostas, montou o último banco de dados, apresentado na Tabela 11.10.

**Tabela 11.10** Exemplo: Tempo de percurso x Distância percorrida, quantidade de semáforos, período do dia para o trajeto até a escola e perfil ao volante

| Estudante | Tempo para se chegar à escola (minutos) ($Y_i$) | Distância percorrida até a escola (quilômetros) ($X_{1i}$) | Quantidade de semáforos ($X_{2i}$) | Período do dia ($X_{3i}$) | Perfil ao volante ($X_{4i}$) |
|---|---|---|---|---|---|
| Gabriela | 15 | 8 | 0 | manhã | calmo |
| Dalila | 20 | 6 | 1 | manhã | moderado |
| Gustavo | 20 | 15 | 0 | manhã | moderado |
| Letícia | 40 | 20 | 1 | tarde | agressivo |
| Luiz Ovídio | 50 | 25 | 2 | tarde | agressivo |
| Leonor | 25 | 11 | 1 | manhã | moderado |
| Ana | 10 | 5 | 0 | manhã | calmo |
| Antônio | 55 | 32 | 3 | tarde | calmo |
| Júlia | 35 | 28 | 1 | manhã | moderado |
| Mariana | 30 | 20 | 1 | manhã | moderado |

Para elaborar a regressão, o professor precisa transformar a variável *perfil ao volante* em *dummies*. Para a situação em que houver um número de categorias maior do que 2 para uma determinada variável qualitativa (por exemplo, estado civil, time de futebol, religião, setor de atuação, entre outros exemplos), é necessário que o pesquisador utilize um número maior de variáveis *dummy* e, de maneira geral, para uma variável qualitativa com *n* categorias serão necessárias (*n* − 1) *dummies*, uma vez que uma determinada categoria deverá ser escolhida como referência e seu comportamento será capturado pelo parâmetro estimado $\alpha$.

Conforme discutimos, infelizmente é bastante comum que encontremos na prática procedimentos que substituam arbitrariamente as categorias de variáveis qualitativas por valores como 1 e 2, quando houver duas categorias, 1, 2 e 3, quando houver três categorias, e assim sucessivamente. **Isso é um erro grave**, uma vez que, dessa forma, partiríamos do pressuposto de que as diferenças que ocorrem no comportamento da variável *Y* ao alterarmos a categoria da variável qualitativa seriam sempre de mesma magnitude, o que não necessariamente é verdade. Em outras palavras, não podemos assumir que a diferença média no tempo de percurso entre os indivíduos calmos e moderados será a mesma que entre os moderados e os agressivos.

No nosso exemplo, portanto, a variável *perfil ao volante* deverá ser transformada em duas *dummies* (variáveis *perfil2* e *perfil3*), já que definiremos a categoria *calmo* como sendo a referência (comportamento presente no intercepto). Enquanto a Tabela 11.11 apresenta os critérios para a criação das duas *dummies*, a Tabela 11.12 mostra o banco de dados final a ser utilizado na regressão.

**Tabela 11.11** Critérios para a criação das duas variáveis *dummy* a partir da variável qualitativa *perfil ao volante*

| Categoria da variável qualitativa *perfil ao volante* | Variável *dummy* *perfil2* | Variável *dummy* *perfil3* |
|---|---|---|
| Calmo | 0 | 0 |
| Moderado | 1 | 0 |
| Agressivo | 0 | 1 |

**Tabela 11.12** Substituição das categorias das variáveis qualitativas pelas respectivas variáveis *dummy*

| Estudante | Tempo para se chegar à escola (minutos) ($Y_i$) | Distância percorrida até a escola (quilômetros) ($X_{1i}$) | Quantidade de semáforos ($X_{2i}$) | Período do dia *Dummy per* ($X_{3i}$) | Perfil ao Volante *Dummy* *perfil2* ($X_{4i}$) | Perfil ao Volante *Dummy* *perfil3* ($X_{5i}$) |
|---|---|---|---|---|---|---|
| Gabriela | 15 | 8 | 0 | 1 | 0 | 0 |
| Dalila | 20 | 6 | 1 | 1 | 1 | 0 |
| Gustavo | 20 | 15 | 0 | 1 | 1 | 0 |
| Letícia | 40 | 20 | 1 | 0 | 0 | 1 |
| Luiz Ovídio | 50 | 25 | 2 | 0 | 0 | 1 |
| Leonor | 25 | 11 | 1 | 1 | 1 | 0 |
| Ana | 10 | 5 | 0 | 1 | 0 | 0 |
| Antônio | 55 | 32 | 3 | 0 | 0 | 0 |
| Júlia | 35 | 28 | 1 | 1 | 1 | 0 |
| Mariana | 30 | 20 | 1 | 1 | 1 | 0 |

E, dessa forma, o modelo terá a seguinte equação:

$$tempo_i = a + b_1 \cdot dist_i + b_2 \cdot sem_i + b_3 \cdot per_i + b_4 \cdot perfil2_i + b_5 \cdot perfil3_i + u_i$$

que, analogamente ao apresentado para os modelos anteriores, temos que:

$$\hat{tempo}_i = \alpha + \beta_1 \cdot dist_i + \beta_2 \cdot sem_i + \beta_3 \cdot per_i + \beta_4 \cdot perfil2_i + \beta_5 \cdot perfil3_i$$

em que $\alpha$, $\beta_1$, $\beta_2$, $\beta_3$, $\beta_4$ e $\beta_5$ são, respectivamente, as estimativas dos parâmetros $a$, $b_1$, $b_2$, $b_3$, $b_4$ e $b_5$.

Dessa forma, analisando os parâmetros das variáveis *perfil2* e *perfil3*, temos que:

$\beta_4$ = diferença média no tempo de percurso entre um indivíduo considerado moderado e um indivíduo considerado calmo

$\beta_5$ = diferença média no tempo de percurso entre um indivíduo considerado agressivo e um indivíduo considerado calmo

$(\beta_5 - \beta_4)$ = diferença média no tempo de percurso entre um indivíduo considerado agressivo e um indivíduo considerado moderado

Resolvendo novamente pelo Excel, devemos agora incluir as variáveis *dummy perfil2* e *perfil3* no vetor de variáveis explicativas. Conforme mostra a Figura 11.31, temos, por meio do arquivo **Tempodistsemperperfil.xls**, que:

| | A | B | C | D | E | F |
|---|---|---|---|---|---|---|
| | Tempo (min) (Y) | Distância (km) ($X_1$) | Quantidade Semáforos ($X_2$) | Período Dummy per ($X_3$) | Perfil ao Volante Dummy perfil2 ($X_4$) | Perfil ao Volante Dummy perfil3 ($X_5$) |
| 2 | 15 | 8 | 0 | 1 | 0 | 0 |
| 3 | 20 | 6 | 1 | 1 | 1 | 0 |
| 4 | 20 | 15 | 0 | 1 | 1 | 0 |
| 5 | 40 | 20 | 1 | 0 | 0 | 1 |
| 6 | 50 | 25 | 2 | 0 | 0 | 1 |
| 7 | 25 | 11 | 1 | 1 | 1 | 0 |
| 8 | 10 | 5 | 0 | 1 | 0 | 0 |
| 9 | 55 | 32 | 3 | 0 | 0 | 0 |
| 10 | 35 | 28 | 1 | 1 | 1 | 0 |
| 11 | 30 | 20 | 1 | 1 | 1 | 0 |

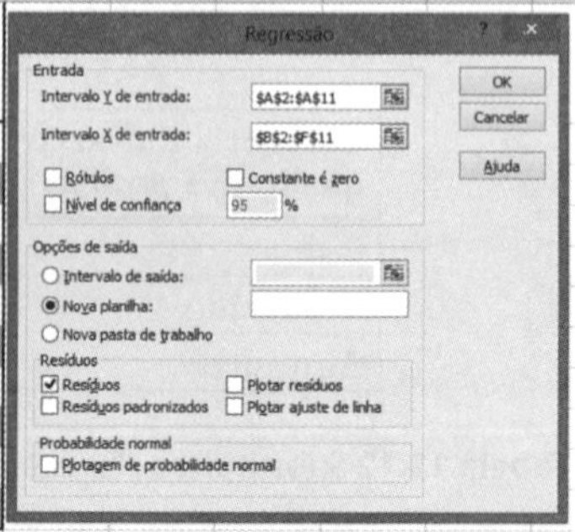

**Figura 11.31** *Regressão linear múltipla – seleção conjunta das variáveis explicativas com todas as dummies.*

Os *outputs* são apresentados na Figura 11.32.

Podemos agora notar que, embora o coeficiente de ajuste do modelo $R^2$ tenha sido muito elevado ($R^2 = 0,9969$), os parâmetros das variáveis referentes ao período em que o trajeto foi efetuado ($X_3$) e à categoria *moderado* da variável *perfil ao volante* ($X_4$) não se mostraram estatisticamente diferentes de zero ao nível de significância de 5%. Dessa forma, tais variáveis serão retiradas da análise e o modelo será elaborado novamente.

Entretanto, é importante analisarmos que, na presença das demais variáveis, o tempo até a escola passa a não apresentar mais diferenças se o percurso for realizado de manhã ou à tarde. O mesmo vale em relação ao perfil ao volante, já que se percebe que

não há diferenças estatisticamente significantes no tempo de percurso para estudantes com perfil moderado em relação àqueles que se julgam calmos. Ressalta-se, numa regressão múltilpla, que **tão importante quanto a análise dos parâmetros estatisticamente significantes é a análise dos parâmetros que não se mostraram estatisticamente diferentes de zero**.

| | A | B | C | D | E | F | G | H | I |
|---|---|---|---|---|---|---|---|---|---|
| 1 | RESUMO DOS RESULTADOS | | | | | | | | |
| 2 | | | | | | | | | |
| 3 | Estatística de regressão | | | | | | | | |
| 4 | R múltiplo | 0,998488967 | | | | | | | |
| 5 | R-Quadrado | 0,996980217 | | | | | | | |
| 6 | R-quadrado ajustado | 0,993205489 | | | | | | | |
| 7 | Erro padrão | 1,228776327 | | | | | | | |
| 8 | Observações | 10 | | | | | | | |
| 9 | | | | | | | | | |
| 10 | ANOVA | | | | | | | | |
| 11 | | gl | SQ | MQ | F | F de significação | | | |
| 12 | Regressão | 5 | 1993,960435 | 398,792087 | 264,11974 | 3,97756E-05 | | | |
| 13 | Resíduo | 4 | 6,039565047 | 1,50989126 | | | | | |
| 14 | Total | 9 | 2000 | | | | | | |
| 15 | | | | | | | | | |
| 16 | | Coeficientes | Erro padrão | Stat t | valor-P | 95% inferiores | 95% superiores | Inferior 95,0% | Superior 95,0% |
| 17 | Interseção | 13,49010874 | 3,860886236 | 3,49404461 | 0,02503087 | 2,770570048 | 24,20964743 | 2,770570048 | 24,20964743 |
| 18 | Variável X 1 | 0,674046902 | 0,07171531 | 9,39892617 | 0,00071409 | 0,474933281 | 0,873160522 | 0,474933281 | 0,873160522 |
| 19 | Variável X 2 | 6,646796803 | 1,09486738 | 6,07086934 | 0,00371883 | 3,606957626 | 9,686635981 | 3,606957626 | 9,686635981 |
| 20 | Variável X 3 | -5,3714136 | 3,778780741 | -1,42146739 | 0,22823382 | -15,86299089 | 5,120163692 | -15,86299089 | 5,120163692 |
| 21 | Variável X 4 | 1,779116992 | 1,441459887 | 1,23424662 | 0,28466664 | -2,223017254 | 5,781251238 | -2,223017254 | 5,781251238 |
| 22 | Variável X 5 | 6,37364077 | 2,243105048 | 2,84143659 | 0,04679951 | 0,145782739 | 12,6014988 | 0,145782739 | 12,6014988 |
| 23 | | | | | | | | | |
| 24 | | | | | | | | | |
| 25 | | | | | | | | | |
| 26 | RESULTADOS DE RESÍDUOS | | | | | | | | |
| 27 | | | | | | | | | |
| 28 | Observação | Y previsto | Resíduos | | | | | | |
| 29 | 1 | 13,51107035 | 1,488929648 | | | | | | |
| 30 | 2 | 20,58889034 | -0,58889034 | | | | | | |
| 31 | 3 | 20,00851566 | -0,00851566 | | | | | | |
| 32 | 4 | 39,99148434 | 0,008515656 | | | | | | |
| 33 | 5 | 50,00851566 | -0,00851566 | | | | | | |
| 34 | 6 | 23,95912485 | 1,040875147 | | | | | | |
| 35 | 7 | 11,48892965 | -1,48892965 | | | | | | |
| 36 | 8 | 55 | 0 | | | | | | |
| 37 | 9 | 35,41792218 | -0,41792218 | | | | | | |
| 38 | 10 | 30,02554697 | -0,02554697 | | | | | | |

**Figura 11.32** *Outputs da regressão linear múltipla com diversas dummies no Excel.*

O procedimento *Stepwise*, disponível no SPSS e em diversos outros softwares de modelagem, apresenta a propriedade de automaticamente excluir as variáveis explicativas cujos parâmetros não se mostrarem estatisticamente diferentes de zero. Como o software Excel não possui este procedimento, iremos manualmente excluir as variáveis *per* e *perfil2* e elaborar novamente a regressão. Os novos *outputs* estão apresentados na Figura 11.33. Recomenda-se, todavia, que o pesquisador sempre tome bastante cuidado com a exclusão manual simultânea de variáveis cujos parâmetros, num primeiro momento, não se mostrarem estatisticamente diferentes de zero, uma vez um determinado parâmetro $\beta$ pode tornar-se estatisticamente diferente de zero, mesmo inicialmente não sendo, ao se eliminar da análise outra variável cujo parâmetro $\beta$ também não se mostrava estatisticamente diferente de zero. Felizmente isso não ocorre neste exemplo e, assim, optamos por excluir as duas variáveis simultaneamente. Isto será comprovado quando elaborarmos esta regressão por meio do procedimento *Stepwise* no software SPSS (seção 3).

| | A | B | C | D | E | F | G | H | I |
|---|---|---|---|---|---|---|---|---|---|
| 1 | RESUMO DOS RESULTADOS | | | | | | | | |
| 2 | | | | | | | | | |
| 3 | *Estatística de regressão* | | | | | | | | |
| 4 | R múltiplo | 0,99770703 | | | | | | | |
| 5 | R-Quadrado | 0,99541932 | | | | | | | |
| 6 | R-quadrado ajustado | 0,99312897 | | | | | | | |
| 7 | Erro padrão | 1,23567574 | | | | | | | |
| 8 | Observações | 10 | | | | | | | |
| 9 | | | | | | | | | |
| 10 | ANOVA | | | | | | | | |
| 11 | | *gl* | *SQ* | *MQ* | *F* | *F de significação* | | | |
| 12 | Regressão | 3 | 1990,83863 | 663,612878 | 434,616052 | 2,0989E-07 | | | |
| 13 | Resíduo | 6 | 9,16136725 | 1,52689454 | | | | | |
| 14 | Total | 9 | 2000 | | | | | | |
| 15 | | | | | | | | | |
| 16 | | *Coeficientes* | *Erro padrão* | *Stat t* | *valor-P* | *95% inferiores* | *95% superiores* | *Inferior 95,0%* | *Superior 95,0%* |
| 17 | Interseção | 8,29193164 | 0,85350815 | 9,71511709 | 6,8281E-05 | 6,203472428 | 10,38039085 | 6,203472428 | 10,38039085 |
| 18 | Variável X 1 | 0,7104531 | 0,06690063 | 10,6195276 | 4,1071E-05 | 0,546753153 | 0,874153047 | 0,546753153 | 0,874153047 |
| 19 | Variável X 2 | 7,8368442 | 0,66940306 | 11,7072129 | 2,3427E-05 | 6,198873914 | 9,474814481 | 6,198873914 | 9,474814481 |
| 20 | Variável X 5 | 8,96760731 | 1,02889043 | 8,71580395 | 0,0001261 | 6,450003119 | 11,48521151 | 6,450003119 | 11,48521151 |
| 21 | | | | | | | | | |
| 22 | | | | | | | | | |
| 23 | | | | | | | | | |
| 24 | RESULTADOS DE RESÍDUOS | | | | | | | | |
| 25 | | | | | | | | | |
| 26 | *Observação* | *Y previsto* | *Resíduos* | | | | | | |
| 27 | 1 | 13,9755564 | 1,02444356 | | | | | | |
| 28 | 2 | 20,3914944 | -0,39149444 | | | | | | |
| 29 | 3 | 18,9487281 | 1,05127186 | | | | | | |
| 30 | 4 | 39,3054452 | 0,69455485 | | | | | | |
| 31 | 5 | 50,6945548 | -0,69455485 | | | | | | |
| 32 | 6 | 23,9437599 | 1,05624006 | | | | | | |
| 33 | 7 | 11,8441971 | -1,84419714 | | | | | | |
| 34 | 8 | 54,5369634 | 0,46303657 | | | | | | |
| 35 | 9 | 36,0214626 | -1,02146264 | | | | | | |
| 36 | 10 | 30,3378378 | -0,33783784 | | | | | | |

**Figura 11.33** *Outputs da regressão linear múltipla após a exclusão de variáveis.*

E, dessa forma, o modelo final, com todos os parâmetros estatisticamente diferentes de zero ao nível de significância de 5%, com $R^2 = 0,9954$ e com maior $R^2$ ajustado entre todos aqueles discutidos ao longo do capítulo, passa a ser:

$$\hat{tempo}_i = 8,2919 + 0,7105 \cdot dist_i + 7,8368 \cdot sem_i + 8,9676 \cdot perfil3_{i\begin{cases} calmo=0 \\ agressivo=1 \end{cases}}$$

É importante também verificarmos que houve uma redução das amplitudes dos intervalos de confiança para cada um dos parâmetros. Dessa forma, podemos perguntar:

**Qual seria o tempo estimado para outro aluno que também se desloca 17 quilômetros, passa também por dois semáforos, também decide ir à escola de manhã, porém tem um perfil considerado agressivo ao volante?**

$$\hat{tempo} = 8,2919 + 0,7105 \cdot (17) + 7,8368 \cdot (2) + 8,9676 \cdot (1) = 45,0109 \, min$$

Por fim, podemos afirmar, *ceteris paribus*, que um estudante considerado agressivo ao volante leva, em média, 8,9676 minutos a mais para chegar à escola em relação a outro considerado calmo. Isso demonstra, dentre outras coisas, que agressividade no trânsito realmente não leva a nada!

## 2.7. Pressupostos do modelo de regressão linear

Após a apresentação do modelo de regressão linear, apresentaremos de forma bastante sucinta os pressupostos sobre a utilização da técnica. Tais pressupostos podem ser sintetizados de acordo com o Quadro 11.2.

**Quadro 11.2** Pressupostos do modelo de regressão linear

| Pressuposto | Violações |
|---|---|
| A variável dependente é uma função linear de um conjunto específico de variáveis e do erro. | Variáveis explicativas inadequadas. Não linearidade. |
| O valor esperado dos resíduos é zero. | Estimadores viesados. |
| O resíduo tem distribuição normal e não apresenta autocorrelação ou correlação com qualquer variável X. | Heterocedasticidade. Autocorrelação dos resíduos para séries ao longo do tempo. |
| As observações das variáveis explicativas podem ser consideradas fixas em amostras repetidas. | Erros de levantamento ou de medida das variáveis. |
| Não existe relação linear exata entre as variáveis explicativas e existem mais observações do que variáveis explicativas. | Multicolinearidade. |

*Fonte*: Kennedy (2008) e Fávero *et al.* (2009).

Uma discussão mais aprofundada sobre cada um dos pressupostos pode ser encontrada em Kutner *et al.* (2004), Kennedy (2008), Fávero *et al.* (2009) e Gujarati (2011).

## 3. ESTIMAÇÃO DE MODELOS DE REGRESSÃO NO SOFTWARE SPSS

A reprodução das imagens nessa seção tem autorização da International Business Machines Corporation©.

Após o estudo da parte teórica e dos principais conceitos sobre a análise de regressão simples e múltipla, apresentaremos agora o passo a passo do exemplo apresentado até o momento, por meio do IBM SPSS Statistics Software®. Já partiremos para o banco de dados final construído pelo professor por meio dos questionamentos elaborados ao seu grupo de 10 estudantes.

Os dados encontram-se no arquivo **Tempodistsemperperfil.sav** e são exatamente iguais aos da Tabela 11.12. Vamos inicialmente clicar em **Analyze→Regression→Linear**. A caixa de diálogo da Figura 11.34 será aberta.

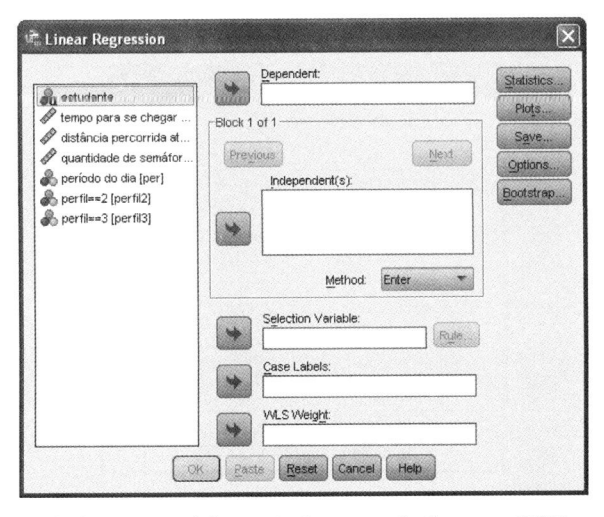

**Figura 11.34** *Caixa de diálogo para elaboração da regressão linear no SPSS.*

Devemos selecionar a variável *tempo* e incluí-la na caixa **Dependent**. As demais variáveis devem ser simultaneamente selecionadas e inseridas na caixa **Independent(s)**. Manteremos, neste primeiro momento, a opção pelo **Method: Enter**, conforme podemos observar por meio da Figura 11.35. O procedimento *Enter*, diferentemente do procedimento *Stepwise*, inclui todas as variáveis na estimação, mesmo aquelas cujos parâmetros sejam estatisticamente iguais a zero, e corresponde exatamente ao procedimento que utilizamos ao longo do capítulo e é adotado quando da elaboração de regressões no Excel.

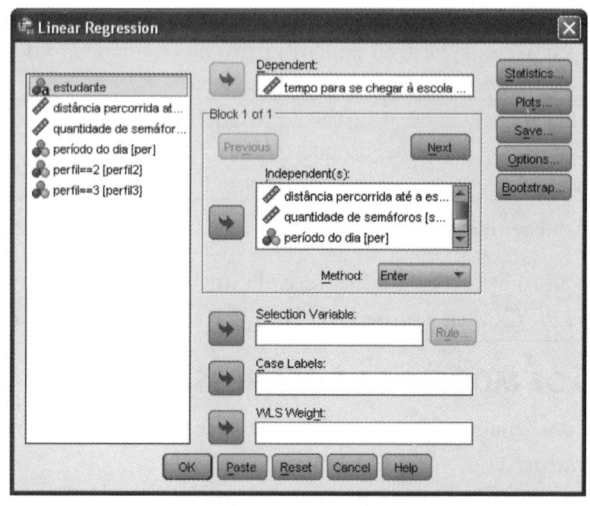

**Figura 11.35** *Caixa de diálogo para elaboração da regressão linear no SPSS com inclusão da variável dependente e das variáveis explicativas e seleção do procedimento Enter.*

O botão **Statistics...** permite que selecionemos a opção que fornecerá os parâmetros e os respectivos intervalos de confiança nos *outputs*. A caixa de diálogo que é aberta, ao clicarmos nesta opção, está apresentada na Figura 11.36, em que foram selecionadas as opções **Estimates** (para que sejam apresentados os parâmetros propriamente ditos com as respectivas estatísticas *t*) e **Confidence intervals** (para que sejam calculados os intervalos de confiança destes parâmetros).

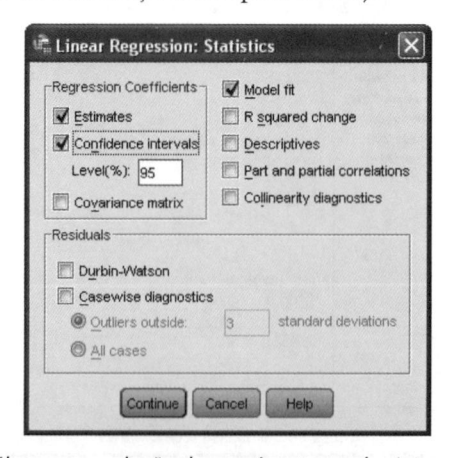

**Figura 11.36** *Caixa de diálogo para seleção dos parâmetros e dos intervalos de confiança.*

Voltaremos à caixa de diálogo principal da regressão linear ao clicarmos em **Continue**.

O botão **Options…** permite que alteremos os níveis de significância para rejeição da hipótese nula do teste $F$ e, consequentemente, das hipóteses nulas dos testes $t$. O padrão do SPSS, conforme pode ser observado por meio da caixa de diálogo que é aberta ao clicarmos nesta opção, é de 5% para o nível de significância. Nesta mesma caixa de diálogo, podemos impor que o parâmetro $\alpha$ seja igual a zero (ao desabilitarmos a opção **Include constant in equation**). Manteremos o padrão de 5% para os níveis de significância e deixaremos o intercepto no modelo (opção **Include constant in equation** selecionada). Esta caixa de diálogo é apresentada na Figura 11.37.

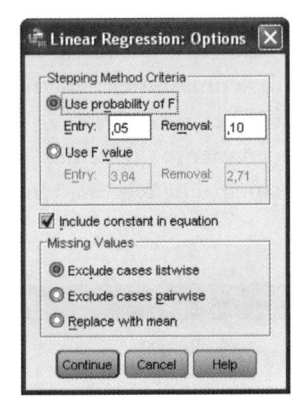

**Figura 11.37** *Caixa de diálogo para eventual alteração dos níveis de significância e exclusão do intercepto em modelos de regressão linear.*

Vamos agora selecionar **Continue** e **OK**. Os *outputs* gerados estão apresentados na Figura 11.38.

**Model Summary**

| Model | R | R Square | Adjusted R Square | Std. Error of the Estimate |
|---|---|---|---|---|
| 1 | ,998[a] | ,997 | ,993 | 1,229 |

a. Predictors: (Constant), perfil==3, quantidade de semáforos, perfil==2, distância percorrida até a escola (km), período do dia

**ANOVA[b]**

| Model | | Sum of Squares | df | Mean Square | F | Sig. |
|---|---|---|---|---|---|---|
| 1 | Regression | 1993,960 | 5 | 398,792 | 264,120 | ,000[a] |
| | Residual | 6,040 | 4 | 1,510 | | |
| | Total | 2000,000 | 9 | | | |

a. Predictors: (Constant), perfil==3, quantidade de semáforos, perfil==2, distância percorrida até a escola (km), período do dia
b. Dependent Variable: tempo para se chegar à escola (minutos)

**Coefficients[a]**

| Model | | Unstandardized Coefficients | | Standardized Coefficients | t | Sig. | 95,0% Confidence Interval for B | |
|---|---|---|---|---|---|---|---|---|
| | | B | Std. Error | Beta | | | Lower Bound | Upper Bound |
| 1 | (Constant) | 13,490 | 3,861 | | 3,494 | ,025 | 2,771 | 24,210 |
| | distância percorrida até a escola (km) | ,674 | ,072 | ,430 | 9,399 | ,001 | ,475 | ,873 |
| | quantidade de semáforos | 6,647 | 1,095 | ,420 | 6,071 | ,004 | 3,607 | 9,687 |
| | período do dia | -5,371 | 3,779 | -,174 | -1,421 | ,228 | -15,863 | 5,120 |
| | perfil==2 | 1,779 | 1,441 | ,063 | 1,234 | ,285 | -2,223 | 5,781 |
| | perfil==3 | 6,374 | 2,243 | ,180 | 2,841 | ,047 | ,146 | 12,601 |

a. Dependent Variable: tempo para se chegar à escola (minutos)

**Figura 11.38** *Outputs da regressão linear múltipla no SPSS – procedimento Enter.*

Não iremos novamente analisar *outputs* gerados, uma vez que podemos verificar que são exatamente iguais àqueles obtidos quando da elaboração da regressão linear múltipla no Excel (Figura 11.32).Vale a pena comentar que o *F de significação* do Excel é chamado de *Sig. F* e o *valor-P* é chamado de *Sig. t* no SPSS.

Vamos agora, enfim, elaborar a regressão linear múltipla por meio do procedimento *Stepwise*. Este procedimento é frequentemente utilizado quando o pesquisador deseja avaliar, passo a passo, a significância estatística dos parâmetros das variáveis explicativas que se mostrarem significativas. No início do procedimento, define-se a melhor variável explicativa do comportamento de Y e, na sequência, outras variáveis são testadas em função da significância de seus parâmetros. O procedimento *Stepwise* só termina quando não há mais nenhuma variável a ser adicionada ou excluída, sendo bastante útil quando o pesquisador considera um número relativamente grande de variáveis explicativas na modelagem (FÁVERO *et al.*, 2009).

Para elaborarmos este procedimento, devemos selecionar a opção **Method: Stepwise** na caixa de diálogo principal da regressão linear no SPSS, conforme mostra a Figura 11.39.

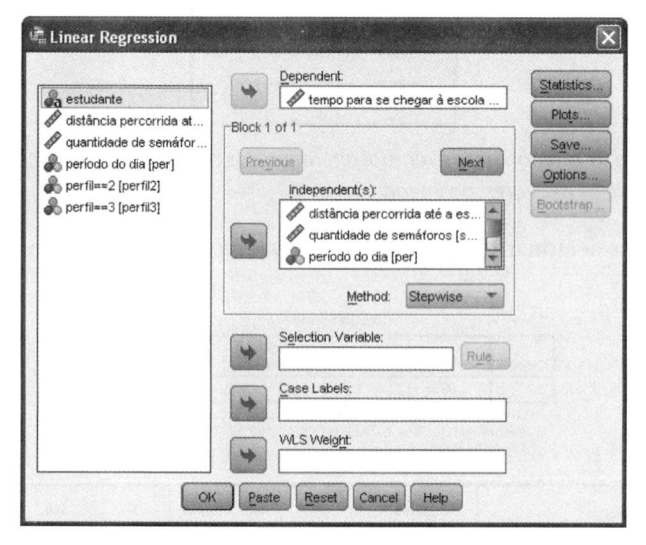

**Figura 11.39** *Caixa de diálogo com seleção do procedimento Stepwise.*

O botão **Save...** permite que sejam criadas, no próprio banco de dados original, as variáveis referentes ao $\hat{Y}$ e aos resíduos do modelo final gerado pelo procedimento *Stepwise*. Sendo assim, ao clicarmos nesta opção, será aberta uma caixa de diálogo, conforme mostra a Figura 11.40. Com esta finalidade, devemos marcar as opções **Unstandardized** (em **Predicted Values**) e **Unstandardized** (em **Residuals**).

Ao clicarmos em **Continue** e, na sequência, em **OK**, novos *outputs* são gerados, conforme mostra a Figura 11.41. Note que, além dos *outputs*, são criadas duas novas variáveis no banco de dados original, chamadas de *PRE_1* e *RES_1*, que correspondem, respectivamente, aos valores de $\hat{Y}$ e aos valores estimados dos resíduos (exatamente aqueles já mostrados na Figura 11.33).

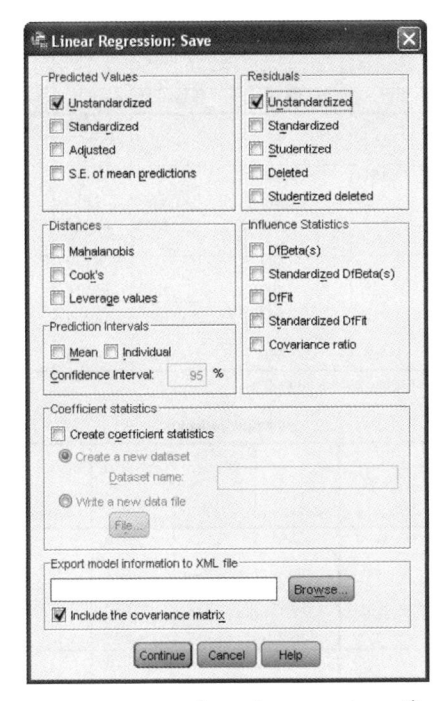

**Figura 11.40** *Caixa de diálogo para inserção dos valores previstos (Ŷ) e dos resíduos no próprio banco de dados.*

**Model Summary[d]**

| Model | R | R Square | Adjusted R Square | Std. Error of the Estimate |
|---|---|---|---|---|
| 1 | ,909[a] | ,827 | ,805 | 6,585 |
| 2 | ,968[b] | ,937 | ,920 | 4,228 |
| 3 | ,998[c] | ,995 | ,993 | 1,236 |

a. Predictors: (Constant), quantidade de semáforos
b. Predictors: (Constant), quantidade de semáforos, distância percorrida até a escola (km)
c. Predictors: (Constant), quantidade de semáforos, distância percorrida até a escola (km), perfil==3
d. Dependent Variable: tempo para se chegar à escola (minutos)

**ANOVA[d]**

| Model | | Sum of Squares | df | Mean Square | F | Sig. |
|---|---|---|---|---|---|---|
| 1 | Regression | 1653,125 | 1 | 1653,125 | 38,126 | ,000[a] |
|   | Residual | 346,875 | 8 | 43,359 | | |
|   | Total | 2000,000 | 9 | | | |
| 2 | Regression | 1874,848 | 2 | 937,424 | 52,432 | ,000[b] |
|   | Residual | 125,152 | 7 | 17,879 | | |
|   | Total | 2000,000 | 9 | | | |
| 3 | Regression | 1990,839 | 3 | 663,613 | 434,616 | ,000[c] |
|   | Residual | 9,161 | 6 | 1,527 | | |
|   | Total | 2000,000 | 9 | | | |

a. Predictors: (Constant), quantidade de semáforos
b. Predictors: (Constant), quantidade de semáforos, distância percorrida até a escola (km)
c. Predictors: (Constant), quantidade de semáforos, distância percorrida até a escola (km), perfil==3
d. Dependent Variable: tempo para se chegar à escola (minutos)

**Figura 11.41** *Outputs da regressão linear múltipla no SPSS – procedimento Stepwise. (continua)*

**Coefficients[a]**

| Model | | Unstandardized Coefficients | | Standardized Coefficients | t | Sig. | 95,0% Confidence Interval for B | |
|---|---|---|---|---|---|---|---|---|
| | | B | Std. Error | Beta | | | Lower Bound | Upper Bound |
| 1 | (Constant) | 15,625 | 3,123 | | 5,003 | ,001 | 8,422 | 22,828 |
| | quantidade de semáforos | 14,375 | 2,328 | ,909 | 6,175 | ,000 | 9,006 | 19,744 |
| 2 | (Constant) | 8,151 | 2,920 | | 2,791 | ,027 | 1,246 | 15,056 |
| | quantidade de semáforos | 8,296 | 2,284 | ,525 | 3,633 | ,008 | 2,897 | 13,696 |
| | distância percorrida até a escola (km) | ,797 | ,226 | ,509 | 3,522 | ,010 | ,262 | 1,333 |
| 3 | (Constant) | 8,292 | ,854 | | 9,715 | ,000 | 6,203 | 10,380 |
| | quantidade de semáforos | 7,837 | ,669 | ,496 | 11,707 | ,000 | 6,199 | 9,475 |
| | distância percorrida até a escola (km) | ,710 | ,067 | ,453 | 10,620 | ,000 | ,547 | ,874 |
| | perfil==3 | 8,968 | 1,029 | ,254 | 8,716 | ,000 | 6,450 | 11,485 |

a. Dependent Variable: tempo para se chegar à escola (minutos)

**Excluded Variables[d]**

| Model | | Beta In | t | Sig. | Partial Correlation | Collinearity Statistics Tolerance |
|---|---|---|---|---|---|---|
| 1 | distância percorrida até a escola (km) | ,509[a] | 3,522 | ,010 | ,800 | ,429 |
| | período do dia | -,395[a] | -2,237 | ,060 | -,646 | ,464 |
| | perfil==2 | -,084[a] | -,529 | ,613 | -,196 | ,950 |
| | perfil==3 | ,300[a] | 2,528 | ,039 | ,691 | ,922 |
| 2 | período do dia | -,321[b] | -4,164 | ,006 | -,862 | ,451 |
| | perfil==2 | -,116[b] | -1,233 | ,264 | -,450 | ,942 |
| | perfil==3 | ,254[b] | 8,716 | ,000 | ,963 | ,901 |
| 3 | período do dia | -,058[c] | -,702 | ,514 | -,299 | ,124 |
| | perfil==2 | ,007[c] | ,198 | ,851 | ,088 | ,717 |

a. Predictors in the Model: (Constant), quantidade de semáforos
b. Predictors in the Model: (Constant), quantidade de semáforos, distância percorrida até a escola (km)
c. Predictors in the Model: (Constant), quantidade de semáforos, distância percorrida até a escola (km), perfil==3
d. Dependent Variable: tempo para se chegar à escola (minutos)

**Residuals Statistics[a]**

| | Minimum | Maximum | Mean | Std. Deviation | N |
|---|---|---|---|---|---|
| Predicted Value | 11,84 | 54,54 | 30,00 | 14,873 | 10 |
| Residual | -1,844 | 1,056 | ,000 | 1,009 | 10 |
| Std. Predicted Value | -1,221 | 1,650 | ,000 | 1,000 | 10 |
| Std. Residual | -1,492 | ,855 | ,000 | ,816 | 10 |

a. Dependent Variable: tempo para se chegar à escola (minutos)

**Figura 11.41** *Outputs da regressão linear múltipla no SPSS – procedimento Stepwise. (continuação)*

O procedimento *Stepwise* elaborado pelo SPSS mostra o passo a passo dos modelos que foram elaborados, partindo da inclusão da variável mais significativa (maior estatística $t$ em módulo entre todas as explicativas) até a inclusão daquela com menor estatística $t$, porém ainda com *Sig. t* < 0,05. Tão importante quanto a análise das variáveis incluídas no modelo final é a análise da lista de variáveis excluídas (**Excluded Variables**). Assim, podemos verificar que, ao se incluir no modelo 1 apenas a variável explicativa *sem*, a lista de variáveis excluídas apresenta todas as demais. Se, para o primeiro passo, houver alguma variável explicativa que tenha sido excluída, porém apresenta-se de forma significativa (*Sig. t* < 0,05), como ocorre para a variável *dist*, esta será incluída no modelo no passo seguinte (modelo 2). E assim sucessivamente, até que a lista de variáveis excluídas não apresente mais nenhuma variável com *Sig. t* < 0,05. As

variáveis remanescentes nesta lista, para o nosso exemplo, são *per* e *perfil2*, conforme já discutimos quando da elaboração da regressão no Excel; o modelo final (modelo 3 do procedimento *Stepwise*), que é exatamente aquele já apresentado por meio da Figura 11.33, conta apenas com as variáveis explicativas *dist, sem* e *perfil3*, e com $R^2 = 0,995$. Assim, conforme já vimos, o modelo linear final estimado é:

$$\hat{tempo}_i = 8,292 + 0,710 \cdot dist_i + 7,837 \cdot sem_i + 8,968 \cdot perfil3_{i\begin{cases}calmo=0\\agressivo=1\end{cases}}$$

## 4. CONSIDERAÇÕES FINAIS

Os modelos de regressão linear simples e múltipla estimados pelo método de mínimos quadrados ordinários (MQO, ou *OLS*) representam o grupo de técnicas de regressão mais utilizadas em ambientes acadêmicos e organizacionais, dada a facilidade de aplicação e de interpretação dos resultados obtidos, além do fato de estarem disponíveis na grande maioria dos softwares, mesmo naqueles em que não haja especificamente um foco voltado à análise estatística de dados. É importante também ressaltar a praticidade das técnicas estudadas neste capítulo para fins de elaboração de diagnósticos e previsões.

A situação mais adequada para a aplicação de modelos de regressão linear ocorre quando há a intenção de se estudar um fenômeno que se apresenta na forma quantitativa e a definição de potenciais variáveis explicativas que eventualmente influenciem o seu comportamento esteja embasada pela teoria subjacente, pela experiência do pesquisador e por seu bom senso.

A técnica de regressão oferece uma oportunidade para a criação de modelos que explicitem a influência relativa de cada parâmetro sobre uma determinada variável dependente e para a elaboração de previsões sobre o comportamento de Y em função dos possíveis valores que as variáveis explicativas possam assumir.

Por fim, explicita-se que o pesquisador não precisa restringir a análise do comportamento de um determinado fenômeno por meio de relações lineares com uma ou mais variáveis. As especificações não lineares, discutidas por Fávero *et al.* (2009), podem oferecer modelos bastante adequados e são frequentemente utilizadas em diversos áreas das Ciências Sociais Aplicadas.

## 5. RESUMO

A regressão é uma técnica de dependência confirmatória que tem por objetivo estudar o comportamento de uma variável dependente quantitativa em função de uma ou mais variáveis explicativas, a fim de que sejam elaborados diagnósticos e estabelecidos modelos de previsão. Enquanto os modelos de regressão simples apresentam apenas uma única variável explicativa, os modelos de regressão múltipla levam em consideração a inclusão de duas ou mais variáveis simultaneamente.

O poder explicativo do conjunto de variáveis preditoras sobre a variação de uma determinada variável dependente é definido por meio do coeficiente de ajuste, conhecido por $R^2$. Já a significância do modelo é verificada pela estatística *F* e as significâncias de cada um dos parâmetros do modelo (intercepto e coeficientes das variáveis explicativas) são analisadas por meio da estatística *t*. Os intervalos de confiança de cada parâmetro, a um determinado nível de significância, auxiliam o pesquisador quando do cálculo de valores extremos de previsão de um determinado fenômeno, quando forem estabelecidos os valores de cada uma das variáveis explicativas que se mostrarem estatisticamente significantes para compor o modelo final. A comparação entre modelos com números diferentes de variáveis ou de observações pode ser elaborada por meio do $R^2$ ajustado, que faz uma adequação do $R^2$ pelos graus de liberdade.

A utilização de variáveis *dummy* permite que o pesquisador avalie mudanças no comportamento de um fenômeno quando é alterada uma categoria de uma determinada variável qualitativa.

Alguns procedimentos podem ser utilizados quando da existência de muitas variáveis explicativas na modelagem. Muitos softwares, como o SPSS, oferecem o procedimento *Stepwise* que, de forma interativa, apresenta o passo a passo da inclusão ou exclusão de cada uma das variáveis explicativas, até que se chegue ao modelo final apenas com as variáveis estatisticamente significantes.

## 6. EXERCÍCIOS

**1.** A tabela a seguir traz os dados de crescimento do PIB e investimento em educação de uma determinada nação, ao longo dos últimos 15 anos:

| Ano | Taxa de Crescimento do PIB (%) | Investimento em Educação (bilhões de US$) |
|---|---|---|
| 1998 | −1,50 | 7,00 |
| 1999 | −0,90 | 9,00 |
| 2000 | 1,30 | 15,00 |
| 2001 | 0,80 | 12,00 |
| 2002 | 0,30 | 10,00 |
| 2003 | 2,00 | 15,00 |
| 2004 | 4,00 | 20,00 |
| 2005 | 3,70 | 17,00 |
| 2006 | 0,20 | 8,00 |
| 2007 | −2,00 | 5,00 |
| 2008 | 1,00 | 13,00 |
| 2009 | 1,10 | 13,00 |
| 2010 | 4,00 | 19,00 |
| 2011 | 2,70 | 19,00 |
| 2012 | 2,50 | 17,00 |

Pergunta-se:

**a)** Qual a equação que avalia o comportamento da taxa de crescimento do PIB ($Y$) em função do investimento em educação ($X$)?

**b)** Qual percentual da variância da taxa de crescimento do PIB é explicado pelo investimento em educação ($R^2$)?

**c)** A variável referente o investimento em educação é estatisticamente significante, a 5% de nível de significância, para explicar o comportamento da taxa de crescimento do PIB?

**d)** Qual o investimento em educação que, em média, resulta numa taxa esperada de crescimento do PIB igual a zero?

**e)** Qual seria a taxa esperada de crescimento do PIB se o governo desta nação optasse por não investir em educação num determinado ano?

**f)** Se o investimento em educação num determinado ano for de 11 bilhões de dólares, qual será a taxa esperada de crescimento do PIB? E quais serão os valores mínimo e máximo de previsão para a taxa de crescimento do PIB, ao nível de confiança de 95%?

**2.** O arquivo **Corrupção.sav** traz dados sobre 52 países, a saber:

| Variável | Descrição |
|---|---|
| *país* | Variável *string* que identifica o país *i*. |
| *cpi* | *Corruption Perception Index*, que corresponde à percepção dos cidadãos em relação ao abuso do setor público sobre os benefícios privados de uma nação, cobrindo aspectos administrativos e políticos. Quanto menor o índice, maior a percepção de corrupção no país (Fonte: Transparência Internacional, 2014). |
| *idade* | Idade média dos bilionários do país (Fonte: Forbes, 2014). |
| *horas* | Quantidade média de horas trabalhadas por semana no país, ou seja, o total anual de horas trabalhadas dividido por 52 semanas (Fonte: Organização Internacional do Trabalho, 2014). |

Deseja-se investigar se a percepção de corrupção de um país é função da idade média de seus bilionários e da quantidade média de horas trabalhadas semanalmente e, para tanto, será estimado o seguinte modelo:

$$cpi_i = a + b_1 \cdot idade_i + b_2 \cdot horas_i + u_i$$

Pede-se:

**a)** Analise o nível de significância do teste *F*. Pelo menos uma das variáveis (*idade* e *horas*) é estatisticamente significante para explicar o comportamento da variável *cpi*, ao nível de significância de 5%?

**b)** Se a resposta do item anterior for sim, analise o nível de significância de cada variável explicativa (testes *t*). Ambas são estatisticamente significantes para explicar o comportamento de *cpi*, ao nível de significância de 5%?

**c)** Qual a equação final estimada para o modelo de regressão linear múltipla?

**d)** Qual o $R^2$?

**e)** Discuta os resultados em termos de sinal dos coeficientes das variáveis explicativas.

**3.** O arquivo **Corrupçãoemer.sav** traz os mesmos dados do exercício anterior, porém agora com a inclusão de mais uma variável, a saber:

| Variável | Descrição |
|---|---|
| *emergente* | Variável *dummy* correspondente ao fato de o país ser considerado desenvolvido ou emergente, segundo o critério da Compustat Global. Neste caso, se o país for desenvolvido, a variável *emergente* = 0; caso contrário, a variável *emergente* = 1. |

Deseja-se inicialmente investigar se, de fato, os países considerados emergentes apresentam menores índices *cpi*. Sendo assim, pede-se:

**a)** Qual a diferença entre o valor médio do índice *cpi* dos países emergentes e o dos países desenvolvidos? Esta diferença é estatisticamente significante, ao nível de significância de 5%?

**b)** Elabore, por meio do procedimento *Stepwise* com nível de significância de 10% para rejeição da hipótese nula dos testes $t$, a estimação do modelo com a forma funcional linear a seguir. Escreva a equação do modelo final estimado.

$$cpi_i = a + b_1 \cdot idade_i + b_2 \cdot horas_i + b_3 \cdot emergente_i + u_i$$

**c)** A partir desta estimação, pergunta-se: qual seria a previsão, em média, do índice *cpi* para um país considerado emergente, com idade média de seus bilionários de 51 anos e com uma quantidade média de 37 horas trabalhadas semanalmente?

**d)** Quais os valores mínimo e máximo do intervalo de confiança para a previsão do item anterior, ao nível de confiança de 90%?

**4.** Um cardiologista tem monitorado, ao longo dos últimos 48 meses, o índice de colesterol LDL (mg/dL), o índice de massa corpórea (kg/m²) e a frequência semanal de realização de atividades físicas de um dos principais executivos brasileiros. Seu intuito é orientá-lo sobre a importância da manutenção ou perda de peso e da realização periódica de atividades físicas. A evolução do índice de colesterol LDL (mg/dL) deste executivo, ao longo do período analisado, encontra-se no gráfico a seguir:

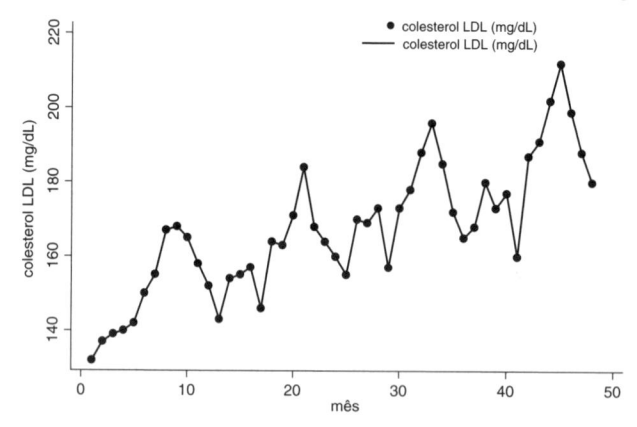

Os dados encontram-se no arquivo **Colesterol.sav**, compostos pelas seguintes variáveis:

| Variável | Descrição |
|---|---|
| *mês* | Mês $t$ da análise |
| *colesterol* | Índice de colesterol LDL (mg/dL) |
| *imc* | Índice de massa corpórea (kg/m²) |
| *esporte* | Número de vezes em que pratica atividades físicas na semana (média no mês) |

Deseja-se investigar se o comportamento, ao longo tempo, do índice de colesterol LDL é influenciado pelo índice de massa corpórea do executivo e pela quantidade de vezes em que o mesmo pratica atividades físicas semanalmente e, para tanto, será estimado o seguinte modelo:

$$colesterol_t = a + b_1 \cdot imc_t + b_2 \cdot esporte_t + \varepsilon_t$$

Dessa forma, pede-se:

**a)** Qual a equação final estimada para o modelo de regressão linear múltipla?

**b)** Discuta os resultados em termos de sinal dos coeficientes das variáveis explicativas.

# APÊNDICE

As tabelas a seguir foram obtidas de Bussab e Morettin (2006) e Siegel e Castellan Jr. (2006).

## Tabela A Distribuição normal padrão

$$P(z_{cal} > z_c) = \alpha$$

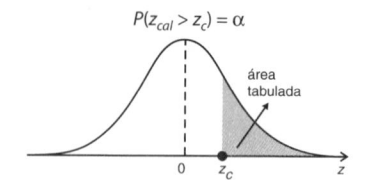

Probabilidades associadas na cauda superior

| $z_c$ | Segunda decimal de $z_c$ | | | | | | | | | |
|---|---|---|---|---|---|---|---|---|---|---|
| | 0,00 | 0,01 | 0,02 | 0,03 | 0,04 | 0,05 | 0,06 | 0,07 | 0,08 | 0,09 |
| 0,0 | 0,5000 | 0,4960 | 0,4920 | 0,4880 | 0,4840 | 0,4801 | 0,4761 | 0,4721 | 0,4681 | 0,4641 |
| 0,1 | 0,4602 | 0,4562 | 0,4522 | 0,4483 | 0,4443 | 0,4404 | 0,4364 | 0,4325 | 0,4286 | 0,4247 |
| 0,2 | 0,4207 | 0,4168 | 0,4129 | 0,4090 | 0,4052 | 0,4013 | 0,3974 | 0,3936 | 0,3897 | 0,3859 |
| 0,3 | 0,3821 | 0,3783 | 0,3745 | 0,3707 | 0,3669 | 0,3632 | 0,3594 | 0,3557 | 0,3520 | 0,3483 |
| 0,4 | 0,3446 | 0,3409 | 0,3372 | 0,3336 | 0,3300 | 0,3264 | 0,3228 | 0,3192 | 0,3156 | 0,3121 |
| 0,5 | 0,3085 | 0,3050 | 0,3015 | 0,2981 | 0,2946 | 0,2912 | 0,2877 | 0,2842 | 0,2810 | 0,2776 |
| 0,6 | 0,2743 | 0,2709 | 0,2676 | 0,2643 | 0,2611 | 0,2578 | 0,2546 | 0,2514 | 0,2483 | 0,2451 |
| 0,7 | 0,2420 | 0,2389 | 0,2358 | 0,2327 | 0,2296 | 0,2266 | 0,2236 | 0,2206 | 0,2177 | 0,2148 |
| 0,8 | 0,2119 | 0,2090 | 0,2061 | 0,2033 | 0,2005 | 0,1977 | 0,1949 | 0,1922 | 0,1894 | 0,1867 |
| 0,9 | 0,1841 | 0,1814 | 0,1788 | 0,1762 | 0,1736 | 0,1711 | 0,1685 | 0,1660 | 0,1635 | 0,1611 |
| 1,0 | 0,1587 | 0,1562 | 0,1539 | 0,1515 | 0,1492 | 0,1469 | 0,1446 | 0,1423 | 0,1401 | 0,1379 |
| 1,1 | 0,1357 | 0,1335 | 0,1314 | 0,1292 | 0,1271 | 0,1251 | 0,1230 | 0,1210 | 0,1190 | 0,1170 |
| 1,2 | 0,1151 | 0,1131 | 0,1112 | 0,1093 | 0,1075 | 0,1056 | 0,1038 | 0,1020 | 0,1003 | 0,0985 |
| 1,3 | 0,0968 | 0,0951 | 0,0934 | 0,0918 | 0,0901 | 0,0885 | 0,0869 | 0,0853 | 0,0838 | 0,0823 |
| 1,4 | 0,0808 | 0,0793 | 0,0778 | 0,0764 | 0,0749 | 0,0735 | 0,0722 | 0,0708 | 0,0694 | 0,0681 |
| 1,5 | 0,0668 | 0,0655 | 0,0643 | 0,0630 | 0,0618 | 0,0606 | 0,0594 | 0,0582 | 0,0571 | 0,0559 |
| 1,6 | 0,0548 | 0,0537 | 0,0526 | 0,0516 | 0,0505 | 0,0495 | 0,0485 | 0,0475 | 0,0465 | 0,0455 |
| 1,7 | 0,0446 | 0,0436 | 0,0427 | 0,0418 | 0,0409 | 0,0401 | 0,0392 | 0,0384 | 0,0375 | 0,0367 |
| 1,8 | 0,0359 | 0,0352 | 0,0344 | 0,0336 | 0,0329 | 0,0322 | 0,0314 | 0,0307 | 0,0301 | 0,0294 |
| 1,9 | 0,0287 | 0,0281 | 0,0274 | 0,0268 | 0,0262 | 0,0256 | 0,0250 | 0,0244 | 0,0239 | 0,0233 |
| 2,0 | 0,0228 | 0,0222 | 0,0217 | 0,0212 | 0,0207 | 0,0202 | 0,0197 | 0,0192 | 0,0188 | 0,0183 |
| 2,1 | 0,0179 | 0,0174 | 0,0170 | 0,0166 | 0,0162 | 0,0158 | 0,0154 | 0,0150 | 0,0146 | 0,0143 |
| 2,2 | 0,0139 | 0,0136 | 0,0132 | 0,0129 | 0,0125 | 0,0122 | 0,0119 | 0,0116 | 0,0113 | 0,0110 |
| 2,3 | 0,0107 | 0,0104 | 0,0102 | 0,0099 | 0,0096 | 0,0094 | 0,0091 | 0,0089 | 0,0087 | 0,0084 |
| 2,4 | 0,0082 | 0,0080 | 0,0078 | 0,0075 | 0,0073 | 0,0071 | 0,0069 | 0,0068 | 0,0066 | 0,0064 |
| 2,5 | 0,0062 | 0,0060 | 0,0059 | 0,0057 | 0,0055 | 0,0054 | 0,0052 | 0,0051 | 0,0049 | 0,0048 |
| 2,6 | 0,0047 | 0,0045 | 0,0044 | 0,0043 | 0,0041 | 0,0040 | 0,0039 | 0,0038 | 0,0037 | 0,0036 |
| 2,7 | 0,0035 | 0,0034 | 0,0033 | 0,0032 | 0,0031 | 0,0030 | 0,0029 | 0,0028 | 0,0027 | 0,0026 |
| 2,8 | 0,0026 | 0,0025 | 0,0024 | 0,0023 | 0,0023 | 0,0022 | 0,0021 | 0,0021 | 0,0020 | 0,0019 |
| 2,9 | 0,0019 | 0,0018 | 0,0017 | 0,0017 | 0,0016 | 0,0016 | 0,0015 | 0,0015 | 0,0014 | 0,0014 |
| 3,0 | 0,0013 | 0,0013 | 0,0013 | 0,0012 | 0,0012 | 0,0011 | 0,0011 | 0,0011 | 0,0010 | 0,0010 |
| 3,1 | 0,0010 | 0,0009 | 0,0009 | 0,0009 | 0,008 | 0,0008 | 0,0008 | 0,0008 | 0,007 | 0,007 |
| 3,2 | 0,0007 | | | | | | | | | |
| 3,3 | 0,0005 | | | | | | | | | |
| 3,4 | 0,0003 | | | | | | | | | |
| 3,5 | 0,00023 | | | | | | | | | |
| 3,6 | 0,00016 | | | | | | | | | |
| 3,7 | 0,00011 | | | | | | | | | |
| 3,8 | 0,00007 | | | | | | | | | |
| 3,9 | 0,00005 | | | | | | | | | |
| 4,0 | 0,00003 | | | | | | | | | |

**Tabela B** Distribuição *t* de *Student*

$$P(T_{cal} > t_c) = \alpha$$

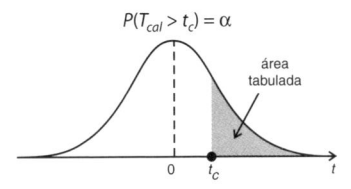

Valores críticos da distribuição *t* de *Student*

| Graus de liberdade ν | Probabilidade associada na cauda superior | | | | | | | | |
|---|---|---|---|---|---|---|---|---|---|
| | 0,25 | 0,10 | 0,05 | 0,025 | 0,01 | 0,005 | 0,0025 | 0,001 | 0,0005 |
| 1 | 1,000 | 3,078 | 6,314 | 12,706 | 31,821 | 63,657 | 127,3 | 318,309 | 636,619 |
| 2 | 0,816 | 1,886 | 2,920 | 4,303 | 6,965 | 9,925 | 14,09 | 22,33 | 31,60 |
| 3 | 0,765 | 1,638 | 2,353 | 3,182 | 4,541 | 5,841 | 7,453 | 10,21 | 12,92 |
| 4 | 0,741 | 1,533 | 2,132 | 2,776 | 3,747 | 4,604 | 5,598 | 7,173 | 8,610 |
| 5 | 0,727 | 1,476 | 2,015 | 2,571 | 3,365 | 4,032 | 4,773 | 5,894 | 6,869 |
| 6 | 0,718 | 1,440 | 1,943 | 2,447 | 3,143 | 3,707 | 4,317 | 5,208 | 5,959 |
| 7 | 0,711 | 1,415 | 1,895 | 2,365 | 2,998 | 3,499 | 4,029 | 4,785 | 5,408 |
| 8 | 0,706 | 1,397 | 1,860 | 2,306 | 2,896 | 3,355 | 3,833 | 4,501 | 5,041 |
| 9 | 0,703 | 1,383 | 1,833 | 2,262 | 2,821 | 3,250 | 3,690 | 4,297 | 4,781 |
| 10 | 0,700 | 1,372 | 1,812 | 2,228 | 2,764 | 3,169 | 3,581 | 4,144 | 4,587 |
| 11 | 0,697 | 1,363 | 1,796 | 2,201 | 2,718 | 3,106 | 3,497 | 4,025 | 4,437 |
| 12 | 0,695 | 1,356 | 1,782 | 2,179 | 2,681 | 3,055 | 3,428 | 3,930 | 4,318 |
| 13 | 0,694 | 1,350 | 1,771 | 2,160 | 2,650 | 3,012 | 3,372 | 3,852 | 4,221 |
| 14 | 0,692 | 1,345 | 1,761 | 2,145 | 2,624 | 2,977 | 3,326 | 3,787 | 4,140 |
| 15 | 0,691 | 1,341 | 1,753 | 2,131 | 2,602 | 2,947 | 3,286 | 3,733 | 4,073 |
| 16 | 0,690 | 1,337 | 1,746 | 2,120 | 2,583 | 2,921 | 3,252 | 3,686 | 4,015 |
| 17 | 0,689 | 1,333 | 1,740 | 2,110 | 2,567 | 2,898 | 3,222 | 3,646 | 3,965 |
| 18 | 0,688 | 1,330 | 1,734 | 2,101 | 2,552 | 2,878 | 3,197 | 3,610 | 3,922 |
| 19 | 0,688 | 1,328 | 1,729 | 2,093 | 2,539 | 2,861 | 3,174 | 3,579 | 3,883 |
| 20 | 0,687 | 1,325 | 1,725 | 2,086 | 2,528 | 2,845 | 3,153 | 3,552 | 3,850 |
| 21 | 0,686 | 1,323 | 1,721 | 2,080 | 2,518 | 2,831 | 3,135 | 3,527 | 3,819 |
| 22 | 0,686 | 1,321 | 1,717 | 2,074 | 2,508 | 2,819 | 3,119 | 3,505 | 3,792 |
| 23 | 0,685 | 1,319 | 1,714 | 2,069 | 2,500 | 2,807 | 3,104 | 3,485 | 3,768 |
| 24 | 0,685 | 1,318 | 1,711 | 2,064 | 2,492 | 2,797 | 3,091 | 3,467 | 3,745 |
| 25 | 0,684 | 1,316 | 1,708 | 2,060 | 2,485 | 2,787 | 3,078 | 3,450 | 3,725 |
| 26 | 0,684 | 1,315 | 1,706 | 2,056 | 2,479 | 2,779 | 3,067 | 3,435 | 3,707 |
| 27 | 0,684 | 1,314 | 1,703 | 2,052 | 2,473 | 2,771 | 3,057 | 3,421 | 3,689 |
| 28 | 0,683 | 1,313 | 1,701 | 2,048 | 2,467 | 2,763 | 3,047 | 3,408 | 3,674 |
| 29 | 0,683 | 1,311 | 1,699 | 2,045 | 2,462 | 2,756 | 3,038 | 3,396 | 3,660 |
| 30 | 0,683 | 1,310 | 1,697 | 2,042 | 2,457 | 2,750 | 3,030 | 3,385 | 3,646 |
| 35 | 0,682 | 1,306 | 1,690 | 2,030 | 2,438 | 2,724 | 2,996 | 3,340 | 3,591 |
| 40 | 0,681 | 1,303 | 1,684 | 2,021 | 2,423 | 2,704 | 2,971 | 3,307 | 3.551 |
| 45 | 0,680 | 1,301 | 1,679 | 2,014 | 2,412 | 2,690 | 2,952 | 3,281 | 3,520 |
| 50 | 0,679 | 1,299 | 1,676 | 2,009 | 2,403 | 2,678 | 2,937 | 3,261 | 3,496 |
| z | 0,674 | 1,282 | 1,645 | 1,960 | 2,326 | 2,576 | 2,807 | 3,090 | 3,291 |

**Tabela C** Distribuição Qui-quadrado

$P(\chi^2_{cal}$ com $v$ graus de liberdade $> \chi^2_c) = \alpha$

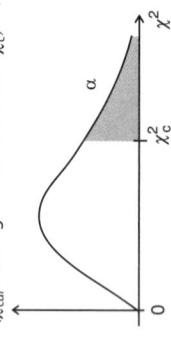

Valores críticos (unilaterais à direita) da distribuição Qui-Quadrado

| Graus de liberdade $v$ | 0,99 | 0,975 | 0,95 | 0,9 | 0,1 | 0,05 | 0,025 | 0,01 | 0,005 |
|---|---|---|---|---|---|---|---|---|---|
| 1 | 0,000 | 0,001 | 0,004 | 0,016 | 2,706 | 3,841 | 5,024 | 6,635 | 7,879 |
| 2 | 0,020 | 0,051 | 0,103 | 0,211 | 4,605 | 5,991 | 7,378 | 9,210 | 10,597 |
| 3 | 0,115 | 0,216 | 0,352 | 0,584 | 6,251 | 7,815 | 9,348 | 11,345 | 12,838 |
| 4 | 0,297 | 0,484 | 0,711 | 1,064 | 7,779 | 9,488 | 11,143 | 13,277 | 14,860 |
| 5 | 0,554 | 0,831 | 1,145 | 1,610 | 9,236 | 11,070 | 12,832 | 15,086 | 16,750 |
| 6 | 0,872 | 1,237 | 1,635 | 2,204 | 10,645 | 12,592 | 14,449 | 16,812 | 18,548 |
| 7 | 1,239 | 1,690 | 2,167 | 2,833 | 12,017 | 14,067 | 16,013 | 18,475 | 20,278 |
| 8 | 1,647 | 2,180 | 2,733 | 3,490 | 13,362 | 15,507 | 17,535 | 20,090 | 21,955 |
| 9 | 2,088 | 2,700 | 3,325 | 4,168 | 14,684 | 16,919 | 19,023 | 21,666 | 23,589 |
| 10 | 2,558 | 3,247 | 3,940 | 4,865 | 15,987 | 18,307 | 20,483 | 23,209 | 25,188 |
| 11 | 3,053 | 3,816 | 4,575 | 5,578 | 17,275 | 19,675 | 21,920 | 24,725 | 26,757 |
| 12 | 3,571 | 4,404 | 5,226 | 6,304 | 18,549 | 21,026 | 23,337 | 26,217 | 28,300 |
| 13 | 4,107 | 5,009 | 5,892 | 7,041 | 19,812 | 22,362 | 24,736 | 27,688 | 29,819 |
| 14 | 4,660 | 5,629 | 6,571 | 7,790 | 21,064 | 23,685 | 26,119 | 29,141 | 31,319 |
| 15 | 5,229 | 6,262 | 7,261 | 8,547 | 22,307 | 24,996 | 27,488 | 30,578 | 32,801 |
| 16 | 5,812 | 6,908 | 7,962 | 9,312 | 23,542 | 26,296 | 28,845 | 32,000 | 34,267 |
| 17 | 6,408 | 7,564 | 8,672 | 10,085 | 24,769 | 27,587 | 30,191 | 33,409 | 35,718 |
| 18 | 7,015 | 8,231 | 9,390 | 10,865 | 25,989 | 28,869 | 31,526 | 34,805 | 37,156 |
| 19 | 7,633 | 8,907 | 10,117 | 11,651 | 27,204 | 30,144 | 32,852 | 36,191 | 38,582 |
| 20 | 8,260 | 9,591 | 10,851 | 12,443 | 28,412 | 31,410 | 34,170 | 37,566 | 39,997 |
| 21 | 8,897 | 10,283 | 11,591 | 13,240 | 29,615 | 32,671 | 35,479 | 38,932 | 41,401 |
| 22 | 9,542 | 10,982 | 12,338 | 14,041 | 30,813 | 33,924 | 36,781 | 40,289 | 42,796 |
| 23 | 10,196 | 11,689 | 13,091 | 14,848 | 32,007 | 35,172 | 38,076 | 41,638 | 44,181 |
| 24 | 10,856 | 12,401 | 13,848 | 15,659 | 33,196 | 36,415 | 39,364 | 42,980 | 45,558 |

**Tabela C** (*Continuação*)

| Graus de liberdade ν | 0,99 | 0,975 | 0,95 | 0,9 | 0,1 | 0,05 | 0,025 | 0,01 | 0,005 |
|---|---|---|---|---|---|---|---|---|---|
| 25 | 11,524 | 13,120 | 14,611 | 16,473 | 34,382 | 37,652 | 40,646 | 44,314 | 46,928 |
| 26 | 12,198 | 13,844 | 15,379 | 17,292 | 35,563 | 38,885 | 41,923 | 45,642 | 48,290 |
| 27 | 12,878 | 14,573 | 16,151 | 18,114 | 36,741 | 40,113 | 43,195 | 46,963 | 49,645 |
| 28 | 13,565 | 15,308 | 16,928 | 18,939 | 37,916 | 41,337 | 44,461 | 48,278 | 50,994 |
| 29 | 14,256 | 16,047 | 17,708 | 19,768 | 39,087 | 42,557 | 45,722 | 49,588 | 52,335 |
| 30 | 14,953 | 16,791 | 18,493 | 20,599 | 40,256 | 43,773 | 46,979 | 50,892 | 53,672 |
| 31 | 15,655 | 17,539 | 19,281 | 21,434 | 41,422 | 44,985 | 48,232 | 52,191 | 55,002 |
| 32 | 16,362 | 18,291 | 20,072 | 22,271 | 42,585 | 46,194 | 49,480 | 53,486 | 56,328 |
| 33 | 17,073 | 19,047 | 20,867 | 23,110 | 43,745 | 47,400 | 50,725 | 54,775 | 57,648 |
| 34 | 17,789 | 19,806 | 21,664 | 23,952 | 44,903 | 48,602 | 51,966 | 56,061 | 58,964 |
| 35 | 18,509 | 20,569 | 22,465 | 24,797 | 46,059 | 49,802 | 53,203 | 57,342 | 60,275 |
| 36 | 19,233 | 21,336 | 23,269 | 25,643 | 47,212 | 50,998 | 54,437 | 58,619 | 61,581 |
| 37 | 19,960 | 22,106 | 24,075 | 26,492 | 48,363 | 52,192 | 55,668 | 59,893 | 62,883 |
| 38 | 20,691 | 22,878 | 24,884 | 27,343 | 49,513 | 53,384 | 56,895 | 61,162 | 64,181 |
| 39 | 21,426 | 23,654 | 25,695 | 28,196 | 50,660 | 54,572 | 58,120 | 62,428 | 65,475 |
| 40 | 22,164 | 24,433 | 26,509 | 29,051 | 51,805 | 55,758 | 59,342 | 63,691 | 66,766 |
| 41 | 22,906 | 25,215 | 27,326 | 29,907 | 52,949 | 56,942 | 60,561 | 64,950 | 68,053 |
| 42 | 23,650 | 25,999 | 28,144 | 30,765 | 54,090 | 58,124 | 61,777 | 66,206 | 69,336 |
| 43 | 24,398 | 26,785 | 28,965 | 31,625 | 55,230 | 59,304 | 62,990 | 67,459 | 70,616 |
| 44 | 25,148 | 27,575 | 29,787 | 32,487 | 56,369 | 60,481 | 64,201 | 68,710 | 71,892 |
| 45 | 25,901 | 28,366 | 30,612 | 33,350 | 57,505 | 61,656 | 65,410 | 69,957 | 73,166 |
| 46 | 26,657 | 29,160 | 31,439 | 34,215 | 58,641 | 62,830 | 66,616 | 71,201 | 74,437 |
| 47 | 27,416 | 29,956 | 32,268 | 35,081 | 59,774 | 64,001 | 67,821 | 72,443 | 75,704 |
| 48 | 28,177 | 30,754 | 33,098 | 35,949 | 60,907 | 65,171 | 69,023 | 73,683 | 76,969 |
| 49 | 28,941 | 31,555 | 33,930 | 36,818 | 62,038 | 66,339 | 70,222 | 74,919 | 78,231 |
| 50 | 29,707 | 32,357 | 34,764 | 37,689 | 63,167 | 67,505 | 71,420 | 76,154 | 79,490 |

## Tabela D  Distribuição F de Snedecor

$$P(F_{cal} > F_c) = 0,10$$

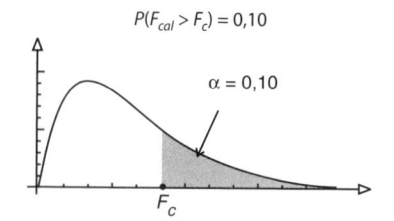

$\alpha = 0,10$

$F_c$

Valores críticos de distribuição F de Snedecor

| $v_2$ denominador | Graus de liberdade no numerador ($v_1$) | | | | | | | | | |
|---|---|---|---|---|---|---|---|---|---|---|
| | 1 | 2 | 3 | 4 | 5 | 6 | 7 | 8 | 9 | 10 |
| 1 | 39,86 | 49,50 | 53,59 | 55,83 | 57,24 | 58,20 | 58,91 | 59,44 | 59,86 | 60,19 |
| 2 | 8,53 | 9,00 | 9,16 | 9,24 | 9,29 | 9,33 | 9,35 | 9,37 | 9,38 | 9,39 |
| 3 | 5,54 | 5,46 | 5,39 | 5,34 | 5,31 | 5,28 | 5,27 | 5,25 | 5,24 | 5,23 |
| 4 | 4,54 | 4,32 | 4,19 | 4,11 | 4,05 | 4,01 | 3,98 | 3,95 | 3,94 | 3,92 |
| 5 | 4,06 | 3,78 | 3,62 | 3,52 | 3,45 | 3,40 | 3,37 | 3,34 | 3,32 | 3,30 |
| 6 | 3,78 | 3,46 | 3,29 | 3,18 | 3,11 | 3,05 | 3,01 | 2,98 | 2,96 | 2,94 |
| 7 | 3,59 | 3,26 | 3,07 | 2,96 | 2,88 | 2,83 | 2,78 | 2,75 | 2,72 | 2,70 |
| 8 | 3,46 | 3,11 | 2,92 | 2,81 | 2,73 | 2,67 | 2,62 | 2,59 | 2,56 | 2,54 |
| 9 | 3,36 | 3,01 | 2,81 | 2,69 | 2,61 | 2,55 | 2,51 | 2,47 | 2,44 | 2,42 |
| 10 | 3,29 | 2,92 | 2,73 | 2,61 | 2,52 | 2,46 | 2,41 | 2,38 | 2,35 | 2,32 |
| 11 | 3,23 | 2,86 | 2,66 | 2,54 | 2,45 | 2,39 | 2,34 | 2,30 | 2,27 | 2,25 |
| 12 | 3,18 | 2,81 | 2,61 | 2,48 | 2,39 | 2,33 | 2,28 | 2,24 | 2,21 | 2,19 |
| 13 | 3,14 | 2,76 | 2,56 | 2,43 | 2,35 | 2,28 | 2,23 | 2,20 | 2,16 | 2,14 |
| 14 | 3,10 | 2,73 | 2,52 | 2,39 | 2,31 | 2,24 | 2,19 | 2,15 | 2,12 | 2,10 |
| 15 | 3,07 | 2,70 | 2,49 | 2,36 | 2,27 | 2,21 | 2,16 | 2,12 | 2,09 | 2,06 |
| 16 | 3,05 | 2,67 | 2,46 | 2,33 | 2,24 | 2,18 | 2,13 | 2,09 | 2,06 | 2,03 |
| 17 | 3,03 | 2,64 | 2,44 | 2,31 | 2,22 | 2,15 | 2,10 | 2,06 | 2,03 | 2,00 |
| 18 | 3,01 | 2,62 | 2,42 | 2,29 | 2,20 | 2,13 | 2,08 | 2,04 | 2,00 | 1,98 |
| 19 | 2,99 | 2,61 | 2,40 | 2,27 | 2,18 | 2,11 | 2,06 | 2,02 | 1,98 | 1,96 |
| 20 | 2,97 | 2,59 | 2,38 | 2,25 | 2,16 | 2,09 | 2,04 | 2,00 | 1,96 | 1,94 |
| 21 | 2,96 | 2,57 | 2,36 | 2,23 | 2,14 | 2,08 | 2,02 | 1,98 | 1,95 | 1,92 |
| 22 | 2,95 | 2,56 | 2,35 | 2,22 | 2,13 | 2,06 | 2,01 | 1,97 | 1,93 | 1,90 |
| 23 | 2,94 | 2,55 | 2,34 | 2,21 | 2,11 | 2,05 | 1,99 | 1,95 | 1,92 | 1,89 |
| 24 | 2,93 | 2,54 | 2,33 | 2,19 | 2,10 | 2,04 | 1,98 | 1,94 | 1,91 | 1,88 |
| 25 | 2,92 | 2,53 | 2,32 | 2,18 | 2,09 | 2,02 | 1,97 | 1,93 | 1,89 | 1,87 |
| 26 | 2,91 | 2,52 | 2,31 | 2,17 | 2,08 | 2,01 | 1,96 | 1,92 | 1,88 | 1,86 |
| 27 | 2,90 | 2,51 | 2,30 | 2,17 | 2,07 | 2,00 | 1,95 | 1,91 | 1,87 | 1,85 |
| 28 | 2,89 | 2,50 | 2,29 | 2,16 | 2,06 | 2,00 | 1,94 | 1,90 | 1,87 | 1,84 |
| 29 | 2,89 | 2,50 | 2,28 | 2,15 | 2,06 | 1,99 | 1,93 | 1,89 | 1,86 | 1,83 |
| 30 | 2,88 | 2,49 | 2,28 | 2,14 | 2,05 | 1,98 | 1,93 | 1,88 | 1,85 | 1,82 |
| 35 | 2,85 | 2,46 | 2,25 | 2,11 | 2,02 | 1,95 | 1,90 | 1,85 | 1,82 | 1,79 |
| 40 | 2,84 | 2,44 | 2,23 | 2,09 | 2,00 | 1,93 | 1,87 | 1,83 | 1,79 | 1,76 |
| 45 | 2,82 | 2,42 | 2,21 | 2,07 | 1,98 | 1,91 | 1,85 | 1,81 | 1,77 | 1,74 |
| 50 | 2,81 | 2,41 | 2,20 | 2,06 | 1,97 | 1,90 | 1,84 | 1,80 | 1,76 | 1,73 |
| 100 | 2,76 | 2,36 | 2,14 | 2,00 | 1,91 | 1,83 | 1,78 | 1,73 | 1,69 | 1,66 |

(continua)

**Tabela D** Distribuição *F* de *Snedecor*

$$P(F_{cal} > F_c) = 0{,}05$$

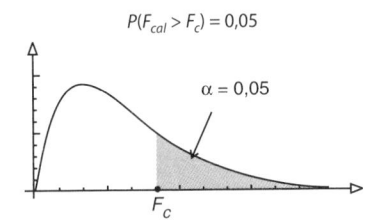

$\alpha = 0{,}05$

$F_c$

Valores críticos de distribuição *F* de *Snedecor*

| $v_2$ denominador | Graus de liberdade no numerador ($v_1$) | | | | | | | | | |
|---|---|---|---|---|---|---|---|---|---|---|
| | **1** | **2** | **3** | **4** | **5** | **6** | **7** | **8** | **9** | **10** |
| 1 | 161,45 | 199,50 | 215,71 | 224,58 | 230,16 | 233,99 | 236,77 | 238,88 | 240,54 | 241,88 |
| 2 | 18,51 | 19,00 | 19,16 | 19,25 | 19,30 | 19,33 | 19,35 | 19,37 | 19,38 | 19,40 |
| 3 | 10,13 | 9,55 | 9,28 | 9,12 | 9,01 | 8,94 | 8,89 | 8,85 | 8,81 | 8,79 |
| 4 | 7,71 | 6,94 | 6,59 | 6,39 | 6,26 | 6,16 | 6,09 | 6,04 | 6,00 | 5,96 |
| 5 | 6,61 | 5,79 | 5,41 | 5,19 | 5,05 | 4,95 | 4,88 | 4,82 | 4,77 | 4,74 |
| 6 | 5,99 | 5,14 | 4,76 | 4,53 | 4,39 | 4,28 | 4,21 | 4,15 | 4,10 | 4,06 |
| 7 | 5,59 | 4,74 | 4,35 | 4,12 | 3,97 | 3,87 | 3,79 | 3,73 | 3,68 | 3,64 |
| 8 | 5,32 | 4,46 | 4,07 | 3,84 | 3,69 | 3,58 | 3,50 | 3,44 | 3,39 | 3,35 |
| 9 | 5,12 | 4,26 | 3,86 | 3,63 | 3,48 | 3,37 | 3,29 | 3,23 | 3,18 | 3,14 |
| 10 | 4,96 | 4,10 | 3,71 | 3,48 | 3,33 | 3,22 | 3,14 | 3,07 | 3,02 | 2,98 |
| 11 | 4,84 | 3,98 | 3,59 | 3,36 | 3,20 | 3,09 | 3,01 | 2,95 | 2,90 | 2,85 |
| 12 | 4,75 | 3,89 | 3,49 | 3,26 | 3,11 | 3,00 | 2,91 | 2,85 | 2,80 | 2,75 |
| 13 | 4,67 | 3,81 | 3,41 | 3,18 | 3,03 | 2,92 | 2,83 | 2,77 | 2,71 | 2,67 |
| 14 | 4,60 | 3,74 | 3,34 | 3,11 | 2,96 | 2,85 | 2,76 | 2,70 | 2,65 | 2,60 |
| 15 | 4,54 | 3,68 | 3,29 | 3,06 | 2,90 | 2,79 | 2,71 | 2,64 | 2,59 | 2,54 |
| 16 | 4,49 | 3,63 | 3,24 | 3,01 | 2,85 | 2,74 | 2,66 | 2,59 | 2,54 | 2,49 |
| 17 | 4,45 | 3,59 | 3,20 | 2,96 | 2,81 | 2,70 | 2,61 | 2,55 | 2,49 | 2,45 |
| 18 | 4,41 | 3,55 | 3,16 | 2,93 | 2,77 | 2,66 | 2,58 | 2,51 | 2,46 | 2,60 |
| 19 | 4,38 | 3,52 | 3,13 | 2,90 | 2,74 | 2,63 | 2,54 | 2,48 | 2,42 | 2,38 |
| 20 | 4,35 | 3,49 | 3,10 | 2,87 | 2,71 | 2,60 | 2,51 | 2,45 | 2,39 | 2,35 |
| 21 | 4,32 | 3,47 | 3,07 | 2,84 | 2,68 | 2,57 | 2,49 | 2,42 | 2,37 | 2,32 |
| 22 | 4,30 | 3,44 | 3,05 | 2,82 | 2,66 | 2,55 | 2,46 | 2,40 | 2,34 | 2,30 |
| 23 | 4,28 | 3,42 | 3,03 | 2,80 | 2,64 | 2,53 | 2,44 | 2,37 | 2,32 | 2,27 |
| 24 | 4,26 | 3,40 | 3,01 | 2,78 | 2,62 | 2,51 | 2,42 | 2,36 | 2,30 | 2,25 |
| 25 | 4,24 | 3,39 | 2,99 | 2,76 | 2,00 | 2,49 | 2,40 | 2,34 | 2,28 | 2,24 |
| 26 | 4,23 | 3,37 | 2,98 | 2,74 | 2,59 | 2,47 | 2,39 | 2,32 | 2,27 | 2,22 |
| 27 | 4,21 | 3,35 | 2,96 | 2,73 | 2,57 | 2,46 | 2,37 | 2,31 | 2,25 | 2,20 |
| 28 | 4,20 | 3,34 | 2,95 | 2,71 | 2,56 | 2,45 | 2,36 | 2,29 | 2,24 | 2,19 |
| 29 | 4,18 | 3,33 | 2,93 | 2,70 | 2,55 | 2,43 | 2,35 | 2,28 | 2,22 | 2,18 |
| 30 | 4,17 | 3,32 | 2,92 | 2,69 | 2,53 | 2,42 | 2,33 | 2,27 | 2,21 | 2,16 |
| 35 | 4,12 | 3,27 | 2,87 | 2,64 | 2,49 | 2,37 | 2,29 | 2,22 | 2,16 | 2,11 |
| 40 | 4,08 | 3,23 | 2,84 | 2,61 | 2,45 | 2,34 | 2,25 | 2,18 | 2,12 | 2,08 |
| 45 | 4,06 | 3,20 | 2,81 | 2,58 | 2,42 | 2,31 | 2,22 | 2,15 | 2,10 | 2,05 |
| 50 | 4,03 | 3,18 | 2,79 | 2,56 | 2,40 | 2,29 | 2,20 | 2,13 | 2,07 | 2,03 |
| 100 | 3,94 | 3,09 | 2,70 | 2,46 | 2,31 | 2,19 | 2,10 | 2,03 | 1,97 | 1,93 |

*(continua)*

**Tabela D** Distribuição F de *Snedecor*

$$P(F_{cal} > F_c) = 0,025$$

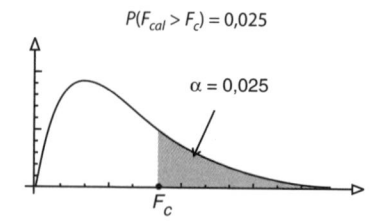

$\alpha = 0,025$

$F_c$

Valores críticos de distribuição F de *Snedecor*

| $v_2$ denominador | Graus de liberdade no numerador ($v_1$) | | | | | | | | | |
|---|---|---|---|---|---|---|---|---|---|---|
| | 1 | 2 | 3 | 4 | 5 | 6 | 7 | 8 | 9 | 10 |
| 1 | 647,8 | 799,5 | 864,2 | 899,6 | 921,8 | 937,1 | 948,2 | 956,7 | 963,3 | 963,3 |
| 2 | 38,51 | 39,00 | 39,17 | 39,25 | 39,30 | 39,33 | 39,36 | 39,37 | 39,39 | 39,40 |
| 3 | 17,44 | 16,04 | 15,44 | 15,10 | 14,88 | 14,73 | 14,62 | 14,54 | 14,47 | 14,42 |
| 4 | 12,22 | 10,65 | 9,98 | 9,60 | 9,36 | 9,20 | 9,07 | 8,98 | 8,90 | 3,84 |
| 5 | 10,01 | 8,43 | 7,76 | 7,39 | 7,15 | 6,98 | 6,85 | 6,76 | 6,68 | 6,62 |
| 6 | 8,81 | 7,26 | 6,60 | 6,23 | 5,99 | 5,82 | 5,70 | 5,60 | 5,52 | 5,46 |
| 7 | 8,07 | 6,54 | 5,89 | 5,52 | 5,29 | 5,12 | 4,99 | 4,90 | 4,82 | 4,76 |
| 8 | 7,57 | 6,06 | 5,42 | 5,05 | 4,82 | 4,65 | 4,53 | 4,43 | 4,36 | 4,30 |
| 9 | 7,21 | 5,71 | 5,08 | 4,72 | 4,48 | 4,32 | 4,20 | 4,10 | 4,03 | 3,96 |
| 10 | 6,94 | 5,46 | 4,83 | 4,47 | 4,24 | 4,07 | 3,95 | 3,85 | 3,78 | 3,72 |
| 11 | 6,72 | 5,26 | 4,63 | 4,28 | 4,04 | 3,88 | 3,76 | 3,66 | 3,59 | 3,53 |
| 12 | 6,55 | 5,10 | 4,47 | 4,12 | 3,89 | 3,73 | 3,61 | 3,51 | 3,44 | 3,37 |
| 13 | 6,41 | 4,97 | 4,35 | 4,00 | 3,77 | 3,60 | 3,48 | 3,39 | 3,31 | 3,25 |
| 14 | 6,30 | 4,86 | 4,24 | 3.89 | 3,66 | 3,50 | 3,38 | 3,29 | 3,21 | 3,15 |
| 15 | 6,20 | 4,77 | 4,15 | 3,80 | 3,58 | 3,41 | 3,29 | 3,20 | 3,12 | 3,06 |
| 16 | 6,12 | 4,69 | 4,08 | 3,73 | 3,50 | 3,34 | 3,22 | 3,12 | 3,05 | 2,99 |
| 17 | 6,04 | 4,62 | 4,01 | 3,66 | 3,44 | 3,28 | 3,16 | 3,06 | 2,98 | 2,92 |
| 18 | 5,98 | 4,56 | 3,95 | 3,61 | 3,38 | 3,22 | 3,10 | 3,01 | 2,93 | 2,87 |
| 19 | 5,92 | 4,51 | 3,90 | 3,56 | 3,33 | 3,17 | 3,05 | 2,96 | 2,88 | 2,82 |
| 20 | 5,87 | 4,46 | 3,86 | 3,51 | 3,29 | 3,13 | 3,01 | 2,91 | 2,84 | 2,77 |
| 21 | 5,83 | 4,42 | 3,82 | 3,48 | 3,25 | 3,09 | 2,97 | 2,87 | 2,80 | 2,73 |
| 22 | 5,79 | 4,38 | 3,78 | 3,44 | 3,22 | 3,05 | 2,93 | 2,84 | 2,76 | 2,70 |
| 23 | 5,75 | 4,35 | 3,75 | 3,41 | 3,18 | 3,02 | 2,90 | 2,81 | 2,73 | 2,67 |
| 24 | 5,72 | 4,32 | 3,72 | 3,38 | 3,15 | 2,99 | 2,87 | 2,78 | 2,70 | 2,64 |
| 25 | 5,69 | 4,29 | 3,69 | 3,35 | 3,13 | 2,97 | 2,85 | 2,75 | 2,68 | 2,61 |
| 26 | 5,66 | 4,27 | 3,67 | 3,33 | 3,10 | 2,94 | 2,82 | 2,73 | 2,65 | 2,59 |
| 27 | 5,63 | 4,24 | 3,65 | 3,31 | 3,08 | 2,92 | 2,80 | 2,71 | 2,63 | 2,57 |
| 28 | 5,61 | 4,22 | 3,63 | 3,29 | 3,06 | 2,90 | 2,78 | 2,69 | 2,61 | 2,55 |
| 29 | 5,59 | 4,20 | 3,61 | 3,27 | 3,04 | 2,88 | 2,76 | 2,67 | 2,59 | 2,53 |
| 30 | 5,57 | 4,18 | 3,59 | 3,25 | 3,03 | 2,87 | 2,75 | 2,65 | 2,57 | 2,51 |
| 40 | 5,42 | 4,05 | 3,46 | 3,13 | 2,90 | 2,74 | 2,62 | 2,53 | 2,45 | 2,39 |
| 60 | 5,29 | 3,93 | 3,34 | 3,01 | 2,79 | 2,63 | 2,51 | 2,41 | 2,33 | 2,27 |
| 120 | 5,15 | 3,80 | 3,23 | 2,89 | 2,67 | 2,52 | 2,39 | 2,30 | 2,22 | 2,16 |

(continua)

**Tabela D** Distribuição *F* de *Snedecor*

$P(F_{cal} > F_c) = 0,01$

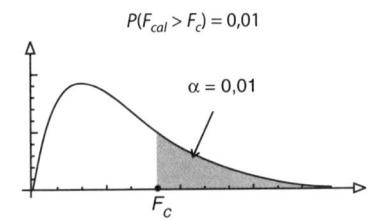

Valores críticos de distribuição *F* de *Snedecor*

| $v_2$ denominador | Graus de liberdade no numerador ($v_1$) | | | | | | | | | |
|---|---|---|---|---|---|---|---|---|---|---|
| | **1** | **2** | **3** | **4** | **5** | **6** | **7** | **8** | **9** | **10** |
| 1 | 4052,2 | 4999,3 | 5403,5 | 5624,3 | 5764,0 | 5859,0 | 5928,3 | 5981,0 | 6022,4 | 6055,9 |
| 2 | 98,50 | 99,00 | 99,16 | 99,25 | 99,30 | 99,33 | 99,36 | 99,38 | 99,39 | 99,40 |
| 3 | 34,12 | 30,82 | 29,46 | 28,71 | 28,24 | 27,91 | 27,67 | 27,49 | 27,34 | 27,23 |
| 4 | 21,20 | 18,00 | 16,69 | 15,98 | 15,52 | 15,21 | 14,98 | 14,80 | 14,66 | 14,55 |
| 5 | 16,26 | 13,27 | 12,06 | 11,39 | 10,97 | 10,67 | 10,46 | 10,29 | 10,16 | 10,05 |
| 6 | 13,75 | 10,92 | 9,78 | 9,15 | 8,75 | 8,47 | 8,26 | 8,10 | 7,98 | 7,87 |
| 7 | 12,25 | 9,55 | 8,45 | 7,85 | 7,46 | 7,19 | 6,99 | 6,84 | 6,72 | 6,62 |
| 8 | 11,26 | 8,65 | 7,59 | 7,01 | 6,63 | 6,37 | 6,18 | 6,03 | 5,91 | 5,81 |
| 9 | 10,56 | 8,02 | 6,99 | 6,42 | 6,06 | 5,80 | 5,61 | 5,47 | 5,35 | 5,26 |
| 10 | 10,04 | 7,56 | 6,55 | 5,99 | 5,64 | 5,39 | 5,20 | 5,06 | 4,94 | 4,85 |
| 11 | 9,65 | 7,21 | 6,22 | 5,67 | 5,32 | 5,07 | 4,89 | 4,74 | 4,63 | 4,54 |
| 12 | 9,33 | 6,93 | 5,95 | 5,41 | 5,06 | 4,82 | 4,64 | 4,50 | 4,39 | 4,30 |
| 13 | 9,07 | 6,70 | 5,74 | 5,21 | 4,86 | 4,62 | 4,44 | 4,30 | 4,19 | 4,10 |
| 14 | 8,86 | 6,51 | 5,56 | 5,04 | 4,69 | 4,46 | 4,28 | 4,14 | 4,03 | 3,94 |
| 15 | 8,68 | 6,36 | 5,42 | 4,89 | 4,56 | 4,32 | 4,14 | 4,00 | 3,89 | 3,80 |
| 16 | 8,53 | 6,23 | 5,29 | 4,77 | 4,44 | 4,20 | 4,03 | 3,89 | 3,78 | 3,69 |
| 17 | 8,40 | 6,11 | 5,19 | 4,67 | 4,34 | 4,10 | 3,93 | 3,79 | 3,68 | 3,59 |
| 18 | 8,29 | 6,01 | 5,09 | 4,58 | 4,25 | 4,01 | 3,84 | 3,71 | 3,60 | 3,51 |
| 19 | 8,18 | 5,93 | 5,01 | 4,50 | 4,17 | 3,94 | 3,77 | 3,63 | 3,52 | 3,43 |
| 20 | 8,10 | 5,85 | 4,94 | 4,43 | 4,10 | 3,87 | 3,70 | 3,56 | 3,46 | 3,37 |
| 21 | 8,02 | 5,78 | 4,87 | 4,37 | 4,04 | 3,81 | 3,64 | 3,51 | 3,40 | 3,31 |
| 22 | 7,95 | 5,72 | 4,82 | 4,31 | 3,99 | 3,76 | 3,59 | 3,45 | 3,35 | 3,26 |
| 23 | 7,88 | 5,66 | 4,76 | 4,26 | 3,94 | 3,71 | 3,54 | 3,41 | 3,30 | 3,21 |
| 24 | 7,82 | 5,61 | 4,72 | 4,22 | 3,90 | 3,67 | 3,50 | 3,36 | 3,26 | 3,17 |
| 25 | 7,77 | 5,57 | 4,68 | 4,18 | 3,85 | 3,63 | 3,46 | 3,32 | 3,22 | 3,13 |
| 26 | 7,72 | 5,53 | 4,64 | 4,14 | 3,82 | 3,59 | 3,42 | 3,29 | 3,18 | 3,09 |
| 27 | 7,68 | 5,49 | 4,60 | 4,11 | 3,78 | 3,56 | 3,39 | 3,26 | 3,15 | 3,06 |
| 28 | 7,64 | 5,45 | 4,57 | 4,07 | 3,75 | 3,53 | 3,36 | 3,23 | 3,12 | 3,03 |
| 29 | 7,60 | 5,42 | 4,54 | 4,04 | 3,73 | 3,50 | 3,33 | 3,20 | 3,09 | 3,00 |
| 30 | 7,56 | 5,39 | 4,51 | 4,02 | 3,70 | 3,47 | 3,30 | 3,17 | 3,07 | 2,98 |
| 35 | 7,42 | 5,27 | 4,40 | 3,91 | 3,59 | 3,37 | 3,20 | 3,07 | 2,96 | 2,88 |
| 40 | 7,31 | 5,18 | 4,31 | 3,83 | 3,51 | 3,29 | 3,12 | 2,99 | 2,89 | 2,80 |
| 45 | 7,23 | 5,11 | 4,25 | 3,77 | 3,45 | 3,23 | 3,07 | 2,94 | 2,83 | 2,74 |
| 50 | 7,17 | 5,06 | 4,20 | 3,72 | 3,41 | 3,19 | 3,02 | 2,89 | 2,78 | 2,70 |
| 100 | 6,90 | 4,82 | 3,98 | 3,51 | 3,21 | 2,99 | 2,82 | 2,69 | 2,59 | 2,50 |

**Tabela E** Distribuição binominal

$$P[Y=k] = \binom{N}{k} p^k (1-p)^{N-k}$$

A vírgula decimal foi omitida. Todas as entradas devem ser lidas como ,nnn.

Para valores de $p \leq 0,5$ use a linha do topo para $p$ e a coluna esquerda para $k$.

Para valores de $p > 0,5$ use a linha da base para $p$ e a coluna direita para $k$.

| N | k | 0,01 | 0,05 | 0,10 | 0,15 | 0,20 | 0,25 | 0,30 | 1/3 | 0,40 | 0,45 | 0,50 | | |
|---|---|------|------|------|------|------|------|------|-----|------|------|------|---|---|
| 2 | 0 | 9801 | 9025 | 8100 | 7225 | 6400 | 5625 | 4900 | 4444 | 3600 | 3025 | 2500 | 2 | 2 |
|   | 1 | 198 | 950 | 1800 | 2550 | 3200 | 3750 | 4200 | 4444 | 4800 | 4950 | 5000 | 1 | |
|   | 2 | 1 | 25 | 100 | 225 | 400 | 625 | 900 | 1111 | 1600 | 2025 | 2500 | 0 | |
| 3 | 0 | 9703 | 8574 | 7290 | 6141 | 5120 | 4219 | 3430 | 2963 | 2160 | 1664 | 1250 | 3 | 3 |
|   | 1 | 294 | 1354 | 2430 | 3251 | 3840 | 4219 | 4410 | 4444 | 4320 | 4084 | 3750 | 2 | |
|   | 2 | 3 | 71 | 270 | 574 | 960 | 1406 | 1890 | 2222 | 2880 | 3341 | 3750 | 1 | |
|   | 3 | 0 | 1 | 10 | 34 | 80 | 156 | 270 | 370 | 640 | 911 | 1250 | 0 | |
| 4 | 0 | 9606 | 8145 | 6561 | 5220 | 4096 | 3164 | 2401 | 1975 | 1296 | 915 | 625 | 4 | 4 |
|   | 1 | 388 | 1715 | 2916 | 3685 | 4096 | 4219 | 4116 | 3951 | 3456 | 2995 | 2500 | 3 | |
|   | 2 | 6 | 135 | 486 | 975 | 1536 | 2109 | 2646 | 2963 | 3456 | 3675 | 3750 | 2 | |
|   | 3 | 0 | 5 | 36 | 115 | 256 | 469 | 756 | 988 | 1536 | 2005 | 2500 | 1 | |
|   | 4 | 0 | 0 | 1 | 5 | 16 | 39 | 81 | 123 | 256 | 410 | 625 | 0 | |
| 5 | 0 | 9510 | 7738 | 5905 | 4437 | 3277 | 2373 | 1681 | 1317 | 778 | 503 | 312 | 5 | 5 |
|   | 1 | 480 | 2036 | 3280 | 3915 | 4096 | 3955 | 3602 | 3292 | 2592 | 2059 | 1562 | 4 | |
|   | 2 | 10 | 214 | 729 | 1382 | 2048 | 2637 | 3087 | 3292 | 3456 | 3369 | 3125 | 3 | |
|   | 3 | 0 | 11 | 81 | 244 | 512 | 879 | 1323 | 1646 | 2304 | 2757 | 3125 | 2 | |
|   | 4 | 0 | 0 | 4 | 22 | 64 | 146 | 283 | 412 | 768 | 1128 | 1562 | 1 | |
|   | 5 | 0 | 0 | 0 | 1 | 3 | 10 | 24 | 41 | 102 | 185 | 312 | 0 | |
| 6 | 0 | 9415 | 7351 | 5314 | 3771 | 2621 | 1780 | 1176 | 878 | 467 | 277 | 156 | 6 | 6 |
|   | 1 | 571 | 2321 | 3543 | 3993 | 3932 | 3560 | 3025 | 2634 | 1866 | 1359 | 938 | 5 | |
|   | 2 | 14 | 305 | 984 | 1762 | 2458 | 2966 | 3241 | 3292 | 3110 | 2780 | 2344 | 4 | |
|   | 3 | 0 | 21 | 146 | 415 | 819 | 1318 | 1852 | 2195 | 2765 | 3032 | 3125 | 3 | |
|   | 4 | 0 | 1 | 12 | 55 | 154 | 330 | 595 | 823 | 1382 | 1861 | 2344 | 2 | |
|   | 5 | 0 | 0 | 1 | 4 | 15 | 44 | 102 | 165 | 369 | 609 | 938 | 1 | |
|   | 6 | 0 | 0 | 0 | 0 | 1 | 2 | 7 | 14 | 41 | 83 | 156 | 0 | |
| 7 | 0 | 9321 | 6983 | 4783 | 3206 | 2097 | 1335 | 824 | 585 | 280 | 152 | 78 | 7 | 7 |
|   | 1 | 659 | 2573 | 3720 | 3960 | 3670 | 3115 | 2471 | 2048 | 1306 | 872 | 547 | 6 | |
|   | 2 | 20 | 406 | 1240 | 2097 | 2753 | 3115 | 3177 | 3073 | 2613 | 2140 | 1641 | 5 | |
|   | 3 | 0 | 36 | 230 | 617 | 1147 | 1730 | 2269 | 2561 | 2903 | 2918 | 2734 | 4 | |
|   | 4 | 0 | 2 | 26 | 109 | 287 | 577 | 972 | 1280 | 1935 | 2388 | 2734 | 3 | |
|   | 5 | 0 | 0 | 2 | 12 | 43 | 115 | 250 | 384 | 774 | 1172 | 1641 | 2 | |
|   | 6 | 0 | 0 | 0 | 1 | 4 | 13 | 36 | 64 | 172 | 320 | 547 | 1 | |
|   | 7 | 0 | 0 | 0 | 0 | 0 | 1 | 2 | 5 | 16 | 37 | 78 | 0 | |
|   |   | 0,99 | 0,95 | 0,90 | 0,85 | 0,80 | 0,75 | 0,70 | 2/3 | 0,60 | 0,55 | 0,50 | k | N |

## Tabela E (*Continuação*)

| N | k | p | | | | | | | | | | | | |
|---|---|------|------|------|------|------|------|------|------|------|------|------|---|---|
| | | 0,01 | 0,05 | 0,10 | 0,15 | 0,20 | 0,25 | 0,30 | 1/3 | 0,40 | 0,45 | 0,50 | | |
| 8 | 0 | 9227 | 6634 | 4305 | 2725 | 1678 | 1001 | 576 | 390 | 168 | 84 | 39 | 8 | 8 |
| | 1 | 746 | 2793 | 3826 | 3847 | 3355 | 2670 | 1977 | 1561 | 896 | 548 | 312 | 7 | |
| | 2 | 26 | 515 | 1488 | 2376 | 2936 | 3115 | 2965 | 2731 | 2090 | 1569 | 1094 | 6 | |
| | 3 | 1 | 54 | 331 | 839 | 1468 | 2076 | 2541 | 2731 | 2787 | 2568 | 2188 | 5 | |
| | 4 | 0 | 4 | 46 | 185 | 459 | 865 | 1361 | 1707 | 2322 | 2627 | 2734 | 4 | |
| | 5 | 0 | 0 | 4 | 26 | 92 | 231 | 467 | 683 | 1239 | 1719 | 2188 | 3 | |
| | 6 | 0 | 0 | 0 | 2 | 11 | 38 | 100 | 171 | 413 | 703 | 1094 | 2 | |
| | 7 | 0 | 0 | 0 | 0 | 1 | 4 | 12 | 24 | 79 | 164 | 312 | 1 | |
| | 8 | 0 | 0 | 0 | 0 | 0 | 0 | 1 | 2 | 7 | 17 | 39 | 0 | |
| 9 | 0 | 9135 | 6302 | 3874 | 2316 | 1342 | 751 | 404 | 260 | 101 | 46 | 20 | 9 | 9 |
| | 1 | 830 | 2985 | 3874 | 3679 | 3020 | 2253 | 1556 | 1171 | 605 | 339 | 176 | 8 | |
| | 2 | 34 | 629 | 1722 | 2597 | 3020 | 3003 | 2668 | 2341 | 1612 | 1110 | 703 | 7 | |
| | 3 | 1 | 77 | 446 | 1069 | 1762 | 2336 | 2668 | 2731 | 2508 | 2119 | 1641 | 6 | |
| | 4 | 0 | 6 | 74 | 283 | 661 | 1168 | 1715 | 2048 | 2508 | 2600 | 2461 | 5 | |
| | 5 | 0 | 0 | 8 | 50 | 165 | 389 | 735 | 1024 | 1672 | 2128 | 2461 | 4 | |
| | 6 | 0 | 0 | 1 | 6 | 28 | 87 | 210 | 341 | 743 | 1160 | 1641 | 3 | |
| | 7 | 0 | 0 | 0 | 0 | 3 | 12 | 39 | 73 | 212 | 407 | 703 | 2 | |
| | 8 | 0 | 0 | 0 | 0 | 0 | 1 | 4 | 9 | 35 | 83 | 176 | 1 | |
| | 9 | 0 | 0 | 0 | 0 | 0 | 0 | 0 | 1 | 3 | 8 | 20 | 0 | |
| 10 | 0 | 9044 | 5987 | 3487 | 1969 | 1074 | 563 | 282 | 173 | 60 | 25 | 10 | 10 | 10 |
| | 1 | 914 | 3151 | 3874 | 3474 | 2684 | 1877 | 1211 | 867 | 403 | 207 | 98 | 9 | |
| | 2 | 42 | 746 | 1937 | 2759 | 3020 | 2816 | 2335 | 1951 | 1209 | 763 | 439 | 5 | |
| | 3 | 1 | 105 | 574 | 1298 | 2013 | 2503 | 2668 | 2601 | 2150 | 1665 | 1172 | 7 | |
| | 4 | 0 | 10 | 112 | 401 | 881 | 1460 | 2001 | 2276 | 2508 | 2384 | 2051 | 6 | |
| | 5 | 0 | 1 | 15 | 85 | 264 | 584 | 1029 | 1366 | 2007 | 2340 | 2461 | 5 | |
| | 6 | 0 | 0 | 1 | 12 | 55 | 162 | 368 | 569 | 1115 | 1596 | 2051 | 4 | |
| | 7 | 0 | 0 | 0 | 1 | 8 | 31 | 90 | 163 | 425 | 746 | 1172 | 3 | |
| | 8 | 0 | 0 | 0 | 0 | 1 | 4 | 14 | 30 | 106 | 229 | 439 | 2 | |
| | 9 | 0 | 0 | 0 | 0 | 0 | 0 | 1 | 3 | 16 | 42 | 98 | 1 | |
| | 10 | 0 | 0 | 0 | 0 | 0 | 0 | 0 | 0 | 1 | 3 | 10 | 0 | |
| 15 | 0 | 8601 | 4633 | 2059 | 874 | 352 | 134 | 47 | 23 | 5 | 1 | 0 | 15 | 15 |
| | 1 | 1303 | 3658 | 3432 | 2312 | 1319 | 668 | 305 | 171 | 47 | 16 | 5 | 14 | |
| | 2 | 92 | 1348 | 2669 | 2856 | 2309 | 1559 | 916 | 599 | 219 | 90 | 32 | 13 | |
| | 3 | 4 | 307 | 1285 | 2184 | 2501 | 2252 | 1700 | 1299 | 634 | 318 | 139 | 12 | |
| | 4 | 0 | 49 | 428 | 1156 | 1876 | 2252 | 2186 | 1948 | 1268 | 780 | 417 | 11 | |
| | 5 | 0 | 6 | 105 | 449 | 1032 | 1651 | 2061 | 2143 | 1859 | 1404 | 916 | 10 | |
| | 6 | 0 | 0 | 19 | 132 | 430 | 917 | 1472 | 1786 | 2066 | 1914 | 1527 | 9 | |
| | 7 | 0 | 0 | 3 | 30 | 138 | 393 | 811 | 1140 | 1771 | 2013 | 1964 | 8 | |
| | 8 | 0 | 0 | 0 | 5 | 35 | 131 | 348 | 574 | 1181 | 1647 | 1964 | 7 | |
| | 9 | 0 | 0 | 0 | 1 | 7 | 34 | 116 | 223 | 612 | 1048 | 1527 | 6 | |
| | 10 | 0 | 0 | 0 | 0 | 1 | 7 | 30 | 67 | 245 | 515 | 916 | 5 | |
| | 11 | 0 | 0 | 0 | 0 | 0 | 1 | 6 | 15 | 74 | 191 | 417 | 4 | |
| | 12 | 0 | 0 | 0 | 0 | 0 | 0 | 1 | 3 | 16 | 52 | 139 | 3 | |
| | 13 | 0 | 0 | 0 | 0 | 0 | 0 | 0 | 0 | 3 | 10 | 32 | 2 | |
| | 14 | 0 | 0 | 0 | 0 | 0 | 0 | 0 | 0 | 0 | 1 | 5 | 1 | |
| | 15 | 0 | 0 | 0 | 0 | 0 | 0 | 0 | 0 | 0 | 0 | 0 | 0 | |
| | | 0,99 | 0,95 | 0,90 | 0,85 | 0,80 | 0,75 | 0,70 | 2/3 | 0,60 | 0,55 | 0,50 | k | N |
| | | p | | | | | | | | | | | | |

**Tabela E** (*Continuação*)

| N | k | 0,01 | 0,05 | 0,10 | 0,15 | 0,20 | 0,25 | 0,30 | 1/3 | 0,40 | 0,45 | 0,50 | | |
|---|---|------|------|------|------|------|------|------|-----|------|------|------|---|---|
| 20 | 0 | 8179 | 3585 | 1216 | 388 | 115 | 32 | 8 | 3 | 0 | 0 | 0 | 20 | 20 |
| | 1 | 1652 | 3774 | 2702 | 1368 | 576 | 211 | 68 | 30 | 5 | 1 | 0 | 19 | |
| | 2 | 159 | 1887 | 2852 | 2293 | 1369 | 669 | 278 | 143 | 31 | 8 | 2 | 18 | |
| | 3 | 10 | 596 | 1901 | 2428 | 2054 | 1339 | 716 | 429 | 123 | 40 | 11 | 17 | |
| | 4 | 0 | 133 | 898 | 1821 | 2182 | 1897 | 1304 | 911 | 350 | 139 | 46 | 16 | |
| | 5 | 0 | 22 | 319 | 1028 | 1746 | 2023 | 1789 | 1457 | 746 | 365 | 148 | 15 | |
| | 6 | 0 | 3 | 89 | 454 | 1091 | 1686 | 1916 | 1821 | 1244 | 746 | 370 | 14 | |
| | 7 | 0 | 0 | 20 | 160 | 545 | 1124 | 1643 | 1821 | 1659 | 1221 | 739 | 13 | |
| | 8 | 0 | 0 | 4 | 46 | 222 | 609 | 1144 | 1480 | 1797 | 1623 | 1201 | 12 | |
| | 9 | 0 | 0 | 1 | 11 | 74 | 271 | 654 | 987 | 1597 | 1771 | 1602 | 11 | |
| | 10 | 0 | 0 | 0 | 2 | 20 | 99 | 308 | 543 | 1171 | 1593 | 1762 | 10 | |
| | 11 | 0 | 0 | 0 | 0 | 5 | 30 | 120 | 247 | 710 | 1185 | 1602 | 9 | |
| | 12 | 0 | 0 | 0 | 0 | 1 | 8 | 39 | 92 | 355 | 727 | 1201 | 8 | |
| | 13 | 0 | 0 | 0 | 0 | 0 | 2 | 10 | 28 | 146 | 366 | 739 | 7 | |
| | 14 | 0 | 0 | 0 | 0 | 0 | 0 | 2 | 7 | 49 | 150 | 370 | 6 | |
| | 15 | 0 | 0 | 0 | 0 | 0 | 0 | 0 | 1 | 13 | 49 | 148 | 5 | |
| | 16 | 0 | 0 | 0 | 0 | 0 | 0 | 0 | 0 | 3 | 13 | 46 | 4 | |
| | 17 | 0 | 0 | 0 | 0 | 0 | 0 | 0 | 0 | 0 | 2 | 11 | 3 | |
| | 18 | 0 | 0 | 0 | 0 | 0 | 0 | 0 | 0 | 0 | 0 | 2 | 2 | |
| | 19 | 0 | 0 | 0 | 0 | 0 | 0 | 0 | 0 | 0 | 0 | 0 | 1 | |
| | 20 | 0 | 0 | 0 | 0 | 0 | 0 | 0 | 0 | 0 | 0 | 0 | 0 | |
| 25 | 0 | 7778 | 2774 | 718 | 172 | 38 | 8 | 1 | 0 | 0 | 0 | 0 | 25 | 25 |
| | 1 | 1964 | 3650 | 1994 | 759 | 236 | 63 | 14 | 5 | 0 | 0 | 0 | 24 | |
| | 2 | 238 | 2305 | 2659 | 1607 | 708 | 251 | 74 | 30 | 4 | 1 | 0 | 23 | |
| | 3 | 18 | 930 | 2265 | 2174 | 1358 | 641 | 243 | 114 | 19 | 4 | 1 | 22 | |
| | 4 | 1 | 269 | 1384 | 2110 | 1867 | 1175 | 572 | 313 | 71 | 18 | 4 | 21 | |
| | 5 | 0 | 60 | 646 | 1564 | 1960 | 1645 | 1030 | 658 | 199 | 63 | 16 | 20 | |
| | 6 | 0 | 10 | 239 | 920 | 1633 | 1828 | 1472 | 1096 | 442 | 172 | 53 | 19 | |
| | 7 | 0 | 1 | 72 | 441 | 1108 | 1654 | 1712 | 1487 | 800 | 381 | 143 | 18 | |
| | 8 | 0 | 0 | 18 | 175 | 623 | 1241 | 1651 | 1673 | 1200 | 701 | 322 | 17 | |
| | 9 | 0 | 0 | 4 | 58 | 294 | 781 | 1336 | 1580 | 1511 | 1084 | 609 | 16 | |
| | 10 | 0 | 0 | 1 | 16 | 118 | 417 | 916 | 1264 | 1612 | 1419 | 974 | 15 | |
| | 11 | 0 | 0 | 0 | 4 | 40 | 189 | 536 | 862 | 1465 | 1583 | 1328 | 14 | |
| | 12 | 0 | 0 | 0 | 1 | 12 | 74 | 268 | 503 | 1140 | 1511 | 1550 | 13 | |
| | 13 | 0 | 0 | 0 | 0 | 3 | 25 | 115 | 251 | 760 | 1236 | 1550 | 12 | |
| | 14 | 0 | 0 | 0 | 0 | 1 | 7 | 42 | 108 | 434 | 867 | 1328 | 11 | |
| | 15 | 0 | 0 | 0 | 0 | 0 | 2 | 13 | 40 | 212 | 520 | 974 | 10 | |
| | 16 | 0 | 0 | 0 | 0 | 0 | 0 | 4 | 12 | 88 | 266 | 609 | 9 | |
| | 17 | 0 | 0 | 0 | 0 | 0 | 0 | 1 | 3 | 31 | 115 | 322 | 8 | |
| | 18 | 0 | 0 | 0 | 0 | 0 | 0 | 0 | 1 | 9 | 42 | 143 | 7 | |
| | 19 | 0 | 0 | 0 | 0 | 0 | 0 | 0 | 0 | 2 | 13 | 53 | 6 | |
| | 20 | 0 | 0 | 0 | 0 | 0 | 0 | 0 | 0 | 0 | 3 | 16 | 5 | |
| | 21 | 0 | 0 | 0 | 0 | 0 | 0 | 0 | 0 | 0 | 1 | 4 | 4 | |
| | 22 | 0 | 0 | 0 | 0 | 0 | 0 | 0 | 0 | 0 | 0 | 1 | 3 | |
| | 23 | 0 | 0 | 0 | 0 | 0 | 0 | 0 | 0 | 0 | 0 | 0 | 2 | |
| | 24 | 0 | 0 | 0 | 0 | 0 | 0 | 0 | 0 | 0 | 0 | 0 | 1 | |
| | 25 | 0 | 0 | 0 | 0 | 0 | 0 | 0 | 0 | 0 | 0 | 0 | 0 | |
| | | 0,99 | 0,95 | 0,90 | 0,85 | 0,80 | 0,75 | 0,70 | 2/3 | 0,60 | 0,55 | 0,50 | k | N |

## Tabela E (Continuação)

| N | k | 0,01 | 0,05 | 0,10 | 0,15 | 0,20 | 0,25 | 0,30 | 1/3 | 0,40 | 0,45 | 0,50 | | |
|---|---|------|------|------|------|------|------|------|-----|------|------|------|---|---|
| 30 | 0 | 7397 | 2146 | 424 | 76 | 12 | 2 | 0 | 0 | 0 | 0 | 0 | 30 | 30 |
| | 1 | 2242 | 3389 | 1413 | 404 | 93 | 18 | 3 | 1 | 0 | 0 | 0 | 29 | |
| | 2 | 328 | 2586 | 2277 | 1034 | 337 | 86 | 18 | 6 | 0 | 0 | 0 | 28 | |
| | 3 | 31 | 1270 | 2361 | 1703 | 785 | 269 | 72 | 26 | 3 | 0 | 0 | 27 | |
| | 4 | 2 | 451 | 1771 | 2028 | 1325 | 604 | 208 | 89 | 12 | 2 | 0 | 26 | |
| | 5 | 0 | 124 | 1023 | 1861 | 1723 | 1047 | 464 | 232 | 41 | 8 | 1 | 25 | |
| | 6 | 0 | 27 | 474 | 1368 | 1795 | 1455 | 829 | 484 | 115 | 29 | 6 | 24 | |
| | 7 | 0 | 5 | 180 | 828 | 1538 | 1662 | 1219 | 829 | 263 | 81 | 19 | 23 | |
| | 8 | 0 | 1 | 58 | 420 | 1106 | 1593 | 1501 | 1192 | 505 | 191 | 55 | 22 | |
| | 9 | 0 | 0 | 16 | 181 | 676 | 1298 | 1573 | 1457 | 823 | 382 | 133 | 21 | |
| | 10 | 0 | 0 | 4 | 67 | 355 | 909 | 1416 | 1530 | 1152 | 656 | 280 | 20 | |
| | 11 | 0 | 0 | 1 | 22 | 161 | 551 | 1103 | 1391 | 1396 | 976 | 509 | 19 | |
| | 12 | 0 | 0 | 0 | 6 | 64 | 291 | 749 | 1101 | 1474 | 1265 | 805 | 18 | |
| | 13 | 0 | 0 | 0 | 1 | 22 | 134 | 444 | 762 | 1360 | 1433 | 1115 | 17 | |
| | 14 | 0 | 0 | 0 | 0 | 7 | 54 | 231 | 436 | 1101 | 1424 | 1354 | 16 | |
| | 15 | 0 | 0 | 0 | 0 | 2 | 19 | 106 | 247 | 783 | 1242 | 1445 | 15 | |
| | 16 | 0 | 0 | 0 | 0 | 0 | 6 | 42 | 116 | 489 | 953 | 1354 | 14 | |
| | 17 | 0 | 0 | 0 | 0 | 0 | 2 | 15 | 48 | 269 | 642 | 1115 | 13 | |
| | 18 | 0 | 0 | 0 | 0 | 0 | 0 | 5 | 17 | 129 | 379 | 805 | 12 | |
| | 19 | 0 | 0 | 0 | 0 | 0 | 0 | 1 | 5 | 54 | 196 | 509 | 11 | |
| | 20 | 0 | 0 | 0 | 0 | 0 | 0 | 0 | 1 | 20 | 88 | 280 | 10 | |
| | 21 | 0 | 0 | 0 | 0 | 0 | 0 | 0 | 0 | 6 | 34 | 133 | 9 | |
| | 22 | 0 | 0 | 0 | 0 | 0 | 0 | 0 | 0 | 1 | 12 | 55 | 8 | |
| | 23 | 0 | 0 | 0 | 0 | 0 | 0 | 0 | 0 | 0 | 3 | 19 | 7 | |
| | 24 | 0 | 0 | 0 | 0 | 0 | 0 | 0 | 0 | 0 | 1 | 6 | 6 | |
| | 25 | 0 | 0 | 0 | 0 | 0 | 0 | 0 | 0 | 0 | 0 | 1 | 5 | |
| | 26. | 0 | 0 | 0 | 0 | 0 | 0 | 0 | 0 | 0 | 0 | 0 | 4 | |
| | 27 | 0 | 0 | 0 | 0 | 0 | 0 | 0 | 0 | 0 | 0 | 0 | 3 | |
| | 28 | 0 | 0 | 0 | 0 | 0 | 0 | 0 | 0 | 0 | 0 | 0 | 2 | |
| | 29 | 0 | 0 | 0 | 0 | 0 | 0 | 0 | 0 | 0 | 0 | 0 | 1 | |
| | 30 | 0 | 0 | 0 | 0 | 0 | 0 | 0 | 0 | 0 | 0 | 0 | 0 | |
| | | 0,99 | 0,95 | 0,90 | 0,85 | 0,80 | 0,75 | 0,70 | 2/3 | 0,60 | 0,55 | 0,50 | k | N |

**Tabela F** Distribuição binominal

$$P(Y \le k) = \sum_{i=0}^{k} \binom{N}{i} p^i (1-p)^{N-i}$$

Probabilidades unilaterais para o teste binominal quando $p = q = 1/2$

| N | | | | | | | | | | | $k$ | | | | | | | |
|---|---|---|---|---|---|---|---|---|---|---|---|---|---|---|---|---|---|---|
| | 0 | 1 | 2 | 3 | 4 | 5 | 6 | 7 | 8 | 9 | 10 | 11 | 12 | 13 | 14 | 15 | 16 | 17 |
| 4 | 062 | 312 | 688 | 938 | 1,0 | | | | | | | | | | | | | |
| 5 | 031 | 188 | 500 | 812 | 969 | 1,0 | | | | | | | | | | | | |
| 6 | 016 | 109 | 344 | 656 | 891 | 984 | 1,0 | | | | | | | | | | | |
| 7 | 008 | 062 | 227 | 500 | 773 | 938 | 992 | 1,0 | | | | | | | | | | |
| 8 | 004 | 035 | 145 | 363 | 637 | 855 | 965 | 996 | 1,0 | | | | | | | | | |
| 9 | 002 | 020 | 090 | 254 | 500 | 746 | 910 | 980 | 998 | 1,0 | | | | | | | | |
| 10 | 001 | 011 | 055 | 172 | 377 | 623 | 828 | 945 | 989 | 999 | 1,0 | | | | | | | |
| 11 | | 006 | 033 | 113 | 274 | 500 | 726 | 887 | 967 | 994 | 999+ | 1,0 | | | | | | |
| 12 | | 003 | 019 | 073 | 194 | 387 | 613 | 806 | 927 | 981 | 997 | 999+ | 1,0 | | | | | |
| 13 | | 002 | 011 | 046 | 133 | 291 | 500 | 709 | 867 | 954 | 989 | 998 | 999+ | 1,0 | | | | |
| 14 | | 001 | 006 | 029 | 090 | 212 | 395 | 605 | 788 | 910 | 971 | 994 | 999 | 999+ | 1,0 | | | |
| 15 | | | 004 | 018 | 059 | 151 | 304 | 500 | 696 | 849 | 941 | 982 | 996 | 999+ | 999+ | 1,0 | | |
| 16 | | | 002 | 011 | 038 | 105 | 227 | 402 | 598 | 773 | 895 | 962 | 989 | 998 | 999+ | 999+ | 1,0 | |
| 17 | | | 001 | 006 | 025 | 072 | 166 | 315 | 500 | 685 | 834 | 928 | 975 | 994 | 999 | 999+ | 999+ | 1,0 |
| 18 | | | 001 | 004 | 015 | 048 | 119 | 240 | 407 | 593 | 760 | 881 | 952 | 985 | 996 | 999 | 999+ | 999+ |
| 19 | | | | 002 | 010 | 032 | 084 | 180 | 324 | 500 | 676 | 820 | 916 | 968 | 990 | 998 | 999+ | 999+ |
| 20 | | | | 001 | 006 | 021 | 058 | 132 | 252 | 412 | 588 | 748 | 868 | 942 | 979 | 994 | 999 | 999+ |
| 21 | | | | 001 | 004 | 013 | 039 | 095 | 192 | 332 | 500 | 668 | 808 | 905 | 961 | 987 | 996 | 999 |
| 22 | | | | | 002 | 008 | 026 | 067 | 143 | 262 | 416 | 584 | 738 | 857 | 933 | 974 | 992 | 998 |
| 23 | | | | | 001 | 005 | 017 | 047 | 105 | 202 | 339 | 500 | 661 | 798 | 895 | 953 | 983 | 995 |
| 24 | | | | | 001 | 003 | 011 | 032 | 076 | 154 | 271 | 419 | 581 | 729 | 846 | 924 | 968 | 989 |
| 25 | | | | | | 002 | 007 | 022 | 054 | 115 | 212 | 345 | 500 | 655 | 788 | 885 | 946 | 978 |
| 26 | | | | | | 001 | 005 | 014 | 038 | 084 | 163 | 279 | 423 | 577 | 721 | 837 | 916 | 962 |
| 27 | | | | | | 001 | 003 | 010 | 026 | 061 | 124 | 221 | 351 | 500 | 649 | 779 | 876 | 939 |
| 28 | | | | | | | 002 | 006 | 018 | 044 | 092 | 172 | 286 | 425 | 575 | 714 | 828 | 908 |
| 29 | | | | | | | 001 | 004 | 012 | 031 | 068 | 132 | 229 | 356 | 500 | 644 | 771 | 868 |
| 30 | | | | | | | 001 | 003 | 008 | 021 | 049 | 100 | 181 | 292 | 428 | 572 | 708 | 819 |
| 31 | | | | | | | | 002 | 005 | 015 | 035 | 075 | 141 | 237 | 360 | 500 | 640 | 763 |
| 32 | | | | | | | | 001 | 004 | 010 | 025 | 055 | 108 | 189 | 298 | 430 | 570 | 702 |
| 33 | | | | | | | | 001 | 002 | 007 | 018 | 040 | 081 | 148 | 243 | 364 | 500 | 636 |
| 34 | | | | | | | | | 001 | 005 | 012 | 029 | 061 | 115 | 196 | 304 | 432 | 568 |
| 35 | | | | | | | | | 001 | 003 | 008 | 020 | 045 | 088 | 155 | 250 | 368 | 500 |

*Nota*: Vírgulas decimais e valores menores do que 0,0005 foram omitidos.

ELSEVIER

**Tabela G** Valores críticos de $D_c$ no teste de
Kolmogorov-Smirnov tal que $P(D_{cal} > D_c) = \alpha$

| Tamanho da amostra (N) | Nível de significância $\alpha$ | | | | |
|---|---|---|---|---|---|
| | 0,20 | 0,15 | 0,10 | 0,05 | 0,01 |
| 1 | 0,900 | 0,925 | 0,950 | 0,975 | 0,995 |
| 2 | 0,684 | 0,726 | 0,776 | 0,842 | 0,929 |
| 3 | 0,565 | 0,597 | 0,642 | 0,708 | 0,828 |
| 4 | 0,494 | 0,525 | 0,564 | 0,624 | 0,733 |
| 5 | 0,446 | 0,474 | 0,510 | 0,565 | 0,669 |
| 6 | 0,410 | 0,436 | 0,470 | 0,521 | 0,618 |
| 7 | 0,381 | 0,405 | 0,438 | 0,486 | 0,577 |
| 8 | 0,358 | 0,381 | 0,411 | 0,457 | 0,543 |
| 9 | 0,339 | 0,360 | 0,388 | 0,432 | 0,514 |
| 10 | 0,322 | 0,342 | 0,368 | 0,410 | 0,490 |
| 11 | 0,307 | 0,326 | 0,352 | 0,391 | 0,468 |
| 12 | 0,295 | 0,313 | 0,338 | 0,375 | 0,450 |
| 13 | 0,284 | 0,302 | 0,325 | 0,361 | 0,433 |
| 14 | 0,274 | 0,292 | 0,314 | 0,349 | 0,418 |
| 15 | 0.266 | 0,283 | 0,304 | 0,338 | 0,404 |
| 16 | 0,258 | 0,274 | 0,295 | 0,328 | 0,392 |
| 17 | 0,250 | 0,266 | 0,286 | 0,318 | 0,381 |
| 18 | 0,244 | 0,259 | 0,278 | 0,309 | 0,371 |
| 19 | 0,237 | 0,252 | 0,272 | 0,301 | 0,363 |
| 20 | 0,231 | 0,246 | 0,264 | 0,294 | 0,356 |
| 25 | 0,21 | 0,22 | 0,24 | 0,27 | 0,32 |
| 30 | 0,19 | 0,20 | 0,22 | 0,24 | 0,29 |
| 35 | 0,18 | 0,19 | 0,21 | 0,23 | 0,27 |
| Acima de 50 | $\dfrac{1,07}{\sqrt{N}}$ | $\dfrac{1,14}{\sqrt{N}}$ | $\dfrac{1,22}{\sqrt{N}}$ | $\dfrac{1,36}{\sqrt{N}}$ | $\dfrac{1,63}{\sqrt{N}}$ |

**Tabela H₁**  Valores críticos da estatística $W_c$
de Shapiro-Wilk tal que $P(W_{cal} < W_c) = \alpha$

| Tamanho da amostra N | Nível de significância $\alpha$ | | | | | | | | |
|---|---|---|---|---|---|---|---|---|---|
| | 0,01 | 0,02 | 0,05 | 0,10 | 0,50 | 0,90 | 0,95 | 0,98 | 0,99 |
| 3 | 0,753 | 0,758 | 0,767 | 0,789 | 0,959 | 0,998 | 0,999 | 1,000 | 1,000 |
| 4 | 0,687 | 0,707 | 0,748 | 0,792 | 0,935 | 0,987 | 0,992 | 0,996 | 0,997 |
| 5 | 0,686 | 0,715 | 0,762 | 0,806 | 0,927 | 0,979 | 0,986 | 0,991 | 0,993 |
| 6 | 0,713 | 0,743 | 0,788 | 0,826 | 0,927 | 0,974 | 0,981 | 0,936 | 0,989 |
| 7 | 0,730 | 0,760 | 0,803 | 0,838 | 0,928 | 0,972 | 0,979 | 0,985 | 0,988 |
| 8 | 0,749 | 0,778 | 0,818 | 0,851 | 0,932 | 0,972 | 0,978 | 0,984 | 0,987 |
| 9 | 0,764 | 0,791 | 0,829 | 0,859 | 0,935 | 0,972 | 0,978 | 0,984 | 0,986 |
| 10 | 0,781 | 0,806 | 0,842 | 0,869 | 0,938 | 0,972 | 0,978 | 0,983 | 0,986 |
| 11 | 0,792 | 0,817 | 0,850 | 0,876 | 0,940 | 0,973 | 0,979 | 0,984 | 0,986 |
| 12 | 0,805 | 0,828 | 0,859 | 0,883 | 0,943 | 0,973 | 0,979 | 0,984 | 0,986 |
| 13 | 0,814 | 0,837 | 0,866 | 0,889 | 0,945 | 0,974 | 0,979 | 0,984 | 0,986 |
| 14 | 0,825 | 0,846 | 0,874 | 0,895 | 0,947 | 0,975 | 0,980 | 0,984 | 0,986 |
| 15 | 0,835 | 0,855 | 0,881 | 0,901 | 0,950 | 0,976 | 0,980 | 0,984 | 0,987 |
| 16 | 0,844 | 0,863 | 0,887 | 0,906 | 0,952 | 0,975 | 0,981 | 0,985 | 0,987 |
| 17 | 0,851 | 0,869 | 0,892 | 0,910 | 0,954 | 0,977 | 0,981 | 0,985 | 0,987 |
| 18 | 0,858 | 0,874 | 0,897 | 0,914 | 0,956 | 0,978 | 0,982 | 0,986 | 0,988 |
| 19 | 0,863 | 0,879 | 0,901 | 0,917 | 0,957 | 0,978 | 0,982 | 0,986 | 0,988 |
| 20 | 0,868 | 0,884 | 0,905 | 0,920 | 0,959 | 0,979 | 0,983 | 0,986 | 0,988 |
| 21 | 0,873 | 0,888 | 0,908 | 0,823 | 0,960 | 0,980 | 0,983 | 0,987 | 0,989 |
| 22 | 0,878 | 0,892 | 0,911 | 0,926 | 0,961 | 0,980 | 0,984 | 0,987 | 0,989 |
| 23 | 0,881 | 0,895 | 0,914 | 0,928 | 0,962 | 0,981 | 0,984 | 0,987 | 0,989 |
| 24 | 0,884 | 0,898 | 0,916 | 0,930 | 0,963 | 0,981 | 0,984 | 0,987 | 0,989 |
| 25 | 0,888 | 0,901 | 0,918 | 0,931 | 0,964 | 0,981 | 0,985 | 0,988 | 0,989 |
| 26 | 0,891 | 0,904 | 0,920 | 0,933 | 0,965 | 0,982 | 0,985 | 0,988 | 0,989 |
| 27 | 0,894 | 0,906 | 0,923 | 0,935 | 0,965 | 0,982 | 0,985 | 0,988 | 0,990 |
| 28 | 0,896 | 0,908 | 0,924 | 0,936 | 0,966 | 0,982 | 0,985 | 0,988 | 0,990 |
| 29 | 0,898 | 0,910 | 0,926 | 0,937 | 0,966 | 0,982 | 0,985 | 0,988 | 0,990 |
| 30 | 0,900 | 0,912 | 0,927 | 0,939 | 0,967 | 0,983 | 0,985 | 0,988 | 0,900 |

## Tabela $H_2$ Coeficientes $a_{i,n}$ para o teste de normalidade de Shapiro-Wilk

| $i/n$ | | 2 | 3 | 4 | 5 | 6 | 7 | 8 | 9 | 10 |
|---|---|---|---|---|---|---|---|---|---|---|
| 1 | | 0,7071 | 0,7071 | 0,6872 | 0,6646 | 0,6431 | 0,6233 | 0,6052 | 0,5888 | 0,5739 |
| 2 | | | 0,0000 | 0,1677 | 0,2413 | 0,2806 | 0,3031 | 0,3164 | 0,3244 | 0,3291 |
| 3 | | | | | 0,0000 | 0,0875 | 0,1401 | 0,1743 | 0,1976 | 0,2141 |
| 4 | | | | | | | 0,0000 | 0,0561 | 0,0947 | 0,1224 |
| 5 | | | | | | | | | 0,0000 | 0,0399 |

| $i/n$ | 11 | 12 | 13 | 14 | 15 | 16 | 17 | 18 | 19 | 20 |
|---|---|---|---|---|---|---|---|---|---|---|
| 1 | 0,5601 | 0,5475 | 0,5359 | 0,5251 | 0,5150 | 0,5056 | 0,4968 | 0,4886 | 0,4808 | 0,4734 |
| 2 | 0,3315 | 0,3325 | 0,3325 | 0,3318 | 0,3306 | 0,3290 | 0,3273 | 0,3253 | 0,3232 | 0,3211 |
| 3 | 0,2260 | 0,2347 | 0,2412 | 0,2460 | 0,2495 | 0,2521 | 0,2540 | 0,2553 | 0,2561 | 0,2565 |
| 4 | 0,1429 | 0,1586 | 0,1707 | 0,1802 | 0,1878 | 0,1939 | 0,1988 | 0,2027 | 0,2059 | 0,2085 |
| 5 | 0,0695 | 0,0922 | 0,1099 | 0,1240 | 0,1353 | 0,1447 | 0,1524 | 0,1587 | 0,1641 | 0,1686 |
| 6 | 0,0000 | 0,0303 | 0,0539 | 0,0727 | 0,0880 | 0,1005 | 0,1109 | 0,1197 | 0,1271 | 0,1334 |
| 7 | | | 0,0000 | 0,0240 | 0,0433 | 0,0593 | 0,0725 | 0,0837 | 0,0932 | 0,1013 |
| 8 | | | | | 0,0000 | 0,0196 | 0,0359 | 0,0496 | 0,0612 | 0,0711 |
| 9 | | | | | | | 0,0000 | 0,0163 | 0,0303 | 0,0422 |
| 10 | | | | | | | | | 0,0000 | 0,0140 |

| $i/n$ | 21 | 22 | 23 | 24 | 25 | 26 | 27 | 28 | 29 | 30 |
|---|---|---|---|---|---|---|---|---|---|---|
| 1 | 0,4643 | 0,4590 | 0,4542 | 0,4493 | 0,4450 | 0,4407 | 0,4366 | 0,4328 | 0,4291 | 0,4254 |
| 2 | 0,3185 | 0,3156 | 0,3126 | 0,3098 | 0,3069 | 0,3043 | 0,3018 | 0,2992 | 0,2968 | 0,2944 |
| 3 | 0,2578 | 0,2571 | 0,2563 | 0,2554 | 0,2543 | 0,2533 | 0,2522 | 0,2510 | 0,2499 | 0,2487 |
| 4 | 0,2119 | 0,2131 | 0,2139 | 0,2145 | 0,2148 | 0,2151 | 0,2152 | 0,2151 | 0,2150 | 0,2148 |
| 5 | 0,1736 | 0,1764 | 0,1787 | 0,1807 | 0,1822 | 0,1836 | 0,1848 | 0,1857 | 0,1864 | 0,1870 |
| 6 | 0,1399 | 0,1443 | 0,1480 | 0,1512 | 0,1539 | 0,1563 | 0,1584 | 0,1601 | 0,1616 | 0,1630 |
| 7 | 0,1092 | 0,1150 | 0,1201 | 0,1245 | 0,1283 | 0,1316 | 0,1346 | 0,1372 | 0,1395 | 0,1415 |
| 8 | 0,0804 | 0,0878 | 0,0941 | 0,0997 | 0,1046 | 0,1089 | 0,1128 | 0,1162 | 0,1192 | 0,1219 |
| 9 | 0,0530 | 0,0618 | 0,0696 | 0,0764 | 0,0823 | 0,0876 | 0,0923 | 0,0965 | 0,1002 | 0,1036 |
| 10 | 0,0263 | 0,0368 | 0,0459 | 0,0539 | 0,0610 | 0,0672 | 0,0728 | 0,0778 | 0,0822 | 0,0862 |
| 11 | 0,0000 | 0,0122 | 0,0228 | 0,0321 | 0,0403 | 0,0476 | 0,0540 | 0,0598 | 0,0650 | 0,0697 |
| 12 | | | 0,0000 | 0,0107 | 0,0200 | 0,0284 | 0,0358 | 0,0424 | 0,0483 | 0,0537 |
| 13 | | | | | 0,0000 | 0,0094 | 0,0178 | 0,0253 | 0,0320 | 0,0381 |
| 14 | | | | | | | 0,0000 | 0,0084 | 0,0159 | 0,0227 |
| 15 | | | | | | | | | 0,0000 | 0,0076 |

## Tabela I Teste de Wilcoxon

$$P(S_p > S_c) = \alpha$$

Probabilidades unilaterais à direita para o teste de Wilcoxon

| $S_c$ | N | | | | | | | | | | | | |
|---|---|---|---|---|---|---|---|---|---|---|---|---|---|
| | 3 | 4 | 5 | 6 | 7 | 8 | 9 | 10 | 11 | 12 | 13 | 14 | 15 |
| 3 | 0,6250 | | | | | | | | | | | | |
| 4 | 0,3750 | | | | | | | | | | | | |
| 5 | 0,2500 | 0,5625 | | | | | | | | | | | |
| 6 | 0,1250 | 0,4375 | | | | | | | | | | | |
| 7 | | 0,3125 | | | | | | | | | | | |
| 8 | | 0,1875 | 0,5000 | | | | | | | | | | |
| 9 | | 0,1250 | 0,4063 | | | | | | | | | | |
| 10 | | 0,0625 | 0,3125 | | | | | | | | | | |
| 11 | | | 0,2188 | 0,5000 | | | | | | | | | |
| 12 | | | 0,1563 | 0,4219 | | | | | | | | | |
| 13 | | | 0,0938 | 0,3438 | | | | | | | | | |
| 14 | | | 0,0625 | 0,2813 | 0,5313 | | | | | | | | |
| 15 | | | 0,0313 | 0,2188 | 0,4688 | | | | | | | | |
| 16 | | | | 0,1563 | 0,4063 | | | | | | | | |
| 17 | | | | 0,1094 | 0,3438 | | | | | | | | |
| 18 | | | | 0,0781 | 0,2891 | 0,5273 | | | | | | | |
| 19 | | | | 0,0469 | 0,2344 | 0,4727 | | | | | | | |
| 20 | | | | 0,0313 | 0,1875 | 0,4219 | | | | | | | |
| 21 | | | | 0,0156 | 0,1484 | 0,3711 | | | | | | | |
| 22 | | | | | 0,1094 | 0,3203 | | | | | | | |
| 23 | | | | | 0,0781 | 0,2734 | 0,5000 | | | | | | |
| 24 | | | | | 0,0547 | 0,2305 | 0,4551 | | | | | | |
| 25 | | | | | 0,0391 | 0,1914 | 0,4102 | | | | | | |
| 26 | | | | | 0,0234 | 0,1563 | 0,3672 | | | | | | |
| 27 | | | | | 0,0156 | 0,1250 | 0,3262 | | | | | | |
| 28 | | | | | 0,0078 | 0,0977 | 0,2852 | 0,5000 | | | | | |
| 29 | | | | | | 0,0742 | 0,2480 | 0,4609 | | | | | |
| 30 | | | | | | 0,0547 | 0,2129 | 0,4229 | | | | | |
| 31 | | | | | | 0,0391 | 0,1797 | 0,3848 | | | | | |
| 32 | | | | | | 0,0273 | 0,1504 | 0,3477 | | | | | |
| 33 | | | | | | 0,0195 | 0,1250 | 0,3125 | 0,5171 | | | | |
| 34 | | | | | | 0,0117 | 0,1016 | 0,2783 | 0,4829 | | | | |
| 35 | | | | | | 0,0078 | 0,0820 | 0,2461 | 0,4492 | | | | |
| 36 | | | | | | 0,0039 | 0,0645 | 0,2158 | 0,4155 | | | | |
| 37 | | | | | | | 0,0488 | 0,1875 | 0,3823 | | | | |
| 38 | | | | | | | 0,0371 | 0,1611 | 0,3501 | | | | |
| 39 | | | | | | | 0,0273 | 0,1377 | 0,3188 | 0,5151 | | | |
| 40 | | | | | | | 0,0195 | 0,1162 | 0,2886 | 0,4849 | | | |
| 41 | | | | | | | 0,0137 | 0,0967 | 0,2598 | 0,4548 | | | |
| 42 | | | | | | | 0,0098 | 0,0801 | 0,2324 | 0,4250 | | | |
| 43 | | | | | | | 0,0059 | 0,0654 | 0,2065 | 0,3955 | | | |
| 44 | | | | | | | 0,0039 | 0,0527 | 0,1826 | 0,3667 | | | |
| 45 | | | | | | | 0,0020 | 0,0420 | 0,1602 | 0,3386 | | | |
| 46 | | | | | | | | 0,0322 | 0,1392 | 0,3110 | 0,5000 | | |
| 47 | | | | | | | | 0,0244 | 0,1201 | 0,2847 | 0,4730 | | |
| 48 | | | | | | | | 0,0186 | 0,1030 | 0,2593 | 0,4463 | | |
| 49 | | | | | | | | 0,0137 | 0,0874 | 0,2349 | 0,4197 | | |
| 50 | | | | | | | | 0,0098 | 0,0737 | 0,2119 | 0,3934 | | |
| 51 | | | | | | | | 0,0068 | 0,0615 | 0,1902 | 0,3677 | | |
| 52 | | | | | | | | 0,0049 | 0,0508 | 0,1697 | 0,3424 | | |
| 53 | | | | | | | | 0,0029 | 0,0415 | 0,1506 | 0,3177 | 0,5000 | |
| 54 | | | | | | | | 0,0020 | 0,0337 | 0,1331 | 0,2939 | 0,4758 | |
| 55 | | | | | | | | 0,0010 | 0,0269 | 0,1167 | 0,2709 | 0,4516 | |
| 56 | | | | | | | | | 0,0210 | 0,1018 | 0,2487 | 0,4276 | |
| 57 | | | | | | | | | 0,0161 | 0,0881 | 0,2274 | 0,4039 | |
| 58 | | | | | | | | | 0,0122 | 0,0757 | 0,2072 | 0,3804 | |
| 59 | | | | | | | | | 0,0093 | 0,0647 | 0,1879 | 0,3574 | |
| 60 | | | | | | | | | 0,0068 | 0,0549 | 0,1698 | 0,3349 | 0,5110 |

## Tabela I (*Continuação*)

| $S_c$ | 3 | 4 | 5 | 6 | 7 | 8 | 9 | 10 | 11 | 12 | 13 | 14 | 15 |
|---|---|---|---|---|---|---|---|---|---|---|---|---|---|
| 61 | | | | | | | | | 0,0049 | 0,0461 | 0,1527 | 0,3129 | 0,4890 |
| 62 | | | | | | | | | 0,0034 | 0,0386 | 0,1367 | 0,2915 | 0,4670 |
| 63 | | | | | | | | | 0,0024 | 0,0320 | 0,1219 | 0,2708 | 0,4452 |
| 64 | | | | | | | | | 0,0015 | 0,0261 | 0,1082 | 0,2508 | 0,4235 |
| 65 | | | | | | | | | 0,0010 | 0,0212 | 0,0955 | 0,2316 | 0,4020 |
| 66 | | | | | | | | | 0,0005 | 0,0171 | 0,0839 | 0,2131 | 0,3808 |
| 67 | | | | | | | | | | 0,0134 | 0,0732 | 0,1955 | 0,3599 |
| 68 | | | | | | | | | | 0,0105 | 0,0636 | 0,1788 | 0,3394 |
| 69 | | | | | | | | | | 0,0081 | 0,0549 | 0,1629 | 0,3193 |
| 70 | | | | | | | | | | 0,0061 | 0,0471 | 0,1479 | 0,2997 |
| 71 | | | | | | | | | | 0,0046 | 0,0402 | 0,1338 | 0,2807 |
| 72 | | | | | | | | | | 0,0034 | 0,0341 | 0,1206 | 0,2622 |
| 73 | | | | | | | | | | 0,0024 | 0,0287 | 0,1083 | 0,2444 |
| 74 | | | | | | | | | | 0,0017 | 0,0239 | 0,0969 | 0,2271 |
| 75 | | | | | | | | | | 0,0012 | 0,0199 | 0,0863 | 0,2106 |
| 76 | | | | | | | | | | 0,0007 | 0,0164 | 0,0765 | 0,1947 |
| 77 | | | | | | | | | | 0,0005 | 0,0133 | 0,0676 | 0,1796 |
| 78 | | | | | | | | | | 0,0002 | 0,0107 | 0,0594 | 0,1651 |
| 79 | | | | | | | | | | | 0,0085 | 0,0520 | 0,1514 |
| 80 | | | | | | | | | | | 0,0067 | 0,0453 | 0,1384 |
| 81 | | | | | | | | | | | 0,0052 | 0,0392 | 0,1262 |
| 82 | | | | | | | | | | | 0,0040 | 0,0338 | 0,1147 |
| 83 | | | | | | | | | | | 0,0031 | 0,0290 | 0,1039 |
| 84 | | | | | | | | | | | 0,0023 | 0,0247 | 0,0938 |
| 85 | | | | | | | | | | | 0,0017 | 0,0209 | 0,0844 |
| 86 | | | | | | | | | | | 0,0012 | 0,0176 | 0,0757 |
| 87 | | | | | | | | | | | 0,0009 | 0,0148 | 0,0677 |
| 88 | | | | | | | | | | | 0,0006 | 0,0123 | 0,0603 |
| 89 | | | | | | | | | | | 0,0004 | 0,0101 | 0,0535 |
| 90 | | | | | | | | | | | 0,0002 | 0,0083 | 0,0473 |
| 91 | | | | | | | | | | | 0,0001 | 0,0067 | 0,0416 |
| 92 | | | | | | | | | | | | 0,0054 | 0,0365 |
| 93 | | | | | | | | | | | | 0,0043 | 0,0319 |
| 94 | | | | | | | | | | | | 0,0034 | 0,0277 |
| 95 | | | | | | | | | | | | 0,0026 | 0,0240 |
| 96 | | | | | | | | | | | | 0,0020 | 0,0206 |
| 97 | | | | | | | | | | | | 0,0015 | 0,0177 |
| 98 | | | | | | | | | | | | 0,0012 | 0,0151 |
| 99 | | | | | | | | | | | | 0,0009 | 0,0128 |
| 100 | | | | | | | | | | | | 0,0006 | 0,0108 |
| 101 | | | | | | | | | | | | 0,0004 | 0,0090 |
| 102 | | | | | | | | | | | | 0,0003 | 0,0075 |
| 103 | | | | | | | | | | | | 0,0002 | 0,0062 |
| 104 | | | | | | | | | | | | 0,0001 | 0,0051 |
| 105 | | | | | | | | | | | | | 0,0042 |
| 106 | | | | | | | | | | | | | 0,0034 |
| 107 | | | | | | | | | | | | | 0,0027 |
| 108 | | | | | | | | | | | | | 0,0021 |
| 109 | | | | | | | | | | | | | 0,0017 |
| 110 | | | | | | | | | | | | | 0,0013 |
| 111 | | | | | | | | | | | | | 0,0010 |
| 112 | | | | | | | | | | | | | 0,0008 |
| 113 | | | | | | | | | | | | | 0,0006 |
| 114 | | | | | | | | | | | | | 0,0004 |
| 115 | | | | | | | | | | | | | 0,0003 |
| 116 | | | | | | | | | | | | | 0,0002 |
| 117 | | | | | | | | | | | | | 0,0002 |
| 118 | | | | | | | | | | | | | 0,0001 |
| 119 | | | | | | | | | | | | | 0,0001 |
| 120 | | | | | | | | | | | | | 0,0000 |

**Tabela J** Valores críticos de $U_c$ no teste $U$
de Mann-Whitney tal que $P(U_{cal} < U_c) = \alpha$

$P(U_{cal} < U_c) = 0,05$

| $N_2 \backslash N_1$ | 3 | 4 | 5 | 6 | 7 | 8 | 9 | 10 | 11 | 12 | 13 | 14 | 15 | 16 | 17 | 18 | 19 | 20 |
|---|---|---|---|---|---|---|---|---|---|---|---|---|---|---|---|---|---|---|
| 3 | 0 | 0 | 1 | 2 | 2 | 3 | 4 | 4 | 5 | 5 | 6 | 7 | 7 | 8 | 9 | 9 | 10 | 11 |
| 4 | 0 | 1 | 2 | 3 | 4 | 5 | 6 | 7 | 8 | 9 | 10 | 11 | 12 | 14 | 15 | 16 | 17 | 18 |
| 5 | 1 | 2 | 4 | 5 | 6 | 8 | 9 | 11 | 12 | 13 | 15 | 16 | 18 | 19 | 20 | 22 | 23 | 25 |
| 6 | 2 | 3 | 5 | 7 | 8 | 10 | 12 | 14 | 16 | 17 | 19 | 21 | 23 | 25 | 26 | 28 | 30 | 32 |
| 7 | 2 | 4 | 6 | 8 | 11 | 13 | 15 | 17 | 19 | 21 | 24 | 26 | 28 | 30 | 33 | 35 | 37 | 39 |
| 8 | 3 | 5 | 8 | 10 | 13 | 15 | 18 | 20 | 23 | 26 | 28 | 31 | 33 | 36 | 39 | 41 | 44 | 47 |
| 9 | 4 | 6 | 9 | 12 | 15 | 18 | 21 | 24 | 27 | 30 | 33 | 36 | 39 | 42 | 45 | 48 | 51 | 54 |
| 10 | 4 | 7 | 11 | 14 | 17 | 20 | 24 | 27 | 31 | 34 | 37 | 41 | 44 | 48 | 51 | 55 | 58 | 62 |
| 11 | 5 | 8 | 12 | 16 | 19 | 23 | 27 | 31 | 34 | 38 | 42 | 46 | 50 | 54 | 57 | 61 | 65 | 69 |
| 12 | 5 | 9 | 13 | 17 | 21 | 26 | 30 | 34 | 38 | 42 | 47 | 51 | 55 | 60 | 64 | 68 | 72 | 77 |
| 13 | 6 | 10 | 15 | 19 | 24 | 28 | 33 | 37 | 42 | 47 | 51 | 56 | 61 | 65 | 70 | 75 | 80 | 84 |
| 14 | 7 | 11 | 16 | 21 | 26 | 31 | 36 | 41 | 46 | 51 | 56 | 61 | 66 | 71 | 77 | 82 | 87 | 92 |
| 15 | 7 | 12 | 18 | 23 | 28 | 33 | 39 | 44 | 50 | 55 | 61 | 66 | 72 | 77 | 83 | 88 | 94 | 100 |
| 16 | 8 | 14 | 19 | 25 | 30 | 36 | 42 | 48 | 54 | 60 | 65 | 71 | 77 | 83 | 89 | 95 | 101 | 107 |
| 17 | 9 | 15 | 20 | 26 | 33 | 39 | 45 | 51 | 57 | 64 | 70 | 77 | 83 | 89 | 96 | 102 | 109 | 115 |
| 18 | 9 | 16 | 22 | 28 | 35 | 41 | 48 | 55 | 61 | 68 | 75 | 82 | 88 | 95 | 102 | 109 | 116 | 123 |
| 19 | 10 | 17 | 23 | 30 | 37 | 44 | 51 | 58 | 65 | 72 | 80 | 87 | 94 | 101 | 109 | 116 | 123 | 130 |
| 20 | 11 | 18 | 25 | 32 | 39 | 47 | 54 | 62 | 69 | 77 | 84 | 92 | 100 | 107 | 115 | 123 | 130 | 138 |

$P(U_{cal} < U_c) = 0,025$

| $N_2 \backslash N_1$ | 3 | 4 | 5 | 6 | 7 | 8 | 9 | 10 | 11 | 12 | 13 | 14 | 15 | 16 | 17 | 18 | 19 | 20 |
|---|---|---|---|---|---|---|---|---|---|---|---|---|---|---|---|---|---|---|
| 3 | – | 0 | 0 | 1 | 1 | 2 | 2 | 3 | 3 | 4 | 4 | 5 | 5 | 6 | 6 | 7 | 7 | 8 |
| 4 | – | 0 | 1 | 2 | 3 | 4 | 4 | 5 | 6 | 7 | 8 | 9 | 10 | 11 | 11 | 12 | 13 | 14 |
| 5 | 0 | 1 | 2 | 3 | 5 | 6 | 7 | 8 | 9 | 11 | 12 | 13 | 14 | 15 | 17 | 18 | 19 | 20 |
| 6 | 1 | 2 | 3 | 5 | 6 | 8 | 10 | 11 | 13 | 14 | 16 | 17 | 19 | 21 | 22 | 24 | 25 | 27 |
| 7 | 1 | 3 | 5 | 6 | 8 | 10 | 12 | 14 | 16 | 18 | 20 | 22 | 24 | 26 | 28 | 30 | 32 | 34 |
| 8 | 2 | 4 | 6 | 8 | 10 | 13 | 15 | 17 | 19 | 22 | 24 | 26 | 29 | 31 | 34 | 36 | 38 | 41 |
| 9 | 2 | 4 | 7 | 10 | 12 | 15 | 17 | 20 | 23 | 26 | 28 | 31 | 34 | 37 | 39 | 42 | 45 | 48 |
| 10 | 3 | 5 | 8 | 11 | 14 | 17 | 20 | 23 | 26 | 29 | 33 | 36 | 39 | 42 | 45 | 48 | 52 | 55 |
| 11 | 3 | 6 | 9 | 13 | 16 | 19 | 23 | 26 | 30 | 33 | 37 | 40 | 44 | 47 | 51 | 55 | 58 | 62 |
| 12 | 4 | 7 | 11 | 14 | 18 | 22 | 26 | 29 | 33 | 37 | 41 | 45 | 49 | 53 | 57 | 61 | 65 | 69 |
| 13 | 4 | 8 | 12 | 16 | 20 | 24 | 28 | 33 | 37 | 41 | 45 | 50 | 54 | 59 | 63 | 67 | 72 | 76 |
| 14 | 5 | 9 | 13 | 17 | 22 | 26 | 31 | 36 | 40 | 45 | 50 | 55 | 59 | 64 | 67 | 74 | 78 | 83 |
| 15 | 5 | 10 | 14 | 19 | 24 | 29 | 34 | 39 | 44 | 49 | 54 | 59 | 64 | 70 | 75 | 80 | 85 | 90 |
| 16 | 6 | 11 | 15 | 21 | 26 | 31 | 37 | 42 | 47 | 53 | 59 | 64 | 70 | 75 | 81 | 86 | 92 | 98 |
| 17 | 6 | 11 | 17 | 22 | 28 | 34 | 39 | 45 | 51 | 57 | 63 | 67 | 75 | 81 | 87 | 93 | 99 | 105 |
| 18 | 7 | 12 | 18 | 24 | 30 | 36 | 42 | 48 | 55 | 61 | 67 | 74 | 80 | 86 | 93 | 99 | 103 | 112 |
| 19 | 7 | 13 | 19 | 25 | 32 | 38 | 45 | 52 | 58 | 65 | 72 | 78 | 85 | 92 | 99 | 106 | 113 | 119 |
| 20 | 8 | 14 | 20 | 27 | 34 | 41 | 48 | 55 | 62 | 69 | 76 | 83 | 90 | 98 | 105 | 112 | 119 | 127 |

## Tabela J (*Continuação*)

$P(U_{cal} < U_c) = 0,01$

| $N_2 \backslash N_1$ | 3 | 4 | 5 | 6 | 7 | 8 | 9 | 10 | 11 | 12 | 13 | 14 | 15 | 16 | 17 | 18 | 19 | 20 |
|---|---|---|---|---|---|---|---|---|---|---|---|---|---|---|---|---|---|---|
| 3 | – | 0 | 0 | 0 | 0 | 0 | 1 | 1 | 1 | 2 | 2 | 2 | 3 | 3 | 4 | 4 | 4 | 5 |
| 4 | – | – | 0 | 1 | 1 | 2 | 3 | 3 | 4 | 5 | 5 | 6 | 7 | 7 | 8 | 9 | 9 | 10 |
| 5 | – | 0 | 1 | 2 | 3 | 4 | 5 | 6 | 7 | 8 | 9 | 10 | 11 | 12 | 13 | 14 | 15 | 16 |
| 6 | – | 1 | 2 | 3 | 4 | 6 | 7 | 8 | 9 | 11 | 12 | 13 | 15 | 16 | 18 | 19 | 20 | 22 |
| 7 | 0 | 1 | 3 | 4 | 6 | 7 | 9 | 11 | 12 | 14 | 16 | 17 | 19 | 21 | 23 | 24 | 26 | 28 |
| 8 | 0 | 2 | 4 | 6 | 7 | 9 | 11 | 13 | 15 | 17 | 20 | 22 | 24 | 26 | 28 | 30 | 32 | 34 |
| 9 | 1 | 3 | 5 | 7 | 9 | 11 | 14 | 16 | 18 | 21 | 23 | 26 | 28 | 31 | 33 | 36 | 38 | 40 |
| 10 | 1 | 3 | 6 | 8 | 11 | 13 | 16 | 19 | 22 | 24 | 27 | 30 | 33 | 36 | 38 | 41 | 44 | 47 |
| 11 | 1 | 4 | 7 | 9 | 12 | 15 | 18 | 22 | 25 | 29 | 31 | 34 | 37 | 41 | 44 | 47 | 50 | 53 |
| 12 | 2 | 5 | 8 | 11 | 14 | 17 | 21 | 24 | 28 | 31 | 35 | 38 | 42 | 46 | 49 | 53 | 56 | 60 |
| 13 | 2 | 5 | 9 | 12 | 16 | 20 | 23 | 27 | 31 | 35 | 39 | 43 | 47 | 51 | 55 | 59 | 63 | 67 |
| 14 | 2 | 6 | 10 | 13 | 17 | 22 | 26 | 30 | 34 | 38 | 43 | 47 | 51 | 56 | 60 | 65 | 69 | 73 |
| 15 | 3 | 7 | 11 | 15 | 19 | 24 | 28 | 33 | 37 | 42 | 47 | 51 | 56 | 61 | 66 | 70 | 75 | 80 |
| 16 | 3 | 7 | 12 | 16 | 21 | 26 | 31 | 36 | 41 | 46 | 51 | 56 | 61 | 66 | 71 | 76 | 82 | 87 |
| 17 | 4 | 8 | 13 | 18 | 23 | 28 | 33 | 38 | 44 | 49 | 55 | 60 | 66 | 71 | 77 | 82 | 88 | 93 |
| 18 | 4 | 9 | 14 | 19 | 24 | 30 | 36 | 41 | 47 | 53 | 59 | 65 | 70 | 76 | 82 | 88 | 94 | 100 |
| 19 | 4 | 9 | 15 | 20 | 26 | 32 | 38 | 44 | 50 | 56 | 63 | 69 | 75 | 82 | 88 | 94 | 101 | 107 |
| 20 | 5 | 10 | 16 | 22 | 28 | 34 | 40 | 47 | 53 | 60 | 67 | 73 | 80 | 87 | 93 | 100 | 107 | 114 |

$P(U_{cal} < U_c) = 0,005$

| $N_2 \backslash N_1$ | 3 | 4 | 5 | 6 | 7 | 8 | 9 | 10 | 11 | 12 | 13 | 14 | 15 | 16 | 17 | 18 | 19 | 20 |
|---|---|---|---|---|---|---|---|---|---|---|---|---|---|---|---|---|---|---|
| 3 | – | 0 | 0 | 0 | 0 | 0 | 0 | 0 | 0 | 1 | 1 | 1 | 2 | 2 | 2 | 2 | 3 | 3 |
| 4 | – | – | 0 | 0 | 0 | 1 | 1 | 2 | 2 | 3 | 3 | 4 | 5 | 5 | 6 | 6 | 7 | 8 |
| 5 | – | – | 0 | 1 | 1 | 2 | 3 | 4 | 5 | 6 | 7 | 7 | 8 | 9 | 10 | 11 | 12 | 13 |
| 6 | – | 0 | 1 | 2 | 3 | 4 | 5 | 6 | 7 | 9 | 10 | 11 | 12 | 13 | 15 | 16 | 17 | 18 |
| 7 | – | 0 | 1 | 3 | 4 | 6 | 7 | 9 | 10 | 12 | 13 | 15 | 16 | 18 | 19 | 21 | 22 | 24 |
| 8 | – | 1 | 2 | 4 | 6 | 7 | 9 | 11 | 13 | 15 | 17 | 18 | 20 | 22 | 24 | 26 | 28 | 30 |
| 9 | 0 | 1 | 3 | 5 | 7 | 9 | 11 | 13 | 16 | 18 | 20 | 22 | 24 | 27 | 29 | 31 | 33 | 36 |
| 10 | 0 | 2 | 4 | 6 | 9 | 11 | 13 | 16 | 18 | 21 | 24 | 26 | 29 | 31 | 34 | 37 | 39 | 42 |
| 11 | 0 | 2 | 5 | 7 | 10 | 13 | 16 | 18 | 21 | 24 | 27 | 30 | 33 | 36 | 39 | 42 | 45 | 48 |
| 12 | 1 | 3 | 6 | 9 | 12 | 15 | 18 | 21 | 24 | 27 | 31 | 34 | 37 | 41 | 44 | 47 | 51 | 54 |
| 13 | 1 | 3 | 7 | 10 | 13 | 17 | 20 | 24 | 27 | 31 | 34 | 38 | 42 | 45 | 49 | 53 | 56 | 60 |
| 14 | 1 | 4 | 7 | 11 | 15 | 18 | 22 | 26 | 30 | 34 | 38 | 42 | 46 | 50 | 54 | 58 | 63 | 67 |
| 15 | 2 | 5 | 8 | 12 | 16 | 20 | 24 | 29 | 33 | 37 | 42 | 46 | 51 | 55 | 60 | 64 | 69 | 73 |
| 16 | 2 | 5 | 9 | 13 | 18 | 22 | 27 | 31 | 36 | 41 | 45 | 50 | 55 | 60 | 65 | 70 | 74 | 79 |
| 17 | 2 | 6 | 10 | 15 | 19 | 24 | 29 | 34 | 39 | 44 | 49 | 54 | 60 | 65 | 70 | 75 | 81 | 86 |
| 18 | 2 | 6 | 11 | 16 | 21 | 26 | 31 | 37 | 42 | 47 | 53 | 58 | 64 | 70 | 75 | 81 | 87 | 92 |
| 19 | 3 | 7 | 12 | 17 | 22 | 28 | 33 | 39 | 45 | 51 | 56 | 63 | 69 | 74 | 81 | 87 | 93 | 99 |
| 20 | 3 | 8 | 13 | 18 | 24 | 30 | 36 | 42 | 48 | 54 | 60 | 67 | 73 | 79 | 86 | 92 | 99 | 105 |

**Tabela K**  Valores críticos para o teste de Friedman tal que $P(F_{cal} > F_c) = \alpha$

| k | N | $\alpha \leq 0,10$ | $\alpha \leq 0,05$ | $\alpha \leq 0,01$ |
|---|---|---|---|---|
| 3 | 3 | 6,00 | 6,00 | – |
| | 4 | 6,00 | 6,50 | 8,00 |
| | 5 | 5,20 | 6,40 | 8,40 |
| | 6 | 5,33 | 7,00 | 9,00 |
| | 7 | 5,43 | 7,14 | 8,86 |
| | 8 | 5,25 | 6,25 | 9,00 |
| | 9 | 5,56 | 6,22 | 8,67 |
| | 10 | 5,00 | 6,20 | 9,60 |
| | 11 | 4,91 | 6,54 | 8,91 |
| | 12 | 5,17 | 6,17 | 8,67 |
| | 13 | 4,77 | 6,00 | 9,39 |
| | ∞ | 4,61 | 5,99 | 9,21 |
| 4 | 2 | 6,00 | 6,00 | – |
| | 3 | 6,60 | 7,40 | 8,60 |
| | 4 | 6,30 | 7,80 | 9,60 |
| | 5 | 6,36 | 7,80 | 9,96 |
| | 6 | 6,40 | 7,60 | 10,00 |
| | 7 | 6,26 | 7,80 | 10,37 |
| | 8 | 6,30 | 7,50 | 10,35 |
| | ∞ | 6,25 | 7,82 | 11,34 |
| 5 | 3 | 7,47 | 8,53 | 10,13 |
| | 4 | 7,60 | 8,80 | 11,00 |
| | 5 | 7,68 | 8,96 | 11,52 |
| | ∞ | 7,78 | 9,49 | 13,28 |

**Tabela L**  Valores críticos para o teste de Kruskall-Wallis tal que $P(H_{cal} > H_c) = \alpha$

| Tamanhos das amostras | | | $\alpha$ | | | | |
|---|---|---|---|---|---|---|---|
| $n_1$ | $n_2$ | $n_3$ | 0,10 | 0,05 | 0,01 | 0,005 | 0,001 |
| 2 | 2 | 2 | 4,25 | | | | |
| 3 | 2 | 1 | 4,29 | | | | |
| 3 | 2 | 2 | 4,71 | 4,71 | | | |
| 3 | 3 | 1 | 4,57 | 5,14 | | | |
| 3 | 3 | 2 | 4,56 | 5,36 | | | |
| 3 | 3 | 3 | 4,62 | 5,60 | 7,20 | 7,20 | |
| 4 | 2 | 1 | 4,50 | | | | |
| 4 | 2 | 2 | 4,46 | 5,33 | | | |
| 4 | 3 | 1 | 4,06 | 5,21 | | | |
| 4 | 3 | 2 | 4,51 | 5,44 | 6,44 | 7,00 | |
| 4 | 3 | 3 | 4,71 | 5,73 | 6,75 | 7,32 | 8,02 |
| 4 | 4 | 1 | 4,17 | 4,97 | 6,67 | | |
| 4 | 4 | 2 | 4,55 | 5,45 | 7,04 | 7,28 | |
| 4 | 4 | 3 | 4,55 | 5,60 | 7,14 | 7,59 | 8,32 |
| 4 | 4 | 4 | 4,65 | 5,69 | 7,66 | 8,00 | 8,65 |
| 5 | 2 | 1 | 4,20 | 5,00 | | | |
| 5 | 2 | 2 | 4,36 | 5,16 | 6,53 | | |
| 5 | 3 | 1 | 4,02 | 4,96 | | | |
| 5 | 3 | 2 | 4,65 | 5,25 | 6,82 | 7,18 | |
| 5 | 3 | 3 | 4,53 | 5,65 | 7,08 | 7,51 | 8,24 |
| 5 | 4 | 1 | 3,99 | 4,99 | 6,95 | 7,36 | |
| 5 | 4 | 2 | 4,54 | 5,27 | 7,12 | 7,57 | 8,11 |
| 5 | 4 | 3 | 4,55 | 5,63 | 7,44 | 7,91 | 8,50 |
| 5 | 4 | 4 | 4,62 | 5,62 | 7,76 | 8,14 | 9,00 |
| 5 | 5 | 1 | 4,11 | 5,13 | 7,31 | 7,75 | |
| 5 | 5 | 2 | 4,62 | 5,34 | 7,27 | 8,13 | 8,68 |
| 5 | 5 | 3 | 4,54 | 5,71 | 7,54 | 8,24 | 9,06 |
| 5 | 5 | 4 | 4,53 | 5,64 | 7,77 | 8,37 | 9,32 |
| 5 | 5 | 5 | 4,56 | 5,78 | 7,98 | 8,72 | 9,68 |
| Grandes amostras | | | 4,61 | 5,99 | 9,21 | 10,60 | 13,82 |

**Tabela M** Valores críticos da estatística $C$ de Cochran tal que $P(C_{cal} > C_c) = \alpha$

$\alpha = 5\%$

| v/k | 2 | 3 | 4 | 5 | 6 | 7 | 8 | 9 | 10 | 12 | 15 | 20 | 24 | 30 | 40 | 60 | 120 |
|---|---|---|---|---|---|---|---|---|---|---|---|---|---|---|---|---|---|
| 1 | 0,9985 | 0,9669 | 0,9065 | 0,8412 | 0,7808 | 0,7271 | 0,6798 | 0,6385 | 0,6020 | 0,5410 | 0,4709 | 0,3894 | 0,3434 | 0,2929 | 0,2370 | 0,1737 | 0,0998 |
| 2 | 0,9750 | 0,8709 | 0,7679 | 0,6838 | 0,6161 | 0,5612 | 0,5157 | 0,4775 | 0,4450 | 0,3924 | 0,3346 | 0,2705 | 0,2354 | 0,1980 | 0,1567 | 0,1131 | 0,0632 |
| 3 | 0,9392 | 0,7977 | 0,6841 | 0,5981 | 0,5321 | 0,4800 | 0,4377 | 0,4027 | 0,3733 | 0,3264 | 0,2758 | 0,2205 | 0,1907 | 0,1593 | 0,1259 | 0,0895 | 0,0495 |
| 4 | 0,9057 | 0,7457 | 0,6287 | 0,5441 | 0,4803 | 0,4307 | 0,3910 | 0,3584 | 0,3311 | 0,2880 | 0,2419 | 0,1921 | 0,1656 | 0,1377 | 0,1082 | 0,0765 | 0,0419 |
| 5 | 0,8772 | 0,7071 | 0,5895 | 0,5065 | 0,4447 | 0,3974 | 0,3595 | 0,3286 | 0,3029 | 0,2624 | 0,2195 | 0,1735 | 0,1493 | 0,1237 | 0,0968 | 0,0682 | 0,0371 |
| 6 | 0,8534 | 0,6771 | 0,5598 | 0,4783 | 0,4184 | 0,3726 | 0,3362 | 0,3067 | 0,2823 | 0,2439 | 0,2034 | 0,1602 | 0,1374 | 0,1137 | 0,0887 | 0,0623 | 0,0337 |
| 7 | 0,8332 | 0,6530 | 0,5365 | 0,4564 | 0,3980 | 0,3535 | 0,3185 | 0,2901 | 0,2666 | 0,2299 | 0,1911 | 0,1501 | 0,1286 | 0,1061 | 0,0827 | 0,0583 | 0,0312 |
| 8 | 0,8159 | 0,6333 | 0,5175 | 0,4387 | 0,3817 | 0,3384 | 0,3043 | 0,2768 | 0,2541 | 0,2187 | 0,1815 | 0,1422 | 0,1216 | 0,1002 | 0,0780 | 0,0552 | 0,0292 |
| 9 | 0,8010 | 0,6167 | 0,5017 | 0,4241 | 0,3682 | 0,3259 | 0,2926 | 0,2659 | 0,2439 | 0,2098 | 0,1736 | 0,1357 | 0,1160 | 0,0958 | 0,0745 | 0,0520 | 0,0279 |
| 10 | 0,7880 | 0,6025 | 0,4884 | 0,4118 | 0,3568 | 0,3154 | 0,2829 | 0,2568 | 0,2353 | 0,2020 | 0,1671 | 0,1303 | 0,1113 | 0,0921 | 0,0713 | 0,0497 | 0,0266 |
| 16 | 0,7341 | 0,5466 | 0,4366 | 0,3645 | 0,3135 | 0,2756 | 0,2462 | 0,2226 | 0,2032 | 0,1737 | 0,1429 | 0,1108 | 0,0942 | 0,0771 | 0,0595 | 0,0411 | 0,0218 |
| 36 | 0,6602 | 0,4748 | 0,3720 | 0,3066 | 0,2612 | 0,2278 | 0,2022 | 0,1820 | 0,1655 | 0,1403 | 0,1144 | 0,0879 | 0,0743 | 0,0604 | 0,0462 | 0,0316 | 0,0165 |
| 144 | 0,5813 | 0,4031 | 0,3093 | 0,2513 | 0,2119 | 0,1833 | 0,1616 | 0,1446 | 0,1308 | 0,1100 | 0,0889 | 0,0675 | 0,0567 | 0,0457 | 0,0347 | 0,0234 | 0,0120 |
| ∞ | 0,5000 | 0,3333 | 0,2500 | 0,2000 | 0,1667 | 0,1429 | 0,1250 | 0,1111 | 0,1000 | 0,0833 | 0,0667 | 0,0500 | 0,0417 | 0,0333 | 0,0250 | 0,0167 | 0,0083 |

$\alpha = 1\%$

| v/k | 2 | 3 | 4 | 5 | 6 | 7 | 8 | 9 | 10 | 12 | 15 | 20 | 24 | 30 | 40 | 60 | 120 |
|---|---|---|---|---|---|---|---|---|---|---|---|---|---|---|---|---|---|
| 1 | 0,9999 | 0,9933 | 0,9676 | 0,9279 | 0,8828 | 0,8376 | 0,7945 | 0,7544 | 0,7175 | 0,6528 | 0,5747 | 0,4799 | 0,4247 | 0,3632 | 0,2940 | 0,2151 | 0,1225 |
| 2 | 0,9950 | 0,9423 | 0,8643 | 0,7885 | 0,7218 | 0,6644 | 0,6152 | 0,5727 | 0,5358 | 0,4751 | 0,4069 | 0,3297 | 0,2821 | 0,2412 | 0,1915 | 0,1371 | 0,0759 |
| 3 | 0,9794 | 0,8831 | 0,7814 | 0,6957 | 0,6258 | 0,5685 | 0,5209 | 0,4810 | 0,4469 | 0,3919 | 0,3317 | 0,2654 | 0,2295 | 0,1913 | 0,1508 | 0,1069 | 0,0585 |
| 4 | 0,9586 | 0,8335 | 0,7212 | 0,6329 | 0,5635 | 0,5080 | 0,4627 | 0,4251 | 0,3934 | 0,3428 | 0,2882 | 0,2288 | 0,1970 | 0,1635 | 0,1281 | 0,0902 | 0,0489 |
| 5 | 0,9373 | 0,7933 | 0,6761 | 0,5875 | 0,5195 | 0,4659 | 0,4226 | 0,3870 | 0,3572 | 0,3099 | 0,2593 | 0,2048 | 0,1759 | 0,1454 | 0,1135 | 0,0796 | 0,0429 |
| 6 | 0,9172 | 0,7606 | 0,6410 | 0,5531 | 0,4866 | 0,4347 | 0,3932 | 0,3592 | 0,3308 | 0,2861 | 0,2386 | 0,1877 | 0,1608 | 0,1327 | 0,1033 | 0,0722 | 0,0387 |
| 7 | 0,8988 | 0,7335 | 0,6129 | 0,5259 | 0,4608 | 0,4105 | 0,3704 | 0,3378 | 0,3106 | 0,2680 | 0,2228 | 0,1748 | 0,1495 | 0,1232 | 0,0957 | 0,0668 | 0,0357 |
| 8 | 0,8823 | 0,7107 | 0,5897 | 0,5037 | 0,4401 | 0,3911 | 0,3522 | 0,3207 | 0,2945 | 0,2535 | 0,2104 | 0,1646 | 0,1406 | 0,1157 | 0,0898 | 0,0625 | 0,0334 |
| 9 | 0,8674 | 0,6912 | 0,5702 | 0,4854 | 0,4229 | 0,3751 | 0,3373 | 0,3067 | 0,2813 | 0,2419 | 0,2002 | 0,1567 | 0,1388 | 0,1100 | 0,0853 | 0,0594 | 0,0316 |
| 10 | 0,8539 | 0,6743 | 0,5536 | 0,4697 | 0,4084 | 0,3616 | 0,3248 | 0,2950 | 0,2704 | 0,2320 | 0,1918 | 0,1501 | 0,1283 | 0,1054 | 0,0816 | 0,0567 | 0,0302 |
| 16 | 0,7949 | 0,6059 | 0,4884 | 0,4094 | 0,3529 | 0,3105 | 0,2779 | 0,2514 | 0,2297 | 0,1961 | 0,1612 | 0,1248 | 0,1060 | 0,0867 | 0,0668 | 0,0461 | 0,0242 |
| 36 | 0,7067 | 0,5153 | 0,4057 | 0,3351 | 0,2858 | 0,2494 | 0,2214 | 0,1992 | 0,1811 | 0,1535 | 0,1251 | 0,0960 | 0,0810 | 0,0658 | 0,0503 | 0,0344 | 0,0178 |
| 144 | 0,6062 | 0,4230 | 0,3251 | 0,2644 | 0,2229 | 0,1929 | 0,1700 | 0,1521 | 0,1376 | 0,1157 | 0,0934 | 0,0709 | 0,0595 | 0,0480 | 0,0363 | 0,0245 | 0,0125 |
| ∞ | 0,5000 | 0,3333 | 0,2500 | 0,2000 | 0,1667 | 0,1429 | 0,1250 | 0,1111 | 0,1000 | 0,0833 | 0,0667 | 0,0500 | 0,0417 | 0,0333 | 0,0250 | 0,0167 | 0,0083 |

**Tabela N** Valores críticos da estatística $F_{max}$
de Hartley tal que $P(F_{max,cal} > F_{max,c}) = \alpha$

$\alpha = 5\%$

| v / k | 2 | 3 | 4 | 5 | 6 | 7 | 8 | 9 | 10 | 11 | 12 |
|---|---|---|---|---|---|---|---|---|---|---|---|
| 2 | 39 | 87,5 | 142 | 202 | 266 | 333 | 403 | 475 | 550 | 626 | 704 |
| 3 | 15,4 | 27,8 | 39,2 | 50,7 | 62 | 72,9 | 83,5 | 93,9 | 104 | 114 | 124 |
| 4 | 9,6 | 15,5 | 20,6 | 25,2 | 29,5 | 33,6 | 37,5 | 41,1 | 44,6 | 48 | 51,4 |
| 5 | 7,15 | 10,8 | 13,7 | 16,3 | 18,7 | 20,8 | 22,9 | 24,7 | 26,5 | 28,2 | 29,9 |
| 6 | 5,82 | 8,38 | 10,4 | 12,1 | 13,7 | 15 | 16,3 | 17,5 | 18,6 | 19,7 | 20,7 |
| 7 | 4,99 | 6,94 | 8,44 | 9,7 | 10,8 | 11,8 | 12,7 | 13,5 | 14,3 | 15,1 | 15,8 |
| 8 | 4,43 | 6 | 7,18 | 8,12 | 9,03 | 9,78 | 10,5 | 11,1 | 11,7 | 12,2 | 12,7 |
| 9 | 4,03 | 5,34 | 6,31 | 7,11 | 7,8 | 8,41 | 8,95 | 9,45 | 9,91 | 10,3 | 10,7 |
| 10 | 3,72 | 4,85 | 5,67 | 6,34 | 6,92 | 7,42 | 7,87 | 8,28 | 8,66 | 9,01 | 9,34 |
| 12 | 3,28 | 4,16 | 4,79 | 5,3 | 5,72 | 6,09 | 6,42 | 6,72 | 7 | 7,25 | 7,48 |
| 15 | 2,86 | 3,54 | 4,01 | 4,37 | 4,68 | 4,95 | 5,19 | 5,4 | 5,59 | 5,77 | 5,93 |
| 20 | 2,46 | 2,95 | 3,29 | 3,54 | 3,76 | 3,94 | 4,1 | 4,24 | 4,37 | 4,49 | 4,59 |
| 30 | 2,07 | 2,4 | 2,61 | 2,78 | 2,91 | 3,02 | 3,12 | 3,21 | 3,29 | 3,36 | 3,39 |
| 60 | 1,67 | 1,85 | 1,96 | 2,04 | 2,11 | 2,17 | 2,22 | 2,26 | 2,3 | 2,33 | 2,36 |
| ∞ | 1 | 1 | 1 | 1 | 1 | 1 | 1 | 1 | 1 | 1 | 1 |

$\alpha = 1\%$

| v / k | 2 | 3 | 4 | 5 | 6 | 7 | 8 | 9 | 10 | 11 | 12 |
|---|---|---|---|---|---|---|---|---|---|---|---|
| 2 | 199 | 448 | 729 | 1036 | 1362 | 1705 | 2069 | 2432 | 2813 | 3204 | 3605 |
| 3 | 47,5 | 85 | 120 | 151 | 184 | 216 | 249 | 281 | 310 | 337 | 361 |
| 4 | 23,2 | 37 | 49 | 59 | 69 | 79 | 89 | 97 | 106 | 113 | 120 |
| 5 | 14,9 | 22 | 28 | 33 | 38 | 42 | 46 | 50 | 54 | 57 | 60 |
| 6 | 11,1 | 15,5 | 19,1 | 22 | 25 | 27 | 30 | 32 | 34 | 36 | 37 |
| 7 | 8,89 | 12,1 | 14,5 | 16,5 | 18,4 | 20 | 22 | 23 | 24 | 26 | 27 |
| 8 | 7,5 | 9,9 | 11,7 | 13,2 | 14,5 | 15,8 | 16,9 | 17,9 | 18,9 | 19,8 | 21 |
| 9 | 6,54 | 8,5 | 9,9 | 11,1 | 12,1 | 13,1 | 13,9 | 14,7 | 15,3 | 16 | 16,6 |
| 10 | 5,85 | 7,4 | 8,6 | 9,6 | 10,4 | 11,1 | 11,8 | 12,4 | 12,9 | 13,4 | 13,9 |
| 12 | 4,91 | 6,1 | 6,9 | 7,6 | 8,2 | 8,7 | 9,1 | 9,5 | 9,9 | 10,2 | 10,6 |
| 15 | 4,07 | 4,9 | 5,5 | 6 | 6,4 | 6,7 | 7,1 | 7,3 | 7,5 | 7,8 | 8 |
| 20 | 3,32 | 3,8 | 4,3 | 4,6 | 4,9 | 5,1 | 5,3 | 5,5 | 5,6 | 5,8 | 5,9 |
| 30 | 2,63 | 3 | 3,3 | 3,4 | 3,6 | 3,7 | 3,8 | 3,9 | 4 | 4,1 | 4,2 |
| 60 | 1,96 | 2,2 | 2,3 | 2,4 | 2,4 | 2,5 | 2,5 | 2,6 | 2,6 | 2,7 | 2,7 |
| ∞ | 1 | 1 | 1 | 1 | 1 | 1 | 1 | 1 | 1 | 1 | 1 |

# REFERÊNCIAS

ALBUQUERQUE, J. P. A.; FORTES, J. M. P.; FINAMORE, W. A. Probabilidade, variáveis aleatórias e processos estocásticos. Rio de Janeiro: Interciência, 2008.

ANDERSON, D. R.; SWEENEY, D. J.; WILLIAMS, T. A. Estatística aplicada à administração e economia. 3. ed. São Paulo: Thomson Pioneira, 2013.

ARIAS, R. M. El análisis multivariante en la investigación científica. Madrid: Editorial La Muralla, 1999.

BAKER, B. O.; HARDYCK, C. D.; PETRINOVICH, L. F. Weak measurements vs. strong statistics: an empirical critique of S. S. Stevens' proscriptions on statistics. Educational and Psychological Measurement, v. 26, p. 291-309, 1966.

BARTLETT, M. S. Properties of sufficiency and statistical tests. Royal Society of London Proceedings Series A, v. 160, p. 268-282, 1937.

BATISTA, L. E.; ESCUDER, M. M. L.; PEREIRA, J. C. R. A cor da morte: causas de óbito segundo características de raça no Estado de São Paulo, 1999 a 2001. Revista de Saúde Pública, v. 38, n. 5, p. 630-636, 2004.

BEKMAN, O. R.; COSTA NETO, P. L. O. Análise estatística da decisão. 2. ed. São Paulo: Edgard Blücher, 2009.

BELFIORE, P.; FÁVERO, L.P.L. Pesquisa Operacional: para cursos de Administração, Contabilidade e Economia. Rio de Janeiro: Elsevier, 2012.

BLACK, K. Business statistics: for contemporary decision making. 7. ed. New York: John Wiley & Sons, 2012.

BLAIR, E. Sampling issues in trade area maps drawn from shopping surveys. Journal of Marketing, v. 47, n. 1, p. 98-106, 1983.

BOLFARINE, H.; BUSSAB, W. O. Elementos de amostragem. São Paulo: Edgard Blücher, 2005.

BOLFARINE, H.; SANDOVAL, M. C. Introdução à inferência estatística. Rio de Janeiro: Sociedade Brasileira de Matemática, 2001.

BORGATTA, E. F.; BOHRNSTEDT, G. W. Level of measurement: once over again. Sociological Methods & Research, v. 9, n. 2, p. 147-160, 1980.

BOTELHO, D.; ZOUAIN, D. M. Pesquisa quantitativa em administração. São Paulo: Atlas, 2006.

BROWN, M. B.; FORSYTHE, A. B. Robust tests for the equality of variances. Journal of the American Statistical Association, v. 69, n. 346, p. 364-367, 1974.

BRUNI, A. L. Estatística aplicada à gestão empresarial. 3. ed. São Paulo: Atlas, 2011.

BUSSAB, W. O.; MORETTIN, P. A. Estatística básica. 7. ed. São Paulo: Saraiva, 2011.

CABRAL, N. A. C. A. Investigação por inquérito. 2006. Disponível em < http://www.amendes.uac.pt/monograf/tra06investgInq.pdf > Acesso em: 30 set. 2014.

CLEVELAND, W. S. The elements of graphing data. Monterey: Wadsworth, 1985.

COCHRAN, W. G. The distribution of the largest of a set of estimated variances as a fraction of their total. Annals of Eugenics, v. 22, n. 11, p. 47-52, 1947.

COCHRAN, W. G. Some consequences when the assumptions for the analysis of variance are not satisfied. Biometrics, v. 3, n. 1, p. 22-38, 1947.

COCHRAN, W. G. The comparison of percentages in matched samples. Biometrika, v. 37, n. ¾, p. 256-266, 1950.

COCHRAN, W. G. Sampling techniques. 3. ed. New York: John Wiley & Sons, 1977.

COOPER, S. L. Random sampling by telephone: an improved method. *Journal of Marketing Research*, v. 1, n. 4, p. 45-48, 1964.

COOPER, D. R.; SCHINDLER, P. S. Métodos de pesquisa em administração. 10. ed. Porto Alegre: Bookman, 2011.

COSTA NETO, P. L. O. Estatística. 2. ed. São Paulo: Edgard Blücher, 2002.

DANTAS, C. A. B. Probabilidade: um curso introdutório. 3. ed. São Paulo: EDUSP, 2008.

DAVIDSON, R; MACKINNON, J. G. Estimation and inference in econometrics. Oxford: Oxford University Press, 1993.

DEVORE, J. L. Probabilidade e estatística para engenharia. São Paulo: Thomson Pioneira, 2006.

DUNCAN, O. D. Notes on social measurement: historical and critical. New York: Russell Sage Foundation, 1984.

EMBRETSON, S. E.; HERSHBERGER, S. L. The new rules of measurement. Mahwah: Lawrence Erlbaum Associates, 1999.

FÁVERO, L. P. Análise de dados: modelos de regressão com Excel, Stata e SPSS. Rio de Janeiro: Campus Elsevier, 2015.

FÁVERO, L. P.; BELFIORE, P.; SILVA, F. L.; CHAN, B. L. Análise de dados: modelagem multivariada para tomada de decisões. Rio de Janeiro: Elsevier, 2009, 670 p.

FERRÃO, F.; REIS, E.; VICENTE, P. Sondagens: A amostragem como factor decisivo de qualidade. 2. ed. Lisboa: Edições Sílabo, 2001.

FREUND, J. E. Estatística aplicada: economia, administração e contabilidade. 11. ed. Porto Alegre: Bookman, 2006.

FRIEDMAN, M. The use of ranks to avoid the assumption of normality implicit in the analysis of variance. Journal of the American Statistical Association, v. 32, n. 200, p. 675-701, 1937.

_____. A comparison of alternative tests of significance for the problem of *m* rankings. The Annals of Mathematical Statistics, v. 11, n. 1, p. 86-92, 1940.

GLASSER, G. L.; METZGER, G. D. Random-digit dialing as a method of telephone sampling. Journal of Marketing Research, v. 9, n. 1, p. 59-64, 1972.

GNEDENKO, B. V. A teoria da probabilidade. Rio de Janeiro: Ciência Moderna, 2008.

GREENACRE, M. J. Theory and applications of correspondence analysis. London: Academic Press, 1984.

GREENBERG, B. A.; GOLDSTUCKER, J. L.; BELLENGER, D. N. What techniques are used by marketing researchers in business? Journal of Marketing, v. 41, n. 2, p. 62-68, 1977.

GREENE, W. H. Econometric analysis. 7. ed. New Jersey: Prentice Hall, 2011.

GUJARATI, D. N. Econometria básica. 5. ed. Porto Alegre: Bookman, 2011.

GUTTMAN, L. What is not what in statistics. The Statistician, v. 26, n. 2, p. 81-107, 1977.

HAIR Jr., J. F.; ANDERSON, R. E.; TATHAM, R. L.; BLACK, W. C. Análise multivariada de dados. 5. ed. Porto Alegre: Bookman, 2005

HARTLEY, H.O. The use of range in analysis of variance. Biometrika, v. 37, n. 3-4, p. 271-280, 1950.

HOAGLIN, D. C.; MOSTELLER, F.; TUKEY, J. W. Understanding robust and exploratory data analysis. New York: John Wiley & Sons, 2000.

HOOVER, K. R.; DONOVAN, T. The elements of social scientific thinking. 11. ed. New York: Worth Publishers, 2014.

IGNÁCIO, S. A. Importância da estatística para o processo de conhecimento e tomada de decisão. Revista Paranaense de Desenvolvimento, n.118, p. 175-192, 2010.

JOHNSON, D. E. Applied multivariate methods for data analysts. Pacific Grove: Duxbury Press, 1998.

JOHNSON, R. A.; WICHERN, D. W. Applied multivariate statistical analysis. 6. ed. Upper Saddle River: Pearson Education, 2007.

KAPLAN, E. L.; MEIER, P. Nonparametric estimation from incomplete observations. Journal of the American Statistical Association, v. 53, n. 282, p. 457-481, 1958.

KENNEDY, P. A guide to econometrics. 6. ed. Cambridge: MIT Press, 2008.

KLEINBAUM, D.; KUPPER, L.; NIZAM, A.; ROSENBERG, E.S. Applied Regression Analysis and Other Multivariable Methods. 5. ed. Boston: Cengage Learning, 2014.

KOLMOGOROV, A. Confidence limits for an unknown distribution function. The Annals of Mathematical Statistics, v. 12, n. 4, p. 461-463, 1941.

KRUSKAL, W. H. A nonparametric test for the several sample problem. The Annals of Mathematical Statistics, v. 23, n. 4, p. 525-540, 1952.

KRUSKAL, W. H.; WALLIS, W. A. Use of ranks in one-criterion variance analysis. Journal of the American Statistical Association, v. 47, n. 260, p. 583-621, 1952.

KUTNER, M. H.; NACHTSHEIN, C. J.; NETER, J. Applied linear regression models. 4. ed. Chicago: Irwin, 2004.

LEVENE, H. Robust tests for the equality of variance. In: Contributions to probability and statistics, OLKIN, I. (Ed.) Palo Alto: Stanford University Press, p. 278-292, 1960.

LEVY, P. S.; LEMESHOW, S. Sampling of populations: methods and applications. 4. ed. New York: John Wiley & Sons, 2009.

LILLIEFORS, H. W. On the Kolmogorov-Smirnov test for normality with mean and variance unknown. Journal of the American Statistical Association, v. 62, n. 318, p. 399-402, 1967.

LINDLEY, D. Reconciliation of probability distributions. Operations Research, v. 31, n. 5, p. 866-880, 1983.

MADDALA, G. S. Introdução à econometria. 3. ed. Rio de Janeiro: LTC Editora, 2003.

MAGALHÃES, M. N.; LIMA, C. P. Noções de probabilidade e estatística. 7. ed. São Paulo: EDUSP, 2013.

MANN, H. B.; WHITNEY, D. R. On a test of whether one of two random variables is stochastically larger than the other. The Annals of Mathematical Statistics, v. 18, n. 1, p. 50-60, 1947.

MAROCO, J. Análise estatística com utilização do SPSS. 5. ed. Lisboa: Edições Sílabo, 2011.

MARQUARDT, D. W. An algorithm for least-squares estimation of nonlinear parameters. Journal of the Society for Industrial and Applied Mathematics, v. 11, n. 2, p. 431-441, 1963.

MARTINS, G. A.; DOMINGUES, O. Estatística geral e aplicada. 4. ed. São Paulo: Atlas, 2011.

McCLAVE, J. T.; BENSON, P. G.; SINCICH, T. Estatística para Administração e Economia. São Paulo: Pearson Prentice Hall, 2009.

McNEMAR, Q. Psychological statistics. 4. ed. New York: John Wiley & Sons, 1969.

MEDRI, W. 2011. Análise exploratória de dados. Disponível em: <http://www.uel.br/pos/estatisticaeducacao/.../especializacao_estatistica.pdf>. Acesso em mai. 2011.

MICHELL, J. Measurement scales and statistics: a clash of paradigms. Psychological Bulletin, v. 100, n. 3, p. 398-407, 1986.

MONTGOMERY, D. C.; GOLDSMAN, D. M.; HINES, W. W.; BORROR, C. M. Probabilidade e estatística na engenharia. 1. ed. Rio de Janeiro: LTC Editora, 2006.

MONTGOMERY, D. C.; PECK, E. A.; VINING, G. G. Introduction to Linear Regression Analysis. 5. ed. New Jersey: John Wiley & Sons, 2012.

MOORE, D. S.; McCABE, G. P.; DUCKWORTH, W. M.; SCLOVE, S. L. A Prática da Estatística empresarial: como usar dados para tomar decisões. Rio de Janeiro: LTC Editora, 2006.

MORETTIN, L. G. Estatística básica: inferência. São Paulo: Makron Books, 2000.

NAVIDI, W. Probabilidade e Estatística para Ciências Exatas. Porto Alegre: Bookman, 2012.

NORUSIS, M. J. IBM SPSS Statistics 19 Guide to Data Analysis. Boston: Pearson, 2012.

O'ROURKE, D.; BLAIR, J. Improving random respondent selection in telephone surveys. Journal of Marketing Research, v. 20, n. 4, p. 428-432, 1983.

OLIVEIRA, F. E. M. Estatística e probabilidade. 2. ed. São Paulo: Atlas, 2009.

OLIVEIRA, T. M. V. Amostragem não probabilística: adequação de situações para uso e limitações de amostras por conveniência, julgamento e quotas. Administração On Line, v. 2, n. 3, p. 1-16, 2001.

PARZEN, E. On estimation of a probability density function and mode. The Annals of Mathematical Statistics, v. 33, n. 3, p. 1065-1076, 1962.

PESTANA, M. H.; GAGEIRO, J. N. Análise de dados para ciências sociais: a complementaridade do SPSS. 5. ed. Lisboa: Edições Sílabo, 2008.

PINDYCK, R. S.; RUBINFELD, D. L. Econometria: modelos e previsões. 4. ed. Rio de Janeiro: Elsevier, 2004.

ROGERS, W. Errors in hedonic modeling regressions: compound indicator variables and omitted variables. The Appraisal Journal, p. 208-213, abril 2000.

SAPORTA, G. Probabilités, analyse des données et statistique. 2. ed. Paris: Technip, 2006.

SARTORIS NETO, A. Estatística e introdução à econometria. 2. ed. São Paulo: Saraiva, 2013.

SHARMA, S. Applied multivariate techniques. Hoboken: John Wiley & Sons, 1996.

SHAZMEEN, S. F.; BAIG, M. M. A.; PAWAR, M. R. Regression Analysis and Statistical Approach on Socio-Economic Data. International Journal of Advanced Computer Research, v. 3, n. 3, p. 347, 2013.

SIEGEL, S.; CASTELLAN Jr., N. J. Estatística não-paramétrica para ciências do comportamento. 2. ed. Porto Alegre: Bookman, 2006.

SMIRNOV, N. V. Table for estimating the goodness of fit of empirical distributions. The Annals of Mathematical Statistics, v. 19, n. 2, p. 279-281, 1948.

SPIEGEL, M. R. ; SCHILLER, J. ; SRINIVASAN, R. A. Probabilidade e estatística. 3. ed. Porto Alegre: Bookman, 2013.

STEIN, C. M. Estimation of the mean of a multivariate normal distribution. The Annals of Statistics, v. 9, n. 6, p. 1135-1151, 1981.

STEIN, C. E.; LOESCH, C. Estatística descritiva e teoria das probabilidades. 2.ed. Blumenau: EDIFURB, 2011.

STEPHAN, F. F. Stratification in representative sampling. Journal of Marketing, v. 6, n. 1, p. 38-46, 1941.

STEVENS, S. S. On the theory of scales of measurement. Science, v. 103, p. 677-680, 1946.

STOCK, J. H.; WATSON, M. W. Econometria. São Paulo: Pearson Education, 2004.

SUDMAN, S. Efficient screening methods for the sampling of geographically clustered special populations. Journal of Marketing Research, v. 22, n. 20, p. 20-29, 1985.

SUDMAN, S.; SIRKEN, M. G.; COWAN, C. D. Sampling rare and elusive populations. Science, v. 240, n. 4855, p. 991-996, 1988.

THURSTONE, L. L. The measurement of values. Chicago: University of Chicago Press, 1959.

TRIOLA, M. F. Introdução à estatística: atualização da tecnologia. 11. ed. Rio de Janeiro: LTC Editora, 2013.

TROLDAHL, V. C.; CARTER Jr., R. E. Random selection of respondents within households in phone surveys. Journal of Marketing Research, v. 1, n. 2, p. 71-76, 1964.

VASCONCELLOS, M. A. S.; ALVES, D. (Coord.). Manual de econometria. São Paulo: Atlas, 2000.

VELLEMAN, P. F.; WILKINSON, L. Nominal, ordinal, interval, and ratio typologies are misleading. The American Statistician, v. 47, n. 1, p. 65-72, 1993.

VIEIRA, S. Estatística básica. São Paulo, Cengage Learning, 2012.

WILCOXON, F. Individual comparisons by ranking methods. Biometrics Bulletin, v. 1, n. 6, p. 80-83, 1945.

_____. Probability tables for individual comparisons by ranking methods. Biometrics, v. 3, n. 3, p. 119-122, 1947.

WONNACOTT, T. H.; WONNACOTT, R. J. Introductory statistics for business and economics. 4. ed. New York: John Wiley & Sons, 1990.

WOOLDRIDGE, J. M. Econometric Analysis of Cross Section and Panel Data. 2. ed. Cambridge: The MIT Press, 2010.

WOOLDRIDGE, J. M. Introductory econometrics: a modern approach. 5. ed. South Western: Thomson, 2012.

ZHOU, W.; JING, B. Y. Tail probability approximations for Student's t-statistics. Probability Theory and Related Fields, v. 136, n. 4, p. 541-559, 2006.

ZUCCOLOTTO, P. Principal components of sample estimates: an approach through symbolic data. Statistical Methods and Applications, v. 16, n. 2, p. 173-192, 2007.

# ÍNDICE

TEL.: (11) 2225-8383
WWW.MARKPRESS.COM.BR